工业和信息化部工业文化发展中心
上海大学中国三线建设研究中心 编

Second National Summit on Industrial Heritage
Proceedings of the Industrial Heritage Symposium

第二届国家工业遗产峰会
学术研讨会论文集

主　编　段　勇　孙　星
副主编　吕建昌　徐有威　周　岚

上海大学出版社
·上海·

图书在版编目(CIP)数据

第二届国家工业遗产峰会学术研讨会论文集/段勇，孙星主编.—上海：上海大学出版社，2023.10
ISBN 978-7-5671-4727-0

Ⅰ.①第… Ⅱ.①段…②孙… Ⅲ.①工业建筑-文化遗产-保护-中国-学术会议-文集 Ⅳ.①TU27-53

中国国家版本馆 CIP 数据核字(2023)第 173262 号

责任编辑　傅玉芳
封面设计　柯国富
技术编辑　金　鑫　钱宇坤

第二届国家工业遗产峰会学术研讨会论文集
段　勇　孙　星　主编
上海大学出版社出版发行
(上海市上大路 99 号　邮政编码 200444)
(https://www.shupress.cn　发行热线 021-66135112)
出版人　戴骏豪

*

南京展望文化发展有限公司排版
江苏凤凰数码印务有限公司印刷　各地新华书店经销
开本 787 mm×1092 mm　1/16　印张 32.5　字数 691 600
2023 年 10 月第 1 版　2023 年 10 月第 1 次印刷
ISBN 978-7-5671-4727-0/TU·22　定价　128.00 元

版权所有　侵权必究
如发现本书有印装质量问题请与印刷厂质量科联系
联系电话：025-57718474

代序：工业遗产保护利用的中国之路

单霁翔[*]

近两百年来，人类经历了工业革命，这为现代文明奠定了基础。随着工业革命的不断推进，工业化进程在各国展开，工业遗产成为承载工业革命历史、文化、技术价值的重要物质载体。工业革命留下的遗产数量，比几千年来的生产环节留下的遗产的总和还要多。然而，随着时代的变迁，大量的工业遗产被边缘化、废弃，亟待保护与利用。如今，这些遗产的现状如何？如何合理利用，使之融入现实生活呢？本文借鉴了国内外一些成功的工业遗产保护利用案例，探讨工业遗产保护利用的可行性，为我国的工业遗产保护利用提供思路。

（一）

工业遗产保护在国际上并没有太长的历史。2003年，国际工业遗产保护联合会在俄罗斯召开了下塔吉尔会议，出台了《下塔吉尔宪章》，拉开了全球范围内工业遗产保护的序幕。工业遗产涉及的领域十分宽泛，《下塔吉尔宪章》中阐述的工业遗产定义反映了国际社会关于工业遗产的基本概念："工业遗产包括具有历史、技术、社会、建筑或科学价值的工业文化遗迹，包括建筑和机械，厂房，生产作坊和工厂，矿场以及加工提炼遗址，仓库货栈，生产、转换和使用的场所，交通运输及其基础设施，以及用于住所、宗教崇拜或教育等和工业相关的社会活动场所。""凡为工业活动所造建筑与结构、类建筑与结构中所含工艺和工具以及这类建筑与结构所处城镇与景观，以及其所有其他物质和非物质表现，均具备至关重要的意义。"由此可以看到工业遗产无论在时间方面、范围方面，还是在内容方面，都具有丰富的内涵和外延。

2006年，我国在无锡召开工业遗产保护论坛，发布了《无锡建议》。当时，我国对工业遗产保护的认识还处于探索阶段。通过不断的摸索和立法，保护工业遗产逐渐成为文物保护的一部分。彼时我还在国家文物局工作，有幸在我国工业遗产的保护与利用初期就参与其中。在调任至北京故宫博物院之前，我组织过六届中国文化遗产保护论坛，旨在扩

---

[*] 单霁翔，中国文物学会会长，国家文物局原局长，故宫博物院原院长。

展文化遗产的保护范围,期望今天的人们能够接触到的更多文化遗产,并将它们融入现实生活——就是保护那些我们传统意义上的文物没有囊括进去的被我称为"新型文化遗产"的东西。关于论坛的主题,2006年是工业遗产,2007年是乡土建筑,2008年是20世纪遗产,2009年是文化线路,2010年是文化景观,2011年是运河遗产。这些论坛旨在将文化遗产的概念扩大,更全面地保护文化遗产,并把它们融入人们现实的生活。

早在上海世博会筹备期间,我们就提出了要让文化遗产服务世博会,成为办好世博会的积极力量。今天,我们高兴地看到,这个举措已产生明显的成效。特别是江南造船厂等一批工业遗产通过有效保护得到广泛利用,展现出独特的魅力。上海世博会园区内的城市足迹馆和世博会博物馆都是由江南造船厂原来的老厂房保护改造而成。在全国文物系统的倾力支持下,在各方面的共同努力下,来自国内外几十家博物馆的300多件反映城市发展、与历届世博会相关的珍贵文物融入世博会这个庞大系统中。除江南造船厂外,上海世博园区内的求新造船厂、上海第三钢铁厂、南市发电厂等工业遗产,作为场馆建设的重要组成部分,也已成为世博园区内的重要建筑,并已对后续利用进行了统筹规划。世博会结束后,这些工业遗产都将作为博物馆、博览馆,永久性保留开放,这些举措都是文化遗产保护对世博会的突出贡献。

在调任至北京故宫博物院后,我仍未停下探寻工业遗产保护利用的中国之路的脚步。其中一个知名度较高的案例是苏州的御窑金砖,苏州相城御窑烧制金砖的历史自1413年始,迄今已超过600年。金砖烧制工艺极为复杂,工序多达20余道,需经过备料、制坯、装窑、烧窑、闭窑、窨水、出窑、后续加工等工序,各个工序都有着严格的技术要求。一块金砖从采泥到出窑,要历时一年多时间。现如今对御窑金砖技艺进行保护与发展,对于中国传统优良技艺的传承与古建筑修复都意义重大,新生产的金砖能为今后包括故宫在内的古建筑修缮,提供高质量的建材。故宫购买100块金砖,就是为故宫的下一个600年修复打下坚实的基础。我们在这里挂了"故宫官式古建筑材料基地"的牌子,建立了长久的合作关系。

国外对于工业遗产保护与利用的脚步总是先行一步,至今仍有许多值得我们借鉴学习的案例。德国弗尔克林根钢铁厂是世界上较早被列为工业遗产的遗址之一。在停产之后,保护组织和老工人们想方设法地对其进行合理利用。一些老厂房被改造成美术馆、博物馆等文化场所,室内构件原封不动地得到保护,并用不同的编码区分不同的管道和功能,整个环境营造了当时的历史特色。德国人的精心保养和应用,展示出工业遗产保护与利用的可行性和价值。维也纳煤气工厂的利用也有其独特之处。在这个大型煤气工厂保护案例中,我们可以看到四个大煤气罐得到了彻底的合理应用。其外观得到保留,里面却被改造成公寓、宾馆、社区服务机构、饭店、商场等多种功能的综合体。这个工厂经过合理保护与利用,不仅服务于社区,而且服务于城市,进而成为旅游景观的典型案例,再次证明了工业遗产保护利用的边际性和多样性。

在对波兰维利奇卡盐矿的考察中,我们看到深处地下数十米、上百米的空间和设备被合理地利用,形成了具有高度参与性的空间,向人们展示了当时盐矿生产的设备和环境,这使我们重新审视工业遗产保护利用的问题。如果能让一个工业遗产成为市民生活的一部分,那将是更为成功的案例,旧金山老码头就是这样一个例子。旧金山著名的高架桥把海岸和城市隔离开来,给市民带来了不便。20 世纪 80 年代一次地震把这些高架桥震坏了,市民们呼吁保留海岸线,于是市政府把这些震坏的高架桥拆了,又对这个要拆的老码头进行了改造,使之成为商业和旅游休闲的场所,增加了市民的娱乐选择。旧金山老码头保护与改造的成功案例表明,把工业遗产利用成为市民生活一部分的方式,可以提高工业遗产的社会价值。

(二)

我国拥有着源远流长的历史,在广袤的中华大地上,广泛地分布着工业遗产。我们将工业遗产分为广义和狭义,在时间方面,狭义的工业遗产是指 18 世纪从英国开始的,以采用钢铁等新材料,采用煤炭、石油等新能源,采用机器生产为主要特点的工业革命后的工业遗存。广义的工业遗产则可以包括史前时期加工生产石器工具的遗址、古代资源开采和冶炼的遗址以及包括水利工程在内的古代大型工程的遗址等工业革命以前各个历史时期中反映人类技术创造的遗物遗存。在我国历史悠久的工业遗产保护与利用领域,我们可以看到诸如水利工程、盐田、大运河等重要的文化遗产,都江堰是其中优秀的代表之一。两千年前李冰建造的都江堰至今依然汇集了 1 400 万亩良田,将近 5 000 万人口从中受益。都江堰的核心创新在于宝瓶口、飞沙堰、分水鱼嘴等技术,诸如"深淘滩、低作堰""无坝引水""自流灌溉"等原则。这些设计最大限度地保留了自然环境,使人们的生活受益。然而,这种成果并不是李冰一人所为,而是历代的先贤们尊重这个创造并不断保护的结果。这种工业遗产使我们更加深入地认识到古人对生活的关爱和尊重。如今,让人们深入了解工业遗产,也意味着让人们参与其保护。游客在了解了都江堰的宝瓶口、飞沙堰等技术后,我们组织了"我给李冰写封信"的活动,这种参与式的保护活动为工业遗产的传承提供了生机。总之,工业遗产保护利用的中国之路,正是在这种传承与发展的过程中不断地取得新的突破,展现出巨大的潜力。

在西藏芒康地区,有一个当地的纳西族人与藏族人共同经营的盐田工程——芒康盐井,这个地区的历史可以追溯到《格萨尔王传》中所记载的纳西族人与藏族人争夺盐的战斗。当年北京大学的著名考古学家宿白教授给我写了封信,他在信中说"云南和西藏联合要建一个水库,这个水库将使历史悠久的芒康盐井——千年的盐井,世界唯一的最古老的盐井被淹没",他希望我能够协调这件事。于是我就到现场协调了这一事件,最后两地政府承诺不再修建这个水库,芒康盐井得以留存至今。现如今,在悬崖绝壁上建造的盐田依然保留着当地居民智慧的痕迹,而这两个民族和谐共处并已经着手世界遗产的申请工作。对于芒康盐井的保护,很显著地体现了全社会对工业遗产保护的关注和行动。

京杭大运河自整体被列为全国重点文物保护单位以来,在保护历史遗迹方面取得了显著成果,实现了对大运河经济、人文等多方面价值的全面呈现。大运河的申遗工作囊括了沙漠绿洲丝绸之路、隋唐大运河、浙东运河等,展现了人类过去在商品贸易、文化交流及迁徙等方面的真实状态。随着京杭大运河的开通,沿线城镇通过对旧工业厂房的利用,如杭州的工艺美术馆、伞博物馆和手工艺博物馆等,赋予了沿线区域新的活力。今天,这些城镇已成为休闲之地,工业遗产保护在这些地方取得了明显成果。

除了历史时期的工业遗产之外,我国还分布着许多近现代的工业遗产。近年来,近现代工业遗产的保护与利用越发受到重视。如黄石市的四大工业遗产项目在17平方公里的范围内得到了合理保护和利用。黄石市不仅对铜绿山古铜矿遗址博物馆、大冶铁矿东露天采场旧址和汉冶萍煤铁厂矿旧址进行了保护,还对华新水泥厂的百年历史进行了合理利用和展示。在这个过程中,相关部门和专家们积极参与了座谈会与市民进行沟通,探讨工业遗产如何促进这个区域工业遗产的展示以及公园建设等方面的问题。

江南造船厂的探索更是见证了中国工业遗产保护取得的辉煌成果。沉淀了10多万江南人回忆的造船厂,逐渐成为一个具有历史文化价值的地方。通过对国民政府海军总司令部、江南制造总局翻译馆、海军飞机制造车间等多个历史建筑的保护和合理利用,这片黄金土地得到了很好的传承。在世博会期间,江南造船厂被誉为最好的工业遗产利用案例,为当地工业旅游的发展提供了强有力的支撑。

同时,福建马尾造船厂也不断探索如何将工业遗产保护与利用相结合。作为国家投入的大型造船企业,马尾造船厂在保留船政建筑、炮台等历史遗迹的基础上,也进行了展示馆、历史陈列馆的建设。未来,有待进一步发挥马尾造船厂的辉煌时期,包括马江海战纪念馆、烈士墓、高宗祠等在内的工业遗产保护和合理利用成为行业内的典范。在这个过程中,中国采取了保护工业遗产完整的生命历程、与当地市民沟通和合理利用工业遗产的方法。发挥工业遗产的历史、文化价值,为当地旅游发展和城市更新提供了新的契机。随着中国在工业遗产保护利用上的进一步探索,工业遗产保护将成为文化遗产保护的一个重要部分。

澳门,除了作为现如今中国的大型博彩业中心,在历史上也曾因炮竹业和造船业成为一个独特的具有文化底蕴的城市。2005年,澳门申报成功22组古建筑历史建筑和10个广场为世界遗产,然而当地工业遗址并未完全纳入遗产保护。为了保护历史悠久的工业遗产,澳门文化局组织考察团,对大型炮竹厂和船厂进行研究调查,以期通过保存工业历史强化澳门的文化特色。

广州泰康创业园区曾是仓库堵塞、市民难以靠近珠江的港口,通过规划改造成为市民可以在江边散步、欣赏旧工业建筑的区域。泰康园区不仅拓展了市民的生活空间、丰富了生活内容,还传承了工业遗产的历史。

青岛啤酒厂则是中国保护利用工业遗产的一个典范。作为青岛著名景点,青岛啤酒厂成功地将啤酒生产流程、厂房建筑等保护并展示出来。另外,中国抗日战争时期的上海四行仓库、山西黄崖洞兵工厂等,都经过适度保护,留存下深刻的抗战痕迹。

在上海,黄浦江及苏州河畔的工业遗产得到了很好的保护,如杨浦区的自来水厂和1933老场坊。从2008年开始,这些工业遗产已经逐步转为市民和游客参观的场所,充分利用历史文化价值。

在新疆克拉玛依、青海的油井等地,也留存着当年的工业遗产,它们曾经为国民经济发展立下了赫赫战功。作为一部分中国发展史,这些遗产体现了一个时代的记忆和精神力量。井架实质上代表了那时矢志挺进荒原的石油工人为国家发展做出的贡献,因此值得纪念。

辽宁的工业遗产博物馆和沈阳的中国工业博物馆的成立,奠定了工业遗产保护的基础。以工业遗址为载体,这些博物馆不仅保护了厂房建筑,还将工人的生活环境、家具、生活用具以及社区商店等直接体现工人生活的遗物予以保留。这些实践表明,工业遗产的保护不仅仅是保护实物,更是传承工业文化的内涵和精神。以长春为例,国务院批准了长春电影制片厂和长春第一汽车制造厂为全国重点文物保护单位。这些在发展中为国家的汽车工业和电影产业做出重要贡献的单位,被认为是新时期文物保护的内容之一。这两家企业为中国的汽车工业和影视产业做出了巨大贡献,如今厂房的原貌得以保留,为后人留下一份宝贵的历史记忆。

北京的798艺术区,作为国内早期实现工业遗产保护的典型案例,在当时中央美院的雕塑家和画家等艺术家的帮助下,遗址被赋予了新的文化内涵。在这个充满灵感的空间中,艺术家们享受着自由创作的氛围。当"798"面临拆迁时,受到德国等国家的关注,专家们纷纷呼吁予以保留。如今,"798"已有各种学术报告和展示活动,而751园区以服装展示、设计和文创产业为主,构建了一个整体的发展规划。

首都北京拥有众多的工业遗产,其中以首钢工业遗址最有代表性。首钢有着百年历史,曾为2008年北京奥运会提供支持。2010年,为满足环保要求,首钢减产停产,留下了庞大的工业遗址。当时,面对这一千载难逢的房地产开发机遇,许多人担忧首钢遗址的未来。在长安街延长线上的首钢遗址,如果用于房地产开发,将会产生巨大的经济效益。然而,作为曾担任北京市规划和自然资源委员会主任的我,反而主张将这片土地规划为工业遗产公园,予以整体保护。基于这一提案,全国政协主席贾庆林做出批示,要求尊重首钢工业遗址的历史价值,予以整体保护。经过多次调研视察,最终首钢遗址得到了全面保护。

2010年12月14日,首钢停火,工业遗址保护工程就此展开。与其他国际工业遗产保护项目相比,首钢遗址保护工程在其停产之前就已经启动,规划精细周密,为确保保护过程中的完整性,28根大烟囱一根都不能少,所有高炉、生产线全部得到保护。钢铁产业遗址保护面临的显著挑战,就是与土建筑遗址、砖石建筑遗址和木结构遗址相比,钢铁遗址更易腐蚀和损坏。因此,保护工作的难度较大,需要考虑未来开放参观的安全问题及游客的观景路径。

首钢遗址的保护与利用，带给了所在地区新的活力。在这里举办过冬奥会比赛，它也成为北京工业大运动园。首钢遗址保留了当年的生产线结构，并将其改建成接待场所、会议场所等。清华大学在这里开办了一个数字博物馆，展示了圆明园、中轴线等文化遗产。首钢遗址今天已成为文化、教育、旅游、体育、商贸活动的重要场所，吸引了众多游客。

首钢遗址的保护与利用，实现了其从工业遗址到城市经济、社会发展的积极力量的转化，惠及了广大民众的生活。民众热爱工业遗产，让工业遗产有了尊严，为促进经济社会发展注入了活力。首钢工业遗址的保护利用成了中国工业遗产保护与发展之路的典范，值得各地借鉴与推广。

（三）

本次峰会我们来到了千年窑国景德镇，景德镇与故宫之间有着密切的关系，在故宫珍藏的367 000件陶瓷中，大约有90%是来自景德镇官窑瓷器，今天景德镇市领导告诉我，可能有96%是景德镇生产的官窑瓷器。2014年3月，景德镇政府与故宫博物院在陶瓷方面签署了战略合作协议，包括设立故宫研究院景德镇陶瓷考古研究所、景德镇陶瓷修复与研究中心以及故宫学院景德镇分院等。一个工业遗产，它怎么能够焕发活力，怎么能够使它进入城市生活，成为促进城市经济和社会发展的积极力量呢？当它成为促进城市经济、社会发展的积极力量以后，才能惠及更多的民众的现实生活。民众感受到对自己生活质量的提升，就会热爱这些工业遗产，工业遗产才有尊严，有尊严的工业遗产，才能成为促进经济社会发展的积极力量，一个非常典范的实例就是我们的陶溪川。景德镇陶溪川陶瓷文化创意园从空间规划、遗址保护和利用三个方面取得了丰硕成果。首先从空间规划来看，通过对陶溪川原厂址环境整治与功能性建设，在最大限度地保留原厂风貌的同时进行了新的功能规划。其次从遗址保护来看，包括烟囱、陶瓷厂房等在内的工业遗产得到了切实保护与恢复。再者从遗址利用来看，开启了独具特色的"陶溪川集市"、建设了博物馆等，使陶溪川不仅成为游客的新亮点，更凝聚了陶瓷文化的独特魅力。

在工业遗产保护利用过程中，创新与科技的运用也成了联系古今的关键一环，如在宇航员所需的瓷器制作中，景德镇陶瓷工艺被应用在中国空间站的宇宙飞船上。而更多的研究如中华文明探源工程及"指南针计划"等，将会通过深入挖掘中国古代发明创造，为工业遗产保护利用揭示更多宝贵的价值。

总结来说，景德镇陶溪川陶瓷文化创意园成了工业遗产保护利用的中国范例。通过创新、合作和科技的应用，景德镇这座千年窑国成功地展现了其独特的工业遗产价值。这为我国其他地区在工业遗产保护和利用方面提供了宝贵的经验，同时对推进中国文化遗产事业的发展也发挥了积极作用。

通过以上案例，我们可以了解到中国在工业遗产保护利用方面已经取得了一定程度的成功，且正在逐步形成一条具有自己特色的道路。许多城市已经认识到了工业遗产保护的重要性,并且付诸实践。这些成果的取得,无疑为全球工业遗产保护和利用积累了宝贵的经验。

工业时代的快速发展影响了千家万户,也改变了城市面貌,因此,工业遗产是文化遗产中不可分割的一部分,不应被忽视了。工业遗产应当作为工业文明的文化标识来加以保护,保护这些反映时代特征、承载历史信息的工业遗产,建设以工业遗产为载体的博物馆对外开放,能向大众重点讲述中国近现代工业化曲折道路,展现工业遗产中蕴含的爱国精神、企业家精神、工匠精神,积极弘扬科学文化、创新文化,真正做到让历史说话、让文物说话。

同样,我们也认识到,在保护工业遗产的同时,必须考虑如何将这些遗产空间转变为具有历史和文化价值的公共空间,使人们可以共享此资源。至于工业遗产的范畴,像一些工业建筑及附属物、金融商贸建筑、中华老字号等,都可以列入其中。对于大型和特大型工业遗产,可以设立工业遗址公园,从而达到整体保护的目的。而南方传统工业区往往依托天然河流或运河形成规模布局,可进行综合规划,依托其人文资源,以穿城而过的河道为轴线,修复沿岸厂房、仓库、商铺和其他历史遗存,再现河道两岸传统风貌,形成工业景观与河岸风光交相辉映的文化景观带。

如何更好地保护和利用工业遗产,当下是摆在国家面前的一个严肃问题。因此,有必要调动全社会力量,关注工业遗产保护,寻求具有可持续性的现代利用方式,让历史遗产在新时代焕发出新的生机。

(四)

我认为,在工业遗产保护利用过程中,保护、美化、活化三者缺一不可。只有在这三个方面取得平衡,工业遗产才能为人们所接受,并为现实生活增色添彩。首先要保护载体,确保遗产的完整性;其次要对其进行美化,激发人们对历史的敬意;最后要实现活化,使其与现实生活产生紧密联系,才能真正实现工业遗产的保护与利用。

针对我国如此丰富的工业遗产,我们呼吁将这些遗址整体保护起来并申报世界遗产。以南通为例,张謇先生曾试图在此建设中国近代工业的样板城市,其中包括南通大生纱厂、门户码头等诸多工业遗产,如今也在得到保护,并具备申报世界遗产的潜质。济南老火车站的拆除与后来的悔意,展示了工业遗产保护意识的觉醒。济南老火车站承载的记忆逐渐影响着人们对工业建筑的认识,他们开始从过去的拆除变为呼吁保护修复。济南老火车站曾因规划不当而遭拆除,数十年后市民发现这座具有文化价值的老车站无可替代。这启示我们,针对具有历史价值和人民情感的工业遗产,应当以保护为核心,为其留存空间。如前门火车站幸运地得以保留并成为中国铁道博物馆、甘肃兰州黄河铁桥被全国重点文物保护单位列入保护范围等,此外,南京长江大桥等交通枢纽的历史记忆也证实了工业遗产具有深刻的文化价值。在强调在保护工业遗产的同时,我们也应关注工业遗址与现代社会的融合,使其发挥更大的价值。

工业遗产保护之后,重塑其美感同样重要。在重塑工业遗产美感的过程中,我们需要正视并保留遗产的原始风貌。这是因为工业遗产的美感很大程度上取决于它们所经历的历史和背后的文化内涵,表现了过去一代人的智慧和劳动成果。保留工业遗址的原始风貌,可以使人们更直观地感受到这些工业遗址在历史中的地位与价值。发掘工业遗址的再生价值是一种有效的重塑工业遗址美感的方法。当工业遗址与当代艺术、科技等领域结合时,便能延续其生命力并赋予新的价值。以798艺术区为例,通过引入艺术家工作室、文化创意产业等现代元素,使得工业遗址焕发出新的活力,形成了独特的艺术氛围。同时,这种结合还要顾及遗产与现代因素之间的平衡,避免对遗址的原始性造成过多破坏。在工业遗址的功能再利用过程中,采用适宜且尊重历史特点的设计理念,可以使工业遗址以全新的姿态呈现其美感。设计师应积极运用绿色、可持续设计原则,与自然环境和谐共生,强调工业遗址的环保属性。此外,设计时还要关注空间的开放性、交流性与包容性,使工业遗址成为公共空间的延伸,提高人们与工业遗址之间的互动。重塑工业遗址美感,还需推动导向性的宣传与教育。通过举办展览、论坛等活动,让更多的人了解工业遗址背后的历史与文化,进一步提升民众对工业遗址价值的认知。当人们意识到工业遗址的美感及其在历史中的地位时,便会自发地尊重、关爱这些遗产。

活化利用工业遗址,使之与现实生活紧密相连,是实现工业遗址保护与利用的有效策略。通过活化利用工业遗产,可以有效地展示一个城市的工业发展历程,丰富市民的文化体验,提升城市精神文化氛围。活化工业遗产有助于打造独特的城市形象,提高城市的知名度和影响力,吸引投资,促进当地产业升级和转型,实现经济可持续发展。将工业遗址的历史价值和文化内涵作为设计、功能改造和利用的"红线",确保其独特的文化品质得以延续。优化产业结构和空间布局,借助现有工业遗址资源和区域产业优势,打造创意、文化、科技等多元化产业集群,实现现代产业与工业遗址的融合发展。多元参与的机制构建,鼓励政府、企业、社会组织、专家学者等各方共同参与到工业遗产的保护与利用中来,形成多元化的资源互动、合作共赢的格局。充分挖掘工业遗产的教育价值,通过举办各类展览、讲座等公益活动,普及工业文化知识,教育公众更好地认识自己的城市、理解自己所在城市的历史。从提升城市精神文化氛围、促进经济可持续发展等多重意义来看,工业遗址的活化利用对当前城市改造发展意义重大,值得各级政府、企事业单位和社会各界共同参与、探索推进。

从各地工业遗产保护的实践看,中国在工业遗产保护利用方面已经走出了一条自己的道路。保护工业遗产不仅仅是为了保护物质遗产,更是为了传承在工业化进程中积淀的历史、文化和精神。通过保护与利用,我们可以积极发掘工业遗产的历史价值与现实意义,为振兴地区经济和提升城市文化品位提供新的动力。保护工业遗产,收集并传承工业文化的历史,是对过去劳动者的最好致敬。铁人王进喜、鞍钢英雄孟泰、纺织女工吴桂贤等众多工匠精神的代表,都值得我们铭记。同时,我们还应关注21世纪的新遗产,早日展开保护工作,确保这些遗产不会消失。

回望自己在北京无线电仪器厂当工人的岁月,深感中国的工业遗产保护至关重要。在技术不断进步的今天,曾经为两弹一星等国家重大项目做出贡献的那些工厂,却因为技术落后而被遗弃。因此,工业遗产保护不仅是保存历史记忆,更是为国家现代化发展提供一份宝贵的精神财富。

总的来说,中国已经走出了一条具有自身特色的工业遗产保护和利用之路。今天的国家工业遗产峰会对于加强中国工业遗产保护事业具有重大意义,感谢大家的关注与支持。我们呼吁更多的人关注工业文化遗产,寻求合理利用方式,保护并活化利用工业遗产,将工业文明的火种传承下去。

目 录

一、工业遗产保护利用理论探讨与实践

略论中国文明形态演进中的工业发展 ………………………………… 武 力（3）
"冷战遗产"视角下的三线建设工业遗产保护与活化利用研究
　………………………………… 段 勇　孙 淼　高霄旭（20）
中国近现代工业遗产分类谱系溯源及代表性遗存研究
　………………………………… 徐苏斌　张晶玫　田培培（45）
景德镇"十大瓷厂"陶瓷工业遗产非物质文化资源的构成与价值分析
　……………………………………………………………… 来元茜（66）
民国时期海军飞机制造业的演进历程及其航空工业建筑研究 ……… 欧阳杰（74）
工业遗产再造艺术区景观空间消费的人类学研究
　——一项基于人文价值与人之心态的研究 ………………… 王永健（87）
算法驱动下的存量工业建筑识别及其空间特征研究
　——以上海中心城区为例 …………… 孙 淼　李 垣　邝远霄　张尚武（103）
建筑学视角下贵州青溪铁厂价值研究 ………………… 卢举洪　赖世贤（114）
城市更新与产业转型视角下的铜陵工业遗产保护与再利用
　…………………………………………………… 李正东　安嬿娟（131）
国内工业遗产语料库的构建与应用
　——以国家工业遗产名单为中心（2017—2022）………… 曾 援（139）
大运河（杭州段）工业遗产保护与利用研究 ………………… 马金霞（150）
英国城市复兴运动中工业遗产保护再利用的研究 ……… 韩彤彤　陈 雳（158）
线性工业遗产保护利用初探
　——以安奉铁路本溪段为例 ………………………………… 宁 芳（169）
上海军工遗产保护利用现状分析及思考 ……………… 周阿江　王颖婕（181）
从乡村工业文化到乡村工业遗产保护 …………………………… 谢友宁（198）
20世纪50年代上海内迁企业对芜湖工业发展的影响 ……… 范守义（209）

"青年发展友好型城区"视角下的杏林老工业区城市更新再利用研究
　　……………………………………………………………………… 张延平　赖世贤　（220）
基于评定体系不同的中国工业遗产分布特征差异研究
　　——以《国家工业遗产名单》与《中国工业遗产保护名录》的对比
　　　分析为例 …………………………………………………… 肖文静　赖世贤　（233）
存量时代国内热电厂工业遗产的类型学特征 ……………………… 徐　优　朱晓明　（247）
世界文化遗产地意大利克雷斯皮达达工人村的保护更新 ………… 钱海涛　陈　霁　（265）
文化性视角下的工业遗产保护与城市更新研究
　　——以杭州工业遗产保护再利用实践为例 ………………… 魏　珊　郭大军　（274）
成都市区工业遗产保护现状与城市更新策略研究
　　……………………………………………………… 刘弘涛　姚英骄　张铭晏　（288）

二、三线建设与红色文化

川北地区三线建设规划布局与空间形态研究
　　——以川北四市部分厂区为例 ………………… 李婷婷　向铭铭　喻明红　（307）
乡村振兴视域下三线工业遗产的保护及再利用研究
　　——以曙光工学院为例 ………………………… 陈彦伊　杨雯心　张　勇　（318）
三线建设工业遗产研究的回顾与展望 ……………………………… 张　胜　吕建昌　（331）
从中国式现代化视角看三线建设工业遗产价值 …………………… 李舒桐　吕建昌　（343）
三线建设与湖北城市发展战略的调整 ………… 刘金林　杨　璐　顾云杰　尹　路　（355）
山地工业遗产景观设计策略研究
　　——以重庆双溪机械厂为例 ………… 王晓晓　阙　怡　张志伟　杨丹宸　（365）
基于国土空间规划"一张图"的三线建设工业遗产空间数据库建构研究
　　——以绵阳两弹城为例 ………………………… 黄莞迪　向铭铭　喻明红　（377）
三线工业遗址的旅游开发如何深入人心？
　　——基于多重视觉机制下景观生产的思考 ……………………………… 王　灿　（387）
四川小三线工业遗产现状与保护利用研究
　　——以国营长城机械制造厂与国营燎原机械制造厂为例 …………… 曹　芯　（396）
乡村振兴视角下三线工业遗产的价值评估研究
　　——以陕西省凤县红光沟航天六院旧址为例 ………………………… 曹曦子　（407）

三、工业文旅与档案、博物馆

存续下工业遗产保护与旅游发展协同路径研究
　　——以德州苏禄城旧厂区更新为例 …………………………… 张　杰　贺承林　（423）

文旅融合视域下西安工业遗产旅游开发研究 ………………… 路中康（434）
云南工业遗产旅游与实践教育研究 ………………………… 刘晨宇（445）
德国工业旅游与工业文化普及教育：理论与实践 ……………… 黄　扬（457）
文化数字化视角下"互联网＋工业遗产"的价值实现逻辑 ……… 杜　翼（466）
工业遗产档案的发展历程及保护方向 ………………………… 张晨文（475）
Interpretations of Globalisation during Late Qing Dynasty in
　　Industrial Museums of China
　　……………… Juan Manuel CANO SANCHIZ　Ruijie ZHANG　Lang LON（487）
亨利·柯尔的博物馆思想与实践研究
　　——兼谈1851年万国博览会与南肯辛顿博物馆的创办
　　………………………………………………………… 丁晗雪　孟翔翯（496）

一、工业遗产保护利用理论探讨与实践

略论中国文明形态演进中的工业发展

武 力*

（中国社会科学院当代中国研究所）

摘 要：本文简要梳理近代以来中国的工业化发展进程，尤其是新中国成立以来，中国成功完成了从农业大国向工业大国转变的历程，指出中国工业的发展不仅为中华民族伟大复兴奠定了重要的物质基础，而且对于世界发展也具有独特的意义。2020年，中国基本实现工业化，这不仅意味着世界最大发展中国家实现了世界最大农业国的工业化，世界五分之一人口开始充分享受"工业文明"带来的红利，而且为世界发展中国家实现工业化提供了宝贵的经验。

关键词：中国近代工业；工业发展；工业文明；工业化

1. 工业发展是人类文明演进的根本动力

工业是采掘、收集自然物质资料和对各种原材料进行加工的物质生产部门。工业的最初形式是手工业，随着劳动工具从手工工具转化为机器，出现了以使用机器为特征的机器大工业，进而又发展为以高新技术为先导的现代化工业。工业还为国民经济其他部门提供能源、原材料和其他生产资料，它是国民经济的重要支柱，尤其对于大国而言，工业发展水平的高低决定了其国际战略地位的高低。

虽然从世界范围来看古代就存在广泛的手工业，但其生产力水平是比较低的，直到工业革命（又称产业革命）之后，工业发展进入了新的历史阶段，人类历史也开始了一次重要分化。工业革命是指机器生产代替手工生产、资本主义工厂制度代替手工业作坊的历史过程。意大利知名经济史学家奇波拉指出"工业革命使人类从农牧民转变为无生命驱动机器的操纵者"①。工业革命之前，世界经济整体上处于经济增长非常缓慢的"马尔萨斯增长模式"；而工业革命之后，世界经济进入了新的增长阶段，同时也出现了

---

* 武力，中国社会科学院当代中国研究所研究员，中国社会科学院大学博士生导师，中华人民共和国国史学会学术委员会主任。

① 卡洛·M.奇拉波. 欧洲经济史·第3卷·工业革命[M].商务印书馆,1989：1.

两极分化。工业革命最先是从英国开始的。从18世纪60年代到19世纪40年代,英国在世界上最先从工场手工业占统治地位的国家变成机器大工业占优势的国家,逐步建立了强大的纺织工业、冶金工业、煤炭工业和机器制造业。到1820年,英国的工业总产值已占世界工业总产值的一半,此后曾长期占据世界工业生产的垄断地位,成为人类历史上第一个"世界工厂"。一些学者认为,工业革命不是一蹴而就的,它其实是一个较为渐进的过程。但是法国历史学家费尔南·布罗代尔指出:"它(英国工业革命,笔者注),既是一系列急剧的事件,也是一个显然十分缓慢的过程。是一支乐曲在两个音域的同时演奏。"①在第一次工业革命之后,从19世纪60年代开始,世界上又出现了第二次工业革命——以大规模应用内燃机、电力、化工等技术为标志,人类进入了"电气时代"。第二次世界大战后,世界又开始了以电子信息技术为主的第三次工业革命。当前人类社会进入了以人工智能、新材料技术、量子信息技术、可控核聚变、清洁能源以及生物技术为代表的第四次工业革命。历次的工业革命,推动了生产力的巨大进步,不断推进人类历史的发展。

自英国开始工业革命之后,人类历史进入近代工业化轨迹,工业化几乎是所有大国从农业国成为工业国的必由之路。传统经济学认为,工业化意味着在经济结构中工业所占的比重越来越大、农业所占的比重逐渐减小。工业化通常用工业产值在国内生产总值中比重增大和工业人口在劳动就业总人口中比重增大的过程来表示。张培刚则认为工业化是"一系列基要的'生产函数'连续发生变化的过程"。张培刚定义的工业化不仅仅是工业本身在国民经济比重中的变化,还指出工业为包括农业在内的国民经济整体效率提升做出的重要贡献。许多学者也认为在工业化过程中,人口的人均收入也将增加,工业化成为现代化重要的物质基础。广义的现代化主要是指自工业革命以来现代生产力导致社会生产方式迭代的大变革,具体地说,就是以现代工业、科学和技术革命为推动力,实现传统的农业社会向现代工业社会发展的大转变②。

2. 中国工业发展的历史演进

马克思指出:"人们不能自由地选择自己的生产力——这是他们的全部历史的基础,因为任何生产力都是一种既得的力量,以往的活动的产物。"中国的工业化走过了一条不同于西方发达国家的道路,从大的历史角度分析,大致可以分为三个发展阶段。

2.1 史前时代到鸦片战争前中国古代手工业发展阶段

中国古代手工业发展历史源远流长。在新石器时代,就出现了纺织工业、陶瓷工业。

---

① 费尔南·布罗代尔. 15 至 18 世纪的物质文明、经济和资本主义(1—3)[M]. 生活·读书·新知三联书店,1996:622.
② 罗荣渠. 现代化新论——世界与中国的现代化进程[M]. 商务印书馆,2004:5.

经历了数千年的发展,中国古代工业取得了一些成就。虽然发展到了一定水平,但中国古代工业最终没有孕育出工业革命,在西方国家工业文明的竞争中处于下风的状态。从整体来看,中国古代工业有以下几个特征:

2.1.1 工业部门不断增加,工业技术与工艺有所进步

在原始社会阶段(史前时代),工业只有石器制造、骨角器制造、陶器制造、纺织品制造、酿酒、编织等少数部门。进入商周之后,一方面,出现了新的工业部门,即冶铜工业(即青铜工业);另一方面,一些工业部门也不断扩展,在商代将原始社会时期的制陶工业进一步发展为白陶与釉陶。进入封建社会之后,中国古代工业又进一步发展,出现了冶铁工业、制糖工业、棉纺织业等。中国古代工业发展过程中,工业部门进一步分化,新的工业部门不断增多。例如,在棉织业发展的基础上,有了染布业的兴起,以后又从染布业中分化出独立的踹布业①。工业部门的不断增多与分化,为进一步分工与提高效率奠定了重要的基础。

工业技术与工艺也有所进步。中国古代工业技术伴随着工业发展不断进步,曾一度领先于世界,如从西汉至18世纪的近两千年间,中国造纸术一直在世界上居于领先地位。虽然中国古代技术曾一度领先于世界,但由于科举制度②、财产权保护缺失、高额的土地回报诱使人们投资农业等多种因素的作用,中国科技最终落后于欧洲,也未能实现工业革命,产生了"李约瑟之谜"。

2.1.2 工业规模不断扩大,出现了工场手工业

中国古代工业的生产规模也不断扩大。在中国古代手工业发展的历史上,工业生产的规模与组织逐步地由小到大、由简单到复杂。随着工业规模的不断扩大,在明清中后期,中国已经开始出现工场手工业的生产方式,如明代中后期的江南纺织业、景德镇的制瓷业等。油坊是明清时期江南轻工业各部门中集中程度最高的一个部门。在明清江南轻工业各部门中,榨油业是工场手工业性质最明显的部门。分工和专业化只有在工场手工业中才得到最大的发展,工场手工业的发展有利于商品经济的进一步发展。但是工场手工业在中国古代工业中的比重仍然不高,如作为中国古代工业重要组成部分的纺织工业在清朝前期依旧是纺织结合、耕织结合的家庭手工业形式,这构成当时自给自足的封建经济结构的基础。

2.1.3 官府工业是古代工业的重要生产者,但在明清时期不断衰败

早在商代,就有由官府垄断的青铜工业(冶铜和铜器铸造)。从西周到西汉,主要的工业部门,官府都设有作坊进行制造。明朝中期后,一方面官府工业经营效率低下的问题不断凸显,官员贪污浪费、工匠的怠工与大量逃亡,使产品质量低劣、不堪应用。另一方面,私人手工业迅速发展,商品经济的范围不断扩大。这种客观情况使得政府与其维持腐朽

---

① 踹布业的任务,在于把已经染色的棉布加以压平,使其光泽美观,提高商品(棉布)的质量。
② J. Y. Lin, G. J. Wen. China's Regional Grain Self-sufficiency Policy and Its Effection and Productivity[J]. Journal of Comparative Economics,1995(2),187-206.

的官府工业,倒不如采取向工匠征收银两以收实效。官府工业逐步衰败。

2.1.4 民间手工业逐步兴起,但资本主义萌芽发展缓慢

从东汉开始,随着社会分工发展,民间手工业者不断从农村中分化出来,向城市集中,成为独立的手工业者。在东汉时期,当时的成都、洛阳和长安都是经济极为发达的封建城市,集中了不少手工业者。在唐宋时期,中国民间手工业者的社会地位日益巩固。由于封建政府一般不给手工业者土地,但手工业者在城市中受到政府的合法保护,这样就促成手工业者向城市聚集的态势。从唐代开始,社会上出现了保卫手工业者自身利益的行会组织。到了宋代,这种手工业者的行会组织壮大起来。明清时期,官府工业逐步让位于民间手工业,民间手工业的发展还产生了资本主义萌芽。但是从整体来看,明清时代,一方面是城乡独立手工业发展不足,另一方面是与小农业牢固结合着的家庭手工业占据优势,再加上封建上层建筑的反作用以及手工业封建行会的影响等因素制约,中国的资本主义最终未能发展起来。

2.2 19世纪60年代到1949年新中国诞生前夕是中国近代工业发展的历史

1840年鸦片战争之后,中国受到西方列强侵略,逐步陷入半殖民地半封建社会。如何实现工业化成为近代中国面临的重要任务。历经晚清政府、北洋政府、国民政府近百年工业化的努力,虽然中国近代工业发展也取得了一些成绩,但是中国不仅未能完成农业国向工业国的转变,而且与世界工业强国的差距进一步拉大。近代工业化体现出了以下几个特征:

2.2.1 近代工业化起步于军事工业,具有较强的赶超特征

鸦片战争之后的20余年间,中国一败再败于西方列强。从19世纪60年代初开始到甲午中日战争为止,在奕䜣、曾国藩、李鸿章、左宗棠等洋务官僚的支持下,晚清政府开展了向西方学习兴办洋务的洋务运动。中国近代工业化起步就面临着抵抗西方的武装侵略和经济掠夺的重任,具有较明显的赶超特征。

但经历了洋务运动"自强"与"求富"两个阶段之后,中国不仅没有实现对西方列强的赶超,反而在与大致同一时期推进近代工业化的东亚近邻日本的竞争中落伍。进入20世纪以后,随着西方资本主义进入帝国主义时代,重新瓜分世界的新一轮浪潮出现了,中国的国家安全问题不仅没有缓解,反而日益严重。孙中山在辛亥革命后就指出:"现在强邻如虎,各欲吞食我国,若我国不有相当武备自卫,则我国必为虎所食也。"第一次世界大战以后,持续不断的局部侵华战争最终演变为要灭亡中国的日本全面侵华战争,这种外患日益严重的局面是与中国缺乏支撑现代国防工业的重工业基础直接相关的,重工业已经成为制约中国国家安全和经济发展的瓶颈。也因此,孙中山在1919年发表的《实业计划》中提出要以发展现代交通运输和钢铁工业为中心。在晚年,孙中山又写成《十年国防计划》,在这个被孙中山称为"救国计划"的军事与国防纲领中,他甚至提出要训练1 000万名国防物质工程技术人才。孙中山认为:"中国欲为世界一等大强国,及免重受各国兵力侵略,

则须努力实行扩张军备建设。"①但是近代工业化并未能实现工业赶超,在国民经济形势最好的1936年,我国新式工业也仅占工业的三分之一左右②,强大的国防工业也远未建立。正如毛泽东同志在中华人民共和国成立之初所指出的:"现在我们能造什么? 能造桌子椅子,能造茶碗茶壶,能种粮食,还能磨成面粉,还能造纸,但是,一辆汽车、一架飞机、一辆坦克、一辆拖拉机都不能造。"③

2.2.2 政府能力有限是近代工业化未能实现赶超的重要原因

马克思认为:"一切政府,甚至最专制的政府,归根到底都只不过是本国状况所产生的经济必然性的执行者……他们可以加速或延缓经济发展及其政治和法律的结果,可是最终它们还是要遵循这种发展。"④在19世纪中叶,中国工业发展水平已经远远落后于西方发达国家。由于中国近代工业化起步是由政府推动的,19世纪60—70年代,晚清洋务派以"自强"为口号,大规模地创办军事工业。但晚清政府兴办的军用工业企业的管理者多是朝廷官员,衙门作风较浓,任人唯亲,营私舞弊现象严重,最终导致这些企业经营效率普遍不高。

辛亥革命以后的北洋政府能力也是非常有限的,国家长期处于四分五裂之中。为推动近代工业发展,南京国民政府增设了工商部,并于1929年7月31日颁布了《特种工业奖励法》。但无日不处于外忧内患的政治形势又让工业发展难以顺利推进。在外忧方面,1928年发生的日军阻止北伐的"济南惨案",1931年发生在东北的"九一八"事变,1932年发生在上海的"一·二八"事变,1935年的华北事变,1937年的"七七"事变,日本灭亡中国的行动几乎一刻也没有停止。在内患方面,军阀林立,盗匪横行,军阀混战和共产党领导的土地革命此起彼伏,使得南京中央政府疲于应付。国家安全和政权危机,使得国民党政府自然要大力发展国防工业和重工业,兴修铁路、公路,并利用货币统一和改革的机会强化国家资本,控制有关国计民生的行业和物资,特别是战时的经济动员和统制经济,更强化了政府的经济职能和权力。从整体来看,国民政府对各类商办企业进行强制没收、接管、购买、参股改制。部分民营企业又沿着商办—官府参股—官商合办—官办(国办、省办)的途径,演变为官办(国办、省办)企业。民族资本衰退甚至下降,而国家资本膨胀。以重工业为主要特征的"官办"企业、国营企业效率极低,中饱私囊、裙带关系普遍,贪污盛行,甚至实际上变为某些官僚控制的个人企业,从而被称为"官僚资本"。官僚资本不仅未能实现近代工业化,反而抑制了民营资本的兴起,最终不利于中国工业的发展。

哈佛大学教授、美国历史学家、中国问题观察家费正清曾指出:"无能的政府是中国工业化落后的首要原因。"⑤我国著名经济学家陈振汉先生曾将政府、技术和管理、资金作为

---

① 孙中山全集(第五卷)[M]. 人民出版社,2015:572.
② 许涤新,吴承明. 中国资本主义发展史(第3卷)[M]. 人民出版社,1993:739-740.
③ 中共中央文献研究室. 毛泽东文集(第六卷)[M]. 人民出版社,1999:329.
④ 中共中央马克思恩格斯列宁斯大林著作编译局编. 马克思恩格斯选集(第4卷)[M]. 北京人民出版社,1995:495.
⑤ 费正清. 中国传统与变迁[M]. 世界知识出版社,2002:379.

产业革命的三个条件。而且认为从晚清到新中国成立前,政府的无能是中国未能出现产业革命的重要原因①。无论是晚清政府、北洋政府还是国民政府,都未能担负起中国工业化的重担。

2.2.3 民族资本工业在夹缝中艰难发展

军事工业的创立,需要有原料和燃料的供应,需要有近代电信和运输的支援,这必然促进民用工业和新式交通运输业的发生发展。洋务官僚逐渐认识到不能仅仅"自强",还必须要"求富"。同时期,在洋务官僚创办民用工业的推动下,诞生了中国近代的民营工业。这些民营工业主要是由一部分商人、地主官员、买办投资创办的,也有一些是由原来的旧式手工工场或大作坊采用机器生产而转化成近代企业的。这些民营工业主要有船舶修造业、缫丝业、轧花业、棉纺织业、采矿业、航运业等。甲午中日战争和庚子国变后,民间主张"实业救国"和要求发展工商业的呼声日益高涨,清政府被迫推行"新政",鼓励商人、富绅开办企业,放宽了对民营企业的限制,私人资本有所发展。官办企业纷纷朝着官办—官督商办—官商合办—官办商营—商办的轨迹向民营企业演变②。1913年9月,实业家张謇出任北洋政府农商总长,积极保护民营企业,采取奖励工商政策,推行经济立法。北洋时期,官办工业规模显著缩小,而民族资本主义工业获得了较大的发展。1914年爆发的第一次世界大战及随后的几年,为我国民族资本主义工业的发展创造了空前有利的条件,如大生纱厂和大生企业集团进入了鼎盛的发展时期。特别是1918年至1921年的四年,是大生系统企业发展最快的四年③。抗日战争胜利后,一方面官僚资本膨胀,民族工业受到挤压。另一方面以美国为代表的发达资本主义国家向中国大量倾销廉价商品,给中国民族资本主义工业带来了较大冲击。再加上繁重的捐税负担、恶性的通货膨胀以及国内战争等因素,都导致民族资本主义工业举步维艰。

2.2.4 中国近代工业远未实现独立发展

由于近代中国一步步沦为半殖民地半封建社会,近代中国工业远未能独立。甲午中日战争之后,外国资本主义工业在华势力扩张加剧④。帝国主义国家凭借不平等条约所取得的特权,加强了对中国的经济侵略,他们除继续对中国进行商品输出外,更向中国大量进行资本输出。他们不断地在中国办工厂、开矿山、筑铁路、办航运,从而直接控制了中国的国民经济命脉。他们还通过借贷巨款给中国政府或工业企业,来取得对中国国家财政和某些工业企业的控制权。1936年,帝国主义在华资本占比高达61.4%,民族资本占比仅为32.81%。中国工业中效益较好的棉纺织业中的许多纱厂也被外国资本兼并。1936年,华商纱厂的纱锭仅为全国的51.8%,日本控制44.8%。在中国电力、煤矿等重要战略物资中外国资本也占据相当比重。

---

① 陈振汉. 步履集[M]. 北京大学出版社,2005:340—342.
② 刘克祥,吴太昌. 中国近代经济史(1927—1937)[M]. 人民出版社,2010:142.
③ 大生系统企业史编写组. 大生系统企业史[M]. 江苏古籍出版社,1990:126—129.
④ 王方中. 中国经济通史(第9卷)[M]. 湖南人民出版社,2002:93.

近代中国工业远未独立,即使在国民经济发展较好的抗战前夕,钢铁工业自给率也仅为5%,石油、汽油仅为0.2%,机械工业仅为23.5%。即使是自给率比较高的纺织工业,其机器设备几乎全部依靠外国供应,依赖程度比原料还要严重。机械设备维修所需的零配件也大都仰赖外国①。中国工业化滞后,严重影响了中国作为大国独立自主的发展。1949年后中国经济的世界地位依然不断下降。据麦迪森估计,1820年中国GDP总量占世界GDP总量的33%,居世界首位;到1900年则下降至11%;到1950年则进一步下降至5%。从人均GDP来看,1820年中国人均GDP相当于世界平均水平的90%,1900年则下降至43%,到1950年则进一步下降至21%,差距不断扩大②。

2.3 新中国工业的发展史

百年"落后就要挨打"的惨痛教训,使得中华人民共和国成立后迫切的任务就是加快工业化的步伐,成为与中国人口、面积以及悠久文明相称的世界经济大国。早在党的七届二中全会上,毛泽东就提出要"由农业国变成工业国"③。加快中国工业化成为中国共产党建立政权后面临的重要任务。新中国工业发展又可以分为三个大的历史阶段:

2.3.1 优先快速发展重工业的非均衡发展阶段(1949—1978)

正如著名经济史学家罗斯托在《经济增长的阶段》中所说的:"反抗更先进的国家的入侵素来是从传统社会转变为现代社会的最重要的和最强大的推动力,其重要性至少与利润动因等量齐观。"④中华人民共和国成立后,中国共产党出于建立大国独立自主工业体系与强大国防工业的考虑,选择了与我国当时劳动力丰富、资本稀缺的要素禀赋不同的优先发展重工业的道路。经过20多年的努力,中国重工业取得较快发展,建立了比较完备的工业体系。但是从整体来看,工业化的任务依旧艰巨。这一时期工业化具有以下特征:

(1) 优先发展重工业。建立完备的工业体系与强大的军事工业,就必须实现重工业的关键突破。1949年9月,中国人民政治协商会议通过的《共同纲领》中明确指出:"应以有计划有步骤地恢复和发展重工业为重点,例如矿业、钢铁业、动力工业、机器制造业、电器工业和主要化学工业等,以创立国家工业化的基础。"⑤苏联优先发展重工业的工业化模式在当时表现出的强大生命力,契合了新中国急于摆脱落后挨打的局面和追求大国经济独立发展的迫切需求。以苏联为首的社会主义阵营给新中国建设的援助,更促使我国选择了学习苏联、走优先发展重工业的道路。正如经过毛泽东亲自修订的党在过渡时期总路线宣传提纲所说:"因为我国过去重工业的基础极为薄弱,经济上不能独立,国防不能巩固,帝国主义国家都来欺侮我们,这种痛苦我们中国人民已经受够了。如果现在我们还

---

① 当代中国丛书编辑部.当代中国的纺织工业[M].北京:当代中国出版社,2009:9.
② 安格斯·麦迪森.世界经济千年史[M].伍晓鹰等译,北京大学出版社,2003:中文版前言.
③ 毛泽东选集(第四卷)[M].人民出版社,1991:1245.
④ 迈耶,西尔斯.发展经济学的先驱[M].谭崇台等,译.科学出版社,1988:243.
⑤ 中共中央文献研究室,中央档案馆.建党以来重要文献选编(一九二一——一九四九)第26册[M].中央文献出版社,2011:765.

不建立重工业,帝国主义是一定还要来欺侮我们的。"①

(2) 实行赶超型发展。新中国是在国际环境恶劣、生产力落后的条件下,开始推进工业化的。在激烈的国际竞争中,要摆脱落后挨打的威胁,就要求保持工业的高速发展。正如 1956 年党的八大上毛泽东同志提出的:"你有那么多人,你有那么一块大地方,资源那么丰富,又听说搞了社会主义,据说是有优越性,结果你搞了五六十年还不能超过美国,你像个什么样呢?那就要从地球上开除你球籍!"②毛泽东同志还提出:"美国是世界上最强大的资本主义国家,它建国只有 180 年,它的钢在 60 年前也只有 400 万吨。假如再有 50 年、60 年,就完全应赶过它,这是一种责任。"③ 1957 年 11 月,毛泽东提出要用 15 年时间在经济上超过英国。1958 年的元旦社论,明确提出了"超英赶美"的战略任务④。

(3) 建立单一公有制和计划经济体制。重工业与轻工业不同,它的建设周期长、资本投入大、技术水平要求高。为克服市场机制与优先发展重工业之间的矛盾,我国进行了强制性的制度变迁,建立了以计划分配调拨为主的物资流通体制、计划价格体系和单一公有制经济为主要内容的传统社会主义经济体制。

(4) 注重由国家出面进行大规模的技术引进。一方面在"冷战"背景下,中国追求独立自主的发展工业,走上了"进口替代"的道路;另一方面为实现较短时间内工业赶超,在政府主导下,我国进行了三次大规模的技术引进。第一次是在苏联援助下,以"156 项"重大项目建设为核心的技术引进。向苏联大规模的技术引进,让中国重要工业领域的技术达到了 20 世纪 50 年代国际先进水平。随着中苏关系破裂,20 世纪 70 年代之后我国与美国等西方国家关系有所改善,毛泽东与周恩来等国家领导人做出了引进西方国家先进技术的决策,引进工程项目的总规模达到 43 亿美元(被称为"四三方案")。这些项目有效提升了我国技术水平,尤其是一批大型石油化工项目的引进和建设,为解决人民"吃穿用"问题发挥了重要作用。在改革开放前夕,我国再次向西方国家大规模引进工业技术项目,建立了宝钢、咸阳彩色显像管总厂等技术先进的工厂。由政府主导的三次大规模技术引进,为我国建立独立完整的工业体系、提升工业技术水平做出了历史贡献。但是这种技术引进模式,也带来了技术引进的决策权过于集中、技术的消化和吸收不足等问题。

(5) 工业布局更注重区域之间的均衡。近代中国不仅工业基础薄弱,区域之间工业发展也极不平衡。正如党在过渡时期的总路线中指出:"我们的经济遗产落后,发展不平衡,还是一个农业国,工业大多在沿海。"⑤据 1952 年的统计,我国"沿海各省的工业产值占全国工业总产值的百分之七十以上"⑥。1953 年,中国开始进行大规模工业化建设。

---

① 中共中央文献研究室. 建国以来重要文献选编(第四册)[M]. 中央文献出版社,2011:606.
② 中共中央文献研究室. 毛泽东文集(第七卷)[M]. 人民出版社,1999:89.
③ 中共中央文献研究室. 毛泽东文集(第七卷)[M]. 人民出版社,1999:89.
④ 刘国光. 中国十个五年计划研究报告[M]. 人民出版社,2006:149.
⑤ 中共中央文献研究室. 建国以来重要文献选编(第四册)[M]. 中央文献出版社,2011:305.
⑥ 中共中央文献研究室. 建国以来重要文献选编(第六册)[M]. 中央文献出版社,2011:269.

"一五计划"中明确提出"逐步地改变旧中国遗留下来的这种不合理的状态",并将工业合理布局作为"有计划地发展我国国民经济中的计划重要任务之一"①。"一五计划"中"156项"重大项目主要分布于东北、中、西部地区②。"一五计划"时期限额以上的694个工业建设单位,分布在内地的有472个,分布在东部沿海各地的仅有222个③。

进入20世纪60年代之后,中国国际环境日趋严峻,1964年中国开始进行"三线建设",中国的工业建设向中西部倾斜。20世纪50—70年代,中国实施区域均衡发展战略,在政府主导下我国工业生产要素分配向内地倾斜,不仅有效打破了落后地区资本不足的"贫困性陷阱",而且通过工业较发达地区的援建与内迁,在短时间内让落后地区突破了技术与人力资本的瓶颈,有效推动了工业空间布局的均衡发展,巩固了国家安全与边疆稳定。但从长期来看东部沿海工业的优势从长期来看,未能得到有效发挥,经济效率问题困扰着我国工业化的继续推进。

2.3.2 外延式工业化快速推进阶段(1979—2011)

从世界历史经验来看,对于大国而言,工业化是实现经济现代化的必由之路。改革开放之后,我国逐步形成了"发展才是硬道理"的发展观,工业化成为推动经济发展的重要手段。邓小平同志强调"对于我们这样发展中的大国来说,经济要发展得快一点"④,改革开放以后我国工业化快速推进。这一时期又可以分为两个历史阶段:一个是1979—1997年,这一阶段工业外延式扩张,最终在1997年使我国告别了短缺,进入"买方市场";从1998年开始,我国进入了重化工业重启阶段,工业产值高速增长,中国成为世界第一制造业大国。

(1) 1979—1997年工业高速发展。党的十一届三中全会之后,"以经济建设为中心"成为全党的共识。中国工业化道路也开始从优先发展重工业向农、轻、重协调发展的工业化道路转变。这一时期工业化具有如下一些特征。

第一,所有制改革推动工业化,乡镇企业"异军突起",外资企业蓬勃生长。特别是1992年确定了市场经济改革目标以后,民营企业、外资企业等非公有制经济获得了长足发展。中国工业化进入了多轮驱动的时代。乡镇企业、城市民营企业、外资企业纷纷进入投资少、盈利高的轻工业部门,有效改善了工业结构。

第二,充分发挥地方政府的发展工业的积极性。1978年,邓小平明确提出了"向地方分权",指出我国有这么多省、市、自治区,一个中等的省相当于欧洲的一个大国,有必要在统一认识、统一政策、统一计划、统一指挥、统一行动之下,在经济计划和财政、外贸等方面

---

① 中共中央文献研究室.建国以来重要文献选编(第六册)[M].中央文献出版社,2011:269.
② 106个民用工业项目中,东北拥有50项,中部与西部分别拥有32项与24项;在44个国防项目中,则有35个布置在中、西部地区,其中17个安排在陕西省。笔者根据董志凯《新中国工业的奠基石》(广东经济出版社2004年版,第415—416页)资料整理.
③ 全国人大财政经济委员会办公室,国家发展和改革委员会发展规划司.建国以来国民经济和社会发展五年计划重点汇编[M].中国民主法制出版社,2008:631.
④ 邓小平文选(第三卷)[M].人民出版社,1993:377.

给予更多的自主权。为发挥地方政府的积极性,中国在探索市场经济的同时,对中央政府与地方政府的关系进行了进一步的调整。在财政制度上"分灶吃饭",变原来的"条条"财力分配为"块块"分配,极大地刺激了地方发展经济的积极性。不仅财政权下放,将基建计划的审批权、物价管理权、利用外资审批权、物资统配权等也下放了。在中央政治集权的背景下,经济发展的快慢往往成为中央考核地方政府官员的最重要指标。改革开放中形成的经济分权与政治集中相结合的体制,使得地方政府成为发展型政府。地方政府不仅拥有企业不具备的强大资源动员能力,而且地方政府也有动力通过市场化改革,加大对外开放,推动当地的工业发展。

第三,对外开放大大促进了工业化。中国作为大国在空间上拥有非常大的回旋余地,中国可以用"以点带面"、梯度开放的方式逐步推进,形成了由"经济特区—沿海开放城市—沿海经济开放区"的对外开放新格局。1982年,党的"十二大"将对外开放作为基本路线的重要内容之一。1984年,党的十二届三中全会正式把对外开放确定为"长期的基本国策"。随着对外开放的深入,中国逐渐融入国际市场,劳动力丰富的比较优势逐步凸显,中国出口快速增长。1984年中国出口额位居世界第18位,1997年上升到第10位①。对外开放还吸引了大量外资流入,不仅弥补了我国工业化中资本不足的缺陷,还带来了先进的技术与管理模式,最终提高了中国工业整体的经济效率。

改革开放以后,我国工业进入了高速扩张的阶段,工业产值1997年比1979年增加691.4%,高于国内生产总值为450.2%的增长率(同比价格计算)②。1979年,轻工业与重工业之比为43.7∶56.3,1997年,则为49∶51,计划经济时期工业结构失衡现象得到改善③。改革开放以后,工业化的高速推进让中国经济告别短缺。据国内贸易部1997年下半年对613种主要商品供应情况的分析,供不应求的商品有10种,仅占1.6%,供求基本平衡的商品占66.6%,供过于求的商品占31.8%④。1979—1997年,中国工业高速发展,有力地提升了中国工业的国际地位。与发展中大国相比,1979年中国工业总产值是印度的204.6%、与巴西大体持平,1997年中国工业总产值是印度的381.6%、巴西的227%。从重要的工业产品的角度来看,中国重要工业品的位次在世界各国中不断提升,1990年电视机产量为世界第一,1996年成为世界钢铁生产第一大国。

(2) 1998—2012年重化工业重启阶段。20世纪90年代中后期,"内需不足"成为困扰中国工业发展的重要问题,1997年下半年爆发的亚洲金融危机又使中国经济雪上加霜。在"买方市场"下,中国政府采取措施刺激工业产值增长,最终推动了中国重化工业重启。

第一,发挥政府与市场双重作用,推动重化工业重启。20世纪90年代末期以来重化

---

① 国家统计局贸易外经统计司.对外经济统计年鉴(1998)[M].北京:中国统计出版社,1999:22.
② 根据中国统计年鉴(1998)相关数据计算。
③ 笔者综合历年《中国统计年鉴》《中国工业经济统计年鉴》相关数据计算。
④ 武力.中华人民共和国经济史(下)[M].中国时代经济出版社,2010:950.

工业重启既不同于改革开放前政府主导的优先发展重工业,也不同于市场引导的"霍夫曼定律"下的重工业升级。这一时期重化工业重启是在政府与市场的双重作用下推进的。一方面,政府为保持较高的经济增长速度,采取积极的财政政策,推动城市化建设,加快房地产市场化改革等措施,有效拉动了重化工业的发展。另一方面,随着居民收入的提高,居民消费不断升级,居民对于房地产、汽车等耐用品的巨大需求,成为拉动重化工业高速增长的重要动力。而且经过改革开放以来的发展,民营资本已经具备较为雄厚的实力,在重化工业需求旺盛的刺激下,有动力进入重化工业领域。在政府与市场双重推动下,重化工业得到较快速度的发展。

第二,加入WTO使中国工业发展得以充分利用国际市场资源。2001年底,中国加入世界贸易组织,这使得中国工业品在国际市场上发挥出低成本(包括劳动力、资源等生产要素)和产业门类齐全以及规模优势,中国逐步成为"世界工厂"。2000年我国出口额位居世界第七位,2009年则上升为第一位,尔后长期保持这一地位。出口在这一时期对工业发展产生了较强的拉动作用。通信设备、计算机及其他电子设备制造业2001年出口额占产值比重为42.60%,在2006年一度上升为66.76%,2011年依旧保持在59.89%。电气机械及器材制造业2001年出口额占产值比重为20.75%,2006年为25.97%,2011年为58.34%[①]。随着我国加入WTO之后,国外重化工业巨头加大了对我国的投资,建立了电解铝、电石、铁合金等生产线[②],进一步促进了我国重化工业的加速发展。

第三,粗放型数量扩张的发展模式。虽然中国在21世纪初期曾经进行了新型工业化的探索,也取得了一些成效,但是总体上尚未摆脱粗放型数量扩张的发展模式。为追求经济高速增长,我国压低了能源、资源等生产要素价格,形成了依靠投资与物资消耗的工业发展的特征。中国单位能耗所产生的GDP水平较低,不仅低于美国、日本等发达国家,还低于印度等发展中国家。由于能源利用率偏低,中国工业化过程中对能源需求量巨大。2009年,中国能源消耗量超过美国,成为世界第一大能源消费大国。2009年,我国万美元GDP消耗的标准油为7.68吨,而世界平均水平为2.97吨,高收入国家为1.81吨,中等收入国家为6.48吨,均远低于我国消耗水平。人均资源匮乏的日本仅为0.97吨,人均资源相对丰富的美国也仅为1.93吨[③]。由于中国是一个大国,随着经济规模逐步增大,不仅国内资源、能源供给压力日益凸显,环境承载力日益脆弱,也带来了国际资源、能源与环境方面的挑战。这一时期工业发展呈现出重化工业重启的特征。重工业比重1998年为50.7%,2000年达到60.2%[④],2006年超过70%,2011年仍为71.8%。在重化工业重启

---

① 笔者根据《中国工业经济统计年鉴》相关数据计算。
② 杨世伟.国际产业转移与中国新型工业化道路[M].经济管理出版社,2009:122.
③ 国家统计局:主要国家(地区)年度数据库,http://data.stats.gov.cn/workspace/in-dex? m=gjnd.
④ 2000年与1998年工业统计口径有变化,2000年与1998年重工业占工业比重不可比,但2000年与2006年具有可比性。

的推动下,中国工业产值增长速度较快①。1998年,中国工业产值为美国的22.9%、日本的34.8%、德国的73.9%;2000年超过了德国,2007年超过日本,2011年超过美国,成为世界第一大工业国;2012年,中国工业产值为美国的120.5%、日本的233.6%、德国的396.3%②。

2.3.3 2012年以后中国经济进入新的历史阶段

"十二五"期间我国在经济实力、科技实力、国防实力、国际影响力方面又上了一个大台阶的同时,经济发展也开始进入增长速度放缓、结构调整紧迫、发展动力转换的新阶段。2012年以后中国经济进入"新常态",发展成本不断上升(包括劳动成本不断提升,资源、能源成本增加,环境压力增大)、内需疲软、自主创新不足等问题困扰中国工业经济发展。国际竞争中,中国工业在高端受到美国"再工业化"、德国"工业4.0版"的挤压,而低端又受到印度、越南低成本挑战。在新的条件下,我国开始了从工业大国向工业强国转变的努力。这一时期工业发展主要有如下几个特征:

(1) 由过去的追求高速度发展转向追求高质量发展。如果说在中华人民共和国成立初期,中国与发达国家工业差距最突出的表现是数量的差距,随着经济进入新常态,中国工业赶超目标则从结构与数量的赶超转变为质量与效率的赶超。中国政府提出了"中国制造2025",部署了工业的"三步走":在2025年,迈入制造强国行列;到2035年,制造业整体达到世界制造强国阵营中等水平;新中国成立一百年时,制造业大国地位更加巩固,综合实力进入世界制造强国前列③。"中国制造2025"选择10大优势和战略产业作为突破点④,力争到2025年达到国际领先地位或国际先进水平。按照"中国制造2025"的部署,到2025年中国制造业的创新能力、质量效益、两化融合、绿色发展等方面都将有较大幅度的提升。党的十九大报告进一步明确指出"我国经济已由高速增长阶段转向高质量发展阶段",要"推动经济发展质量变革、效率变革、动力变革,提高全要素生产率"⑤。党的十九届五中全会进一步强调未来中国应当"以推动高质量发展为主题"⑥,工业质量与效率的赶超成为当前中国从工业大国向工业强国升级的重点。

(2) 创新逐步成为工业发展的主要驱动力。要实现工业经济的高质量发展,就必须实现经济增长动力由要素投入、物资消耗为主向创新驱动的转变。党的十八大报告指出:"科技创新是提高社会生产力和综合国力的战略支撑,必须摆在国家发展全局的核心位

---

① 笔者根据《中国工业经济统计年鉴》相关数据计算。
② 笔者根据世界银行数据库资料计算。
③ 中国制造2025[M]. 人民出版社,2015:11.
④ 十大重点领域是:新一代信息技术产业、高档数控机床和机器人、航空航天装备、海洋工程装备及高技术船舶、先进轨道交通装备、节能与新能源汽车、电力装备、农业装备、新材料、生物医药及高性能医疗器械。
⑤ 中国共产党第十九次全国代表大会文件汇编[M]. 人民出版社,2017:24.
⑥ 中共中央关于制定国民经济和社会发展第十四个五年规划和二〇三五年远景目标的建议(2020年10月29日中国共产党第十九届中央委员会第五次全体会议通过)。

置。"①十八届五中全会将"创新"发展作为"新发展理念"之首。政府出台了《关于深化体制机制改革加快实施创新驱动发展战略的若干意见》《深化科技体制改革实施方案》《国家创新驱动发展战略纲要》等政策措施,有效推动了中国创新发展。十八大以来,"天宫二号"成功发射、"蛟龙号"载人深潜器深潜探测取得成功、世界最大单口径射电望远镜"天眼"落成启用、暗物质粒子探测卫星"悟空"发射升空、世界上第一颗空间量子科学实验卫星"墨子号"发射升空、C919大飞机首飞等重大科技成果取得突破,有效地提升了我国科技的自主创新能力与水平。2010年中国成为世界第一制造大国之后,工业生产能力持续稳步增长,2018年制造业增加值占世界的比重达到28.3%,主要工业品产量居世界前列,创新能力显著增强,传统产业加快转型升级,新兴产业不断孕育壮大,一些高科技领域进入世界领先行列,出口结构不断优化,高技术、高附加值产品成为出口主力(国家统计局工业司,2019)。

3. 中国工业发展的历史经验和启示

3.1 中国共产党的领导是中国工业实现赶超的独特优势

近代一百多年里,从整体来看政府推动中国近代工业发展绩效不高,重工业发展也是非常失败。中国近代的工业化,实质上是后发大国在亡国的威胁下不得不实行的"赶超型"发展,即直接发展当时外国先进的国防工业所依赖的重工业,而这种投资大、周期长、人才要求高的产业,带有嵌入式独立发展的性质,最有效的方法是依靠政府的支持甚至直接兴办,德国、日本等后发的帝国主义列强就是依靠政府的力量。因此,要实现这种优先发展重工业的跨越式工业化,前提是必须拥有一个高效的政府。而晚清政府、北洋政府与国民政府不仅出现严重腐败,而且其治理国家的能力也十分有限,这导致其在国内难以很好地整合资源、推动工业化,对外则难以维护国家安全、为工业化提供稳定的环境。

在革命战争中成长起来的中国共产党,具有强大的资源动员能力。在中国共产党领导下,中国打破"贫困陷阱",在工业薄弱环节、国防工业等领域取得了突破。长期执政使得中国共产党可以对工业化进行长期、整体规划,并且针对不同的历史条件与环境对工业化道路进行调整。从制定优先发展重工业战略,到改革之后形成的产业均衡发展,再到内需不足条件下通过刺激内需、加入WTO推动重化工业重启,再到当前的"供给侧结构性改革"和实现高质量发展,我们都能够清楚地看到中国共产党根据不同发展阶段的特点,克服发展中的不利因素,推动工业发展。对于中国这样一个发展中大国,中国共产党始终保持强大的政治领导能力,并对地方政府进行有效的管理。

未来要实现中国工业质量与效率的赶超,依旧要发挥中国共产党的独特优势。第一,发挥中国共产党与中国政府总揽全局与强大资源动员能力的优势。未来中国工业将在更

---

① 十八大以来重要文献选编(中)[M].中央文献出版社,2016:19.

为激烈的国际竞争中发展。发达国家为了实现利润垄断,其核心技术难以通过引进的方式获得。对于关键性的领域,中国共产党与中国政府应当总揽工业发展的全局,统筹全国资源,在重要领域进行突破,突破中国工业高质量发展的瓶颈。第二,改革开放以来中央政府与地方政府的政治集权与经济分权有效推进了中国工业的数量赶超。中国工业进入高质量发展阶段之后,依旧要发挥中央政府与地方政府的双重作用。通过制定科学的官员考核机制,避免"GDP"崇拜症,形成中央政府与地方政府共同推动工业质量与效率赶超的合力。

3.2 后发的社会主义大国的国情要求建立完备的工业体系

从世界工业化普遍规律来看,随着经济不断增长,产业结构的重心经历从农业向工业再向服务业的升级;而工业内部则表现出从轻工业充分发展之后,再向重工业的升级①。但近代中国百年落后挨打的历史一再证明,作为后发大国要想屹立于世界强国之林必须建立强大的国防工业,而支撑强大国防工业的应当是以重工业为基础的完备的工业体系。而且作为大国,要实现经济上的独立自主发展,也应当建立较为完备的工业体系。所以中国的产业升级则表现出双重升级的特点,即农业向工业赶超升级的同时工业内部也从轻工业向重工业赶超升级。

2020年,中国已经基本实现工业化,但随着全球化的发展,国际制造业的分工模式从旧有的产品分工向要素分工转变。当前世界工业强国为实现工业升级,凭借技术优势主动退出低附加值的产业与生产环节,而主要经营高附加值的产业与生产环节。如果说在历史上大国国情要求中国建立完备的工业体系,更多体现在能够自主生产以重工业为代表的基础性产品,保证大国经济的独立自主发展;那么当前大国国情则要求中国必须在核心技术领域,生产的关键环节必须进行突破,不能受制于人。能否实现这种突破,也将成为中国从工业大国向工业强国迈进的关键。

3.3 中国工业化需要发挥政府与市场的双重作用,两者关系又要动态调整

从中华人民共和国成立75年的历史来看,工业化中的政府与市场关系,又是根据不同的历史条件动态调整的。在工业化早期,我国政府发挥了重大的作用,推动了大国工业化的赶超;但随着工业化发展,市场的作用日益增强,一方面,市场化有利于资源优化配置,提高经济效率;另一方面,随着工业总量不断扩大、经济活动日益复杂,经济运行的不确定性增加,更应通过市场有效配置资源,分散决策风险。在工业化进入中后期,市场在资源配置中的作用越来越突出。这种动态调整的特征,使得中国工业化道路既发挥了政府优势,实现了快于欧美的工业化速度;而且避免了资本主义工业化道路中通过海外侵略

---

① 以上特征分别三次产业变动规律又被称为"库兹涅茨法则",工业内部的结构变迁规律又被称为"霍夫曼定律"。参见芮明杰《产业经济学》(上海财经大学出版社2012年版,第158、第159、第160页)。

扩张实现积累与原料供给；又发挥了市场的力量,提高了经济效率,使得中国工业化避免了苏联传统社会主义道路的弊端,最终形成了当前"世界工厂"的重要地位。

当前中国已处于世界工业第一大国的地位,中外技术差距缩小,技术进步的不确定性加剧。政府虽然可以有效调动资源实现技术赶超,但是其对于信息捕捉的能力远不如企业,政府选择的技术升级方向并不一定能够符合市场的需求。正如党的十八届三中全会报告所指出的:"经济体制改革是全面深化改革的重点,核心问题是处理好政府和市场的关系,使市场在资源配置中起决定性作用和更好发挥政府作用。"①未来在工业大国向工业强国的转变过程中,更应当充分发挥市场在资源配置上决定性作用,政府不能"越俎代庖"。

3.4 国际关系影响着中国工业,应当在开放中实现工业赶超

中国大国地位影响着国际格局,国际格局又对中国工业化产生影响。中华人民共和国成立之初,中国选择了"一边倒"的国际战略,加入社会主义阵营。中国工业化起步得到了社会主义阵营的援助,苏联援助的"156项"重大项目,推动中国重工业有了跨越式的发展,为建立完备的工业体系奠定了重要的基础。20世纪60年代,中国边境形势严峻。出于对国际局势的判断,中国开始了以战备为中心的"三线建设",大量工厂由东部沿海、东北迁往中西部地区。20世纪70年代之后,中国与西方资本主义世界的关系逐步改善。中国开始向西方资本主义国家进行"四三方案"为代表的技术引进,让中国在石油化工等方面的技术实现较大进步,为我国下一步的国内技术扩散创造了良好的条件。而且引进项目也聚焦于解决"吃穿用",对改善工业结构、缓解人民生活起到了重要的作用。改革开放之后,中国逐步融入西方世界主导的全球化体系,中国劳动力优势充分凸显。廉价的劳动力使得中国产品在国际上有较强的竞争能力。大量外资的引入,有效弥补了中国工业化的资本、技术不足并提高了管理水平。进入21世纪以后,中国对外经济交流进入了快车道,出口增长强劲,成为"世界工厂"。

随着美国政府推动"再工业化"、德国提出"工业4.0",中国与西方发达国家之间竞争加剧,在西方发达国家主导的价值链体系中,中国向中高端价值链延伸的压力增大。而且随着中国国力的不断提升,中国的发展也日益受到西方主导的国际规则的掣肘。未来中国应当释放新的"开放红利",在更高水平的开放中实现工业赶超。第一,应当注重以"一带一路"倡议为重要抓手,加强与发展中国家合作,逐步形成中国引领的价值链环流②。通过加强与"一带一路"沿线国家合作,缓解中国工业发展中存在的能源、资源紧张,产能过剩等问题。第二,应当以"一带一路"倡议、"亚投行"等重大战略为抓手,在国际规则中掌握更大的话语权,在全球治理过程中提出"中国方案",为未来工业质量与效率赶超创造良好的外部条件。第三,虽然随着中国工业发展水平不断提升,中国与美国等发达国家之

---

① 中共中央文献研究室. 十八大以来重要文献选编(上)[M]. 中央文献出版社,2014:778.
② 洪俊杰,商辉. 中国开放型经济的"共轭环流论":理论与证据[J]. 中国社会科学,2019(1).

间存在分歧与摩擦,但合作共赢仍然是主旋律。中国未来应当不断营造更加法治化、国际化、便利化的营商环境,吸引发达国家的资金与技术,推动工业质量与效率的赶超。

4. 中国工业发展的国际影响与世界意义

经过近代以来180余年的努力,尤其是新中国成立以来75年工业化的高速推进,中国成功完成了从"农业大国"向"工业大国"的转变,2020年,中国基本实现了工业化,并正在通过信息化和新型工业化实现产业优化结构升级,迈向工业强国。中国工业的发展不仅为中华民族伟大复兴奠定了重要的物质基础,对于世界发展也具有独特的意义。2020年中国基本实现工业化不仅意味着世界最大发展中国家实现了世界最大农业国的工业化,世界五分之一人口开始充分享受"工业文明"带来的红利,而且为世界发展中国家实现工业化提供了宝贵的经验。

4.1 中国工业的高速增长成为世界经济增长的重要推动力

中国工业长期保持较快速度发展,推动了世界工业的增长。据联合国统计司数据库数据显示,2016年,中国制造业增加值占世界比重达到24.5%,比位列世界第二位的美国的制造业增加值多出了近万亿美元,几乎是位列世界第二位的美国和第三位的日本制造业增加值的总和①。1990年以后,中国经济对世界经济的增量贡献就超过了10%,2008年国际金融危机以来则始终保持在30%左右。2020年受新冠肺炎疫情的严重冲击,中国工业经济增长幅度受到较大影响,但中国工业发展的表现在世界主要经济体中仍然一枝独秀,中国也是世界上主要经济体中经济唯一实现正增长的国家。中国工业增长的恢复也将较快带动世界工业的复苏,带动世界经济早日走出泥潭。

4.2 中国工业化走的不是西方对外扩张与殖民的老路,中国工业化为第三世界国家发展带来了巨大机遇

从历史经验来看,无论是英美还是德日,在工业化过程中都曾凭借先发优势对外扩张,为国内工业化获得资源与市场,转嫁国内矛盾和危机。与之不同的是,中国工业化走的不是西方资本主义国家对外殖民的老路,中国在从农业大国向工业大国转变的过程中,走出了一条独立自主、自力更生、自主创新、和平共处、互利共赢的工业化新路。中国工业发展不仅为世界各国经济复苏注入活力,而且为广大发展中国家实现工业化提供了更多的机遇。

中国以负责任的社会主义大国角色参与到全球的发展和治理当中,在一定程度上克服了由资本逻辑支配的全球化进程的弊端。也在一定程度上缓解了资产阶级主导、资本

---

① 黄群慧. 改革开放40年中国的产业发展与工业化进程[J]. 中国工业经济,2018(9).

逻辑所支配的全球化造就的不公平的世界秩序。中国在计划经济时期,就曾经给发展中国家大量工业援助,助力其实现工业化。当前在"一带一路"倡议下,中国又在塔吉克斯坦和老挝修铁路、在乌兹别克斯坦修隧道、在巴基斯坦修电站、在老挝修铁路、在印度尼西亚和泰国建高铁、在缅甸和斯里兰卡建港口、在白俄罗斯建工业园、在一些非洲国家大规模修公路和铁路,这些都为发展中国家的工业发展做出了直接的贡献。中国工业的不断转型升级,更为发展中国家带来巨大机遇。

4.3 为世界发展中国家实现工业化提供了中国经验与方案

中国工业化道路既不是走西方资本主义工业化道路,也不是传统社会主义工业化道路,而是依据国情道路探索的工业化新路。中国工业化道路表明,在工业落后的国家实现工业化,需要有一个强大的政府,要在不同阶段依据国情合理调整政府与市场的关系,既要注重吸收世界一切先进技术与经验又要注重本国技术进步的自力更生,要发挥好中央政府与地方政府的双重积极性,发挥好国有与非国有两种企业的双重优势。习近平总书记指出:"解决好民族性问题,就有更强能力去解决世界性问题;把中国实践总结好,就有更强能力为解决世界性问题提供思路和办法。"①正如纳米比亚总统根哥布所表示的,中国经济持续发展,为世界上包括纳米比亚在内的广大发展中国家提供了可资借鉴的发展模式。博茨瓦纳央行前行长莫霍霍认为,中国的发展模式能够启发非洲国家如何从低收入国家成为中等收入国家。中国工业化不仅是中国经济增长奇迹的重要组成部分,同时也为发展中国家实现从工业国向农业国转变提供更多的"中国方案"与"中国智慧"。

---

① 习近平在哲学社会科学工作座谈会上的讲话[N].人民日报,2016-5-19.

"冷战遗产"视角下的三线建设工业遗产保护与活化利用研究[*]

段 勇　孙 淼　高霄旭

（上海大学文化遗产与信息管理学院　上海大学中国三线建设研究中心）

摘　要：三线建设工业遗产是国际冷战背景下，中国独立自主国防科技建设的战略性布局，承载了中国波澜壮阔的工业化、城镇化和科技现代化进程中最浓墨重彩的历史记忆，也是研究冷战时期党史和新中国史的关键佐证。本文回顾了国际"冷战遗产"和国内三线建设工业遗产的既有研究，评价三线建设对中国发展的功过利弊，从"冷战遗产"视角出发，梳理三线建设工业遗产所特有的价值。借鉴国际"冷战遗产"保护与活化利用的经验，针对中国三线建设工业遗产现状，在保护与活化利用路径、机制建设、研究方法、战略机遇和再利用模式等方面提出初步建议。

关键词：三线建设；工业遗产；"冷战遗产"；保护；活化利用

冷战是指 1947 年至 1991 年之间，以美国为首的资本主义阵营同以苏联为首的社会主义阵营之间全面的政治、经济和军事斗争。在国际冷战背景下，中国扮演了对峙中的关键平衡力量。地缘身份的转变，促使中国国防建设的空间布局不断调整。尤其是从 1964 年至 1983 年，在国土腹地开展的一场以战备为中心、以国防军工为基础的三线建设，是中国在冷战时期发生的最重要事件之一。改革开放以后的 20 余年，多数三线单位逐步完成了调整搬迁撤并和产品"军转民"。由此，三线建设成为历史，而三线工业成为"离我们最近的工业遗产"，承载了国际冷战背景下的中国记忆，成为研究冷战时期党史和新中国史的关键佐证。

1. 既有研究回顾："冷战遗产"的研究重点

1.1　国际"冷战遗产"概况

"冷战遗产"，是冷战时期用于军事目的的设施、建筑和地区（Schofield, etc., 2021），

---

[*] 本文系国家社科基金重大项目（编号 17ZDA207）阶段性成果。

并于期间的特定时间点上承担过特殊任务(CAFH,1994)。冷战结束后,全球范围内关闭了超过 8 000 个军事设施,腾出超过 1 万平方公里土地转为民用(IAGB,1997),"冷战遗产"由此进入学者视野。近年来,随着比基尼环礁核试验场(图 1)被列入世界遗产,柏林墙、NASA 空间中心、莫斯科 42 号掩体等成为国际知名旅游地,"冷战遗产"开始得到广泛关注。

图 1　比基尼环礁核试验场

国际"冷战遗产"主要分布在三大区域:一是美英和苏联纵深地带,主要是战略导弹和卫星发射基地、核弹基地、防空掩体,应急控制中心以及军事装备制造基地等。二是欧洲和西太平洋前线,主要是信息监控中心、中短程导弹基地、防空掩体、监狱、军事基地等以及东西德隔离带和三八线非军事区等特殊区域。三是亚非拉腹地,包括东亚、东南亚和非洲各国在去殖民化和去种族化斗争中遗留下的各类军事安全设施。这其中包括了中国的"156"工程、核工业基地以及三线建设的国防军工相关设施。

1.2　国际视角下的"冷战遗产"研究

"冷战遗产"研究始于 20 世纪 90 年代中期,英格兰历史委员会对"冷战遗产"进行系统识别和分类(柯克劳夫特,2019)。1999 年,南非开普敦第四届世界考古大会(World Archaeological Congress,WAC4)上举办了一场关于现代军事遗迹的会议,讨论了内华达沙漠的核试验和阿拉斯加的巨型雷达。2003 年,WAC5 上,"战争遗产"(The Heritage of War)作为主题被纳入议程,从考古学、历史学、建筑学、人类学和当代艺术等视角重新审视"冷战遗产"的价值。2009 年,Schofield 和 Cocroft 主编的《可怖遗产:冷战的多元遗留物》(*A Fearsome Heritage: Diverse Legacies of the Cold War*)一书问世,该书收录了 20 位学者的 17 篇论文,主要从工业考古学视角对冷战时期的场所、事件、人物和物件加以记录,参与创新解释,展开批判性讨论,成为研究"冷战遗产"的重要著作。

从对象上,Cocroft(2009)将"冷战遗产"归纳为防空设施、核威慑设施、美国空军设施、国防研究机构、国防制造基地、通信设施、紧急民事管理机构、应急物资商店、其他等9类;Broderick等(2009)介绍了澳大利亚中部沙漠里的英军前核武器设施;Bennett(2011)调查了在欧洲广泛存在的防空掩体;Schofield和Cocroft(2011)分析了民主德国监狱建筑群;Garnaut等(2012)关注了军事设施的配套社区;Spencer(2014)介绍了"影子图书馆"等。

从价值上,Miller和Casino(2018)从旅游地缘政治学出发,调查了美国泰坦导弹博物馆及其"黑暗旅游"(Dark Tourism);Kinnear(2019)探讨了苏格兰闲置的防空掩体同地方文化生产之间的记忆共鸣以及和当代文化实践的价值共生;Bennett(2020)讨论了英国伯克郡核弹发射基地未能成为纪念馆或旅游地的内在动因;Pieck(2019)提出从社区出发重塑原两德之间军事隔离带的景观和历史叙事;Schofield等(2021)指出应采用跨国方法在区域内推动"冷战遗产"的合作保护。

从方法上,Cocroft等(2009,2019)较早讨论了管理英格兰冷战遗址的方法,制定了包括11个主要类别和36个主要遗址组;Rak等(2016)采用机载激光扫描并辅以野外观察,鉴定波希米亚边境的各类"铁幕"遗址;Demski(2017)考察了波兰的原苏联军事基地,调查游客和本地居民对遗址的不同认知和期望;Yan等(2019)探讨了柏林墙作为历史遗迹同当代艺术的结合以及对游客的影响;Balletto等(2022)从可达性和步行性角度评价了意大利卡利亚里一系列冷战军事设施,探讨其在民用化过程中所面临的挑战。

研究文献揭示,国际"冷战遗产"研究主要采用工业考古学方法,围绕冷战时期发生的一系列重大事件,发现调查相关军工科技遗产,并探讨在其民用化过程中实现多元价值的路径和方法(表1),这对我国三线建设工业遗产的保护与活化利用具有借鉴意义。

表1 国际"冷战遗产"研究的部分成果

作者	年份	区域	对象	问题
Cocroft等	2007	英格兰	冷战遗址	遗产管理方法
Beazley等	2007	全球	冷战遗产	列入世界遗产
Broderick等	2009	澳大利亚	核武器基地	冷战历史空间叙事
Bennett	2011	全球	防空掩体	冷战建筑考古
Schofield等	2011	东德	监狱建筑群	冷战影响遗存
Garnaut等	2012	澳大利亚	火箭靶场及其周边社区	冷战城镇的发展
Spencer	2014	美国	地下图书馆	冷战档案保护方法
Rak等	2016	捷克	各类铁幕遗址	发现冷战遗迹

续 表

作者	年份	区域	对象	问题
Demski	2017	波兰	苏联军事基地	公众的冷战遗产认知
Miller 等	2018	美国	战略导弹基地	黑暗旅游
Axelsson 等	2018	瑞典	地下指挥中心	冷战国防体系
Kinnear	2019	苏格兰	防空掩体	文化生产和实践
Bennett	2019	英国	核弹发射设施	旅游地化
Pieck	2019	德国	隔离墙	景观化和保护区叙事
Yan 等	2019	德国	柏林墙	历史遗迹同当代艺术结合
Schofield 等	2021	英国/俄罗斯	各类冷战遗产	跨国管理方法
Alberti 等	2021	英国/德国	冷战博物馆	展陈同历史叙事结合
Ng	2022	中国香港	铁矿	冷战时期的人文精神
Balletto	2022	意大利	闲置军事设施	民用化的空间挑战

1.3 三线建设工业遗产的既有研究

三线建设工业遗产,是全球冷战背景下的产物。20 世纪 90 年代以后,三线建设的有关文献档案资料逐渐解密,三线建设工业遗产也开始受到关注(陈东林,2003)。自 2012 年以来,围绕三线建设的人物、调整与发展、历史评价与影响、三线建设工业遗产调查利用改造等专题研究领域取得了新的发展(徐有威,2018)。

中国三线建设研究会在三线建设的宣传和研究方面发挥了重要作用,上海大学在徐有威教授的"小三线"研究和吕建昌教授的"大三线"研究两项国家哲学社会科学基金重大课题基础上成立了"三线建设研究中心"。国家工业遗产名录和全国重点文物保护单位名录已列入部分三线建设工业遗产(表2、表3),攀枝花、六盘水等地已建立了多家三线建设博物馆,一些三线建设旧址也被改造和利用为文创园区,三线建设工业遗产领域催生出众多研究讨论。

表 2　笔者整理的国家工业遗产中三线建设工业遗产

编号	批次	地区	城镇	工业遗产名称
1	第四批	江西	九江市远修县	江西星火化工厂
2	第三批	湖北	襄阳市老河口市	湖北 5133 厂
3	第四批		咸宁市赤壁市	二三四八蒲纺总厂

续表

编号	批次	地区	城镇	工业遗产名称
4	第三批	重庆	涪陵区	核工业816工程
5	第三批		长寿区	重庆长风化工厂
6	第二批	四川	绵阳市梓潼县	中国工程物理研究院院部机关旧址
7	第三批		攀枝花市东区	攀枝花钢铁厂
8	第三批		乐山市市中区	核工业受控核聚变实验旧址
9	第四批		绵阳市江油市	航空发动机高空模拟试验基地旧址
10	第四批		眉山市东坡区	四川国际电台旧址
11	第五批		绵阳市培城区	西南应用磁学研究所旧址
12	第五批		乐山市夹江县	中国核动力九〇九基地
13	第二批	贵州	安顺市平坝区	黎阳航空发动机公司
14	第三批		六盘水市六枝特区	六枝矿区
15	第四批		遵义市汇川区	长征电器十二厂
16	第四批		安顺市镇宁县	贵飞强度试验中心旧址
17	第二批	云南	昆明市安宁市	昆明钢铁厂
18	第四批		昆明市西山区	国营第二九八厂旧址
19	第五批		曲靖市沾益区	昆明电波观测站110雷达
20	第三批	陕西	宝鸡市凤县	红光沟航天六院旧址
21	第三批		渭南市蒲城县	中科院国家授时中心蒲城长短波授时台
22	第五批	宁夏	石嘴山市大武口区	西北煤机一厂
23	第二批	甘肃	临夏回族自治州永靖县	刘家峡水电站
24	第三批		兰州市西固区	中核504厂

表 3　笔者整理的全国重点文物保护单位中三线建设工业遗产

编号	批次	地区	城镇	文物名称
1	第六批	河南	安阳市林州市	红旗渠
2	第八批	湖北	宜昌市远安县	三线航天 066 导弹基地旧址
3			襄阳市老河口市	三线火箭炮总装厂旧址
4		四川	绵阳市梓潼县	三线核武器研制基地旧址
5			乐山市市中区	首座受控核聚变实验装置旧址
6		贵州	安顺市平坝区	三线贵州航空发动机厂旧址
7			安顺市西秀区	三线贵州歼击机总装厂旧址

三线建设工业遗产，是三线建设中出于国防安全目的建设并遗留至今的场所、建筑和设施等。根据吕建昌（2020）提出的三个维度定义（图 2）：在时间上，学界较为一致地认同 1964 年 5 月 27 日中央工作会议期间毛泽东正式提出三线建设战略任务作为起点；而关于终点的看法，多认为是 1983 年 11 月国务院确定对三线建设实行"调整改造、发挥作用"的新方针，亦有 1978 年党的十一届三中全会召开、1980 年国家第五个五年计划结束等观点。在空间上，主要包括今川、渝、滇、黔、陕、甘等地区，具体范围因 1969 年中苏珍宝岛冲突和 1983 年三线建设调整改造规划进行过两次修正，形成三种说法。在产业上，三线建设是以国防军工建设为主，因此三线建设工业遗产主要是国防和军事工业相关的遗产，包括军事装备的生产研发，以及围绕配套军工的能源、材料、机械、棉纺、化工和铁路等基础设施。

一般认为，三线建设工业遗产因其建设、发展、地理位置、周边环境等特殊性而具有独特性价值（徐有威，2018）。蒲培勇（2017）从文化人类学视角出发，认为三线建设工业遗产具有地方性知识、族群记忆、文化认同、科学技术等价值取向。徐嵩龄（2019）强调三线建设工业遗产具有特殊的政治经济学价值，是我国第一次具有系统性制度创新的社会主义工业建设实践，不仅在中国国家发展和民族复兴历程中具有里程碑性的伟大历史意义，同时作为活态的历史样本有着可资对照和借鉴的重大现实意义。谭刚毅等（2019）基于工业考古学的理念与方法，梳理了以工业遗产为主体的核心物质文化遗产以及相关建设过程、工艺流程、生产技能和时代精神等非物质文化遗产，引入以价值为中心的遗产认知与保护方法。吕建昌（2021）指出，三线建设工业遗产兼具一般文化遗产的多重价值以及作为旅游资源开发的经济价值，总结了当前面临的突出问题是资金短缺和交通不够便捷。

三线建设工业遗产的价值需要通过活化利用予以实现。"活化"概念，始于我国台湾地区在 20 世纪 90 年代末开始提出的"古迹活化"（陈信安，1999；洪锦芳等，2001），主要针对产业遗产（喻学才，2010）。具体而言，活化是有形遗产从静态保护到更新再利用的过

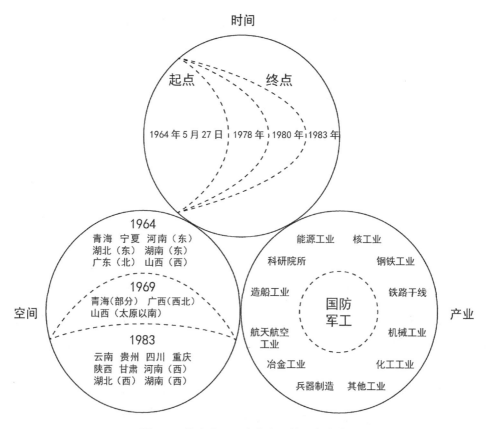

图 2　三线建设工业遗产定义的三个维度

程,亦是无形遗产有形化、可视化、重现或重演的过程(谢治凤等,2015),能够为工业遗产的可持续发展提供动能。

针对三线建设工业遗产的活化利用,丁小珊(2021)提出提取三线精神内核,通过自然环境、人为环境营造场所精神,让参观者在环境氛围中获得感知,产生情感共振,进而形成价值认同,实现记忆的复现与再生。喻明红等(2022)采用主成分分析法进行因子分析,得出影响三线建设工业遗产记忆场所的因子主要包括建筑因子、相关物件资料因子、自然因子、运动休憩空间因子,其中建筑因子影响最大。吕建昌(2021)提出应建立多学科交叉的研究框架和整体性的研究思路,从基础理论、主要问题、创新利用、资源整合等方面开展研究,保护与开发利用需要以经济学和管理学理论为基础,梳理遗产的产权与使用权,调整与创新现行政策,探索资金筹集的可行性途径,在工业遗产保护利用政策方面进行大胆探索。上述成果,为开展更系统、更全面、更深入的三线建设工业遗产研究奠定了坚实的基础。

2. 从三线建设的功过利弊理解工业遗产价值

2.1　基于冷战背景评价三线建设的功过利弊

三线建设是中国在冷战时期发起的一项重大战略计划,极大地影响了中华民族在过去近半个世纪的发展。总体而言,三线建设较好完成了既定的战略目标,但亦付出不容小觑的经济社会代价。

从正面促进作用来看,主要是在美苏两大阵营的威胁和技术封锁下,中国基于国防建设探索出一条工业化、城镇化、科技现代化的独立自主的道路。具体而言:一是提升了国防工业的综合实力。在同时面临美苏两大阵营的威胁和封锁中,中国自主研发建立起了一批核武、航空航天、化工、能源、军械制造工厂和基础设施,大大提升了国防工业的综合实力,成为中国在应对核战争威胁时的有力后盾,也是在冷战中后期推动地缘局势逐渐缓和的催化剂。二是推动了中国中西部地区的工业化和城镇化进程。三线建设所在中西部的13个省、自治区,过去以农牧产业为支撑,工业基础薄弱,经济发展水平偏低。三线建设举全国之力,有力推动了这些区域的工业化进程,进而通过工业化带动城镇化,大幅提高了人民的生活水平。三是强化了中国现代国防科技的自主研发能力。三线建设通过建立一批军工工厂和科研院所,培养了一大批科学家和专业技术人才,构筑了包括导弹、飞机、战车、铁路、潜艇、核武器制造的一套国防产业链体系,提高了自主研发能力,也为改革开放后的"军转民"打下了坚实基础。

从负面制约作用来看,主要是在中国底子相对薄弱时期,基于政治军事目的投入举国之力,导致20世纪70年代在国家层面出现城镇化和工业化脱钩的经济停滞状态(徐有威、陈熙,2015)。具体而言:一是投资较大,存在资源浪费现象。三线建设累计投资额超过2 000亿元,占同期全国基本建设总投资的40%,而1964年全国财政预算仅约394亿元。参与人数逾千万人,建设了1 945个大中型国防军工企业和科研事业单位以及近300家小三线企业。其项目多,数量大,建设周期长,加之受政治局势变化影响,许多工程质量较差,部分甚至未能完工就被迫停止。二是较难适应市场经济发展规律。秉承"靠山、分散、隐蔽"的建设原则,三线企业多将厂址选在位置偏僻条件恶劣的山区,厂区之间互相隔开,建筑分布零散。随着三线建设的终止,这些工厂不符合生产逻辑,运营成本较高,难以适应市场经济规律,这导致大批三线企业闲置荒废。三是资源高度集中,制约了全国其他地区的发展。三线建设在较短时间里集聚了国内大量的资源和人力,这导致其他地区和部门的资源缺乏。比如"三五"计划从初步设想"抓吃穿用"调整为"立足于战争,加快三线建设"。从全国范围来看,这对其他地区的农耕、教育、医疗、住房、就业等产生了一些浪费和不公平影响。

2.2 三线建设工业遗产的价值

从三线建设的功过利弊出发,重新审视这一段激情洋溢且又艰苦万难的时代记忆,这一时期在党史、新中国史上所扮演的角色和产生的深远影响,以及当前和未来一段时间所在地区的经济社会文化环境,是理解和评价三线建设工业遗产价值的重要依据(图3)。

2.2.1 历史价值:冷战背景下中华民族走向独立自主的历史见证

三线建设从1964年面临美苏两大阵营入侵威胁,到80年代国际局势趋缓,前后历经

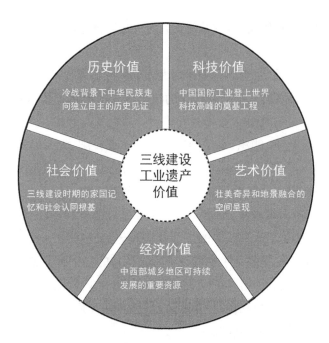

图 3　三线建设工业遗产的价值体系

二十载。三线建设工业遗产见证了冷战背景下中华民族走向独立自主的艰辛历程,其历史价值主要体现在两个方面:

一是从横向来看,三线建设工业遗产反映了中国在冷战背景下,面对地缘政治威胁时所采取的战略部署,由党和国家最高领导人直接决策、直接发动、组织和领导,体现了中华民族为保护国家安全和经济发展做出的备战努力,成为打破美苏两大阵营战略讹诈的关键支撑,是党史、新中国史复杂、曲折且关键的一部分。二是从纵向来看,三线建设工业遗产是"洋务运动"以来我国近现代工业化历程的延续,是我国现当代工业遗产的重要组成部分,印证了以国防科技为代表的中国工业独立自主和自力更生之路。一方面对于我国两弹一星、核潜艇、航空航天、装备制造等事业发展做出了巨大贡献,另一方面加速了我国中西部地区工业化进程,形成了较为完整的"三线"工业体系(李金华,2019),并进一步带动了地区城镇化及经济、社会和文化的全面发展。

2.2.2　科技价值:中国国防工业登上世界科技高峰的奠基工程

三线建设为中国国防工业,尤其是航天航空和核工业等领域登上世界科技高峰奠定了基础。在艰苦简陋的环境中,来自全国各地的科技工作者们完成了一项又一项科技攻关任务,研发出一批又一批达到国内乃至国际先进水平的军工产品,其科技价值主要包括两个方面:

一是在核武器、铁路建设、钢铁生产、机械制造等领域形成技术突破。如重庆816厂,是当前解密的世界第一地下核工厂,其采用喷射混凝土技术,可抵御百万吨级核弹袭击和8级地震破坏;又如成昆铁路建设,在牵引动力、通信信号、线路上部建筑、桥隧土石方各项工程快速施工等方面做出创新,造就了世界奇迹,于崇山峻岭中共建成各类桥梁991

座、涵管2 263座、隧道明洞427座,桥隧总长占线路长度高达40%(黄华平,2022),被誉为"20世纪人类征服自然的三大奇迹"。二是加速了航空航天、机床等重点行业发展,生产出一批助力经济发展的工业产品。以天水为例,自1966年起,迁入了风动工具厂、星火机床厂等37家三线企业,以机械机床制造为主,时至今日仍保留着星火厂自制牙条机、6M82卧式铣床、BY60100B液压牛头刨床等属于那个时代的代表性设备。这些先进的军工产品,在之后的"军转民"的浪潮中,为中国经济的腾飞提供了巨大动能。

2.2.3 社会价值:三线建设时期的家国记忆和社会认同根基

三线建设工业遗产反映了"备战备荒为人民,好人好马上三线"的时代背景。数百上千万名建设者从沿海城市来到西部山区,催生了一座座热火朝天的生产基地,创造了一个个激情燃烧的移民社会,留下了一段段可歌可泣的家国记忆。其社会价值主要反映在三个方面:

一是极大地改变了我国西部地区的社会生活方式。大量受过教育培训的东部沿海人口涌入四川、贵州等西部省市,同本地人口交融,形成社会主义建设时期特有的移民文化,将先进的教育、医疗、技能、消费和文化娱乐方式带到了西部,一改过去的落后面貌,有力推广了先进的社会主义精神文明。正如著名社会学家费孝通所述:三线建设使西南荒塞地区整整进步了50年(陈晋,2015)。二是形成了极具社会主义特色的工业精神和企业文化。这些建设者来自五湖四海,因三线建设凝聚到了一起,在家国情怀中寻找到认同和归属。不同于沿海地区始于外资或民族资本主义的企业以及东北、华北和西北等地由苏联援建的"156"企业,三线企业是由中国独立自主建设,是纯正的"红色"资源,承载的是将建设热情、革命热情和爱国热情融为一体的"红色基因"。三是承载了"单位"特征的厂城关系。三线工厂的一个突出特征在于"厂—城—乡"的关系(刘晖,2020),位于城郊的厂房、住宅、学校、办公、医院等一应俱全,厂就是家,家亦是厂,塑造了一种高认同和强依恋的社会关系,蕴含着早期西方社会主义者关于"社会综合体"的美好设想。

2.2.4 艺术价值:壮美奇异和地景融合的空间呈现

三线建设时间短、工期急、财力弱,导致多数三线企业秉承经济适用的原则,规划缺乏个性,建筑较为简陋。但同时,三线企业因其选址和工程类型的特殊性,呈现出不同于传统工业美学的独有形式特征,其艺术价值可以归纳为四个方面:

一是规模庞大,宏大壮美。三线建设是由党中央直接部署的国家战略,承载的是关系国防安全的建设重任,因此工厂无论是占地、建筑抑或是设备,都远远大于既有的本地工厂,尤其是沿承苏式建筑的高大宏伟的空间尺度,和迁自东部地区的大型机器设备,感官上极具震撼感和纪念性。二是形式奇异,蕴含智慧。西部地区山高谷深、坡陡路险、交通闭塞,工程技术难度极高。例如成昆铁路、刘家峡电站、六盘水煤矿等,均是"知其不可而为之"的人类工程奇迹。三是靠山为景,浑然一体。三线企业遵循"靠山、分散、隐蔽"的建设原则,选址多在山脉纵横区及河流交汇处,强调对空隐蔽,适应山区地形,且化整为零,同西部地区的山河景象融为一体。四是建筑物具有地方特征。绝大多数厂房建设就地取材,多采用砖木结构,建筑低矮,分布零散。尤其是筹建初期土法建造的"干打垒",用当地的泥石垒成墙,工艺简单,成本低廉,见证了当年三线企业大力倡导的艰苦朴素精神(吕建昌,2020)。

2.2.5 经济价值:中西部城乡可持续发展的重要资源

三线建设工业遗产是中西部地区可持续发展的重要空间资源、社会资源和文化资源,具有开发文化旅游和工商业功能的重要经济价值,主要体现在三个方面:

一是作为地区集约式发展的空间资源。中西部地区正处在从大拆大建的粗放式发展向有机更新的集约式发展转型过程中,工业遗产作为量大面广的存量空间资源,应予以活化利用。尤其是区位条件较好的工业遗产,可改作为文创园区、特色小镇、工业博物馆和公园使用。这不仅可以减少拆除重建导致的建筑垃圾和能源消耗,还能够显著降低建设的碳排放量,促进城乡地区的集约式发展。二是作为红色教育研学的社会资源。三线建设工业遗产是研究党史、新中国史的直接证据,亦对改革开放史形成重要影响。开放这些工业遗产作为工业研学场馆、博物馆或爱国主义教育基地,结合西部地区丰富的红色资源,得以进一步强化红色精神和革命文化。让老一辈忆古思今,追忆那个激情洋溢的时代;亦使年轻一辈不忘党的艰苦奋斗历史,激发建设祖国的昂扬斗志。三是作为工业旅游发展的文化资源。当前,中西部地区的旅游目的地主要还是以自然风光为主、人文景观为辅。工业旅游作为近年来快速增长的旅游部门,有助于催化西部地区文旅融合,丰富旅游内容,强化旅游体验,提升旅游业的文化性和系统性。随着近年来数字技术在旅游产业中的广泛应用,三线建设工业遗产可以突破交通不便、气候恶劣等制约,有效提升自身作为文化资源的价值。

3. 国内外"冷战遗产"的保护与活化利用经验

三线建设工业遗产是围绕三线建设形成的有机整体,既有特殊的个性,也有工业遗产的共性,其保护利用应该放到国际"冷战"背景下和我国工业遗产的整体中进行考察研究。具体而言,应采用工业考古学的理念和方法,围绕三线建设时期发生的一系列重大事件发掘调查各类工业遗产对象及其价值,结合中西部地区发展现状,探讨在其"民用化"过程中的保护与活化利用的多元路径。在这个过程中,参考国际"冷战遗产"保护与活化利用经验(表4),对我们推动三线建设工业遗产的可持续发展具有重要借鉴意义。

表4 国际"冷战遗产"保护与活化利用的部分代表性案例

序号	名 称	国 家	类 型	现 状
1	Titan Missile Museum in Arizona	美国	核弹基地	博物馆
2	Minuteman Missile National Historic Site	美国	核弹基地	国家公园

续 表

序号	名 称	国 家	类 型	现 状
3	Strategic Air Command and Aerospace Museum	美国	空军基地	博物馆
4	Fort Miles in Delaware	美国	海军监控系统陆上终端	会议+公园
5	Nike Missile Site SF-88 in California	美国	导弹发射场	历史纪念馆
6	Plattsburgh Air Force Base Museum in New York	美国	空军基地	博物馆
7	Cold War Patriots Park in Tennessee	美国	核武器浓缩铀提炼中心	冷战发烧公园
8	Vandenberg Air Force Base	美国	航天航空测试基地	沿用
9	NASA's Kennedy Space Center, Florida	美国	航天计划发射中心	博物馆+沿用
10	Greenbrier Bunker in West Virginia	美国	防空掩体	旅游地
11	Hack Green Secret Nuclear Bunker	英国	防空掩体	旅游研学基地
12	Imperial War Museum Duxford	英国	达克斯福德军用机场	博物馆
13	Greenham Common Control Tower & Cold War Museum	英国	公共控制中心	博物馆
14	York Cold War Bunker, Yorkshire	英国	防空掩体	旅游地
15	Kelvedon Hatch Secret Nuclear Bunker, Essex	英国	防空掩体	旅游地
16	Eden Camp Modern History Theme Museum	英国	战俘营	博物馆
17	Greenham Common	英国	美军空军基地	文旅综合体
18	Camp Century	格陵兰	陆军核武器研发基地	探险地
19	Teufelsberg	德国	美军监听站	旅游文化中心
20	Berlin Wall Memorial	德国	柏林墙	旅游景点
21	Hohenschönhausen Prison Memorial	德国	监狱	博物馆
22	Marienborn Border Checkpoint Museum	德国	铁幕上最大综合军事体	博物馆
23	KGB Headquarters (Lubyanka Building), Moscow	俄罗斯	克格勃总部	办公
24	Bunker-42, Moscow	俄罗斯	防空掩体	博物馆

续 表

序号	名 称	国 家	类 型	现 状
25	Kurchatov Institute	俄罗斯	核研究基地	研究所
26	Moscow Metro-2	俄罗斯	地下地铁系统	地铁
27	Museum of the Soviet Army, Moscow	俄罗斯	苏联武装部队博物馆	博物馆
28	Buzludzha Monument	保加利亚	社会主义运动礼堂	闲置
29	Baikonur Cosmodrome	哈萨克斯坦	世上最大太空发射设施	沿用
30	Object 825 GTS (Nuclear Missile Launch Facility)	乌克兰	核弹发射场	旅游景点
31	Duga Radar System	乌克兰	短波雷达系统	闲置
32	Strategic Missile Forces Museum	乌克兰	核导弹地下指挥所	博物馆
33	Chernobyl Nuclear Power Plant	乌克兰	核电站	闲置
34	Plokstine Missile Base, Lithuania	立陶宛	导弹基地	冷战博物馆
35	Patarei Prison	爱沙尼亚	冷战时期的著名监狱	博物馆
36	Bunker 10-Z	波兰	防空掩体	旅游景点
37	Bunker Kompleks Riese	波兰	地下掩体系统	旅游景点
38	Borne Sulinowo	波兰	军事基地	军工旅游小镇
39	Museum of the Occupation of Latvia	拉脱维亚	银行大楼	博物馆
40	S-75 Dvina (SA-2 Guideline) Missile Site	捷克	华约地对空导弹基地	遗迹
41	Bunker Complex Object 221	斯洛伐克	地下军事指挥中心	博物馆
42	Yokosuka Naval Base and Mikasa Park	日本	美军东亚最大海军基地	军港+公园
43	Bihoro Pass Radar Site	日本	北海道监听苏联雷达站	闲置
44	Korean Demilitarized Zone & Joint Security Area	韩国	三八线非军事区	旅游
45	Cheorwon Peace Observatory	韩国	朝鲜半岛的中心	旅游
46	Third Tunnel of Aggression	韩国	北朝鲜渗透的地下通道	旅游景点
47	Cu Chi Tunnels, Ho Chi Minh City	越南	地道	旅游景点
48	Con Dao Prison	越南	政治和军事监狱	旅游景点

续 表

序号	名 称	国家	类型	现状
49	S-21 Prison	柬埔寨	红色高棉监狱	博物馆
50	Bay of Pigs Museum	古巴	猪湾登陆点	博物馆
51	Havana Harbor (site of the 1962 Cuban Missile Crisis)	古巴	1962苏联导弹部属点	旅游区

3.1 国际"冷战遗产"保护与活化利用经验

3.1.1 跨区域合作的"冷战遗产"景观体系

在欧洲,"冷战遗产"密集分布在从什切青到里雅斯特的前"铁幕"两侧。作为绵延数千公里的广泛存在,英国学者Schofield和Cocroft同俄罗斯学者Dobronovskaya共同提出一项跨区域的"冷战遗产"景观体系。基于类型学和工业考古学的方法(图4、图5),通过四个步骤予以构建:一是特征描述并形成清单。将历史文献与航拍照片、卫星图像、调查记录和田野调查相结合,以技术为核心,建立"类别—组—类"的多级"冷战遗产"类型体系。二是建立框架。围绕反映重要历史事件的年表和重大科学技术进步两大核心因素建立框架,将搜集到的"冷战遗产"纳入其中。三是价值评估。建立了由保存现状、形成年份、稀缺性、形式多样性、文化和设施价值等指标构成的价值评价系统。四是做出决策。结合《世界遗产公约》《关于欧洲文化遗产的法罗公约》等文化遗产保护框架和政策指南,依托国际合作和科学管理,逐步将"冷战遗产"纳入跨区域遗产保护与活化利用工作中。

图4 柏林恶魔山美军监听站

图5 切尔诺贝利DUGA苏军雷达站

3.1.2 "冷战遗产"城镇作为文化旅游产业的关键资源

冷战催生了一批神秘莫测的军事基地,在长达半个世纪的时间里不为人知。如博尔内苏利诺沃(Borne Sulinowo),坐落于波兰西北部,是冷战时期苏联北方集团军最大的基地之一（图 6），保密范围广达 180 平方公里。1993 年 6 月 5 日转为民用后正式对外开放。通过拥抱历史，小镇找到了重新利用"冷战遗产"，以吸引游客并获得可持续发展的机遇。

图 6　博尔内苏利诺沃的苏军俱乐部遗址

系统规划、多元功能和严格保护是博尔内苏利诺沃"冷战遗产"保护与活化利用的核心思想。首先，城市建立了以文化旅游融合的经济发展战略，将过去的军事基地化废为宝，规划成为军事主题旅游地。如将军事设施改造为其他旅游用途：苏军军官俱乐部改造成酒店、军医院改造成文化中心、军工厂改造为各类文化活动发生地。同时，在市内新建了军事博物馆，展示城市作为苏军基地和冷战前线的残酷历史，包括军事装备、历史照片、档案文件和语音等资料。此外，将冷战旅游同自然风光和历史遗迹旅游相结合，游客在参观基地外还可以体验德拉斯科自然保护区的优美风光，而导游多是过去的退役军官。基于苏军基地，博尔内苏利诺沃市策划了以军事装备为主题的各类文化活动，其中每年 8 月份举办的国际军用车辆聚会颇具盛名，集聚了大批军事爱好者和历史爱好者，并提供现场音乐会、骑兵表演和历史讲座。该活动为与会者提供了乘坐包括坦克在内的各种车辆的机会。游客多选择在军营露营，很多人穿着来自不同国家和时期的军装，其中二战最为流行。城市同期采取法律措施保护基地上的建筑物和军事设施免遭破坏，并实施了防止未经授权访问废弃地点的规定等。

3.1.3　"冷战遗产"片区成为文化艺术的创作之源

"冷战遗产"是国家冰冷、黑暗和痛苦的记忆载体，也是提醒人类应珍惜和平的历史印记。柏林墙，曾是民主德国和联邦德国之间的分界线，也是冷战时期最重要的历史符号之一。从 1989 年柏林墙"倒下"后的 30 年间，德国政府和民间人士持续利用柏林墙创造反战和平的文化艺术作品（图 7、图 8）。

图7　查理检查站　　　　　　　　　　　　图8　柏林墙艺术画廊

柏林墙的保护与活化利用被纳入城市整体规划之中。作为重建柏林人文精神联系的关键,政府部门保留城区内部分历史建筑和墙体遗址,还原并修复了城市肌理,建立了依托柏林墙的地区公共空间体系,形成了由历史墙体、公共绿地、建筑博物馆、纪念广场、艺术装置、道路等组成的连续的、充满城市记忆与情感的城市公共空间(王思元、曾琦琛,2018)。同时,柏林墙沿线被设计了众多历史文化景点(图9),如基于墙原址建立的柏林墙纪念馆、东区画廊、柏林墙公园、查理检查站、遗址纪念地、彩虹乐园、圆形户外演唱剧场、跳蚤市场与涂鸦墙等。站在勃兰登堡门下,可以感受到普鲁士王国曾经的辉煌、东西两德分裂的民族苦痛以及后冷战时期德国的和平繁荣。柏林墙相关的公寓、地下隧道、办公楼等则被开发成各类文化设施,如斯塔西纪念馆、"幽灵车站"展廊等。政府亦建设了

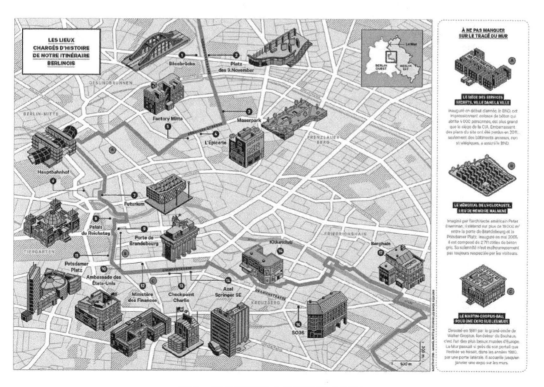

图9　柏林墙沿线文化旅游景点规划

"恐怖地带"博物馆,收录自二战以来的各类资料、档案和物件。此外,柏林政府在1990年邀请了来自21个国家的180位艺术家在长达1 316米的柏林墙上,创作了不同主题的绘画,如Dimitri Vrubel的《兄弟之吻》、Gunther Schaefer的《祖国》、Gehard Lahr的《柏林—纽约》等。

3.1.4 "冷战遗产"单体改造作为军事主题博物馆

"冷战遗产"是记录、存储、展示和传播冷战历史的重要空间。泰坦导弹基地位于美国亚利桑那州的沙漠中,其存储的泰坦Ⅱ型洲际导弹可以携带900万吨级核弹头,是冷战期间美军使用过的最大陆基作战核导弹,也是其维持"恐怖平衡"的重要手段之一。如今由非营利组织亚利桑那航空航天基金会运营,成为开放的泰坦导弹博物馆(图10、图11)。

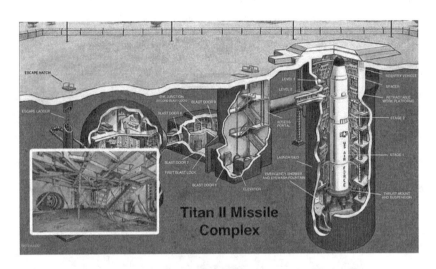

图10 泰坦导弹基地出售时关于发射方式的示意性文件

图11 泰坦导弹博物馆的核心展品——泰坦Ⅱ型洲际导弹

1994年，泰坦导弹基地即被宣布成为国家历史地标（National Historic Landmark）。作为后冷战时期唯一幸存的泰坦Ⅱ型导弹基地，成为冷战爱好者的博物馆圣地。不同于传统博物馆罗列展品的方式，泰坦导弹博物馆完全是沉浸式的，保留了一个真实、完整的冷战场景：停留在发射井中的一枚泰坦Ⅱ型导弹以及原始发射装置，被完好地保存下来。其周边，是完整的地下防御设施，包括发射控制中心、多个发射井、索道、防爆闸、出入口和设备电梯，钢筋混凝土墙壁厚达2.4米。在5个小时的预定旅游中，游客们在引导下，不仅被允许查看上述设施，进入发射井顶部、导弹下方的推进机泵和维修通道以及各类电子控制室内近距离观察，还会被告知导弹发射的管理机制、潜在目标和战略决策等，从冷战历史背景下理解展品价值。此外，博物馆还设置了纪念品店和在线旅游项目，并作为《星际迷航》的拍摄地之一，获得了广泛的认知。

3.2 三线建设工业遗产保护与活化利用现状

3.2.1 816地下核工程遗址：三线军工特色小镇

816地下核工程遗址位于重庆市涪陵区，1966年建设，1984年工程停建，2002年解密（图12）。作为"世界上已知最大的人工洞体、全球解密的最大核军事工程"，816地下核工程遗址的保护与活化利用，采用特色小镇策略，其保护与活化利用呈现三个方面特点：

图12　816地下核工程的入口

一是系统保护，留住记忆。以厂区风貌延续为基础，保留了数百亩场地、40多栋老建筑、100多台军工设备和遍布厂区的参天大树，以及20余千米长的轴向叠加洞室、大型洞室18个，道路、导洞、支洞、隧道及竖井130多条等，较完整留存了属于20世纪70—80年代的场景。位于逼仄入口通道的军工陈列馆，集中展陈当年的档案、图片和机器设备等。

二是片区规划,文旅融合。以816核工程遗址为核心,充分利用工业遗产、农耕遗产以及周边其他文化遗产,规划融合旅游度假、医养结合、观光休闲、文化创意四大板块的军工小镇。具体而言,利用配套厂房、生活用房及附属设施,开发军工旅游基地、爱国主义教育基地、三线军工博物馆等;利用机修厂房打造文化创意产业园;利用816医院及家属区打造康养中心;利用周边农田、大坪山、二坪山等自然景观打造观光农业示范基地;利用乌江画廊、乌江森林公园、武陵山国家森林公园开发空间及军事主题体念旅游产品等(谢正发、郑志宏,2018),从而构筑起功能多元的复合型文化旅游景观目的地。

三是多方参与保护与开发。816核工程遗址的开发,借力涪陵区"旅游兴区"战略,成为全区"一城、一道、一区"的交通网络的重要节点,大幅提高了旅游可达性。同时,众多学者参与到工业文化发掘中,收集整理了许多三线建设故事和史料,极大丰富了文化内涵。此外,秉承市场导向原则,由企业实施具体开发工作,依托产业为保护"造血",从而逐步探索出一条可持续的发展道路来。

3.2.2 四川国际电台旧址:教科书版的工业博物馆

四川国际电台,代号"6501",是原邮电部"一号工程",1965年在四川眉山建设的战备短波通信电台(图13、图14),肩负了战备和国际通信保障的重大使命,为珍宝岛自卫反击战、基辛格秘密访华、对越自卫反击战等一系列重大国防外交事件提供通信保障,2002年正式退役。其保护与活化利用策略主要包括两点:

图13 四川国际电台现状　　　　　　　　图14 保留的马可尼激励器

一是最大程度保留历史原貌。2015年,中国电信四川公司将电台旧址改建为通信博物馆。完整保留地下坑道、机房及全部通信设施,其中地上建筑40栋、地下机房18间、各类设备设施168套,如"马可尼"电报、同步时钟设备(子母钟)、大型中央空调设备等,是目前保存最完整的三线建设战备通信博物馆,成为通信发展史上通信设备实物"教科书"。

二是逐步开发红色文化旅游。早在2014年改建完成前,中国电信四川公司即申报将电站设立为四川电信国防教育基地,从而迈出红色文化旅游的第一步。随后,电站逐步扩建为全省党建基地、人才教育基地和党员培训学校,在开放包容的运营中获得广泛文化认同。2020年,电站入选国家工业遗产,2021年,电台通信博物馆入选首批中央企业爱国主义教育基地,通过举办各类红色活动,每年吸引超过6万人次游客,为博物馆的运营提供动能。

3.2.3 083基地:央企主导下的"军转民"和文脉延续

083基地,是由电子工业部在贵州都匀、凯里和遵义等地建设的军工基地,总部位于都匀市,下属21个分厂分布在黔东南等地的山区,为中国国防提供各种雷达、通信机和卫星通信站等整机产品,参与"东方红""长征三号"等上百个国家重点工程。1997年,基地更名中国振华(集团)科技股份有限公司。作为"军转民"的代表案例,具有重要参考价值。

一是依托"飞地"获取经济重生。20世纪80年代初,依据时任电子工业部部长江泽民同志提出的"基地"与"窗口"的关系,基地率先到深圳特区开窗办厂,并通过内部集资、内港合资、中外合资等形式,借助深圳沿海优势重塑自身在电子行业的地位。同时,将下属的宇光电工厂、永光电工厂等迁入各类经济开发区,大幅改善交通可达性。相关电子产品广泛应用于中国航天、航空、船舶、兵器、核工业及电子等重要领域,并逐渐发展出整机系统和园区服务等民用业务。基地在1997年成功上市,2010年加入中国电子回归央企行列。不仅赓续了红色血脉,凝聚了家国情怀,同时为工业遗产保护创造了经济条件。

二是基于央企责任延续三线文脉。振华集团作为央企,一是保护过去的老厂遗址作为文化景观,作为职工、党员教育基地,开展"三线精神"的现场教学。二是配合地方政府完成都匀三线建设博物馆(图15)、贵阳三线建设博物馆的建设工作,提供大量宝贵的历史文字资料、照片和影像及实物。三是设立企业展示厅,制作《从大山走来》《黔行70年》《三线记忆》等三线历史相关的纪录片,编撰《风雨兼程四十年》、开设"三线课堂"等。以央企的社会责任感和经济实力,用多种形式延续了083基地所特有的工业文脉。

图15 都匀三线建设博物馆

3.3 从国际"冷战遗产"看三线建设工业遗产保护与活化利用的不足

三线建设工业遗产的保护与活化利用，相较国际"冷战遗产"而言，在多个方面还存在较大的提升空间。一是保护活化工作的系统性有待提升。国际"冷战遗产"已有众多跨区域、跨国界乃至跨大洲的研究和旅游路线。而三线建设工业遗产的保护与活化利用，目前总体上是以省、市乃至单一项目为对象，缺乏在国家层面的跨区域发掘和系统性保护。二是参与群体的多元化和年轻化亟待提高。国际"冷战遗产"的神秘感，对年轻学者和游客有着强烈的吸引力。在国内，研究三线建设工业遗产的专家，主要是过去三线企业的退休员工和部分学者，以研讨会、考察等相对严肃的信息输出方式为主，缺少趣味和互动，这对年轻学者、游客和儿童的吸引力有限。三是遗产研究方法应加入工业考古技术。目前三线建设工业遗产研究，主要是结合各类史料、田野调查和口述史等传统方法展开。鉴于三线建设企事业单位接近 2 000 家，分布在 13 个省、自治区的偏远山区，基于人力一窥全貌实属不易。这与国际"冷战遗产"考古中常用的遥感、大数据等方法存在差距。四是文化影响力还需要不断强化。国际"冷战遗产"作为文化载体，已成为世界遗产和各个国家文化遗产申报、各类文学影视作品以及文化旅游目的地的新热点，比基尼环礁、柏林墙、胡志明小道、莫斯科地下工程等已成为国家文化的代名词。而三线建设工业遗产由于涉密等原因，目前还缺少具有国际影响力的文化符号 IP。五是活化利用缺少因地制宜的规划。针对不同地区工业遗产的活化利用，"规划先行"尤为关键。尤其是那些偏远的三线建设工业遗产，随着中西部地区的城镇化进程加速，部分遗产面临被拆除的命运。可以参考欧洲原冷战前线的军事基地、隔离带的转型，在产业、功能、交通、建筑、景观、人才等多个方面展开因地制宜的规划。

4. 三线建设工业遗产保护与活化利用建议

4.1 基于价值采用不同的保护与活化利用路径

三线建设工业遗产数量众多、遗存丰富、分布广泛、价值差异较大，保护与活化利用应将其视为一个系统，基于科学的价值评估，结合实际情况采用三种不同路径：一是对少数具备突出价值的代表性遗产，采用分级分类"保下来"和"博物馆化"路径，重点保护、展示和传承工业遗产的本体信息和历史价值，过程中需要政府部门来主导和整合。二是对较多的企业整体搬迁、只剩建筑旧址的遗产，可采用活化利用的路径，将其开发为文创园区、旅游度假村甚至餐饮商贸场所等。在直接带来经济效益的同时，也应当通过影像、实物等方式适当反映该厂区、该建筑的原有历史和价值，避免有"壳"无"核"造成该遗产"空心化""虚无化"。三是对大多数具备一般价值的工业遗产，可采用"记录然后舍弃"的路径，即在全面收集、记录资料并做深入考察、研究之后，任其自生自灭。这是一种文化遗产的社会选择、价值沉淀和自然代谢路径，"存在过"是它们的共同历史价值，其中一部分也可能因其"接地气"、成本低而在社会力量支持下进入前两类路径。

4.2 建设政府主导、央企和地方国企主抓、多方参与的区域合作机制

三线建设是党中央直接组织的国家战略，是重要的国家资产，其保护与活化利用，也应秉承以国家为主导的原则。在国家文物主管部门和工业文化主管部门指导下，从主体、资金、人才、机制等多个方面制定详细规划。央企和地方国企是一些代表性三线企业的产权人，应在保护和活化利用中发挥社会责任，依托经济优势反哺三线建设工业遗产。同时鼓励社会力量积极参与，尤其是曾在三线建设中发挥过积极作用的工厂和老职工。建议建立跨区域（原三线建设省份）的省级合作机制，成立由国家投入、社会和行业募集、工业遗产活化利用部分收入为主的工业遗产保护基金，培养一批有志于研究三线建设的考古、历史、文博、建筑、规划等年轻人才，逐步搭建三线建设的共享信息化平台，采用公开透明的方式发布工业遗产动态管理和研究成果，发布基金使用情况，并接受公众监督。对少部分确实有重要和特殊价值的工业遗产，需政府为主导，多方共同投入相应资金进行保护和利用，其中需考虑开发利用的循序渐进过程，不能一蹴而就。

4.3 运用以工业考古为核心的发掘研究方法

三线建设工业遗产相关资料较难搜集，部分尚未脱密，难以基于史料考证重现全貌。因此，应将工业考古学作为研究三线建设工业遗产的核心方法，将传统考古的发掘、调查、口述、分析方法同数字、遥感等技术结合起来。建议组织起具有跨学科专业知识的工业考古研究团队，从多个维度全面重现三线建设工业遗产的价值。包括通过对文献、档案和历史资料调查研究来梳理三线建设的历史演变；现场走访调查、观察和记录三线工厂，并做必要的考古挖掘；采用口述史的方式，采访那些曾在三线企业工作过的职工及其家属，了解他们的经验和知识，收集他们的个人记录和照片；广泛采用数字考古技术，如三维扫描、遥感图像识别、计算机模拟建模、虚拟现实等方式，精准定位三线建设工业遗产的选址，重现其现状和历史上的空间形态；使用互联网考古方法，"爬取"三线建设相关字段，从大数据中获取三线建设的相关内容。

4.4 借力重大发展战略和保护机遇

三线建设工业遗产主要分布在中国西南、西北地区的乡村中。在乡村振兴的重大战略指引下，工业遗产的保护与活化利用有必要考虑遗产自身价值和当地发展的现实需求，综合评估下提出针对性策略，让闲置的工业遗产服务于当地经济社会文化发展，比如改造成为学校、村民活动中心、农业生产基地等设施，甚至重新作为新开办企业的驻地、抑或是观光旅游开发的地标物等，并经过动态监测和管理系统，对遗产建筑外观进行保护和维护。

同时值得注意的是，过去一般以为我国近代工业遗产时代较晚，又多是欧美的"舶来

品",似不具备申报世界遗产的可能性。然而三线建设弥补了这一空白,既是中国工业独立自主发展的重要里程碑,也是"中国制造"享誉全球的关键奠基石。从这一视角出发,三线建设工业遗产具备了申遗潜力,应当成为我国工业遗产研究下一阶段的重要任务。

4.5 探索多元功能的再利用模式

三线建设工业遗产类型多元,环境各异,现状不同,不存在一套"放之四海而皆准"的再利用模式。因此建议结合工业遗产所处的城市、地区和自然环境以及工业遗产自身的历史背景,不断探索多元功能的再利用模式。针对具有重大意义的工业遗产,应当开发成工业博物馆或爱国主义教育基地,并做较完整的保护修缮。对意义适中的工业遗产,在城市中心区,可以沿用常规的文化创意园区、博物馆和商业街区的模式;在城乡结合部,可以根据本地发展需求开发出旅游综合体、休闲度假抑或是针对本地居民的教育和文化休闲功能,规模较大的可开发为军工主题小镇。应鼓励和支持民间资本积极参与其中。而对于价值不大的工业遗产,应助其融入所在自然人文景观之中,成为对三线建设感兴趣的人群开展户外徒步、研学和探险营地,而这依赖于对三线建设工业遗产的全面掌握和精准分级。此外,建议发挥数字文旅的技术优势,发掘三线建设工业遗产的文化资本价值,采用虚拟旅游、数字文创和元宇宙等形式,让中国东部乃至全球的三线建设爱好者能够突破时空约束,参与到"三线"这一人类的"文明宝库"探索中。

5. 结语

本文回顾了国际"冷战遗产"和国内三线建设工业遗产的既有研究,全面评价三线建设对中国发展的功过利弊,从"冷战遗产"视角出发,梳理三线建设工业遗产所特有的价值。在区域、城镇、城区和单一对象四个层面,借鉴了国际"冷战遗产"保护与活化利用经验。针对中国三线建设工业遗产的现状,在保护与活化利用路径、机制建设、研究方法、战略机遇和再利用模式等方面提出初步建议。

三线建设承载了中国波澜壮阔的工业化、城镇化和现代化进程中最浓墨重彩的历史记忆,承接了自"洋务运动"以来数代中国人独立自主的不懈努力,奠定了"改革开放"以来"中国制造"享誉全球的坚实基础,影响深远。三线建设工业遗产不仅代表了当时中国最先进的生产技术和组织方式,还蕴含着中国人不畏外敌、自强不息、乐于和勇于接受挑战的民族精神。可持续的保护与活化利用三线建设工业遗产,是历史赋予我们这一代人的任务使命。

参考文献:

[1] Schofield J, Cocroft W, Dobronovskaya M. Cold War: a transnational approach to a global heritage [J]. Post-Medieval Archaeology, 2021, 55(1): 39-58.

[2] Center for Air Force History (US). Coming in from the Cold: Military Heritage in the Cold War: Report on the Department of Defense Legacy Cold War Project[M]. US Government Printing Office, 1994.

[3] Industieanlagenbetreibergesellschaft mbH (IABG). Study on the Reuse of Former Military Lands [M]. Bonn: Bonn International Center for Conversion, 1997.

[4] 吕建昌. 当代工业遗产保护与利用研究：聚焦三线建设工业遗产[M]. 上海：复旦大学出版社, 2019.

[5] Akarca H D, Schofield J, & Matsugi T. The heritage of war. [R/OL]. [2003-06-21] [2023-03-06]. https://worldarch.org/wac5/wac-5/wac5-program/the-heritage-of-war/.

[6] Schofield J., Cocroft W. A fearsome heritage: diverse legacies of the Cold War [M]. Walnut Creek: Left Coast Press, 2009.

[7] Cocroft, Wayne. Defining the national archaeological character of Cold War remains. In Schofield J, Cocroft W. ed. A fearsome heritage: diverse legacies of the Cold War[M]. Walnut Creek: Left Coast Press, 2009.

[8] Broderick M, Cypher M, Macbeth J. Critical masses: Augmented virtual experiences and the xenoplastic at Australia's Cold War and nuclear heritage sites[J]. Archaeologies, 2009, 5: 323-343.

[9] Bennett L. The bunker: Metaphor, materiality and management[J]. Culture and Organization, 2011, 17(2): 155-173.

[10] Schofield J, Cocroft W. Hohenschönhausen: visual and material representations of a Cold War prison landscape[J]. Archaeologies of Internment, 2011: 245-261.

[11] Garnaut C, Freestone R, Iwanicki I. Cold War heritage and the planned community: Woomera Village in outback Australia[J]. International Journal of Heritage Studies, 2012, 18(6): 541-563.

[12] Spencer B. Rise of the shadow libraries: America's quest to save its information and culture from nuclear destruction during the Cold War[J]. Information & Culture, 2014, 49(2): 145-176.

[13] Miller J C, Del Casino Jr V J. Negative simulation, spectacle and the embodied geopolitics of tourism[J]. Transactions of the Institute of British Geographers, 2018, 43(4): 661-673.

[14] Kinnear S L. Reopening the Bunker: An Architectural Investigation of the Post-war Fate of Four Scottish Nuclear Bunkers[J]. Journal of War & Culture Studies, 2020, 13(1): 75-96.

[15] Bennett L, Kokoszka P. Profaning GAMA: Exploring the entanglement of demilitarization, heritage and real estate in the ruins of Greenham Common's cruise missile complex[J]. Journal of War & Culture Studies, 2020, 13(1): 97-118.

[16] Pieck S K. What stories should a 'National Nature Monument' tell? Lessons from the German green belt[J]. cultural geographies, 2019, 26(2): 195-210.

[17] Rak M, Funk L, Starková L. A Cold War conflict landscape in the borderlands of west Bohemia [M]. Conflict landscapes and archaeology from above. Routledge, 2016: 267-284.

[18] Demski D. Values, Substantiality, and Passage of Time: Representations and Reinterpretations of Military Heritage[J]. Folklore: Electronic Journal of Folklore, 2017 (70): 171-192.

[19] Yan L, Xu J B, Sun Z, et al. Street art as alternative attractions: A case of the East Side Gallery [J]. Tourism Management Perspectives, 2019, 29: 76-85.

[20] Balletto G, Ladu M, Milesi A, et al. Walkable city and military enclaves: Analysis and decision-making approach to support the proximity connection in urban regeneration[J]. Sustainability, 2022, 14(1): 457.

[21] 陈东林. 三线建设：备战时期的西部开发[M]. 北京：中共中央党校出版社, 2003.

[22] 徐有威, 周升起. 近五年来三线建设研究述评[J]. 开放时代, 2018(2).

[23] 吕建昌,杨润萌,李舒桐.三线工业遗产概念初探[J].宁夏社会科学,2020(4).
[24] 蒲培勇,唐柱.西南三线工业建筑遗产价值的保护与再利用研究[J].工业建筑,2012(6).
[25] 徐嵩龄.三线建设工业遗产的意义:基于政治经济学意义上的制度价值认知[J].东南文化,2020(1).
[26] 谭刚毅,高亦卓,徐利权.基于工业考古学的三线建设遗产研究[J].时代建筑,2019(6).
[27] 吕建昌.中西部地区工业遗产旅游开发的思考——以三线工业遗产为例[J].贵州社会科学,2021(4).
[28] 陈信安.台湾传统街屋再利用之工程营建课题[J].朝阳学报,1999(4).
[29] 洪锦芳,古溪白,林士围,谢淑惠,汤惠菁,黄建通.台南安平古迹之活化、再利用规划研究[J].人与地,2001(5).
[30] 喻学才.遗产活化:保护与利用的双赢之路[J].建筑与文化,2010(5).
[31] 谢冶凤,郭彦丹,张玉钧.论旅游导向型古村落活化途径[J].建筑与文化,2015(8).
[32] 丁小珊.三线工业遗产文化记忆的再生路径研究[J].社会科学研究,2021(3).
[33] 喻明红,向铭铭,符娟林.三线工业遗产记忆场所特征及影响因子研究[J].现代城市研究,2022(9).
[34] 徐有威,陈熙.三线建设对中国工业经济及城市化的影响[J].当代中国史研究,2015(4).
[35] 李金华.新中国70年工业发展脉络、历史贡献及其经验启示[J].改革,2019(4).
[36] 黄华平.三线铁路建设模式探析——以西南铁路大会战为例[J].当代中国史研究,2022(2).
[37] 陈晋.三线建设战略与西部梦想[J].党的文献,2015(4).
[38] 刘晖.三线建设的"厂城"规划及反思——以岳阳石化总厂为例[J].南方建筑,2020(6).
[39] 王思元,曾琦琛.德国柏林墙遗址地区公共空间的保护与规划研究[J].风景园林,2018(10).
[40] 谢正发,郑志宏.重庆816三线军工特色小镇建设研究[J].长江师范学院学报,2018(1).

中国近现代工业遗产分类谱系溯源及代表性遗存研究[*]

徐苏斌　张晶玫　田培培
（天津大学建筑学院）

摘　要：工业遗产的价值评估建立在同类型的工业遗产的比较基础上。目前我国工业遗产的研究还缺乏细化分类评估，而不同类型的遗产并置比较也不具备科学性。同时如何在工业布局体系中找到遗产原本的定位也是十分重要的研究课题。在以往的研究中我们已经提出了不同类型的遗产应该有独立的评估导则，即中国的工业遗产应该有单独的评估导则。在此基础上本文溯源近代中国工业系统的分类体系，为工业遗产的身份建立一个完整的谱系，同时筛选现存的重要工业遗产并纳入谱系的框架中，为进一步深入评估和展示奠定基础。

关键词：工业遗产；分类；谱系；近现代；中国

1. 近代工业分类逻辑研究

针对我国近代工业分类逻辑的研究文章主要有以下五篇：周振钧于1929年发表的《工业分类法之面面观》，田和卿于1931年发表的《工业分类的商榷》，唐启贤于1936年发表的《工业分类之研究》，吴骏泉于1944年发表的《工业分类之研究》，宋梯云于1948年发表的《工业分类之商榷》。其中周振钧提议政府仿照日本农商部工业分类6类法，因与我国实情相去甚远而未能实践。田和卿记录了国民政府立法院的职业分类表中对工业类的分类，是仿照美国产业标准化运动的阶段性成果，一共分为11类，这个分法明显有国际16类法的修改痕迹，如将机械工业和金属制造业分成两类外，将16类法中的交通工具制造业合并至建筑工程业、将瓦斯水电生产业更名为原力工业等。此外，田和卿还提出了自己对工业分类的构想，即分为原料工业和制造工业两大类，原料工业下设农业原料和矿业原料两类，制造工业明显杂糅了学科分业的特征，将物理学中的声学等纳入体系之内，并

---

[*] 基金项目：国家社科基金重大课题12&ZD230、国家社科基金艺术学重大课题21ZD01、国家自然科学基金面上项目51878438、52178021成果的一部分。

按照原材料和加工过程对已有分类进行细分,如将化学工业分为有机化学工业和无机化学工业,根据工业原材料是否有机进行分类。剩下的特别工业则是将运用机械生产的其他非物理化学工业一并纳入。这个分类方法是较为严格按照原材料和制造方法进行区分的,但其中涉及对棉纺织业的拆分,如将采棉业、纺织业、印染业这三大分业分属农业、特别工业和化学工业,不能体现出产业链的整体性。唐启贤则根据世界各国对16类分类法的采用和添加情况,组合成19类分类法,这个分类法首次将军工业和文化工业纳入分类考量体系,并且论证了增添交通用具制造、文化及军械工业的必要性。吴骏泉基本沿用了唐启贤的分类方法。宋梯云的工业分类回顾是较为完整的,除了将国际16类分类法、主计处18类法、实业部30类法、经济部工厂等级统计16类法全部明晰之外,还在此基础上提出了新的分类。新的分类共计13类,其中创造性地将纺织印染合为衣着工业,注重对产业链和集群特点的保护。具体如表1所示。

表1 近代工业分类主要逻辑研究

时间	名称	内容
1931	国民政府立法院11类法	建筑工程、原力工业、冶炼工业、机械工业、化学工业、金属制造业(除机械外)、木材制造、土石制造、杂材制造、纺织工业、饮食品业
1931	田和卿工业原料5类法	原料工业:农业原料工业、矿业原料工业 制造工业:物理学工业(下设5类)、化学工业(分为有机和无机,下设29类)、特别工业(下设6类)
1936—1944	唐启贤(吴骏泉)19类法	水电煤气工业、冶炼工业、金属品工业、机器工业、电器工业、木材处理工业、土石品工业、化学工业、饮食品工业、烟草工业、纺织工业、服饰品工业、土木建筑工业、木竹藤草器工业、交通用具制造业、文化工业、艺术工业、军械工业、杂项工业
1935	主计处18类	木材及木器制造业、冶炼工业、金属制品业、机械制造业、交通用具制造业、国防用具制造业、土石制造业、建筑工程业、水电业、化学工业、纺织工业、服装用品制造业、皮革毛骨及橡皮制造业、饮食品制造业、造纸及纸制品业、印刷出版业、饰物文具仪器制造业、其他工业
1933—1937	实业部30类	动力工业、公用工业、燃料工业、冶炼工业、械器制造业、金属品制造业、电气器具制造业、木材制造业、窑业工业、造纸工业、火柴工业、皮革工业、颜料染料工业、油脂蜡工业、橡胶工业、化学药品工业、医药品工业、其他化学工业、饮食品工业、烟草工业、纺织工业、服饰品工业、建筑工程业、家具工业、交通用具制造业、文化工业、艺术工业、车械工业、土石品制造业、其他工业
1939	经济部工厂登记统计16类	水电煤气工业、冶炼工业、金属品工业、机器工业、电器工业、木材处理工业、土石品工业、化学工业、饮食品工业、纺织工业、服饰品工业、木竹藤草器工业、交通用具工业、文化工业、军械工业、杂项工业
1948	宋梯云13类法	冶炼工业、金属品工业、械器工业、化学工业、衣着工业、饮食工业、建筑工业、交通工业、公用工业、电器工业、家用工业、文化工业、杂项

我国近代工业分类主要有两种思路,在初始阶段都是根据国际16类法和学科、工业、职业调查这种普查性研究分类进行整合得出的,但随着行业的发展逐渐走向分化的局面:16类法和其支持者更倾向于简化工业分类名目,让许多具有共性的产业尽量合并,在总数上尽量不超过20类。但16类法在内容分类上具有一定的局限性,也无法体现出一些行业后期分化和新兴行业加入的特点,因此以实业部为代表的30类法应运而生,它借鉴了16类法的大框架,但是在二级分类中尽量将已有行业写全、并列,能不作三级四级分类的尽量不作,因此数目一度达到30类及其以上。以下对16类法和30类法的内容作重点阐述。

1.1 16类分类法及其变体

16类分类法是我国近代工业分类中持续时间最久且影响力最广的分类法,由于长期演化,它的变体比较多,因此特将其总结单列。

1.1.1 社会普查中的16类法

民国时期的社会普查主要分为中央和地方两种。地方社会普查的16类法分为两类,较为先进的是起源于1929年的上海市调查分类,要早于中央,中央的16类分类正是借鉴了上海市调查分类才形成的。上海16类法应该是我国最早的16类法实践(表2),由于上海工业化程度高,工业部门分化程度高,因此16类法一直在上海普查中沿用,并未作较多更改。而其他地方的工业分类大多数沿用中央的16类法,由于本身的工业类型并不完善,因此大多数无法满足16类,在数量上比16类要少。因此上海的16类法对全国地区的借鉴意义并不大。

表2 上海市16类法

等 级	分 类 法	编 号
第一级	16类法	阿拉伯数字1~16编号
第二级	87小类,根据16类法和我国国情添加	杜威法变体,用分隔符隔断,如1-1
第三级	161细类,根据工业分类习惯和产品的原料、机械分类	杜威法变体,用分隔符隔断,如1-1-1
第四级	第三级有不适合的再细分,有28类	杜威法变体,用分隔符隔断,如1-1-1-1

资料来源:刘大钧《中国工业调查报告(上册)》,中国经济统计研究所1937年版,第14页

中央社会普查始于1930年国民政府工商铺的13类分类法,但这个13类法是根据工厂数量的多寡依次排序所得,并不按照16类法的逻辑,所以不列入。16类法的正式采用是1931年国民政府立法院统计处采用的11类分类法,此后在1936年中央工厂检查处普查[①]

---

① 张群:《训令:准函送工业分类标准请转饬遵办等由抄发原标准仰遵照(建三字一六三五号二四·二·十五)》,《湖北省政府公报》1935年第73期,第22-29页。

和20世纪30年代前期国民政府实业部的普查中均有应用(见表3至表9)。可以看出中央社会普查16类法体系并不成熟,体现在以下几点:一是使用排除法对一些类项进行定义,无准确的内容说明,如木材制造业、家具制造业、冶炼工业的内容有重复,家具制造涉及木材制造和冶炼工业,因此家具制造需要以工业产品为分类依据单列。二是技术分类上混乱,如金属冶炼和其他工业中都会采用电镀技术,那么电镀是否应该作为一个单项列入其他工业的门类中?三是产业链隔离,如铁路修造分属交通用具制造业和建筑工程业。因此,中央工厂检查处的16类分类必然会走向两类分化,要么是以产品为导向的不断细分,如家具制造业,要么是以技术和产业链为导向的重新梳理。

表3 中央工厂检查处16类法

大 类	内 容
木材制造业	除家具及交通用具外凡木材处理及制造均属于此类
家具制造业	家具制造均属,如铜床、铁床、金属台凳等
冶炼工业	凡非贵金属的锻炼、翻砂及一切后期制造
械器及金属品制造业	凡机器制造修理,及电气器具,及金属品制造
交通用具制造业	凡海陆空交通运输用具制造
土石玻璃制造业	凡土石玻璃的处理及制造
建筑工程业	凡铁道公路桥梁房屋等的建设
公用事业	凡水电煤气电话
化学工业	除另有专目外,化学品处理制造均属于,如制药、肥皂、明矾、碱、蜡烛、酸、化妆品、颜料、涂料、火柴、搪瓷、肥料、胶等
纺织工业	凡纤维的纺织漂染整理
服用品制造业	凡人身服用物品的制造,如帽、鞋、手帕、花边、丝带等
橡革工业	
饮食品及烟草制造业	除饮水药品外所有的饮食品及烟草
造纸及印刷业	
饰物文具仪器制造业	凡贵重金属文具仪器乐器钟表照相器制造
其他工业	凡不属于以上工业的类目,如热水瓶、镜子、煤球、伞、手杖、电焊、电镀等

资料来源:张群《训令:准函送工业分类标准请转饬遵办等由抄发原标准仰遵照(建三字一六三五号 二四·二·十五)》,《湖北省政府公报》1935年第73期,第22-29页

1.1.2 经济普查中的16类法

国民政府的经济普查也采用16类法。成书于1937年的《中国工业调查报告》为国民

政府经济统计研究所刘大钧等经济学统计学学者编著。刘大钧在序言中阐明了工业遗产调查和编写工业分业略说的原因：一是战争时期供给军民需要，和平时期加强经济国防；二是之前的调查各有偏重，只有此次工业普查可以反映本国资源。根据调查结果，刘大钧认为我国工业可分为手工业和机器工业两类。手工业大多规模小、设备简单，很大程度上依赖工人技艺和师徒传承。机器工业设备原料多仰给于国外，且其生产力完全受设备所限。因此站在国防工业的角度，此次调查更偏重对生产机器和材料的调查。刘大钧的24项分类法是根据16类法和调查结果，将具有代表性的行业进行整合或分列后的结果，反映一定的经济效益，共有24项（01钢铁冶炼业，02铁工业，03砖瓦业，04玻璃业，05水泥业，06火柴业，07棉纺业，08棉织业，09缫丝业，10丝织业，11毛纺织业，12针织业，13制革业，14碾米业，15面粉业，16榨油业，17制茶业，18制烟业，19制蛋业，20造纸业，21制酸工业，22土制煤油业，23橡胶业，24搪瓷业），这24项未做三级分类，但是特地列入了制酸工业，同时，铁工业（机器业）延续单列。这意味着化工业和机器业已经初具规模，足以构成一个独立的工业分类。此外，纺织业、食品工业的分化特征在这个分类中也有体现。

立足于刘大钧的战前调研及分类，战后被国民政府经济部一度采用的是由24类法改良的19类法。19类法的大类更精简，将24类法中纺织业、饮食品业合并，并将剩余的杂项制造业全部归入其他。

表4 战后国民政府经济普查19类法

大　　类	内　　容
冶炼业	凡金属制造的初步手续
机器制造业	凡各种机械及翻砂
五金业	凡金属冶炼后的次级制造
电工器材业	凡各种电气事业机械及用具
化学工业	凡化学药品化学工艺品的制造
土石制造业	凡土石器物的制造
酸碱制造业	凡硫酸盐酸硝酸的制造
造纸业	凡制造纸张
橡胶业	凡橡胶用品的制造
皮革品业	凡皮革裘以及各种皮件制造
纺织工业	凡丝麻棉毛纺织
服用品业	凡衣服内衣鞋袜帽子等制造

续表

大类	内容
饰物业	凡钟表金银玉石饰品
饮食品业	日常饮食品制造
印刷文具业	凡印刷装订照相材料的制造
动力工业	凡瓦斯水力及自来水供给
木材制造业	凡木材器物的制造
水电运输工程	房屋道路铁路运输桥梁运输河道运输等建筑或修理工程
其他	

资料来源：郑成林选编《民国时期经济调查资料汇编（第29册）》，北京：国家图书馆出版社2013年版，第340-341页

同时，还有由16类法衍生的12类法，即棉织业、丝业、电气业、面粉业、冶炼业、茶叶、卷烟业、火柴业、水泥业、搪瓷业、陶瓷业、橡胶业。12类法主要来源于1934年民国实业部工业司提出的"工业分业"①概念，后被各地运用在地方工业调查的分类中，甚至二战后的官方统计仍然以10类法作为基础。但12类法明显在种类上有所缺失，而且无法反映战后的重工业发展状况，虽然被广泛运用在各类地方统计中，但无法反映工业全貌，在全国性统计中仍然应用较少。

1.2 30类法及其变体

由上文可知，30类及其以上分类法主要被实业部所采纳。本节选取两本不同时期的近代中国实业志，分别为成书于1929年的《今世中国实业通志》、成书于1932年的《现代中国实业志》，这两本书出版间隔时间恰好为4~5年，以一种跟踪调研的视角呈现出中国最为完善的近代工业分类在其发展期内的发展脉络。

《今世中国实业通志》为彼时供职于南京国民政府的经济专家吴承洛依照英美日现有的殖民工业统计数据和各地方工业统计数据，配合自己的工业调查实践撰写的，在内容上有较高的可信度，化工专家程瀛章更是认为"其书调查精确，持论实慎。国人中有志经营实业者，或已从事而欲谋发展者，其需于此种著作者正殷。披览之后，自能辩其价值"。《今世中国实业通志》所列的行业类别最全，在介绍各个行业生产情况时，偏向从地域、生产原料和生产方式进行分类介绍，并列出当时具有代表性的行业内企业发展历程和生产情况，为读者提供学习探讨的案例。《今世中国实业通志》将中国的实业按照生产类型进行划分，划分为矿冶业、制造业两大类，矿冶业内含煤、铁、锑、钨、锰等16类金属非金属矿

---

① 实业部工业司. 实业部工业施政概况[M]. 上海华东印书局，1934：1.

产,制造业内含面粉业、碾米业、油业、糖业等35类(表5)。其中可以看出《今世中国实业通志》的分类借鉴了一部分16类分类法和美国行业分类法,但有以下独创性特点:一是矿冶不分,将矿和冶看作一个整体,中类以能源的来源来区分复合16类分类法原则。由于此时中国矿业大多数仍采用土法开采,很难在工业过程和方法上做区分,因此仅能从来源上区分。二是制造业大类内中类主要偏重日用品和食品,对机械生产的部分几乎没有涉及,并将机器业与造船业归为一类。可以看出《今世中国实业通志》仍然是停留在1915年前的机器业观,认为机器业除了矿冶业以外就是军工业,因此把机器生产看作造船的附属品,但此类分类里又未录入造武器的军工业。此外,由于当时电气业和化工业仍未兴起,所以制造业里仍然草草带过。

表5 《今世中国实业通志》的工业分类

大 类	中 类	小 类
矿冶业	01 煤	
	02 铁	
	03 锡	
	04 锑	
	05 钨	
	06 锰	
	07 金	
	08 汞	
	09 铅	
	10 锌	
	11 铜	
	12 次要金属	钼、镍、钴、银、砒、铋
	13 盐	
	14 石油及煤气	
	15 石膏及明矾	
	16 其他非金属	陶土及高岭土、石英、宝石、石墨、石棉、云母、氟石、滑石、白云石及苦土石、建筑石、磷灰石及粪化石、碱、硝芒硝及卤化钾、硫

续 表

大 类	中 类	小 类
制造业	01 面粉业	
	02 碾米业	
	03 油业	
	04 糖业	蔗糖、荼菜糖
	05 罐贮蛋粉及其他食品制造业	罐贮业、蛋粉业、粉丝业
	06 酿造业	酿造物、绍兴酒、高粱酒、啤酒、葡萄酒、酱油、醋、红曲、酒精
	07 茶业	
	08 烟业	
	09 棉纱业	
	10 织布业	
	11 蚕丝业	
	12 丝织业	
	13 毛织业	
	14 麻织业	
	15 发网业及花边业	
	16 毛皮业	
	17 制革业	
	18 草帽编业	
	19 猪鬃及毛刷业	
	20 制纸业	
	21 印刷业文具业仪器标本模型业	
	22 水泥业	
	23 窑业	
	24 砖瓦业	
	25 珐琅业	
	26 漆业及漆器业	

续 表

大 类	中 类	小 类
制造业	27 油墨业及油漆业	
	28 染料业	
	29 胰皂业及蜡烛业	
	30 伞业及扇业	
	31 火柴业	
	32 蜡业养蜂业及虫胶片业	
	33 樟脑业	
	34 化学业化妆业药剂业	
	35 造船业机器业及针钉业	

《现代中国实业志》成书于 1933 年,为南京国立中央大学建筑工程系杨大金所著。此书完全延续《今世中国实业通志》的写作架构,但更偏向于介绍行业全貌。每一个行业都会从统计的角度从生产规模、产量、贸易等方面对全国同类资源进行汇总统计。一方面《现代中国实业志》将包含机械工业和手工业在内的现有实业分为制造业和矿冶业,制造业包括棉纱业、棉织业、缫丝业等 39 类,列出的工业生产个体大多并未进行生产方式区分;矿冶业完全延续了《今世中国实业通志》的分类,考虑到行业发展的因素,《现代中国实业志》所统计的矿冶业个体比《今世中国实业通志》要多,但是并未对管控矿冶的公司财阀进行概述。相比较《今世中国实业通志》的分类,可以看出《现代中国实业志》有以下几个进步:一是制造业种类更齐全了,新兴工业门类如电气业、化学业均列入。二是许多制造业产生了行业内的分化和分类(虽然许多还会聚集生产,但生产线已经分列),如棉纺织业分出了棉纱业、棉织业,纺织业还加入了针织业,肥皂蜡烛业、罐贮蛋粉业都分化为多个有自己成熟产业链的行业。三是机器业的重要性逐步凸显,也被单列于船舶业之外,但是对军工业仍未有涉及。总之这是一份可以反映 1915—1936 年间发展初期工业特色的分类。

表 6 《现代中国实业志》的工业分类

大 类	中 类	小 类
矿冶业	01 煤	
	02 铁	
	03 锡	

续 表

大类	中类	小类
矿冶业	04 锑	
	05 钨	
	06 锰	
	07 金	
	08 汞	
	09 铅	
	10 锌	
	11 铜	
	12 其他金属矿	钼、镍、钴、银、砒、铋
	13 盐	
	14 石油	
	15 石膏	
	16 其他非金属	陶土及高岭土、石英、宝石、石墨、石棉、云母、氟石、滑石、白云石及苦土石、建筑石、磷灰石、碱、硫
制造业	01 棉纱业	
	02 棉织业	
	03 缫丝业	
	04 丝织业	
	05 毛织业	
	06 麻织业	
	07 针织业	
	08 毛皮业	
	09 制革业	
	10 制纸业	
	11 玻璃业	
	12 搪瓷业	

续表

大 类	中 类	小 类
制造业	13 陶瓷业	
	14 漂染业	
	15 肥皂业	
	16 火柴业	
	17 化妆业	
	18 印刷业	
	19 油墨业	
	20 面粉业	
	21 碾米业	
	22 榨油业	
	23 制糖业	蔗糖、荙菜糖
	24 酿酒业	
	25 制茶业	
	26 烟业	
	27 罐头业	
	28 蛋业	
	29 机器业	
	30 电气业	
	31 造船业	
	32 砖瓦业	
	33 水泥业	
	34 草帽编业	
	35 纸伞业	
	36 漆器业	
	37 养蜂业	
	38 樟脑业	
	39 其他制造业	蜡业、化学业、制药业、橡皮业、蜡烛业、油漆业、发网业、猪鬃业、毛刷业、汽水业、味粉业、制冰业、针钉业、扇业

2. 归纳近代工业分类体系

本研究构建的近代工业遗产分类主要采用 16 类分类法作为一级、二级框架,将 30 类分类法作为三级框架。又添加了以下分类修改:首先,将矿冶业列出后,煤从非金属中提出来,因为煤不仅是非金属矿产,也是近代主要能源,为其他金属和非金属的冶炼提供支持,虽然煤气、石油等非金属也是能源,但因为运输和利用形式并不发达,因此仍归在非金属矿冶业中。其次,将原有制造业进行分割,分为储运防御制造业和民用制造业两类,因为如铁路业、船舶业虽然也属于制造业,但是又区别于现代制造业生产商品的逻辑,一是因为它们官办历史悠久,官方色彩浓厚,还一度和军事防御工业联系紧密,因此在早期发展逻辑上重合度更高;二是因为它们不仅承担制造功能,还承担运输功能,而非传统意义上的生产制造商品;三是储运防御类工业大多对交通的依赖性较强,应该按照反映其储运路线的逻辑进行分类,因此将与交通与运输相关的都纳入此类。剔除这类工业后的制造业涵盖的大多是非官办的制造业,多服务民生,所以重新命名为民用制造业。然后添加文化业教育业和市政基础设施业,对标 19 类分类法中的水电运输工程业和文化业。至此,一级分类的五类已经基本确定。这五种分类是一级分类,在此基础上下设二级分类和三级分类(表 7)。其中矿冶业沿用 30 类分类法的架构,按照工业原料进行分类。民用制造业根据工业原料和工业过程分类,分为饮食品工业、纤维工业、一般制造业、建筑材料与土石制造业、化学工业和生物工业。其中纤维工业包含原有的纺织工业和服装品业,是考虑到纺织工业分化程度高,因此各类纺织厂的差别较大,有些可能已经产业化加工(比如可以做从纺织到印染到成衣的全过程),有些仍然停留在单项业务的原始经营中。市政基础设施建设和文化及教育业依旧延续 16 类分类法的内容。至此,近代工业分类框架基本得以构建。

表 7 近代工业分类框架

一级分类	二级分类	三级分类
矿冶业	煤	煤
	金属矿冶业	铁、锡、锑、钨、锰、金、汞、铅、锌、铜
	非金属矿冶业(除煤以外)	盐、石油及煤气、石膏及明矾、其他矿产资源
民用制造业	饮食品工业	面粉业、碾米业、油业、糖业、罐贮蛋粉及其他食品制造业、酿造业、茶业、养殖屠宰业、烟业
	纤维工业	棉纺织业、缫丝业丝织业、毛织业、麻织业、针织业、皮革业、草帽编织、猪鬃业及毛刷业、制纸业
	一般制造业	印刷文具仪器标本模型业、造币业、珐琅搪瓷业、饰品业、其他制造业

续　表

一级分类	二级分类	三级分类
民用制造业	建筑材料与土石制造业	水泥业、砖瓦业、窑业、玻璃业
	化学工业	油墨业及油漆业、燃料业、胰皂业及蜡烛业、洋火业、樟脑业、调味粉业、化学业、药剂业、化妆业、橡胶业
	生物工业	蜡业养蜂业
储运防御制造业	交通工具	造船业、煤气机车制造、飞机制造
	交通线路	航线、铁路线
	军事防御	军工厂、防御设施
	辅助配套	灯塔、港口、仓库、打包厂、机场、针钉业
市政基础设施建设	城市能源	发电厂、电车电灯厂、煤气厂
	城市供水	水厂、水库水渠、堤坝
	城市电询	电子通讯
文化及教育业	工业学校、医院及诊所、博览会场、传媒业、研究所与实验室	

资料来源：作者自绘

3. 补充现代工业遗产分类

由于现代工业类别分类与近代工业分类具有高度重合性，按照时间归纳中华人民共和国成立后至20世纪70年代不同年代下的不同工业生产特点及每个阶段新增的工业类型，补充至表8近代工业分类框架中，形成工业遗产分类框架（黑体字表示补充的分类）。

3.1　第一阶段：50年代，工业基础奠基期

这一阶段，中国在国内实行社会主义改造、进行"一五计划"，在国际上接受苏联的帮助，建立了一批规模较大的重型企业，初步建立了以第一汽车制造厂、武钢一米七轧机工程、大庆油田、天津石油化纤厂、北京燕山石化厂等为代表的较为完善的现代化产业体系。其中汽车制造、桥梁纳入国家工业体系中。

3.2　第二阶段：60年代，国防安全巩固期

这一时期，受"文化大革命"影响，国际形势也日趋复杂，为抵御外侵，巩固国防安全，在西南、西北等地开启三线建设，航空航天、核、水利等工业稳步发展。

3.3 第三阶段：70年代，调整工业结构

改革开放之后，中国工业得到了崭新的发展。私有制经济开始蓬勃兴起，劳动密集型产业、电子设备、高铁以及高新技术也逐步填补到中国工业体系中，工业类型更加多元化。

表8 工业遗产分类框架

一级分类	二级分类	三级分类
矿冶业	煤	煤
	金属矿冶业	钢铁、锡、锑、钨、锰、金、汞、铅、锌、铜
	非金属矿冶业	盐、石油及煤气、石膏明矾、其他矿产
民用制造业	饮食品业	面粉业、碾米业、油业、糖业、养殖屠宰业、罐贮蛋粉业、酿造业、茶业、烟业
	纺织工业	棉纺织业、毛织业、猪鬃毛刷业、麻织业、缫丝业丝织业、皮革业、草帽编业、印染业、织布业、针织业
	其他制造业	服装业、造纸业、造币业、印刷文具业、珐琅搪瓷业、钟表业、**电器制造业**
	建筑工程工业	水泥业、砖瓦窑业、玻璃业
	化学工业	燃料业、洋火业、油墨油漆业、樟脑业、胰皂蜡烛业、调味粉业、化学业、药剂业、化妆业、橡胶业、化纤业
通用制造业	交通制造业	飞机制造、造船业、煤气机车制造
	军械工业	防御设施、军工厂
	基础设施	电子通讯、灯塔、铁路、港口、机场、仓库、桥梁
	机械制造	**机床制造、通用设备制造业**、汽车制造、**仪表制造业**、电子制造业
	航空航天	**卫星、载人航天**
能源工业		发电厂、水厂、水库水渠、堤坝、**核**
文化工业		工人学校、医院及诊所、博览会场、传媒业、研究所与实验室

资料来源：作者自绘

4. 工业遗产类与代表性遗存的对应

工业遗产的分类与对应的遗存建立联系，将遗存纳入有序的分类体系，这是方便评估的方法。在本研究中，笔者从国家文物保护名单、国家工业遗产名单、中国工业遗产保护

名录、中国20世纪建筑遗产、地方文保单位、地方政府名录的工业遗产名单中筛选了501件现存的代表性工业遗产,列入表9至表14①。

表9 工业遗产类及与之对应的代表性遗存(之一)

价值方面	价值主题	价值特征	时间	遗存统计
工业文化类	主题11工业遗产	矿冶业:煤	1861—1894	阳泉煤矿、山东省枣庄中兴煤矿国家矿山公园
			1895—1913	阜新煤矿、鸡西万人坑遗址、老黑沟惨案遗址、民生煤矿旧址、徐州韩桥煤矿旧址、邱皮沟煤矿
			1937—1945	丰满万人坑遗址、石人血泪山死难矿工纪念地、七道沟死难同胞纪念地、侵华日军淮南罪证遗址、嘉阳煤矿老矿区、台吉万人坑遗址
			1953—1960	南京煤矿机械厂、铁煤集团大隆矿、铁煤集团大明煤矿、铁煤集团大兴煤矿、铁煤集团晓南矿、威远煤矿小火车
		矿冶业:金属工业	1895—1913	大冶铁矿、汉阳铁厂、吉林金矿、水口山铅矿、湖南锡矿山锑矿、贵州汞矿、西华山钨矿、本溪湖公司制铁所、大冶铁厂、锡金钱丝两业公所旧址
			1914—1936	鹤岭锰矿、鞍山制钢所、宝丰隆商号、大吉山钨矿、首都铜铁公司、石景山炼厂、长沙锌厂、西北炼钢厂沈阳铸造厂、倒流水金矿遗址、小黄旗铅矿冶炼厂
			1937—1945	昆明钢铁厂、重庆钢铁厂、石碌铁矿
			1953—1960	武汉钢铁公司、新疆富蕴可可托海稀有金属国家矿山公园、东北轻合金加工厂
			1964—1978	甘肃省金昌金矿国家矿山公园、嘉兴市五金工具厂老厂房
		矿冶业:非金属工业	1895—1913	延长油矿、独山子油矿
			1914—1936	东源井古盐场、抚顺石油二厂
			1937—1945	玉门石油矿、玉门老一井、隆昌气矿、温州矾矿、制盐场第四十五组、玉门油田老一井
			1953—1960	甘肃玉门油田、南京油泵油嘴厂、新疆第一口油井遗址、克拉玛依黑油山地窖、嘉兴石油机械厂老厂区、梅山盐场旧址、黑龙江省大庆油田国家矿山公园、大庆第一口油井、蓝星石油有限公司济南分公司、胜利油田功勋井
			1964—1978	河北任丘华北油田国家矿山公园、辽河油田第一口探井、中国石油化工股份有限公司济南分公司、港5井

---

① 参考住建部"城乡建设与国家历史文化传承保护体系研究"课题框架,是独自讨论关于工业遗产部分的成果。

表 10　工业遗产类及与之对应的代表性遗存(之二)

价值方面	价值主题	价值特征	时间	遗存统计
工业文化类	主题11工业遗产	民用制造业：纺织工业	1861—1894	武汉市第一棉纺织厂、湖丝栈旧址
			1895—1913	大生纱厂旧址、南通油脂厂、苏纶纱厂旧址、通益公纱厂某厂房、江阴利用棉纺织厂、申新三厂旧址、国棉十七厂裕丰纺织株式会社旧址、裕湘纱厂旧址、锡金钱丝两业公所旧址、永泰丝厂旧址、钢绳厂拉丝车间旧址、大纶丝厂旧址
			1914—1936	信和纱厂旧址、华丰纱厂、大中华纱厂旧址、卫辉华新纱厂、青岛国棉五厂、通崇海泰总商会大楼、裕大宝成纱厂、永泰缫丝厂旧址、裕大华股份有限公司武昌裕华纱厂、江阴蚕种场、丰田纱厂仓库旧址、恒源畅厂旧址、常州第五毛纺厂、恒源畅厂、青岛国棉五厂、青岛国棉五厂、日商上海纺绩株式会社青岛工场、大华纱厂、武汉市毛纺织厂、协新毛纺织染厂、东亚毛纺厂、济南第四棉纺厂、济南第三棉纺织厂、济南第一棉纺织厂、天津棉三创意街区、玉祁制丝所、鼎昌丝厂旧址、丽新纺织印染厂旧址、济南第二印染厂、天津印染厂
			1937—1949	北仓门蚕丝仓库、宝鸡申新纱厂、重棉三厂、天津市第一钢丝绳有限公司、菱湖丝厂
			1950—1960	济南毛巾总厂、泉州制革厂、武汉绒印厂、杭州丝绸印染联合厂、广州市第二棉纺厂、原高平丝印染厂、济南第二棉纺织厂
			1964—1978	福州棉纺织印染厂
		民用制造业：化学工业	1861—1894	山东化工厂、胡庆余堂中药博物馆、江南弹药厂旧址
			1914—1936	永利制碱厂、黄海化学工业研究社、大连化学工业公司、天利氮气制品厂、永利铔厂、济南裕兴化工有限责任公司、天津渤海化工集团天津碱厂、黄海化学工业研究社旧址、天津京海石化运输有限公司、重庆长寿化工有限责任公司、丹华火柴厂职员住宅、德寿堂药店、下富儿沟火药库、达仁堂药店
			1937—1949	永利川厂、锦西化工机器有限责任公司、大沽化工厂、天津化工厂、红梅味精厂
			1950—1960	齐鲁化纤集团、泉州制药厂、华北制药集团有限责任公司、济南制药厂、福州第二化工厂、济南盛源化肥有限责任公司、巨化电石工业遗址、大明橡胶厂旧址
			1964—1978	中国石油化工股份有限公司济南分公司、中石化股份有限公司化工部、建峰化工总厂

表11 工业遗产类及与之对应的代表性遗存（之三）

价值方面	价值主题	价值特征	时间	遗存统计
工业文化类	主题11 工业遗产	民用制造业：化学工业	1861—1894	山东化工厂、胡庆余堂中药博物馆、江南弹药厂旧址
			1914—1936	永利制碱厂、黄海化学工业研究社、大连化学工业公司、天利氮气制品厂、永利铔厂、济南裕兴化工有限责任公司、天津渤海化工集团天津碱厂、黄海化学工业研究社旧址、天津京海石化运输有限公司、重庆长寿化工有限责任公司、丹华火柴厂职员住宅、德寿堂药店、下富儿沟火药库、达仁堂药店
			1937—1949	永利川厂、锦西化工机器有限公司、大沽化工厂、天津化工厂、红梅味精厂
			1950—1960	齐鲁化纤集团、泉州制药厂、华北制药集团有限责任公司、济南制药厂、福州第二化工厂、济南盛源化肥有限责任公司、巨化电石工业遗址、大明橡胶厂旧址
			1964—1978	中国石油化工股份有限公司济南分公司、中石化股份有限公司化工部、建峰化工总厂
		民用制造业：化学工业	1861—1894	启新洋灰厂
			1895—1913	华新水泥公司
			1950—1960	华新水泥厂
			1964—1978	巴音陶亥、渡口扬水站、三星村砖瓦厂旧窑
		民用制造业：饮食品业	1861—1894	中糖二商烟酒连锁解放路店、茅台酒酿酒工业遗产群、张裕公司酒窖、泸县酒窖池、中糖二商烟酒连锁解放路店、茅台酒酿酒工业遗产群、温永盛酒厂、益新面粉厂
			1895—1913	青岛啤酒厂、阿城糖厂、上海啤酒公司、协同和机器厂、南京下关和记洋行、惠元面粉厂旧址、阿城机械制造糖厂建筑群旧址、哈尔滨啤酒厂、青岛葡萄酒厂、青岛啤酒博物馆、外滩信号塔酒吧、哈尔滨卷烟厂、烟筒屯中东铁路建筑群、高炉山大烟囱遗址、东亚烟草株式会社旧址
			1914—1936	南洋兄弟烟草公司、沙城葡萄酒厂、乾义面粉公司、英美烟公司、福新第三面粉厂、源和堂蜜饯厂、中国酒精厂、顺德糖厂、福新面粉厂、成丰面粉厂、振边酒厂、上海一百假日酒店、南洋烟厂、拓石烟草公司旧址、英美烟草厂、英美烟草公司公寓
			1937—1949	通化葡萄酒厂、凤庆茶厂老厂区、通化葡萄酒厂地下贮酒窖
			1950—1960	泉州面粉厂、重庆罐头食品总厂、天津酿酒厂、济南1953茶文化创意产业园、泉州卷烟厂、河套酒窖池及古井
			1964—1978	福州啤酒厂、鑫龙商务酒店、巴音陶亥、渡口扬水站、三星村砖瓦厂旧窑

表 12 工业遗产类及与之对应的代表性遗存(之四)

价值方面	价值主题	价值特征	时间	遗存统计
工业文化类	主题11工业遗产	民用制造业：其他制造业	1895—1913	沈阳造币厂、商务印书馆、度支部印刷局、北京印钞厂、国民政府财政部印刷局旧址、山东鲁丰纸业有限公司、天津电力科技博物馆、法国电灯房旧址、汉口电灯公司
			1914—1936	京华印书局、上海造币厂、华丰造纸厂、福州造纸厂、营口造纸厂、石泉造纸作坊、中共中央秘密印刷厂旧址、沈阳钟厂创意产业园、汉口电话局旧址、杨宇霆电灯厂旧址
			1937—1949	晋绥日报报社旧址、新四军被服厂旧址、济南晨光纸业有限公司、济南造纸厂、山东泰山电器有限公司
			1950—1960	山东泰山电器集团公司、江南无线电器材厂旧址
			1964—1978	安定造纸总厂渝州分厂、泉州市海滨印刷机械厂、天津海鸥手表集团公司、福建日立电视机有限公司
		通用制造业：机械制造工业	1861—1894	晨光机械厂、唐胥铁路修理厂
			1895—1913	中车北京二七厂
			1914—1936	慎昌洋行杨树浦工场旧址、协同和机器厂、福聚兴机械厂旧址、济南金钟电子衡器股份有限公司
			1937—1949	沈阳铸造厂、新安电机厂旧址、上海汽车制动器厂
			1950—1960	无锡压缩机厂旧房、北京有线电厂、北京华北无线电联合器材厂、红光电子管厂、广州手表厂、上海冶金矿山机械厂、824工厂、汉阳特种汽车厂、泉州市人民电器厂、哈尔滨电表仪器厂、济南仪表厂
			1964—1978	泉州电子仪器厂、泉州市无线电元件厂、国营红泉仪表厂
		通用制造业：交通制造业	1861—1894	上海船厂、江南机器制造总局、福建马尾造船厂、大沽船坞、旅顺船坞
			1895—1913	大连造船厂、日本东清轮船会社
			1914—1936	广南船坞、中央(杭州)飞机制造厂、中意飞机制造厂、新港船厂、新河船厂
			1937—1949	新港船闸、平庄侵华日军飞机库旧址
			1950—1960	杭州大河造船厂、春雷造船厂、金陵造船厂、哈尔滨电机厂汽轮发电机车间、成都机车车辆厂厂部大楼、南京船用辅机厂仓库、子牙河船闸

表 13　工业遗产类及与之对应的代表性遗存(之五)

价值方面	价值主题	价值特征	时间	遗存统计
工业文化类	主题 11 工业遗产	通用制造业：基础设施	1861—1894	东望洋灯塔(松山灯塔)、花鸟山灯塔、大北电报公司、京奉铁路、上海邮政总局、京奉铁路唐山车辆制造厂、天一总局旧址、鹅銮鼻灯塔、猴矶岛灯塔、南子弹库旧址、大清邮政津局、南满铁道东清铁路机车制造所(大连机车厂)、老铁山灯塔、青岛栈桥、京奉铁路滦河铁桥、临高灯塔、横澜岛灯塔、京奉铁路山海关桥梁厂
			1895—1913	中东铁路、硇洲灯塔、秦皇岛港西港、京汉铁路、卢汉铁路、大连港、胶济铁路、胶济铁路济南站、京汉铁路长辛店机厂、胶济铁路青岛火车站、粤汉铁路、青岛潮连岛灯塔、京奉铁路正阳门火车站、京汉铁路大智门火车站、京汉铁路郑州黄河铁路桥、新开河火车站、滇越铁路、大阪仓、太古仓码头及仓库、太古仓、正太铁路、陇海铁路、京张铁路、天津金汤桥、外滩信号台、外白渡桥、广九铁路、中山桥、津浦铁路浦口火车站、中车南京浦镇机车有限公司、津浦铁路、南满铁道奉天驿建筑群、津浦铁路济南机器厂、天津西站、广九铁路石龙南桥、津浦铁路淮河大铁桥、津浦铁路泺口黄河铁路大桥、四行创意仓库、南苏州路 175 号、185 号仓库、游内山灯塔、潮连岛灯塔
			1914—1936	陇海铁路兴隆庄火车站、美孚石油公司旧址、个碧石铁路鸡街火车站、中国海军中央无线电台(491 台)、新泰仓库建筑、申新七厂毛麻仓库(德商瑞记纱厂、上海第一丝织厂)、白塔火车站旧址、京汉铁路总工会旧址、天津解放桥、渌江桥、大连甘井子煤码头、国民政府中央广播电台、柳州机场及城防工事群旧址、广州珠海桥、吉海铁路总站旧址、京奉铁路沈阳总站、津浦铁路南京下关火车渡口、奉海铁路局旧址(沈阳东站)、钱塘江大桥、滇缅公路惠通桥、粤汉铁路株洲总机厂、外马路仓库
			1937—1949	四行仓库、南满铁道大连火车站、畹町桥、侵华日军侵琼八所死难劳工纪念地、石家庄火车站、中央电工器材厂一厂旧址、滇缅铁路禄丰炼象关桥隧群
			1950—1960	北桥仓库旧址、无锡第二粮食仓库旧址、芭石铁路、营田仓库、南京船用辅机厂仓库
			1964—1978	大沽灯塔
		通用制造业：军械制造业	1861—1894	金陵机器局
			1914—1936	巩县兵工厂、东三省兵工厂、官田中央军委兵工厂、佛采尔计划之宁波海防工事、侵华日军阿尔山要塞遗址
			1937—1949	济南二机床厂、重庆抗战兵器工业旧址群、重庆抗战兵器工业遗址、黄崖洞兵工厂、侵华日军木石匣工事旧址、中国第一航空发动机厂、晋冀鲁豫军区兵工二厂(刘伯承工厂)、八路军军工部垂阳兵工厂旧址

续 表

价值方面	价值主题	价值特征	时 间	遗 存 统 计
工业文化类	主题11工业遗产	通用制造业：军械制造业	1950—1960	青海221厂
				无锡压缩机厂旧厂房、北京有线电厂、北京华北无线电联合器材厂、红光电子管厂、广州手表厂、上海冶金矿山机械厂、824工厂、汉阳特种汽车厂、泉州市人民电器厂、哈尔滨电表仪器厂、济南仪表厂

表14 工业遗产类及与之对应的代表性遗存（之六）

价值方面	价值主题	价值特征	时 间	遗 存 统 计
工业文化类	主题11工业遗产	能源工业	1861—1894	钱塘海塘工程、龙引泉
			1895—1913	上海浚浦局、汉口既济水电工司宗关水厂、京师自来水公司东直门水厂、石龙坝水电站、杨树浦电厂、桓仁发电厂
			1914—1936	日月潭大观水电站、民国首都电厂、洞窝水电站、上海东区污水处理厂、上李水库、开滦矿务局秦皇岛电厂、金水闸、大西山水库
			1937—1949	水丰水电站、丰满水电站、天门河水电站、濛渡电厂、鸳鸯池水库
			1950—1960	哈尔滨电机厂汽轮发电机车间、佛子岭水库大坝、济南黄台火力发电厂、中国第一个核武器研制基地爆轰试验场、核武器研制基地展览馆、石漫滩水库大坝旧址
		文化工业	1861—1894	利济医学堂旧址
			1895—1913	佘山天文台、恩泽医局旧址、西泠印社、南通博物院
			1914—1936	思达医院旧址、安源路矿工人补习夜校旧址、仁爱医院、第一届西湖博览会工业馆旧址、北极阁气象台旧址、芜湖内思高级工业职业学校旧址、侵华日军第七三一部队旧址、侵华日军第100部队遗址、四九一电台旧址、国民政府中央广播电台旧址、昭和制钢所研究所旧址、黄海化学工业研究社旧址
			1937—1949	侵华日军第516部队遗址、长春电影制片厂、株式会社满洲映画协会、凤凰山天文台近代建筑、巴彦汗日本关东军毒气实验场遗址
			苏联援建1950—1960	济南半导体研究所、天津广播电台战备台旧址

5. 小结

本研究是将工业遗产定位于中华文明体系框架研究的一个部分。

中国近代工业遗产的分类受到国外的影响,随着中国工业日益兴盛出现了多歧的分类讨论。比较典型的是16类分类法和30类分类法及其变体。在研究近代的分类基础上取其最大公约数归纳了近代的工业遗产分类,构建的近代工业遗产分类主要采用16类分类法作为一级、二级框架,将30类分类法作为三级框架。又进行了一定的分类修改,建立了三级谱系体系。这个谱系是一个参考系,方便未来评估的精细化。

在谱系建构的同时本研究也筛选了重要的工业遗产501项纳入谱系框架,为原本离散的工业遗产归位,为进一步评估奠定基础。

参考文献:
[1] 周振钧.工业分类法之面面观[J].农工商周刊,1929,66:3-5.
[2] 田和卿.工业分类的商榷[J].社会月刊(上海1929),1931(12):1-14.
[3] 唐启贤.工业分类之研究[J].实业部月刊,1936(6).
[4] 吴骏泉.工业分类之研究[J].锡毅,1944(2-3):14-16.
[5] 宋梯云.工业分类之商榷[J].公益工商通讯(上海),1948(41).
[6] 刘大钧.中国工业调查报告(上册)[M].中华民国经济统计研究所,1936.
[7] 刘大钧.中国工业调查报告(中册)[M].中华民国经济统计研究所,1936.
[8] 刘大钧.中国工业调查报告(下册)[M].中华民国经济统计研究所,1936.
[9] 吴承洛.今世中国实业通志(上)[M].商务印书馆,1929.
[10] 吴承洛.今世中国实业通志(下)[M].商务印书馆,1929.
[11] 杨大金.现代中国实业志(上)[M].商务印书馆,1932.
[12] 杨大金.现代中国实业志(下)[M].商务印书馆,1932.

景德镇"十大瓷厂"陶瓷工业遗产非物质文化资源的构成与价值分析

来元茜

(东南大学)

摘　要：本文以工业遗产保护和利用中的同质化问题为逻辑起点，以陶瓷工业遗产的非物质文化资源为切入点，选择景德镇"十大瓷厂"为个案，运用田野考察、口述史访谈等研究方法，结合扎根理论，在对工业遗产定义参照下景德镇陶瓷工业遗产特点予以总结基础上，分别就"技术""设计"与"记忆"三个最为突出且最具现实转化效益的要素之构成和价值展开研究。以期通过聚焦工业文化遗产"非物质"层面的研究，为陶瓷工业非物质文化遗产的资源转化实践提供一定学理参考。

关键词：陶瓷工业遗产；非物质文化资源；景德镇"十大瓷厂"

新中国成立至改革开放初期，景德镇瓷业生产在空前的社会变革和文化变局中曲折发展。其生产方式由手工向机械化演进，组织形态由传统家庭作坊向现代大型瓷厂转化。在传统与现代的对抗、冲突与适应过程中，景德镇瓷业生产不断重塑其自身之平衡，在新中国工业化进程中积累了丰富的陶瓷工业文化资源。

在新中国现代陶瓷工业发展语境下，景德镇"十大瓷厂"[①]应运而生。"十大瓷厂"是新中国成立后景德镇相继成立的十余个大型公有制瓷厂的统称，是南方陶瓷产区中的典型区域性产业集群形式。其产品结构以"日用瓷"为主，"陈设瓷"为辅，销售渠道分为出口和内销两种。从历史发展进路来看，除了"十大瓷厂"最早的瓷厂单元——"建国瓷厂"成立于新中国成立之初，其他瓷厂单元则集中形成于"二五"时期，且都先后历经合作社、私

---

① 本文在已有研究基础上，以新中国现代陶瓷设计历史为参照系，认为"十大瓷厂"的概念有狭义与广义之分。狭义的"十大瓷厂"具体指涉其形成初期时的解释，即1958年，由10家公私合营瓷厂和9家制瓷生产合作社合并而成的9家全民所有制的国营瓷厂，与建国瓷厂一起称为"十大瓷厂"，即：宇宙瓷厂、东风瓷厂、华电瓷厂、红旗瓷厂、红星瓷厂、新平瓷厂、美术瓷厂、工艺美术瓷厂、建筑瓷厂和建国瓷厂。广义的"十大瓷厂"的概念中包含分流时期的成长义、汇成时期的合成义、发展时期的流变义，包括：建国瓷厂、艺术瓷厂、人民瓷厂、光明瓷厂、为民瓷厂、宇宙瓷厂、红旗瓷厂等国营瓷厂和曙光、雕塑2家集体所有制瓷厂。

私合营、公私合营、改组并厂和转"厂"升级等过程。20世纪60年代初,"十大瓷厂"初步形成相对完整的陶瓷产业体系,并调整为以日用瓷为主的陶瓷生产结构。此后,"十大瓷厂"以各单元瓷厂的专项优势和瓷厂间的互动联结,形成规模化、机械化和标准化的生产特点,创造了良好的经济效益,形成国内外广泛的影响力,也共同造就新中国瓷业的繁荣兴盛。至20世纪90年代末,"十大瓷厂"的积弊和问题日渐显现,随着"改制"瓷厂相继停产。从地域分布特征来看,"十大瓷厂"各单元瓷厂呈现出由分散向集中的整合和发展逻辑,产业集群整体分布于老城区的珠山和戴家弄一带以及新建东城区的东一路沿线,具有区位优越、分布集中和交往便利的特点。

随着国家"退二进三"的产业结构调整,景德镇也开始围绕"十大瓷厂"老厂区、老厂房的更新改造利用项目展开保护、开发和研究工作。建国瓷厂、雕塑瓷厂、宇宙瓷厂等文创产业园先后建成,推动了工业遗产和城市记忆的保护,促进了新型文化创意产业的发展。以"瓷厂改造"为主题的研究也逐渐出现,其研究对象分为"瓷厂整体"和"瓷厂个体单元"两类。前者内容主要围绕旧瓷厂改造问题展开,后者主要围绕已经开发和正在开发中的瓷厂的具体问题展开。但是,就目前实地考察情况来看,多数文创产业园亦具有国内其他文创园区普遍存在的活力不足、更新滞后和同质化问题。有研究者认为此类问题主要因"文化遗产本身固有价值的流失和创意价值的不足"[①]。也就是对于"工业遗产"本身价值的认可、转化和利用的不足,使其亦未能在文创产业中充分发挥潜能,以更好地服务于当前人们的生活需求。

从我国现阶段工业遗产保护和研究的大背景来看,在保护实践层面仍然侧重于工业实体而忽视非实体资源,在理论研究层面关于非物质文化相关内容亦缺乏系统性和学理性整理。关注点主要聚焦建筑和产品等物质性实体,以及相关联的外部社会环境。近年来,围绕"整体性保护"思路,引申出的"线性工业遗产""遗产廊道"和"遗产群"等理念,在开始关注工业遗产内在有机联结的同时,也一定程度深化了对其非物质性文化资源的理解。同时,部分工业遗产相关文献也间接地显示出学界对于"非物质文化"具体内容的关注,如"文化记忆""技术史"等主题。已有实践和理论成果,为本文关于景德镇"十大瓷厂"陶瓷工业遗产"非物质文化资源"的探讨提供了研究基础。

据此,本文立足于景德镇陶瓷工业遗产保护和发展现状,通过回顾工业遗产的定义和非物质文化遗产的理论内容,来阐释"十大瓷厂"非物质文化工业遗产的构成内容和具体价值,以实现"整体性"保护观念下对新中国陶瓷工业遗产更好地开发、利用和研究。

1. 对非物质工业文化遗产与景德镇陶瓷工业遗产的思考

对工业遗产的关注兴起于20世纪50年代英国的"工业考古学"。此后,各国相继对

---

① 徐苏斌,青木信夫,王琳.从工业遗产保护到文化产业转型研究[M].中国城市出版社,2020:174.

其展开保护和研究工作,并形成一系列纲领性文件。其中,就工业遗产的定义而言,2003年《下塔吉尔宪章》最早界定工业遗产包括具有历史、技术、社会、建筑或科学价值的工业文化遗迹,具体包括建筑、机器、车间、工厂、作坊、矿区以及加工提炼等遗址,用于能源生产、转换和利用的仓库、商店、运输工具和基础设施以及场所,还包括用于住房供给、宗教崇拜和教育等与工业相关的社会活动场所。2011年《都柏林原则》对工业遗产的定义与前者大体相同,但后者更加注重以整体性视角来阐述工业遗产的构成,且更加强调工业生产过程,还明确指出非物质遗产的内容,包括技术知识、工作和工人组织以及复杂的社会和文化传统。其定义反映出工业遗产保护理念的变革,即"从仅仅关注物质遗产逐渐转向非物质遗产,从重视纪念碑式的遗产保护向'活遗产'(Living heritage)保护转化,从'权威遗产话语'(authorized heritage discourse)转向公众话语,从非日常性走向日常性"①。同时,其定义也体现出对工业遗产价值的关注开始从物质层面向非物质层面扩展。

"物质和非物质",是学界最为认可且通用的对"工业遗产"的分类方法。其中,关于"物质性"和"非物质性"之间关系的辨析,有学者认为,物质因素构成非物质性、精神因素的承载基础,对非物质文化遗产而言,并不能完全、直接地将其与周围的物质文化环境或文化遗产剥离开,它们之间是相互依存的;不同的非物质文化遗产项目基于自身内在属性的差异而折射出不同的"非物质性"程度,而非物质性则是呈现出完全物化的形态②。以此反观工业遗产的物质和非物质内容,也是互为依存的关系,尤其是"非物质文化遗产",也并非绝对地呈现非物质形态,而是很大程度上依赖于物质载体。

工业遗产中的"非物质文化遗产",亦可称作"非物质工业文化遗产"。在此可参照学界对"非物质文化遗产"的定义和相关理论,来加深对其内涵的理解。非物质文化遗产通常是指各种非物质形态存在的与人们生活密切相关且世代相承的传统文化表现形式。其概念及体系的单独提出,"是基于联合国教科文组织出于对早期偏重物质实体保护的反思逐渐发展出来的。这项反思的初衷之一是想纠正世界遗产体系的疏漏与失衡,并由此表达文化整体性的观念"③。目前工业遗产的保护和研究工作中亦存在偏重物质实体的现状即符合上述背景,本文对非物质文化资源的挖掘也是基于文化整体性的观念。即"所有的工业遗产都是工业文化的产物,都反映了工业革命进程中的文化,尤其是人们从事工业建设过程中依托的各种精神,这是最宝贵的工业遗产,也是真正对工业发展本身有用的值得继承的遗产"④。物质文化遗产和非物质文化遗产两者共同形成了工业遗产的"文化有机整体性"。

非物质文化遗产理论还认为"在非物质文化遗产中,真正的材料性物质、器物、实物,

---

① 青木信夫,徐苏斌.工业遗产价值评估研究[M].中国城市出版社,2020:78.
② 向云驹.论非物质文化遗产的非物质性——关于非物质文化遗产的若干哲学问题之一[J].文化遗产,2009(3).
③ 李菲著.身体的隐匿:非物质文化遗产知识反思[M].民族出版社,2017:74.
④ 吕建昌.当代工业遗产保护与利用研究[M].复旦大学出版社,2019:501.

是次要的,不重要的,它的主要价值和主体价值是非物化的,它的本质是人自身"①。可见,非物质文化遗产的价值在于其所关联的人本身。目前工业遗产的非物质文化要素与人们日常生活之间亦呈现明显的疏离状态,亟须提升对其关注和重视度,以重建其与人的价值关联。为此需深入挖掘不同非物质文化遗产的资源优势和特殊性价值,使其产生真正的现实效益。

景德镇陶瓷工业遗产的构成内容十分丰富。已有研究者将景德镇陶瓷工业遗产的"文化基因"依据呈现特点分为显性和隐性两类。其显性文化基因包括:遗存建筑物空间与景观细节、技术文化与工业产品、自然环境以及地理气候,隐性文化基因包括:工业文化记忆、场所精神、品牌文化和社会影响力②。其分类方式很大程度依据物质和非物质文化遗产的性质区别。在对陶瓷工业遗产的保护和研究进程中,亦呈现出侧重物质遗产的失衡现象。在此基础上,对其价值的挖掘仍要进一步考虑景德镇陶瓷非物质工业文化遗产表现出的两个本质特点,即行业性和在地性的特点。关于行业性特点,陶瓷行业生产工艺流程多,链条连贯性强,产品生产周期相对较短,企业独立性强,其非物质文化遗产内容包含的工业技术、工业设计、工业观念、工业制度和工业精神等都有其行业属性。关于在地性特点,景德镇具有悠久的手工制瓷传统,在现代工业化发展进程中,最为突出的表现是手工生产与机械生产相互调适过程中积累的特殊经验、方法和结果。景德镇长期以来所形成的手工业生产体系的自足性和完备性,一定程度上影响了工业化发展的推进,形成了区别于同时期其他产瓷区的工业生产特色,也是其工业文化遗产的特殊价值所在。

2. 技术、设计、记忆:"十大瓷厂"陶瓷非物质工业文化资源的构成

"十大瓷厂"作为景德镇陶瓷工业遗产的构成主体,不仅具有陶瓷工业遗产的一般性特点,同时还具有其自身的特殊性。其特殊性具体表现于如下两个方面:一方面,"十大瓷厂"不仅在整个景德镇瓷业发展史中具有联结上下文的作用,也在中国现代陶瓷工业发展史中处于典范地位。其发展历经新中国计划经济和市场经济两个时期,所有制形式以国营和集体性质为主,生产方式以机械和手工两者互补形式存在,其品类、结构、规模、产量、产值和影响力等在我国南、北方产瓷区中位居前列。另一方面,与国内其他产瓷区同类大型瓷厂的分散状态相较而言,"十大瓷厂"形成了有机复杂的地方性陶瓷产业集群。其产业集群是在瓷厂单元的内向"集合"和瓷厂外围瓷业辅助单位的外向"辐射"的自组织机理下形成。瓷厂单元在基于公有制性质所形成的体制相似性和整体计划要求下"专项工艺"形成的产品结构差异性中形成了良好的竞合关系,并与其上、下游产业链所形成的

---

① 向云驹.非物质文化遗产的若干哲学问题及其他[M].文化艺术出版社,2017:115.
② 戴亚鹏,涂彦珣,等.论后工业历史语境下景德镇陶瓷工业遗产景观的文化基因及其耦合价值[J].中国陶瓷工业,2021(6).

瓷业服务配套企业形成稠密性、专业化的产业集群。

基于物质和非物质的形态区别,亦可将景德镇"十大瓷厂"陶瓷工业遗产作出区分,再依据非物质要素的历史贡献、转化潜力和利用可能性,结合"扎根理论",可提取出"技术""设计"和"记忆"三个最为突出且最具现实转化效益的文化资源构成要素。

技术属于生产力,是推动社会发展的主要原动力之一。纵观人类社会发展史,可见每次社会转型皆由技术变革引起[1]。学界通常认为,"技术"有狭义、广义之分。狭义技术是指人们通常所说的"技术"和"工具",广义技术是指人类改造自然、改造社会和改造人本身的全部活动中所应用的一切手段和方法之总和[2]。有研究者进一步将其分为"实体性因素(工具、机器、设备等)、智能性因素(知识、经验、技能等)和协调性因素(工艺、流程等)"[3]。从陶瓷行业的生产程序和生产特点来看,其技术内涵远超其狭义理解,亦包括实体性、智能性和协调性等因素,这些因素又不同程度地表现于陶瓷生产的原料制备、坯体成型、彩绘装饰、窑炉烧成和运输包装等若干环节。"十大瓷厂"技术的发展始终贯穿于新中国景德镇瓷业发展历史,在不断地技术改造与技术革新下,实现了机械化生产代替手工生产,形成了经验型技术向科学型技术的现代转化,原料制备、成型工艺、成型设备、装饰材料、装饰技艺、窑炉设备和烧成方式等具体内容都可以被精确描述、控制乃至大规模复制和生产。其中,就其窑炉烧造技术而言,即历经由柴窑、煤窑、油窑到气窑的多次重大变革,窑炉结构、烧成燃料、烧制方法的不断优化,为实现陶瓷生产批量化和产业化提供了保障。

设计是人们为实现某种特定目标而进行的创造性活动,在不同时期的社会背景和具体论述语境中,其所指称的含义亦不相同。现代陶瓷设计活动通常是指从"概念化""产品化"到"市场化"的过程,具体包含陶瓷原材料开发、产品设计、生产制作、对外销售等业务环节。"十大瓷厂"作为新中国时期现代陶瓷产品的设计"场所",其设计活动历时半个多世纪,亦涉及上述主要过程和具体环节,但其瓷厂空间内主要是围绕"概念化""产品化"的过程。其现代陶瓷产品作为中国现代工业化进程中的一种新的文化形式,是时代变迁的产物,亦是集体智慧的结晶。其"陈设瓷"和"日用瓷"代表了两种不同性质的设计文化取向,其背后也反映出手工艺生产的工艺美术体系与机械化生产的设计体系的适应性共生关系。

"记忆"在心理学上被认为是个人所经历的事物,通过识记、保持、再认和重现,以表象和语词等形式将个体经验积累和保存在头脑中,并在一定条件下重现出来的心理过程。简言之,记忆即过去经验在人头脑中的反映[4]。20世纪20年代起,"记忆"从心理学、神经学范畴扩展至历史、文学和哲学等领域,同时开始从强调个体性记忆发展到注重记忆的社

---

[1] 张宪荣.工业设计辞典[M].化学工业出版社,2011:60.
[2] 陈昌曙.技术哲学引论[M].科学出版社,1999:95.
[3] 陈红兵,陈昌曙.关于"技术是什么"的对话[J].自然辩证法研究,2001(4).
[4] 赵冰洁,等.心理学[M].重庆大学出版社,1994:100.

会属性,衍生出"集体记忆""记忆场"和"文化记忆"等概念。"十大瓷厂"作为"记忆之场"不仅承载了景德镇六万余名陶瓷工人的生产记忆,也承载了整个景德镇市民的生活记忆。在瓷厂及其与辅助配套单位的互动关联中,人们不同程度地共同参与到陶瓷设计生产活动的各个环节。其共同的记忆,在加深群体身份认同的同时,也形成了瓷厂共同体的建构。

3. "十大瓷厂"陶瓷非物质工业文化资源的在地性价值和意义

学界关于"价值"的界定方式,主要有如下三种:一是用意义来界定价值,二是用"满足需求"来界定价值;三是用"有用性"来界定价值。三者对价值的定义皆在主客体相互关系中产生,可见价值本质即是主客体相互作用产生的积极效应[①]。

国内外关于工业遗产价值的研究,经历了从对本体价值的重视、到地域性独特价值的关注、再到多学科交叉整体性评估的过程。在此基础上,国内学者形成了由固有价值、创意价值和外溢效应三者构成的工业遗产价值框架模型。其中认为,固有价值是工业遗产本身具有的价值,通常亦是其核心价值;创意价值是遗产经过更新而新附加的价值,也是固有价值的外围;外溢效应则是影响他人的收益外溢或成本外溢。前两者的价值又都由物质资本、人力资本、自然资本和文化资本构成。基于本文所限定的非物质文化资源的非实体性特点,其价值主要体现于人力资本和文化资本两方面。其中,人力资本表现为蕴含于人身上的各种生产知识、技术和劳动等的存量总和;文化资本是以财富的形式表现出来的文化价值的积累[②]。有形的文化资本的积累在于被赋予了文化意义的建筑、遗址和艺术品等人工制品中,无形的文化资本包括与既定人群相符的思想、观念、传统和价值等。

景德镇"十大瓷厂"陶瓷工业遗产的非物质文化资源,其价值(即固有价值)亦主要由人力资本和文化资本构成。文化资本即"技术""设计"和"记忆"三个要素本身,人力资本则是三者的形成主体(其他行业工业遗产价值评估时人力资本通常不被计算其中,但陶瓷行业有其特殊性,人力资本是其核心资本。"十大瓷厂"虽已停产,原来的工人群体也不再在瓷厂内继续从事劳动生产,但原瓷厂工人仍然分散在景德镇各处从事陶瓷行业的生产、创作和研究工作,人力资本仍然在为整个景德镇城市的瓷业发展发挥巨大作用)。技术、设计和记忆,与其原主体之间的关系十分紧密,并能与新的受众主体形成良好的互动。其中,"技术"对应的原主体是数以万计的原瓷厂工人群体,"设计"对应的是原美研室、美研所等陶瓷美研机构的设计群体,"记忆"对应的则是整个景德镇见证这段特殊历史的城市生活群体。三者又以新的结构关系不同形式地参与到当前的景德镇瓷业生产,为陶瓷文化发展提供了新的资源形态。

作为文化资本的"技术""设计"和"记忆",又有其各自的独特价值所在。关于"技术"

---

① 刘绍怀. 论价值研究[M]. 云南大学出版社,2017:54.
② 青木信夫,徐苏斌. 工业遗产价值评估研究[M]. 中国城市出版社,2020:44~48.

的价值,技术发展的过程是建构和重构自然、技术、人类或者国家与民族身份、意识形态、社会地位、空间政治等方面意义的过程①。十大瓷厂在现代工业化发展进程中,形成了科学型技术与经验型技术并行互补的发展格局,其实践和理论成果为陶瓷工业发展奠定了良好的基础。伴随着改制,其技术出现整体性流失现象,生产知识和技艺经验由整体走向分散,且在很大程度上形成"退化",对其利用不仅可重建其技术史意义,亦能将其科学理性成果得以应用和发展。关于"设计"的价值,体现于设计结果、设计制度和设计观念三个方面,也就是作为工业产品的组成结构与发展谱系、设计规程、设计标准和设计机制等现代制度系统,以及兼具民族性与现代性的设计创新观念。三者的挖掘能实现其新中国设计史和新中国陶瓷设计史的建构,且为艺术创作、设计实践提供方法和经验。关于"记忆"的价值,将"十大瓷厂"作为一个整体的"记忆之场",能引申出大量与之相关的人、事和情绪,即个人记忆、集体记忆、社会记忆和文化记忆。记忆能重现真实和传递历史体验、特定情感,记忆也构成复兴运动的基础②。伴随瓷厂解体,面对记忆断裂与传承场域消失的困境,相关文博单位开始展开工业文物收集、口述史采访等对其记忆的保存和传播工作。如陶溪川工业遗产博物馆,将瓷厂的文化产物作为记忆媒介重新组织起来,以建立和传播景德镇人民的集体记忆,形成关于过去瓷业历史的公共叙事。在理解十大瓷厂如何联结景德镇陶瓷历史,又何以成为新中国瓷业典范的记忆过程中,人们也不断形成身份和文化上的认同。

4. 结语

景德镇"十大瓷厂"陶瓷工业遗产是新中国工业遗产中的特殊性个案。在其"遗产化"和"资源化"进程中,呈现出同质化现象,且其"非物质文化内容"的利用有限。本文将该类"遗产"看作"资源",对"技术""设计"和"记忆"三个主要资源要素予以阐释,通过对其人力资本和文化资本的价值分析可见,三者不仅能重建技术史、设计史和生活史意义,还能将其技术成果、设计经验和文化记忆等转化利用,从而更好地实现陶瓷工业遗产的"整体性"保护和发展。

参考文献:
[1] 青木信夫,徐苏斌. 工业遗产价值评估研究[M]. 北京:中国城市出版社,2020.
[2] 阿斯特莉特·埃尔,安斯加·纽宁. 文化记忆研究指南[M]. 李恭忠,李霞,译. 南京:南京大学出版社,2021.
[3] 陈昌曙. 技术哲学引论[M]. 北京:科学出版社,1999.
[4] 陈红兵,陈昌曙. 关于"技术是什么"的对话[J]. 自然辩证法研究,2001(4).

---

① 姜振寰. 技术史理论与传统工艺 技术史论坛[M]. 中国科学技术出版社,2012:23.
② (德)阿斯特莉特·埃尔,(德)安斯加·纽宁主编;李恭忠,李霞译. 文化记忆研究指南[M]. 南京:南京大学出版社,2021.02:27.

［5］姜振寰.技术史理论与传统工艺(技术史论坛)[M].北京：中国科学技术出版社,2012.
［6］吕建昌.当代工业遗产保护与利用研究[M].上海：复旦大学出版社,2019.
［7］李菲.身体的隐匿：非物质文化遗产知识反思[M].北京：民族出版社,2017.
［8］刘绍怀.论价值研究[M].昆明：云南大学出版社,2017.
［9］戴亚鹏,涂彦珣,等.论后工业历史语境下景德镇陶瓷工业遗产景观的文化基因及其耦合价值[J].中国陶瓷工业,2021,28(6).
［10］向云驹.论非物质文化遗产的非物质性——关于非物质文化遗产的若干哲学问题之一[J].文化遗产,2009(3).
［11］向云驹.非物质文化遗产的若干哲学问题及其他[M].北京：文化艺术出版社,2017.
［12］张宪荣.工业设计辞典[M].北京：化学工业出版社,2011.
［13］赵冰洁,等.心理学[M].重庆：重庆大学出版社,1994.

民国时期海军飞机制造业的演进历程及其航空工业建筑研究*

欧阳杰

(中国民航大学交通科学与工程学院)

摘 要：本文系统梳理民国时期海军水上飞机制造业的发展历程,再考证福建马尾造船所和江南造船所中的飞机制造厂址总平面布局和工艺流程,并重点考证飞机合拢厂和飞机棚厂的演进,论证航空制造类建筑遗存的建筑技术特征,最后在航空工业遗产价值认定的基础上提出了相应的保护策略。

关键词：水上飞机;航空工业;飞机合拢厂;飞机棚厂;机库

与国民政府航空署(或航空委员会)主导的以中外合资为主的航空制造业不同,北洋政府以及南京国民政府的海军机构所先行启动的海军水上飞机制造业是以自主研制为主的。早在1918年,北洋政府海军部便在福建马尾成立了我国最早的国产飞机制造工厂,其主要建设思路是依托东南沿海地区的海军造船所,着力制造和修理军用水上飞机,用作大型舰艇的舰载机。由此福建马尾及上海高昌庙地区成为中国近代航空工业的发源地之一。近代海军制造飞机工程处先后附设于制造历史悠久、厂房建筑密集、机器设备完善的马尾造船所和江南造船所,专注于海军舰载水上教练机和侦察机的研发制造,这时期两大造船所的飞机制造厂建筑及其附属机场建筑形制已初具独特的航空建筑特征。

1. 近代海军飞机制造工业发展的历史沿革和建设概况

1.1 北洋政府时期

1917年12月,在巴玉藻等留美航空工程专业人才的推动下,海军部先后派员在天津大沽口、上海高昌庙及福州马尾等船厂考察飞潜学校及飞机和潜艇制造基地的选址,认为

---

* 基金项目：国家自然科学基金面上项目"基于行业视野下的中国近代机场建筑形制研究"(项目批准号：51778615)。

"福州马尾地段最宽、足敷展布,而厂所汽机,尤足为兴办基础"[①],最后由海军部提出议案,北洋政府国务会议批准海军部在马尾船政局开办中国第一所培养飞机、潜艇制造专业人才的学校——海军飞潜学校,分设飞机制造(甲班)、潜艇制造(乙班)和轮机制造(丙班)三个专业。1918年3月在海军艺术学校新校舍正式办学,该校址由1915年设立的铜元局改建而成,学员由艺术学校在校生转入。飞潜学校自创办始至1926年合并停办,实际培养了三期共计56名学员,其中航空班学员21名。

1918年1月,北洋政府国务会议决定在马尾船政局附设海军飞机工程处,专司军用水上飞机的研制。次年8月,飞机工程处成功地仿制出中国第一架双桴双翼水上飞机——"甲型一号"。1923年,又在马尾设立用于飞行培训的航空教练所,同年6月,"海军飞机工程处"改称为隶属于海军总司令公署的"海军制造飞机工程处"。

1.2　南京国民政府时期

1927年南京国民政府成立后,海军总司令部便着力发展军事航空工业,积极筹建上海、马江和厦门三处航空根据地,并与其下辖的上海江南造船所(高庙)、马尾造船所和厦门造船所(嘉禾)三大造船所相对应。1928年9月,新成立的国民政府海军部便在上海虹桥机场设立直辖的海军航空处,掌管所属航空事宜,还在马尾设立马江海军制造飞机处(又称马尾海军制造飞机处);次年6月,海军部又令海军厦门要港司令部筹设海军厦门航空处及飞机场,并附设飞行训练班;1931年1月,海军部决定将马尾的海军制造飞机处迁入上海高昌庙的海军江南造船所,这时海军所有飞机由海军航空处、海军厦门航空处和海军制造飞机处三个部门所统管。1933年2月,海军部又下令裁撤海军厦门航空处,由上海迁至厦门的海军航空处合并改组,该处留置在上海的厂屋和场地则都移交给海军制造飞机处[②]。

1.3　水上飞机制造的业绩

福建马尾船政自1918年设立飞机工程处始到1931年2月海军制造飞机处迁址上海为止,共试造了15架水上飞机,而海军制造飞机处自1931年2月至1937年1月在上海江南造船所共设计和建造了"江鹤""江凤""江鹚""江鹳"等水上教练机和侦察机8架(包括续造马尾船政2架)。除发动机等核心机件以及钢丝、钢线及钢管及铝材等零部件从国外进口外,这些飞机的机身、机桴及机翼大部分所使用的木料、帆布材料、丝麻织料和油漆料均实现了国产化。但其飞机组装以手工制作为主,整体生产规模小,单机制造成本过高。

---

① 海军总司令部.海军大事记[M].重庆:润华印书馆,1943:13.
② 电厦门要港林司令:厦门航空处裁撤由海军航空处接收编制重行修订由[J].海军公报,1933(45).

2. 马江海军飞机工程处的建设历程及其建筑布局

2.1 马江海军飞机工程处的建设历程

2.1.1 飞机工程处的建设历程及其主要建筑

1918年1月,为了新设立的飞机工程处试制飞机,在马尾船厂的西北濒江处选址建设飞机制造厂,福州船政局局长兼飞潜学校校长陈兆锵为此下令铁胁厂、船厂腾出部分场地,其中将由原铁胁厂改建用于飞机制造的木作厂(一大一小两间)和铁作厂,还由福州船政局拨付2万元在北部造船台的南侧旷地上新建飞机合拢厂(用于组装飞机)和飞机棚厂(用于飞机储存)各1座,其中飞机合拢厂造价为8 000余元,飞机棚厂花费5 000多元,并在临江地段新建两条供飞机上下水面的木制滑水道(又称"落水道"或"下水道"),费用为6 000余元。直通水面的滑水道宽约6米,先采用细长的木檩条纵铺,再横铺大木板,其上再加筑三道纵向肋条加固。船政局还调拨了锯木床、刨床、车床、钻床等专业机械设备,并选派木、漆、车、钳工与学徒近百人参与飞机制造,由获得美国麻省理工学院航空工程系硕士学位的航空专家巴玉藻、王助和王孝丰(三人负责工程与设计)以及毕业于英国阿姆斯庄工学院机械工程专业的曾诒经(负责机务)等人负责水上飞机的研制。

新建的飞机合拢厂为三角桁架屋盖结构,其两侧为木构为骨、芦席为墙的简易墙面,合拢厂的地面上设有供飞机运输滑行的4轨钢制轨道,分别用于承运各附有双轮的双桴筏,并与其西侧机库大门前的滑水道衔接,飞机装配完成后即可滑行下水试飞(图1)。

1919年在首架飞机试制出厂后,飞机工程处又修筑一座法式建筑风格的办公楼,造价合计5 000余元,该楼为四坡屋顶,顶部屋角四边都采用条石压檐,红砖砌筑墙体,双柱式三角形山花门廊(图2)。飞机工程处后来还兴建了一间简易的发动机试验厂。后期福州船政局拟定了总投资60万元的"初步扩充厂场及购置机械之计划",虽获批,但未付之实施。

图1 木构席棚构筑的"福州船政局飞机栈房"
(来源:福建省档案馆馆藏照片)

2.1.2 飞机工程处在马尾船厂的建设布局

1866年12月,"总理船政事务衙门"在福建马尾成立后,清朝首任船政大臣沈葆桢主持船政的规划建设,并由法国人正监督日意格和副监督德克碑按照造船工艺流程主持船

图2　1918年1月创设于福州船政局内的"马江海军制造飞机处"办公楼
（来源：林萱治主编、福州市地方志编纂委员会编《福州马尾港图志》，福建省地图出版社1984年版）

政局的总体布局（图3）。从厂房功能和结构材料划分，1868年建成的马尾厂房分为砌砖之厂（含铸铁厂、轮机厂和合拢厂等）、铁厂（含锤铁厂和拉铁厂）、架木之厂（含打铁厂、截铁厂、转锯厂、模厂、船厂、舢板厂、样板厂和钟表厂）、砖灰部和库房五部分。

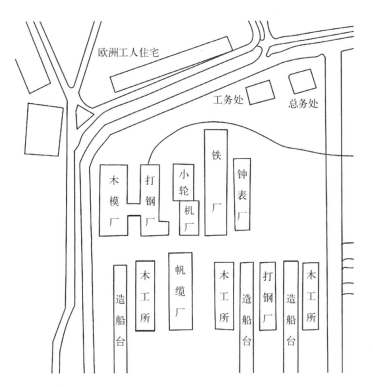

图3　福建船政飞机制造处建筑群布局演变图
（来源：项目组局部描绘自"Plan_de_l'arsenal_de_Fou-Tcheou"）

地处"架木之厂"厂区的飞机工程处总体上是按照"木作厂（制作机身和机翼及桴筏等）—铁作厂（发动机组装试车）—合拢厂（飞机总装）—飞机棚厂（试飞存储）"的飞机生产工艺流程布局。木作厂和铁作厂均由既有的铁胁厂厂房改造而成，其中木作厂使用大小两座车间。根据现存照片分析，飞机制造所使用的车间全部是木屋架车间，笔者推测飞机工程处仅使用毗邻飞机合拢厂的小轮机厂（设有大小间的截铁厂）。"木作厂之一"是使用的截铁厂，为设有气楼的二重檐砖木厂房，该车间为三角形木屋架，斜撑支柱，两边墙体开设成排的大窗；另一大间为砖木梁柱结构，厂房中间设有单排立柱，纵向设有两排大开窗。根据"木作厂之二"和"铁作厂"照片中的窗户、中间柱及其柱头、墙柱和屋架斜撑等建筑元素的比对，笔者推测"木作间二"和"铁作厂"是各自占用原"截铁厂"同一厂房的不同部分。截铁厂是以石砌基，砖砌墙壁、三角形屋架的砖木结构，室内设有柱头带托架的中间木柱，空间更为开敞。而相邻的超长的打铁厂车间改为铁胁厂后已改造升级为铁制桁架结构。

1924年，马尾飞机制造工程处在旧厂库的东面新建一座"以备纳藏飞机"的"飞机厂库"（即机库），但次年8月，该飞机棚厂被狂飙的台风刮倒，并将原有的"乙一"号和新研制的"丙二"号飞机压坏。

1928年之前，飞机处又在王助的主持下于造船台北侧的空地新建飞机合拢厂，该合拢厂为联排式三角形屋架结构，至少各开设有6扇采光窗，其大开窗形式与船政绘事院相同。合拢厂西侧的机库大门面向江面，8扇推拉门扇可全部双向开启至两侧墙面，其与地面滑轨接轨的木制边角采用铆钉加固。

2.2 马尾海军飞机工程处建筑遗存

2.2.1 马尾船政建筑群遗存

马尾船厂既是近代中国军事造船业的发源地，也是近代中国水上飞机制造业的摇篮，还创办了我国第一所培养航空工程师人才的飞潜学校。抗日战争期间，海军马尾造船所屡遭重创。1937年，日机轰炸马尾，船厂和铸铁厂被夷为平地。侵华日军又在1941年和1944年先后两次攻入福州，马尾造船所受损严重，船厂的十三厂中仅存沿江的轮机厂和画楼，铁胁厂在1944年遭烧毁，仅剩一铁架。抗战胜利后，国民政府于1947年开始重建船厂，但三年内仅修复两厂，建成一大门。2001年6月25日，涵盖船政衙门遗址、二号船坞、洋员住所、轮机厂、合拢厂、钟楼、绘事院等众多建筑遗存的福州马尾船政建筑群被国务院公布为第五批全国重点文物保护单位，但铁胁厂建筑遗存尚未被列入。

2.2.2 铁胁厂建筑

铁胁厂是用于制造钢铁船胁、船壳、龙骨、横梁及其他船用钢铁机件的车间。基于铁木合构轮船（铁胁船）的兴起，马尾船厂于1875年6月将原厂区西北部的打铁工程归并到西南部的拉铁厂，而将腾出来的打铁厂（2 160平方米）和截铁厂（510平方米）这两座新旧打铁厂改造为一座木构铁胁厂，改造工程于1875年12月8日至次年7月完成，厂房总建筑面积79 895平方尺（一说7 426.24平方米）。1877年5月，马尾船厂首次造出铁胁船——"威远"号,为迎合造船铁工之需,1898年,铁胁厂部分木构又被改造为铁制桁架厂房。这时期的铁胁厂由小歇山屋顶的铁制桁架厂房以及两重檐带气窗的木构厂房两大车间所组成,其中铁制厂房全长80米左右,车间内设有火炉设备,其屋顶设有三排烟囱。1918年,马尾造船所铁胁厂的局部再次改造为飞机工程处的木作厂(大小两间)和铁作厂。飞机工程处自1931年2月撤离马尾后,铁胁厂于1934年暂时并入锅炉厂①。

呈东西走向的现存铁胁厂厂房由南北两座三角形芬克式铁构架结构的联体车间所组成,间以带状采光窗的铁屋架由横向3根、纵向15排的工字形铁质立柱所支撑,纵向空间分隔为16跨,横向由中间柱分隔为南、北两大车间,其东西向进深均为62.02米(原长约80米)。南车间面阔15.90米,地面至脊檩上皮高8.92米;北车间面阔13.21米,地面至脊檩上皮高8.15米②。北车间由两组不同时期、不同形式的屋架结构所组合而成,其东部的屋架为王助于1927年南京国民政府成立之初主持设计建造的"钢骨飞机棚厂"的原件,原址在濒江的造船台北部,后期异地重建于铁胁厂。

笔者根据飞机工程处的有关照片考证,飞机制造所使用的木作和铁作工序仅限在砖木结构厂房开展,未涉及铁胁厂南部的现存铁制桁架厂房。因1944年铁胁厂被侵华日军损毁时尚余钢结构骨架,笔者推测抗战胜利后修复的两厂中应包括铁胁厂的铁构架车间。1958年马尾船厂成立后,铁胁厂先后用作铸锻车间、冷作车间,后因厂区主路施工,1998年拆除该铁胁厂东侧十余米的部分建筑,现存建筑面积2193平方米。该厂房至今保留着的一条贯穿于南、北车间的铁制凹槽轨道与水上飞机制造厂的滑轨(由两组共四条轨道组成)并无关联,毕竟利用轨道上的运料车与其上空导轨式吊机的组合则是现代船厂所常用的产品和材料转运方式。铁胁厂既是近代马尾船政兴起之初的十三厂之一,也是现代马尾造船公司的冷作车间,作为船政建筑的历史文化价值和科学技术价值显著。

2.2.3 马尾海军飞机工程处的飞机合拢厂建筑遗存考证

1928年之前,飞机工程处副主任王助主持在马尾造船台北侧建筑飞机合拢厂,他跨界主持设计了"钢骨飞机棚厂"(即钢制机库)。在比较了多种屋架形式后,王助确定该四联排机库采用钢制芬克式屋架,并对其建筑尺寸、受力结构、荷载计算及材料选用进行了全面分析论证。整个机库跨度60英尺,进深72英尺,共6榀桁架,每榀开间12英尺,机库背立面为不设钢制屋架及钢柱的砖砌墙面;三角形屋架高11.4英尺,室内净高20英尺,机库大门上沿和机库大厅分别采用不同的甲、乙桁架,其中甲桁架配有水平斜向拉杆;双坡屋面32英尺长,斜面坡度角为19.5度,屋架分四段间以杉木檩条,铺上1寸厚的杉木瓦板后再覆盖两层沥青油毡防水,最后在屋面上覆以板瓦(图4)。钢柱采用两根钢槽背靠背焊接一起,槽口面向前后,槽钢的尺寸为7英寸×3英寸×3/8英寸。推拉式机库

---

① 指令:海军部指令第二五四一号(中华民国二十三年四月十八日):令海军马尾要港司令李世甲:呈一件为马尾造船所铁胁厂暂并锅炉厂原设计书一名悬作截缺各节请鉴核备案由[J].海军公报,1934(59):234.

② 朱寿榕.福建船政局中铁胁厂与飞机制造车间的新发现[J].福建文博,2010(2).

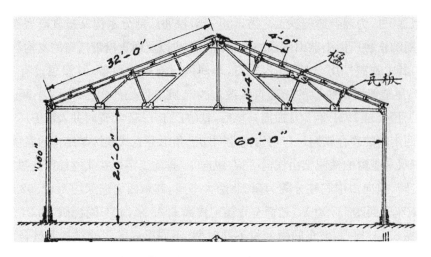

图 4　王助主持设计的钢骨飞机棚厂的芬克式桁架剖面图

(来源：王助.钢骨棚厂之设计[J].制造(福建)，1929(1)：53-73)

大门采用滑轨方式开闭，共设 8 扇门，其中内侧 4 扇门宽 6.5 英尺，外侧 4 扇门宽 8.65 英尺。

笔者根据王助发表的论文与现存双联排式铁胁厂的北车间钢桁架进行比较分析，确认该铁胁厂东北部分的 6 榀钢桁架为王助设计的"钢骨棚厂"的机库原件，原有四联排机库仅保留唯一的单体机库原件(图 5)。现存的铁胁厂(甲居车间)为 20 世纪 70 年代马尾船厂利用飞机棚厂的原件与原有铁制桁架厂房组合改造而成的南北向双联排厂房。

图 5　王助设计的钢骨棚厂现状

(来源：笔者自摄)

3. 江南造船所的海军制造飞机处建设历程及其建筑布局

3.1 总体布局

考虑到在沪训练的海军飞机受损机件维修和零件配置不便,1931年2月20日,海军制造飞机处全部人员和设备奉命由福建马尾迁至上海。制造飞机处被安置在江南造船所西南部的临水处,为了制造"逸仙号""平海号"等大型军舰的舰载水上飞机,先期利用江南造船所西炮台处的"堆置材料库"原有钢骨木质棚厂作为飞机合拢厂,将原有两座旧厂房略加修缮后分别作为办公室和车间,设备仅配置5台车床、2台钻床以及铣床、刨床、锯木机各1台。根据《海军江南造船所全图》(1933)显示,海军制造飞机处的西侧毗邻海军操场和海军医院,其用地范围呈矩形,所属建筑以飞机场为中心呈三面围合状布局,机场西侧为飞机厂和办公室,南面为飞机机库(储飞机房),北面一排布局呈"L"形的平房为职工宿舍和食堂(图6)。

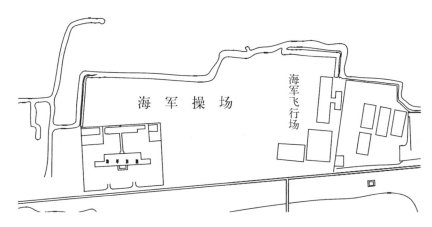

图6 《海军江南造船所全图》中的制造飞机处总平面布局示意图
(来源:项目组描绘的《江南制造总局平面图》局部)

与马尾飞机制造的工艺设计布局一致,上海制造飞机工程处分为木工厂、铁工厂和合拢厂三大厂房,其总体布局符合飞机从部件制作、总装到试飞的工艺流程。后期又在原木制飞机库的西侧新建一座合拢厂以及办公处所和材料库房等,该飞机合拢厂为简易的木骨架竹席墙面建筑,两边纵墙设有上下两排窗户(图7)。飞机处还有发动机工作间、发动机试验间和油漆间各一间,还在西侧空地设有供陆上飞机停放的篱笆防护区域。这时期江南造船所内新建的飞机厂屋和办公楼房等合计费用为45 000元。

1929年8月,因海军航空处购机3架,但机上的桴筏尚未运到,为尽早试飞,拟将停机厂左侧的旷地改为陆地机场。1931年,又因海军航空学员多在上海至南京的长江段飞行实习,在上海无水上飞机着陆机场颇为不便,海军航空处拟在高昌庙西炮台附近的海军码头承造海军飞机场,设计图样也呈海军部核示,预计工程费用为23万元,拟由上海同济

图 7　海军制造飞机处的飞机合拢厂

（来源：A History of Chinese Aviation：Encyclopedia of Aircraft and Aviation in China until 1949）

建筑公司承造。但 1932 年上海"一·二八"淞沪抗战后，高昌庙海军机场筹建事宜中止，海军航空处迁至厦门重组。

3.2　飞机合拢厂建筑

1933 年初，海军制造飞机处编制了一个需款 30 万元（添建厂房 10 万元，建造机库 5 万元，购买机器和材料 15 万元）的扩充计划，但延拓至 1934 年底才获准从"航空公路建设奖券"盈余款项中拨付 15 万元新建一座钢骨飞机合拢厂及飞机制作费用，而当时海军部向国民政府行政院申报合拢厂建造费 47 378 元，另外制造教练机 6 架，合计 180 578 元①。该合拢厂由江南造船所设计，原先承建旧飞机棚厂的忠记建筑公司继续承建（飞机合拢厂估价为 40 500 元，实际建造各项费用合计为 20 多万元），合拢厂于 1934 年 4 月动工，10 月 10 日举行落成典礼。该飞机库及机坪等总占地面积 7 200 平方米，可同时装配 6 架水上飞机。机库建筑中央主体为高敞的单层机库大厅，进深 121 尺，面阔 50 尺，其两侧为各宽 23 尺的二层式辅助用房②，其上层为办公处所，而下层则作机器车间及工具库和材料库。

飞机合拢厂采用红砖砌筑墙体和现浇钢筋混凝土弧形桁架结构，屋架中间所立的两根竖杆顶部设有带状气窗，这一屋顶结构既利于机库防火，也节材实用。整个建筑为纵向七榀八开间、横向连续三跨式的钢筋混凝土梁柱结构体系。机库大厅三面环以马蹄形空中走廊，其铸铁栏杆沿用至今，在大厅北端两侧则设有楼梯上下。该建筑面朝黄浦江一侧的南面山墙处开设有机库大门，其上部山墙采用飞机库少见的阶梯状"山形"的门额造型，

---

①　海军部呈（中华民国二十三年十月二十日）：呈行政院：呈送建造飞机制造厂及教练飞机概算书并图样估单[J]. 海军公报，第 65 期公牍.

②　该数据来源于《海军制造飞机厂着手扩充军政部航空署》（《航空杂志》1932 年第 1 期）。现机库建筑实际测绘为进深长 36.7 米、面阔宽 29.5 米，占地面积 1 082.65 平方米，建筑面积 1 632.27 平方米。

中间镶嵌有隶书繁体字体的"海军制造飞机处"名称及徽标。机库大门为六扇对开推拉门，两侧辅助房间墙面可收纳机库推拉门。机库大门上沿对应为六扇矩形玻璃窗所组成的一排采光带，另外机库两侧墙面在每一榀结构单元中的上下两层各设一大窗，而单一开敞大空间的机库大厅屋顶还采用高侧窗采光，整个机库四面及其屋顶均可自然采光，其内部空间开敞明亮。该建筑具有结构简洁、功能适用、风格粗犷的特点，为典型的现代机场专业建筑作品和先进的近代工业建筑类型。

后期随着上海的海军水上飞机制造业停滞，该飞机库便沦为一般的机修车间，新中国成立后江南造船厂又将其作为生保部机装车间的一个分部使用。为迎接 2010 年上海世博会，江南造船厂进行了整体搬迁，对厂内的飞机库、海军司令部、江南造船厂总办公楼等 6 栋保护建筑进行了"整旧如旧"式修缮，坐落在高雄路 2 号的机库基本复原了原有建筑风貌，不过机库原有的推拉门被改成向外开启的 6 扇平推门，且大门高度也大幅度调低，这使得机库大门这一标志性的飞机库建筑属性被明显弱化，再就是在机库大门处上方未恢复"海军制造飞机处"原有铭刻的名称和徽标，建议恢复具有专业标志性和历史纪念性的机库建筑正立面(图 8)。现纳为江南造船博物馆组成部分的飞机合拢厂是中国近代海军水上飞机制造发展历程中的第一座现代化飞机总装厂建筑，也是全面展示国民政府海军部海军制造飞机处从业经历的唯一建筑遗存。

图 8　海军制造飞机处的"飞机合拢厂"现状
(来源：笔者自摄)

4. 北洋政府时期的海军飞机制造工业建筑特征

4.1　航空制造建筑群在船政建筑框架体系中进行布局建设

有别于北洋政府航空署及国民政府航空委员会的主流飞机制造体系，民国时期海军水上飞机制造业始终借助于马尾造船所或江南造船所的工业制造能力及基础,依托于船厂的设施设备以及工人技师。但毕竟船厂是以舰船制造为主业的,航空制造业仅具有附属性功能和地位,以至飞机制造厂的布局位置、建筑规模都无法与庞大的造船建筑设施相提并论,其厂址偏安一隅,厂房建筑以改造为主。由整体的造船工艺布局体系局部转化为飞机制造工艺体系,进而形成了与船舶制造相对独立且又相互配合的水上飞机制造板块,如马尾船厂的"逸仙"号军舰及其"江鸿"号舰载水上飞机同步建造。

由于海军飞机制造业作为辅业均归属于造船主业,马尾、江南造船所的海军飞机制造基地均偏于船厂一隅选址,且均采用初期先改建、后期再添建的建设模式,一般建筑以改造为主,飞机合拢厂以新建为主;从功能布局来看,福州马尾造船所与上海江南造船所的飞机制造建筑群的数量、功能和工艺流程相似(表1)。不同的是马尾飞机工程处的建筑群属于船政建筑改造性质,而上海高昌庙江南造船所的海军制造飞机工程处有着总体的布局规划,建筑功能齐全。而以航空培训为主要功能的厦门曾厝埯机场则重点建设集办公、学校、飞机维修与储存等功能于一体的建筑综合体,未涉及航空制造功能。

表1 近代海军福州、上海和厦门三大航空制造建筑群比较

航空建筑名称	飞机制造所在地	马尾造船所马尾海军飞机制造处	江南造船所海军飞机制造处	海军厦门航空处
总体布局		新建飞机棚厂、飞机合拢厂、办公楼和滑水道各1;改造木作厂(木工车间)、铁作厂(铁工车间)	飞机工厂和办公室;工厂、材料库房和油漆间各1座;发动机工作间和试验间各1间;职工宿舍和食堂	储机房;滑水道;油弹库;水厂
机库建筑		1918/1924 长宽约15 m的联排机库和飞机合拢厂各1座;"飞机厂库"1座	1934 新、旧机库各1;新机库占地面积1 082.65 m²,建筑面积1 632.27 m²	1930 三联排式储机房(多功能机库)1 206 m²
车间建筑		铁胁厂(1875年木构架;1898年改为铁制屋架和支撑柱);发动机试验厂	木工厂;铁工厂;合拢厂	修理厂、动力厂、发电所、无线电房、测候室和保存室
办公室		西式单层建筑(四坡顶,带门廊)	制造飞机处办公室(单层西式建筑)	机库大厅两侧的三层配楼用于办公和教学
滑水道		6 m宽的全木制滑水道	木制滑水道	(混凝土为肋,木板铺面)长230英尺,宽24英尺,厚4英尺(1933)
历史建筑遗存和保护现状		福建船政建筑(一号船坞、轮机厂、绘事院、法式钟楼);铁胁厂	翻译馆、国民政府海军司令部、总办公楼、飞机库、2号船坞	无

来源:作者自行整理

4.2 主体航空建筑由改造船政建筑逐步向新建特色专业建筑转型

近代海军飞机制造工业所依附的建筑群是近代航空建筑营建的先驱,其建筑规模、生产工艺、建筑形制及建筑结构技术等均有显著突破。在总体布局和生产工艺组织方面,近代海军飞机制造业已初步形成类型齐全的近代航空工业建筑群,航空制造建筑群总体布局上以木工厂、铁工厂和合拢厂为主体,遵循了早期飞机组装生产的工艺流程需求。在航空建筑类型和建筑形制方面,由早期改造的船政建筑,演进为飞机棚厂、飞机库兼办公楼等航空特征明显的建筑形制,并出现水上飞机特有的滑水道设施。尤其值得一提的是1922年由上海江南造船所制造的世界上第一个水上浮动机库,它利用离心式水泵抽水进出,使得机库也随之上下沉浮,从而使飞机也可浮于水面或脱离水面;在建筑结构技术方面,用于航空制造的机库屋盖结构由传统的木构抬梁式,演进至西式木屋架,再到大跨度的钢屋架结构,厂房建筑结构也由简易木构席棚结构向砖木结构乃至砖混结构升级,体现了机场专业建筑技术的进步。

4.3 从事水上飞机制造的专业建筑形制逐渐成形

马尾飞机工程处初期借用船厂的厂房和设备,大多建筑无航空特色。初具雏形的机库为木构席棚式,仅在机库大门上沿开设三个矩形小窗,室内采光不畅,除机库大门外,与一般厂房无异;除了滑水道以外,无飞机制造业的特色,后期才逐渐形成专用建筑。1933年在江南造船所建成的飞机合拢厂则是具有现代飞机制造功能的航空类专业建筑,其高敞的机库大门和开敞的机库大厅及其两侧辅助用房已是现代机库建筑形制的标配,与当时的上海龙华机场中航1号飞机机库(1930)、2号飞机机库(1934)以及欧亚航空公司机库(1936)都已形成了与欧美各国相当的现代机库建筑形制,而厦门曾厝垵机场机库则是引入了德国包豪斯工业建筑设计思想的航空类综合体建筑,更是在近代中国绝无仅有的范例。

5. 近代海军飞机制造业工业遗产的保护策略

近代海军航空业的发展历史虽然短暂,但启动较早,发展路径独特且自成体系,海军航空业先驱励精图治,探索近代航空工业发展之路,开创了近代中国航空教育、航空制造等领域的诸多第一。当前马尾海军飞机制造工程处所依托的"马尾福建船政建筑群"是第五批全国重点文物保护单位。自2014年起,福建船政学堂前学堂(后为"海军制造学校")与后学堂(后为"海军学校",并兼并海军飞潜学校)、总理船政事务衙门等诸多船政建筑群已先后在原址重建,整体正在打造"船政文化城"。而拥有飞机库、翻译馆旧址和2号船坞等9处历史建筑的"江南制造总局旧址"还仅是上海市文物保护单位,其历史文物价值和科技艺术价值有待进一步深度挖掘。

无论是从船舶工业还是从航空工业的角度来看,近代海军飞机制造业建筑遗存均是近代中国重要的工业遗产,也在近代航空工业建筑史中占据有不可或缺的地位,在造船史和航空史领域具有双重的历史文化价值和艺术价值,所遗存的航空工业建筑亦具有独特的科学技术价值和行业建筑价值。建议复建航空专家王助主持设计建造的马尾飞机棚厂及其他航空建筑以及江南造船所的海军飞机制造处旧址,作为依附于近代中国船政业的飞机制造厂建筑遗存,统筹纳入"中国近代船政建筑群"名录,共同申报"世界文化遗产"。

参考文献:

[1] 海军部二十三年三月份重要工作概况:海军建飞机合拢厂[J].海军杂志,1934,6(8):12.
[2] 马江飞机制造厂迁移来沪[N].时报,1931-02-18(2).
[3] 海军飞机场将建筑在西炮台[N].时报,1931-02-18(2).
[4] 海军飞机场将辟陆机飞行场[N].民国日报,1929-08-09.
[5] 记事·本国·事情:"马尾建筑飞机厂库"[J].航空杂志,1924,5(2).
[6] 王助.钢骨棚厂之设计(民国十七年十二月十二日第六次常会宣读)(附图表)[J].制造(福建),1929,2(1):53-73.
[7] 马江航空事务之调查[J].航空,1921,2(6).
[8] 王日根.曾厝垵村史[M].海峡文艺出版社,2017.
[9] 林樱尧.马尾首创中国航空业资料集(内部版)[M].船政文化研究会,2006.
[10] 林樱尧.船政航空业先驱船政航空业先驱——曾诒经[M]//张作兴.船政文化研究(第3辑).福州:海潮摄影艺术出版社,2006.
[11] 林樱尧.福建船政制造铁胁船考[C].福建省造船工程学会.福建省科协第十届学术年会船舶及海洋工程分会论文集.2010.
[12] 林萱治.福州马尾港图志[M].福建省地图出版社,1984.
[13] 张作兴.船政文化研究——船政奏议汇编点校辑[M].海潮摄影艺术出版社,2006.
[14] 朱寿榕.福建船政局中铁胁厂与飞机制造车间的新发现[J].福建文博,2010(2).
[15] 李海霞,张复合.马尾船政局建筑遗产的历史价值与现状保护[C].刘伯英.中国工业建筑遗产调查与研究——2008中国工业建筑遗产国际学术研讨会论文集.北京:清华大学出版社,2009.
[16] 林庆元.福建船政局史稿(增订本)[M].福州:福建人民出版社,1999.
[17] 孙毓棠.中国近代工业史资料(第一辑)(1840—1895)[M].科学出版社,1957.
[18] 陈朝军.福建船政考略[M].中国建筑工业出版社,1993.
[19] 陈道章.船政研究文集[M].福建省音像出版社,2006.
[20] 沈传经.福州船政局[M].四川人民出版社,1987.
[21] 王信忠.福州船厂之沿革[J].清华大学学报(自然科学版),1932,(201):263-319.
[22] 中国人民政治协商会议福建省福州市委员会,文史资料委员会.福州文史资料选辑(第十五辑)[M].福州文史资料委员会,1996.
[23] 欧阳跃峰,金晶.百年来福州船政局研究综述[J].黄山学院学报,2006(4).
[24] 辛元欧.船史研究(第10期):纪念马尾船政创办130周年船政文化学术研讨会(1866—1996)纪念专刊[M].中国造船工程学会船史研究会,1995.

工业遗产再造艺术区景观空间消费的人类学研究
——一项基于人文价值与人之心态的研究

王永健

（中国艺术研究院）

摘　要：后工业社会城市艺术区的景观空间生产出来之后，就到了景观消费环节。景观消费属于精神文化消费的范畴。在景观消费中，商品的使用价值属性退居其次，文化内涵和符号意义成为消费的重点方面，与景观社会和当代消费的发展均有密切关系。景观消费分为物质景观消费和非物质景观消费两种模式，它们不是孤立存在的，而是相辅相成的关系。同时，景观消费既是消费主体接受社会建构的过程，也是主动进行自我身份建构的过程。体验式消费将成为景观消费中极具潜力的一种消费模式，它将消费者全身心地带入情境，在体验过程中确立自我在景观艺术空间中的身份，通过消费获得对艺术氛围的身份认同，景观成为身份界定的工具，也因此成为商品，成为被消费的对象。通过对这些问题的探讨，可以将景观社会与消费的研究往前推进，面向未来发展提出新问题，创造新的阐释路径，这无论对于学术研究，还是城市艺术区的未来发展，均具有重要的理论与实践指导意义。

关键词：后工业社会；城市艺术区；景观社会；景观消费；陶溪川

城市艺术区是后工业社会的产物，随着时代语境的变迁，艺术正以其独特的方式在城市中聚居起来，展现出当代艺术的独特魅力。在《后工业社会城市艺术区的景观生产——景德镇陶溪川个案》①一文中，笔者就城市艺术区如何再利用工业遗产资源进行景观生产、景观生产中的规划与设计理念以及业态布局控制等问题进行了探讨。城市艺术区的景观空间生产出来之后，就到了景观消费环节，人是景观消费的主体。消费是社会再生产过程的最终环节，主要包括生产消费和个人消费两方面。同时，消费活动反作用于生产并指导着生产。所谓景观消费，是指依托于景观文化资源展开的消费活动，它属于精神文化消费的范畴，主要消费方式表现为购买、观赏、体验、休憩等。

---

① 王永健.后工业社会城市艺术区的景观生产——景德镇陶溪川个案[J].民族艺术，2019(2).

就目前学界对景观社会与消费的研究而言,主要集中于景观社会的构成、景观消费的取向和目的及消费的转换等问题。就国外学界而言,法国社会学家居伊·德波和其弟子鲍德里亚的研究[1],以及荷兰学者简·海因·弗妮和克莱·莱斯格的研究[2]具有代表意义。就国内学界研究而言,周宪[3]及其学术团队的研究具有代表性。站在前人研究的基础上,笔者从景观消费的角度切入,运用人类学和社会学的方法共同进行研究。在城市艺术区这一特殊的景观空间中,人们是如何认知这一景观空间的?景观消费的模式有哪些?在景观消费过程中身份建构是如何实现的?消费主体是如何获得身份认同的?这些问题皆属于相当前沿的理论话题,亟须进行深层次的理论探讨。要回答这些问题,不仅需要艺术学的视角,也需要人类学和社会学的理论与方法论指导,以及深入的城市田野调查。同时,对这些问题的探讨,可以将景观社会与消费的研究往前推进,面向未来发展提出新问题,创造新的阐释路径,这无论对于学术研究,还是城市艺术区的未来发展,均具有重要的理论与实践指导意义。本文以景德镇陶溪川为个案,借助近4年来的田野调查和文献资料,兼顾从物性空间到人的心理层面对于景观消费的认知和反应,对景观消费的问题、模式和消费主体的身份建构与身份认同等问题展开探讨。

1. 景观消费概述

所谓"景观的消费",源自法国社会学家居伊·德波的"景观社会"理论。他认为,当代社会已进入"景观社会",不再是以生产为中心的商品社会。在景观社会里,不单只有商品的无限积累,而更是以"意象"和"幻觉"作为主导。在传统社会里,人们消费商品是因为商品具有使用价值,而交换价值依赖于使用价值,这是一种为了满足自我的基本需要而进行的消费活动。但在景观社会里,由于物品的极大丰富,消费已不仅仅只是满足自我需要,而是充满各种意象。在消费活动中,物品的意象价值成为消费的重点,人们的购买活动总是受意象的影响和诱惑。可以说,社会成为意象的社会,意象是连接人与人、人与物之间关系的中介。这一论述较为深入地阐释了景观社会消费问题的实质。虽然德波的《景观社会》是一部哲学和批判理论作品,批判了当代消费文化和商品拜物教,但是对我们的研究仍有启示意义。

德波的弟子鲍德里亚在他的基础上对消费做了进一步的阐释,他的《物体系》和《消费社会》两部著作影响深远。在《物体系》一书中,他给消费下了一个全新的定义:"消费既不是一种物质实践,也不是一种富裕现象学,它既不是依据我们的实物、服饰及驾驶的汽车

---

[1] 居伊·德波.景观社会[M].王昭凤译,南京大学出版社,2006;让·鲍德里亚.消费社会[M].刘成富,全志钢译.南京大学出版社,2000;让·鲍德里亚.物体系[M].林志明译.上海人民出版社,2018.

[2] Jan Hein Furnee, Cle Lesger. The Landscape of Consumption: Shopping Streets and Cultures in Western Europe, 1600-1900[M]. New York: Palgrave Macmillan, 2014.

[3] 周宪.当代中国的视觉文化研究[M].译林出版社,2017;周宪.视觉文化的消费社会学解析[J].社会学研究,2004(5).

来界定的,也不是依据形象与信息的视觉与声音实体来界定的,而是通过把所有这些东西组成意义实体来界定的。消费是在某种程度连贯性的话语中所呈现的所有物品和信息的真实总体性。因此,有意义的消费乃是一种系统化的符号操作行为。"① 很明显,鲍德里亚将消费的重点放在了商品符号的意义上,指出符号消费的重要性。在《消费社会》一书中,他对资本主义社会消费的本质、目的和意义,有较为精彩的论述。他认为,消费是用某种编码及某种与此编码相适应的、竞争性合作的无意识纪律来驯化他们;这不是通过取消便利,而是相反让他们进入游戏规则。这样,消费才能只身取代一切意识形态,并同时只身担负起整个社会的一体化,就像原始社会的等级或宗教礼仪所做到的那样②。他从心理学的层面对消费做了进一步阐释:在日常生活中,消费的益处并不是作为工作或生产的过程结合来体验的,而是作为奇迹。消费材料于是充当了骗术,而不是充当劳动产品。更进一步地说,丰富的资料一旦与客观定义相分离,便被视为一种自然的恩赐,视为天上掉下来的好处③。也有学者将这一种类型的消费定义为"夸示性消费"(conspicuous consumption),也被译为"炫耀性消费"。尼古拉·埃尔潘的《消费社会学》④,艾伦·阿尔德里奇的《消费社会学的概念》⑤,美国经济学家索尔斯坦·凡勃伦的《有闲阶级论》⑥,罗钢、王中忱主编《消费文化读本》⑦等多部著作和文集中均有提到,认为夸示性消费是发生在社会上层的,是有闲阶级博取名望的一种手段。但是,这些讨论都没有跳出鲍德里亚的关于夸示性消费的论述范畴。鲍德里亚认为夸示性消费就是符号消费,商品的符号价值彰显着社会分层,是区别社会分层的一种手段。

简·海因·弗妮和克莱·莱斯格主编的《景观消费:1600—1900年西欧的购物街和文化》,该文集源自 2009 年 10 月 22—23 日在阿姆斯特丹大学举办的"景观消费:1500—1914 年欧洲城市的购物街"工作坊,该次学术活动已明确使用"景观消费"作为会议主题,可见该问题研讨的前沿性与重要性。该本文集从历史人类学的角度讨论了欧洲城市购物街的历史与文化、景观空间塑造、业态与变化、视觉表达与社交乐趣、景观消费等问题,共收录 10 篇论文,汇集了零售、购物和城市空间的相关研究,这是近几十年来引起广泛兴趣的主题。编者认为,19 世纪的"现代性"往往被过分强调,而忽视了早期的创新。周宪主编的《当代中国的视觉文化研究》,将视觉文化置于当代中国社会转型的实践中,探讨社会变迁与视觉文化的交互关系,其中便涉及了消费文化与体验型表征的问题探讨。周宪在《视觉文化的消费社会学解析》⑧一文中,对消费社会与视觉文化之间的关系展开了探讨,

---

① (法)让·鲍德里亚. 物体系[M]. 林志明,译. 上海人民出版社,2001:25.
② (法)让·鲍德里亚. 消费社会[M]. 刘成富,全志钢,译. 南京大学出版社,2000:90.
③ (法)让·鲍德里亚. 消费社会[M]. 刘成富,全志钢,译. 南京大学出版社,2000:8.
④ (法)尼古拉·埃尔潘. 消费社会学[M]. 孙沛东,译. 社会科学文献出版社,2005.
⑤ 艾伦·阿尔德里奇. 消费社会学的概念[M]. 刘耘安,译. 韦伯文化国际出版有限公司,2012.
⑥ (美)凡勃伦. 有闲阶级论[M]. 甘平,译. 武汉大学出版社,2014.
⑦ 罗钢,王中忱. 消费文化读本[M]. 中国社会科学出版社,2003.
⑧ 周宪. 视觉文化的消费社会学解析[J]. 社会学研究,2004(5).

论述了视觉性在当代社会备受关注的原因。这些研究从多个层面展开，给我们的研究以有益的启示。

通过爬梳景观消费的知识谱系，我们对其内涵和外延有了进一步的认知。在景观消费中，商品的使用价值属性退居其次，文化内涵和符号意义成为消费的重点方面，这与景观社会与当代消费的发展均有密切关系。同时，景观消费也是一种炫耀性消费，是身份建构与认同的手段。城市艺术区所建构的景观，富含历史人文因子和当代设计理念，具有表象性和直观性的特点，通过其特有的形象作用于人的视觉系统，使人产生主观的或感性的美与不美的审美体验。城市艺术区的景观空间具有服务于景观消费的功能定位，空间本身也是消费的对象。陶溪川不仅建构了人文景观，实际上也形塑了消费景观，人们在景观中进行消费。城市艺术区的景观空间打造出一种具有艺术化气息、高端而又舒适迷人的消费文化氛围，如美术馆、博物馆、艺术机构等，一方面它们具有一定的公共空间属性，人们进入这样的公共空间，可以产生文化共同感，同时与之俱来的便是形成自我的社会身份认同；另一方面城市艺术区又兼具文化建构的属性，成为人们感官体验的场所，其隐含的文化符号和价值观依附其上，人们进入到陶溪川并不认为只是进入到一个建筑物，而是进入到一个充满艺术气息的空间，它的艺术化的审美体验，会让人们在心理层面产生积极的文化适应，这些文化符号和价值观恰恰是产生商品文化附加值的重要砝码。

2. 陶溪川景观空间认知调查

陶溪川是本土文化的一个典型代表，因为可以看到老的国营瓷厂的影子，以及景德镇历史悠久的陶瓷文化。同时需要指出的是，陶溪川还具有鲜明的全球化特征。首先，入驻陶溪川的商家大部分都是国际知名品牌，如猫的天空之城书吧、开元曼居酒店、台湾元生咖啡以及众多外国艺术机构等，足以说明这里是一个全球文化汇聚的地方；其次来到陶溪川，人们可以消费来自世界上不同国家的文化和商品，可以说这种消费带有典型的全球化特征，陶溪川已成为当前景德镇的一个城市地标和旅游必到地。这是当前对陶溪川景观空间所形成的一般性评价。但是，陶溪川管理者、在其中的创业者以及入驻机构人员是如何认知陶溪川的景观空间的？这涉及亲身参与陶溪川管理或在其中创业工作的人员心理层面的认知，对这种认知的调查是非常必要和重要的。因为在问卷之初笔者就已表明是出于学术研究的目的进行的调查，并没有要求登记问卷对象的姓名等个人信息，问卷对象没有顾虑，很愿意配合研究，因此调查的数据结果更接近于真实。

为了更为客观翔实地呈现本研究，秉承人类学定性定量分析的研究理路，笔者选取特定的问卷对象，通过在陶溪川的调查走访、网络问卷所收集的数据，将他们对陶溪川景观空间的认知进行分析，以期能够做出较为客观的评价。笔者选取了五类职业的问卷对象，分别是景漂、在读学生、陶溪川的管理者和工作人员、陶溪川入驻机构人员以及其他职业人员。前四类职业对象并不是随机选取，而是有意设计的，因为他们对陶溪川更为熟悉，对陶溪川的未来发展更为关心。因此笔者设计了一系列的调查问卷,如问卷对象的学历、到陶溪川的目的、如何看待陶溪川、对陶溪川景观空间设计的感受、对陶溪川景观空间氛围的感受、对陶溪川业态布局的认识等问题,发放问卷300份,收回有效问卷213份。笔者对问卷结果进行了统计和分析(表1、图1)。

表1 职业情况统计表

选 项	小计(人)
A. 景漂	81
B. 在读学生	67
C. 陶溪川的管理者、工作人员	10
D. 陶溪川入驻机构人员	8
E. 其他	47

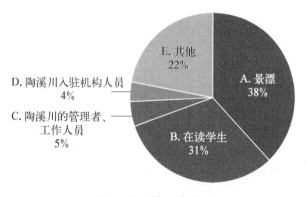

图1 职业情况统计图

从图1可以看出,笔者选取的四类职业对象在问卷对象中占78%,其中景漂①最多,占38%,他们是在景德镇创业的群体,以年轻人居多,其中有一部分还是洋景漂,他们来景德镇创业,展现自己的梦想;在读学生其次,占31%,他们是正在成长的年轻人,思维活跃,是将来毕业后最有可能成为景漂的一批人;陶溪川的管理者、工作人员占5%,他们是陶溪川操盘者和具体运行的掌舵人,对陶溪川的顶层设计和日常运营较有发言权;陶溪川入驻机构人员占4%,他们代表着入驻艺术机构群体,对陶溪川的发展动态较为关注。其他人员设置较为自由,多为到过陶溪川或对陶溪川较为了解和关注的人。这样的一个问卷对象群体的设计,对

---

① 对于景漂的定义,学界是参照北漂、上漂、广漂、深漂所给出的,说的是当今一些怀揣着梦想的人来景德镇,借助景德镇的陶瓷传统手工艺,创作自己的作品,实现创业。从历史的维度来看,景漂现象在历史上就已存在,景德镇瓷器生产素有"工匠八方来,器成天下走"之说。一定意义上而言,这些古代的工匠也算是景漂。

于本课题的研究是较为有益的,问题的聚焦更为突出,得出的结论也较为客观。

从表2、图2来看,问卷对象的整体年龄状况较为年轻,45岁以下人员占82%,45岁以上人员仅占18%。整体学历水平较高(表3、图3),大专以上学历人员占88%,其中专科学历人员占15%,本科学历人员占27%,硕士及以上学历人员占46%;高中及中专以下学历人员仅占12%。这样的一个学历和年龄结构,可以看出不管是景漂还是陶溪川的管理者、入驻机构人员等,都具备很好的知识水平,而且年龄优势明显,正值干事创业的最好年华。陶溪川可谓具备很好的人才储备优势。

表2　年龄情况统计表

选项	年龄(人)
A. 25岁以下	37
B. 26~35岁	89
C. 36~45岁	49
D. 45岁以上	38

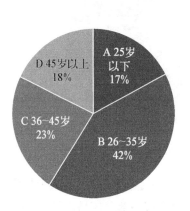
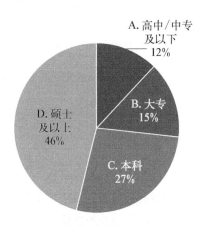

图2　年龄情况统计图　　　　图3　学历情况统计图

表3　问卷对象学历情况统计表

选项	小计(人)
A. 高中/中专及以下	26
B. 大专	31
C. 本科	58
D. 硕士及以上	98

关于陶溪川定位问题的调查设置为多项选择,之所以如此设计,在于陶溪川当前的状况在问卷对象心目中有可能是多重样貌存在的,笔者想给问卷对象一个更为开阔和自由的思考空间,选择会体现陶溪川在问卷对象心目中的定位。从表 4、图 4 的数据分析来看,对城市艺术区和文化旅游区的选择占据了大多数,分别达到了 36% 和 34%,这说明在问卷对象心目中,他们更倾向于将陶溪川看待为城市艺术区和文化旅游区;商业区占 25%,这说明陶溪川的商业气息也是较为浓厚的,在问卷对象心目中有一定共识。

表 4　陶溪川定位统计表(多选)

选　　项	小计(人)
A. 城市艺术区	139
B. 文化旅游区	129
C. 商业区	94
D. 其他	20

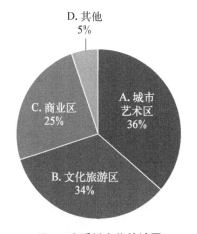

图 4　陶溪川定位统计图

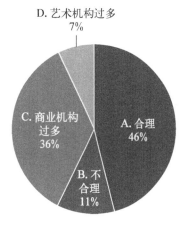

图 5　陶溪川业态布局认知统计图

如表 5、图 5 所示,在对陶溪川的业态布局的调查中,46% 的问卷对象认为业态布局合理,11% 的问卷对象认为不合理,7% 的问卷对象认为艺术机构过多。其中值得注意的是,36% 的问卷对象认为商业机构过多,说明陶溪川的商业气息已经达到了较热的程度,问卷对象对此表示担忧,这是值得警惕的问题。在城市艺术区的发展过程中,商业机构的过多入驻,商业气息的过度膨胀,房租的迅速抬升,往往导致艺术家集体出走,城市艺术区失去了艺术区特质,沦为商业区,北京 798 就是一个明显的例子。所以,合理的业态布局控制是城市艺术区得以存在的必要条件。客观而言,陶溪川目前的业态布局是合理的,服务类项目所占比重和展示交流类、创作与设计类两类几近持平,处于一种相对平衡的业态格局,希望这样一种业态布局能够得以保持。

表 5　陶溪川业态布局认知统计表

选　　项	小计（人）
A. 合理	98
B. 不合理	24
C. 商业机构过多	76
D. 艺术机构过多	15

笔者在访谈问卷中，对陶溪川是否是景德镇的城市坐标，景观空间设计的感受，以及景观空间氛围的感受进行了调查，分析如下：

如表6、图6所示，认为陶溪川是景德镇的城市地标的投票占到了82.63％，足以说明陶溪川在景德镇这座城市中的地位和知名度，陶溪川已成为景德镇的一张名片和文化符号。

表 6　陶溪川是否为景德镇的城市坐标统计表

选　　项	小计（人）
A. 是	176
B. 不是	37

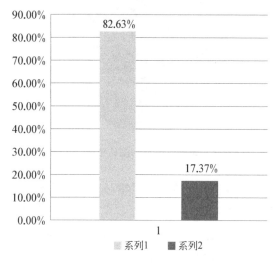

图 6　陶溪川是景德镇的城市地标统计图

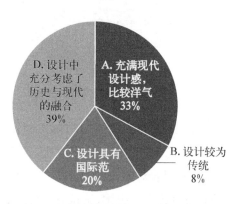

图 7　陶溪川景观空间设计感受统计图

如表7、图7所示，39％的问卷对象认为陶溪川的景观空间设计充分考虑了历史与现代的融合，33％的问卷对象认为设计充满现代感，比较洋气，20％的问卷对象认为设计具有国际范，仅有8％的问卷对象认为设计较为传统。可以说，问卷对象对陶溪川景观空间的设计是较为满意的。

表7 对陶溪川景观空间设计的感受统计表(多选)

选 项	小计(人)
A. 充满现代设计感,比较洋气	112
B. 设计较为传统	28
C. 设计具有国际范	68
D. 设计中充分考虑了历史与现代的融合	135

从表8、图8来看,34%的问卷对象认为在陶溪川感受到了艺术化的氛围,25%的问卷对象认为感受到了时尚和娱乐化的氛围,23%的问卷对象认为感受到了历史的氛围,18%的问卷对象认为感受到了国际化的氛围。其中最多的是对陶溪川艺术化氛围的投票,说明陶溪川的艺术气息是得到人们认可的。

表8 陶溪川景观空间氛围的感受统计表(多选项)

选 项	小计(人)
A. 感受到历史的氛围	98
B. 感受到国际化的氛围	79
C. 时尚和娱乐化的氛围	105
D. 艺术化的氛围	148

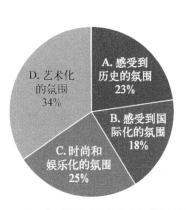
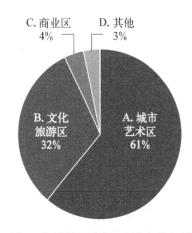

图8 陶溪川景观空间氛围感受统计图　　图9 陶溪川的未来发展方向统计图

从表9、图9可以看出,61%的问卷对象认为陶溪川应该往城市艺术区的方向发展,32%的问卷对象认为陶溪川应该往文化旅游区的方向发展,这两项投票加起来达到93%,城市艺术区同时兼具文化旅游的功能,两个方向并不冲突。仅有4%的问卷对象认为陶溪川应该往商业区发展,其他的占3%。可以说,对于陶溪川未来的发展定位大家的看法是较为一致的,就是希望陶溪川向城市艺术区的方向发展,这是未来陶溪川发展定位的一个重要参考数据。

表9 陶溪川的未来发展方向发展统计表

选 项	小计(人)
A. 城市艺术区	130
B. 文化旅游区	68
C. 商业区	8
D. 其他	7

通过对以上数据的分析可以看出,陶溪川拥有较为优质的人才储备,问卷对象对陶溪川的景观空间设计和空间氛围是较为认可的,对陶溪川的定位、业态布局和未来发展的期待是较为一致的,均希望陶溪川能够保持好目前作为城市艺术区的发展定位,协调好业态布局,这些数据对陶溪川的发展定位和长远发展规划的制定具有重要的参考价值,对陶溪川的未来发展也是十分重要的。

3. 景观消费的两种模式

就景观的存在方式而言,可以分为物质景观和非物质景观两类。对景观的消费也可以分为物质景观消费与非物质景观消费,两者不是孤立存在的,而是相辅相成的关系。物质景观是由真实物质实体构成的景物,包括自然景观和人为打造景观,在本文的研究案例中,主要是指人为打造景观,如陶溪川工业遗产博物馆、艺术家工作室、艺术机构、酒店和园区水系景观等。非物质景观是指附着于物质景观之上的文化、符号和价值观,如城市艺术区的艺术化气息和氛围、展现在媒介上的图像和影像所表达的内容、附着于商品上的历史和文化等。非物质景观虽然具有虚拟性的特点,但是促成消费的关键因素。如费尔巴哈所言:"影像胜过实物、副本胜过原本、表象胜过现实、外貌胜过本质。"[①]这句话虽然是费尔巴哈探讨基督教的相关问题时所讲,意在表达偶像的崇拜,教徒对自己崇拜的神皆是顶礼膜拜,但对于景观社会和景观消费的探讨仍有启发意义。可以说,在消费社会所发生的消费活动,从根本上而言是一种意义和价值消费,商品通过附着于其上的文化、符号和价值观彰显其审美价值和意义,而消费者看中的恰恰是这种价值和意义。

---

① (德)费尔巴哈. 基督教的本质[M]. 荣振华译. 商务印书馆, 2011.

3.1 物质景观消费

城市艺术区的景观空间是经过人为打造的物质景观。这样的空间场域,不仅是一个客观的物质范畴,也是一种社会与文化关系,进入到城市艺术区景观空间中的人们,皆会进入到具体的物质和文化空间中,由此开始了物质景观消费。城市艺术区的景观空间为消费提供了物质载体,消费为城市艺术区的景观空间的可持续性发展提供了动力机制。曼纽尔·卡斯特认为,空间是一个物质产物,相关于其他物质产物——包括人类——而牵涉于"历史地"决定的社会之中,而这些社会关系赋予空间形式、功能和社会意义[①]。这一论述对空间的性质和社会关系对于空间意义的建构作了较为清晰的阐述。当然,空间的性质各有不同,在工业废弃地基础上建构出来的城市艺术区,其本身具有特定的历史语义逻辑,加之打造过程中考虑了工业历史文化与现代审美的融合,使此种类型的城市艺术区的景观空间具有了特有的形式和社会意义。在当代消费文化的语义表达中,符号与形象的功能越来越重要,它们赋形于城市艺术区的景观空间上,空间成为它们的展示场。这是因为传统的消费模式已日渐式微,人们更加注重消费的环境氛围、参与性和体验感。消费模式正在向注重审美体验和文化意义的方向发展,物质景观空间对它的形塑发挥了重要作用。

在全球化时代,空间本身成为可以消费的商品,陶溪川的景观空间展现了传统与现代的融合,时尚和当代艺术,是符合当代人审美情趣的理想场所。对于景观空间的依赖,已成为消费得以维系的主要手段,空间将艺术化、符号化、个性化、商品化的表达形式投射给消费者,在鲍德里亚看来时尚是一种社会意识,在他的消费社会理论中占有重要地位,是一种独特的景观文化。城市艺术区的空间景观,能够吸引消费者,甚至对消费者的整体心理产生强烈的审美体验和审美愉悦,让消费者对这种景观空间产生审美认同。陶溪川之所以具有吸引力,不仅仅在于它所拥有的历史文化,也在于其景观空间的艺术气息,艺术化的设计赋予它更多的现代性,使其更加贴近现代人的生活与审美,使其与周边的环境空间形成差异,甚至对于景德镇这样一座古老的城市而言,也是独树一帜。人们进入到陶溪川的空间氛围中,会受到强烈的感官刺激从而很容易进入到景观本身制造的兴奋和消费气氛中。

3.2 非物质景观消费

在后工业社会,消费的重点不仅只是商品本身的使用价值,还包括商品的形象,以信息为中心的符号、品牌、形象等成为新的消费对象。过去单纯的消费行为,现在与复杂的文化、符号、政治等联系在一起,也可以说是将实物化的商品纳入到了一个形象化的符号系统网络之中,在这样一种景观消费中,人们开始注重参与性以及消费体验的获得。如乔治·瑞泽尔所言:在新的消费圣殿和消费景观里,消费的速度被加快,被消费的东西的性

---

① (英)曼纽尔·卡斯特. 网络社会的崛起[M]. 夏铸九,王志弘等译. 社会科学文献出版社,2001:504.

质也发生了改变。较早期的消费圣殿和消费景观主要是卖东西,但是渐渐地,新消费圣殿和消费景观还卖体验,包括对圣殿和/或景观自身的体验[①]。乔治所说的卖体验指的便是对非物质景观的消费。人们进入陶溪川,不仅享受这里的文化艺术氛围,实际上也在消费景观,消费景观中的各种文化和符号。在这里,各种各样的消费活动,均与景观有密切联系,这是一种进入情境的"体验式消费",不仅消费物品的实际功能,而且还消费物品所处的环境空间以及物品上所附着的文化、符号和价值观。

对于"体验式消费",威尔逊·巴斯托斯和梅里·布鲁克斯提出了"会话价值"(conversational value)的概念,将其定义为消费者在社会交互中讨论一次消费的可能性。体验便是具有高会话价值的消费方式,因此会带来比物质消费更高的幸福感。同时,研究者还发现了三个中介变量——自我表露(self-disclosure)、社会认同(social approval)、购买独特性(purchase uniqueness)和一个调节变量——社会联系动机(social connection motivation)[②]。充分解释了会话价值影响体验和物质消费的原因和内在机制。无独有偶,美国心理学家托马斯·季洛维齐将体验、经历和从商品上所获取的文化性对人的形塑所具有的重要价值提升到了一个较高的层面。他认为,体验和经历能融入我们的生命历程,而商品则永远不可能。你可以珍爱那些宝贝,甚至将它们视为你生命不可或缺的东西,但它们仍然只能游离在你生命之外。相反,你的个人经历则成为你生命的一部分。我们的所有经历使我们成为我们所最终成为的人[③]。可以说,这些非物质的文化符号,价值观所具有的价值比物质化的商品更重要,这是我们在研究中应该予以重视的。

人们进入到这样一种形象化的符号网络系统中消费,这是一种可以直抵人类心灵并迅速形成快感的消费,一定意义上而言也是一种"炫耀性消费"。赫尔和斯图尔特曾给"体验式景观"下过一个具有可操作性的定义,认为体验式景观包含三个关键因素,即"所处的景观、顺序和感觉"。所处的景观包含景色、实际所看到的人或物;顺序是指所看到的景色或物的次序;感觉是体验这些景色时所产生的主观特质[④]。往更深层次说,体验景观内的人或物是一种认知建构,体验不仅仅是看风景,还包括问题认知,并以个人的知识背景和审美能力为基础。体验式景观强调人的参与性,与以往的景观设计存在很大不同,逐渐从人—景对立模式转向人—景互动模式,这一转变具有重要意义,说明人们开始思考景观对于人的意义,以及人对景观的体验感。派恩和吉尔摩将人类经济生活的发展分为四个阶段:农业经济、工业经济、服务经济和体验经济。其中,体验经济本质上是以文化产业为

[①] (美)乔治·瑞泽尔. 赋魅于一个祛魅的世界——消费圣殿的传承与变迁[M]. 罗建平译. 社会科学文献出版社,2015:230.

[②] Bastos, W., Brucks, M. (2017). How and Why Conversational Value Leads to Happiness for Experiential and Material Purchases[J]. Journal of Consumer Research, ucx054.

[③] 玉川. 西方消费新观念:体验比东西更重要[DB/OL]. 英伦网 https://www.bbc.com/ukchina/simp/41018612,2017-8-22.

[④] Hull IV, R. Bruce, Stewart, William P. The Landscape Encountered and Experienced while Hiking[J]. Environment and Behavior, 1995,27(3):404-426.

基本支柱的现代经济，以制造和使用各种都市符号为目的，这是一切大都市物质文化发展的方向。以往的景观设计往往忽视消费主体的体验感，难以形成消费主体通过景观消费而达成消费的目的；而前卫的设计理念将人的审美体验前置，在人与景观之间形成了一种互动模式，这是景观研究中应该予以重视的新现象。

在陶溪川的调查研究中，笔者针对非物质景观消费的问题，设计了三个问题，以期剖析问卷对象对于景观消费的思考与感受。

如表10、图10所示，有60%的问卷对象表示喜欢在陶溪川的景观空间里消费，28%的问卷对象表示不确定，有12%的问卷对象表示不喜欢。

表10　对陶溪川景观消费的感受统计表

选　　项	小计（人）
A. 喜欢在这样的空间里消费	128
B. 不喜欢在这样的空间里消费	25
C. 不好说	60

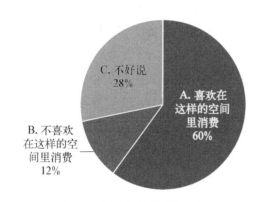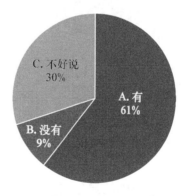

图10　景观消费感受统计图　　　　图11　景观空间消费欲望统计图

如表11、图11所示，有61%的问卷对象表示喜欢进入到陶溪川的景观空间，有消费的欲望，30%的问卷对象表示不好说，有9%的问卷对象表示没有。这一数据与上一组数据大概一致，说明大部分问卷对象对陶溪川景观空间的消费环境是认可的，对消费是有需求的。

表11　进入陶溪川景观空间，是否有消费欲望？

选　　项	小计（人）
A. 有	123
B. 没有	19
C. 不好说	61

表12、图12所显示的调查结果很能说明景观消费的特点,有61%的问卷对象表示在陶溪川的景观消费中更在意空间环境与附着于景观空间上的符号和价值观,这恰恰可以说明景观消费对于问卷对象身份和符号的赋予,有29%的问卷对象表示在意商品,有10%的问卷对象表示在意其他方面的东西。

表12 在陶溪川的景观空间中消费,您更在意什么?

选　　项	小计(人)
A. 空间环境	41
B. 商品	61
C. 附着于景观空间上的符号和价值观	90
D. 其他	21

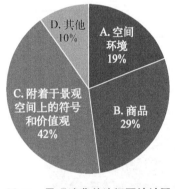

图12 景观消费关注问题统计图

通过对以上三个问题的调查分析可知,非物质景观消费注重对于景观空间的审美体验感和参与感,是一种沉浸式的审美体验。注重附着于景观空间与商品上的符号和文化价值观,与传统消费只注重商品使用价值的模式大不相同。可以说,景观空间的环境、氛围会对景观消费起到直接的促进作用,有力地刺激人们的消费欲望。物质景观消费与非物质景观消费相辅相成,物质景观消费为非物质景观消费提供了载体,非物质景观消费为物质景观消费提供了实现路径。

4. 景观消费中的身份建构与身份认同

景观消费是消费主体接受社会建构的过程,同时也是其主动进行自我身份建构的过程。景观消费的动机源自消费主体对于身份的追求,身份是由景观所激发的认识和认识所促动而表达在一定环境中的互动过程,而认同的过程就是主体找出身份归属和进行身份确认的过程。如果要探讨某一类社会群体的身份,则不得不涉及身份的社会建构问题,"社会建构"一词最早由贝克和卢曼在1966年完成的《现实的社会建构》[1]一书中提出,该著执着于探究社会现象或社会现实被建构的过程,将制度化过程视为一种习惯性行为的类型化。自此之后,社会建构的概念在社会科学各分支学科中得以广泛应用。身份建构与社会建构较为相关,包括身份主体的主观性建构和客观性的社会建构两方面。进入到

---

[1] Peter L, Berger, Thomas Luckmann. The Social Construction of Reality: A Treatise in the Sociology of Knowledge[M]. New York: Anchor Books, 1966.

陶溪川的景观空间中,主体会从自我心理层面产生一种为空间环境、氛围所赋予的主观性身份建构,因为这里代表了时尚、艺术气息等。从社会建构层面而言,陶溪川的景观空间所具有的艺术气息、国际范、设计感等在社会群体中已形成普遍共识,进入其中与身份建构的达成直接相关。

认同便是个体身份得以建构之后对身份符号的认可,是个体在社会中的位置和地位的标识。曼纽尔·卡斯特认为:认同是人们意义与经验的来源。当它指涉的是社会行动者之时,我认为它是在文化特质或相关的整套的文化特质的基础上建构意义的过程,而这些文化特质是在诸意义的来源中占有优先位置的[①]。在这里,景观空间成为身份界定的工具。首先,陶溪川是一个具有历史文化和当代创意的空间建构,历史文化、现代设计、时尚和流行文化作为主导价值得到了普遍认同。进入到城市艺术区的景观空间环境、在其中选择什么样的商品成为消费主体身份建构的手段,在审美体验和消费意愿达成之后,消费主体获得了身份认同。如在陶溪川,为了能够促进消费,商家们在店铺的装饰上可谓下足了功夫,大量植入个性化的、具有视觉冲击力的元素,力图将所有的美学价值集中在视觉性上。其次,陶溪川着力打造体验式的消费空间,如陶溪川里的瓷器商店,当顾客走进店铺时,老板首先会招呼你坐下喝杯茶,茶座的设计往往富有品位和诗意,而泡茶的工具便是店里经营的瓷器,顾客在喝茶的过程中亲身体验瓷器的美感与质地,听老板讲述瓷器的历史与文化,以及该店瓷器的独特之处。当顾客置身于这种体验式的情境中时,刺激其消费的不仅仅是商品的物质属性,还有那诗意的消费空间,附着于瓷器身上的历史与文化,茶道文化以及体验之后的幸福感、新鲜感和满足感,而这些皆是进入体验式的消费空间之后可能促成的结果。经历了这样的一个消费过程后,景观空间以及商品所代表的艺术气息和文化价值观建构了身份符号,使消费主体产生了强烈的身份认同;同时,在这一过程中景观也被商品化,成为被资本利用而不断创造利润的工具。

可以说,陶溪川的景观空间所具有的当代艺术气息、历史文化和时尚符号,使消费主体在公共艺术氛围中获得了身份确认,伴随着消费活动,消费主体在城市艺术区中实现了身份建构与认同,这是物质景观消费与非物质景观消费共同作用的结果。这也解释了为什么人们来到景德镇,都愿意到陶溪川城市艺术区进行体验和消费的重要原因,因为陶溪川不仅仅只是一个物质化的城市艺术区空间,同时它所承载的当代艺术气息、历史文化和时尚符号等非物质的景观价值是人们更为看重的。

5. 结语

景观消费会成为未来景观研究中的一个热门话题,人们进入景观空间中,不仅消费物质景观,而且也消费非物质景观,包括空间、文化、符号和价值观等。在景观消费这一精神

[①] (英)曼纽尔·卡斯特.认同的力量[M].夏铸九,黄丽玲译.社会科学文献出版社,2003:2-3.

文化消费领域，比商品的价值更重要的是它存在的文化空间和附着于其上的文化符号和价值观。由于网络社交媒体的日渐发达，人们对于体验式服务的购买和炫耀性消费的观念呈现出增长之势，与之相伴的是消费者的行为也正在逐渐发生转变，概括起来说主要表现为三个方面：从注重物质消费转向注重非物质体验，从注重商品的使用价值转向重视商品的符号价值，从不太注重购物环境到重视景观空间环境与氛围。这一趋势尤其是在新生代消费群体中表现尤为凸显，他们开始崇尚新的消费观念，即重视体验服务的购买。体验式消费成为景观消费中极具潜力的一种消费模式，它将消费者全身心地带入情境，在体验过程中确立自我在景观艺术空间中的身份，通过消费获得对于艺术氛围的身份认同，景观成为身份界定的工具，也因此成为商品，成为被消费的对象。艺术区在生产景观的同时，也形塑了消费景观，这是一对彼此相连、不可分割的统一体。

  人类的知识使景观具有文化的意味，同时嵌入到景观中的文化会通过视觉和审美体验影响人类的认知和行为。通过研究发现，在后工业社会，城市艺术区作为人为打造的景观空间，其所涉及的景观消费问题是较为复杂的。本文虽然是城市艺术区景观消费问题研究的一个个案，但是我们也可以通过调查数据的分析看出，随着经济发展水平和人民生活水平的提高，在精神文化消费领域出现高要求，人们开始注重消费的参与感、体验感、身份认同感，以及消费的景观空间环境与氛围，这与以往传统消费层面多注重商品使用价值形成较大区别。一般而言，精神文化消费是国民生活品质提升的重要衡量指标，对实现社会进步和促进社会和谐具有重要意义。景观消费作为近年来出现的新问题、新现象，理应得到学界的关注。

算法驱动下的存量工业建筑识别及其空间特征研究

——以上海中心城区为例[*]

孙淼[1] 李垣[1] 邝远霄[2] 张尚武[3]

(1. 同济大学建筑与城市规划学院
2. 上海市浦东新区规划建筑设计研究院有限公司
3. 上海同济城市规划设计院有限公司)

摘 要：工业遗存是城市存量发展阶段的重要物质空间资源，识别工业建筑，有助于平衡城市更新和工业遗产保护的双重诉求。本文以上海中心城区为例，建立了面向存量工业建筑的人工智能图像识别算法，基于多源数据，采用图像切割、特征工程模型和随机森林算法三步，识别高密度建成环境中的存量工业建筑，进而分析工业遗存的空间分布和类型特征，以期为城市更新规划提供技术支撑和方法创新。

关键词：工业遗存；存量工业建筑；存量工业地图；算法驱动

工业遗存，是城市产业结构转型的产物，也是支撑城市高质量发展的文化和空间资源。我国多数城市的中心区，在经历了数十年工业化进程后逐步迈入去工业阶段，留下规模庞大的工业遗存，转型潜力明显。以上海为例，仅中心城区内即有约100平方公里的工业仓储用地，占城市建设用地的15%~17%，而这一比例在纽约、伦敦等全球城市中不超过5%。随着城市告别扩张、进入存量时期，重新利用工业遗存资源，将能有力推动城市的可持续更新。

在传统的城市更新中，工业遗存的核心价值往往被认为源自其所属土地，因此拆除工业建筑，新建住宅和商办楼的再开发模式成为主流。近年来，国家和部分省市建立了工业遗产名录，编制相关保护规划，工业遗存的历史和社会文化价值日益得到关注，保留更多

---

[*] 中国博士后科学基金面上项目"基于街区触媒视角的工业遗产更新实施后评价研究——以上海中心城区为例"(2020M681388)；国家自然科学基金面上项目"基于空间绩效情景模拟的城市布局方案评价方法研究"(52078352)。

有价值的工业建筑、少量拆除新建的再生模式,成为城市更新的新选择,上海也出现了"上生·新所""杨浦滨江"等新探索。本文认为,如要广泛推广再生模式,首先需要建立一个以工业建筑为对象的数据平台,将更新对象的空间颗粒度从产权用地精确到建筑单体,形成"存量工业地图",以"绣花针"的方式去制定每一栋工业遗存的更新策略。

"存量工业地图"能够解决当前规划管理中的一些难题,有效应对工业遗存更新面临的诸多挑战,比如控规中的用地性质同使用现状不符、空间利用潜力同规划控制指标不兼容、市场需求同工业建筑空间供给之间的信息不对称,又如老城区内一些工业建筑由于占地过小而成为城市更新中的"死角",以及由于缺乏市域尺度的价值评估,大量保护范围外的工业建筑面临被拆除风险等。因此,研发"存量工业地图",有利于形成城市级别的可评估、可设计、宜利用的存量工业建筑数字基底,为平衡保护和利用的关系提供技术支撑,具有现实意义。

1. 上海工业遗存的形成和空间特征

1.1 上海工业遗存形成的历史演进

上海是我国近现代工业发源地之一,也是长三角地区工业规模最大、体系最完善、类型最多元的城市。最初由英商在上海县城以北黄浦江两岸建设耶松和祥生船厂,后洋务派在城南、龙华等地建设江南制造总局,并陆续成立了中国最早的机器纺织厂、面粉厂和造纸厂等。从甲午战争后到抗日战争前,上海民族工业和外资工业快速发展,在如今杨树浦、南浦、龙华及苏州河沿线,建设了数千家棉纺、机械和造船工厂以及物流仓储和能源基础设施,构筑起如今"一江一河"(黄浦江和苏州河)工业遗产的基本空间布局,强化了上海作为中国工业中心的地位。新中国成立初期,上海工厂数量高达1万余家,仅现在的杨浦滨江即有20万名产业工人。"一五"时期,上海一是维持传统工业区规模,二是在内城边缘的蒲汇塘和大柏树等地扩建了一批工业街区,三是在中心城区边缘新建了蕴藻浜、桃浦、吴泾、高桥、彭浦、闵行、漕河泾7个工业卫星城,并于70～80年代在内城内建设了数以千计的"五小工厂""街道工厂"和"校办工厂"等。直至90年代中期,中心城区内近40%用地为工业仓储所占据。

1.2 上海工业遗存的空间特征

上海工业遗存的空间特征可以从其自身和周边环境两个维度加以审视。从其自身来看,内城内的零星工业遗存同中心城区边缘的成片工业遗存差异显著。前者以民国时期和计划经济晚期建设的低层砖木排架和多层钢砼框架厂房为主,形制同民用建筑差别不大,占地一般不超过1公顷。由于缺少规划,建筑形态、间距和朝向无章可循,建筑密度往往高于40%,容积率多在1.0～2.0之间,呈现出低/多层高密度的特征,如同乐坊和湖丝栈等。后者是计划经济中前期建设的成片厂区,单层大跨排架厂房以及一些大型工业设施如烟囱、码头、变压器等数量众多,占地普遍在 10 公顷以上,布局多遵循苏式工厂规划,道路笔直,空间有序,建筑密度以 30%～40%居多,容积率低于 1.0,表现为低层中密度特征,如彭浦机器厂、上海机床机厂等。

从周边环境来看,内城内的工业遗存多分布在苏州河、肇嘉浜、老城厢西缘和内环高架路沿线等地。随着自 90 年代以来的"退二进三",这些工业遗存多不再成片存在,而是隐匿于闹市一隅,同居住和商办等功能用地边界犬牙交错且封闭隔离,紧靠城市道路的边界长度一般不超过总长的 1/3,如田子坊、文定坊等。而内城外的工业遗存主要沿黄浦江两岸以及解放初期新建的 7 个工业卫星城中,至今现状各异,既有被拆除重建,亦有闲置或转为他用。新城市道路穿过庞大封闭的工业区,大型高层居住区和低矮厂房鳞次栉比,隔路相望。然而这些工业遗存受到河流、铁路和高架桥等地理隔离,仍然面临难以融入城市发展的挑战(图1)。

(1) 独立厂房——永安栈房

(2) 工业建筑群——上生·新所

(3) 工业街坊——同乐坊

(4) 工业街区——上海机床厂

图 1　上海中心城区内不同类型的工业遗存

历史造就了上海工业遗存的空间复杂性,这对当前以用地为单元的规划通则管理模式提出优化诉求。构建更符合工业遗存其自身及周边环境特征的更新策略,需要我们在更精细的"建筑"空间颗粒度上识别、规划和管理工业遗存,这是绘制"存量工业地图"的主要原因。

2. 利用算法识别建筑物及其用途的既有研究

使用算法识别建筑物及其用途,主要是提取遥感影像数据中的建筑数据并加以分类,从而建设完成聚焦工业遗存的"数字基座"。最初用于聚落地理学研究,描述并解释人类聚落的位置、物质、建筑形式和结构以及随着时间的推移产生它们的功能与过程,预测聚落未来发展。由于建筑物的形态呈现出特定使用规律,根据空间特征识别不同功能的建筑物具有可行性。

人工智能图像识别技术提供分析更大范围建成区的可能,常见方法主要是通过机器的监督学习(Supervised Learning),输入大量标记的训练图像数据以助其获取推断结果的能力。在具体识别工作中,一般包括"识别建筑"和"识别用途"两个步骤:第一,识别建筑,多是采用卷积神经网络(CNN)模型对遥感影像图进行分割(Image Segmentation),包括基于像素与标签关联性的语义分割(Semantic Segmentation)或基于边界框检测的实例分割(Instance Segmentation),将建筑物从遥感影像图中提取出来,形成建筑轮廓。第二,识别用途,包括建立第二个面向特定功能建筑的卷积神经网络模型,抑或是建立特征工程模型(Feature Engineering),采用分类准确度更高的随机森林算法(Random Forest),开发出识别不同建筑的分类器(图2)。

国内相关研究:一是识别建筑,如张涛等从影像图上提取形态学建筑指数,将该建筑语义特征作为原始影像的补充通道一起输入到卷积神经网络模型中训练,将建筑同其所在背景分离开。陈利燕等基于随机森林和超像素分割算法,从机载激光点云和数字航空影像数据中自动提取建筑物等;赵云涵等则结合了腾讯用户密度(TUD)数据、建筑物轮廓数据及兴趣点(POI)数据,利用基于密度的方法识别高密度城中村内的居住建筑。二是识别用途,如周俭等采用两阶段物体检测算法和深度神经网络模型,获得了识别江南水乡古镇中的历史建筑的初步模型;邹志翀等以建筑物的平面轮廓特征作为训练数据,通过对典型形态类型的定义和样本提取、训练,构建居住建筑的识别模型。当前国内尚缺乏识别工业建筑的相关研究,尤其在高密度城市环境中,这为本研究提供了一项可填补的空白。

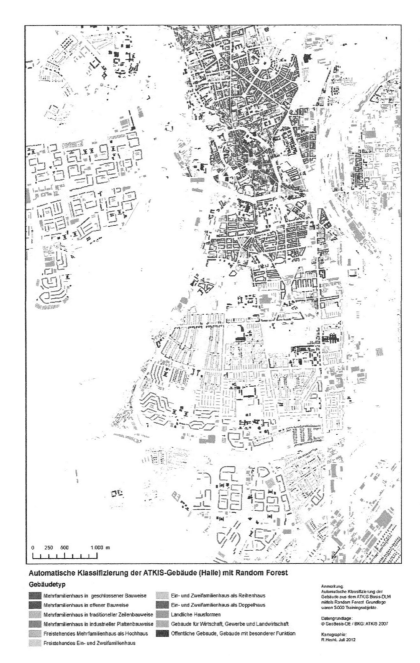

图 2　Hecht 博士采用随机森林算法对 Halle 市建筑类型的自动分类结果

3. 研究方法

3.1　算法构建

本研究采用卷积神经网络识别建筑物,进而建立面向工业建筑的特征工程模型,最终运用随机森林算法识别提取工业建筑,整套算法具体分为三步(图3):

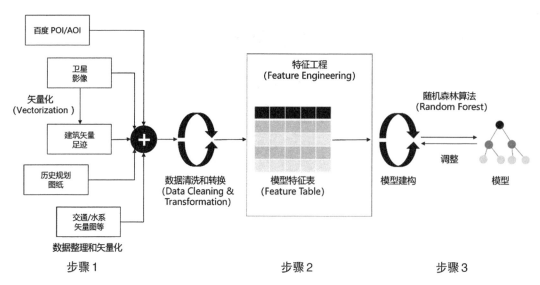

图3　存量工业地图绘制算法的三个步骤

第一步,图像分割提取遥感影像图中的建筑矢量轮廓。将上海市杨浦区遥感影像图划分成约1 100块250米×250米的影像截图,分为两部分各自作为训练集和测试集。基于训练集,使用人工智能图像识别技术中的图像分割,建立识别建筑轮廓的卷积神经网络模型,生成包含坐标、投影、长度等地理空间信息的矢量底图,并在测试集中验证准确度约为92.84%。进一步利用遥感影像图特有的倾斜摄影特征,训练机器捕捉建筑立面并估算建筑高度,以约30米为界,将高层建筑与多层建筑区分开,减少数据计算量。最后将建筑矢量图同百度POI/AOI(兴趣面)数据、影像图、道路和水系矢量图、历史规划图纸等多源数据做预处理、清洗、缩放和转换,并叠加在ARCGIS平台上,形成一个可供计算的城市空间数据库。

第二步,建设面向工业建筑的特征工程模型。构建面向工业建筑的投影面积、角点数、面宽、周长、屋顶RGB、POI/AOI关键词等30余项指标,赋予其阈值,形成特征表(表1)。进而基于城市空间数据库,从建筑矢量特征、遥感影像图特征、POI/AOI和历史地图等多源数据特征方面出发对数据进行降维,抽取相关特征数值,为每一栋建筑的特征表赋值,形成具有独一性的"数字身份证",作为评判工业建筑的凭证,以及为存量工业建筑打标签、分类型、提出管理和更新对策做准备。

表1　面向工业建筑的部分特征指标

编号	变量名称	英文名称	变量描述
1	面积	Area	建筑平面投影的面积
2	角点数	Node Number	建筑平面多边形的节点数量
3	面宽	Width	建筑长边的边长

续　表

编号	变量名称	英 文 名 称	变 量 描 述
4	进深	Depth	建筑短边的边长
5	距河流	Distance to the River	建筑与最近的河流岸线的距离
6	距干道	Distance to the Main Road	建筑与最近的主干道的距离
7	周长	Perimeter	建筑平面投影的周长
8	朝向	Orientation	建筑长边垂线的朝向
9	距主要建筑	Distance to the Important Architecture	建筑与最近的特大工业建筑的距离
10	屋顶主要颜色	Color of Roof	建筑屋顶面积最大的颜色RGB值
11	屋顶凸起物	Protrusion of Roof	建筑屋顶的突出体量比例
12	屋顶坡向	Roof Pitch	建筑屋顶坡度的方向
13	集中绿地比例	Concentrated Green Space Ratio	集中绿地面积与场地面积的比值
14	阴影：建筑高度	Shade：Building Height	通过阴影高度测算建筑高度
15	POI	Point of Interest	百度设施兴趣点
16	AOI	Area of Interest	百度设施兴趣区域
17	密度	Density	一定范围内建筑投影面积与场地面积比值
18	建筑关联性	Relationship to Buildings	建筑同其他建筑之间角点连线关系
19	历史工业用地	Historic Industrial Land Use	历史规划图纸上作为工业用地的地块
20	去除住宅	Apart from Housing	住宅建筑可以从识别中排除

第三步，运用随机森林算法识别工业建筑。建立由若干"决策树"构成的"随机森林"算法，对每栋建筑的"数字身份证"进行核验分析，筛选指标。再次以杨浦区为测试集，通过不断调整"决策树"棵数，最终得到接近测试集数据的聚类结果，准确度约为86.18%。对上海中心城区进行运算，最终绘制完成上海"存量工业地图"。值得强调的是，存量工业地图绘制的前提是先期绘制存量居住地图（绘制方法一致，准确度约为95.32%）并将其在计算前剔除，从而大幅提高准确度。

3.2　数据来源

本文的数据来源为2015年10月的谷歌卫星影像（https://www.google.com/

maps/)、百度地图 2019 年 12 月的 POI 和 AOI 数据、上海市规划和自然资源局发布的城市规划图纸(https://ghzyj.sh.gov.cn/)、《上海城市规划志》关于中心城区内的历史规划图纸以及开源获取的道路、河道和铁路等基础设施数据等。

4. 上海工业遗存建筑的空间分布和类型特征

4.1 空间分布

从"存量工业地图"的初步成果(图 4)可以看出,上海中心城区的工业建筑整体分布情况是北部多于南部,浦东密于浦西,主要聚集在"一江一河"沿线和高桥、张江等集中工业区内。从地理层面,成片存量工业建筑主要分布在杨浦滨江地区,中心城区边缘的蕴藻浜、桃浦、高桥、彭浦、漕河泾五个新中国成立初期的卫星城以及外高桥、金桥、张江等改革开放后建设的集中工业区。此外,沿"一江一河"的零星工业建筑数量亦颇为可观。从行政区划上看,中心城区内的黄浦、徐汇、长宁和虹口四个区仅存有零星工业,杨浦、静安和普陀则分别在滨江、彭浦镇和桃浦镇等地留存有大量工业,而浦东新区的工业存量远超浦西各区。

图 4 上海中心城区存量工业地图的初步成果

进一步聚焦历史文化价值突出的"一江一河"地区。在中心城区内,这一区域范围北至吴淞口码头、南至淀浦河、西至新槎浦,形成一个"丁"字形水道。沿黄浦江,存量工业建筑主要分布在如下六个区域:宝山吴淞至淞南地区、杨浦和虹口滨江地区、现世博园浦东浦西、徐汇滨江、民生码头至洋泾港、沪东—外高桥—凌桥地区。其中宝山和沪东等地区基本保持历史原貌,世博园和徐汇多为新旧建筑结合,而杨浦、虹口和民生码头等地区正在逐步转型中。沿苏州河,存量工业建筑主要分布在如下三个区域:黄浦、虹口和静安段,苏河内环普陀段,苏河内环外段。这些工业遗存鲜有成片区分布,多数仅保留了零星工业建筑或建筑群(表2)。

表2 "一江一河"沿线工业遗存分布总结

	水道	区域	代表性工业遗存
1	黄浦江沿线	宝山吴淞至淞南地区	大中华纱厂、宝钢特种钢制造厂、上港集团的仓储码头等
2		杨浦和虹口滨江地区	杨树浦电厂、杨树浦水厂、十七棉、瑞镕船坞、秦皇岛码头、上海柴油机厂、上海机床厂和江南造船复兴岛分厂等
3		现世博园浦东浦西	江南造船厂
4		徐汇滨江	铁路南浦站、北票煤码头、上海飞机制造厂、龙华机场、上海水泥厂、白猫集团和上粮六库等
5		民生码头至洋泾港	上海船厂(浦东)、上港集团民生码头、中交上海航道局等
6		沪东—外高桥—凌桥地区	中石化高桥石化等
7	苏州河沿线	苏河黄浦、虹口和静安段	四行仓库、怡和打包厂、福新面粉一厂等
8		苏河内环普陀段	春明粗纺厂、福新第三面粉厂、上海造币厂等
9		苏河内环外段	力达重工、上海第一纺织机械厂、丰田纱厂、氮气制品厂等

4.2 类型特征

本研究进一步以杨浦区为例,对自动生成的存量工业地图进行人工矫正(图5)。并根据工业遗存自身及周边空间特征,初步将其分为飞地型、群落型、聚落型和系统型四种类型:

(1)飞地型工业遗存占地小,建筑以中小型加工车间或独立的仓库为主,呈现多层高密度特征,主要分布在同济和复旦等大学附近,以及滨江南段部分地区,现多数转型为文创办公、企业孵化、博物馆或商业零售等功能。

(2)群落型工业遗存多是工业建筑群,建筑以服装和机械零配件加工厂房为主,是典型的多层高密度场所,主要分布在闸殷路和长阳路沿线等传统工业区边缘地带,现多数已转型为商业办公或酒店。

(3)聚落型工业遗存占地多以街坊为单元,建筑尺度参差不齐,呈现出低层中密度特征,主要分布在内环和中环高架路沿线,现均转型为创意产业园区。

(4)系统型工业遗存占地大,建筑类型多元,生产流水线和工业风貌完整,周边配套有住宅、办公、零售、教育、医疗和文化等相关设施,主要分布在杨浦滨江中北段和复兴岛上,这些工厂目前多数仍在生产中。

图 5　上海市杨浦区存量工业地图

5. 小结

　　本研究提供了一套基于开源数据、利用人工智能图像识别技术建设高密度城市中存量工业建筑数字基座的方法，并在上海中心城区内予以实施，初步绘制了"存量工业地图"，取得具有一定应用前景的结果，相关成果也将为相关部门的工业遗存管理工作提供参考。未来可进一步结合建筑高度信息识别技术发展出 3D 版地图，并基于城市更新规划相关实施平台，在评估工业遗存价值、监控工业遗产保护实施、评价工业建筑的利用现状和绩效、为改造设计方案提供场景模拟等工作中提供技术支持。

　　识别存量工业建筑的空间分布仅是第一步工作，本研究仍存在较大提升空间，以期为城市更新规划提供技术支撑和方法创新。比如：如何将大型商业综合体、交通枢纽和会展中心等特殊建筑与工业建筑相区分以提升识别准确度？如何建立面向非遥感类影像数据（如早年的飞机拍摄）和黑白影像数据的特征工程以分析工业遗存的历史空间演变过程？如何进一步识别非建筑类工业遗存如大型设备等对象？如何结合多源数据丰富本技术的应用场景？如何在不同形态的工业城市中识别出相似精度结果？如何在多源数据不足(如高精度影像图和 POI)的情况下提供可替代方案? 都将会是本研究未来的工作方向。

参考文献:

[1] 黄琪. 上海近代工业建筑保护和再利用[D]. 上海:同济大学,2007.
[2] 张松,李宇欣. 工业遗产地区整体保护的规划策略探讨——以上海市杨树浦地区为例[J]. 建筑学报,2012(1).
[3] 孙淼,李振宇. 中心城区工业遗存地用地特征与更新设计策略研究——以长三角 7 个城市为例[J]. 城市规划学刊,2019(5).
[4] 孙淼,马雨墨,邝远霄,李垣. 文化经济学视角下的工业遗产数字化转型[J]. 中国文化遗产,2022(3).
[5] Stone, KH. The development of a focus for the geography of settlement [J]. Economic Geography, 1965, 41(4): 346—355.
[6] Sultana, F., Sufian, A., Dutta, P. Evolution of image segmentation using deep convolutional neural network: A survey [J]. Knowledge-Based Systems, 2020: https://doi.org/10.1016/j.knosys.2020.106062.
[7] Hecht, R. Automatische Klassifizierung von Gebaeudegrundrissen: Ein Beitrag zur kleinraeumigen Beschreibung der Siedlungsstruktur [D]. Dresden: Fakultaet Umweltwissenschaften der Technischen Universitaet Dresden, 2013.
[8] Rodriguez-Galiano, V. F., Ghimire, B., Rogan, J., Chica-Olmo, M., Rigol-Sanchez, J. P., An assessment of the effectiveness of a random forest classifier for land-cover classification [J]. ISPRS Journal of Photogrammetry and Remote Sensing, 2012, 67: 93—104.
[9] 张涛,丁乐乐,史芙蓉. 融合类别语义特征的卷积神经网络建筑物提取[J]. 遥感信息,2021(5).
[10] 陈利燕,林鸿,吴健华. 融合随机森林和超像素分割的建筑物自动提取[J]. 测绘通报,2021(2).
[11] 赵云涵,陈刚强,陈广亮,刘小平,牛宁. 耦合多源大数据提取城中村建筑物——以广州市天河区为例[J]. 地理与地理信息科学,2018(5).
[12] 周俭,叶振,俞文彬,宋俊锋,李燕宁. 历史建筑智能识别可行性研究——运用正射影像和数字图像检测技术的江南水乡古镇实验[J]. 建筑遗产,2020(3).
[13] 邹志翀,张清荷,翟凤勇. 基于建筑物平面轮廓特征的城市居住建筑识别模型[J]. 建筑与文化,2021(7).
[14] 晏龙旭,涂鸿昌,王德,张尚武,刘骝,张雨迪,张扬帆,王勇. 基于深度学习的建筑识别技术在城市体检中的应用[J]. 上海城市规划,2022(1).

建筑学视角下贵州青溪铁厂价值研究

卢举洪　赖世贤

（华侨大学）

摘　要：贵州青溪铁厂作为近代中国第一家大型"官商合办"钢铁联合企业，是当时贵州官府为改变当地经济状况"每年只能靠外省救济"的重要历史物证。本文以青溪铁厂为研究对象，通过文献整理、历史图片分析、实地调研，梳理贵州青溪铁厂历史发展，分析其规划选址、厂址建设及技术设备引进，与同时期铁厂建设对比，剖析其成功和失败的经验教训，并对其价值进行评估。研究发现，青溪铁厂筹建受多因素影响，即前期考察不够专业致后期原料供应不足，规划选址受交通运输影响极大，铁厂发展深受传统观念限制。经此研究，以期阐明青溪铁厂在近代工业史上的重要性，帮助人们进一步了解青溪铁厂筹建过程，助力国家遗产文化保护工作。

关键词：青溪铁厂；规划选址；厂址建设；技术引进；价值评估

洋务运动时期，国内掀起了一股创办工厂[①]的浪潮，出现了一批以曾国藩、左宗棠、李鸿章、张之洞等为首的能人志士实业兴国。在此背景下，一批近代工厂开始萌芽，青溪铁厂得以创立。铁厂选址建设受洋务思想影响较大，表现为厂内事务常以行政手段解决、规划选址理论不足、厂址建设考虑不周、采用西式技术代替传统等特征。贵州矿产资源丰富，炼铁历史久远，为引进西方先进炼铁技术提供了生存发展的土壤。

1. 学术背景

清末所建铁厂作为人类历史文化遗产中重要组成部分，其在一定程度上代表了近代中国从西方引进的最先进技术。贵州青溪铁厂作为洋务运动时期近代中国第一家大型钢

---

[*] 基金项目：教育部人文社会科学研究项目（19YJCZH074）、厦门市社会科学研究项目（厦社科研[2022]B38号）。

[①] 本文提到的工厂均指采用西方新式炼铁技术的工厂。

铁联合企业①,是近代贵州官府为改变黔"每年只能靠外省救济"的经济状况所作的努力,铁厂虽正常运行仅两个月,但其对于近代贵州社会经济发展具有重要作用。关于青溪铁厂的既有研究成果不多,学术界对于青溪铁厂的重要性众说纷纭,大多集中在经济②、社会③等方面,少数文章对于青溪铁厂技术④略有论述。既有研究缺乏从建筑学视角并结合规划选址、厂址建设、技术生产等展开以剖析青溪铁厂成败的经验教训。鉴于此,本研究将通过文献整理、历史图片分析、实地调研等方法,梳理贵州青溪铁厂发展历史,结合青溪铁厂的规划选址、厂址建设及技术设备引进等因素,与同时期现代铁厂建设情况对比,剖析铁厂建设成败经验教训,并对其价值进行评估。

2. 发展历史

洋务运动期间,贵州官府积极响应,其中影响最大的便是潘霨⑤。潘霨深受洋务运动思想影响,积极响应,刚任职贵州巡抚便抽调专业人员到全省各地考察。清光绪十一年(1885)十一月,着手写下《黔省矿产甚多,煤、铁尤甚,可否体察开采折》上报朝廷,得到清政府"着即该署抚详细体察,认真开办,毋得徒托空言"的批复。由此贵州青溪铁厂建设提上日程。光绪十二年(1886),潘霨在青溪设立炼铁总局,在镇远、常德、汉口、上海等设立分局。次年(1887),派人前往英国购买机械设备。光绪十四年(1888),在英购置的全部设备材料运抵上海,设备分三批运至青溪。光绪十六年(1890),青溪铁厂正式投产,炼出了中国第一炉铁,并在其上刻"天子一号"几字,以示对清政府的敬意。青溪铁厂建立后,铁厂正常运行两个月,就因所用煤品质低劣导致高炉"炉塞"被迫停工。潘露⑥忧死,潘霨打算将铁厂转让他人,却不想计划被识破,后亦吞金自杀。铁厂后陆续经贵州候补知

---

① 李海涛在其论文《中国钢铁工业的诞生考释》中详细论述了近代钢铁工业诞生的问题,针对学术界至今对其没有统一称呼问题,对福州船政局、贵州青溪铁厂、汉阳铁厂三个工厂做了清晰的阐述,得出结论贵州青溪铁厂是近代第一家大型钢铁联合企业。

② 钟雯在其论文《从营销环境看近代中国第一个铁厂的破产》中从经济学角度论证了青溪铁厂的失败原因。

③ 史继忠在其论文《潘霨开启贵州近代化之门》中论述了潘霨建立铁厂,为当时贵州率先引进电报,改变了人们的生活方式。

④ 方一兵在其论文《试析近代西式钢铁技术向东亚转移的开端——日本釜石铁厂与中国青溪铁厂的比较》中论述了日本釜石铁厂与中国青溪铁厂采用的技术情况。

⑤ 潘霨(1815—1894),字霨如、伟如,江苏吴县人。自幼天资聪颖,最初学儒,成人阶段,因科场屡屡失意而改学医,因为祖上世代从医,所以在吴县很有声望。潘霨从小耳濡目染,对医术有了一定的基础。科场落名之后,他刻苦专研医术。潘霨在学医时,认为在家乡没有多大发展前途,于是北上京城悬壶行医。

⑥ 潘露(1827—1890),字敬如,曾任广东批验所大使(约1875年)。同治十二年(1873)参与筹建广东军装机器局,建成后继续参与办理该局。1874—1875年经办广州火药局。在办理青溪铁厂之前,经办兵工企业有10年。近代兵工制造与新式钢铁加工制造关系密切,江南制造局和金陵制造局早期都有西式装备的熟铁厂等,因此潘露对新式钢铁加工应该有一定了解。

府曾彦铨①、上海道员陈明远②接手，两人不仅没有使铁厂起死回生，反而加剧了铁厂负担。官员腐败、勾结外商等系列问题致青溪铁厂最终完全失败（图1）。铁厂如今仅剩临水而建的船泊码头，其全长32.3米，高5米，厚1.8米，全由泥沙石灰和巨大方青石所砌筑，立于潕阳河岸，历经百年依旧无恙。2018年，贵州省人民政府将其列为省级文物保护单位。

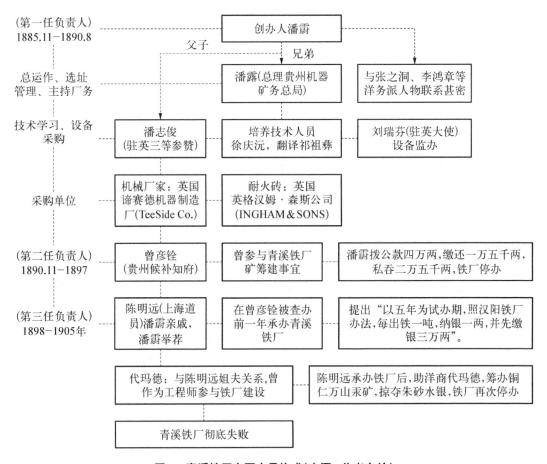

图1　青溪铁厂主要人员构成（来源：作者自绘）

3. 选址建设与技术引进

3.1 规划选址

青溪铁厂筹办时，潘霨得知日本人井上曾于咸丰五年（1855）到青溪调查铁矿并提出

---

① 曾彦铨曾参与青溪铁厂的筹建工作，由潘霨举荐，接手后，青溪铁厂并未有转机，反而使公款亏欠加大，次年青溪铁厂完全停产。

② 系原上海道员，洋商代玛德姐夫，两人打着经办铁厂的幌子，相互勾结，借承接铁厂之名，行开采万山、丹寨、开阳等地汞矿之实。

开采计划,青溪铁矿由此引起了贵州官府的注意。潘霨遂亲自带人到青溪一带实地考察,发现该地矿产资源确实丰富,加之周边水运交通便利,于是决定充分利用这一优势。铁厂的选址需要专业人员,当时贵州尚无擅长钢铁冶炼的技术人员,潘霨便任用从事多年洋务的胞弟潘露负责选址、管理厂内事宜。与此同时,还了解有关贵州水口条件①:镇远、思州位于沅江上流;铜仁有通麻阳舟楫;都匀、黎平是清江首尾;遵义、思南离四川不远。且不论实际是否可以到达,通过作图分析(图2),知晓潘霨此举并不只是空谈而是仔细考虑之后得到的结果。镇远与思州位于潕阳河旁,沿潕阳河可直达沅江;铜仁可运输材料至麻阳河,麻阳河与沅江相接;都匀、黎平作为清水江首尾,清水江接入沅江,均可由沅江进入长江;遵义、思南距离四川较近,即至长江距离较近,遵义有赤水河,思南境内有乌江,可设法抵达长江,再沿长江到达其他城市。

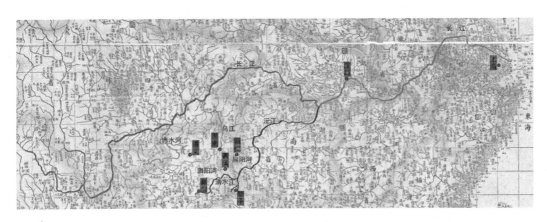

图 2　青溪铁厂选址对比(来源:笔者改绘;底图为大清十八省舆图 清光绪八年 1882 年)

青溪铁厂选址在今青溪县小江口潕阳河岸作为办厂地点,除青溪矿产资源丰富因素外,推测其中还有距离因素。相比遵义、思南、都匀、黎平,青溪是距离上海最近的一个地点,水运交通便利,后期材料搬运以水运为主,减少人力搬运,以解决铁厂资金不足问题。采用当地建筑材料也为铁厂建设节约时间。青溪铁厂的选址始终没有依靠洋人,是潘霨两兄弟考察后直接做出的决定,这算是铁厂筹建之初,在规划选址上做出计划的一点证明。但是整个过程缺乏专业人员的协同勘察,仅凭两人主观认为该地是建厂佳地,这是盲目且不充分的。另外,青溪铁厂选址在青溪小江口的原因还包括:

3.1.1　矿产资源丰富　开采速度较快

贵州地处中国西南,全境喀斯特地貌,物产资源十分丰富,具有一定的开采基础,且历来是清政府铸币、制造武器的一个重要原料产地②。青溪土法炼铁历史久远,可为青溪铁厂提供采矿工人。

---

① 资料来源于镇远县青溪志编写委员会《镇远县青溪志(1371 年—2005 年)》,第 290 页。
② 杨开宇、廖惟一在其论文《洋务运动中第一个钢铁企业——贵州青溪铁厂始末》中提及。

3.1.2 陆路交通较好 材料运输方便

青溪在明清称青浪卫①,是明代贵州驿路上的一个站点,尽管青溪陆路较窄,宽 1 米至 1.8 米不等,仅可供马匹通行,但是相比前文提到的其他地点仍较发达(图 3)。

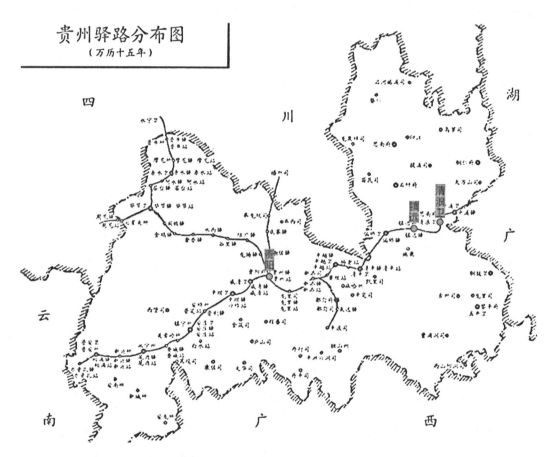

图 3 明代贵州驿路分布图(来源：笔者改绘;底图来源 https://www.163.com/dy/article/GKFVSDAA0552IART.html)

3.1.3 场地地势平坦 铁厂建立容易

据图 4、图 5 可知,青溪铁厂虽已过去百年有余,从遗址周边情况不难看出,青溪小江口地势平坦,视野开阔,不需要耗费大量力气就可平整场地,可为铁厂的建设节约资金,进一步解决铁厂费用不足的问题。

---

① 青溪在明朝时期还不是县,而是一个驻军营地,称青浪卫,属思南府。到了清朝改名青溪县,继续采用青浪卫称呼。属镇远府,有驻军把守。镇远府历来作为水陆交通要塞,是古代中原连接东南亚各国的必经通道,是古代"湘黔驿道"的咽喉,自古以来都是兵家必争之地,也是湘黔驿道上的一个节点。

图4 青溪铁厂遗址码头(来源：笔者自摄)　　图5 青溪铁厂遗址(来源：笔者自摄)

3.2 厂址建设

青溪铁厂共占地150余亩,建筑部分占地69亩,设备耗银30余万两。图6为现代钢铁厂流程图,材料自原料地运抵生产地,处理后经卷扬上料系统投入炼铁高炉内,在热风系统辅助下,监测输入氧气及时排放气体,待时间充足,铁水自高炉内流出,铁水一部分经后续处理为钢铁后便可直接售卖,一部分可继续加入合金作炼钢使用。炉渣可另作他用。

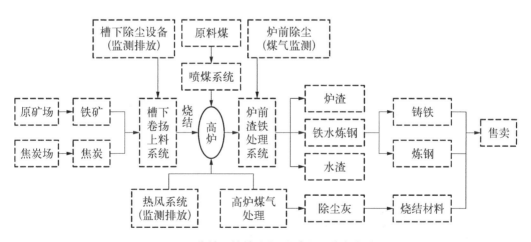

图6 现代铁厂炼铁流程图(来源：笔者自绘)

据资料记载①,原青溪铁厂厂址北抵潕阳河、南抵纤坝坎、西抵小河口、东抵桑树以东的小路。其厂房设施、生活区、守卫区的总体布局大致如下：北侧沿潕阳河岸边为运输码头,南部靠纤坝坎地段为厂区,码头和厂区之间安装有轨道以供吊车装卸和运载。厂区自西向东有水泵房、小鼓风机、大鼓风机、热风炉(炼铁高炉)、送料卷扬机(当地人称"天

---

① 资料由青溪镇人民政府提供。

车")、炼钢炉(俗称"八卦炉")、轧钢车间、油压机、库房(储存钢铁),库房以东有"桂花厅"(因其前院有两株桂花树得名),这是一幢拥有舞厅的别墅式高级招待所,是供国内高级官员和外国技术工人居住之地。再以东是工厂主管人员居住地称"上房",上房前两侧是工人宿舍区,当地群众称西侧宿舍为"小公馆",称东侧宿舍为"大公馆"。宿舍附近有为工人提供膳食的食堂,工人宿舍以东为铁厂大门。炼钢炉后纤坝坎以南的两个山丘上,驻有两营守卫部队,为铁厂守卫区,其中西侧山丘俗称"烟囱董",驻"贵阳营",东侧小山丘上驻"归化营"。西侧营房附近有提供生产用水和消防蓄水池一个。

结合图7上图不难判断出下图拍摄角度为铁厂的东南角,结合图6,可大致推测各建筑功能(图8),仔细对比铁厂流程图后得复原简图(图9)。对厂区进行简单分析,可知铁

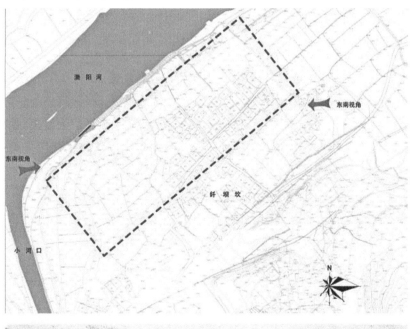

图7　青溪铁厂遗址周边推测分析图(来源:笔者改绘)

厂大致可分为三个区：生产区、储备区、生活区（图10）。生产区建筑稀疏，其他两个区建筑排列紧密，铁厂建筑采用镇远民居主要元素——青砖、山墙。同理，结合铁厂现有码头遗址位置可推测厂区靠近码头一侧必存在次入口1，供厂内设备材料运输及后期钢铁产品售卖之用，这也是推测库房靠近㵲阳河的依据。青溪铁厂由贵州官府控制，厂内驻有清兵约三百余人，驻扎营地位于炼钢炉以南，为及时管理厂内治安，推测靠近纤坝坎一侧存在次入口2，加上铁厂东北角主入口，铁厂应至少具有三个入口（图11）。建筑排列紧密虽不利于防火，但封火山墙的利用同时解决了建筑风格与建筑防火问题。铁厂生产区合理布局在下风向，这样的布局可以使其他两个区免受生产区污染气体的侵扰，厂区发生火灾时，也可以较好地避免火势向其他区蔓延。

生产区有铁轨1条，建筑较为稀疏，且无规律

图8 青溪铁厂推测分析（来源：笔者改绘，底图来源：方一兵《试析近代西式钢铁技术向东亚转移的开端——日本釜石铁厂与中国青溪铁厂的比较》，《中国科技史杂志》2011年第4期）

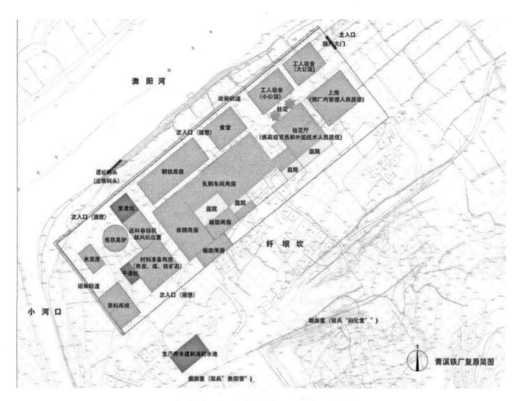

图 9 青溪铁厂推测复原简图（来源：笔者自绘）

图 10 青溪铁厂分区（来源：笔者自绘）

一、工业遗产保护利用理论探讨与实践 | 123

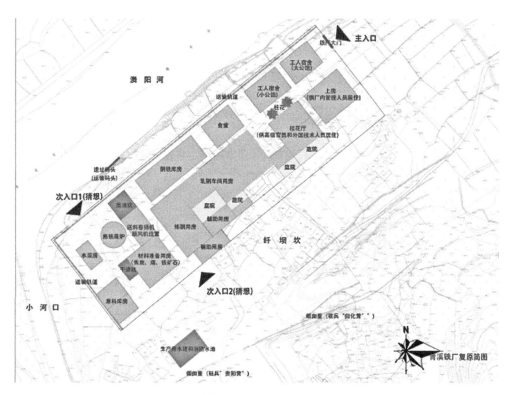

图 11　青溪铁厂推测入口（来源：笔者自绘）

3.3　技术设备引进

19世纪的中国土法炼铁主要有两种方法：坩埚法炼铁与土法高炉炼铁①，贵州青溪有土法炼铁高炉五六十座，每座土炉每年产"毛铁"约10万斤以上，总计年产约五六十万斤②。

青溪铁厂自筹建选址、到国外置办机械、再到正式出铁，历时约五年有余。1886年5月，因上海没有现成设备可买，潘霨凑银8万两，同年10月派遣徐庆沅③与祁祖彝④前往英国学习铁厂设备运营与管理并购置设备。在英国谛塞德公司（TeeSide Co.）购到32套炼铁机器，全套共重1 780余吨。另从英格汉姆·森斯公司（INGHAM&SONS）购得各种规格的耐火砖，每块砖背面刻有英文"INGHAM& SONS, WORTLEY LEEDS"（具体

---

①　坩埚法炼铁主要出现在山西一带。清末贵州采用土法高炉炼铁。在贵州六盘水，修建高炉时多用食盐拌沙土，使得铁炉结构坚固，保存时间久远。土法炼铁的主要原料是铁矿和木炭，炼铁时需要的鼓风设备是风箱。当地炼铁主要工序是：一备料，准备好充足的木炭和矿石以修建铁炉，将铁矿石烧结为熟矿。二开炉，用大火炼铁，这个步骤的关键是配料和下料应与温度配合，炉温高时下料快，炉温低时下料慢。三鼓风，也就是往炉内输送氧气，风越大，温度越高，出铁率越高，反之越低。土法炼铁炉高约2.3米、宽约1.15米，炉子规模偏小。

②　数据来源于镇远县青溪志编写委员会《镇远县青溪志（1371年—2005年）》，第289页。

③　徐庆沅（约1854—?），字芝生，长洲人。曾为候选通判，约1886年（或1887年）被潘霨任命为炼铁总局帮办，受潘霨的调度。

④　祁祖彝，字听轩，祖籍太原，出生于上海，1874年第三批清朝留美幼童，赴美时12岁，前后居洋10年，精通制造，回国后在江南制造局习机器，约于1886年受潘霨委任。

设备可见表1)。设备由英国运至上海,再历经困难装运前往青溪。船只沿长江经南京、武汉、常德逆流而上,自洞庭湖入沅江,历时近两年才抵达青溪,运输路线见图12。后潘霨在上海聘请英法工程师5人①,雇佣了一批江浙技师和工匠,全厂固定工人高达千名,采运铁矿和燃煤则多雇用零工。铁厂破产后,大部分完好的设备,陆续被运往汉阳铁厂②。1896年,张之洞将徐庆沅聘到汉阳钢铁厂任职。

表1 青溪铁厂设备购置略表(来源:作者自绘)

序号	建设时间	组成部分	机械名称	数量	产量
1	1885年筹办、1890年投产	炼铁部分	炼铁大炉	1座	日产25吨铁,钢48吨,日吊铁矿50吨,焦煤40吨
2			吊煤机	1座	
3			气炉	5座	
4			大鼓风机	2座	
5			热风炉	4座	
6		炼钢部分	钢炉	2座	
7			风炉	2座	
8			焊铁炉	1座	
9			气锤	1座	
10			轧轴	1座	
11			机架	1座	
12			扇风机	1座	
13			碳铁炉	1座	
14			熔生铁炉	1座	
15			钢板气炉	1座	
16		轧钢部分	水机	1座	
17			锯条机	1座	
18			大剪床	1座	
19			钢炉	2座	
20			风炉	2座	
21		耐火材料	耐火砖	规格多种	
				总计32套机械设备	

备注:购置设备花费12 610英镑,全部机器和耐火砖重量为1 780余吨。

① 具体称呼无从得知。
② 设备具体明细已不可考。

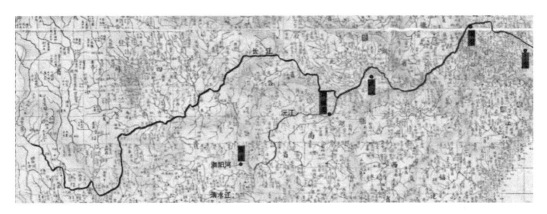

图 12 铁厂设备运输路线(上海至青溪)(来源：笔者改绘；底图为
大清十八省舆图 清光绪八年 1882 年)

4. 同时期铁厂建设情况比较

自清末民初至新中国成立前，中国由土法冶炼转向西式机械化生产，除贵州外，国内其他地区亦开始筹办铁厂。对比同时期湖北汉阳铁厂、江南制造局炼钢厂、福州船政局锤铁厂和拉铁厂、天津机械局炼钢厂建设情况，建成时间相近的铁厂，其铁厂经营模式都是官办或者前期官办后期商办，青溪铁厂是唯一采用"官商合办"形式的铁厂，造成此结果的原因是初期资金筹措不足而引起的经营模式改变。江南制造局炼钢厂、天津机械局炼钢厂等具体占地面积无记录可查。汉阳铁厂包括多个钢铁厂[1]，具体占地面积已无从得知，但是据表 2 可知青溪铁厂占地面积远比福州船政局锤铁厂和拉铁厂面积大。在生产能力方面，青溪铁厂可日产铁 25 吨、钢 48 吨，相比江南制造局炼钢厂、福州船政局锤铁厂和拉铁厂较强，可见其生产水平之高。

表 2 近代部分铁厂建设情况对比(来源：笔者自绘)

序号	工厂名称	创立时间	占地面积	形式	设备机械情况	总投资金额	生产能力	已明确技术工	设备来源	备注
1	贵州青溪铁厂	1885年筹办，1890年竣工	建筑占69亩，总占地150亩	官商合办	32套机械设备	30万余两	日产25吨铁、钢48吨	2国内+5外国技术工	英国	潘霨奏请开办，清政府批准，张之洞支持

---

[1] 1894年汉阳铁厂竣工时，主要包括炼生铁厂、炼熟铁厂、贝色麻钢厂、马丁钢厂、造钢轨厂、造铁货厂六个大厂，以及机器厂、铸铁厂、打铁厂、鱼片钩钉厂四个小厂。各厂设备来源并不一致。汉阳铁厂的设备购买由清政府驻外使臣经手。

续 表

序号	工厂名称	创立时间	占地面积	形式	设备机械情况	总投资金额	生产能力	已明确技术工	设备来源	备注
2	湖北汉阳铁厂	1893年完工	/	前期官办后期商办	/	582.963万两（改为商办之前）	/	成办时国内若干＋39国外技术工	英国＋比利时＋青溪铁厂	张之洞奏请开办，清政府批准
3	江南制造局炼钢厂	1865年创建	/	官办	66套机械设备（1905前）	/	年可出快炮管、快枪管、枪炮机件、炮架器具等钢料2 000吨	/	英国	刘麒祥、曾国藩等主持创建
4	福州船政局锤铁厂和拉铁厂	1871年建成	4 190 m²	官办	33套机械设备	17.6万两	拉铁厂年产3 000吨轧材	6国内技术工	/	左宗棠奏请，清政府批准
5	天津机器局炼钢局	1889年筹办，1893年建成	/	官办	/	/	/	/	英国	李鸿章支持

备注：青溪铁厂机械设备，购于英国谛赛德公司（TeeSide Co.）；汉阳铁厂炼生铁厂2座化炉，机器厂、铸铁厂、打铁厂设备购于英国谛赛德公司（TeeSide Co.），马丁钢厂以及炼熟铁厂设备购于比利时科克里尔厂（Soc. John Cockerill）；江南制造局炼钢厂机械设备购于英国新索斯盖特公司（New Southgate Engineering Co.）购买，天津机器局从英国新索斯盖特公司（New Southgate Engineering Co.）购得西门子马丁炼钢炉的全套设备。表中/表示未知待定。

5. 失败原因

青溪铁厂失败是若干因素共同作用的结果，铁厂未进行严密的科学论证，项目可行性研究论证几乎一片空白，更多是潘霨"扶黔心切，盲目求成"的引进。除以上因素外，青溪铁厂失败还受以下因素影响：

5.1 筹办资金缺少致铁厂运行艰难

青溪铁厂在推出的《招股章程》中共计划招3 000股，每股收银100两，合银30万两，但实际所招商股仅有10万两。究其原因：一是因为近代贵州投资环境落后，社会反响相比预期远不足。二是因为光绪九年（1883）上海许多集资开办的工矿企业接连倒闭，股票大跌。在上海招股亦不理想，招股集资难度增加，后潘霨挪用公款21万余两购买机器、设厂、购买燃料以及矿石，在铁厂还未正式运行就已负债累累。铁厂正式运行后所需周转资金也无着落。潘霨曾多次请求户部将所借公款报销处理，得到回复都是"自行筹款，不准报销"。为保证铁厂的正常运行，其向法国泰来洋商借银30万两，打算先将公款21万余两悉数归还,余作周转资金。而汉阳铁厂的建立全靠清政府支持,凡是借的洋款,也皆扣除关税,青溪铁厂借的洋款清政府却称由本厂自行归还。青溪铁厂自始至终都是一个地方官府领导的现代铁厂,清政府的不支持使原本就负债的青溪铁厂雪上加霜。

5.2 技术力量不足致铁厂危机四伏

5.2.1 厂址建设考虑不周

前文提到,厂址建设大致分三个区,建筑整体布局虽无明显问题,但是厂址具体布置尚存不足,基地距离河流太近,地形无太大高差,暴雨天时河水陡涨,运输道路被水淹没,河岸不分。厂房共三进,头二进因地势较低,几乎全都被水淹没,最后一进高度最高,院中亦有水进,水势退却后,所存砖瓦焦炭土石木植等多被冲失。机房位置稍高,加上基址深稳坚固,并无损坏。厂内机上虽无大致影响,但是火沟气门却被水淹没,导致铁厂被迫停工。由此铁厂的厂址建设问题也造成了铁厂资源的损失。

5.2.2 盲目购置机械设备

实际上,铁厂炼铁所用铁矿来自距铁厂约20里外的矿山,是铁含量在60%~62%的赤铁矿和含铁量在35%的锰铁矿,通过一条铁路将矿石运送回厂里,燃料来源地更远。潘霨在青溪铁厂附近燃料、矿石资源未经科学核实、矿产类型不知何种类型、矿产藏量多少尚未可知的情况下,派出了徐庆沅等人出国考察,盲目购置铁厂设备,风险极大。

5.2.3 技术人员数量不足

从现有史料可知,青溪铁厂懂管理技术的国内人员仅有三名:潘露、徐庆沅、祁祖彝,一个现代工厂真正懂技术的员工不过寥寥几人,这无疑是行不通的。青溪铁厂从选址到后续运行管理都是以潘露为首的,潘露去世后,厂内懂得管理的技术人员只剩下徐庆沅和祁祖彝,两人先是借公款2万两维持铁厂运营,再添置汽锤以轧铁,铁厂勉强可以维持。此后曾彦铨、陈道员上任接办铁厂,都未曾有过任何建设近代西式炼铁炉和炼钢炉的实践经验。在其任内,铁厂高炉始终未开炉,致青溪铁厂完全停产。

5.3 管理制度落后致铁厂事故频发

青溪铁厂建设的直接原因是潘霨希望通过利用本省矿产资源参与洋务,实现青溪铁厂与南京、上海军工局"首尾相连,一气联络"的计划,以此彰显自己的办事能力。铁厂自筹建之初领导权就掌握在官僚手中,这就导致了青溪铁厂出现问题时,常采取行政手段处理。高炉"炉塞"事件发生后,潘露鉴于该原因是由于所供瓮安兰家关之煤不合格,且兰家关运煤至青溪费时费力,要经过人力搬运至施秉境内,再经潕阳河水运至青溪,劳民伤财(图13)。

潘露苦求解决之道,得知湾水(属凯里)之煤质量较好,可以通过苗河(即清水江)运抵湖南黔阳,黔阳是沅江上的重要码头,因此建议潘霨在黔阳设立分厂,在青溪炼得生铁后,运至黔阳再以湾水之煤炼制,遭到贵州官府拒绝遂止。拒绝原因有两点:一是潘霨希望控制铁厂的实际领导权,分厂最好建立在自己管辖区内便于管理。二是此法路途遥远(图14),对

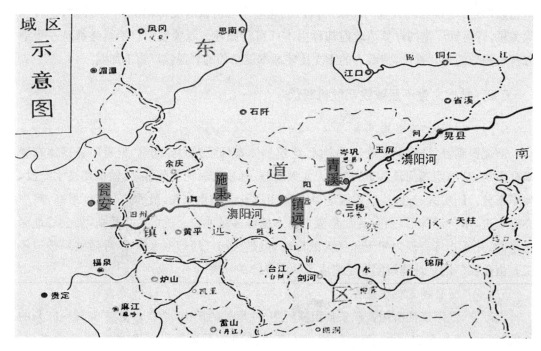

图 13　兰家关至青溪运输路线（来源：笔者改绘；底图来源：
镇远博物馆 民国三十六年 镇远督察区示意图）

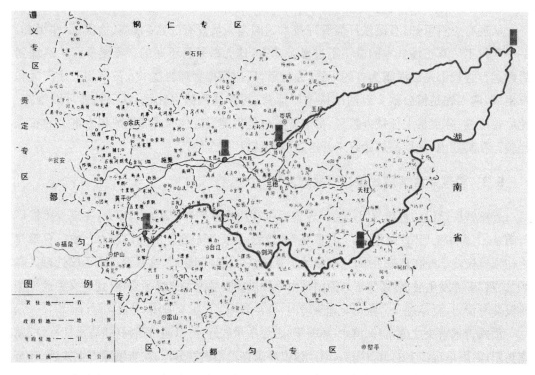

图 14　湾水至黔阳（青溪至黔阳）运输路线（来源：笔者改绘；
底图来源：镇远博物馆 1953 年 镇远专区图）

于当时已奄奄一息的铁厂而言难度较大。由此可知青溪铁厂技术引进的决策过程几乎完全由中国本土人员单方面进行,组成了一个由洋务派巡抚、洋务知识分子构成的决策系统,在这一系统中缺少真正懂技术的人员。

5.4 封建思想严重致铁厂屡遭困难

清末,国内虽有"洋务运动"之风的盛行,但大多数地方还处于自然经济环境下,加上西方国家屡屡侵犯中国的利益,迫使清政府签订一系列不平等条约,国内封建思想严重,国内民众对洋人愈加憎恨。铁厂机械设备自上海运至湖南界内时,该处民风剽悍,乡民认为船上均是外洋之物,必有洋人在内,采用武力霸道阻拦,不准航行。潘霨不得不联系当地官员前来抚慰。又写信告知沿江各州县官府,希望照料一切,以减少路途阻力。又因兰家关煤品质低劣而引起高炉出铁口和炉渣出口阻塞,铁水不能正常流出,高炉爆炸事故频繁发生,青溪本地工人将高炉发生的爆炸看作是"龙神"(即高炉)给予人们的惩罚,出于恐惧,工人不敢再接近高炉,希望"龙神"的愤怒平息。

6. 结论

青溪铁厂作为洋务运动时期第一家大型"官商合办"的钢铁联合企业,其重要性在学术界争论不断,阐明青溪铁厂在近代工业上的重要性是本文要解决的问题。本文从建筑学视角展开,梳理青溪铁厂历史、选址建设、技术设备引进,对比同时期铁厂建设情况,发现在规划选址方面,铁厂的选址地点较好地契合了当地环境,青溪的交通优势被充分发挥。在厂址建设方面,铁厂建筑的合理分区、消防水池的设立,均表明青溪铁厂建设是在具备科学的建筑知识下完成的,防火意识很强。在技术设备选择方面则略显盲目。与同时期其他铁厂的建设情况相比,青溪铁厂在建立时间、建设水平、占地面积、办厂模式等方面具有明显优势。

青溪铁厂建立的意义不只在于为贵州近代工业留下一个失败个案,更多的是它为近代贵州描绘了一幅钢铁技术移植画卷。作为贵州由土法炼铁进入西式炼铁的转折点,它给我们提供了建设和经营现代化钢铁厂的许多宝贵经验和教训。铁厂的建立给当时尚处于自给自足经济下的贵州带来了先进的科学技术。铁厂较好地利用了当地交通运输条件,促进了当地产业发展,丰富了百姓生活。其遗址见证了中国近代民族工业发展,是十分重要的工业文化遗产,是近代中国先进文化与先进生产力在贵州的结晶,有着独特的文化内涵。研究青溪铁厂,亦可以了解到当时的社会背景下贵州官府为改变贵州经济而做出的不懈努力,对于研究贵州经济史具有重要意义。无论成败与否,其创建本身就是一个历史创举。因此,对于青溪铁厂的价值应予以客观评价,给予其在我国工业史上应有的地位。

参考文献：

［1］方一兵.试析近代西式钢铁技术向东亚转移的开端——日本釜石铁厂与中国青溪铁厂的比较［J］.中国科技史杂志,2011(4).
［2］范同寿.迎接西部大开发与贵州的文化建设［J］.中国地方志,2000(3).
［3］范同寿.青溪铁厂：记载着中国近代化的艰辛［J］.当代贵州,2010(22).
［4］范同寿.青溪铁厂的划时代意义［J］.当代贵州,2012(14).
［5］郭渐翔.贵州工业的形成和发展［J］.理论与当代,2002(3).
［6］李海涛.中国钢铁工业的诞生考释［J］.贵州文史丛刊,2009(2).
［7］李海涛.近代中国钢铁工业发展研究(1840—1927)［D］.苏州大学,2010.
［8］李寿珍.近代贵州引进的哲学反思［J］.贵州师范大学学报(社会科学版),1987(1).
［9］欧多恒,王正贤.清末贵州的近代工矿业［J］.贵州文史丛刊,1982(1).
［10］任玉梅,杨舰.从"天字一号铁"谈贵州工业化之路［J］.当代贵州,2013(6).
［11］史继忠.潘霨开启贵州近代化之门［J］.当代贵州,2006(11).
［12］吴慧媛.潘霨与贵州青溪铁厂［J］.贵州大学学报(社会科学版),1990(2).
［13］杨开宇,廖惟一.洋务运动中第一个钢铁企业——贵州青溪铁厂始末［J］.贵阳师院学报(社会科学版),1982(4).
［14］杨德燊.青溪铁厂史略［J］.贵州文史丛刊,1988(4).
［15］尹承国.我国第一家机器钢铁厂的考证［J］.当代财经,1985(2).
［16］朱荫贵.论贵州青溪铁厂的失败原因［J］.贵州社会科学,2015(9).
［17］张明.近代中国钢铁工业肇始再辨析［J］.冶金经济与管理,2020(5).
［18］钟雯.从营销环境看近代中国第一个铁厂的破产［J］.贵州文史丛刊,2007(3).

城市更新与产业转型视角下的铜陵工业遗产保护与再利用

李正东　安婳娟

（宁波大学潘天寿建筑与艺术设计学院）

摘　要：铜陵市是典型的资源依赖型的工业遗产城市，其城市发展变迁与地区产业结构密切相关，本文通过城市变迁来分析铜陵市铜工业遗产的形成路径，说明铜工业在地区发展中所起到的重要作用，并根据铜陵具体案例深入分析铜陵市工业遗产的价值内涵和未来有效再利用的可能性。通过本文的分析与梳理，证明中国早期采矿业与近现代工业化之间的关系，证明中国工业遗产保护与古代采矿业之间的历史路径与联系，为铜陵城市转型和工业遗产保护提供可借鉴的方案。

关键词：城市变迁；产业转型；工业遗产；铜；再利用

1. 铜陵历史沿革

铜陵位于长江中下游，是安徽省的一个地级市，是一个典型的资源依赖型城市。其产业围绕着与铜矿相关的产业进行发展生产。20世纪80年代初，考古学家对铜陵进行了一次规模较大的考古挖掘工作，并发现位于铜陵市30千米外的凤凰山有一处商周时期的古铜矿遗址，名为"金牛洞"。夏商周断代工程首席科学家、北京大学教授李伯谦先生指出："从考古发现来看，位于永陵钟鸣镇师姑墩铸铜遗址虽不大，但是有夏代文化遗存。所以说，至少在商代，甚至是夏代晚期就有了对铜矿的开采和冶炼遗存。"[①]相对于国内其他古代开采铜的地区，古代铜陵地区从开采、冶炼、铸铜形成了一定规模和成熟的生产系统，对长江中下游地区的青铜文明发展起到了重要的作用。在今天的铜陵、南陵、繁昌、贵池、枞阳、泾县、当涂等市县分布着先秦时期的古铜矿遗址，总面积有两千多平方千米[②]。另外，据考古论证，铜陵早在西周时期就使用硫化铜技术进行冶炼，这也是迄今为止中国最

---

① 杜应泰. 中国铜都历史文化概论[M]. 黄山书社, 2019: 2.
② 吴昭谦. 铜陵史话[M]. 安徽人民出版社, 2020: 24.

早使用硫化铜技术的地区①。因此,铜陵又有中国青铜文化发源地之称,被学界称为"中国古铜都"。随着考古与史料的不断挖掘和分析,铜陵开采铜的历史自商周时期,自汉朝就开始设有专门的炼铜官办机构,经过唐宋时期的繁荣,再到明清时期的衰落,其间设有相应的"铜官"作为管理机构,这也是"铜官山"名称的由来。1840年鸦片战争后,在铜陵的近代化过程中又伴随着英国和日本帝国主义的掠夺,帝国主义对铜陵的铜矿主权进行破坏性的侵占。这一时期由于铜陵优越的航运地理位置,其民族资本主义也迎来飞速的发展。铜陵县大通和悦州、顺安镇相继办起了发电厂、面粉厂、纱厂修复船厂等小型规模、半机械化的民族工业,带有浓郁地方特色的"三坊"即酒坊、糖坊、锅坊等手工业作坊缓慢跟进,这是铜陵工业的原始萌芽。但是,随着帝国主义侵略的不断加剧和掠夺,铜陵地区的众多民族工业遭到了毁灭性的破坏。这种现状直到1949年4月21日中国人民解放军解放铜陵才得以改变②。

为尽快恢复生产,建设新中国,在中国共产党的领导下于1950年成立铜官山矿务局,1951年4月成立冶炼厂,1952年建选矿厂,1953年5月1日,年产2 000吨的冶炼厂建成,产出新中国第一炉铜水,铜陵成为新中国最重要的产铜基地。铜陵在新中国成立后相当长的一段时期内对新中国的工业化发展做出了突出的贡献。其中,在第一个五年计划期间,铜料产量为2.67万吨,粗铜产量为2.64万吨,占全国铜产量的47%;在第二个五年计划时期,粗铜产量为6.76万吨,并成为国内最大的铜开采和冶炼生产基地。这些历史贡献也成为铜陵作为老工业基地的在工业遗产保护中的重要价值内涵。1959年,安徽省批准设立铜官山有色金属公司③。

1956年铜陵建市,这一时期也是铜陵进行工业化建设与城市化发展的重要时期,铜陵围绕与铜相关的产业发展的同时,兴建了发电、煤炭、炼铁、焦化、机械、化工、纺织、化纤、建材、电子等一大批中小型工业企业,为未来城市产业链的发展与转型奠定了一定的基础④。但是随着改革开放的不断深化发展,铜陵的传统国有企业的生产方式在一定程度上没有与市场经济进行有效的结合与呼应,导致铜陵作为传统资源依赖型城市的工业增长乏力,并且铜陵铜矿资源逐渐枯竭。在改革开放初期,有色金属公司拥有职工和家属10多人,产品为单一的低附加值铜。并且企业办社会也给有色金属公司带来了巨大的财政负担,无论是幼儿园、小学、中学,还是医院、邮局等公共设施,都导致企业成本过高、收益低下⑤。因此,其发展转型就成为城市发展的首要任务。

如今,铜陵存在着大量的废弃工业遗产,这些工业遗产一方面代表着去工业化过程中

---

① 张国茂. 安徽铜陵古矿、冶遗址调查报告[J]. 东南文化,1988(5).
② 铜陵市地方志编纂委员会. 铜陵市志[M]. 黄山书社,1993:12.
③ 铜陵市地方志编纂委员会办公室. 铜陵年鉴[M]. 方志出版社,1996:23.
④ 政协铜陵县文史资料委员会. 铜陵文史资料选编(第四辑)[M]. 铜陵市政协文史委员会编印,1998:23.
⑤ 杜应泰. 中国铜都历史文化概论[M]. 黄山书社,2019:233.

所产生的负面效应,另一方面也代表着相关产业的没落与衰退。铜陵作为长江中下游的一个典型的资源依赖型城市,其工业遗产特征也具有一定的代表性,代表着矿类工业型城市的众多特征。

2. 铜陵的城市规划发展

新中国成立后,铜陵城市规划是按照铜矿的开采和分布进行的,其城市形态围绕着铜矿生产进行布局,工人社区建设围绕着矿区展开。从图1可以看到,铜陵的主要矿区是自西向东展开的,分别是位于市区的铜官山、狮子山、新桥、凤凰山和沙滩角①。

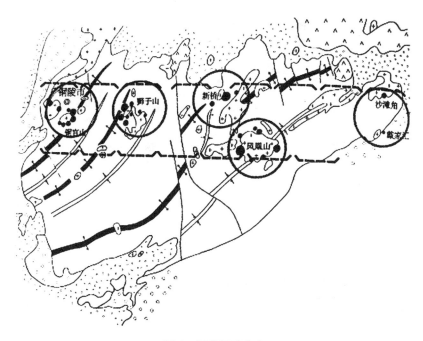

图1 铜陵铜矿分布

基于铜陵资源城市所呈现的城市形态特征,其改革开放后的城市规划也在一定程度上遵循着原有铜矿分布的空间格局。从1985年铜陵市总体规划图(图2)可以看出城区规划范围为长江以东,羊山矶以北,新庙、铜官山一线以西,二冶北部岗地以南地带,包括铜陵县城关镇。产业围绕着有色冶金、化工、建材工业,形成了以矿业生产为格局的城市形态。

随着铜陵城市发展的不断扩展和其作为长江运输口岸城市的发展,在21世纪初的城市规划形成了沿江带状组团式结构(图3),由中心市区、横港、大通三个组团组成。根据铜陵资源依赖型城市的转型发展需求,城市更新也在不断推进中。截至2020年

---
① 孙有胜.规划改革背景下的总规修改路径思考——以铜陵市城市总体修改规划为例[J].低碳世界,2019(12).

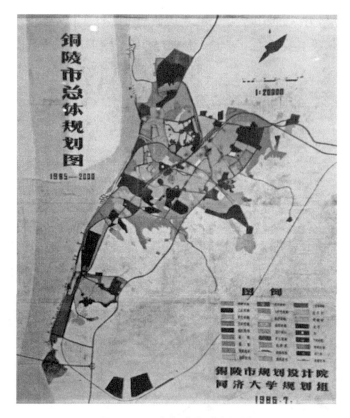

图 2　1985 年铜陵市城市规划

图 3　2003 年铜陵市城市规划

末,全市常住人口城镇化率达57.7%,受地形地貌、土地资源等因素制约,铜陵可供拓展的城市空间有限,亟须通过城市更新内涵挖潜,实现城市功能优化、生态改善、风貌保护、品质提升和节约集约的有机统一。但在城市更新方面,铜陵目前尚处起步阶段,面临诸多问题,特别是大量工业遗产及其工人社区的更新与活化问题[①]。

3. 铜陵工业遗产转型

随着国家对工业文化的逐渐重视,党和国家从提高文化软实力的战略高度出发,对工业文化遗产逐渐重视,工信部先后颁布了五批中国工业遗产保护名录,从国家层面对有价值的工业遗产进行综合性保护。工业遗产作为工业文明的遗存,既包含有形文化遗产,也涵盖无形文化遗产,承载着行业的历史记忆和城市的文化积淀。

2020年6月,国家发改委、工信部等五部委联合印发《推动老工业城市工业遗产保护利用实施方案》(发改振兴〔2020〕839号),要求以老工业城市工业遗产保护利用为切入点,积极探索老工业城市转型发展新路径,推动老工业城市加快从"工业锈带"转变为"生活秀带",为城市留存"工业记忆"。铜陵的采矿历史源远流长,近代以来,铜陵的铜矿资源不断被开采,城市因铜而兴,经过多年的发展,产生了一系列科学完善的技术,然而随着铜资源的枯竭,铜陵也面临着一系列的挑战和考验,到底该如何应对这些挑战,对铜陵来说是一个很重要的关键点。

铜陵市作为新中国老的工业基地和资源枯竭型城市,留下了数量众多的工业遗产,如何使其在文旅融合背景下实现活化赋能,成为城市更新的重要一环,是"十四五"时期发展的重要课题。经初步普查,铜陵市具备保护利用条件的工业遗产共有20余处,分为矿冶工业遗产、港口工业遗产和其他工业遗产三大类。目前,铜陵市已有的工业遗产活化利用项目有:以矿工生活区和采掘体验区为基础,结合文创园区运营的"铜官山·1978"文创园项目;以工业码头改建而成的滨江公园与码头书屋;古铜矿冶炼遗址——凤凰山铜矿金牛洞古采矿遗址等。

随着《铜陵市工业遗产保护与利用条例》的出台,铜陵市认定了一批在该市历史上具有时代特征和工业风貌特色,承载公众认同和地域归属感,反映铜陵工业体系和城市发展过程,具有历史、科技、文化、经济、社会教育等价值的工业遗存。此次公布的铜陵市第一批工业遗产名录中,属于冶金工业的有两项,分别是:铜官山铜矿老铁路(有色铁路专用线),位于天马山黄金矿业有限公司大门口;井边铜矿旧址,位于枞阳县钱铺镇鹿狮村桃园组。属于制造工业的有一项:701厂火车道,位于中车长江铜陵车辆有限公司厂区。属于其他工业的有两项,分别是:铜陵市扫把沟发电厂旧址,位于铜官区滨江社区扫把沟下富强村铜化集团包装材料有限公司内;白柳公社矾矿冶炼遗址,位于枞阳县白

---

① 金贤锋,董锁成,刘薇,李雪.产业链延伸与资源型城市演化研究——以安徽省铜陵市为例[J].经济地理,2019(12).

柳镇旸岭村瓦屋组西北面1千米处的矾山西麓。但是,这个目录还非常不完全,尚需增补。

此外,铜陵市在现有的工业遗产活化利用发展中仍存在诸多问题。首先是宏观层面上,缺乏多层次的分析。对于铜陵市范围内的工业遗产来说,对区域内的工业遗产进行活化利用时,对其系统化的考虑还是较为欠缺的。其次是遗产层面上,缺乏原真性的追溯。由于工业遗产活化利用前期的维护等工作需要投入大量的资金,所以在实际保护过程中,往往是通过商业运作等简便快速获利的模式来进行,导致工业遗产往往遭受到严重的破坏,最终使其丧失原真性。最后是设计层面上,缺乏环境的综合利用。在对工业遗产活化利用的过程中,更多的是对单体建筑的外表进行相应的处理,而放弃了对整个环境的综合利用,从而破坏了城市工业遗产活化利用的整体格局[①]。

4. 铜陵工业遗产保护性规划与建议

随着铜陵市工业遗产调研整理的不断深入,城市发展与工业遗产转型存在着密切的联系,因此应制定相应的保护规划方案。具体方案如下:

4.1 城市研究

深入了解铜陵的冶铜历史及由此衍生出来的各项产业,针对该市的经济结构特点和产业发展布局,探索其工业遗产保护与活化利用的可能性。

4.2 工业遗产现状普查

对符合认定标准的铜陵市工业遗产进行现状普查。

4.3 工业遗产现状评价

针对铜陵市工业遗产的现状进行分级分类评价。

4.4 工业遗产的保护要素与区划

对铜陵市的工业遗产进行物质保护要素和非物质保护要素的分析,并在此基础上提出保护区划的原则和标准。

4.5 工业遗产的活化利用研究

从工业和文旅融合的角度,分片区对铜陵市的工业遗产提出活化利用的建议。

根据上文的规划方案,以铜官山1978为例,其中通过生活区的展示,在一定程度上保

---

① 鲍捷,陆林. 矿业遗产旅游发展研究——兼论安徽铜陵矿业遗产旅游[J]. 经济地理,2009(7).

存了矿工的生活记忆,体现了工业遗产的非物质价值。但是整个园区在规划和活化利用上并没有充分体现工业文化的内涵性价值,在活化利用的整体方案上还需要进一步的深化。另一个位于铜官山国家矿山公园的东村水泥厂其整体物像保存完整,体现了水泥制造部分的整体工序流程,规模和体量较大,可以拆分成不同的区域做不同的处理,加上本地人周末喜欢去爬铜官山,作为铜官山的入口处可以将部分小体量建筑改造成购物和休息的区域。同时场地内存在保存完整的厂房,可以改造成新兴产业工厂题材的布景。厂内机器可以搬运至室外空地作为雕塑性装饰节点。第二冶炼厂在铜陵的冶铜史上具有比较重要的地位,然而现在的二冶面临拆除的困境,二冶内部具有相对典型的厂房大跨结构,同时外立面又表现出明显的 20 世纪风格,但是整体布局上显得比较死板,缺少灵活性,在活化利用的时候或许需要改变一些厂房的位置和整体的布局,并且对其中的大尺度空间做一些针对性的利用。铜陵机床厂内部存在大量建筑年久失修、破损毁坏的现象,但其历史价值很高,曾经制造出铜陵第一辆汽车、千吨水压机、中国第一台冶炼闪速炉、中国第一台 T-150 高气压环形潜孔机。整体厂区有着丰富的空间,厂区周围有着一定的社区基础,在改造和利用过程中可以结合周围社区环境的需求进行活化利用,并满足周围学校和社区的文化或体育等方面的需求,可将工业遗产转型发展与城市更新相结合[①]。另外,金牛洞古铜矿开采遗址位于凤凰山内,属于凤凰山旅游业中的一个节点,具有重要的历史价值。金牛洞古代工业遗址是铜陵早期铜产业开采的重要历史证据,能够证明铜陵几千年的铜工业开采史。其开发利用可以通过研学旅行的方式进行,让游览者参观古铜矿遗址的同时了解铜陵几千年的开采历史、了解不同时期铜冶炼技术的更新过程。

  铜陵作为一个资源依赖型城市,城市的发展毫无疑问受到了矿产资源的影响,矿产资源既给铜陵带来了发展的机遇,同时也对铜陵的产业产生了相当大的限制,随着铜陵矿产资源的枯竭,伴随而来的必将是极大的冲击和挑战。因此,铜陵必须做出相应的调整来应对,只有变通才能让铜陵这座历史铜文化古都重新焕发生机。

  铜陵作为"中国古铜都",是工业历史悠久的资源型工矿城市,其铜工业一直是城市发展的主导产业,不仅见证了铜陵市的工业发展,也承载了深厚的城市历史文化。2009 年 3 月,铜陵被国务院确定为第二批资源枯竭城市,随着资源的枯竭和国内经济进入"新常态",铜陵面临着城市转型发展的挑战与机遇。文化产业是 21 世纪的朝阳产业,也是安徽省"861"行动计划重点发展的八大产业之一,依托原有的铜文化底蕴和铜工业实力,以铜为载体和元素,积极发展铜文化产业,成为铜陵城市转型发展的优先模式。大量的工业遗产是铜陵工业文明史和工业进程的记录,是铜陵城市文化遗产的重要组成部分,具有丰富的历史、文化、经济、科技、美学、环境和教育价值,满载着铜陵本土文化色彩,是构成城市"集体记忆"的重要组成部分。这些工业遗产,有的区位条件优越,有的具有别具一格的建筑个性,有的具有尺度巨大的内部空间,有的是颇具特色的工业片区,对这些工业遗产进

---

① 铜陵市地方志编纂委员会办公室.铜陵年鉴[M].方志出版社,1998:45.

行适当的生态修复,可以为铜陵市铜文化产业发展提供良好的载体,并且节省大量的建设资金,缩短建设周期。因此我们需要充分挖掘工业遗产的文化价值,发挥其物质基础的功能,融入铜陵市铜文化产业发展,实现工业遗产的功能转换,使其在新时代中焕发新的生机与活力。实现工业遗产的全面保护与整合再利用,对铜陵市的社会经济持续发展以及"铜都"形象的延续、重构都具有重要意义。

参考文献:

[1] 杜应泰.中国铜都历史文化概论[M].黄山书社,2019:2.
[2] 吴昭谦.铜陵史话[M].安徽人民出版社,2020:24.
[3] 张国茂.安徽铜陵古矿、冶遗址调查报告[J].东南文化,1988(5).
[4] 铜陵市地方志编纂委员会.铜陵市志[M].黄山书社,1993:12.
[5] 铜陵市地方志编纂委员会办公室.铜陵年鉴[M].方志出版社,1996:23.
[6] 政协铜陵县文史资料委员会.铜陵文史资料选编(第四辑)[M].铜陵市政协文史委员会编印,1998:23.
[7] 杜应泰.中国铜都历史文化概论[M].黄山书社,2019:233.
[8] 孙有胜.规划改革背景下的总规修改路径思考——以铜陵市城市总体修改规划为例[J].低碳世界,2019(12).
[9] 金贤锋,董锁成,刘薇,李雪.产业链延伸与资源型城市演化研究——以安徽省铜陵市为例[J].经济地理,2019(12).
[10] 鲍捷,陆林.矿业遗产旅游发展研究——兼论安徽铜陵矿业遗产旅游[J].经济地理,2009(7).
[11] 铜陵市地方志编纂委员会办公室.铜陵年鉴[M].方志出版社,1998:45.

国内工业遗产语料库的构建与应用
——以国家工业遗产名单为中心(2017—2022)

曾 援

(重庆市农业机械化学校)

摘 要：近年来,在城市更新持续推进的大背景下,各级层面对于工业遗产保护和利用越来越重视。部分工业遗产项目通过再利用的方式被重新赋予价值,进而与社会建立了新的联系方式。在网络资源和数字媒体飞速发展的背景下,社会各层面分别形成了大量对工业遗产项目评价的数据,但在利用自然语言处理技术对评价数据分析时,由于系统性的语料库缺失,导致数据分析结果会出现较大误差。本文通过总结国内外典型中文语料库的现状,提出对工业遗产语料库建立的思考。

关键词：工业遗产;语料库构建;语料库应用;数字媒体

伴随城市更新的逐步推进,越来越多的工业遗产通过再利用的途径获得了新的价值赋予。这部分被赋予了新价值的工业遗产,通过博物馆、工业遗产旅游、文创中心等方式重新出现在人们的生活环境之中。同时伴随微博、微信等各类移动端 App 的广泛应用,越来越多的用户可以通过快捷方便的路径来发表自己对于工业遗产改造的直观感受。在自然语言处理技术以及大数据技术的快速发展的背景下,通过计算机处理的方式,分别对比工业遗产的改造目标与官方媒体宣传价值和用户感知价值的相似程度,可以形成一种新的评价方式来判断工业遗产的改造效果。

在实践过程中,由于工业遗产层面的专业语料库的缺乏,在利用自然语言处理技术来判断改造目标与媒体宣传价值和用户感知价值相似程度时,会导致模型训练出现偏差,进而使得相似度判断出现误差。因此,工业遗产专用语料库的建立在利用自然语言处理技术判断工业遗产改造效果的实践中,具有较大的现实意义。

1. 中文语料库的现状

1991 年,国家语委文字应用管理司在北京召开了现代汉语语料库第一次专家论证会,这是我国现代汉语语料库研究的里程碑事件,会议制定了现代汉语语料库的总体设计、选材原则以及汉语语料库的规范和标准,达成了组建现当代汉语语料库以推进我国信息化社会进程的共识①。其后10年,国内语料库的发展进程较为缓慢,直到2003年后,关于语料库研究才开始出现突飞猛进的发展。

截至目前,国内有代表性的语料库可以分为通用单语语料库、英汉双语平行语料库、其他汉外平行语料库以及其他特色语料库四个大类,具体情况如表1所示。

表1 国内语料库统计

类 别	代表语料库	文献时间范围	文 本 容 量
通用单语语料库	国家语委现代汉语通用平衡语料库	1919—2002年	5 000万字符
	北京语言大学语料库中心BCC语料库	未提供	150亿字
	清华TH语料库	未提供	未提供
	北京大学CCL语料库	公元前11世纪至当代	6亿字符
	人民日报标注语料库	1998年	3 500万字
	新时代人民日报语料库	2015—2018年	未提供
	清华汉语树库	未提供	100万字
汉英双语平行语料库	中国科学院汉英平行语料库	未提供	未提供
	南京大学双语词典研究中心英汉双语平行语料库	未提供	2亿词次
	清华大学中英平行语料库	未提供	未提供
其他汉外平行语料库	北京大学计算语言研究所双语平行语料库	未提供	汉英句子20万句对 汉日句子2万句对 汉英词汇1万句对
	北京外国语大学双语平行语料库	未提供	2 000万字的日汉对译文本语料库和3 000万字词的通用型汉英平行语料库两个部分
	南京农业大学典籍平行语料库	未提供	基于十三经、《战国策》、前四史等典籍及其所对应的白话文和英文翻译

---

① 黄水清,王东波.国内语料库研究综述[J].信息资源管理学报,2021(3).

续　表

类　别	代表语料库	文献时间范围	文　本　容　量
其他特色语料库	汉语中介语语料库	未提供	353万字
	HSK动态作文语料库	1992—2005年	语料总数达11 569篇,共计424万字
	中国传媒大学有声媒体文本语料库	2008—2013年	2.4亿字符

从国外语料库来看,规模较大的中文语料库有维基百科(中文)语料库。该语料库的语料资源可以免费下载,且会定时更新,目前该语料库的最新版本为2022年7月1日,语料库压缩包约为2.4GB。

2. 工业遗产研究背景下现有语料的不足之处

目前国内外现有的语料库,主要是为语言学层面和自然语言处理层面的研究服务。工业遗产的相关研究具有专业性较强的特征,从语料素材选择角度来看,汉英双语平行语料库、其他汉外平行语料库以及其他特色语料库这几类语料库的语料素材选择与工业遗产的相关性较差,而通用单体语料库类别中的六个语料库虽然在语料素材选择时包含了工业遗产的相关内容,但同时也包含了文学、古汉语、戏剧、相声小品等与工业遗产研究相关性较差的内容,这可能会导致后续在模型训练时出现误差。另外,中文维基百科语料库的语料素材来源则具有用户可编辑性,词条内容的规范性可能会有不规范性。

3. 工业遗产专用语料库的构建与应用

3.1　语料库素材的选择

在进行语料素材选择时,主要需要解决好三个问题:一是主题的确定,二是素材选取的时间范围,三是素材资料的来源。

3.1.1　语料素材主题的确定

语料素材主题的确定应当以工业遗产为核心,因此需要一个具有较高公信力的工业遗产项目认定来支撑语料素材的主体选择。从现有资料来看,工业和信息化部公布的国家工业遗产名单具有较高的公信力,可以作为工业遗产语料库语料素材主题选择的基础。

具体而言,国家工业和信息化部在2017年12月公布了第一批国家工业遗产名单,包含的项目有:张裕酿酒公司、鞍山钢铁厂、旅顺船坞、景德镇国营宇宙瓷厂、西华山钨矿、本溪湖煤铁厂、宝鸡申新纱厂、温州矾矿、菱湖丝厂、重钢型钢厂、汉冶萍公司——大冶铁厂、汉冶萍公司——安源煤矿、汉冶萍公司——汉阳铁厂。

2018年11月公布的第二批国家工业遗产名单，包含的项目有：国营738厂、国营751厂、北京卫星制造厂、原子能"一堆一器"、井陉煤矿、秦皇岛港西港、开滦矿务局秦皇岛电厂、山海关桥梁厂、开滦唐山矿、启新水泥厂、太原兵工厂、阳泉三矿、沈阳铸造厂、国营庆阳化工厂、铁人一口井、金陵机器局、永利化学工业公司铔厂、茂新面粉厂旧址、大生纱厂、合肥钢铁厂、泾县宣纸厂、李渡烧酒作坊遗址、济南第二机床厂、青岛啤酒厂、青岛国棉五厂、第一拖拉机制造厂、洛阳矿山机器厂、铜绿山古铜矿遗址、安化第一茶厂、成都国营红光电子管厂、泸州老窖窖池群及酿酒作坊、中国工程物理研究院院部机关旧址、五粮液窖池群及酿酒作坊、茅台酒酿酒作坊、黎阳航空发动机公司、石龙坝水电站、昆明钢铁厂、王石凹煤矿、延长石油厂、中核四〇四厂、刘家峡水电站、可可托海矿务局。

2019年12月公布的第三批国家工业遗产名单，包含的项目有：北京珐琅厂、度支部印刷局、大港油田港5井、开滦赵各庄矿、"刘伯承工厂"旧址、石圪节煤矿、高平丝织印染厂、抚顺西露天矿、营口造纸厂、大连冷冻机厂铸造工厂、一重富拉尔基厂区、龙江森工桦南森林铁路、上海造币厂、常州恒源畅厂、恒顺镇江香醋传统酿造区、洋河老窖池群及酿酒作坊、绍兴鉴湖黄酒作坊、古井贡酒年份原浆传统酿造区、贵池茶厂、歙县老胡开文墨厂、泉州源和堂蜜饯厂、福建红旗机器厂、景德镇明清御窑厂遗址、景德镇国营为民瓷厂、吉州窑遗址、兴国官田中央兵工厂、潍坊大英烟公司、东阿阿胶厂78号旧址、湖北5133厂、华新水泥厂旧址、中核二七二厂铀水冶纯化生产线及配套工程、南风古灶、核工业816工程、重庆长风化工厂、成都水井街酒坊、自贡井盐——大安盐厂、自贡井盐——东源井、自贡井盐——燊海井、攀枝花钢铁厂、洞窝水电站、隆昌气矿圣灯山气田旧址、核工业受控核聚变实验旧址、嘉阳煤矿老矿区、六枝矿区、贵州万山汞矿、云南凤庆茶厂老厂区、羊八井地热发电试验设施、红光沟航天六院旧址、中科院国家授时中心蒲城长短波授时台、定边盐场、中核504厂。

2020年12月公布的第四批国家工业遗产名单，包含的项目有：北京电报大楼、海鸥表业手表制作生产线、天津第三棉纺织厂、张家口沙城酒厂、刘伶醉古烧锅、杏花村汾酒老作坊及传统酿造区、老龙口酒厂、大连造船厂修船南坞、阜新煤炭工业遗产群、长春电影制片厂、夹皮沟金矿、哈尔滨卷烟厂旧址、东北轻合金加工厂、哈尔滨电机厂、哈尔滨锅炉厂、北满钢厂、大北电报局、运十飞机、常州大明纱厂、双沟老窖池群及酿酒作坊、善琏湖笔厂、庐江矾矿、口子窖窖池群及酿酒作坊、中国航天603基地、安庆胡玉美酱园、福建船政、安溪茶厂、洪都机械厂旧址、江西星火化工厂、铜岭铜矿遗址、景德镇国营建国瓷厂、津浦铁路局济南机器厂、山东省邮电管理局旧址、扳倒井窖池群及酿酒作坊、胜利油田功勋井、景芝酒窖池群和酿酒作坊、德州机床厂、洛阳耐火材料厂、洛阳铜加工厂、葛洲坝水利枢纽、二三四八蒲纺总厂、湖北省赵李桥茶厂、粤汉铁路株洲总机厂、新晃汞矿、锡矿山锑矿、兵工署第一兵工厂旧址、狮子滩梯级水电站枢纽、先市酱油酿造作坊、航空发动机高空模拟试验基地旧址、乐山永利川厂旧址、四川国际电台旧址、长征电器十二厂、贵飞强度试验中心旧址、国营第二九八厂旧址、易门铜矿、纳金电站、夺底电站、耀州陶瓷工业遗产群、玉门油田老君庙油矿、茫崖石棉矿老矿区、独山子炼油厂、北京卫星制造厂。

2021年12月公布的第五批国家工业遗产名单，包含的项目有：北京电子管厂、北京化工研究院、元宝山发电厂、沈阳造币厂、上海船厂、常州戚墅堰机厂、扬州谢馥春香粉厂旧址、宁波和丰纱厂、湖州七〇一三液体火箭发动机试车台、温岭江厦潮汐试验电站、古田溪水电厂、山东明水浅井粘土矿、烟台醴泉啤酒股份有限公司旧址、焦作煤矿、青山热电厂、武钢一号高炉、中核711铀矿、江门甘蔗化工厂、英德红旗茶厂、柳州空气压缩机厂、合山煤矿、西南应用磁学研究所旧址、卓筒井和蓬基井、中国核动力九〇九基地、六合丝厂、昆明电波观测站110雷达、西安电影制片厂、西凤酒厂、核武器研制基地国营二二一厂、西北煤机一厂、克拉玛依油田。

以上公布的五批国家工业遗产名单，共计为199个项目，可作为工业遗产语料库语料素材主题的选择依据。

3.1.2 选择语料素材的时间范围

传统通用语料库在建立时，常选取某一时间段内的各类文献资料作为语料素材。但对于前述199个项目而言，不同项目的建立时间、生产使用时段以及丧失生产能力时间均不相同，无法做到文献资料搜索时间统一，因此工业遗产语料库在选择语料素材时，应当根据具体项目来确定素材选择的时间范围。

3.1.3 语料素材来源

在工业遗产项目的文献中，官方文献素材和用户评论素材往往会因为专业角度不同而导致文献内容会有一定的差距。因此，工业遗产语料库的语料素材来源应当分为官方文献库和用户评价库两个子库。官方文献库的素材主要在公开发行的期刊文献中选择国家工业遗产名单中199个项目相关的内容。用户评价库的素材主要从微博、微信公众号、移动App端以及网页等渠道来获取。

3.2 语料库建立的模式

在工业遗产语料库的建立过程中，应当选择有大型语料库建设经验的单位来牵头。官方文献库素材搜集的过程中，可能会出现部分文献仅有纸质版本以及文献专业性较强的特征，因此可以将国家工业遗产名单包含的199个工业遗产项目，按照专业类别和所在区域来进行分类后，按区域或者按行业的模式分别进行语料库素材的搜集，由牵头单位汇总后完成语料库的建立工作。用户评价库的素材收集则相对较为简单，主要通过网络资源收集的方式可以实现，在此不做讨论。

3.2.1 按地域分类模式收集语料素材

根据国家工业遗产名单中的项目，按区域汇总后可以得出以下结果：

安徽省(9项)：古井贡酒年份原浆传统酿造区、贵池茶厂、歙县老胡开文墨厂、合肥钢铁厂、泾县宣纸厂、庐江矾矿、口子窖窖池群及酿酒作坊、中国航天603基地、安庆胡玉美酱园。

北京市(10项)：北京珐琅厂、度支部印刷局、国营738厂、国营751厂、北京卫星制造厂、原子能"一堆一器"、北京电子管厂、北京化工研究院、北京电报大楼、北京卫星制造厂。

福建省(5项)：泉州源和堂蜜饯厂、福建红旗机器厂、古田溪水电厂、福建船政、安溪茶厂。

甘肃省(4项)：中核504厂、中核四0四厂、刘家峡水电站、玉门油田老君庙油矿。

广东省(3项)：南风古灶、江门甘蔗化工厂、英德红旗茶厂。

广西省(2项)：柳州空气压缩机厂、合山煤矿。

贵州省(6项)：六枝矿区、贵州万山汞矿、茅台酒酿酒作坊、黎阳航空发动机公司、长征电器十二厂、贵飞强度试验中心旧址。

河北省(9项)：开滦赵各庄矿、井陉煤矿、秦皇岛港西港、开滦矿务局秦皇岛电厂、山海关桥梁厂、开滦唐山矿、启新水泥厂、张家口沙城酒厂、刘伶醉古烧锅。

河南省(4项)：第一拖拉机制造厂、洛阳矿山机器厂、洛阳耐火材料厂、洛阳铜加工厂。

黑龙江省(8项)：一重富拉尔基厂区、龙江森工桦南森林铁路、铁人一口井、哈尔滨卷烟厂旧址、东北轻合金加工厂、哈尔滨电机厂、哈尔滨锅炉厂、北满钢厂。

湖北省(10项)：湖北5133厂、华新水泥厂旧址、铜绿山古铜矿遗址、青山热电厂、武钢一号高炉、葛洲坝水利枢纽、二三四八蒲纺总厂、湖北省赵李桥茶厂、汉冶萍公司——汉阳铁厂、汉冶萍公司——大冶铁厂。

湖南省(7项)：中核二七二厂铀水冶纯化生产线及配套工程、安化第一茶厂、焦作煤矿、中核711铀矿、粤汉铁路株洲总机厂、新晃汞矿、锡矿山锑矿。

吉林省(2项)：长春电影制片厂、夹皮沟金矿。

江苏省(11项)：常州恒源畅厂、恒顺镇江香醋传统酿造区、洋河老窖池群及酿酒作坊、金陵机器局、永利化学工业公司铔厂、茂新面粉厂旧址、大生纱厂、常州戚墅堰机厂、扬州谢馥春香粉厂旧址、常州大明纱厂、双沟老窖池群及酿酒作坊。

江西省(12项)：景德镇明清御窑厂遗址、景德镇国营为民瓷厂、吉州窑遗址、兴国官田中央兵工厂、李渡烧酒作坊遗址、洪都机械厂旧址、江西星火化工厂、铜岭铜矿遗址、景德镇国营建国瓷厂、景德镇国营宇宙瓷厂、西华山钨矿、汉冶萍公司——安源煤矿。

辽宁省(12项)：抚顺西露天矿、营口造纸厂、大连冷冻机厂铸造工厂、沈阳铸造厂、国营庆阳化工厂、沈阳造币厂、老龙口酒厂、大连造船厂修船南坞、阜新煤炭工业遗产群、鞍山钢铁厂、旅顺船坞、本溪湖煤铁公司。

内蒙古自治区省(1项)：元宝山发电厂。

宁夏回族自治区省(1项)：西北煤机一厂。

青海省(2项)：核武器研制基地国营二二一厂、茫崖石棉矿老矿区。

山东省(14项)：潍坊大英烟公司、东阿阿胶厂78号旧址、济南第二机床厂、青岛啤酒厂、青岛国棉五厂、山东明水浅井粘土矿、烟台醴泉啤酒股份有限公司旧址、津浦铁路局济南机器厂、山东省邮电管理局旧址、扳倒井窖池群及酿酒作坊、胜利油田功勋井、景芝酒窖池群和酿酒作坊、德州机床厂、张裕酿酒公司。

山西省(6项)："刘伯承工厂"旧址、石圪节煤矿、高平丝织印染厂、太原兵工厂、阳泉三矿、杏花村汾酒老作坊及传统酿造区。

陕西省(9项)：红光沟航天六院旧址、中科院国家授时中心蒲城长短波授时台、定边盐场、王石凹煤矿、延长石油厂、西安电影制片厂、西凤酒厂、耀州陶瓷工业遗产群、宝鸡申新纱厂。

上海市(4项)：上海造币厂、上海船厂、大北电报局、运十飞机。

四川省(21项)：成都水井街酒坊、自贡井盐——大安盐厂、自贡井盐——东源井、自贡井盐——燊海井、攀枝花钢铁厂、洞窝水电站、隆昌气矿圣灯山气田旧址、核工业受控核聚变实验旧址、嘉阳煤矿老矿区、成都国营红光电子管厂、泸州老窖窖池群及酿酒作坊、中国工程物理研究院院部机关旧址、五粮液窖池群及酿酒作坊、西南应用磁学研究所旧址、卓筒井和蓬基井、中国核动力九〇九基地、六合丝厂、先市酱油酿造作坊、航空发动机高空模拟试验基地旧址、乐山永利川厂旧址、四川国际电台旧址。

天津市(3项)：大港油田港5井、海鸥表业手表制作生产线、天津第三棉纺织厂。

西藏自治区(3项)：羊八井地热发电试验设施、纳金电站、夺底电站。

新疆维吾尔自治区(3项)：可可托海矿务局、克拉玛依油田、独山子炼油厂。

云南省(6项)：云南凤庆茶厂老厂区、石龙坝水电站、昆明钢铁厂、昆明电波观测站110雷达、国营第二九八厂旧址、易门铜矿。

浙江省(7项)：绍兴鉴湖黄酒作坊、宁波和丰纱厂、湖州七〇一三液体火箭发动机试车台、温岭江厦潮汐试验电站、善琏湖笔厂、温州矾矿、菱湖丝厂。

重庆市(5项)：核工业816工程、重庆长风化工厂、兵工署第一兵工厂旧址、狮子滩梯级水电站枢纽、重钢型钢厂。

地域分类模式下进行语料库素材收集时，可参考以上统计，可将具体的任务通过课题或者其他方式，交给当地实力较强的院校联合地方博物馆和档案馆等部门实施。

3.2.2 按行业分类模式收集语料素材

材料加工(2项)：洛阳铜加工厂、国营第二九八厂旧址。

茶叶(6项)：贵池茶厂、安溪茶厂、英德红旗茶厂、湖北省赵李桥茶厂、安化第一茶厂、云南凤庆茶厂老厂区。

电器(1项)：长征电器十二厂。

电子(4项)：国营738厂、北京电子管厂、中科院国家授时中心蒲城长短波授时台、成都国营红光电子管厂。

纺织(11项)：二三四八蒲纺总厂、常州恒源畅厂、大生纱厂、常州大明纱厂、青岛国棉五厂、高平丝织印染厂、宝鸡申新纱厂、六合丝厂、天津第三棉纺织厂、宁波和丰纱厂、菱湖丝厂。

钢铁(9项)：合肥钢铁厂、北满钢厂、武钢一号高炉、汉冶萍公司——汉阳铁厂、汉冶萍公司——大冶铁厂、鞍山钢铁厂、攀枝花钢铁厂、昆明钢铁厂、重钢型钢厂。

工艺品(1项)：北京珐琅厂。

航空航天(9项)：中国航天603基地、北京卫星制造厂、北京卫星制造厂、黎阳航空发动机公司、贵飞强度试验中心旧址、红光沟航天六院旧址、运十飞机、航空发动机高空模拟试验基地旧址、湖州七〇一三液体火箭发动机试车台。

核工业(9项)：原子能"一堆一器"、中核504厂、中核四〇四厂、中核二七二厂铀水冶纯化生产线及配套工程、中核711铀矿、核武器研制基地国营二二一厂、核工业受控核聚变实验旧址、中国核动力九〇九基地、核工业816工程。

化工(9项)：北京化工研究院、江门甘蔗化工厂、启新水泥厂、华新水泥厂旧址、永利化学工业公司铔厂、扬州谢馥春香粉厂旧址、江西星火化工厂、国营庆阳化工厂、重庆长风化工厂。

机械加工(4项)：东北轻合金加工厂、大连冷冻机厂铸造工厂、济南第二机床厂、德州机床厂。

机械制造(19项)：福建船政、柳州空气压缩机厂、第一拖拉机制造厂、洛阳矿山机器厂、一重富拉尔基厂区、哈尔滨电机厂、哈尔滨锅炉厂、粤汉铁路株洲总机厂、金陵机器局、常州戚墅堰机厂、洪都机械厂旧址、沈阳铸造厂、大连造船厂修船南坞、旅顺船坞、西北煤机一厂、津浦铁路局济南机器厂、上海船厂、乐山永利川厂旧址、海鸥表业手表制作生产线。

建筑(1项)：山海关桥梁厂。

交通运输(1项)：秦皇岛港西港。

军工(8项)：福建红旗机器厂、湖北5133厂、兴国官田中央兵工厂、太原兵工厂、中国工程物理研究院院部机关旧址、西南应用磁学研究所旧址、昆明电波观测站110雷达、兵工署第一兵工厂旧址。

矿业(38项)：庐江矾矿、玉门油田老君庙油矿、合山煤矿、六枝矿区、贵州万山汞矿、开滦赵各庄矿、井陉煤矿、开滦唐山矿、铁人一口井、铜绿山古铜矿遗址、焦作煤矿、新晃汞矿、锡矿山锑矿、夹皮沟金矿、铜岭铜矿遗址、西华山钨矿、汉冶萍公司——安源煤矿、抚顺西露天矿、阜新煤炭工业遗产群、本溪湖煤铁公司、茫崖石棉矿老矿区、山东明水浅井粘土矿、胜利油田功勋井、"刘伯承工厂"旧址、石圪节煤矿、阳泉三矿、定边盐场、王石凹煤矿、自贡井盐——大安盐厂、自贡井盐——东源井、自贡井盐——燊海井、隆昌气矿圣灯山气田旧址、嘉阳煤矿老矿区、卓筒井和蓬基井、可可托海矿务局、克拉玛依油田、易门铜矿、温州矾矿。

能源(16项)：国营751厂、古田溪水电厂、刘家峡水电站、开滦矿务局秦皇岛电厂、青山热电厂、葛洲坝水利枢纽、元宝山发电厂、延长石油厂、洞窝水电站、羊八井地热发电试验设施、纳金电站、夺底电站、独山子炼油厂、石龙坝水电站、温岭江厦潮汐试验电站、狮子滩梯级水电站枢纽。

酿造（23项）：古井贡酒年份原浆传统酿造区、口子窖窖池群及酿酒作坊、安庆胡玉美酱园、茅台酒酿酒作坊、张家口沙城酒厂、刘伶醉古烧锅、恒顺镇江香醋传统酿造区、洋河老窖池群及酿酒作坊、双沟老窖池群及酿酒作坊、李渡烧酒作坊遗址、老龙口酒厂、青岛啤酒厂、烟台醴泉啤酒股份有限公司旧址、扳倒井窖池群及酿酒作坊、景芝酒窖池群和酿酒作坊、张裕酿酒公司、杏花村汾酒老作坊及传统酿造区、西凤酒厂、成都水井街酒坊、泸州老窖窖池群及酿酒作坊、五粮液窖池群及酿酒作坊、先市酱油酿造作坊、绍兴鉴湖黄酒作坊。

石油（1项）：大港油田港5井。

食品加工（3项）：泉州源和堂蜜饯厂、茂新面粉厂旧址、东阿阿胶厂78号旧址。

陶瓷（8项）：南风古灶、洛阳耐火材料厂、景德镇明清御窑厂遗址、景德镇国营为民瓷厂、吉州窑遗址、景德镇国营建国瓷厂、景德镇国营宇宙瓷厂、耀州陶瓷工业遗产群。

铁路（1项）：龙江森工桦南森林铁路。

通信（4项）：北京电报大楼、山东省邮电管理局旧址、大北电报局、四川国际电台旧址。

印刷（1项）：度支部印刷局。

影视（2项）：长春电影制片厂、西安电影制片厂。

造币（2项）：沈阳造币厂、上海造币厂。

造纸（2项）：泾县宣纸厂、营口造纸厂。

制笔（1项）：善琏湖笔厂。

制墨（1项）：歙县老胡开文墨厂。

制烟（2项）：哈尔滨卷烟厂旧址、潍坊大英烟公司。

行业分类模式下进行语料库素材收集时，可参考以上统计，可将具体的任务分配给在相应行业内有较强实力的院校或者企业负责具体实施。

工业遗产项目一般具有专业性较强的特征，且有一定数量的综合性项目，同时由于这些工业遗产的地域分布较散，因此如果单一采用上述某一个模式进行语料素材收集，难免会有不足之处，可以考虑在地域分类的前提下，再按行业类别来具体分配任务。这样既能避免由于地域分布的因素带来的隐形成本的增加，也能兼顾工业遗产项目专业性较强的特点。但由于省市发展程度不同的原因，有可能会出现部分省市缺乏相关行业内较有实力的院校或企业，所以对于这类项目可以采取相邻省市调配的原则。素材收集后，应当选择有大型语料库建设经验的单位负责汇总、分词、标注以及成库工作的实施。

3.3 语料库的更新

从目前国家工业和信息化部公布的五批国家工业遗产名单的信息来看，一般每年12

月左右会根据当年申请的情况确定新批次的国家工业遗产名单,因此工业遗产语料库的更新也可以考虑在每年新批次的工业遗产名单公布后开始实施。具体的更新任务应当和前述语料素材收集的任务安排一致,即前述参与语料库建立的单位应当负责后续相关地域中对应行业新增工业遗产项目素材的收集。收集完成后,同样由有大型语料库建设经验的单位负责汇总、分词、标注以及成库工作的实施。

3.4 工业遗产语料库的应用

传统语料库一般有语言学和自然语言处理两个主要的应用场景。但由于本文主要讨论的是工业遗产语料库在指导工业遗产再利用中的实践意义,因此对于工业遗产语料库的语言学应用价值不在本文讨论范围之列。后续主要讨论工业遗产语料库在自然语言处理层面的应用价值。

首先,基于国内工业遗产语料库的词汇查询功能,可以为工业遗产旅游以及工业遗产项目改造提供便利。在工业遗产旅游的应用场景中,当某一用户对于某项主题有旅游需求时,可以通过语料库的查询功能找到与该主题相同或相似度较高的关键词,然后通过词语关联的功能,迅速找到相应的工业遗产旅游项目。在工业遗产项目改造的应用场景中,一种情况是改造者可以通过主观判断工业遗产改造前的固有价值属性,然后通过词语查询功能,找到与本项目具有相同或相似度较高的固有价值属性的其他项目,通过其他项目的改造经验指导项目改造的实施,另一种情况则是当改造者无法主观判断改造项目的固有价值属性时,可以通过行业类别或项目名称进行词汇查询,找到相似度较高的同类项目,利用同类项目的固有价值判定指导本项目的实践。

其次,以国内工业遗产语料库为基础,利用中文分词和词向量模型训练技术,形成工业遗产库的 Word2vec 模型。在评价工业遗产项目改造时,利用模型对比改造者的价值选择在官方文献库中相似词与用户评价库中相似词的一致性,可以判定出该项目的改造效果。当一致性较好时,说明该项目的改造实现了保护和再利用的目的;当官方文献库中相似词的相似程度大于用户评价库时,说明该项目改造中保护的目的实现得更好;当官方文献库中相似词的相似程度小于用户库评价时,说明该项目的改造中存在轻保护重利用的现象。

4. 总结

由于工业遗产概念界定的问题,在进行语料库素材选择时,应当尽量选公信力较高的工业遗产项目作为素材收集的主题词。同时由于官方文献和用户原创内容对于工业遗产的关注点不同的原因,对这两部分内容应当分别成立两个子库。素材的具体任务可以采取在地域分类的前提下,按行业类别来具体分配任务。这样能同时解决地域分布和项目专业性两个难题,对于个别省市缺乏相关行业内牵头单位时,采取相邻省市调配的原则。

素材收集后应当选择有大型语料库建设经验的单位负责汇总、分词、标注以及成库工作的实施。工业遗产语料库成库以后根据每年公布的国家工业遗产名单,原实施单位还应当负责语料素材的更新工作。各省市出现新行业类别的工业遗产时,则按之前的原则选择承担单位。工业遗产语料库建立后,通过语料库查询功能,可以为工业遗产旅游和工业遗产改造的前期工作提供便利。另外,基于语料库、中文分词以及词向量模型等结合的技术,可以为工业遗产改造效果的评价提供一种新的方法。

参考文献：

［1］黄水清,王东波.国内语料库研究综述[J].信息资源管理学报,2021(3).
［2］黄水清,王东波.新时代人民日报分词语料库构建、性能及应用(一)——语料库构建及测评[J].图书情报工作,2019(22).
［3］蒋丽平.非物质文化遗产汉英平行语料库的创建与应用[J].中国非物质文化遗产,2022(2).
［4］康卉.2016—2018年国内语料库语言类研究综述[J].语料库语言学,2019(1).
［5］李雁群,何云琪,钱龙华,等.基于维基百科的中文嵌套命名实体识别语料库自动构建[J].计算机工程,2018(11).
［6］罗振声.清华大学TH大型通用汉语语料库系统的研制[J].清华大学学报(哲学社会科学版),1996(1).
［7］马海群,张涛.文献信息视阈下面向智慧服务的语料库构建研究[J].情报理论与实践,2019(6).
［8］孙温稳.基于国内现存文本语料库规范化的现状研究及改进[J].河南科技,2016(11).
［9］徐琳宏,丁堃,陈娜,等.中文文献引文情感语料库构建[J].情报学报,2020(1).
［10］于淑芳.皖西红色文化双语语料库的构建及应用[J].皖西学院学报,2022(1).
［11］张瑞华,王乐乐.2017国内语料库研究综述[J].天津外国语大学学报,2018(6).

大运河(杭州段)工业遗产保护与利用研究*

马金霞

(浙江工商大学)

摘　要：本文通过对大运河(杭州段)工业遗产历史和现状的详细梳理，分析其在保护利用中存在的主要问题，提出创新大运河(杭州段)工业遗产保护利用的对策和建议。

关键词：大运河；杭州段；工业遗产；保护；利用

工业是社会分工发展的产物，经过手工业、机器大工业、现代工业等几个发展阶段。大运河作为联系中国南北物资运输的交通管道，对沿岸传统手工业和近现代工业的发展发挥了重要作用，各历史时期工业发展也在运河沿线留下了丰富的工业文化资源。国内学者对工业遗产的研究始于2002年[①]，将运河工业遗产作为专门研究对象则相对较晚，目前对杭州大运河工业遗产的研究主要集中在对工业建筑、工业档案的调查分析及保护利用方面。总体看来，当前大运河(杭州段)工业遗产保护利用实践中还存在概念界定不清、范围过于狭窄、数字化手段应用不足等问题。本文在理论研究和实地调研的基础上，对大运河(杭州段)工业遗产保护、传承、利用等有关问题进行了初步分析并提出若干建议。

1. 大运河(杭州段)工业遗产历史与现状

1.1 发展的历史脉络

我们可以把工业分为史前工业(原始工业)、古代工业、近代工业、现代工业，进行各类

---

* 基金项目：浙江省教育厅教师专业发展项目"京杭大运河(浙江段)工业遗产研究"(FX2021021)研究成果。

① 李蕾蕾.逆工业化与工业遗产旅游开发——德国鲁尔区的实践过程与开发模式[J].世界地理研究，2002(3).

工业文化运动进程的研究。杭州工业历史源远流长,可以追溯到距今7000—8000年前的跨湖桥文化时期。在萧山跨湖桥新石器时代遗址中,发现了世界上最早的独木舟、最早的漆弓,我国最早的慢轮制陶技术、最早的水平踞织机,以及江南地区最早的席状编织物。良渚时代发达的制陶、研石、制玉、纺织、木作、土建等手工业态,更是印证了文明社会的产生。隋唐大运河开通后,杭州的经济渐趋繁荣,呈现出"珍异所聚""商贾辐辏"的景象。此后,凭借着交通、物产、人才优势,杭州一直是我国古代东南地区重要的手工业生产中心,纺织、造纸、造船、印刷、制盐、酿造、金属加工、制茶、编织等手工行业非常发达。近代,杭州的手工业除传统产品外,还出现了"五杭",即杭扇、杭线、杭粉、杭烟、杭剪。

鸦片战争后,杭州近代工业逐渐兴起,出于交通因素的考量,这些工业也多沿运河两岸分布。清朝末年,杭州工业资本总额仅次于上海、广州、天津、武汉,居全国第五位。民国初期,杭州民族工业尤其是轻纺工业发展较快,奠定了杭州工业发展的主要基调。随着丝绸、纺织工业的兴起,为其服务的机铁工业也得到了发展。至1936年,杭州工业生产创抗日战争全面爆发前的最高水平。1937年12月日本侵占杭州,杭州工业遭到严重破坏。抗战胜利后,杭州工业渐渐复苏。但是由于内战爆发及美国经济侵略,造成了恶性通货膨胀,严重阻碍了工业发展[①]。

杭州解放后,杭州工业生产得到迅速恢复与发展。1953年至1956年初,在国家公私合营政策的引导下,杭州对工业和手工业进行了社会主义改造。1956年至1966年,是杭州开始全面建设社会主义的十年,杭州工业经历了大规模社会主义建设和调整巩固。1966年5月,"文化大革命"开始,杭州工业遭受严重损失。1976年至1977年,开始扭转工业生产下降趋势。1978年党的十一届三中全会之后,杭州市工业生产出现前所未有的大好形势。到了20世纪80年代,杭州城市工业用地布局结构形成了五个工业组团,即半山重工机械工业区、祥符桥——小河轻化工业区、拱宸桥纺织工业区、古荡——留下电子工业区和望江门食品工业区[②]。至1985年,杭州建立起以机械电子、纺织丝绸、化工医药、轻工食品四大支柱产业为主的工业生产体系,全市乡及乡以上工业企业发展到5 800户,独立核算工业企业职工53.09万人,全市工业总产值达146.35亿元,在全国35个大中城市中居第9位[③]。

伴随着20世纪90年代的城市化进程,有的工业区和生活居住区几乎连成一片,且各工业区的用地也不能满足现有工业发展需要,尤其是城市"退二进三"式的产业结构调整,使杭州城市的工业布局也发生了变化:一是市区的半山——石桥重工机械工业区、小河轻化工业区、拱宸桥纺织工业区得以保留;二是望江门外食品工业区被调整,区内企业大

---

① 张力.工业遗产保护:"杭州模式"实践之十年[M].浙江人民美术出版社,2015:82~86.
② 陈炎焱.杭州市工业遗存景观更新研究[D].浙江大学农业与生物技术学院,2010:54.
③ 杭州市第三次全国文物普查领导小组办公室,杭州市园林文物局编.杭州工业遗存[M].浙江古籍出版社,2013:序言.

部外迁;古荡——留下电子仪表工业区被取消,区内电子仪表工业被迁至滨江和下沙;三是增加了九堡家电工业区;四是形成了杭州高新技术开发区、杭州经济技术开发区和萧山经济技术开发区等三个国家级开发区[①]。

1.2 大运河(杭州段)工业遗产保护利用现状

2003年7月,由国际工业遗产保护委员会起草的《下塔吉尔宪章》经联合国教科文组织批准颁布,工业遗产的概念和保护问题在国内开始受到广泛关注和重视。2006年4月18日,首届中国工业遗产保护论坛在江苏无锡召开,会议通过了我国首部关于工业遗产的共识文件——"无锡建议"。2006年5月12日,国家文物局发出《关于加强工业遗产保护的通知》,要求各地制订工业遗产保护工业计划,有步骤地开展工业遗产的调查、评估、认定、保护与利用等各项工作。也是在这一时期,杭州开始系统性地制定工业遗产保护政策,而随着对工业遗产和大运河遗产保护利用的不断深入,大运河(杭州段)工业遗产近几年开始逐渐被从杭州工业遗产整体中区隔开来,成为独立的工业遗产研究对象。总的来说,大运河(杭州段)工业遗产保护利用现状主要体现在以下几个方面。

1.2.1 工业遗产普查

在2006年启动的第三次全国文物普查中,杭州在国家文物局要求下将工业遗产也列入了普查范畴,在普查中发现了大批近代工业遗产。2007年,杭州组织开展了《杭州市工业遗产普查》,初步整理出保护名单。2009年,杭州市规划局组织全面的工业遗产摸底工作,编制《杭州市区工业(建筑)遗产保护规划》,建立了工业遗产基本名录。2022年4月颁布的《杭州大运河国家文化公园规划》,在以往工业遗产普查的基础上,对杭州大运河各河段工业遗产进行了详细梳理,按"已保护的历史文化资源"和"规划新增展示的文化资源"列出详细名单。

1.2.2 制定出台工业遗产保护利用政策法规

2010年,杭州市出台了《杭州市区工业(建筑)遗产保护规划》,这是全国首个工业遗产建筑规划管理规定,也标志着杭州市工业遗产保护有了相对独立的管理、认定和评估体系。2014年中国大运河申遗成功后,杭州市相继出台了《杭州市大运河世界文化遗产保护条例》(2017)、《杭州市大运河世界文化遗产保护规划》(2019)、《杭州市大运河世界文化遗产影响评价实施办法》(2020)、《杭州市大运河文化保护传承利用暨国家文化公园建设方案》(2022)、《杭州大运河国家文化公园规划》(2022),这些文件对运河工业遗产管理、保护与再利用都有明确的规划、规范和规定。

1.2.3 申报国家工业遗产名录

在国家层面,工信部和中国科协都在发布国家工业遗产名录。中国科协发布了两批共200个中国工业遗产,杭州有7个入选,其中和运河相关的工业遗产有3个,包括华丰

---

① 叶琴英.杭州拱墅区段运河周边用地工业遗产保护与再利用研究[D].浙江大学大学建筑工程学院,2008:19.

造纸厂、杭丝联、杭一棉。工信部已认定五批共 199 个国家工业遗产名单,其中浙江省 7 个,杭州市暂时没有。

1.2.4　多样化的工业遗产保护利用方式

杭州运河工业遗产在《杭州市区工业(建筑)遗产保护规划》的引领下,沿着"强调以保护为前提,以利用为手段,以适度有条件地利用,实现真正意义上的保护"的思路发展出了具有杭州特色的保护利用方式。

(1) 城市开放空间模式。该模式是在保留原有历史空间和环境的前提下,利用废弃建筑空间、设施、环境,将工业遗产和工业建筑改造成城市开放空间,如高家花园、江墅铁路公园、北新关码头、小河公园、富义仓遗址公园等。

(2) 博物馆、纪念馆模式。以博物馆、纪念馆等模式对工业遗产进行保护利用,有利于保护、挖掘、展示工业遗产的历史价值。杭州运河沿岸由通益公纱厂、桥西土特产仓库、红雷丝织厂改造而成的中国刀剪剑博物馆、杭州工艺美术博物馆、中国伞博物馆、中国扇博物馆,和正在更新转型中的杭州炼油厂建筑群、华丰造纸厂都采用了这种模式。

(3) 商业运营模式。将工业建筑遗产改造成为商业体、餐厅、咖啡店可以充分利用其形态、材质上的优势,也可以满足现代商业多元化的空间需求。杭州大运河沿岸的大兜路历史街区、小河直街历史街区、桥西街区、大河造船厂等的转型项目采用了这种模式。

(4) 创意产业园区模式。该模式起源于国外艺术家寻求市中心合适工作地点的行为,产业类型以画廊、艺术中心、艺术家工作室、设计公司等创意产业为主。杭州运河沿岸的浙窑公园、西岸国际艺术区、loft49、丝联 166、元谷小河园、富义仓文创园、唐尚 433 等应用了该模式。

(5) 商旅文联合开发模式。该模式融开放空间、创意园区、文化展陈、商业运营于一体,是一种综合性的保护利用模式。杭州运河工业遗产廊道、大运河杭钢工业旧址综保项目、大运河未来艺术与科技中心等属于这种模式。

2. 当前大运河(杭州段)工业遗产保护利用存在的主要问题

2.1　在时间上将工业遗产限定在近现代

狭义的工业遗产是指 18 世纪英国工业革命之后,以采用钢铁等新材料,采用煤炭、石油等新能源,采用机器生产为主要特点的工业革命后的工业遗存;广义的工业遗产则可包括史前时期加工生产石器工具的遗址、古代资源开采和冶炼遗址以及包括水利工程在内的古代大型工程遗址等工业革命以前各个历史时期中反映人类技术创造的遗物遗存[①]。目前杭州相关部门在筛选杭州大运河工业遗产时,基本将工业遗产的上溯时间截止到 1840 年,对工业遗产概念仅作狭义理解。事实上,入选《世界遗产名录》的工业遗产中有

---

① 单霁翔.走过关键十年:当代文化遗产保护的中国经验[M].译林出版社,2013:108.

很多产生于工业革命之前,其中年代最早的是比利时的斯皮耶纳新石器时代的燧石矿,我国的都江堰水利灌溉工程和中国大运河也是作为工业遗产列入《世界遗产名录》的。杭州有不少产生于工业化之前的工业遗存,这些遗存一方面能反映历史上传统手工业的巨大成就,另一方面也是杭州近代以来工业兴旺发达的文化基因密码,理应被归入运河工业遗产范围进行传承保护。此外,关于工业遗产工作的另一个倾向是认为工业遗产属于"遗存""遗迹""遗物",忽视了对运行中的工厂,即"活态"工业遗产的保护利用。

2.2 在范围上将工业遗产等同于工业建筑

从范围角度理解,狭义的工业遗产指生产加工区、仓储区和矿山等处的工业物质遗存;广义的工业遗产包括与工业发展相联系的交通业、商贸业以及有关社会事业的相关遗存,包括新技术、新材料所带来的社会和工程领域的相关成就,以及与工业活动有关的社会场所[①]。杭州市在大运河工业遗产保护实践中,有用"工业建筑遗产"取代"工业遗产"的倾向。2010年,杭州规划局出台《杭州市区工业(建筑)遗产保护规划》,共列入75处工业遗产,基本为厂房、仓库、站房、办公和宿舍用房、作坊等建筑物。政府在批准和公开工业遗产保护名录时仅保留相关建筑,在规划发展中往往又将工业遗产片区视为城市开发的新兴板块,建筑以外的区域基本用作商业开发,从而进一步助推了工业遗产的建筑化,从而导致保护工业遗产就是保护工业建筑。

2.3 在内容上将工业遗产等同于工业物质文化遗产

内容方面,狭义的工业遗产包括可移动文物、不可移动文物和记录档案;广义的工业遗产还包括工艺流程、生产技能和与其相关的文化表现形式以及存在人民记忆、口传和习惯中的非物质文化遗产[②]。与国外相比,杭州对大运河工业遗产保护利用的重点过多集中于工业物质文化遗产尤其是不可移动文物的普查与改造,忽略了工业进程中的生产技术、工业文化、生产过程等非物质因素。工业遗产是物质与非物质工业共同体,在工业遗产研究工作中,应当在重视工业物质性的同时,给予其非物质成分以同样的重视。

2.4 对工业建筑遗产的保护利用割裂了城市工业记忆

工业建筑遗产保护利用不仅要考虑到建筑的本身价值,而且要对其产业类型、城市发展不同阶段形成的城市格局、由历史形成的社区环境和氛围、工人们的乡愁等综合要素予以尊重[③]。在现有的保护利用模式下,只有极少数改造后的杭州大运河工业遗产能保留自己的历史信息,与城市工业记忆建立联系,绝大多数变成旧瓶装新酒的建筑容器,如此

---

① 单霁翔. 走过关键十年:当代文化遗产保护的中国经验[M]. 译林出版社,2013:108.
② 单霁翔. 走过关键十年:当代文化遗产保护的中国经验[M]. 译林出版社,2013:109.
③ 王林,薛鸣华,莫超宇. 工业遗产保护的发展趋势与体系构建[M]. 吕建昌主编. 当代工业遗产保护与利用研究. 复旦大学出版社,2019:439.

不利于弘扬工业文化和提升工业精神的引领作用。

2.5 工业遗产活态化、数字化展示不足

在工业遗产展示方面，目前杭州还缺乏一个将工业历史展示、工业产品陈列、工业设计创意、工业人才培训等传统工业与现代创意融为一体的工业特色文化品牌，能让游客在参观、休闲、体验、互动中领略工业发展之路。另外，工业技艺作为一种彰显工业文化的内容，在工业遗产保护中很少受到重视，事实上不少工业技艺已经成为历史。又如，工业生活的再现仅仅是一种历史的说教或者场景的复原，如何能更多地转变为观众的体验，还需要做更多的探索。此外，工业遗产展示应该积极引入数字信息技术，充分利用现代信息手段，推动工业遗产数字化展示、传播和交流，促进工业遗产科学保护。

3. 创新大运河（杭州段）工业遗产保护利用的对策建议

在做好保护工作的基础上，多举措利用大运河沿线重要工业遗产，通过建设专题博物馆、推广工业文化教育、开展工业旅游、打造工业遗产文化带等方式，活态化保护展示工业遗存蕴含的丰富文化内涵，记录呈现大运河沿线工业化、现代化进程，维护延续运河城市个性和城市记忆。

3.1 构建更加完善的大运河（杭州段）工业遗产名录体系

3.1.1 开展全面性的大运河（杭州段）工业文化遗产调查
积极采用先进手段开展大运河（杭州段）工业文化遗产资源调查，全面摸清杭州沿运地区从古代到当代工业物质文化遗产和工业非物质文化遗产的种类、数量、分布情况、生存环境、保护现状。

3.1.2 加强工业文化遗产名录体系建设
在大运河（杭州段）工业调查的基础上，对工业遗产价值进行评估，打通物质遗存和非物质文化遗产的价值联系，完善各级、各类工业文化遗产名录。

3.1.3 建立大运河（杭州段）工业遗产综合资源数据库
完善杭州大运河工业文化遗产数据库建设，优化数据内容生产，实施跨层级资源互通，加强普查数据、资料的整理、保存和运用。

3.2 提高工业遗产保护利用水平

3.2.1 建立工业遗产分级保护机制
对大运河（杭州段）工业遗产进行评估、认定，形成分级保护利用体系。对于影响力大、文化内涵丰富，体现工业精神的工业遗产及名人故居，应积极申报国家工业遗产。积极推动符合条件的工业遗产纳入文物保护体系，价值突出的推荐申报世界文化遗产。

3.2.2 提升工业遗产活化利用水平

充分挖掘工业遗产保护利用潜力,在保持核心物项不变的前提下,对有保护价值的历史厂区进行统一规划和建设,有效保护利用工业的遗存遗迹、标识标记和风情风貌。统筹城市发展、大运河公园建设与工业遗产利用保护,结合杭州地方资源特色和历史传承,将工业遗产融入城市发展格局,利用工业遗产和老旧厂房资源,建设工业遗址公园、工业博物馆,打造工业遗产文化带、特色街区、创新创业基地、文化和旅游消费场所,培育工业旅游、工业设计、工艺美术、文化创意等新业态、新模式,不断提高活化利用水平,提升城市历史文化品牌,实现从大运河"工业锈带"到大运河"生活秀带"的华丽转身。

3.2.3 加强工业遗产品牌建设

深挖大运河历史文化,打造杭钢、杭锅等一批工业主题鲜明、行业特色突出的工业文化品牌项目。加大丝绸、雨伞、扇子、剪刀等历史经典产业保护传承和开发创新力度,推动传统工业文化资源创造性转化和创新性发展,打造一批地域特色的工业文化品牌。

3.2.4 发展"工业遗产+互联网"

利用大数据、物联网、人工智能、虚拟现实等新一代信息技术,推动工业文化创新发展,催生文化创意新业态,拓展工业文化消费新空间。推进工业文化项目利用虚拟现实、全息成像、裸眼三维图形显示(裸眼3D)、交互娱乐引擎开发、工业文化资源数字化处理、互动影视等技术,增强工业文化创意产品的文化承载力,展现力和传播力。

3.3 完善工业博物馆体系

发挥工业博物馆展示历史、展现当下、展望未来的作用。在大运河(杭州段)建设一批具有地域特色和行业特征的工业博物馆、行业博物馆、工业档案馆、工业设计展示馆、工艺美术展览馆、企业博物馆等。运用现代信息技术打造一批数字化、可视化、智能化新型工业博物馆,提高参与者的体验感、参与感、互动感。实施工业博物馆品牌培育提升行动,强化工业博物馆专业化建设,提升管理与服务水平,形成具有示范性和影响力的工业博物馆文化品牌。利用和共享馆藏资源、开发教育、文创、娱乐、科普产品,举办各类工业文化主题展览、科普教育、文创体验和研学实践活动。

3.4 开展工业遗产教育实践

发挥工业遗产研学教育功能,培育工业文化研学实践基地,创新工业文化研学课程设计,开展工业科普教育,培养科学兴趣,掌握工业技能。推动利用工业遗存、工业博物馆、现代化厂房和生产车间等设施开展工业科普教育、研学实践、劳动教育,建设一批工业文化元素丰富的中小学研学实践基地、学工劳动基地,传承弘扬优秀工业文化。

3.5 推动工业旅游创新发展

建立健全大运河(杭州段)工业旅游相关标准及规范,利用工业建筑和老旧厂房、工业博物馆、产业园区以及现代化工厂等工业文化资源发展工业旅游，研发工业文化旅游创意产品，培育一批工业旅游特色项目（线路），创建一批工业旅游示范基地。

参考文献：

［1］白云翔.手工业考古论要［J］.东方考古，2012(2).
［2］陈炎焱.杭州市工业遗存景观更新研究［D］.浙江大学农业与生物技术学院，2010.
［3］崔卫华等.国内外工业遗产研究述评［J］.中国文化遗产，2015(5).
［4］陈健，张广平.杭州运河旧工业建筑再利用的文化创意空间设计研究——以杭丝联166为例［J］.重庆建筑，2016(3).
［5］崔卫华，王之禹，徐博.世界工业遗产的空间分布特征与影响因素［J］.经济地理，2017(6).
［6］杭州市第三次全国文物普查领导小组办公室，杭州市园林文物局编.杭州工业遗存［M］.浙江古籍出版社，2013.
［7］黄泽平.杭州工业遗产档案的保护与开发研究［J］.中国档案，2018(9).
［8］李蕾蕾.逆工业化与工业遗产旅游开发——德国鲁尔区的实践过程与开发模式［J］.世界地理研究，2002(3).
［9］楼瑛浩，熊若衡.京杭大运河杭州段工业遗产保护、重构策略研究［J］.中外建筑，2010(11).
［10］刘伯英.对工业遗产的困惑与再认识［J］.建筑遗产，2017(1).
［11］吕建昌.当代工业遗产保护与利用研究［M］.复旦大学出版社，2019.
［12］蓝杰.工业遗产档案保护与利用研究——以杭州市大城北炼油厂为例［J］.浙江档案，2020(5).
［13］阙维民.国际工业遗产的保护与管理［J］.北京大学学报（自然科学版），2007(4).
［14］单霁翔.走过关键十年：当代文化遗产保护的中国经验［M］.译林出版社，2013.
［15］叶琴英.杭州拱墅区段运河周边用地工业遗产保护与再利用研究［D］.浙江大学大学建筑工程学院，2008.
［16］严建强.让物质绽放精神之花——杭州沿运河传统工业博物馆群策展思路的形成［J］.文物天地，2015(3).
［17］朱强.京杭大运河江南段工业遗产廊道构建［D］.北京大学环境学院城市与区域规划系，2007.
［18］张力.工业遗存保护："杭州模式"实践之十年［M］.浙江人民美术出版社，2015.
［19］张环宙，沈旭炜，吴茂英.滨水区工业遗产保护与城市记忆延续研究——以杭州运河拱宸桥西工业遗产为例［J］.地理科学，2015(2).
［20］章晶晶，郑天.工业遗产旅游综合体规划方法研究——杭州运河旅游综合体开发［J］.工业建筑，2015(5).

英国城市复兴运动中工业遗产保护再利用的研究

韩彤彤 陈雳

（北京建筑大学）

摘 要：英国作为首个进行工业革命的城市，在经济得到迅速发展之后面临着郊区化、城市空心化等一系列问题。20世纪末，英国开始依托工业遗产的保护再利用促进城市复兴的进程，并且直接影响了欧洲乃至世界上其他国家。本文将从承载新功能、创立遗产园区和延续城市历史等方面探讨工业遗产在城市复兴中的介入方式，并通过经验分析得出一些思考与启示，如完善社会制度、保护生态红线、加强历史认同、工业遗产的认定与评估等等。

关键词：英国；城市复兴；工业遗产保护

工业遗产这一概念起源于工业考古学，产生于英国经济衰退和去工业化的大背景下，后在英国进行的城市复兴运动中担当着极为重要的角色。随着城市复兴的进程，工业遗产再利用为英国带来了大量的财富，提高了当地的工业价值，改善了经济结构，实现了英国由工业城市的华丽转身。

1. 英国城市复兴的演变进程

1.1 发展

英国作为首个进行工业革命的城市，机器生产代替了原始生产力，为英国积累了大量的资本，使英国不仅仅跃为世界强国，同时也改变了英国的生产关系和社会结构（图1）。人口向城市涌入，大量的工厂、仓库等工业设施开始建立，聚集在城市中心区域，形成了单独的工业用地（图2）。居住用地、公共用地与工业用地分离，城市开始有了明显的功能分区。

1.2 衰退

过度摄取资源、发展工业导致城市产业结构单一、资源枯竭、环境恶化、交通拥挤；新

 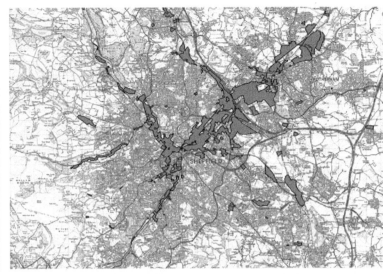

图1 英国工业城市简图　　　　图2 英国谢菲尔德工业聚集区

兴工业技术的发展使大量工厂被遗弃，重工业活动的进行污染城市土地；资本分配不平衡使城市贫富差距过大，产生了条件恶劣的贫民窟，社会问题不断滋生，危害着城市的安全。这时候，人们开始向更加宜居的郊区迁徙，城市人口骤减，去工业化、郊区化越来越严重，随着愈加强烈的国际竞争，英国的工业城市结构开始崩塌，经济开始衰退。

这并不仅是英国面临的问题，欧洲各国与美国、中国的许多传统工业城市均面临着同样的困境。以美国城市底特律为例，在20世纪上半叶，其是美国最大的城市之一，依靠汽车工业成为美国无法取代的工业中心，但是随着产业结构的变革，人口大量流出，工业经济衰退，于2013年12月正式宣布破产，从而成为美国历史上最大的破产城市。

1.3 复兴

经济衰退、人口流失、政府动荡引发了大量的社会矛盾，高失业率、高犯罪率促使英国做出改变，20世纪70年代中期的《英国大都市计划》提出了"城市复兴(Urban Renaissance)"的概念，目的是促进城市经济恢复活力、在长时间内改善人们的生活条件，通过重塑产业结构和拉拢投资、改善环境等方式促进城市复兴进程。英国的最早一批工业城市深受城市经济衰退的危害，开始积极联系社会组织、慈善团体、个人等寻求转型，以工业革命中遗留下来的工业遗产为依托进行城市复兴，并取得了初步的成功，城市开始恢复活力。

2. 英国工业遗产的表现方式

工业遗产的概念多样，2003年《下塔吉尔宪章》提出：工业遗产是由工业文明的遗存组成的，具有历史的、科技的、社会的、建筑的或社会的价值。此后范围扩大，逐渐涉及非物质层面。因工业活动的不同，工业遗产表现形式也不同，包括工业厂房、运输设备、车站、铁轨、工业设备、工业附属建筑、工业技术和工业流程等。

2.1 物质表现

英国的工业物质遗产主要分为三个主题：重工业类、轻工业类、交通运输类。重工业类城市主要以谢菲尔德等为主，包含着造船、冶金、采矿、建筑材料、机器制造等，相比于轻工业，重工业需要庞大的资金流和高度的技术支撑，以摄取当地资源为主，占地面积大，工业建筑和设备复杂，其中的化工产业，对环境土质污染严重。以轻工业类为导向的城市以曼彻斯特为主，主要包括纺织工业、食品工业、制药工业，相对于重工业占地面积小，工业建筑相对简单独立，对环境破坏少。交通类工业遗产分布较广，以陆运和水运为主，陆运主要包括铁道、管道、公路、车站等，水运主要包含桥梁、运河等。

值得一提的是，上述是以工业活动的类型进行分类的，但因工业活动所产生的人文建筑同样属于工业遗产。大量的劳动力聚集在工业建筑周边，形成了呈现规模的工人居住区，如工人社区、工人村、工人宿舍等。戴尔（David Dale）在苏格兰克莱德河谷地区兴建的新拉纳克（New Lanark）水力坊纱厂工人村被认为是最早的工人村，该区域内包含着工业、居住、教育、医疗等功能，基础设施完备。1974年以后，新拉纳克信托（New Lanark Trust）成立，该地区开始以工业遗产为导向的复兴之路，2001年，成功入选世界文化遗产名录。

2.2 非物质表现

非物质表现是无形的，主要存在于现存影像资料、书籍文件以及人们的口口相传中，包括工业历史发展、当地生活情况、突出贡献和感人事迹、文化观念、特色工业技术等。它是工业时代的记忆，承载着国民文化与基因。英国铁桥峡谷中达比家族的创造性努力和可锻铁技术可以看作一个典型的例子。

3. 英国工业遗产在城市复兴的介入方式

工业遗产主要是用来满足工业活动的建筑和交通设施等，所以它有占地面积大、不可移动、闲置空间多、种类丰富等特点。又因工业活动的破坏与产业结构的变革而被闲置、遗弃乃至被拆除，成为城市中的剩余空间。工业遗产作为城市的一大组成部分，在城市复兴的介入方式上，主要分为三种：一是个体介入，承载新功能，创建城市文化载体；二是区域介入，创建遗产园区，织补城市肌理；三是文化介入，延续城市历史，发展创意文化。

3.1 个体介入，承载新功能

工业遗产再利用的目的之一就是赋予其新的功能，将其与城市文化活动联系在一起，成为城市工业历史文化载体。对于工业遗产单体，再利用方式主要为两种：一是工业博物馆，二是功能综合中心（表1）。

表1　英国部分工业遗产案例

工业类型	英国工业遗产	原有功能	现有功能
重工业类	贝德拉姆高炉	锻铁设备	工业遗址参观
轻工业类	布罗塞利管道工厂	管道工厂	布罗塞利管道博物馆
	皇后街纺织厂	纺织类工厂	皇后街活态博物馆
	迪瑟林顿亚麻厂	纺织类工厂	功能综合中心
交通运输类	英国铁桥	交通运输	铁桥博物馆
	阿尔伯特船坞	水运交通	功能综合中心

3.1.1　工业博物馆

人们了解工业历史的主要途径就是工业遗址与工业设备等的展陈,因此基于工业遗产建立工业博物馆也是一种再利用的主流方式。一般在原有工业遗产的基础上,对其内部空间进行创造性干预,在不破坏原有结构的情况下,创建展陈空间。工业博物馆的展陈规模、空间形式、工业主题往往依附于原有建筑。

在英国现有的近百个工业博物馆中,各博物馆主题侧重不同,以重工业、轻工业类为主,若要根据主题分类,未免太过烦琐。本文根据展览模式,将其分为静态博物馆和活态博物馆。英国铁桥峡谷博物馆群可以看作是两类博物馆的集大成之作:静态博物馆以展出为主,主要展出各类设备、影像资料、档案文件;活态博物馆至今保存着传统的工业技术,兼具生产功能。相比于其他博物馆,活态博物馆更加注重社区与人员的参与,把社区文化、历史记忆、生活活动同样作为展品进行展出。以布利斯山维多利亚镇(Blists Hill Victorian Town)露天博物馆为例,当地建筑经过改造,采用传统的红砖材料,修缮了传统店铺与学校建筑,在身穿传统服饰的当地人民与志愿者的努力下,使这个小镇重现了19世纪维多利亚时代的风貌(图3)。

图3　英国铁桥峡谷活态博物馆

3.1.2　功能综合中心

成立工业博物馆是工业遗产再利用的应用最为广泛的方式,但博物馆的建立往往是

图4　英国卸煤场商业街平面图

自负盈亏的,这也就带来了经济问题,投入的资源无法得到回报,于是英国开始借鉴美国的商业再开发经验,使工业遗产的再利用功能呈现出一种更加多元的姿态。英国开始积极促使工业遗产功能转型,发挥其商业、娱乐、文化功能等。

以国王十字街区(King's Cross Central)卸煤场商业街(图4)为例,其是工业与商业结合的典型,目前已成为世界级的购物中心。其前身为建于19世纪中叶的仓库,主要用于储存和运输煤炭,两座仓库建筑形成中间的狭长地形。建筑师对建筑物进行评估和修复,将原先已经损毁的屋顶彻底清除,将新建屋顶延展出去,在空中触碰,呈人字形的屋顶与建筑共同围合出中间的庭院空间。原先的仓库被改建为商业与餐厅,中间围合的空间用于人员集散和举办表演和音乐会。同样位于国王十字街区的储气罐公园(Gasholder Park)则是工业与娱乐功能结合的典范,其前身为于1850年代由潘克拉斯燃气公司建立的八号储气罐,建筑师拆除了损毁严重的罐体,只保留了精细的金属框架,围合出中间的圆形草坪,建筑师增加了一个金属连廊,配备顶棚与座椅,成为宽敞的绿地公园和公共空间。

3.2　区域介入,创建遗产园区

英国作为老牌工业城市,工业密度大,范围集中,经过漫长的发展,工业聚集地已经成为重要的工业遗产园区。相较于工业遗产个体,工业遗产园区以面的形式融入城市复兴的进程,更加符合凯文·林奇(Kevin Lynch)的五大城市意像中的"区域(district)"概念,基于其工业特性而被人们所感知。遗产园区的形成可以容纳多种空间形式,避免了工业遗产个体之间的单一性和割裂感,更有利地推动城市复兴的进程(表2)。

表2　英国主要工业遗产园区

英国工业遗产园区	主要工业遗产
铁桥峡谷	铁桥、布里茨山维多利亚镇、引擎动力馆等
伦敦国王十字街区	国王十字车站、卸煤场商业街等
巴那文工业地景	地景、炼铁厂、大矿场、城镇等
凯瑟菲尔德保护区	凯瑟菲尔德运河、港口、铁路、公园等

其整体性主要来源于两个方面：一是从生产元素的角度看，工业产品的制作、生产、保存运输是一条完整的流线，每一个生产节点都需要与其对应工业建筑与设备，遗产园区就是由各种生产节点的工业元素集合而来。二是从工业资源的角度看，工业资源的发现会促使各种产业的产生，资源决定着某一区域的工业主题。以铁桥峡谷（图5）为例，煤炭资源的发现与铸铁技术的发展必然会促进大量的采煤设施、铸造工厂、仓库、车间、运输管道的建设。通过分析，英国对遗产园区的整体性保护再利用又可包括小型附属建筑、工业设备与工业产品、工业场地保护和非物质文化保护四种。

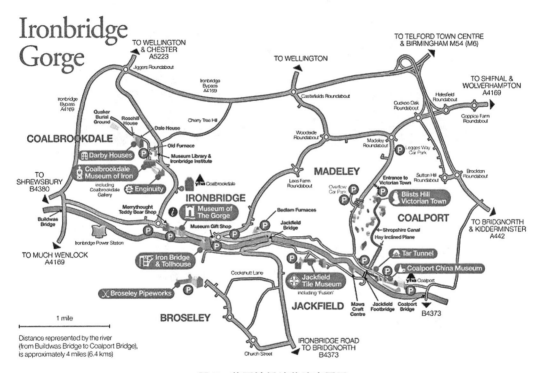

图5　英国铁桥峡谷遗产园区

3.2.1　小型附属建筑

工业建筑的附属建筑主要包括办公室、休息室、液体储存罐与附属仓库等。其跨度比较小，层高低，主要采用了传统的钢筋混凝土框架结构。因其特性，往往将其改建为商店、办公等附属功能。

3.2.2　工业设备与工业产品

对于曾完成工业活动的工业设备、运输设备和工业成品与半成品，在尊重历史的情况下，尽可能做到应保尽保，并将其化作展品。以伯恩利皇后街纺织厂（Queen Street Mill）为例，其是世界上幸存的最后一家C19蒸汽动力纺织厂，不仅保存着完整的工业机械组合，包括蒸汽机、锅炉、省煤器、线轴和横轴、织机等配套机械，还保存着308台能继续运转的织布机和完整的纺织作业流线（图6）。

图 6　工业设备纺织机

3.2.3　场地保护

工业场地包括工业建筑、工业设备以及人为活动所使用的土地,它记载着城市历史的变迁和工业活动的发展。由于工业活动的进行会不可避免地对所在场地造成破坏,产生一系列问题,如土质污染、垃圾堆填等,因此恢复与改善工业场地也成为整体性保护的一大举措。

3.2.4　非物质文化保护

在进行整体性保护时,建立工业物质遗产与非物质遗产之间的联系。这种遗产又被叫作无形遗产,其保护难度大,评估指标模糊,往往依托于具体的工业建筑与工业设备向外界展示。以铁桥峡谷为例,当地把达尔比家族的创造性努力和新型制铁技术共同列入工业遗产进行保护,以工业博物馆为载体,通过各种方式,如历史照片、文书、实物进行展示。将非物质遗产与物质遗产作为整体来进行保护,才能做到工业遗产的灵骨结合。

3.3　文化介入,延续城市历史

工业遗产的特性在于其能够反映城市的工业架构,参与构建城市特色文化。工业遗产是由历史活动产生的,随着时代的快速发展,这种时间与发展上的差异必然会产生割裂问题。因此将工业元素融入城市文化迫在眉睫。工业遗产的价值要与城市文化协调统一,避免工业元素的简单堆砌。

城市的复兴与发展需要注入新的活力,新元素植入传统工业遗产,会使工业遗产焕发新的价值。英国政府一直专注于工业遗产的创新性发展。工业遗产适应性再利用的概念一经提出,便吸引了大量的建筑师、设计师来发挥其才能,展示新的创意与尝试。经过各种的实践,英国工业遗产呈现出一种全新的、多姿多彩的面貌。以泰特现代美术馆(Tate Modern)为例,其原身为一座气势宏大的发电厂,位于泰晤士河(River Thames)南岸,高耸入云的大烟囱是它的标志。在对其进行再利用时,启动了一场声势浩大的方案竞赛,通过这种方式吸引来自全世界的建筑师发挥想象力,经过数轮角逐,最后瑞士建筑师雅克·赫尔佐格(Jacques Herzog)和皮埃尔·德·梅隆(Pierre de Meuron)的方案被采用。

英国最先推动了创意文化的发展,后在城市复兴的推动进程中扩大至文创产业、版权产业等各方面。英国做出的创新努力,包括制作售卖工业遗产的"周边"、将工业遗产搬上电视剧、电影等等,皇后街纺织厂作为一个独特的文化遗产场地,曾拍摄过多部电影和电视剧,包括《南北》(图7)、《火星上的生命》和《国王的演讲》。

图7 《南北》剧照中的织布机

建立文化产业园,吸引建筑师、设计师来此成立工作室,形成创新文化氛围。谢菲尔德创意文化产业区(CIQ)占地30公顷,是谢菲尔德重要的金属贸易区,整个园区划分为六个特色区域(图8),其中存在着16个受保护的建筑,如斯特林工厂(Stirling Works)。最先一批一批的先锋乐队入驻废弃工厂,为此地带来了文化冲击,促进了经济发展,后在政府的支持下,大量的影视公司、艺术工作室、电台公司与夜总会等入驻,到目前为止,此地已有谢菲尔德独立电影公司、约克郡银幕委员会等众多文化企业,涉及摄影、电影制作、音乐、表演艺术、设计等多个方面。

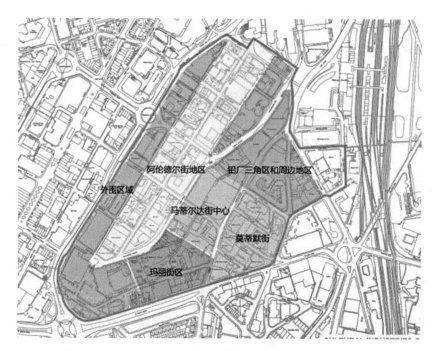

图 8　谢菲尔德创意文化产业区

4. 经验分析与思考启示

4.1 完整的保护制度

英国最早完成了工业城市的蜕变，在这个过程中，有一套完整的保护制度支撑。英国的保护制度主要分为政府和非政府两个方面，政府方面主要有：文化、媒体和体育部（Department for Culture, Media and Sport, DCMS），英国遗产（English Heritage），社区和当地政府部（Department for Communities and Local Government, DCLG）等中央行政部分，这些部分主要用来规划英国全国的历史环境，指导工业遗产再利用进程的进行；非中央行政部分主要落至各地区的政府部门，如英格兰皇家历史遗迹委员会（Historic Buildingsand Monuments Commission for England）。非政府层面主要由专家或志愿者等自发组织形成的保护机构，其靠个人募捐等方式筹集资金，保护当地的工业遗产。

作为遗产，中国的保护模式主要为"文保单位"，而中国的近现代工业遗产能列入"文保单位"的保护名单的少之又少。又因工业遗产的特殊性、时间跨度小等原因，原先的保护模式并不适宜工业遗产。因此，我们迫切需要对其概念做进一步划分，充分考虑工业遗产的特性，尽快制定工业遗产的评定标准与保护制度。

4.2 从上至下的社会支持

英国在进行城市复兴的过程中，社会与政府形成了一个良好的循环。在对工业遗产进行保护时,国家为这个过程提供了政策支持和大量的资金来源,"英国遗产"在政策上连续颁布了"工业构筑物登录标准""濒危工业遗产登录制度""国家遗产保护规划"等,包括执行标准、资金投入等方面内容。基于国家层面下,国家彩票基金(NLF)、建筑物保护信托(BPTs)等社会组织开始参与工业遗产的保护。在此环境下,工业遗产再利用的进程迅速。回归至建筑遗产本身,在国家政策支撑下,工业遗产吸取各方面经验,大胆采取商业化形式,通过售卖门票、文创产品,建立附属商业为遗产本身带来了资金来源,反哺于工业遗产保护。

保护工业遗产的方案应纳入经济和社会文化发展政策以及国家规划,明确社会与政府各方面的职责,加强协商与交流,吸引人们了解工业遗产并参与到工业遗产保护中来,实现政府、社会、市场、人民的正向循环。

4.3 提高教育投入

英国在城市复兴的进程中,对工业遗产投入了大量的教育资源,遍及社会的方方面面。工业遗产所在地往往存在着若干教育文化基地,引进硕士研究生、博士研究生等高知识人力资源,形成一个富有创造力的教育环境,构建一个科学化、系统化、创新化的教育体系,不断为工业遗产的保护再利用谋求出路。同时当地中小学生会组织工业遗产教育课,将工业遗产作为"活教材",使学生能够从小直接接触工业遗产、了解工业历史,亲身参与到工业活动中去,提高文化认同。

建立具有中国特色的工业教育体系,可以以书面教育、社会活动、兴趣发展为载体,促进在读学生对工业遗产的了解。同时,工业遗产的受众要扩大化,避免工业遗产的概念过于"漂浮"。

4.4 保护生态红线

工业遗产的存在并不独立于环境之外,它与自然环境为一个整体。工业遗产的转型再利用应当尊重当地的自然环境,既要避免过度开发造成的生态破坏,又要避免对于生态的不作为所导致的自然环境与工业遗产的割裂问题。我们要对当地的环境进行统筹性保护,保护原有的景观结构,与工业遗产相融合,构建完整的、特色鲜明的工业景观。

4.5 历史文化认同

要实现工业遗产重塑、城市文化复兴,就要提高当地人们的文化认同。工业遗产作为工业文化的载体,承载了城市发展的记忆。要想提高社会历史文化认同,增强社会凝聚力,不仅仅要使工业遗产"本土化""民族化""大众化",同时工业遗产要为社会带来经济发展,提高人们的生活质量、激发当地社区的活力,良好的经济效益会带来良好的社会效益。

4.6 加强工业遗产的认定与保护

英国对工业遗产的认定与评估方式成熟,主要有四种方式:一是基于景观尺度,如航空摄影和测绘以及历史景观评估;二是基于地点的非侵入式方法,包括分析景观调查、地球物理调查和历史区域评估;三是基于现场的方法,包括建筑调查、土方调查、地理空间调查、成像和可视化、科学测年和有针对性的考古挖掘;四是在发掘后会进行保护与科学分析。

为避免工业遗产得不到合适的保护,要建立工业遗产的认定和评估体系,合理的评估体系能避免资源浪费与过度干预等问题。最常见的评估体系一般采用层次分析法,建立由大至小、由粗到细的评估限制指标。第一个层面要从城市面貌出发,综合考虑工业遗产的城市位置、环境肌理、交通可达性等。第二个层面要涉及遗产园区,评估工业运行系统、自然环境、工业环境和非物质遗产。第三个层面则从建筑单体出发,根据其破坏程度、材料结构、完整性进行不同程度的干预。

5. 结论

英国作为最早一批进行工业革命的城市,率先经历了发展—衰退—复兴的进程,实现了工业城市的华丽转身,后进行工业革命的城市也普遍遭遇了城市去工业化等问题,但发展结果却不尽相同。英国的成功转型是政府、社会、慈善组织、个人共同努力的成果,经漫长的时间考验验证了其合理性与超前性。其并没有局限于工业遗产改造再利用这个较为单薄的层面,而是将其融入城市复兴进程,创建新的产业结构,展现人文情怀,实现工业遗产与城市复兴的共赢局面。

参考文献:

[1] 曹福然.英国城市复兴运动中工业遗产保护与利用的形塑、类型及经验分析[J].南京理工大学学报(社会科学版),2021(6).
[2] 刘峰,郭燏烽,汤岳,毛蕾.火车站地块工业遗产保护更新中的空间重塑与认同——伦敦国王十字街区衰退与复兴[J].华中建筑,2021(11).
[3] 张健健,克里斯托夫·特威德.工业文化传承视域下的工业遗产更新研究——以英国为例[J].建筑学报,2019(7).
[4] Cudny W. The Ironbridge Gorge Heritage Site and its local and regional functions[J]. Bulletin of Geography. Socio-economic Series, 2017, 30(36): 61-75.
[5] Günçe K, Hoşkara Ş Ö. New life for the Industrial Heritage in Northern Cyprus[J]. Proceedings, International IAPS-CSBE & HOUSING Network, 2009: 1.
[6] Dong M, Jin G. Analysis on the protection and reuse of urban industrial architecture heritage[C]// IOP Conference Series: Earth and Environmental Science. IOP Publishing, 2021, 787(1): 012175.

线性工业遗产保护利用初探

——以安奉铁路本溪段为例

宁 芳

（辽宁省工业文化发展中心）

摘　要：2014年6月，丝绸之路跨国申遗成功，现已成为世界最具影响力的国际旅游线路之一，这是线性遗产充分利用的典型案例。由于线性遗产能够以线带面、辐射性广、内涵丰富，因此我国对于线性遗产的保护开发越来越重视。安奉铁路沿线遗产不仅是辽东近代工业发展的见证，同时也是中国人民抗击外来侵略者的缩影。安奉铁路可以唤醒人们的爱国主义情怀，沿线的工业遗产也可以让我们追忆近代中国工业起步的艰辛。但是，安奉铁路沿线遗址被废弃、拆毁和改作他用的比较多，在本溪境内表现也很突出，所以从线性工业遗产的点线面出发，用整体保护的模式来对待安奉铁路沿线遗产就显得尤为重要。

关键词：线性工业遗产；安奉铁路；保护利用

铁路遗产是一种线性遗产。在我国，铁路遗产的保护起步较晚，还处于探索阶段，它既是一项具有理想认知、科学探索、广泛合作、公众参与的保护事业，也是一项充满前瞻性、挑战性和创新性的新课题。铁路遗产不单单局限于铁路、铁路设施、车辆、设备、场所等，应该扩展到铁路沿线相关联的工业遗产，需要作为整体进行保护和开发利用。安奉铁路除了军事运输作用，其最重要的作用就是运输日本侵略者在我国东北掠夺的资源，因此，其铁路也是因资源而修建，哪里有煤铁等资源，铁路就修到哪里。因此，安奉铁路线性遗产，应该包括与该火车线路相关联的沿线的工业遗产，不仅仅包括车站宿舍、水塔等历史建筑，也应该包括日本侵略者为搜刮资源所建的煤铁公司等厂矿建筑。调查研究这些工业遗产，才能体现其存在的价值，才能更好地保护，使其成为进行爱国主义教育的重要载体和促动城市经济转型发展的重要推动力。

1. 安奉铁路的历史沿革

安奉铁路自1905年建成至1945年日本投降，40年来成为日本帝国主义掠夺我国东北资源、扩大经济、军事侵略的工具,给东北乃至全中国人民带来了深重的灾难。安奉铁路是在日俄战争时期为军事运输目的而修建的,因此,在战争年代,军事侵略性十分突出。在日俄战争时期,日本通过这条铁路把兵力和军用物资源源不断地运到我国东北,对打败沙俄起到了重要作用。在平时,它是经济侵略的工具,东北地区无数的资源物资,通过这条铁路源源不断地流向日本。因此可以说,安奉铁路是军事侵略和经济掠夺的产物。

1904年2月,日俄战争打响。为了将沙俄势力尽快赶出我国辽东地区,实现日本独霸的野心,4月,日本从朝鲜派兵占领安东,7月,日本为加快从朝鲜向东北运送战争所需物资,因此,决定立即着手修建安奉军用铁路。该铁路自安东(今丹东)至奉天(今沈阳),途经凤凰城、下马塘、本溪,全长303.7公里,轨距为0.762米军用窄轨铁道。

1904年7月12日,日军临时铁道大队在我国安东登陆,8月10日动工修建安东至凤凰城的铁路,长约61公里,11月3日完工。之后修筑凤凰城至下马塘间的铁路,长约116公里,1905年12月11日完工。下马塘至奉天的铁路,长约120公里,1905年4月5日动工,12月3日竣工。至此,安东至奉天铁路全部连通,12月15日首次通车。

为了将朝鲜境内的铁路与安奉铁路连接,建立起能够迅速控制我国东北的大铁路网,从而实现其征服中国的"大陆政策",1905年12月22日,日本又强迫清政府签订《中日会议东三省事宜正约》,要求"中国政府允将由安东县至奉天城所筑造之行军铁路仍由日本政府接续经营,改为转运各国工商货物"。在日本的胁迫下,清政府又陆续签订了《安奉铁路节略》及《安奉铁路购地章程》。日本开始将安奉军用窄轨改为宽轨,轨距1.435米,改筑工程于1909年9月中旬动工,1911年11月1日全线开通,线路总长261.66公里。安奉线改筑通车后,为了更方便地同朝鲜的铁路线连接,日本又计划在鸭绿江上架设铁路桥。日本在事先没有同清政府进行商讨的情况下于1909年5月即开始架桥,共16个月完成施工。而日本逼迫清政府签署《鸭绿江架设铁桥协定》时已是1910年4月了,即施工11个月之后。特别是在鸭绿江大桥建成后,日本成功将安奉铁路与朝鲜的京义铁路连成一线,为其大规模侵华奠定了基础。

2. 安奉铁路本溪段遗产的调查与现状

2.1 安奉铁路工业遗存状况

安奉铁路沿线车站在不同时期有所变化,窄轨铁路时期有车站50余座,改为标准铁路后,有车站近30座,分别为奉天、浑河、苏家屯、陈相屯、姚千户屯、歪头山、石桥子、火连寨、本溪湖、桥头、南坟、下马塘、连山关、祁家堡、草河口、通远堡、林家台、刘家河、秋木桩、鸡冠山、四台子、凤凰城、高丽门、汤山城、五龙背、蛤蟆塘、沙河镇、安东等。安奉铁路全线共有隧道24座,全部使用花岗岩石,分别为鸡冠山隧道、第一鸡西隧道、第二鸡西隧道、第三鸡西隧道、黑坑岭隧道、西黑坑隧道、秋木庄隧道、瓦房屯隧道、刘家河隧道、分水岭隧道、连山关隧道、道砟子隧道(原名下马塘隧道)、五道沟隧道、背阴庭隧道、古松子隧道、方形隧道、二长岭隧道、金坑隧道、二钓鱼台隧道、一钓鱼台隧道、福金岭隧道、二本溪湖隧道、一本溪湖隧道、大岭隧道,隧道总长度为8 010米。安奉铁路全线共有钢桥205座、临时木桥98座、拱桥13座,总长2 106.5米。此外,安奉铁路沿线还有碉堡与炮楼,如鸡冠山隧道上方的碉堡、金坑铁路沿线碉堡、秋木桩隧道旁碉堡、溪湖铁路桥头炮楼、丹东鸭绿江断桥旁碉堡等。

2.2 安奉铁路本溪段线性工业遗产现状

线性工业遗产强调从整体来分析工业遗产,体现其完整性,因此,安奉铁路本溪段工业遗产应包括日本为掠夺本溪资源而产生的相关工业遗产,更能体现遗产的爱国主义教育价值,提醒吾辈不忘国耻、奋发自强。现挑选本溪境内安奉铁路沿线的典型工业遗产进行介绍,以此窥见整体状况。

2.2.1 安奉铁路福金岭隧道

福金岭隧道为安奉铁路24座隧道中最长的隧道,长度为1 488.6米(4 884英尺),也是中国当时最长的隧道。走进福金岭隧道,北端题名是"其乐泄泄",由曾任日本陆军元帅、日本首相的寺内正毅题字;走出后南端题名是"其乐融融",由日本任职时间最长的首相桂太郎题字,题名均出自《左传》(图1、图2)。此隧道现已废弃,内部已塌方和渗水,未进行修缮保护。福金岭隧道对研究本溪城市历史发展具有重要意义,也是日本军国主义侵华罪证之一。

图1 福金岭隧道北端

图2 隧道北端题名"其乐泄泄"

2.2.2 本溪湖火车站

本溪湖火车站是本溪境内最早的火车站(图3),是日本强行修建的安奉铁路的重要一站。1905年建成,当时拥有发车线三条,调车线七条。日俄战争期间,这条铁路为日军军用物资的主要运输线。1911年,日本将安奉铁路改为军商两用的标准铁路,为日本侵略者在中国掠夺物资服务。日本侵略者为了保证这条铁路运输线的安全,在铁路上配备装甲巡逻车,沿线修筑了许多钢筋水泥的碉堡,本溪湖火车站大厅两侧就筑有碉堡,直到

20世纪80年代末才被拆除。抗美援朝战争爆发后,本溪湖火车站为支援抗美援朝战争作出了不可磨灭的贡献,电影《铁道卫士》中保卫的铁路大动脉的原型即是这条铁路。2008年该站停止客运,改为货运站。现在的本溪湖火车站主体未变,还是日式窗户,内部结构有所改动。作为本溪湖工业遗产群的组成部分,本溪湖火车站为第七批全国重点文物保护单位和第一批国家工业遗产核心物项之一。

图3　本溪湖火车站

2.2.3　本钢发电厂二电冷却水塔

本钢发电厂二电冷却水塔(图4)由日本侵略者于1937年修建,为本钢一铁厂输送电力,由三个单体建筑组成,包括两个冷却水塔与一座办公楼,均为钢筋混凝土结构,由西向东排列。其中2号冷却水塔位于西侧,整体呈圆柱状,解放战争时期,水塔上部被飞机投弹炸毁,稍作修整后,依旧使用,存高35米。1号冷却塔下部呈圆台状,上部呈圆柱状,在战争期间遭轰炸,经过修复后,高度从最初建成时的45米降到29米。两座水塔下均为大量钢筋水泥柱支撑。办公楼位于1号、2号水塔东5米处,共4层楼,楼高30米,现已严重破损,只剩楼体框架,2008年随本钢一铁厂一并关停。2020年开始对水塔进行修缮,目前已经修缮完毕。该建筑是日本侵略者掠夺我国资源的历史见证,具有重要的历史价值。本钢发电厂是辽东地区最早的发电厂,曾支援抗美援朝战争。作为本溪湖工业遗产群的组成部分,本钢发电厂二电冷却水塔为第七批全国重点文物保护单位和第一批国家工业遗产核心物项之一。

图4　冷却水塔

2.2.4 本钢一铁厂旧址(一号高炉)

本钢一铁厂堪称中国冶铁工业摇篮。孙中山先生的《建国方略》中说,"南有汉冶萍、北有本溪湖"。1905年,中日合办本溪湖煤铁有限公司成立。1911年10月,中日签订合办附加条款成立制铁部,标志着本钢一铁厂正式创建,以生产铁为主,同时生产烧结矿、冶金焦和炼焦产品。1914年11月1日,一号高炉竣工,主体设备从英国和德国购进,于1915年1月投产,为我国东北钢铁工业第一座高型炼铁炉(图5);1917年二号高炉建成投产,这两座高炉是亚洲最早的现代高炉。中华人民共和国成立后,一铁厂作为国家重要的铁业生产基地,支撑起了共和国工业的铁柱钢梁,新中国的第一批枪、第一门炮、第一辆解放牌汽车、第一颗返回式人造地球卫星等都曾使用过这里盛产的优质钢铁原料"人参铁",是名副其实的"功勋炉"。现存高炉为一号高炉,已有一百余年历史,2008年随本钢一铁厂一并关停,建筑受损。2020年经过修缮。作为本溪湖工业遗产群的组成部分,本钢一铁厂旧址(一号高炉)为第七批全国重点文物保护单位和第一批国家工业遗产核心物项之一。

图5 本溪一钢厂一号高炉

2.2.5 本溪湖煤铁公司事务所和湖煤铁有限公司旧址

本溪湖煤铁公司事务所旧址(小红楼)建于1912年,共两层,呈凹字形,是仿日本明治时期的建筑格调,简洁明快,墙壁厚实,门窗高大,窗框刻有各种图案,因其外墙通体红色,被称为"小红楼"(图6)。随着日本侵略者对本溪湖煤铁资源的掠夺加速,原有办公楼(小红楼)已不能满足其办公需要,公司为了扩大办公规模,于1937年建成本溪湖煤铁有限公司办公楼,共三层,建筑面积约2400平方米,内部走廊是瓷砖贴面,房间高大明亮,因其外墙面贴白色瓷砖被称为"大白楼"(图7)。两者一直作为办公楼使用,整体保存完好,曾被改建和修复,现为本钢电器有限责任公司办公楼。两者内部布局均有所改变,门窗大部分更换为现代门窗。小红楼和大白楼作为本溪湖工业遗产群的组成部分,均是日本帝国主义掠夺本溪煤铁资源的历史见证,也均是第七批全国重点文物保护单位和第一批国家工业遗产核心物项之一。

图6　本溪湖煤铁公司事务所旧址(小红楼)

图7　本溪湖煤铁有限公司旧址(大白楼)

2.2.6　彩屯煤矿竖井

1937年4月,日本实施《满洲产业开发计划》,进一步掠夺东北资源为战争服务。在此背景下,日本侵略者计划通过建设彩屯竖井,更多掠夺本溪湖地区的煤炭资源。1938年2月5日,彩屯竖井在日本人山本福三郎的操作下开工。后受太平洋战争爆发影响,工程时断时续。1945年日本投降,烧毁了竖井的全部技术资料,竖井没有竣工投产。1949年春,本溪工人在党的领导下,排除重重困难,开始重建竖井。1954年12月15日,正式移交生产开采(图8)。本溪彩屯竖井的建设与投产经验,有力地支援了新中国的建设,是全国煤矿竖井的母本,是新中国工人阶级建设煤矿中的最大成就之一。2016年4月,由于资源枯竭等原因,矿井井口彻底封闭。竖井地上井塔建筑主要为提升设备,外形如高耸的楼阁,平面呈长方形,长20米,宽10米,高60米,塔内卷扬设备为德国制造。该竖井被誉为亚洲第一竖井,是地区的地标建筑。现今,彩屯竖井整体仍存在,但由于没有经过修缮,竖井及其附属设施不断老化,竖井院内杂草丛生。作为本溪湖工业遗产群的组成部分,彩屯煤矿竖井为第七批全国重点文物保护单位和第一批国家工业遗产核心物项之一。

图8　彩屯竖井　　　　　　　　图9　大仓喜八郎遗发冢

2.2.7　大仓喜八郎遗发冢

大仓喜八郎(1837—1928),日本大仓财阀的创办者,本溪湖煤铁有限公司创办人。大仓喜八郎在本溪期间,为日本军国主义掠夺了大量宝贵资源,并为其家族积累了巨额财富。1934年,在大仓喜八郎死去六周年时,其子大仓喜七郎在诚忠山最高处修建其冢,整体为钢筋混凝土结构,坐北朝南。原立一座高约8米的六面体石塔,20世纪60年代被砸毁,石塔残留碎片散落周围。现存冢身和小段台阶,内藏大仓喜八郎的一绺遗发和一本书。大仓喜八郎遗发冢作为本溪湖工业遗产群的组成部分,为第七批全国重点文物保护单位和第一批国家工业遗产核心物项之一(图9)。

2.2.8　东山张作霖别墅

东山张作霖别墅共两座房屋,主体建筑东西长37.5米、南北宽20米、高约30米,为三层建筑。主体建筑西侧为俱乐部,南北长21米,东西宽13米,高12米。两座房屋均建造于1927年,是当时本溪湖的第二大建筑,其最初拟作为张作霖的别墅,九·一八事变后成为日本侵略者的娱乐场所。1946年,作为东北师范大学前身的东北大学建校于此。现为本钢石灰石矿办公楼(图10)。2019年至2020年,对别墅进行了文保修复。整体保存完好,原有门窗已被更换,东侧存在与原设计风格不符的加建建筑。东山张作霖别墅作为本溪湖工业遗产群的组成部分,为第七批全国重点文物保护单位和第一批国家工业遗产核心物项之一。

图 10　东山张作霖别墅

2.2.9　肉丘坟

肉丘坟又叫万人坑,是埋葬本溪湖煤矿瓦斯大爆炸中死难矿工的集体坟墓,呈半圆形,高约 10 米,占地约 3 亩(图 11)。1942 年 4 月 26 日,在日本侵略者统治下的本溪煤矿发生了一起世界采煤史上极为惨重的瓦斯爆炸,有 1 327 名(碑文中记载的数据,但其他资料有记 1 496 名的,有记 1 549 名的,有记 1 800 余名的)中国矿工在这次矿难中丧生。造成如此惨案的根本原因是瓦斯爆炸后,日本矿方为了避免发生火灾,保住煤矿资源和井

图 11　肉丘坟

下设备,不顾逾千名矿工的死活,断然采取封井和停止送风的操作,断绝了矿工们的生路。事故发生后,日方将中国矿工的尸体集体掩埋,建造名为"殉职产业战士之碑"并刻有铭文。肉丘坟反映了日本侵略者为了支持其侵略战争,掠夺本溪煤铁资源,残酷奴役中国矿工、枉顾矿工生命的事实,是日本侵华的历史铁证。2020年,经过修复,碑身底座整体状况较好,但存在一定风化,碑文略微模糊。肉丘坟作为本溪湖工业遗产群的组成部分,为第七批全国重点文物保护单位和第一批国家工业遗产核心物项之一。

3. 安奉铁路本溪段线性工业遗产保护利用初探

3.1 安奉铁路线性工业遗产保护利用价值

3.1.1 历史价值

安奉铁路工业遗产有着厚重的近代殖民印记,安奉铁路及其沿线现存的大多数工业遗产都是由日本政府或者日本财阀所建,这个过程即是日本对华进行资源掠夺和侵略的过程。虽然部分企业有过中日合办的历史,但无论是公司的运作管理还是战略规划都是由日方做主,中方只是从属和傀儡的地位,生产的产品除作侵华军用之外,绝大部分也都运往日本,为日本的经济建设服务,是赤裸裸的殖民掠夺。这种掠夺并非仅仅源于经济因素,它是掺杂了政治因素的一个国家对另一个的国家的处心积虑的殖民政策。这些都使安奉铁路线性工业遗产带有很强的殖民印记。对于爱国主义教育而言,这些都是生动的教材,尤其在当今网络飞速发展、各种良莠不齐的消息时常出现在大众面前的时候,用生动的实物、鲜活的历史进行爱国主义教育势在必行,这也会时刻提醒我们勿忘国耻、吾辈自强,提醒我们要树立正确的历史观和价值观。

3.1.2 社会价值

安奉铁路沿线遗产是辽东近代工业发展的见证,重新保护开发沿线工业遗产,创造优秀的旅游文化氛围,加强铁路连接的城市之间的交流与合作,能够带动相关产业的发展,增加沿线村镇的经济收入。同时也可以加强铁路沿线的生态保护建设,通过旅游步道的形式让游客在青山绿水间感受厚重的百年历史。

3.1.3 艺术价值

安奉铁路沿线遗产很多具有艺术价值,如福金岭等隧道的牌匾题字,兼具文字艺术和雕刻艺术。日本修建的站房具有浓厚的日本建筑风格,但有的也会体现出欧式风格,如沈阳站的设计体现了欧洲的"辰野式",建筑风格独特,在当时甚至现代,仍具有其独特的韵味。同时,日本修建的很多建筑,虽历经百年,但现在仍在使用中,体现了独特的建筑艺术。

3.2 安奉铁路本溪段线性工业遗产保护概况

2014年10月,本溪市拨款986万元用于遗产群中小红楼、大白楼的修缮以及一铁厂旧址高炉的防腐工作,小红楼和大白楼基本完成修复。

2016年7月,本溪市委、市政府决定依托本溪湖工业遗产群特别是原本钢一铁厂高炉启动"本溪湖工业遗产博览园"建设工程,用市场化方式推进项目建设。市委市政府专门成立由市委书记、市长任组长,市委宣传部部长及分管副市长任副组长的工作领导小组,并由市委宣传部部长牵头负责总体协调,由水洞集团和城建控股注资7 000万元成立本溪城市文化生态发展有限公司负责具体工作。2017年,市政府常务会议确定由本溪城市文化生态发展有限公司保护和开发本溪湖工业遗产博览园,至2021年末,本溪湖工业遗产保护开发工作正在进行中。

2020年,本溪市先后对本溪湖煤铁公司及事务所遗址、肉丘坟、本钢一铁厂一号高炉、二电厂发电车间、冷却塔、张作霖别墅和俱乐部等六项"国保"文物进行了修缮。

3.3 安奉铁路线性工业遗产保护存在的问题

3.3.1 政府和民众整体保护意识不足,很多建筑遭到拆除和破坏

一直以来,工业遗产保护不属于地方政府绩效考核范围,且工业遗产保护开发利用周期长、见效慢,开发需要的资金多,这使得工业遗产保护很难纳入工作计划;工业遗产缺乏保护宣传和政策及资金支持,民众也未形成保护意识,这使得很多工业遗存被拆除,或者因无人修缮,处于坍塌和消失的边缘。

3.3.2 保护和利用方式较为单一,存在修缮不当情况

本溪城市工业遗产保护利用大多围绕原有的设计功能展开,如东山张作霖别墅、大白楼、小红楼等,一直被当作办公楼使用,翻修时候,也没有按照"修旧如旧"的原则,忽视整体的协调性及其历史意义。

3.3.3 缺乏开发利用的人才储备,保护开发缺乏整体性、计划性

本溪属于典型的东北工矿产业城市,文化创意经济稀缺,相关从业者数量很少,在本溪的高校也多以冶金医药相关专业为主,在工业遗产的保护和开发方面难以作为智囊提供专业的指导建议。同时,本溪工业遗产的保护利用处于各自为政的状态,对工业遗产的保护利用往往局限于单个工业遗产,缺乏对周边配套厂区及生活区域等的保护,导致彼此间原有的联系被割裂。

3.3.4 部分遗产产权归属复杂,工业遗产被割裂,不利于整体保护和开发利用

本溪城市工业遗产产权归属比较复杂,涉及本钢、铁路、政府、本溪煤矿公司等多家管理单位,管理单位的复杂造成各处工业遗产被割裂,难以整体性地重现工业流程的完整性,不利于发觉和保护工业遗产的核心价值。

3.4 安奉铁路本溪段线性工业遗产保护建议

铁路工业遗产在保护方面与传统文物相比存在较大差别,最好的方式就是在合理利用的过程中对其进行保护;如果找不到一个合适的用途,那么若干年后这些宝贵的遗存将

因重建、损毁等原因消失殆尽。

3.4.1 制定"一体化"联合发展战略

安奉铁路线性工业遗产是一个整体性的遗产保护系统，应综合考虑各方面遗产价值，包括铁路及其附属品，以及同铁路运输相关的工业遗产，可以说，安奉铁路是一条线，将沿线的其他相关工业遗产如同珠子串似的穿在一起，因此，需要制定总体保护规划的基本结构和发展战略，不能将其随意割裂开来。同时，在构建过程中，对历史建筑的利用应遵循修旧如旧的原则，不能随意进行影响其历史文化价值的加建与改建，应使用适当材料和工艺，延续当时的建筑特点，让参观者有种身临其境的感觉，回到那个特殊的年代，感受到特殊的历史，增强爱国主义情怀。

安奉铁路线性遗产涉及区域较大，产权单位也多，开发过程难度较大，这时候就要寻求上级政府支持和参与产权协商，减少产权因素带来的阻碍。建立使用和保护单位长效联动保护机制，使铁路遗产保护工作能够长久有效可持续发展，既能保护历史遗产，又能产生最大效应，并逐步将其纳入科学管理和法制化管理的轨道。

3.4.2 组织开展宣传活动

加强铁路线性工业遗产保护和利用理念宣传，提高社会认识度。把得到妥善保护的工业遗产向社会进行开发，将其塑造为宣传工业遗产价值和保护事业的重要阵地，方便公众与工业遗产近距离接触，利用工业遗址和工业文物本身所带来的独特氛围向公众直观展示相关工业发展历程等。同时，要多媒体多渠道为工业遗产保护开发工作制造舆论氛围，如拍摄公益宣传片、建立功能完善的网站、开设微信公众号等。

3.4.3 强化市场运营管理工作

对于铁路沿线遗产资源，各地区各部门应该对遗产进行普查并录入遗产数据库，对其位置特征等进行详细注录，并根据国家相关法律法规制定相应的保护政策，依法采取保护措施，定期开展监督、检查，出现问题及时解决。同时要积极引资引智，补齐资金、人才短板。积极寻求国内外高校参与工业遗产的保护开发，引入工业遗产保护利用的市场机制，不能只靠政府的经济投入，采取政府出资与社会参与相结合的方式，建立政府引导、社会参与、市场运作的工业遗产经营体系，达到社会、政府、企业多方共赢的局面。

3.4.4 打造特色文化旅游产业

安奉铁路工业遗产资源丰富，历史意义特殊，其文化属性突显教育价值，具有旅游开发潜质。可以借鉴国内外的相关旅游运营模式，建立统一的旅游服务系统，打造主题旅游文化线路。如安奉铁路部分线路现在货运仍然通行，我们也可以借助此线路，加运观光火车，加导游解说系统，让观光旅客在青山绿水间感受历史；铁路沿线其他工业遗产点还可以因地制宜地打造铁路遗址公园和产业园或小型观光站台等。

在城市发展过程中，铁路遗产的保护更新、旧建筑再利用问题都是不可回避的。安奉铁路沿线工业遗产存量大，保存状况复杂，管理难度大，如果不进行多部门协作，制定专业系统的规划和措施，将会使其局限于历史，造成不可挽回的损失。铁路工业遗产的保护可以建立在利用的基础上,采用一种整体性的保护方式,也可以基于激发城市发展活力,将其打造成新的经济增长点。

参考文献:

［1］陈硕.遗产廊道视角下安奉铁路沿线遗产调查与保护利用[D].南京师范大学硕士论文,2021.
［2］李美烨,莫畏.遗产廊道视角下中东铁路工业遗产的价值评估与保护[J].工业设计,2022(3).
［3］罗文俊,石峻晨.帝国主义列强侵华铁路史实[M].成都:西南交通大学出版社,1998.

上海军工遗产保护利用现状分析及思考

周阿江[1]　王颖婕[2]

(1. 上海市审计局　2. 河北科技师范学院硕士研究生)

摘　要：上海是我国军事工业的重要发源地,同时也是重要的军事工业基地。上海军工遗产历史和现实价值兼具,是城市记忆和历史文脉的组成。本文在梳理我国军工遗产保护利用研究情况基础上,对上海军工遗产基本情况和特点进行了分析,通过科学全面的普查,形成遗产清单和名录,围绕爱国主义和科普两大主题,在推进博物馆、纪念馆等专业文化机构建设的同时,突出军工遗产的公共性,积极利用公共平台,充分发挥遗产的价值。

关键词：军工遗产；保护；利用；上海

2013年,在国务院公布的第七批全国重点文物保护单位名单中,有两处军工遗产。2019年,在第八批全国重点文物保护单位名单中,军工遗产开始成体系列入国保单位。军工遗产作为谋求民族独立、国家富强、民族复兴历程的重要见证,承载着国家记忆,赓续了红色基因,其重要意义受到了越来越多的关注。上海不仅是我国军事工业的重要发源地,同时也是各个历史阶段重要的军事工业基地之一,军工遗产历史和现实价值兼具,是上海城市记忆和历史文脉的组成,需要学界予以重视。

1. 我国军工遗产保护利用研究综述

我国军工遗产的研究主要依托于近代工业遗产、三线工业遗产等专题开展,近年来,其逐渐成为相对独立的研究方向,并取得了较为丰硕的研究成果,为上海军工遗产研究提供了必要的理论支持。

1.1 研究重点较为明确

我国文化强国战略的实施,特别是将军工遗产纳入文物保护单位制度等具体措施的实施,极大地推动了社会各界以及学术界对军工遗产的重视。笔者以"军工遗产""军事工业遗产""军用工业遗产"为关键词进行了检索(图1),2013年出现第一篇以军工遗产为标题的学位论文[①]。2013—2018年共有11篇发表,其中4篇从"三线"工业遗产入手开展相关的研究[②],表现出军工遗产研究与"三线"工业遗产研究具有紧密的联系。2019年,有7篇相关研究成果刊发,也是迄今为止关于军工遗产研究成果最为密集的一年,形成对这一专题的连续关注。

当然,从不完全的统计结果来看,军工遗产的研究整体处于起步阶段,研究工作在良好政策环境下会呈现快速发展的态势,但是还未形成持久的发展形势,波动性较为明显,全国重点文物保护单位名单公布后的年份研究成果在一定程度上存在递减的趋势,还存在研究"断点"年份(2017年)。从研究内容来看,学界关注的焦点集中在1949年以后,特别是苏联援助156项工程、三线建设时期的军工遗产,对自鸦片战争、洋务运动以来近代形成的工业遗产关注度还不够。

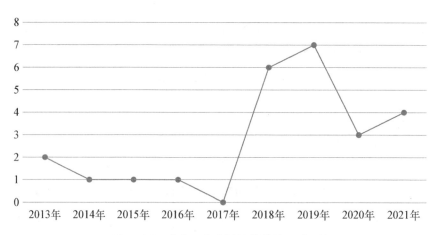

图1　军工遗产研究成果统计(图源:自制)

1.2　研究路线较为清晰

从现有的研究成果来看,主要形式有刊发的学术论文、提交的学位论文,也有相关部门的新闻报道和工作体会;以论文为主,在研究过程中基本都采用了"理论研究＋案例支撑"的方式开展研究,较好地兼顾了理论和实践,形成了理论研究和实践的良性互动。

从研究入手点来看,有的学者聚力于某一地区军工遗产的研究,主要有成渝地区[③]、

---

① 杨帆. 重庆军事工业遗产地景观更新设计研究[D]. 重庆大学,2013.
② 四篇研究成果为:2018年石文的《三线军工企业遗址的保护与开发利用》、非马的《追溯军工文化遗产:"三线"峥嵘史》,2015年范藻的《从"军工禁地"到"文化园地"——三线建设工业遗址的产业开发策略之管见》,2013年杨末的《三线军工"工业遗产"的文化功能》。
③ 吴传文,姚宇捷,刘洪煊,等. 成渝地区军工遗产群的形成历史,物质文化与非物质文化——以近代兵器工业为案例研究[J]. 西南科技大学学报(哲学社会科学版),2021(2).

重庆[①]、贵州[②]、江西[③]、山西[④]等军工行业较为集中的地区。有的学者具有较强的行业背景,能够从全行业的角度进行研究,比如国防科工局[⑤]、兵器工业的五洲集团[⑥]借军工遗产进入国家重点文物保护单位之际,进行了相关的研究。还有学者关注具体某一处军工遗产,比如对开封北门外地下粮仓[⑦]、江西连胜机械厂[⑧]、吉林机器制造局[⑨]等的研究。

1.3 研究内容较为丰富

军工遗产的研究基本沿用了工业遗产研究已经较为成熟的理论框架、概念体系等,同时注重对国内外工业遗产保护利用实例的借鉴。在基本概念等方面取得了较为一致的认识,比如普遍认为军事工业遗产是一项庞大而系统的工程,内涵十分丰富,包括军工建筑、工业设备、厂史资料及相关记录文献等。在此基础上,形成了具有军工遗产特色的研究内容体系。

1.3.1 遗产价值研究较为深入

价值研究是军工遗产研究的重要内容,研究者一般都将价值研究作为保护、利用研究的基础,相关研究基本是在《下塔尔宪章》《实施世界遗产公约的操作指南》等国际标准以及我国制定的相关法规政策基础上开展的。陈冬冬从历史价值、文化价值、社会价值、科技价值等角度对安庆内军械所的价值进行了分析[⑩]。尹赛将军工遗产的价值分为基本价值和当代价值两个方面,其中基本价值包括历史价值、科学价值、审美价值,当代价值包括社会价值、经济价值[⑪]。张亚婷从历史记忆、城市文脉延续的角度出发,对重庆地区军工遗产价值进行了分析[⑫]。张雪津采用定性与定量相结合的方法,从历史价值、社会价值、科技价值、审美价值、经济价值、环境价值、规模及保存现状、稀缺性等方面构建起军用工

[①] 杨帆. 重庆军事工业遗产地景观更新设计研究[D]. 重庆大学,2013.
[②] 石文. 三线军工企业遗址的保护与开发利用[J]. 办公室业务,2018(2).
[③] 段ato鹏,刘俊丽,闵忠荣,等. 江西省军工遗产调查[J]. 自然与文化遗产研究,2019(7).
[④] 刘林凤. 山西八路军军事工业遗产保护与开发策略研究[J]. 中北大学学报(社会科学版),2021(5).
[⑤] 余鹰,罗东明. 军工历史文化遗产保护与利用的"三重一大"模式探索[J]. 国防科技工业,2019(7).
[⑥] 王祖斌,刘卫华,陈晓虎,等. 兵器工业遗产保护利用模式研究[J]. 山西建筑,2021(11).
[⑦] 尹赛. 20世纪70年代军事防御型地下粮仓的遗产价值释读——以开封北门外地下粮仓为例[J]. 城市建筑,2019(6).
[⑧] 汤阳洋,刘宇波. 新中国军事工业遗产空间重塑与探索——以江西连胜机械厂改造为例[J]. 智能建筑与智慧城市,2020(1).
[⑨] 朱海玄,吕飞. 洋务运动背景下吉林机器制造局近代军事工业遗址内涵与价值研究[J]. 建筑与文化,2018(1).
[⑩] 陈冬冬. 安庆地区工业遗产研究——以安庆内军械所为例[J]. 安徽商贸职业技术学院学报(社会科学版),2014(2).
[⑪] 尹赛. 20世纪70年代军事防御型地下粮仓的遗产价值释读——以开封北门外地下粮仓为例[J]. 城市建筑,2019(6).
[⑫] 张亚婷. 军工遗址文化在地铁站内空间设计中的表达与应用研究——以重庆环线谢家湾站为例[D]. 四川美术学院,2019.

业遗产价值评价体系,并将其作为遗产分类、保护利用政策分类的基础①。

通过价值研究,为军工遗产分类保护利用提供了依据,有利于相关实践工作的开展。张雪津根据价值评估进行分类,将我国军用工业遗产分为文物类、保护性利用类、改造性利用类与可拆除类,并提出要重点完善总体规划、改造典型建筑、重塑景观氛围。杨帆在总结重庆军事工业遗产地景观更新中所面临问题的基础上,提出部分军事工业遗产可分为保护性利用、改造性利用和可拆除类,针对不同类型提出保护和再利用方案②。

1.3.2 军工遗产保护利用形式更加多样

一是红色因素的不断发掘。余鹰等以申报"第八批全国重点文物保护单位"为契机,提出军工文化遗产重点围绕重要产品、重要人物、重要精神、特大事件进行深入发掘和保护性开发,形成"三重一大"的保护利用模式③,为军工遗产红色因素的深入发掘提供了具有理论和实践意义的思路和方法。范藻提出军工遗址可以开发成红色旅游景点、生态养老福地和学校教育空间④。

二是军工文化融入城市发展之中。张亚婷以重庆环线谢家湾地铁站建设为案例,强调军工遗产更新设计要更关注于空间中主题的分级化表达、空间场景化营造以及人的多元化体验感知,突出在城市化背景下军工遗址文化的延续⑤。

三是社会效益和经济效益并重。李勤等以陕西省某军工企业为例,分析指出将厂区文化与当代建筑相结合,形成以影视产业为主,酒文化为辅的影视小镇⑥。汤阳洋等以江西连胜机械厂为例,将其空间划分为军事核心区和风貌区,其中军事核心区形成以博物馆、纪念广场为主体的观展、观影、射击、消费多元融合的军事体验,风貌区则因地制宜的设置老年疗养、酒店住宿、创意SOHO等服务行业⑦。

1.3.3 军工遗产的特殊性受到关注

一是军工遗产的特点研究。汤阳洋等指出军工遗产具有强烈政治色彩和军事化风格,是反映特定历史时期我国工业技术水平、军事力量建设情况等多方面的重要"典范"⑧。张雪津也根据军工遗产的特殊性,提出在对遗址进行修缮和展示时,特别是在遗

---

① 张雪津.我国军用工业遗产的价值评估及保护再利用研究[D].河北建筑工程学院,2019.
② 杨帆.重庆军事工业遗产地景观更新设计研究[D].重庆大学,2013.
③ 余鹰,罗东明.军工历史文化遗产保护与利用的"三重一大"模式探索[J].国防科技工业,2019(7).
④ 范藻.从"军工禁地"到"文化园地"——三线建设工业遗址的产业开发策略之管见[J].攀枝花学院学报(综合版),2015(1).
⑤ 张亚婷.军遗址文化在地铁站内空间设计中的表达与应用研究——以重庆环线谢家湾站为例[D].四川美术学院,2019.
⑥ 李勤,尹志洲,程伟.大三线建设下的军工企业工业遗产再生重构研究[J].自然与文化遗产研究,2019(6).
⑦ 汤阳洋,刘宇波.新中国军事工业遗产空间重塑与探索——以江西连胜机械厂改造为例[J].智能建筑与智慧城市,2020(1).
⑧ 汤阳洋,刘宇波.新中国军事工业遗产空间重塑与探索——以江西连胜机械厂改造为例[J].智能建筑与智慧城市,2020(1).

址博物馆展陈设计时,应充分妥善处理宣传与保密之间的平衡关系①。

二是关于保护利用主体及责任。石文指出三线军工文化遗产的保护与传承,需要明确地方政府与军工企业之间的所有权,应该以所在地政府部门为主体,企业配合②。刘林凤根据山西八路军军工遗产的分布情况,指出政府相关部门应该与各方开展合作,组织专家开展普查调研,建立遗产清单与目录,坚持"物质"与"非物质"联合开发,尊重和保留非物质工业遗产的原真性③。

2. 上海军工遗产基本情况

2009年前后,上海市文物管理委员会在第三次全国文物普查工作中,对工业遗产进行过较为全面细致的调查,出版了《上海工业遗产实录》《上海工业遗产新探》。笔者据此初步梳理,发现直接与军工遗产有关的共有11处(见图3)。从已公布的情况来看,上海军工遗产具有以下特点:

2.1 历史价值普遍较高

上海军工遗产是近代民族军事工业起源地之一。清末以洋务运动为起点,开始在上海等较有代表性的沿海口岸设立了近代中国军事工业。在第一批兴办的军工厂中,创建于上海的有1863年李鸿章设立的松江炮局(同年并入苏州洋炮局),以及上海洋炮一局、二局(1865年并入江南制造局)④。继而就是对于中国军工历史发展具有重要意义的江南机器制造总局。1865年创立的江南机器制造总局秉承"制器之器"的宗旨,以军工为主业,兼造船舶,配套建设了各种工厂,还设立同文馆、翻译馆和工艺学堂,是清末到民国时期中国规模最大的集军事工业、科技研究、造船工业于一体的大型民族企业,创造了中国军事工业史的众多"第一次",如研制了中国第一支步枪、第一门钢炮、第一磅无烟火药,第一艘铁甲军舰"金瓯"号等。

上海军工遗产是新中国军工事业发展的重要见证。20世纪60年代,上海机电设计院开始自行设计制造T-7M试验型液体燃料探空火箭,并在老港镇东简易发射场秘密发射成功,开启了中国的"空间时代"⑤。在当年举行的上海新技术展览会上,毛泽东主席对"T-7M"火箭研制人员给予鼓励和表扬。"中国航天之父"钱学森两次来到老港镇,现场

---

① 张雪津. 我国军用工业遗产的价值评估及保护再利用研究[D]. 河北建筑工程学院,2019.
② 石文. 三线军工企业遗址的保护与开发利用[J]. 办公室业务,2018(2).
③ 刘林凤. 山西八路军军事工业遗产保护与开发策略研究[J]. 中北大学学报(社会科学版),2021(5).
④ 向玉成. 清季近代军事工业布局问题初探. 硕士学位论文,四川师范大学,1997.
⑤ 老港镇着力打造"中国航天始发地"我国首枚火箭发射原址将建航天主题馆[N]. 新民晚报,2021-11-6.

指导探空火箭发射工作(如图2①)。1949年江南造船厂成立,研制建造了我军第一艘潜艇,第二代、第三代驱逐舰以及目前我军的055型大型驱逐舰,远望系列航天测量船等"国之重器"。中华造船厂也是我国军用舰艇重要的生产基地之一,被誉为护卫舰和登陆舰的摇篮,建造包括导弹驱逐舰、导弹护卫舰、大型登陆舰等战斗舰艇与辅助舰艇在内多型号军用舰艇。

图 2　钱学森与部分参试人员合影(图源:新民晚报)

此外,上海军工遗产还是近代众多重要历史事件的发生地。比如1872—1875年,清政府先后派出四批共120名赴美留学生,就是从扬子江码头乘坐太平洋邮船公司邮轮远航美国。

2.2　现实价值动态增强

上海作为我国重要的工业中心,其军工遗产多数还处于生产、使用状态,使其价值的形成具有鲜明的动态性。

---

① 老港镇着力打造"中国航天始发地"我国首枚火箭发射原址将建航天主题馆[N].新民晚报,2021-11-6.

一些上海军工遗产的价值还处于持续增强阶段。比如江南造船厂、中华造船厂经过企业改革、改组后，成为江南造船(集团)有限责任公司、沪东中华造船(集团)有限公司,这两家大型企业都是国家重点造船企业和军工生产定点企业。再比如成立于1956年的上海船舶设备研究所，主要从事船舶特辅机电设备与系统的应用研究、设计开发和总成,相关成果曾经荣获国防科技进步奖一等奖。这些军工遗产在科研攻关、生产的过程中,其自身所蕴含的价值还处于不断增强的阶段。

功能的转变使其价值进一步增强。一些上海军工遗产在其历史上，经历功能不断调整、改变的过程,增加了其价值内涵。比如原为中外商贸使用的扬子江码头在1887年以前，是"上海—日本长崎、横滨—美国"横贯太平洋唯一定期航线的起点,基本垄断了当时日本和中国间的全部贸易运输。近代该码头先后被国民党海军、日本海军、美国海军(借用)使用,被民众称为"海军码头"。1949年后,成为人民海军军用码头,在满足海军部队使用的同时,自1958年起成为来访外国军舰在上海的首选停泊码头,为中外海军友好交流谱写新的篇章。2021年,为配合虹口滨江岸线和北外滩建设,虹口区政府对扬子江码头进行改建,打造了亲水平台,成为市民游客打卡、休闲的景点。

3. 上海军工遗产保护利用现状分析

上海军工遗产保护利用基本与上海工业遗产再利用同步。从上海工业遗产再利用的历程来看,军工遗产保护利用基本分为三个阶段:第一阶段是20世纪90年代至2010年上海世博会前期,以苏州河两岸艺术仓库改造热潮为起点,以产业园区建设为特点,这一时期在徐汇区政府和当时的南京军区协作下将江南弹药厂旧址改建成的2577创意园。第二阶段是2010年上海世博会园区规划建设及世博会期间,对园区内工业遗产进行了多方面的适应性再利用,这一时期基本完成了江南造船厂旧址的改造。第三阶段是"后世博"时期,一方面,随着徐汇、杨浦、浦东等滨江地带以及北外滩地区开发再利用,沿线工业遗产得到进一步的保护更新;另一方面,杨浦区、虹口区、静安区北部(原闸北区)等地区,也出现了较多保护再利用的实践案例。这个时期军工遗产的保护利用主要有进一步完善江南造船厂旧址的改造,将上海飞机制造厂修理车间改建为余德耀美术馆,扬子江码头融入虹口滨江岸线等。从总体上看,当前上海军工遗产保护利用在公众性、文化性方面已经形成了较为鲜明、成熟的经验,能够兼顾社会效益和经济效益,但其思路和模式更多的突出了"工"的共性,"军"的个性还未受到应有的重视。

3.1 军工遗产体系还需进一步完整

根据保护利用方式,可以将上海军工遗产分为继续使用、原址改造两大类(图3)。从数量情况来看,继续使用的军工遗产占多数。事实上,处于使用状态的上海军工遗产,是一些1949以后成立的军工单位。一方面,由于保密需求等影响,使很多军工企业尚未列入军工遗产名单中。最具代表性的是"为国而生"的上海航天,查阅《上海通志·工业(上)》可以看出上海在防空导弹、运载火箭、人造卫星等方面取得众多突破和成就(表1),是我国航天事业的重要基地之一;近年来,新型长征运载火箭、载人航天飞船、空间站等"国之重器"均有上海工业参与,但该行业在已公布的上海军工遗产名录中还处于空白状态。另一方面,在军民融合发展战略的指引下,参与军工科研、制造的企业类型呈现多样化、复杂化,也为军工遗产体系的构建提出新的要求。

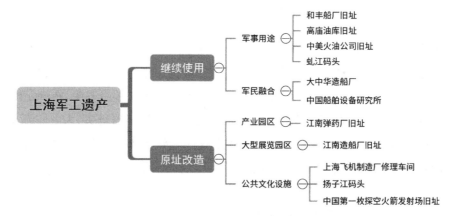

图 3　上海军工遗产保护利用主要方式(图源:自绘)

表 1　上海航天工业部分成就

产品类型		产品型号	研制时间
防空导弹	中高空地空导弹	红旗二号导弹	1961—1968 年
		红旗三号导弹	1965—1970 年
	中低空防空导弹	红旗六十一号	60 年代中期至 1988 年
	超低空便携式单兵肩射导弹	红缨五号甲	1975—1986 年
运载火箭	液体燃料探空火箭	探空七号	1958—1964 年
	大型运载火箭	风暴一号	1969—1981 年
		长征三号	1977—1990 年
		长征四号	1978—1990 年
		长征二号丁	1990—1994 年
		长征四号 A 型	1989 年
		长征四号乙型	1989 年

续　表

产　品　类　型	产　品　型　号	研　制　时　间
人造卫星	技术试验卫星	1975 年
	风云一号	1988、1990 年
	风云二号	

资料来源：《上海通志》第 17 卷《工业（上）》第十九章航天工业，上海市地方志办公室官网

3.2　军工文化彰显还需进一步突出

从原址改造类军工遗产的情况来看，较为明显的不足是军工文化没有得到充分展示和传播。以江南枪炮局旧址为例，其为清朝洋务运动时期李鸿章创办，1949 年后长期为军工企业基地。但这段历史在保护开发过程中，没有得到充分的重视，对园区历史的宣传更关注其为"第一家中国工业设计院所在地，有'中国西洋艺术摇篮'之誉，是中国现代工业设计的发源地"①，且园区最终的定位也是"以新媒创意产业为核心，集办公、展示、交易、文化等多功能于一体，融合休闲、娱乐、旅游等多元商务业态组合，打造成为上海市新传媒创意产业新地标"②，园区中并未开辟军工因素的展览或宣传内容。再如由上海飞机制造厂修理车间改建而成的余德耀美术馆，是上海当代艺术展场的地标建筑之一，从展览内容和馆内设置等来看也未体现曾经的军工因素（图 4、图 5）。

图 4　余德耀美术馆全景

---

① 2577 创意大院，百度百科。
② 2577 创意大院，百度百科。

图 5　余德耀美术馆侧面

3.3　保护利用力度还需进一步加强

上海工业遗产的保护利用自 20 世纪 90 年代以来,特别是 2010 年世博会以后,取得了巨大的进步。从关注对象来看,由传统保护建筑单体向工业遗产"大遗址保护"、街区保护等转变,在注重工业建筑本身价值的同时,向更加多元化方向发展。但从军工遗产保护利用情况来看,还缺少总体的长远的规划。比如,目前江南造船厂旧址建筑的保护和利用主要依托两个方面:一是在世博会期间原有旧厂房重新优化设计和改造成为展馆,近年来延续展馆功能开展文旅商融合活动;二是通过"阅读黄浦"微信小程序介绍原江南机器制造总局翻译馆旧址、2 号船坞、飞机库、翻译楼等十余处上海市文物保护单位建筑。但这些介绍、呈现相对来说是点状的、零散的,没有系统、全面、科学地反映出江南造船厂在中国民族工业、民族军工业中的重要地位。江南造船厂原本在交通便利的江南造船大厦设立了江南造船博物馆,展示从 1865 年中国近代军事工业和造船工业的发展历史、近代科技的发展历史、近代工业的发展历史及近代国防发展历史,是上海唯一的跨越三个世纪的科技史工业史大型博物馆。但由于厂址搬迁等原因,该馆已更名为"江南造船博物馆和展示馆"[1],搬迁至长兴岛新厂区,且暂时不对外开放。

4.　思考及建议

4.1　适时开展普查工作,形成遗产清单

上海军工遗产价值形成的动态性,加之部分军工遗产依然处于使用状态且具有较强

---

[1]　美哉,江南造船!美哉,江南艺社![N].新民晚报,2018-04-29(A24).

的保密性,因此需要持续开展相关普查工作,形成军工遗产清单,作为保护利用等工作开展的依据。

一方面,继续由上海市工业、文物等相关主管部门牵头开展普查工作,结合上海工业遗产、不可移动文物普查等工作同步进行。比如2009年,结合第三次全国文物普查,上海市文物管理委员会出版了《上海工业遗产实录》《上海工业遗产新探》,较为系统地展示了上海工业遗产发现、调查和评估工作的阶段性成果。这些著作对上海工业遗产进行了较为全面的梳理,虽然没有明确提出军工遗产的概念,但是均有所包含,是上海市级层面工业遗产较为系统、全面的成果,为系统开展工业遗产以及军工遗产研究奠定了较为扎实的资料基础。未来在普查、评估、研究以及成果公布过程中,要妥善处理保密与公开的关系,建立起一套符合保密法规、制度要求的调查工作制度,并形成全面完整的上海工业遗产以及军工遗产清单和目录,以推动军工遗产保护利用的体系化、科学化。

另一方面,加大军工企业或行业自主普查的力度。2020年,国家国防科技工业局、国家文物局签署战略协议,共建军工历史文化遗产。该协议明确"两局将从摸清文物家底、落实保护责任、加大保护力度、促进开放利用、开展示范试点、建立协商机制等方面,积极推进信息资源、专业技术的共享互助,构建军工历史文化遗产科学分级保护体系,充分发挥各自优势,探索试点示范工程,共同推进军工文物事业的创新发展"[①],从国家层面构建起军工遗产保护利用的机制。对于地方政府来说,可以借鉴此战略协议,尝试建立相关军工企业开展相关普查、文物部门跟进备案指导的工作机制,在妥善处理保密工作要求的情况下,发挥企业在军工遗产价值认定方面的优势,强化企业保护利用主体地位,推动军工遗产保护利用的常态化。

4.2 挖掘遗产历史价值,丰富文化内涵

上海军工遗产数量与其雄厚的工业基础以及工业遗产数量相比,在绝对数量上偏少。这主要与我国军工布局发展有关:一是在近代工业创立时期对沿海口岸军工布局的调整。洋务派原本秉承将军事工业设于沿海口岸的"海口理论",于是出现了以江南机器制造总局为代表的第一批大型近代军事工业。但随着海防危机的增强,特别是中法战争闽厂被毁、甲午战争沪局危机[②],使清廷开始改变军工布局,兴办内地兵工厂。二是抗日战争时期,中国兵工企业内迁,对上海军工布局和数量也产生了一些影响。三是20世纪60年代进行的三线建设,以备战为指导思想,在中西部地区13个省、自治区进行了大规模国防、科技、工业及交通基本设施建设,其中就包括大量的军事工业。

上海军工遗产在数量上虽然偏少,但其所包含的"起源性"价值则是独一无二的。一方面,上海军工遗产具有鲜明的红色基因。以江南造船厂为例,作为近代军事工业的

---

① 国防科工局,国家文物局签署战略协议共建军工历史文化遗产[J].国防科技工业,2020(12).
② 向玉成,杨天宏.中国近代军事工业布局的发展变化述论[J].四川师范大学学报(社会科学版),1997(2).

鼻祖[1],其还是中国产业工人的诞生地,是中国共产党早期革命的播火地。首先,江南机器制造总局是中国人接触马克思主义的源头。19世纪70年代翻译馆在《西国近事汇编》中使用"康密尼人"和"康密尼党"报道了西方工人运动,这是在国内近代史料中找到的最早刊登马克思主义思想的刊物。其次,出现中国共产党历史上第一位产业工人党员。江南工人李中发表的《一个工人的宣言》,是中国第一个为产业工人代言发表的政治性文章,成为中国工人阶级觉醒的先声。再次,成立了中国共产党领导的第一个产业工人工会。1920年,在江南造船所成立了上海机器工会,标志着中国工人阶级以独立姿态登上中国革命的历史舞台[2]。

另一方面上海军工是国内一些著名军工企业的"出生地"。比如有学者在对重庆军工遗产进行溯源性研究的过程中,指出重庆嘉陵厂作为我国自动榴弹发射器和反装甲火箭筒的重要生产企业,其前身是1875年清政府建立的上海江南制造总局龙华分局,是中国近代最早的兵工企业之一;重庆钢铁公司是新中国重要军品钢生产基地之一,其重要前身之一是上海炼钢厂,该厂于1938年8月抗战时期由汉阳再迁重庆[3]。这些军工遗产不仅显示了上海对于我国军工事业发展所做出的贡献,还赋予了上海军工遗产保护利用更加深刻的历史内涵和更加丰富的研究内容。

4.3 突出遗产现实价值,强化公共性

《下塔吉尔宪章》《都柏林原则》和《台北宣言》均指出,工业遗产应通过适应性改造再利用,为社区、居民和社会生活做出贡献,而公共性是其重要内涵之一[4]。上海军工遗产作为工作遗产的组成部分,也应积极丰富保护利用形式,继续拓展上海军工遗产的公共性。

一是借助公共设施呈现军工遗产。可以考虑在遗产原址建立具有公共文化机构性质的纪念馆、展览馆,如利用原设立于市区的江南造船博物馆,形成社教、文旅资源,吸引市民、游客参观。近年来,我国一些城市积极探索更加主动的方式展示军工遗产,值得上海借鉴。如成都地铁4号线双桥站、武汉地铁4号仁和站以及重庆环线谢家湾地铁站、九龙坡杨家坪特色地下通道等公共设施建设过程中,都十分关注空间中主题的分级化表达、空间场景化营造以及人的多元化体验感知,将军工遗产转化为城市历史记忆,延续城市文脉,为缺少原址建筑等物质层面支撑的军工遗产提供了更富生命力的载体。

二是借助科普吸引公众参与。军工遗产一般都包含着当时最先进的科学技术,对于社会各方面发展具有一定的推动促进作用。在弘扬军工精神、文化的同时,积极开展科普活动,发挥军工遗产的科学价值,已经成为我国军工遗产保护利用重要着力点。第八批国家重点文物保护单位中"三线核武器研制基地旧址(四川省梓潼县)",见证了我国原子弹、

---

① 孙晔飞,陈娜. 江南制造局:近代中国军事工业的"鼻祖"[J]. 当代海军,2006(2).
② 原野,曲沃露. 江南造船:中国共产党早期革命的播火地[J]. 上海企业,2020(10).
③ 杨帆. 重庆军事工业遗产地景观更新设计研究[D]. 重庆大学,2013.
④ 陈柳珺,孙淼. 工业遗产更新街区的共享性比较研究——以上海长寿路和徐汇滨江为例[J]. 住宅科技,2020(11).

氢弹武器化、小型化、实战化的进程,见证了中子弹的研制工作。我国两弹研制中的核武器实验共计45次,其中有22次是在三线核武器研制基地旧址指挥完成的[①]。该旧址的定位就是重要的爱国主义教育基地和核科普教育基地。在上海,被誉为"航天功勋船""海上科学城"的"远望一号",先后圆满完成远程运载火箭、气象卫星、载人飞船等57次国家级重大科研试验任务[②],退役后停放于江南造船厂原址2号船坞,将两个具有深远意义的军工遗产有机地结合在一起,已经成为爱国主义教育和航天科普教育双基地。

5. 结语

当前,在文化强国战略的大背景下,军工遗产的重要性得到了各方的认可和重视,已经开始成系列地成为国家重点文物保护单位;学界对军工遗产研究的不断深入,加之上海多年来在工业遗址保护利用方面较为丰富成熟的经验,为上海军工遗产的保护利用提供了良好的宏观环境。上海军工遗产具有丰富的历史内涵和动态增强的现实意义,其为保护利用提供了较为扎实的具体支撑。

上海军工遗产的保护利用可以通过科学全面的普查,形成遗产清单和名录,围绕爱国主义和科普两大主题,在推进博物馆、纪念馆等专业文化机构建设的同时,突出军工遗产的公共性,积极利用公共平台,更加充分发挥遗产的价值。

附表　上海部分军工遗产简况

序号	名称	地址	简史	遗产原状	现状
1	扬子江码头	虹口区扬子江路一带	1862年,英商汇源洋行购地建设码头; 1867年,美国太平洋邮船公司购入,成为经日本前往美国的起点码头,改名扬子江码头; 1876年,日本三菱邮轮公司购入,改为三菱码头; 1937年后,被征为日本海军码头; 1949年后,成为军港,并复名扬子江码头		原为海军使用,2021年10月18日作为虹口北外滩滨江段向公众开放

---

① 国家文物局官网. 军工遗产揭开神秘面纱　文物保护填补体系空白. http://www.ncha.gov.cn/art/2019/10/18/art_2285_157096.html.

② 上海市黄浦区人民政府. 黄浦区人民政府对市政协十三届四次会议第0899号提案的答复. https://www.shhuangpu.gov.cn/zw/009001/009001015/009001015006/20210514/a8f498a8-7430-46f4-82c4-f9709acc4aa7.html.

续　表

序号	名称	地　址	简　史	遗产原状	现　状
2	江南机器制造总局旧址	虹口区南浔路黄浦路		1. 山花 2. 大门	73815 部队
		黄浦区高雄路	1865 年,创办于虹口; 1867 年,迁建于现址,主要生产枪炮、修建轮船; 1905 年,造船部分改名江南船坞,兵工部仍称制造局; 辛亥革命后,江南船坞更名为江南造船所; 1932 年,兵工厂停办; 1953 年,改名江南造船厂。	1. 飞机制造车间(1931年建) 2. 2 号船坞(1872 年建) 3. 指挥楼(1931 年建) 4. 总办公楼(1939 年建)	世博会场馆

续 表

序号	名称	地址	简 史	遗产原状	现 状
3	江南弹药厂旧址	徐汇区龙华路	1870年创立，又称龙华黑药厂，为中国最早的军工厂之一，先后有淞沪护军使署、淞沪商埠督办公署、国民党淞沪警备司令部等设置于此。其中铁柱厂房（1876年建）是最早的翻砂车间。	1. 翻砂车间	2577创意园
4	和丰船厂旧址	浦东新区浦东大道	1896年，英商耶松船厂公司在居家桥西侧陶家宅创办和丰铁厂；1936年，英商耶松船厂与瑞熔船厂合并为英联船厂，改称为英联和丰船厂；1952年，中国人民解放军上海市军事管制委员会命令征用英联和丰船厂。	国际船坞、车钳工场以及RB2号工作船、日式车床	海军4805厂
5	高庙油库旧址	浦东新区浦东大道	20世纪20年代	美孚公司油栈老油罐2座	陆军7380部队
6	中美火油公司旧址	浦东新区浦东大道	20世纪20年代，由中美火油公司建造；20世纪70年代，为东海舰队海军上海油料技术保障大队使用。	1. 西洋复合式别墅 2. 仓库	海军91975部队

续　表

序号	名　称	地　址	简　史	遗产原状	现　状
7	上海飞机制造厂修理车间	徐汇区丰溪路	1922年创建,初称龙华飞行港; 1950年,改成上海飞机制造厂; 1958年,建造修理车间,大跨度钢架结构屋顶,混凝土墙体,大门由多扇移动钢门组成。	1. 外景	徐汇滨江余德耀美术馆
8	大中华造船机器厂旧址	杨浦区共青路	1926年,创立; 1930年迁建现址; 1953,年改名为中华造船厂。	1. 厂房	继续使用
9	虬江码头	杨浦区虬江码头路	1929—1936年	仓库2座	海军91860厂
10	中国船舶设备研究所	徐汇区衡山路	成立于1956年,现址建筑原为美童公学旧址,仿费城独立厅形式。	1. 水塔	继续使用
11	中国第一枚探空火箭发射场旧址	浦东新区老港镇	1960年,我国首枚自行设计制造的实验探空火箭发射成功,现存火箭发射台基础部分; 1997年,南汇县人民政府设立纪念碑。	1. 水泥平台 2. 水泥墩	区文物保护单位,爱国主义教育基地

续表

序号	名称	地址	简 史	遗产原状	现 状
				3. 纪念碑	

资料来源：(1) 上海市文物管理委员会：《上海工业遗产实录》，上海交通大学出版社 2009 年版；(2) 上海市文物管理委员会：《上海工业遗产新探》，上海交通大学出版社 2009 年版；(3)《歇浦路街道志》，上海市地方志办公室，http://www.shtong.gov.cn/newsite/node2/node4/n107748/n95145/index.html。

参考文献：

[1] 曹永康,竺迪. 近十年上海市工业遗产保护情况初探[J]. 工业建筑,2019(7).

[2] 刘成,李浈. 浅论上海工业遗产再生模式——世博背景下工业遗产的昨天、今天和明天[J]. 华中建筑,2011(3).

[3] 曾锐,李早. 城市工业遗产转型再生机制探析——以上海市为例[J]. 城市发展研究,2019(5).

从乡村工业文化到乡村工业遗产保护

谢友宁

(河海大学)

文 摘：保护乡村工业遗产，必须要了解乡村工业文化。从乡村工业发展轨迹中，寻找保护的边界及价值。文化是人类进步过程中逐步积淀和形成的，又影响着人的行为。本文采用文献阅读和乡村行走的方法，面向乡村工业文化到乡村工业遗产保护的问题，从概念界定到历史回顾，从茶产业个案解析到乡村工业文化七则，最后归纳出几点乡村工业遗产保护新认识。

关键词：乡村工业；乡村工业文化；乡村工业遗产；工业遗产

农村，就是以农业为主，哪里来什么工业，存在这类误区的人，可能不在少数，值得注意。

关于乡村工业的历史，由来已久，尤其在我国清末时期开始，受西方工业革命影响，工业化的步伐加快，触角延伸较广、较深。著名社会学家费孝通先生于20世纪初，在我国南方的一个乡镇做了调查研究，曾经把盛泽和瓷都江西景德镇，与北方的织布中心高阳镇相提并论，说作为镇子，这三镇各以自己的鲜明特色和气派而闻名。其中，盛泽作为一个"有很长纺织工业史的名镇"，自然人气兴旺。明朝天启年间的盛泽，更如冯梦龙在《醒世恒言》里渲染的那样：市上两岸绸丝牙行，约千百家，远近村纺织成绸匹，俱到此上市。四方商贾来收买的蜂攒蚁集，挨挤不下，市场规模可谓巨大。明末时，盛泽丝绸走向了全国。蚕业发展和丝绸贸易的红火，使盛泽"舟楫塞港，街道肩摩"，专做丝绸生意的庄面、会馆鳞次栉比，"南北商贾咸萃，遂成巨镇"；竟然与苏州、杭州、湖州三个大中城市并称为"中国四大绸市"[1]。

谈到高阳镇就不能不提及日本学者顾琳教授的研究，一部《中国的经济革命——20世纪的乡村工业》承载着她主要成果。袁守云关于乡村手艺人生活样本的观察与研究也耐人寻味，其著作《改造与断裂：乡村手艺人的生活样本》一书，围绕鲁庄手工造纸这个乡

---

① 王乾荣文.海洋,张祖道图.江村故事[M].群言出版社,2001:44~45.

村手工艺研究样本,梳理其六十年来的兴衰沉浮。

保护乡村工业遗产,必须要了解乡村工业文化。从乡村工业发展轨迹中,寻找保护的边界及价值。文化是人类进步过程中逐步积淀和形成的,文化是一种生活样式。一定意义上,文化也是价值观认同的外在形式表现。

1. 相关概念

乡村工业可以进一步分为:乡村手工业和乡村工业,是一个总称呼。区分的界限在于标准化、机械化、规模化程度。

1.1 乡村手工业

传统乡村手工业是对当地自然资源或农产品进行加工、销售而形成的各种产业,是集农业种植、工业加工、贸易销售等第二、第三产业在内的综合经济形式。也正因为如此,社会学、经济学者除了进行农村社会经济概况调查外,调查者还对某些重要的乡村手工业行业如棉纺织业、蚕丝业、制茶业、制糖业、造纸业、榨油业、编织业等进行了从种植、加工到贸易的专项调查①。美国安·邓纳姆曾对印度尼西亚的几个乡村进行调查,主要是乡村的手工业,包括竹编、制陶、纺织、制革及铸铁。她在《困境中求生存——印度尼西亚的乡村工业》一书中对位于日惹特区的"卡亚锻造村"有专章介绍。据悉,1977年,卡亚村有铁匠铺90家,到1991年增加到140家。铁匠铺的人数虽然从760人增加到800人,但平均下来,每家人数反而减少,从8人降到6人,分析其原因,主要是受新技术因素的影响②。袁守云在鲁村个体造纸业的调查表明,20世纪80年代,鲁村家庭作坊式造纸手艺人对于村子里的贡献,主要是家庭的抄纸房、纸池、大小石碾、水井、轱辘,还有使用的驴或骡子等③。

1.2 乡村工业

乡村工业,一方面,除乡村农业生产外,依靠土地资源、劳动力资源、地域优势,吸引来乡村的其他产品的技术、生产、合作、加工与销售活动,即农作物生产(如水稻、小麦、大豆、油菜、花生、玉米、蔬菜等)之外的一切生产活动。另一方面,部分农产品的深度开发与加工,包括乡村手工业在内,都可以归于乡村工业的范畴。换一维度观察,乡村工业又与城市工业化有着密切联系,一定意义上,它又是城市工业化的再分工和延续。也有人用"三

---

① 彭南生. 半工业化——近代中国乡村手工业的发展与社会变迁[M]. 中华书局,2007:14.
② (美)安·邓纳姆. 徐鲁亚等译. 困境中求生存——印度尼西亚的乡村工业[M]. 民族出版社,2013:137.
③ 袁守云. 改造与断裂——乡村手艺人的生活样本[M]. 中国民主法制出版社,2021.

个术语"表达,即乡村工业、农村工业、小型工业①。乡村工业化也是将传统的手工业生产方式向大机器生产方式的转变。

1.3 乡村手工业与乡村工业的关系

乡村手工业与机器工业的关系及其在早期工业化进程中的地位与作用,有人持"障碍论",认为以农村副业形式存在的乡村工业"不过是前资本主义社会的最后一道壁障,是工业发展的一个阻力"。但是,绝大多数学者认为两者之间是相互促进的互补关系。如韩德章认为:在工业品制造过程的纵、横两方面,机器工业和乡村手工业可以相互补充,某些产品"可以用农村手工业的方式先行农产加工,再供新式工业原料之用",相反,某些手工业生产则"以新式工业所生产的半制造品为原料,施以加工,而制成可供直接消费的制造品,可知若干农村工业借着新式工业的树立而存在"②。依据调研,我们注意到乡村工业不同种类、行业,手工业和机器动力的加工与制造,有时是互为补充的,布局在乡村工业之中。

1.4 乡村工业文化

从理论上讲,经济与文化是相关联的,乡村工业经济活动一定有其内在的文化性。乡村工业文化可以理解为由于乡村工业的商品生产、销售与经营,涉及交通、金融、教育等行业活动的影响,村民们反复操练而逐步养成的行为习惯或变化。其硬核是乡村居民价值观的变化,如婚姻、家庭作坊、技艺、协作、客户关系、信息、和市场等。为什么有的乡村工业化做得好,村民的生产效率高,富裕程度提升快,同样,环境条件基本类似的乡村,却差距很大,关键在于观念。观念是价值观的表现。所以,乡村工业是乡村发展价值观的推力呈现出来的现象之一。"文化价值观和态度可以阻碍进步,也可以促进进步……"③。当下,乡村振兴4.0的田园综合体建设,无锡这个曾经是苏南乡镇企业的领头羊又走在了前头,位于无锡的中国水蜜桃之乡阳山镇打造的"田园东方"成为先驱,为什么会出现这个巧合,笔者以为和文化密切关联。该地区的掌门人和广大乡村干部群众敢于探索、勇于创新是关键。如今"田园综合体"已经成为热词。

2. 乡村工业的历史

文献调研显示,我们现在讨论乡村工业,更多的首先是我国改革开放以来,近四十多

---

① (美)安·邓纳姆.徐鲁亚等译.困境中求生存——印度尼西亚的乡村工业[M].民族出版社,2013:5.
② 彭南生.半工业化——近代中国乡村手工业的发展与社会变迁[M].中华书局,2007:35.
③ (美)塞缪尔·亨廷顿,劳伦斯·哈里森.文化的重要作用——价值观如何影响人类进步[M].新华出版社,2010:43.

年来的发展与变化,其中,乡镇企业的发展与变化是一个热点;其次是20世纪初,民国时期开始乡建的研究;再次,更早一些研究是18世纪60年代以来,受英国工业革命影响之乡村工业变化。

2.1 英国乡村工业的发展

据悉,"英国大工业的发源地是乡村而不是城市——是在那些方便利用水力的地方建起了厂房,安装了机器,架起了水车,盖起了供工人居住的小茅屋和工厂主的府邸,从而以工厂为中心形成了一个个兼顾生产和生活功能的'乡村工业社区'"。另外,"构成'乡村工业社区'的实体和概念,是从'乡村工厂'延伸出来的。由于受到动力、原材料等方面的限制,早期的工厂大多设在比较偏僻的乡村地区。如1771年建立的克朗福德水力棉纺厂坐落在德文特河的一个河湾处……"①。

其实,英国的乡村从16世纪起就有了很大的改革,农村农业生产效率的提高,为乡村工业的发展提供了粮食和原料,尤其是提供了大量的廉价劳动力。另外,城市手工业者和资金向乡村的移动,也给乡村工业提供了技术上和资金上的援助,推动了乡村工业的发展。再加上当时市场的需求,以及政府及时出台的保护措施,为乡村工业发展营造良好的环境②。也有学者称之为"乡镇原工业",认为某种继承机制和农业结构更有利于原工业增长③。值得注意的是,这些与中国的"草根工业"有着很大区别。费孝通先生率先提出的"草根工业"的代名词,即是产生于社队企业里的,又称之为"社队工业"。

2.2 近代我国的乡村工业发展

彭南生教授在近代乡村工业研究时,提出了"半工业化"的概念,且指出:"近代中国存在着两条工业化道路,一条是由政府从国外直接引进先进的工业技术、直接创办大型的机器工业企业,这是一条自上而下的、移植型的工业化道路,另一条则是由民间自发的、在传统工业基础上通过技术嫁接、改造、渐进式地走上工业化的道路,这是一条自下而上的工业化之路"④。笔者以为,中国乡村的工业化,尤其是民间自发、受城市工业化影响下的传统手工业改造和升级,更值得关注。彭教授的一个研究结论为:"明清时期农村手工业发展的困境,近代中国半工业化现象的中断,当代中国农村工业化发展的成功实战,反映了一个长时段内中国农村工业化进程的曲折命运。"⑤这个结论是建立在各种调查基础上的,结合各方面相关研究成果,这为后人研究乡村工业夯实了基础。著名社会学者费孝通先生通过蒸汽能源到电力能源的转化,看到了许多工业的分散化,于20世纪早期,就明确

---

① 尹建龙.英国工业化初期的"乡村工业社区"及其治理[J].学海,2011(3).
② 李群.简述近代早期英国乡村工业发展的原因[J].企业家天地,2009(4).
③ (美)保罗·M·霍恩伯格,林恩·霍伦·利斯.阮岳湘译.欧洲城市的千年演进[M].上海人民出版社,2022:199.
④ 彭南生.半工业化——近代中国乡村手工业的发展与社会变迁[M].中华书局,2007:443.
⑤ 彭南生.半工业化——近代中国乡村手工业的发展与社会变迁[M].中华书局,2007:456.

提出了我国乡村工业的可能性,他曾写道:"我们一大部分可以分散的工业和农村配合来维持大多数人的生活。……可以避免西洋机器文明所引起的个人与社会的不良影响。"①

2.3 乡镇企业突起

新中国成立后,农村经过改造,逐步摆脱贫困。江苏无锡是中国乡镇企业的发源地之一,最早诞生于20世纪50年代末期②。研究乡镇企业,我国有多种模式,如苏南模式、温州模式、东莞模式及晋江模式等。费孝通先生在20世纪30年代前后,就开始研究乡镇企业,并在20世纪80年代提出"小城镇,大问题"观点。

在城市化进程中,乡镇企业为提高村民收入,吸收从传统农业释放出来的大量劳动力,起到了关键作用。乡镇企业,还在工业化分工、进出口贸易等方面,做出极大的贡献。依据王宏淼等对福建晋江安海镇的调查,该镇的乡镇企业前身是社队企业,1978年前只有74家,而且都是些小型企业及传统手工业。20世纪80年代乡镇工业迅速发展,从1979年的近百家发展到1990的532家,其从业人数从4 200人扩大到2.5万人,工业总产值从1978年的1 547万元增至1990年的1.826亿元,增长10.79倍③。现在的"中国(无锡)乡镇企业博物馆"就建立在1956年成立的春雷造船厂旧址,这是无锡县春雷高级社1956年创办的企业,目前为文献记载的乡镇企业第一厂。可见,这个博物馆的选址就是一份记忆。

2.4 后工业时代的乡村体验

从传统的农业社会,到工业社会,再走向后工业社会,这是以社会生产的主要方式划分的社会发展的一条主线。后工业是指以高能耗、高热量、依赖资源材料进行生产的工业社会时代(制造业为主)的结束,转向依靠知识、科技力量,以设计、创意、休闲、文化、服务等为主要的生产方式。后工业社会强调的环境洁净,生态的多样性,可持续性发展。后工业社会也称之为"知识社会",从"资源型"走向"知识型"竞争的转型,由美国哈佛大学D.贝尔于1959年第一次提出,1973年在其发表的专著《后工业社会》中具体阐述了这一概念的内涵。

自20世纪末开始,城市的逐步转型、更新,又波及乡村变化,都是"后工业社会"判断的佐证。最近,笔者在位于汤山辖区的龙尚村,再次感受到了"后工业社会"乡村的新貌:一排错落有致的"龙尚民宿"建筑呈现眼前,白色的立面,几何型延伸变化的设计,敞开的露台,充满着现代性的乡土建筑,一种"后工业"的表白,确实透射一种乡村设计之美。乡

---

① 任继新,张桂霞."乡村工业是可以有前途的"——费孝通论民国乡村工业化的可能性[J].湖南行政学院学报,2009(2).
② 宗菊如.无锡乡镇企业简史[M].方志出版社,2001.
③ 王宏淼,仲继银,刘霞辉.闽南沿海乡村的工业化与城市化——福建晋江安海镇调研报告[M].中国社会科学出版社,2009:76.

村生活驿站,"磨界咖啡"位于村口,像是迎宾员,迎接各位远到的客人。如今的乡村是开放的,尤其是这类美丽乡村,不再是封闭的。从乡村建设观察,合理利用土地资源、自然资源,建筑一批民宿应当是属于建筑工业的,但是,整个村庄田园区域的再造,整合各类资源,打造一个生态的这一亩几分地的范围里,具有多元的、多层次的体验,这就满足"后工业"的特色。

再走上几步,就会发现一座水上小屋,这是"稼圃集"的一间水上"书屋"。入住者,可以随意进出,枕水而阅,多一种自然的享受。笔者在这间书房停留了许久,被一个"植物先生"的特别展览吸引住了眼球,关键是这些画所用的纸——花叶纸、水印纸等,一切都与植物关联。窗外的睡莲和几个人在野花野草里留影,也给小书房增添了一静、一动的生机……好美。公共艺术、室外闲聊、烧烤、水上书屋、咖啡茶社等,这些可以初步注解"田园尚村"了……这是笔者的一次"后工业社会的乡村"体验,乡村工业再思考带来了新素材。

3. 焦聚小工业:茶工业

乡村工业的内容很多,我们既要关注大企业、大建筑,也要从多元视角出发,关注特色产业,如造纸业、陶瓷业、丝绸业等。这里仅谈谈身边的制茶业。首先必须明确的是身边的片片茶园,本身就是遗产。美国富兰克林·哈瑞姆·金所著的《四千年的农夫——中国、朝鲜和日本的永久性农业》特别考察了茶产业。从茶叶种植到茶手工业、制茶机械化等,一条线连接了农业和工业。另外,我们还应当从产茶、制茶深入感受乡村工业文化。

3.1 茶生产机械化区域之间的不平衡性

茶叶最早产于中国,后逐步传播至西方和东亚邻国。茶叶应当是乡村的经济作物,但是这样的经济作物,茶树生长,只是其一。关键需要下一步的仓储、晾晒、烘烤等,依据不同类型茶(绿、红、白、黑等)的要求,有着不同技术的加工、处理环节,才能成为一款上市的商品。这个加工是乡村工业类型之一。英国、印度、日本茶叶的竞争力来自规模化、机械化,笔者曾关注过日本机械化采茶,效率很高。相比较,我们差距较大。外国人一般喝加工过的袋装茶,而我国多喜爱散茶,这点可能也与机械化程度有关。我国除了少数地区的品牌市场销量较大茶叶加工机械化程度较高外,相当数量的茶叶采摘和后期加工仍然停留在家庭作坊式或小工业的生产状态,所以不可忽视这样的场景。

3.2 南京城市周边茶生产手工作坊式、半机械化仍占据主流

近两年来,在笔者生活的城市与乡村交接的地域,常常遇见周围的山丘种植的成片的茶园,有个村道的路名直接称"茶园路"。但是,成片的茶园,真正加工茶叶的工厂,从规模、数量上看,几乎可以概括为"小"和"少"两字。我曾在江宁方山里见到的一个茶工厂,

一个小院落,一排平房,一间厂房。在厂房里,摆放着炒茶机器。采茶季时,采茶工把茶叶送来,晾晒后,送入机器加工(揉捻、干燥),好像没有想象中的流水线,比较简陋。厂子对面有个喝茶、品茶的中心,现在也衰落了。我了解到,现在有一些茶园属于集体,并且有相当一部分已经承包给个人了。我们还注意到采茶季,茶园主雇用周边村民来采茶,因采茶工作比较辛苦,有时受雇的采茶人手还不够,另一方面,因茶期短,有部分茶叶质量、等级不合格,价值就迅速下跌,原本可能是很好的茶叶,却不能完全发挥其经济效用。还有相当数量的茶叶留在地头,进入下一轮"循环"。

3.3 全茶域生产链分前、后两端

茶域全生产链可以分为前、后两个阶段。茶制作之后,应当就是茶商品的包装设计、广告宣传、市场定位、区分市场及营销方式等环节,这是属于后端,"前端+后端"是一个完整的过程。这里后端的再开发,需要其他的专业知识。茶的种类开发,也需要依据市场和茶树特性来研发。但是,我们在乡村遇见的另一个问题是人才往上"游"的现象,造成乡村专业人才的真空或缺位。当然,专业的事由专业的人去做,委托、外包也是一条路径。新品种研发之事,需要农业科研机构的合作。这些都是由管理者的智慧和组织所决定的。如此,茶、制茶、茶商品营销(包括茶艺)等,其生产链也很长。从目前我们所观察的情况看,绝大多数乡村的茶产业仍然停留在前端,小工业,即茶与制茶。真正进入新品种研发、品牌营销、着力打造IP茶工业的,还是极少数。而且,这些地区与文化旅游直接关联。越是旅游热点区域,茶工业链条越长,茶文化的内涵越丰富。

3.4 茶生产的前端文化亟待开发

目前,停留在乡村的是茶生产的前端。茶生产的前端是不是无文化可谈,回答是否定的。关键是茶生产的前端表现在非遗方面的比较多,一些仪式性的民俗,多半还在少数民族聚集地区,如开采仪式、采茶歌等。那么,乡村茶工业文化,应当关注什么呢?这是值得思考的。茶文化,不仅仅是指那些显性的、已经被前人挖掘出来的,还有那些隐性的文化、反映本地区特点的文化,还需要仔细地观察与研究。

4. 乡村工业文化

文化主要包括物质、制度和精神等方面。乡村工业直接的影响因素有资本、劳动力和自然资源等。沙石、矿业、冶金业等均是自然资源。资料显示,11世纪时,我国农民因农具对于铁的需求就相当大[①],如此促进乡村打铁业的发展。研究还表明,思想认识、价值观也是重要的因素,这一点往往容易被忽略。乡村工业直接或间接影响着传统乡村民俗

---

① (美)段义孚. 赵世玲,译. 神州——历史眼光下的中国地理[M]. 北京大学出版社,2019:130.

的改变。以下我们通过观察,初步拟出七点,侧重于精神方面,突出表现了乡村的工业文化。

4.1 村庄里的一扇窗

乡村工业是村庄里的一扇窗。农业生产有一定的封闭性,主要是粮食生产属于国家收购型,一般不太需要自己去跑市场。过去有一个顺口溜,即"两亩地,一头牛,老婆孩子热炕头",形象地描述了这种封闭、稳定和舒适的生活样式。

与手工业、工业不同,农产品属于商品生产,它需要技术、市场,需要信息。所以,乡村工业一定要是开放型的。开放的大小,决定生存的能力和发展的速度。乡村里的工业开放性,同时也为村庄里的开放性打开了窗口。如此,这让村庄里原来封闭性逐步提高了的熵,走向底缓,给村庄带来新的生机、新的秩序。如"路"的建设,可以说是开放型的表现,"要想富,先开路",这个道理已经得到了实证。"路",现在基本已经达到了"村村通"。值得指出的是,多数"路名"已经丢失了"村"的个性或历史,有点遗憾。但是,修路对于村庄的工业化作用是很大的。再者,村里供销社一条街也是信息交汇点。我在一个即将消失的村庄里,遇见一个社队企业、一个粮仓、一个油坊,再一个就是供销社一排平房(分别有杂品店、邮局、食品店等),这四处浓缩了村庄里的烟火气,勾勒出村庄的轮廓,也是乡村农工商的基本景观,值得保护。

4.2 从家庭走向合作社

从效率着手,必须走出单干。家庭作坊式的工业,必须重组、更新。乡村工业中,纺织业从作坊式进入机械化大工业比较成功,但是一些手艺人的家庭作坊,进入社会化大生产,仍然是一个问题。最近,央视上映《三泉溪暖》连续剧,里面的黑陶手工业走出来的曲折过程,就反映了这样的问题。

近来,笔者走访了苏南城市的某村,了解到村里仅有茶叶和山芋粉丝两个特色农产品,自2013年前后,该村里组织合作社,想提高点效率,搞了几年,至2019年前后,合作社就开始名存实亡了。问题是农户自身也没有做大市场的积极性,不愿意冒风险,小作坊加工一些,市场交换,满足正常生活开销即可,小富即安,不会考虑规模、品牌问题。所以面对的问题是扩大市场与守住眼前,提供更多就业岗位与家庭作坊式生产的矛盾或博弈。村委会和村民视角的错位,如何协调,积极推进,这是一个实践课题,又是一个文化问题。贺雪峰提出的"如何再造村社集体"问题,是有意义的[①]。梁晨博士关于"乡村工业化与村庄共同体的变迁"研究,也提供了丰富的资料[②]。

调研中我们感受到,"合作",一方面来自内部,村民的合作;另一方面,来自对外的合作——引资、引智、引经营。我们了解到,村委会和外面合作的积极性比较高,利用土地优

---

① 贺雪峰. 大国之基[M]. 东方出版社,2019:342~360.
② 梁晨著. 乡村工业化与村庄共同体的变迁[M]. 社会科学文献出版社,2019.

势、环境优势,补齐村里"短板"。

4.3 "共享"经济

分享信息是共享,分工合作也是共享。共享就业,笔者在尚村遇见一个保安,他是淮安人。笔者问:你怎么跑到这里来打工(村的位置在远离城镇)? 他说:家乡的朋友介绍的。一个村里的人出去,带几个人出去,如此情况很普遍。其实,"老乡"不仅仅是单向地传递信息,有时,也是双向的,包括引资、建厂、学技艺,甚至,还带来了一个新媳妇。共享经济是当下的一个特点,合作双赢、长尾理论都是基本的理论依据。为什么田园综合体的多方利益共享,成为可能,这是由于乡村经历了工业化的历练。村子里来了个生人,过去是防御性的,现在是欢迎的。过去乡村是熟人社会,现在称半熟人社会。共享社区(村落),共享青山绿水,仍然是未来探索的模式,这离不开乡村工业文化的影响。

4.4 企业家精神

从乡村的工业发展史观察,一般而言,一些乡村工业,规模大,效益好,品牌响,应当是当地出现了好的带头人或称企业家。他们思维活泼、脑子灵,"市场"嗅觉敏锐,很快就抓住了让"猪飘起来的风口",同时,他们又吃苦耐劳,扎实肯干,边干边学,不畏惧困难,我们称之为"企业家精神"。电视剧《爱拼会赢》讲述一个从乡村走出的制鞋企业,不甘心做代加工,自创品牌,克服熟人关系、亲朋圈压力,一次次改革,勇敢前行的故事,我们从中可以体会到这种精神。

从实践中看,哪个村里出了企业家,这个村的发展一定又快又好。企业家是一个带头人,其熟知市场,也懂得企业运作,竞争意识强,讲信誉。企业家不仅仅是一个人,关键是他的行为影响了一批人或村庄的发展,这些案例,我们在村史里处处可遇见。

4.5 移风易俗

乡村工业是一种现代性带动传统自我革命的一个过程。传统乡村中,有优良的品性,朴素的美德,但是也存在着一些不良的陋习。与社会进步同步的移风易俗,机器力在其中起到一个重要的介质作用。节俭、整洁、品质、组织、制度、环境等都是在乡村工业化中得到重新洗礼之后,焕发出新活力的新农村文化,"美丽乡村"是贴切的表达。乡村流动性也是带动变化的因素,人、物的流动与互动,裹带回来的异域或异乡文化,促使村庄文化的多元性和包容性。

4.6 自我教育内生性动力

新中国成立以来,我国的乡建是政府主导型的。从下到上的调研与政策制定,再从上到下的政策指导,以充分调动乡村村民潜在的积极性为杠杆,立足国情,实事求是,规划农村发展。从乡村改造到乡村工业,从农业1.0到农业4.0,每一步都蕴藏着乡村村民的智慧与创造力,尤其是在乡村工业活动锤炼中,面对无情的市场,村民表现出来的自我教育勇气、自我调适的能力越来越强。20世纪末开始,乡村工业的转型,环境意识的觉醒,美丽乡村,乡村振兴,回归田园生态建设等,都可以认为是乡村村民在政策引导下的自我教育的成效。我们在村庄(社区)所见到的村民议事室、村史馆等都可以认为是村民自我教育的见证。未来,乡村活力的可持续性,内生性动力也表现在这里。

4.7　劳务品牌

我们常听说,南通的建筑,宜兴的茶壶,苏州的丝绸,还有"唐河保安""张北司炉工"和浙江丽水的"云和师傅"等等,这都是与地域有关联的品牌,我们暂且可以称作"劳务品牌",这些已经成为文化符号,为地方劳务输出、流动、征战市场做出了贡献。

5. 从乡村工业文化到乡村工业遗产

梳理或寻找乡村工业文化的踪迹,我们可以进一步理解乡村工业遗产保护的内容和意义。

5.1　乡村工业遗产边界再思考

由于乡村工业遗产中相当一部分是小工业,所以我们要重新认识或重新界定边界。过去,一谈及工业遗产,我们想到最多的是大车间、大厂房、大仓库和大机械;现在,我们通过以上的梳理,可以发现乡村手工作坊、手工艺技术,包括工具、场所、非物质遗产都是值得关注的。"小"字里面有许多文章可做。2022年,文化与旅游部、国家乡村振兴局等十部门联合发出《关于推动传统工艺高质量传承发展的通知》,在保护方面,强调要"分类、分项目记录保存";在发展与振兴上,要求"发展合力、品牌建设、广泛应用"等。这又为我们从"小"字做文章,明确了方略。

另外,乡村工业发展的"粗放型",某些"粗"遗存是否值得保存？这是一个值得讨论的问题。负面遗产变为正面遗产保存,一直是一个值得讨论的话题,如：过度使用水泥和钢铁的建筑与设施[①]。

5.2　乡村工业遗产多元保护策略

上届论坛,笔者提交了"乡村振兴视域下乡村工业遗产保护之思考"拙作,着重提出:乡镇工业除了地域放在农村的国家企业外(如大、小三线企业),应当更多地要关心乡村本土的企业[②]。本文梳理后,又发现乡村手工业、乡村小工业,给予我们的启示是乡村工

---

① (美)彼得·海斯勒.李雪顺.寻路中国[M].上海译文出版社,2011：283.
② 谢友宁.乡村振兴视域下乡村工业遗产保护之思考[C].段勇,吕建昌主编.首届国家工业遗产峰会学术研讨会论文集(安徽亳州),2021：588～599.

遗产保护多元性的策略思考，即针对挖掘出来的新类型，采用符合个性的保护策略。近年来，艺术参与乡建，乡间文创园也逐步增多，我曾专门去江宁的苏家文创小镇调研过。我以为，乡村手工业的艺术元素提取及融合文创，包括产业化或定制，都可能成为一种保护良策。

5.3 推进乡村博物馆建设

乡村工业遗产，一类是不可移动的，另一类是可移动的。我们不可能保护所有，也没有必要保护所有，保护的目标是为了记忆和借鉴。记忆是一种尊重，人文的关怀。借鉴是为了发展，发展也是一个否定之否定的过程，这和人的认识两次飞跃有关。不同时代的人，有不同的局限性，唯有发展可以克服局限，它会不断地自我迭代。所以，为了记忆历史，我们在有限地保留条件下，在有条件的地域、村庄创办乡村博物馆，经过甄别、筛选，把有历史温度的、散落在村庄里的可移动遗产，集中收藏与展示，这是一条好路径，值得推进。

最近，浙江省发文，"十四五"期间，要把建乡村博物馆写进里面，并提出具体目标和可操作的要求，带了一个好头。陈履生在江苏扬中新坝镇新治村办了个乡村博物馆群，产生了很好的示范效应。笔者最近也从村史馆到博物馆的调研中，发现了创建乡村博物馆，乡村里存在的基本条件和萌动的积极性。如南京的溧水区有两个乡村（芮家村、上方村）分别创办了博物馆，即中国供销社博物馆和世界昆虫邮票博物馆，一个是城乡供销体系，一个是亲近自然；江宁区龙都镇的海龙红木文化博物馆，是一个涉足手工艺技术的博物馆，这些都实证了可行性。从乡村工业维度出发，乡村博物馆的博物应当包含手工业或乡镇企业，包括物质的和非物质的。在乡村振兴的大背景下，乡村博物馆建设还可以增加乡村文化存量，引导人才回流，促进乡村文旅，实现绿色发展。

6. 结语

中国城镇化的方向或将迎来新转折，摊大饼式的城市扩张一去不返。2022年3月、5月，国家分别出台的《2022年新型城镇化和城乡融合发展重点任务》和《关于推进以县城为重要载体的城镇化建设的意见》文件，新型城镇化路径更趋清晰。在此背景下，笔者认为，后乡土时代，产业结构的调整，城乡工业时空再划分，乡村工业呈现出集聚性、园区化、后工业等趋势。我们面对的乡村工业文化及遗存保护的讨论，也许可以在这又一轮转型中，得到新的营养。

20世纪50年代上海内迁企业对芜湖工业发展的影响

范守义

(芜湖职业技术学院应用外语学院)

摘　要：1949年4月24日,芜湖市解放。面对国民政府留下的千疮百孔的国民经济,全市人民在党和政府的领导下,采取了"恢复与发展"的经济政策,经过三年多艰苦奋斗,芜湖工业迅速从凋敝中复苏,形成了轻纺工业、机电工业和手工业快速发展的局面。20世纪50年代,为了改变内地与沿海地区工业发展的不均衡局面,党中央以战略眼光,决定将上海的一批企业迁往内地"支援内地建设",史称"内迁时期"。本文以这一历史事件为背景,深入全市工矿企业进行调查,详细论述了上海企业内迁后不断发展壮大和对芜湖企业的支援,尤其是先进技术和科学管理理念不仅给芜湖企业注入了新的活力,还对芜湖工业发展产生了重大影响,为芜湖工业发展奠定了基础。

关键词：20世纪50年代;上海内迁企业;芜湖工业;企业调查;影响与带动作用

20世纪50年代中期,从工业发展布局考虑,平衡内地与沿海工业发达地区上的差距,党中央和华东局从战略高度出发,鼓励和动员上海有关企业内迁,以带动内地工业共同发展。在安徽的城市中,芜湖工业基础较好,具有对口安置上海内迁企业、接收上海大批知识青年和社会青年就业的良好条件。

上海内迁企业支援内地建设,不仅是芜湖工业发展的极佳机遇,也是芜湖工业发展史上具有重要意义的历史事件。

1. 内迁企业调查及其对芜湖工业的支持

据欧远方先生《皖沪关系史略》记载："50年代,为了发展安徽的工业,经过当时的中共安徽省委的决策和争取,分几批从上海迁来104家企业(其中绝大部分是工业),分别下迁到合肥、芜湖、安庆和淮南等地。这些工厂规模虽不很大,但有一定的技术基础,这对于安徽来说意义十分重大。这些工厂后来不断扩大规模,进行技术改造,有不少工厂现已成为骨干企业,这些企业不但生产出了为市场所需的优质产品,还培养了相当数量的技术人才,对安徽的工业发展与技术水平的提高,起到了很大作用。回顾安徽 40 年来工业发展历史,不能不提到上海的支援与支持。"①

1.1 上海企业内迁芜湖的历史渊源

自 20 世纪开始,芜湖市就与上海市交往。据《长江沿江城市与中国近代化》记载:"1919 年由上海兴华铁厂改组成立的和兴钢铁股份有限公司,是中国最早的一家民族资本私营钢铁企业,芜湖益华铁矿公司是和兴的股东之一。"②1932 年,上海商人朱肃伦和国民党军官李如我在芜湖合股开设了当时芜湖市最大的肥皂厂"上海肥皂厂"③。

安徽省以机器生产为标志的工业文明,首先在芜湖市出现。被经济学家称之为近代中国三大行业的冶金、面粉、纺织也是在首先芜湖兴起的。

1897 年,章维藩创办芜湖益新面粉公司,是当时安徽机制面粉业的第一家,其规模是当时中国仅有的三家面粉厂之首。

1903 年,芜湖首创公裕祥肥皂公司,接着鸿昌肥皂厂、新裕皂烛厂等相继建立。

1906 年,徽商吴兴周创办明远电灯公司,芜湖成为安徽省最先实现电灯照明和工业用电的第一座城市。

1907 年,李鸿章之子李经方,从英国进口设备在"四褐山"兴办了芜湖第一座机制砖瓦厂,从此安徽省有了近代首家建材官僚民族工业企业。

1916 年,陈绍吾等人创办芜湖裕中纱厂,开创了安徽机器纺织工业的先河。

1920 年 7 月,由徽商吴兴周、崔亮功等商户与官方共同集资组成大昌火柴有限公司,创办大昌火柴厂,1932 年被当时中国最大的火柴企业上海大中华火柴公司接办,名芜湖大昌明记火柴厂。

……

1.2 上海内迁企业调查

20 世纪 50 年代中期,上海的一批内迁企业在"支援内地建设"的号召下,来到芜湖市安家落户。这批企业在芜湖市如鱼得水,在其后社会主义建设的风雨岁月中得到了巨大的发展,并逐渐成为芜湖市著名企业和行业龙头。

根据档案记载,内迁芜湖的上海企业有:上海中国火柴厂、蓓蓓饼干厂、大成糖果厂、工利面包厂、航空牙刷厂、大中国牙刷厂、上海茂森篷帆厂、上海永德棉织厂等十多家工厂④。

---

① 欧远方. 皖沪关系史略[N]. 安徽日报,1991-9-11.
② 芜湖市地方志编纂委员会. 芜湖市志(下册)[M]. 社会科学文献出版社,1993:40.
③ 芜湖市地方志编纂委员会. 芜湖市志(下册)[M]. 社会科学文献出版社,1993:53、81、97.
④ 芜湖市档案局,芜湖市档案馆. 芜湖制造(皖内部资料性图书)2005-109 号,2006:32.

1.2.1 上海中国火柴厂

芜湖火柴厂,始建于1920年7月,原名"大昌火柴厂",注册生产"松老牌"安全火柴,时有职工230人,是安徽省第一家火柴厂①。

1952年,国家拨款基建投资6.76万元,扩大厂房、设备等。1956年7月,"上海公私合营中国火柴厂"内迁与芜湖火柴厂合并。次年,火柴年产量达到26.52万件,生产能力大大提高,产品除"芜湖""淮海""镇江"等注册名牌外,1958年,"海鸥"牌信号火柴、"海帆"牌抗风火柴填补了省内空白。1962年,厂名更改为"芜湖市敦煌火柴厂"。1963年,火柴年产量达到32.1万件。除芜湖安全火柴外,还试制生产出高、中档火柴,如敦煌火柴、抗风火柴、信号火柴等品种。1965年,该厂正式命名"安徽省芜湖火柴厂"。1973年,研制以纸代木的蜡梗火柴。1976年,火柴产品达到34.51万件。1981年,产品质量在全国评比中获第一名。20世纪80年代火柴年产量达60多万件。评优产品"芜湖"牌安全火柴获1981年安徽省优质产品。"寓言"牌"蜡梗火柴"②获1983年轻工业部优秀新产品奖。

1.2.2 上海蓓蓓饼干厂、大成糖果厂、工利面包厂

据《芜湖市志》介绍,芜湖市永康食品厂系1956年11月由上海市蓓蓓饼干厂、大成糖果厂、工利面包厂内迁芜湖合并成立的"公私合营芜湖市食品厂",1958年改名为芜湖市永康食品厂。经过几年发展,该厂主导产品"蓓蓓饼干"被列为"安徽传统食品"③。1968年转为地方国营。

依据上海市"大厂带小厂"内迁规定,华利、南北二家小饼干厂随"蓓蓓饼干厂"一起内迁芜湖。50年代生产糖果、糕点、汽水;60年代建成制冰、奶糕车间、冷库、仓库,新增冷饮产品;70年代改建冰棒车间,新建年产1 200吨淀粉车间,年产800吨出口液体葡萄糖车间,从1973年起,连续8年出口澳大利亚,共计7 091吨;1979年,班产8吨的饼干车间建成投产,饼干生产进入大机械自动化操作;进入80年代,建成934平方米的干点车间、1 800平方米的500吨冷库④;1985年,3 200平方米的饮料车间开工兴建,次年从联邦德国SEN公司引进万吨饮料自动灌装线1条,此后还与上海市南市区糖烟酒公司联营生产果味型硬糖果。

1.2.3 上海航空牙刷厂(含大中国牙刷厂)

上海航空牙刷厂,原先是上海市南市区140家牙刷厂的门面店,1955年公私合营时,经整合为航空牙刷厂和大中国牙刷厂两家牙刷厂,1959年再次合并成为上海航空牙刷厂,直至1960年内迁芜湖⑤。

芜湖市第一塑料厂,前身为1951年成立的芜湖市公私合营合众牙刷厂,1960年8月上海市航空牙刷厂并入该厂,同年更名为"芜湖市合众塑料厂"。1962年转产塑料制品,

---

① 芜湖市档案局,芜湖市档案馆."双赢"的交流(皖内部资料性图书)2004-061号,2004:3.
② 芜湖市档案局,芜湖市档案馆.芜湖制造(皖内部资料性图书)2005-109号,2006:85.
③ 恢复与发展的安徽传统食品[N].人民日报,1983-8-21.
④ 芜湖市档案局,芜湖市档案馆."双赢"的交流(皖内部资料性图书)2004-061号,2004:3.
⑤ 芜湖市档案局,芜湖市档案馆."双赢"的交流(皖内部资料性图书)2004-061号,2004:4.

改名为芜湖市合众牙刷厂,1966年转为国营,定名为芜湖市第一塑料厂。1972年,首创"聚丙乙烯抽丝蒸汽管道法""平膜热板拉伸法"新工艺,开辟了应用国产聚丙烯原料的新途径,经鉴定,生产工艺成熟。1974年获得在全国塑料科技工作会议上介绍此项成果的机会,并在国内予以推广。1977年试制成功的圆织机,1978年该厂生产工艺受到全国科学大会的表彰。该厂生产的"芜湖牌"聚丙烯编织袋、"双羊牌"泡沫女拖鞋产品畅销国内10余个省市,并出口亚非地区众多国家①。

1.2.4 上海茂森篷帆厂

芜湖市强力帆布厂成立于1958年8月,由从上海印染织布公司买回的报废待处理的22英寸重磅帆布织布机、整经机等设备,经整修安装,投入生产的。1960年,上海茂森篷帆厂内迁并入强力帆布厂。两厂合并后,转为国营企业,并正式命名为"芜湖市强力帆布厂"。合并后的强力帆布厂从单一的帆布产品,一跃发展到能生产包括篷布、塔衣、汽车篷及炮衣、子弹袋、军用挎包等军用产品,其中"茂森厂"老工人为新品生产作出了积极的贡献。该厂生产的帐篷远销青海、西宁、天山牧区。篷帆采用纯维纶有机硅防水帆布制成,做工考究,针脚密度好,洁白美观,经济耐用,重量比毛毡、牛皮帐篷轻,很适合牧民迁移流动。1960年,强力帆布厂正式投产电影银幕,成为当时中国仅有的一家电影银幕生产厂家,品种、规格和产量一直保持国内一流水平。1984年该厂研制的金属电影银幕作为国内首创,获得"安徽省科技进步奖"②。

1.3 上海社会知青是芜湖建设的重要人才资源

20世纪50年代中期至60年代初,是上海内迁企业的集中期,也是国家"二五"计划的执行期。1万多名上海职工、知识青年、社会青年支援芜湖市建设,成为那个时期芜湖市工业发展的最大动力和财富。近10家内迁企业均是成建制的由上海迁来,共有内迁职工437人(不包括上海永德厂调入芜湖纺织厂的近百人),其中火柴厂205人,永康食品厂100人,合众牙刷厂95人,市帆布厂37人。同来的职工家属比例超过50%,按此推算,仅内迁落户的上海人,再加上为照顾夫妻分居从上海调来芜湖市的上海人少则有近千人。

1958年4月20日,芜湖市劳动局负责人在芜湖市第二届代表大会一次会议上说:"1958年,由于全面整风的胜利和党的社会主义建设总路线的光辉照耀,我市和全国各地一样,掀起了一个全党、全民大办钢铁工业和以钢为纲,全面跃进轰轰烈烈的群众运动和生产建设高潮,为了适应我市工业生产飞速发展对劳动力的需求,在地、市委坚强领导和有关部门的密切配合下,全市共调配劳动力47 583人。"③这个调配劳动力的构成包括城市失业人员、家庭妇女及芜湖周边和县、含山、无为等兄弟地区和上海地区调来支援芜湖市建设的一批农村劳动力和社会知识青年。其间,芜湖市先后接收来自上海市的社会知

---

① 芜湖市档案局,芜湖市档案馆."双赢"的交流(皖内部资料性图书)2004-061号,2004:4.
② 芜湖市档案局,芜湖市档案馆."双赢"的交流(皖内部资料性图书)2004-061号,2004:4~5.
③ 芜湖市档案局,芜湖市档案馆."双赢"的交流(皖内部资料性图书)2004-061号,2004:7~8.

识青年5 724人。另据1959年7月29日《中共芜湖地委关于调来的劳动力工资待遇问题的通知》称:"分配在繁昌矿务局407人,分到芜湖市各厂、社工作人员1 843人。两地相加,仅上海知青和社会青年就达7 567人。"①据芜湖江东造船厂工人、芜湖市学雷锋先进个人罗社翼说,他是1958年5月响应党的号召,支援安徽省建设从上海市来芜湖的。截至1960年末,全市工业企业职工129 214人,上海内迁企业职工437人,社会青年6 000多人。还有一批从上海市招聘、录用来芜湖的技术工人,包括随之内迁的家属,据不完全统计有10 000人之多。当时芜湖市街头有许多上海人,他们穿戴时尚,吴侬软语,摩肩接踵,芜湖俨然成了"小上海"。据市化工局退休的贺工程师说,她是1961年从上海化工学院分配来联盟化肥厂工作的,当时厂内绝大多数青年工人都是上海知青,她只说上海话,可见当时厂里的上海人之多。

又据《皖沪关系史略》记载:"安徽文化落后,上海对安徽科技教育卫生等的支持也是非常重要的。知名的上海东南医学院内迁安徽,经过几十年的发展,形成今天的安徽医科大学。省委还通过华东局和上海市市委,从上海请来了大批高级知识分子,如安徽大学、安徽财贸学院、安徽师范大学、皖南医学院、安徽省艺校等,都有一批教师是从上海市调来的,他们为安徽省的教育文化事业付出了辛勤劳动。"②50年代中期,除工业战线外,支援芜湖市建设的还有来自科教文卫战线的上海人,如芜湖市越剧团就是内迁时期由上海迁来芜湖后组建的。其中,安徽师范大学生物系教授、系主任兼芜湖市农学会名誉理事长、市科协常委王志稼,是1956年从上海支援内地建设时来芜湖市担任安徽师范大学生物系教授和系主任的。王志稼(1895—1981年)曾留学美国芝加哥大学并获硕士学位,其回国后在南京中央大学、中国科学院生物研究所、上海沪江大学、光华大学、华东师范大学任讲师、教授、研究员及生物系主任,曾出席第二次全国人民代表大会。

2004年7月10日,《大江晚报》推出了当周话题"青春的记忆",邀请20世纪50年代中期来芜湖市支援社会主义建设的上海籍老同志回忆他们的青春岁月,市政协原秘书长蔡德盛说:"我现在还记得当时的宣传词:'芜湖是长江之滨的鱼米之乡,历史悠久,是四大米市之一,物产丰富,文化悠久……欢迎大家到安徽芜湖去参加建设,为社会主义建设出一份力量。'我们当时受的教育就是要读好书,掌握一点本领,为祖国建设出一份力量,服务人民的理想。我父亲问我去干什么,我说哪怕是做清洁工也可以,1958年7月2日,在上海老火车站,我是听着车站里播放的俄罗斯歌曲《共青团员之歌》,浩浩荡荡地向芜湖进发的。"③

芜湖市档案局原局长胡正强在谈到上海知青时,曾动情地说:"60年代末70年代初,上海知青到安徽,据史料所记有142 000多人。当时到我们芜湖,包括芜湖下面八个县有1万多人,其中有相当一部分人是通过招工,到了芜湖市的企业和其他单位工作的,这部分同志把自己的青春和汗水,献给了芜湖建设事业,应该说芜湖的发展和五六十年代这批

---

① 芜湖市档案局,芜湖市档案馆."双赢"的交流(皖内部资料性图书)2004-061号,2004:7~8.
② 欧远方.皖沪关系史略[N].安徽日报,1991-9-11.
③ 本段及以下两段均出自《大江晚报》(2004年7月10日第17版)"青春记忆"。

从上海到芜湖来的同志们的贡献和辛劳是分不开的。"

时任市文化局办公室主任沈玲娣说:"我是60年代初来芜湖的,是我自己要来的。我来的时候拿现在话来讲,我还是个'童工',才13岁就来芜湖了。我们过来了20多个人,我是最小的一个。一到芜湖,我们就参加到安徽的社教运动,按照毛主席《在延安文艺座谈会上的讲话》精神,深入到农村的最基层,为广大的农民群众服务。我从一个13岁不懂事戴红领巾的小女孩,成长成现在这样,是芜湖这一方水土,芜湖人民养育了我。"

1.4 上海技术人员对芜湖企业的技术支援

20世纪50年代,芜湖的很多工厂都是在上海支援和支持下建立起来的。如1956年新建的芜湖市油漆厂(即凤凰造漆厂),原定只是从上海调集工厂多余的机器设备,再支援一部分技工和技术人员来芜湖,帮助筹建,生产规模定为年产油漆600吨。1956年芜湖市三次派人去上海有关工厂参观、学习、调查,上海市委经过深入调研,最后正式批准才得以建厂。1956年9月建厂,1957年第一季度投产,除生产各种高级油漆产品外,还生产各种树脂及颜料、锌氧粉、立德粉、红丹粉、碳黑、丁醇等。1959年初,清漆项目上马,上海又支援18名清漆工人。

同油漆厂一样,芜湖市玻璃厂的筹建也得到了上海市的大力支持。1953年11月6日,玻璃厂筹建人员赴南京、上海考察,同年12月6日,再次赴两市玻璃厂参观、深入学习,决定建厂并招聘技工和购置机具及原料。1954年3月3日正式投产后,玻璃厂又选择"上海金钱水瓶厂"作为自己的学习榜样和"看齐对象"。

芜湖市跃进橡胶厂,其前身为芜湖市跃进球鞋厂。1958年5月在筹建过程中得到了上海国营大众橡胶厂的有力支持,还和橡胶厂建立相互协作关系,在芜湖市跃进橡胶厂投产之际,上海国营大众橡胶厂不但向跃进厂支援技术人员,而且还为该厂代培学员20名。

在上海企业成建制内迁的同时,还有一批技术工人是通过应聘来芜湖市参加工作的。据文件记载,最早来芜湖市的技术人员是1951年12月28日来芜湖新中烟厂的,是通过上海市人民政府劳动介绍所的介绍来芜湖工作的①。

1949年4月,新华书店芜湖支店建立,1950年更名为皖南新华印刷厂,其先后接收了《安徽日报》印刷三厂、《芜湖日报》等多家印刷厂,由于厂房、设备的增加,印刷能力和质量大为提高,1955年年底,为帮助新华印刷厂提高印刷质量,上海印刷公司同意向芜湖印刷厂支援16名胶印工人。

安徽省年产羽毛达7万担之多,羽毛产量丰富。1956年,芜湖市政府投资12万元新建了芜湖天河羽绒厂。1956年8月投入生产。所产羽绒被、羽毛制品远销国外市场,为国家换取了大量外汇。为多出口、多创外汇,上海市大力支持并调来8名熟练缝纫工支援芜湖天河羽毛厂。

---

① 芜湖市档案局,芜湖市档案馆."双赢"的交流(皖内部资料性图书)2004-061号,2004:6.

芜湖第一棉织厂因新建的帆布车间,缺少"上蜡"技术工人,经与上海市劳动局联系,上海市织带公司选派多名技术工人赴芜工作;芜湖第二制鞋社缺少技术工人,1960年特从上海市招进5名男性技术工人;光华玻璃厂建厂初期,因喷花、冲床、制筒等岗位没有在职高级技术人员,工厂专程去上海市玻璃公司为岗位招聘技工;除从上海市引进技术人员外,芜湖市电工器材修配厂、芜湖麻纺厂还采取租用方法,分别从上海协绺厂租用技术人才,如翻砂技工师傅、麻纺工艺和麻纺机械技术人员;芜湖缝纫厂则采用借调方式,长期聘用从事缝纫机刀具生产的工人技师担任现场指导、传授技术。

2. 上海内迁企业对芜湖工业的影响和带动作用

2.1 上海内迁企业对芜湖工业的影响

2.1.1 夯实壮大内迁企业

上海内迁企业与芜湖工厂的合并,不仅加大了轻工业在芜湖工业中的比重,均衡了芜湖工业发展的布局,还提高了芜湖原有工业品的质量和产量,收到了立竿见影的效果。芜湖市火柴厂与上海中国火柴厂合并后,生产规模得到了扩大。1960年火柴产量突破30万件,是新中国成立前最高产量的15.48倍。芜湖市强力帆布厂不但结束了单一生产帆布产品的历史,还发展成为全国第一家能生产电影银幕的工厂。

以上海蓓蓓饼干厂与芜湖永康食品厂合并为例,合并前,永康厂只能生产饼干、糖果、糕点,合并后增加了冰棒、奶糕、葡萄糖,一度还生产啤酒。合并后生产的"蓓蓓"饼干、"梳打"饼干还成为芜湖市传统品牌;1957年生产的"永康"牌汽水,质量堪比上海老字号"正广和",成为芜湖人民最受欢迎的夏季饮品。随着生产技术、设备档次的提高,永康汽水也由单一的柠檬汽水发展到生产鲜橘汽水、荔枝汽水、酸梅汽水等多种系列汽水。上海企业内迁使芜湖地方原材料优势得到了充分发挥,同时还弥补了芜湖地方产品的空白。

芜湖市第一塑料厂,前身是1951年成立的合众牙刷厂,20世纪50年代,与上海航空牙刷厂合并,开始试产塑料牙刷。1962年改名合众塑料制品厂。1972年,首创"聚丙烯抽丝蒸汽管道法""平膜热板拉伸法"新工艺,开辟了国产聚丙烯原料应用的新途径,经鉴定生产工艺成熟,1974年获在全国塑料科技工作会议上介绍该项成果的机会,并在国内得以推广。1977年试制成功的圆织机,受到全国科技大会表彰。该厂生产的"芜湖牌"聚丙烯编织袋、"双羊牌"泡沫女拖鞋出口亚非地区多个国家。

2.1.2 传统手工业再上高台

芜湖市是皖东南门户和商品集散地,更是芜湖地区传统手工业集聚中心。芜湖城乡手工业十分发达,据1949年4月统计,商会注册的手工业有15大类,868家。全市手工业大约有2800多户[①]。大多从事棉织、成衣、线绳、制鞋、竹器、木器、铁器、油漆、皮革、医

---

① 芜湖市地方志办公室.芜湖工业百年[M].黄山书社,2008:96.

药、木艺等行业等传统手工业,芜湖市周边的芜湖、繁昌、南陵三县手工业尤为发达。

近代芜湖手工针织业较发达,主要为机坊、毛巾、织袜、棉线等行业。长期个体经营为主,其中以机坊户数最多,他们多数是江北籍客人,技艺娴熟。仅芜湖古城东门一带的乡巴佬巷、小塘沿、笆斗街、龙王庙、笪家巷、杏花村、鸡毛山和长街等地肥东人开的机坊织布机就多达千张以上。

芜湖鞋帽业也很兴盛。据史载,早在光绪二十七年(1901)之前,芜湖本埠有"天福斋"鞋帽店和几十家绱鞋个体户。后来,天津人刘文魁兄弟仨从上海来到芜湖,在大花园创办了"魁升斋"鞋店,生产销售品种齐全的布鞋,做工考究,质优物美,畅销各地。1937年,河北人侯剑峰在芜湖下长街62号开设了"侯运记帽店",经营各类帽子100多个品种,有棉帽、坤帽、瓜皮帽等,同时还生产草帽和防雨帽,颇有名气[1]。

芜湖近代工艺美术品品种较多,有装饰绘画、金银首饰、刺绣、玻璃制品、篆刻、裱画等,其中尤以芜湖传统铁画、堆漆画、通草画最负盛名,驰名中外[2]。

(1)铁画。芜湖铁工汤鹏(字天池)在铁花灯基础上创造了铁画,其铁匠铺与大画家萧云从为邻,汤鹏"日窥其泼墨势",受到启发,又得萧云从指点,于是以锤代笔,"以铁为墨,以砧为纸,锻铁为画",终于"百炼化为绕指柔",鬼斧神工,气韵天成,一举创造了举世惊叹的铁画,赋予顽铁以艺术生命,赞美诗文层出不穷。铁画以我国传统国画为基础,吸取金银首饰制作、纸剪、雕塑等艺术表现手法,融会贯通,自成一派,为前代所未有。这种"柔铁为画"是中国艺苑奇葩,代代相传。"芜湖铁画"名闻遐迩,在我国工艺美术领域享有极高声誉。2006年,芜湖铁画锻制技艺被列入第一批国家非物质文化遗产名录,2018年入选首批国家传统工艺振兴目录。2019年列入国家级非物质文化遗产代表性项目保护单位名单。

(2)堆漆画。芜湖堆漆画是民间一枝优秀工艺之花,是用油漆堆砌起来的浮雕画。大致经过刮灰、划稿、堆灰、磨光、修整、上漆、涂彩七道工序后,一幅堆漆画才算完成。它内含泥塑之技,外呈浮雕之形,兼蓄西洋油画特点,浑然一体,具有雍容华贵、绚丽多彩的风格。堆漆画花、鸟、虫鱼、山水、人物等,形象逼真,栩栩如生。历时久而色愈浓,美感也愈强。它是芜湖市民间老艺人吴思才于1956年响应党和政府关于挖掘民间工艺创制成功的。

(3)通草画。芜湖通草画历史悠久,早在1600年前,晋惠帝司马衷"令宫人剪五色通草花"以助酒兴,到宋代,由通草花演变成通草画。芜湖通草画的特点为由剪贴而成,它是1956年由当时羽毛扇社画师谢醴泉在党的"双百"方针指引下,借鉴苏州"通草堆画"创新制作而成。它以中药里的通草为原料,加工制成雪白的薄片,然后经剪贴、涂彩而成的一种色彩绚丽、风格独特的艺术品。它题材广阔,山水、人物、花卉、虫草等皆可通过画面得到生动逼真的表现,风趣无穷,惹人喜爱。

---

[1] 芜湖市地方志办公室.芜湖工业百年[M].黄山书社,2008:67~68.
[2] 本段及以下各段均出自芜湖市地方志办公室.芜湖工业百年[M].黄山书社,2008:68~69.

(4) 芜湖的其他工艺美术。芜湖的其他工艺如金银首饰、刺绣、抽纱(即挑花)、纱灯、羽毛扇、折扇、戏剧等颇有名气。产品有耳环、耳坠、金银参簪、金耳丝、金花插、金龙等,它们具有熔炼、浇注、细缕、镶嵌、抛光、镀金、装配等全套技艺。新中国成立前夕,芜湖街市有多家专营刺绣店,生产刺绣被面、鞋帽、枕套、帐帷、童装等;挑花在芜湖农村广为流传,产品有妇女头巾、手帕、围裙,儿童围兜、鞋帽、枕巾、衣衫、帐檐、门帘、案围、钱包、腰带、烟袋等。民国期间,芜湖折扇、羽毛扇,制作精良,产品远销大江南北。

2.1.3 纺织工业百花绽放

芜湖纺织业历史悠久。据《中国大百科全书·纺织》记载,南陵出土的纺织器材表明,至迟在三国时代就实行机器纺织了[①]。近现代以来,1916年创建的裕中纱厂是芜湖纺织工业的代表,也是芜湖市最大的纺织企业。新中国成立后,历经十多年时间,芜湖纺织工业就摆脱了作坊式的小打小闹,先后将十几家棉纺厂、针织厂、棉线社、麻绳社等并合新建、改组联营成立了芜湖灯芯绒厂、市丝绒厂、市红光针织厂、市毛巾厂、市制钱厂、市麻纺厂和市纺织器材厂。50年代末,上海茂森蓬帆厂内迁并入市强力帆布厂后,加快了芜湖针织业的发展,在其模范作用下,除强力帆布厂外,先后创办了五星针织厂、健美针织厂、色织布厂、曙光针织厂、药棉厂、市服装厂、美华服装厂、大众服装厂、东风服装厂等,为芜湖地方工业在新历史时期的发展奠定了坚实基础。1958年7月,国家又投资新建了芜湖天锦丝绸厂,并于1959年2月生产出第一匹坯绸。同年,芜湖丝绒厂生产出丝绒、羽纱等产品,填补了芜湖市丝绸工业的空白。

1958年之前,芜湖纺织产品档次较低,产品主要是棉纱、粗平布、棉布、绒呢、开司米、花毯布和低档毛巾及纱袜等。1958年开始,生产各类床单、印染布、灯芯绒布、帆布、卫生衫裤、棉毛衫裤、针织内衣、丝绒、丝绸、麻袋、工业篷布、电影银幕、水纱布、药棉、毛巾和尼龙袜等,在市场上获有一定的盛誉,并出口苏联、德国、新加坡等国。随着红光针织厂、丝绸厂、印染厂等厂的大批纺织品出口美国、日本、加拿大和东南亚等十几个国家和地区,纺织产品、针织产品的开发也由粗糙变为精细,并在全国突显出芜湖纺织工业的地方特色。

2.2 上海内迁企业对芜湖工业的带动作用

2.2.1 轻工机械一马当先

内迁企业的并入,加大了芜湖市轻工业的比重,也平衡了芜湖工业发展布局,使原本无足轻重的轻纺工业大显身手,初显特色。

"一五"时期,芜湖市机械工业主要企业有重型机床厂、微型电机厂,主要业务是机械修配、小机械、小五金制品的生产。经过"一五"时期的经济恢复,随着新中烟厂、新华印刷厂、光华玻璃厂等一些企业联合重组,由私营转为国营,生产规模得到扩大,芜湖市轻纺工业得到了迅速发展壮大,特别是近10家上海企业内迁、设备和技术的输入,以及一批新建

---

① 芜湖市地方志办公室.芜湖工业百年[M].黄山书社,2008:26.

工厂,如芜湖东方纸板厂、冶炼厂、永康食品厂、日用化工厂、联盟化肥厂、胡开文制墨厂、新华印刷厂、工艺美术厂、铝制品厂、缝纫机厂、工艺绣品厂、天河羽绒厂、园林工具厂、芜湖酒厂和芜湖仪表厂、电表厂、水表厂、光学仪器厂等仪表类企业相继建成,更加快了芜湖市以轻工纺织为主的工业体系形成。到1959年,芜湖市已形成一个拥有冶金、电力、机械、仪表、化工、建材、轻工等较为齐全的工业体系。

2.2.2 汽车工业闪亮登场

在上海内迁企业快速发展的带动下,众多的芜湖企业纷纷登场,其中尤以芜湖江南汽车修理厂的登场最为闪亮。据《芜湖江南汽车修理厂解放前后的演变及发展简史》介绍:在全民跃进声中,该厂全体工人和干部,以敢想敢干的大无畏精神,对制造三轮汽车进行了大胆尝试。他们在市委鼓励和关怀下,凭借自身拥有大修汽车和承接汽车配件制造能力的基础和信心,摆开了制造三轮汽车的战场。1958年是芜湖江南汽车修理厂历史上具有里程碑意义的一年,就在这年国庆成就展上,江南汽车修理厂献上了一台"江南"牌三轮汽车,在国内引起了巨大轰动,从而使芜湖从此印上了"汽车"的铭记。1959年五一国际劳动节,江南汽车修理厂推出了一款自行设计的"鸠江"牌轿车并参加了在全市范围内的节日巡游①,再次让芜湖人惊愕。

2.2.3 军用船舶制造异军突起

芜湖造船工业从无到有,从修船到造船,开始了质的转变。"一五"时期,芜湖船舶工业最为显著的特点,首先是实现了由修船到造船的转变,其次是由制造民用船舶过渡到制造军用快艇和军用辅助船舶。这一时期全市船舶企业主要有芜湖造船厂、江风船厂、江东船厂三家。

芜湖造船厂前身为1900年成立的"福记恒机器厂",是个有120年悠久历史的老厂,为国家大型一档造船企业。1955年2月,开始生产军用船只,并兼营各类民用船舶,毛主席等党和国家领导人多次到厂视察,在中央领导的关心支持下,芜湖造船厂在海军军备制造道路上取得了突飞猛进的发展。自第一艘木质鱼雷快艇建造下水,到1985年,芜湖造船厂共建造船舶126种,其中军用船舶42种、民用船舶84种;总共建造各种船舶2 947艘,其中鱼雷、导弹等战斗快艇138艘;共有28个技术改进项目,包括船舶产品获得国家和省级奖励。芜湖造船厂是安徽唯一能制造战斗舰艇的造船企业②。

2.2.4 新型产业萌芽崛起

在传统手工业、轻纺工业不断壮大,老工业企业青春焕发的影响带动下,一大批新型产业也开始萌动崛起,其中奇瑞汽车和海螺集团分别发展成为芜湖市三大支柱产业之一。

特别是钢铁工业兴起促进并带动了一大批新型产业的崛起。芜湖钢铁厂现名芜湖新兴铸管有限公司,2020年以营业收入146亿元,跻身"2021年安徽省百强企业"。

白马山水泥厂1981年底投入生产。1996年,被海螺集团收购后迅速发展,以水泥为

---

① 芜湖市档案局,芜湖市档案馆.芜湖制造(皖内部资料性图书)2005-109号,2006:44~46.
② 芜湖市地方志编纂委员会.芜湖市志(下册)[M].社会科学文献出版社,1995:485~487.

主的新型建筑材料现已成为芜湖市三大支柱产业之一,海螺集团也跻身世界500强,并以2020年营业收入2 617亿元,跻身"2021年安徽省百强企业"。

3. 结语

自1952年上海第一家内迁企业"上海永德棉织厂"[①]内迁芜湖至今已有70余年。70余年来,每家内迁企业都发生了"脱胎换骨"的变化,蜕变成为同行业的龙头企业。

"向内迁企业学习""向上海学习"曾是20世纪50年代芜湖工业的看齐对象和奋斗目标。这一具有历史意义的内迁事件对芜湖工业发展起到了重要的作用,在芜湖工业发展史上增添了浓墨重彩的一笔,并在芜湖上海两地的工业交往中留下了一段"沪芜工业情意浓"的佳话。在内迁事件的影响和带动下,芜湖市已从昔日的消费小城变成一个真正意义上的"长江巨埠[②],皖之中坚",成为长江沿岸垂直崛起的创新大城。

---

① 芜湖市地方志编纂委员会. 芜湖市志(下册)[M]. 社会科学文献出版社,1995:218.
② 芜湖市非物质文化遗产保护中心编印. 鸠兹符号——非物质文化遗产田野调查:芜湖卷[M]. 2009:7~8.

"青年发展友好型城区"视角下的杏林老工业区城市更新再利用研究[*]

张延平　赖世贤

(华侨大学)

摘　要：城市高质量可持续发展背景下，工业遗存的保护与再利用仍是城市更新的重点，国务院发布的《中长期青年发展规划(2016—2025年)》使各地开始注重"青年发展友好型城市"的建设。研究从城市更新视角入手，结合集美区委提出的"青年发展友好型城市"定位进行思考，梳理杏林老工业区发展历程，分析总结老厂区的历史脉络及工业遗存使用现状，梳理现代化转型后的不同厂区发展情况，结合"青年发展友好型城区"概念内涵，探讨杏林老工业区工业遗存更新再利用策略，以期促进杏林新时代城青共存进一步发展，为杏林老工业区的现代化转型提供参考。

关键词：青年发展友好型城区；工业遗存更新再利用；杏林老工业区

厦门的现代化工业起步于后江埭，成长于杏林工业区，前者在城市发展进程中已然消失，承载着厦门近代工业建设记忆的仅剩杏林老工业区。在"十四五"规划中，集美区进一步优化城市建设布局，以统筹资源、突出功能、产城融合的思路打造"一心两翼四片"的城市总体空间格局。原先位于郊区的杏林如今也成为繁华的城区之一，但老厂区由于占地面积大、使用效率低、环境污染重，与城市高质量发展格格不入，诸多老厂区在城市更新中被夷为平地，现存的老厂区整治工作正引起社会各界的关注。

青年是城市发展的主要劳动力，随着以人为本的新型城镇化理念深入人心，近年来各地相继出台了人才引进政策，力求青年与城市共同发展。集美区青年人口占比45.83%[①]，2022年初发布了《集美区建设青年发展友好型城区行动方案》，年轻化的人口结构与青年政策的颁布成为杏林老工业区激发内生动力的发展机遇。

---

[*] 基金项目：教育部人文社会科学研究项目(19YJCZH074)，厦门市社会科学研究项目(厦社科研[2022]B38号)。

[①] 第七次全国人口普查数据显示，集美区常住人口已达103.7万人，其中常住青年人口已有47.5万人。

1. 青年发展友好型城市概念辨析与研究现状

1.1 概念辨析

2017年4月,国务院印发了我国历史上第一个青年发展规划——《中长期青年发展规划(2016—2025年)》,将青年定义为处于14～35周岁的群体。青年发展友好型城市首要体现在青年优先发展,突出青年主体地位,把握青年诉求,从宏观规划到微观实践关注青年权益,营造适合青年学习、工作和生活的环境,最终实现城市与青年共同发展①。

1.2 研究现状

从我国青年友好型政策发布顺序图(图1)可以看出,青年发展友好型城市概念经历了理论提出、地方战略、国家政策、地方实践的过程。截至2022年7月17日,在中国知网(CNKI)以"青年发展友好型"作为关键词进行模糊搜索,排除报纸内容后,共得32篇相关文献。利用现有文献关键词归纳整理得到统计词云(图2),可知青年发展与青年友好型

图1 我国青年友好型政策发布顺序

(图片来源:自绘)

图2 青年发展友好型文献关键词统计词云

(图片来源:笔者绘制)

---

① 中国青少年研究会理事朱峰认为,青年友好型城市是城市政府基于青年优先发展和积极发展的理念,在城市规划设计、制度结构、专业共识、政策实践、资源配置等诸方面以及大城市、中等城市、小城市乃至社区多层面的公共事务中都能关注青年福祉,给予青年发展以优先权,注重将青年的需求纳入公共决策和城市规划之中。闫臻认为,青年友好型城市是指为了适应城市转型与升级发展,满足城市新阶段功能性变化,突出青年主体性,充分调动政府、企事业单位、社会组织等各类发展主体加大投入、激活城市要素、改善城市环境、创新城市政策,为青年创造发展空间,提供公共服务和优惠政策,从而实现青年与城市互构共赢的新型城市形态。刘丹丽、魏水芸、李继军认为,青年友好型城市就是在城市规划建设中,把握青年诉求,并以此为根据,打造适合青年生活、工作、发展的现代化城镇。

城市是当今的研究热点。近年来相关研究成果持续增加,但仍存在不足之处:一是研究对象集中于一线大城市,以小城区作为研究对象较少。二是理论落后于实践。三是多数研究并未与城市特色相结合,忽视了青年与城市的共同发展。

2. 杏林工业区发展历程及现代转型

2.1 发展历程

杏林工业起步最早可溯源到清光绪时,旅缅杜氏族人裕昆堂杜四端、杜来瑶、杜怀记、杜银盏、杜玉记、杜思明等人合股出资在马銮社开设"銮裕纱厂",开创了杏林工业先河。自1958年被确定为厦门岛外的工业区后直至今日,杏林大规模城市建设与行政区变动,形成了一部波澜起伏的杏林发展史(图3)。

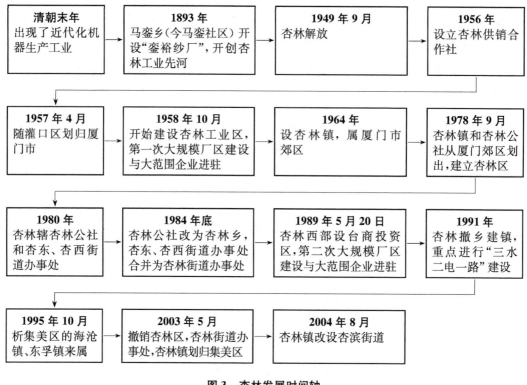

图3 杏林发展时间轴

(图片来源:笔者绘制)

2.1.1 发展背景

随着高(崎)集(美)、杏(林)集(美)海堤的建成和鹰厦铁路的通车、人民海军空军的入闽及镇反、肃反、三大改造的胜利完成,厦门市在第一次党代会上重点讨论"厦门是海防前线,能不能进行工业建设"的问题,明确了发展工业的重要性,市委作出发展工业的决定,利用建设海堤节余下来的400万元资金和侨资等在岛内后江埭一带建起了工业企业。岛内的工厂建设幅地紧缺,工业没有了发展余地,1957年省第二次党代会后,因为杏林知名度高、交通发达、发展空间大且气候宜人,市里选定了丘陵地带的杏林作为岛外发展化工、建材为主的新型工业卫星城。

2.1.2　初创时期

1958年,省委同意厦门市开辟杏林工业区的决定,并开始对工业区进行总体规划,一批国有工业企业先后动工兴建并投入生产,三年内陆续建成投产或部分投产了28个项目,1960年形成了具有现代化水平的工业区卫星城镇雏形。杏林的工业初创时期,在"大跃进"运动方针指导下,建设一批低标准的工业建筑,特点是较为简陋,以单层砖木、砖混结构为主,采用砖、石代替钢筋混凝土。

2.1.3　曲折发展

1961—1965年,是国民经济调整时期;1966—1975年,受"文化大革命"影响,工业和交通运输用房建设基本停滞;1976年,恢复五年计划;1980年开始,经济特区建设、工业交通建设进入大发展时期;1982年,厦门市编制了杏林区总规划,大体分为了西部工业区、东部生活区;1989年,编制《杏林区总体扩展规划》,采用工业区和生活区呈条带状平行延伸发展的结构;1992年,编制《厦门市杏林工业区调整规划》,正式把杏林区作为厦门市的一个城市分区,并编制了《厦门市杏林分区规划》(图4),杏林分区规划结构可概括为"一

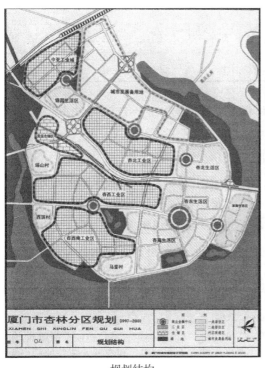
规划结构

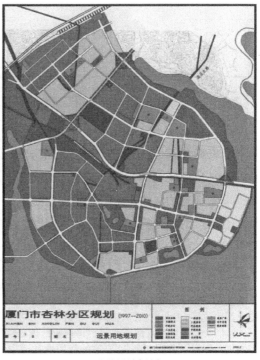
远景用地规划

图4　厦门市杏林分区规划(1997—2010)

(图片来源:厦门市规划管理局:《厦门规划图集》,中国翰林出版社2001年版)

心、两块、十区"①。在此期间杏林工业企业数量大规模增长,工程技术进一步发展,出现了大型屋面板、大跨度屋架等,厂房规模逐步扩大,尤其是80年代后工业建筑趋向现代化、高精尖的特点。

2.2 现代转型

对现阶段调研数据进行分析,以厂区现状建筑群的完整度作为划分依据,大致可分为三类(表1),分别选取其中典例进行厂区现代化转型分析。

表1 杏林工业区部分老厂区建筑群现状

序 号	现 状	厂 名	建造年代
1	厂区拆迁	厦门纺织厂(杏林纺织厂)	1958
2		厦门糖厂(杏林糖厂)	1958
3		杏林区煤渣砖厂	1972
4	部分损毁	厦门第二化工厂	1956
5		厦门新华玻璃厂(厦门市综合玻璃厂,明达玻璃)	1958
6	保存良好	厦门第一化学纤维厂	1958
7		福建省厦门电厂(杏林电厂,杏林供电所)	1959
8		协兴(厦门)塑料工业有限公司	1973

2.2.1 厂区拆迁,性质变更——以厦门纺织厂为例

厦门纺织厂占地面积20.61万平方米,建筑面积15万多平方米,在厂区东侧曾保留有苏式红砖建筑群作为纺织厂的仓储、办公和生活用房。结合厦门纺织厂发展史(图5)、厦门市杏林分区规划(1997—2010)和集美区"十四五"期间总体规划图,纺织厂区用地性质由工业用地变为居住用地再变为商业用地。2020年集美区领导对此进行考察调研后,指明了纺织厂的更新再利用现存困难问题②,并提出了下一步推动建议。然而2021年厦门纺织厂仍被夷为平地(图6),仅周边社区和公共配套建筑(图7)得到了保留。工业遗存的

---

① "一心"是指文华形成的城市公建中心,"两块"是指南北两个综合区,"十区"是指规划区内的十个功能区:杏西工业区、杏西南工业区、铁路仓储区、杏东生活区、杏南生活区、滨海生活区、杏北工业区、中亚城工业区、杏北生活区、锦园生活区。此外在北部综合区内预留城市发展备用地。

② 一是土地使用性质受限。厂区土地规划性质为工业用地,目前被确定为厦门地铁平衡用地,如需发展为影视及其配套产业,土地的使用性质受限。二是改造投入大。纺织厂现有苏式建筑的厂房为1958年始建,年久失修,2020年2月厂区北部约1000平方米的仓库发生火灾,损毁严重。其余为铁皮搭建临时建筑物,道路路面破损,内部有厂区、仓库、住宿,规划零乱,整个厂区道路水电等均需重新规划修建,改造成本大。三是厂区清理清退较难。厂区建筑面积约6.8万平方米,产权面积4.6万平方米,违建的铁皮厂房面积较大。厂区层层转包,租户复杂,清理清退困难。

1950年陈嘉庚向中央倡议开办厦门棉织厂 → 1958年勘察选址建设后正式挂牌成立厦门棉纺织印染厂 → 1959年主厂房基建动工 → 1960年开始成规模地组织试车生产,主厂房建设基本完工 → 1961年纺织厂全面停止生产

↓

1964年续建续产,更名为福建省厦门纺织厂 → 1992年纺织厂、化纤厂、绳网厂共同组建厦门华纶纺织有限公司 → 1999年受台风袭击厂房屋顶大面积被掀,损失严重

↓

2001年更名厦门升汇华纶纺织工业有限公司,但厂区仍为厦门冠华针纺有限公司(后为厦门顺承资产管理有限公司)所有 → 2006年厦门升汇华纶纺织工业有限公司所有资产被法院查封,濒临倒闭 → 2007年被厦门夏纺纺织有限公司租用

↓

2011年夏纺公司搬迁及产业升级为市政府公布重点工业投资项目 → 2021年厂区拆迁

图5 厦门纺织厂发展史

(图片来源:笔者绘制)

2020年卫星图

2021年卫星图

图6 厦门纺织厂拆除前后对比图

图片来源:https://map.zygh.xm.gov.cn/mapWeb/,2022年7月20日

纺织西路

厦纺幼儿园

纺织社区祥和苑

图7　杏林纺织厂周边现状

（图片来源：笔者拍摄）

更新再利用不仅考虑其所蕴含的历史文化背景，同时也应结合城市不同阶段的发展规划，考虑改造过程的多方参与和实际实施的困难问题。

2.2.2　新旧并存，产权转移——以厦门新华玻璃厂为例

厦门新华玻璃厂始建于1958年，截至1988年，全厂占地面积20多万平方米，建筑面积近12万平方米，1993年与美国宇得集团合资经营改名明达玻璃（厦门）有限公司。如今，厂区规划为交通设施用地，与厦门地铁六号线的建设产生冲突，部分地块已处于改建过程。厂区主体部分在2022年4月已经迁走生产设备，留下的厂区建筑主体结构较为完善，部分墙体因厂区搬迁拆除设备而有些损毁，仍具有较大的改造利用空间（图8）。大规模厂区的土地利用性质在城市更新进程中，可以细分为多种不同功能的地块以满足实际建设需要，在分期建设过程中，不同的功能建设也应采取不同的更新策略。

已改建部分

厂区内部

厂区航拍　　　　　　　　　　　　　　周边社区

图 8　厦门市新华玻璃厂现状

（图片来源：笔者拍摄）

2.2.3　保存完好，持续发展——以厦门第一化学纤维厂为例

厦门第一化学纤维厂是杏林工业初创期所建造的厂区之一，曾是厦门大学附属工厂，占地面积 55 827.764 平方米。20 世纪 90 年代中外合资后改名为华纶化纤有限公司，2003 年 12 月破产倒闭，现改为联发杏林工业园，厂区建筑群结构良好，分批建设横跨年代较大，内部的建筑风格呈现多元化的特点。如今，厂区大部分建筑已租赁给不同公司发挥着生产的作用（图 9）。

园区建筑布局　　　　　厂区宿舍楼现状　　　　　厂区局部航拍

图 9　厦门第一化学纤维厂现状

（图片来源：笔者拍摄）

3. 建设青年发展友好型城区的工业遗存更新策略

青年作为各行业的中坚力量和生力军，建设青年发展友好型城市的核心在于聚焦于青年，从青年群体视角探讨更方便、更舒适、更美好的学习、工作、生活环境。研究以《集美区建设青年发展友好型城区行动方案》推出的"六大工程"①为依据，从以下四个方面提出杏林工业区的更新策略。

---

①　"六大工程"为：青年创业友好工程、青年就业友好工程、青年生活友好工程、学村学子友好工程、台青聚融友好工程和青年成长友好工程。

3.1 青年友好创业、就业

杏林所处的集美区高校数量逐年增多(图10),随之带来的就是急剧增加的就业人口,因此在城市更新过程中,利用高校资源优势所带来的虹吸效应,通过产城学人的深度融合盘活杏林工业区的低效用地和闲置厂房。首先,对工业厂区进行评估和分类,根据建筑现状条件对其改造,将工业用地打造成具有浓厚地域文化特色的产业园区,为青年友好创业就业提供空间条件。其次,推进工业区进行园区化改造,打造"企业—社区—社会"的完整产业社区,将青年发展与城市发展有机融合,为青年工作生活提供便利。如荷兰埃因霍温市(Eindhoven)的 Strijp-T 小镇的一个旧发电厂,建筑师保留了原建筑的特点,增加空间的现代性,将开放式的创新视界融入其中,使之由一座重工业综合体成为创新型办公大楼,为不同公司提供一个开放、活力的创意中心(图11)。

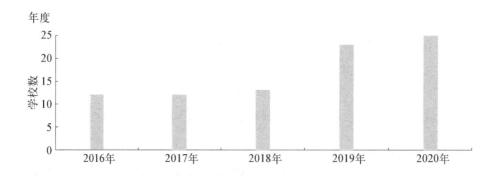

图 10　2016—2020 集美区职业教育学校数量

(图片来源:http://www.jimei.gov.cn/xxgk/xxgk/tjxx/,2022 年 7 月 27 日)

图 11　创新型办公大楼外观

(图片来源:https://www.gooood.cn/innovation-powerhouse-by-atelier-van-berlo-eugelink-architectuur-de-bever-architecten.htm,2022 年 7 月 29 日)

3.2 工业遗风城市特色

城市是人们生活的空间载体,然而过去高速城镇化带来的千城一面不利于展示城市特色风貌。城市空间品质的优劣意味着城市生活质量的好坏,老工业区改善城市品质主要有两种方式:一是加强生态环境的保护,二是提高城市辨识度,保留地域建筑风格和文化特色。从杏林老厂区布局核密度图(图12)可知,工业区主要集中在杏西街道,曾存在不少原料高耗的高污染产业,2003年起在政府的引导下分批关闭了11家带有烟囱的污染企业,这是杏林向可持续发展新型城镇迈出的重要一步。另一方面,城市特色象征着城市的名片,杏林老工业区工业氛围浓厚,不少厂区在转型之后仍保留具有明显标志性的大烟囱或工业设施设备(图13),在城市更新过程中既要保护具有纪念意义的工业遗存,也要保留城市特色,通过把控建筑立面材质、色彩与肌理使杏林工业城区的新旧风貌和谐统一。

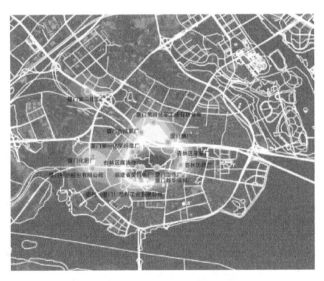

图 12　杏林老厂区核密度分析
(图片来源:笔者绘制)

厦门第二化工厂化工设备　　　　　　　　杏西路供热设施

厦门新华玻璃厂大烟囱

图 13　杏林工业区构筑物与工业设施设备

（图片来源：笔者拍摄）

3.3　活力宜居社区更新

青年友好发展型城市并非只为青年考虑，而是以青年与城市共同成长为理念，综合考虑社会全年龄段的合理需求。杏林老工业区厂区周边先后建成的纺织厂、玻璃厂、化纤厂、电厂和糖厂生活区，满足了早期居住的基本要求。如今厂区转型搬迁，但大多数老员工仍居住在老社区中，社区环境存在诸如适老化设施欠缺的问题，因而在城市更新中应结合社区的实际年龄结构调研报告，对不同社区进行适应性改造。此外，青年对于生活、工作与休闲存在多元化的需求，决策者应合理采纳青年发展诉求，搭建多维度的生活场景空间，采用差异化的青年住房配置来满足不同阶层群体的生活需求，以社区生活圈为核心寻找并利用闲置工业用地，建设篮球场或街头公园绿地，增加青年生活趣味性。此外，老厂区内的宿舍公寓，结合厂区发展需求进行功能升级或转变，使之适应青年的使用需求。如深圳佳客里公寓改造项目（图 14），通过置入公共功能与公共空间，将原本只满足休息功能的厂区配套宿舍改造成多元的、生活丰富的社区，丰富了居民的公共生活。

公寓改造前

公寓改造后

内部共享区

图 14　佳客里公寓改造项目

(图片来源：https://www.gooood.cn/jiakeli-apartment-renovation-china-by-mozhao-architects.htm，2022 年 7 月 29 日)

3.4　顶层设计全民参与

城市的制度设计、政策选择以及弹性的城市物质和社会环境能够促进青年与城市的良性互动，青年能够在城市中通过实践意识促进城市变迁，与城市互惠共赢。在城市更新过程中，政府一方面要引导青年加强全过程的参与度，发挥青年思路灵活、敢于发声的特点，做到青年人才"引得来，留得下"；另一方面青年发展过程中涵盖了就业创业、休闲娱乐、公共服务、生活环境、交通出行和人口活力六大维度，在政策制定过程中，应始终确保青年优先发展，因而建设青年发展友好型城市离不开社会各界的支持，政策应当引导社会重视青年的权益并鼓励具有青年发展友好型特征的单位或企业；再者，对于城市更新改造项目，通过竞赛形式发布以获得更广泛的关注同时也有利于集思广益，加强城市更新的全民参与。

4. 结论

建设"青年发展友好型城区"与杏林老工业区的城市更新是集美区的两大重要发展战略，目前尚未形成完整的理论体系，如何将两者有机结合是本文的关注重点。从城市更新视角入手，结合集美区对青年发展友好型城区的要求，以杏林老工业区为例，梳理杏林老工业区发展历程，分析总结以厦门纺织厂、厦门新华玻璃厂和厦门第一化学纤维厂为例的厂区历史及现代转型，梳理杏林不同类型厂区发展方向，结合"青年发展友好型城区"概念内涵，探讨杏林老工业区工业遗存更新再利用策略，提出青年友好就业创业、工业遗风城市特色、活力宜居社区更新和顶层设计全民参与四项更新策略。

参考文献：

[1] 洪卜仁,周子峰. 闽商发展史·厦门卷[M]. 厦门大学出版社,2016.

[2] 环保绿色产业崛起集美(2009年6月8日). 厦门市集美区人民政府:http://www.jimei.gov.cn/ywkd/jmbxw/201305/t20130515_325663.htm,2022-7-21.

[3] 黄劲松主编,厦门市集美区人民政府可滨街道办事处编. 杏林工业图史[M]. 厦门大学出版社,2017.

[4] 集美打造青年发展友好型城区(2021年1月18日). 厦门市集美区人民政府:http://www.jimei.gov.cn/ywkd/jmbxw/202201/t20220118_828549.htm,2022-7-21.

[5] 李玉清主编,易彬彬. 集美寻珍2杏林记忆[M]. 河南大学出版社,2016.

[6] 刘乃欣. 杏林老工业区改造对城市空间发展的影响与策略[J]. 建筑与文化,2022(3).

[7] "十四五"集美区城市建设与管理规划(2021年11月16日). 厦门市集美区人民政府:http://www.jimei.gov.cn/xxgk/xxgk/ghjh/zxgh/202111/t20211116_817144.htm,2022-7-21.

[8] 吴吉堂,《杏林史话》编委会编. 杏林史话[M]. 鹭江出版社,2011.

[9] 厦门地方志编纂委员会. 厦门市志[M]. 方志出版社,2004.

[10] 厦门市规划管理局. 厦门规划图集[M]. 中国翰林出版社,2001.

[11] 厦门市民政局编. 厦门市地名志[M]. 福建省地图出版社,2001.

[12] 闫臻. 青年友好型城市的理论内涵、功能特征及其指标体系建构[J]. 中国青年研究,2022(5).

[13] 中国共产党厦门市集美区委员会宣传部关于集美区政协八届四次会议第108号提案的答复函(2020年6月30日). 厦门市集美区人民政府:http://www.jimei.gov.cn/xxgk/zdxxgk/jyta/zx/202011/t20201117_756494.htm,2022-7-21.

[14] 朱峰. "新一线城市"青年友好型城市政策创新研究[J]. 中国青年研究,2018(6).

基于评定体系不同的中国工业遗产分布特征差异研究*

——以《国家工业遗产名单》与《中国工业遗产保护名录》的对比分析为例

肖文静　赖世贤

（华侨大学建筑学院）

摘　要：当前我国的工业遗产价值评价体系尚不成熟，大量工业遗存的"遗产化"已然成为当务之急。然而国家权威部门暂未形成统一明确的工业遗产认定标准，层出不穷的认定名单阻碍了工业遗产保护工作的推进。本文以工业与信息化部公布的五批《国家工业遗产名单》和中国科协创新战略研究院公布的两批《中国工业遗产保护名录》为对象，从始建年代、空间分布、产业类型等方面分别厘清两份名单的工业遗产分布特征，结果表明前者时间跨度大，遗产呈现"三核两副，片状分布"的分布格局；后者年代分布集中，在空间上呈现"一核一副，带状分布"的格局，造成两者差异的主要原因在于评定体系的不同。

关键词：国家工业遗产名单；中国工业遗产保护名录；分布特征；评定体系；对比研究

自20世纪90年代以来，我国工业遗产的保护与研究逐渐受到国家与社会的重视。2006年《无锡建议》首次明确了工业遗产的定义和工业遗产保护的概念，标志着我国工业遗产保护工作的兴起。然而，随着我国城市化进程的加快，大量工业遗存面临着拆除、损毁的处境，亟待通过工业遗产的认定来得到规范的管理与保护。

工业遗产的价值评估与认定工作在我国起步较晚，直到2016年工业与信息化部（以下简称"工信部"）联合财政部发布了《关于推进工业文化发展的指导意见》，提出要"建立工业遗产名录和分级保护机制，抢救濒危工业文化资源，合理开发利用工业遗存"，推动了工业遗产的认定研究工作。2017年12月，工信部公布了第一批《国家工业遗产名单》，继而于2018年颁布了《国家工业遗产管理暂行办法》，对国家工业遗产的认定程序、申报

---

* 基金项目：教育部人文社会科学研究项目（19YJCZH074），厦门市社会科学研究项目（厦社科研［2022］B38号）。

标准、保护管理等方面作出了明确规定。之后《国家工业遗产名单》逐年新增,至今已公布五批名单,共 195 项。继工信部首批名单公布之后,2018 年 1 月,中国科协创新战略研究院(以下简称"科协")和中国城市规划学会发布了第一批《中国工业遗产保护名录》,后于 2019 年发布了第二批,两批各 100 项,共计 200 项。上述两份认定名单的发布是工业遗产研究领域的重大进展,体现了国家及社会对工业遗产保护的日渐重视,形成了初步的工业遗产评定体系。然而,目前我国尚未形成统一、明确的工业遗产认定标准,两份工业遗产名单虽均由权威机构发布,具有一定的代表性,但两份名单之间存在着较大差异。而工业遗产的认定是开展工业遗产保护工作的基础,多方的认定名单给工业遗产的保护与再利用增加了难度,因此构建权威的工业遗产认定体系已是当务之急。

本研究以工信部公布的五批《国家工业遗产名单》和科协公布的两批《中国工业遗产保护名录》为基础,最终得到的研究样本数量为《国家工业遗产名单》198 处、《中国工业遗产保护名录》235 处[①]。本文分别对两份名单中工业遗产的历史时期、空间分布及产业类型进行整理与分析,总结名单中工业遗产的分布特征,对比两者的异同之处,剖析差异的形成原因及影响因素,并进一步提出价值评定意见,以期为我国工业遗产的评定、管理以及保护再利用提供参考。

1.《国家工业遗产名单》与《中国工业遗产保护名录》对比分析

1.1 始建年代分布特征

1.1.1 《国家工业遗产名单》年代分布特征

由于《国家工业遗产名单》中并未包括遗产具体的建设年代情况,因此通过研究分别对各项遗产的年代信息进行搜集整理,发现遗产年代分布范围较广,最早可追溯至秦汉时期,最晚至 1988 年,时间跨度大。随后根据历史进程将时间分为"1840 年以前、1840—1911 年(清末)、1911—1949 年(中华民国)、1949 年至今(中华人民共和国)"四个时期,并相应地对遗产名单进行分类,得到国家工业遗产年代分布图(图 1),可以看到以 1949 年中华人民共和国成立后的遗产项目居多,达到 94 处,而 1840 年以前的遗产项目数量相对较少。同时,分别对各时期中的遗产所属行业类型进行分析,结果显示,1840 年以前遗产类型以酿造类为主(图 2),1840 年至 1911 年的清末时期和 1949 年中华人民共和国成立后均以采矿业为主(图 3、图 5),1911 年至 1949 年间以纺织类项目较多(图 4),此结果成因也可从我国早期工业发展脉络中窥析一二。

---

① 由于名单中存在部分工业遗产为多个单位合并申报或是跨越多个行政区的情况,因此在统计时将这些项目按照所跨越的区域数量分别算为多处。另外,北京卫星制造厂同时入选了《国家工业遗产名单》的第二批与第四批名单(第四批为第二批的补充),因此将其合并看作一处。

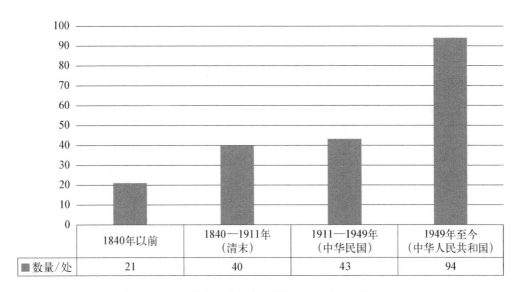

图1 《国家工业遗产名单》遗产年代分布图
（来源：笔者绘制）

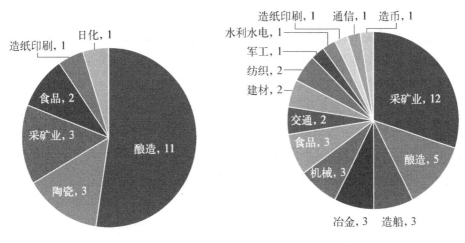

图2 1840年以前遗产类型分布图　　图3 1840—1911年遗产类型分布图
（来源：笔者绘制）　　　　　　　　（来源：笔者绘制）

在我国历史研究中，通常以1840年和1949年为界，将历史时期划分为古代、近代和现代。1840年之前机器工业尚未出现，此时以酿造、冶金、制陶、纺织等传统手工业为主要的生产方式，这些产业在年代的更迭中留存了大量的古窖池、古窑址和矿冶遗址，譬如始建于明代的五粮液窖池群及酿酒作坊、晚唐的吉州窑遗址、秦汉时期的新晃汞矿等，展现了我国古代的工业技术水平。1840年鸦片战争后，西方列强的入侵打开了中国国门，大量外商在国内各大城市创办公司、建立工厂，留下了许多工业遗存。19世纪60年代，以"自强""求富"为口号的洋务运动兴起，标志着中国近代化工业的开端，此后一大批军事工业和民用企业出现，行业涉及钢铁、采矿、船政、铁路等近代新兴工业类型，轻工业也得到了大力发展，留下了丰富的矿场、船坞码头、企业旧址、生产车间等工业资源，图3中

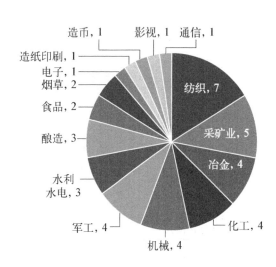
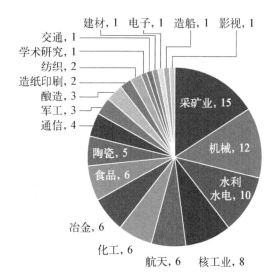

图4 1911—1949年遗产类型分布图　　　　图5 1949年至今遗产类型分布图
（来源：笔者绘制）　　　　　　　　　　（来源：笔者绘制）

项目类型较前一时期明显增多也能够反映此时期的工业发展。1911年辛亥革命爆发，清朝统治被推翻。中华民国建立初期，一系列鼓励发展实业的政策法令相继颁布，中国民族资本主义和近代民族工业均得到快速发展，其间新建了大批厂矿，民用工业也发展显著，纺织、机械、化工、建材、水电等企业的市场占比不断提升（图4）。

1949年中华人民共和国成立后，第一个五年计划的制定确立了重工业的工业经济主导地位，同时156项重点工程项目启动，项目以工矿业为主，遍及能源、电力、国防、钢铁、化工等行业，是我国工业体系初步形成的里程碑。继"大跃进"之后的国民经济调整期间，以核工业为代表的新兴产业开始初步发展；三线建设时期，国防产业在航天、卫星等方面取得了重大突破；改革开放之后的产业转型阶段对工业结构进行了优化，大量老工业基地被重新利用，形成了大批新的工业基地。可见中华人民共和国成立后我国工业发展经历了多个阶段，工业体系也逐渐完备，图5中项目类型以重工业为主、行业类型增加了包括航天、核工业在内的多项新兴产业也能够反映这一时期的工业历程。

1.1.2 《中国工业遗产保护名录》年代分布特征

科协公布的中国工业遗产名录中遗产项目的时间跨度为1851年至1967年，时间分布较为密集，因此以十年为一个单位对工业遗产进行年代统计（图6）。由图中可以看出名录中的遗产项目集中于1890年至1959年，整体趋势呈现先升后降再上升的过程。具体来看，洋务运动推动了大批工业建筑诞生，因此在19世纪90年代的工业遗产数量激增，在中华民国成立之后，工业遗产数量仍保持着平稳的发展。直到20世纪40年代，抗日战争的全面爆发令中国民族工业遭到毁灭性的打击，阻碍了工业建设进步，从图中1940—1949年间名单的遗产数量仅为三项也可反映该时期内近代民族工业的困难处境。中华人民共和国的成立为工业发展带来了新的转折，政府大力开展工业建设以恢复国民经济,此时期的工业遗产认定数量重新跃增。1960年后,工业建设规模在国民经济调整下受到压缩,工业遗产数量再次骤减。

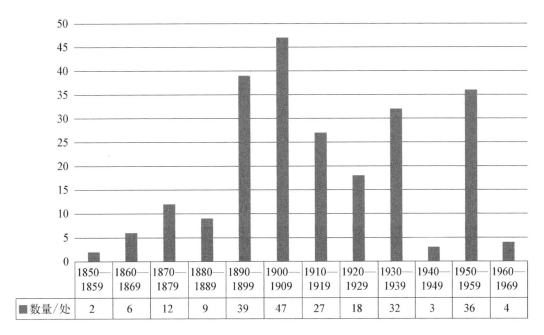

图6 《中国工业遗产保护名录》遗产年代分布图
(来源:笔者绘制)

对比两份名单的遗产年代分布,《国家工业遗产名单》内项目年份跨度更大,囊括了许多近代以前的手工业建设遗址和1949年之后的工业项目,近代工业遗产数量较少;而《中国工业遗产保护名录》聚焦于近现代时期内,主要反映了我国近代的工业发展历程,两份名单均受到历史上的重大事件影响,遗产数量随着时期内工业发展的兴衰而产生波动。关于工业遗产的时间界定,通常存在广义和狭义之分,广义上的工业遗产包括工业革命前的手工业、采矿业等反映人类技术创造的遗物遗存,狭义上在我国主要是指19世纪后半叶近代工业诞生之后的工业遗存,从这一点来看,《国家工业遗产名单》中的遗产定义为广义,而《中国工业遗产保护名录》为狭义。

1.2 空间分布特征

为直观地揭示工业遗产的空间分布特征,利用ArcGIS软件进行数据分析,具体为借助高德地图API将工业遗产转化为地理坐标点,建立工业遗产数据库,使工业遗产空间分布可视化,再运用相交分析、平均最近邻分析和核密度分析功能对工业遗产分布的均衡性和聚集特征进行研究。

1.2.1 《国家工业遗产名单》空间分布特征

对国家工业遗产名单中项目所处地区进行统计,得到结果共198处工业遗产分布于

30个省级行政区,数量在平均值(6.6)以上的共有12个省份①,其中数量最多为四川省,有21处工业遗产,大幅度高于其他省份(图7)。原因之一在于四川得天独厚的气候条件和悠久的文化历史造就了成熟的酿造产业,不少古窖池遗址被收录于名单中,例如五粮液窖池群及酿酒作坊、成都水井街酒坊和泸州老窖窖池群及酿酒作坊等;另一方面,20世纪60年代我国开展的三线建设令工业发展向中西部迁移,新建了大量国防工业和基础工业项目,其中纳入名单中的四川省项目包括建于1965年的航空发动机高空模拟试验基地旧址和中国核动力九〇九基地、建于1967年的西南应用磁学研究所旧址以及建于1971年的核工业受控核聚变实验旧址等。

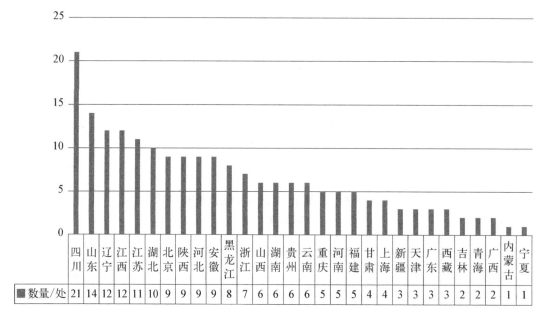

图7 《国家工业遗产名单》遗产地区分布图

(来源:笔者绘制)

对工业遗产进行平均最近邻分析②,得到结果平均观测距离约为64.25公里,预期平均距离约为147.03公里,最邻近比率约为0.44<1,说明工业遗产呈聚集分布状态。且主要分布省份有西南地区的四川、东北地区的辽宁、华北地区的山东以及华东地区的江苏和江西。工业遗产在空间分布上形成了三个高密度核心区,分别是以四川为主的西南核心区、长三角核心区和京津冀核心区;次密度核心区有以湖北、江西、安徽三省交界处为中心的鄂赣皖核心区和辽宁核心区,整体呈现"三核两副,片状分布"的空间格局。除上述地

---

① 《国家工业遗产名单》中遗产数量在平均值以上的省份有:四川(21处)、山东(14处)、辽宁(12处)、江西(12处)、江苏(11处)、湖北(11处)、北京(9处)、陕西(9处)、河北(9处)、安徽(9处)、黑龙江(8处)、浙江(7处)。

② 平均最近邻比率=最近邻点的平均距离/假设随机分布中的邻域间的平均距离,若比率小于1,则表明要素为集聚分布;若比率大于1,则为随机分布。

区以外,工业遗产在中部与南部地区分布较为分散,遗产分布呈现不均衡特征。

1.2.2 《中国工业遗产保护名录》空间分布特征

对中国工业遗产保护名录的 235 处工业遗产进行省域统计,可见项目分布于 32 个省级行政区中(图8),数量平均值为 7.3 处/省。其中,数量在平均值以上的省份有 13 个,上海拥有 23 处,居全国首位,体现了上海作为我国近代工业发祥地的重要地位。上海的近代工业发展历程可追溯至 1842 年,《南京条约》的签订迫使上海成为较早对外开放的通商口岸之一,外国资本在上海大规模投资建厂,海上航运业也迅速发展起来,譬如名单中建于 1853 年的董家渡船坞、1862 年的上海船厂、1865 年的江南制造总局和 1872 年的轮船招商局等,它们不仅为船舶工业的进步作出了巨大贡献,还见证了上海乃至全国的近代工业发展历程。同时,长久持续的进出口贸易为上海成为工业和经济中心奠定了坚实的基础,这也是上海拥有大量工业遗产的原因。

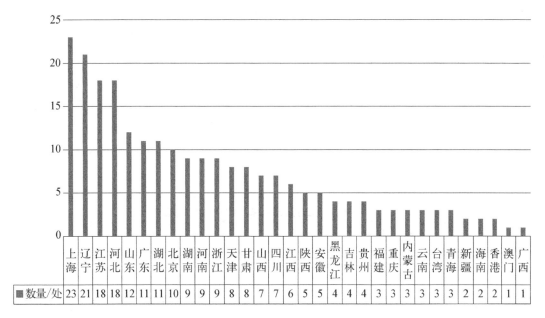

图 8 《中国工业遗产保护名录》遗产地区分布图

(来源:笔者绘制)

根据平均最近邻分析显示,平均观测距离约为 58.56 公里,预期平均距离约为 139.14 公里,最邻近比率约为 0.42＜1,说明工业遗产分布存在聚集性。遗产项目在空间上主要集中于以上海、江苏为主的华东地区和以辽宁、河北为主的环渤海地区,并且存在由东向西数量逐渐减少的分布特征。同时,可以看到以上海为核心的长三角地区和以北京、天津为核心的环渤海地区分别构成了高密度核心区和次密度核心区,并且遗产整体呈两条带状分布①,形成了"一核一副,带状分布"的空间分布格局。

---

① 带一:贯穿辽宁、河北、北京、天津、山西、山东、河南、陕西的北部遗产带;带二:贯穿上海、江苏、安徽、浙江、湖北、江西、湖南、广东、香港、澳门的南部遗产带。

综合上述分析,四川和上海均为我国重要的工业地区,分别体现了各自的地域工业特色和不同时期内的工业发展方向。从最邻近比率来看,比率值越小代表聚集程度越高,可见《中国工业遗产保护名录》的遗产分布较《国家工业遗产名单》聚集性更强,但整体上两者都存在明显的聚集性和不均衡性,呈现"局部聚集、大部分散"的格局。在空间分布上,两份名单的核心聚集区均包含长三角和环渤海地区,这些地区在历史上都开发较早,沿海通商口岸密集,经济实力雄厚,进而工业水平也普遍领先于其他地区。结合我国的地势情况来看,东部多为平原,海拔较低,地形简单,利于工业建设和经济发展,进一步表明地理条件和地区经济水平均是影响工业遗产分布的重要因素,因此东北和华东、华北沿海地区具有显著的工业发展优势。

1.3 产业分布特征

1.3.1 《国家工业遗产名单》产业分布特征

根据工业遗产所属行业进行分类,从表1可见《国家工业遗产名单》中涵盖了23个门类,包括采矿、酿造、机械、水利水电、冶金等。从数量上而言以采矿业为主,具有35处,占总数的17.68%,包括井陉煤矿、合山煤矿、焦作煤矿等。其次为酿造和机械类,分别占11.11%和9.6%,代表遗产有张裕酿酒公司、金陵机器局等,表明我国矿产资源丰富,酿造历史悠久,为我国工业生产创造了良好条件。在所有项目中,轻工业占比超过总数的三分之一,说明除了提供物质技术基础的重工业之外,名单对与国民生活息息相关的民生企业也有着应有的重视。

表1 《国家工业遗产名单》遗产类型分布表

序号	类型	工业遗产数量(处)	所占百分比(%)
1	采矿	35	17.68
2	酿造	22	11.11
3	机械	19	9.60
4	水利水电	14	7.07
5	冶金	13	6.56
6	食品	13	6.56
7	纺织	11	5.56
8	化工	10	5.05
9	陶瓷	8	4.04
10	核工业	8	4.04

续 表

序 号	类 型	工业遗产数量(处)	所占百分比(%)
11	军工	8	4.04
12	航天	6	3.03
13	通信	6	3.03
14	造纸印刷	5	2.53
15	造船	4	2.02
16	交通	3	1.515
17	建材	3	1.515
18	电子	2	1.01
19	造币	2	1.01
20	烟草	2	1.01
21	影视	2	1.01
22	学术研究	1	0.505
23	日化	1	0.505

1.3.2 《中国工业遗产保护名录》产业分布特征

按照产业类型对工业遗产项目数量进行统计(表2),共235处遗产项目涉及产业22类,其中以交通类项目居多,遗产数为61处,占比超过总数的四分之一,其中大部分项目为铁路、桥梁,是我国城市建设、交通发展的重要标志,如中东铁路、京张铁路、武汉长江大桥等。其次为采矿类和水利水电类,遗产数量均在20处以上。并且排名前五的遗产类型均为重工业,排在前十的有七项为重工业,由此可见《中国工业遗产保护名录》中重工业占主导地位,其更加重视重工业在国家工业历程中的历史价值。

表2 《中国工业遗产保护名录》遗产类型分布表

序 号	类 型	遗产数量(处)	所占百分比(%)
1	交通	61	25.96
2	采矿业	30	12.77
3	水利水电	25	10.64
4	机械	16	6.81

续 表

序 号	类 型	遗产数量（处）	所占百分比（%）
5	冶金	13	5.53
6	化工	11	4.68
7	造船	8	3.40
8	纺织	8	3.40
9	市政	8	3.40
10	烟草	8	3.40
11	食品	7	2.98
12	军工	6	2.55
13	航天	6	2.55
14	建材	5	2.13
15	通信	5	2.13
16	造纸印刷	4	1.70
17	酿造	4	1.70
18	面粉	3	1.28
19	核工业	3	1.28
20	陶瓷	2	0.85
21	电子	1	0.43
22	造币	1	0.43

在产业类型的分析中，两份名单涵盖行业类别丰富，数量最多的类型分别为采矿业和交通类，虽都属于重工业类别，但《国家工业遗产名单》中酿造、食品、纺织、陶瓷类均排名前列，轻工业占有一定的比例。而《中国工业遗产保护名录》以重工业项目为主，轻工业数量较少，两者侧重点存在差异。

2. 名单共同组成与评定体系分析

2.1 名单共同组成

综合《国家工业遗产名单》和《中国工业遗产保护名录》的具体名单，两者有重合项目26项（表3），它们的工业价值受到两方共同认可，其历史意义也就不言而喻。在重合项目中,遗产类型涵盖了采矿、造船、机械、冶金等类别(图9),其中采矿业为7项,居项目类型首位,以本溪湖煤铁公司、玉门油矿、西华山钨矿等大型工矿企业为代表,曾为近代经济发展作出了巨大贡献;而酿造、纺织、陶瓷、面粉等轻工业只占5项,一定程度上表明了重工业在我国工业史上的重要地位。从空间分布来看,重合项目分布于14个省域中(图10),最多的辽宁省占有6项,其次为山东和江苏,各为3项,同样展现了环渤海地区与长三角地区的工业聚集性。

表3 重合工业遗产项目概况

序号	名称	地区	始建年份	类型
1	福州船政(现为马尾船厂厂区及船政文化园区)	福建	1866	造船
2	旅顺船坞(现为辽南船厂〈中国人民解放军海军4810工厂〉厂区)	辽宁	1883	造船
3	金陵机器制造局(现为晨光1865创意园)	江苏	1865	机械
4	本溪湖煤铁公司(纤维本溪〈溪湖〉煤铁工业遗址博览园)	辽宁	1905	采矿业
5	大冶铁厂	湖北	1913	冶金
6	鞍山钢铁公司	辽宁	1916	冶金
7	启新水泥公司(现为中国水泥工业博物馆)	河北	1889	建材
8	华新水泥公司	湖北	1907	建材
9	延长油矿	陕西	1907	采矿业
10	克拉玛依油田	新疆	1955	采矿业
11	玉门油矿(建有玉门石油博物馆)	甘肃	1938	采矿业
12	津浦铁路局济南机器厂	山东	1910	机械
13	第一拖拉机制造厂	河南	1955	机械
14	大生纱厂(大生纱厂陈列室)	江苏	1895	纺织
15	宇宙瓷厂(陶溪川文创街区)	江西	1958	陶瓷
16	茂新面粉厂	江苏	1900	面粉
17	张裕酿酒公司	山东	1892	酿造
18	青岛啤酒厂(青岛啤酒博物馆)	山东	1903	酿造
19	上海船厂	上海	1862	造船
20	大连造船厂	辽宁	1898	造船

续 表

序号	名 称	地区	始建年份	类 型
21	秦皇岛港	河北	1898	交通
22	奉天机器局（沈阳造币厂）	辽宁	1896	机械
23	西华山钨矿	江西	1908	采矿业
24	温州矾矿	浙江	1949	采矿业
25	金银寨铀矿（711矿）	湖南	1955	采矿业
26	沈阳铸造厂	辽宁	1939	冶金

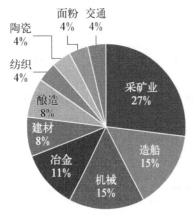

图 9　重合工业遗产类型分布图
（来源：笔者绘制）

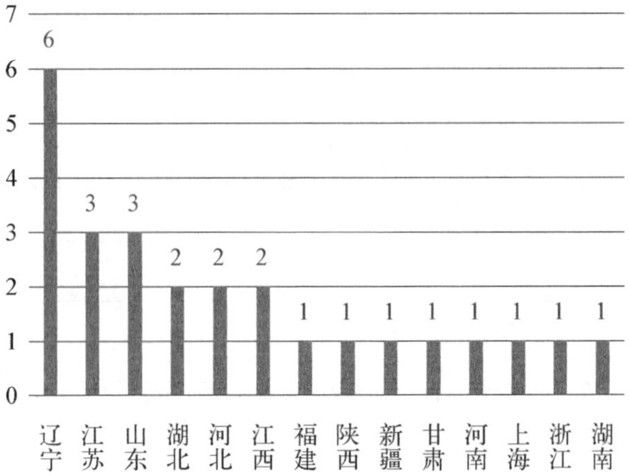

图 10　重合工业遗产地区分布图
（来源：笔者绘制）

2.2　评定体系分析

工信部的评选流程为"先申报后评选"，具体是由工业遗产产权人自主申报后再由工信部进行审核评估，这样虽然充分尊重了遗产所有权人的意愿，但也存在着评选范围仅限在申报项目范围内，一些未进行申报的重要遗产可能有被遗漏的风险。在评选标准上，工信部在《国家工业遗产管理暂行办法》中作出了明确要求，将历史价值、科技价值、社会价值和艺术价值作为认定的主要条件。

与工信部相反，《中国工业遗产保护名录》的评选体系无须进行申报，也没有外部行政力量干涉，而是直接由中国科协创新战略研究院和中国城市规划学会在全国范围内根据历史资料、广泛调研和专家意见进行筛选评定。虽然仅由社会组织单方面评选，没有具体的指导文件，存在一定的主观性，但在所公布名录中包含了明确的项目入选理由，从历史文化价值、知识价值、科学技术价值、经济价值和艺术价值等方面对工业遗产进行了考量，增强了名单的客观性和合理性。

正因为评选体系的根本性不同,导致两份名单存在较大差异,例如在中国工业遗产保护名录中排于首位的交通类却在国家工业遗产名单中寥寥无几,但此类工业遗产在我国近代工业发展历程中具有不可忽略的价值。这是由于大部分铁路、桥梁等交通设施归属于国家,无法通过所有权人进行申报。可见申报制度更加适用于民用工业企业,例如酿酒、纺织、陶瓷等具有一定地域特色的工业项目,因此轻工业项目在《国家工业遗产名单》中占有一定比例。自主评选的方式则不受所有权人的限制,而是会更多考虑到遗产项目对国家的价值意义,由此作为"国之重器"的重工业更受关注。

3. 结论与展望

综上所述,工信部发布的《国家工业遗产名单》与科协发布的《中国工业遗产保护名录》之间存在以下共同点:一是在时代分布上,均与历史时期内的工业发展变化呈正相关;二是在空间分布上都体现出由东至西遗产数量递减以及"局部聚集、大部分散"的格局,环渤海地区和长江三角洲地区均表现为核心聚集区,存在地域分布不均衡问题;三是在产业类型上两份名单构成均以重工业为主、轻工业为辅。不同点如下:一是《国家工业遗产名单》中的工业遗产为广义,时间范围更广,而《中国工业遗产保护名录》中的遗产定义为狭义,年代跨度较小,主要集中于近现代时期;二是《国家工业遗产名单》中的遗产在空间上呈现"三核两副,片状分布"的分布格局,《中国工业遗产保护名录》中的遗产在空间上呈现"一核一副,带状分布"的分布格局,聚集程度更高;三是《国家工业遗产名单》更能凸显地方产业特色,轻工业与重工业的占比相对平均,而《中国工业遗产保护名录》更加看重遗产在中国近代工业浪潮中的代表性,对重工业的重视程度更高;四是《国家工业遗产名单》须由遗产所有权人主动申报后再由政府部门审定,而《中国工业遗产保护名录》是由社会组织自主评选,评选体系的不同也是造成名单差异的根本原因。

我国工业遗存种类丰富、数量繁多,《国家工业遗产名单》与《中国工业遗产保护名录》的陆续发布说明我国的工业遗存"遗产化"工作逐渐步入正轨。根据上述分析,两份名单的评选体系各有局限性,两者虽相互补充,但仍无法完全揭示我国工业遗产的全貌,如何构建更加权威、健全的工业遗产评价管理体系成为当下的一大重要议题。一方面,在评选时需要综合考虑工业遗产的历史性、文化性、艺术性和科学性等价值要素,明确名单的具体评价标准与入选理由;另一方面,在评选流程上可以采用逐级推选的方式,由各省份权威部门对辖区内的遗产项目进行筛选再交由国家相关部门评定,以此避免个人申报或直接由一方进行选择所存在的遗漏问题。同时,各评选方应加强对工业遗产认定标准的交流探讨,综合专业意见与行政管理手段,以构建统一、权威的评价体系为共同目标,促进工业遗产管理与保护制度的规范化,这也是当下有关政府部门、社会组织以及专家学者不可推卸的共同使命。

参考文献:

[1] 崔卫华,宫丽娜.世界工业遗产的地理、产业分布及价值特征研究——基于《世界遗产名录》中工业遗产的统计分析[J].经济地理,2011(1).

[2] 崔卫华,王之禹,徐博.世界工业遗产的空间分布特征与影响因素[J].经济地理,2017(6).

[3] 刘伯英,李匡.中国工业发展三个重要历史时期回顾[J].北京规划建设,2011(1).

[4] 刘抚英.我国近现代工业遗产分类体系研究[J].城市发展研究,2015(11).

[5] 青木信夫,张家浩,徐苏斌.中国已知工业遗产数据库的建设与应用研究[J].建筑师,2018(4).

[6] 阙维民.世界遗产视野中的中国传统工业遗产[J].经济地理,2008(6).

[7] 单霁翔.关注新型文化遗产——工业遗产的保护[J].中国文化遗产,2006(4).

[8] 徐苏斌,青木信夫.关于工业遗产经济价值的思考[J].城市建筑,2017(22).

[9] 尹应凯,杨博宇,彭兴越.工业遗产保护的"三个平衡"路径研究——基于价值评估框架[J].江西社会科学,2020(11).

[10] 喻冬冬,魏超.新中国成立以来我国工业发展历程与成就[J].中共乐山市委党校学报(新论),2020(1).

[11] 于磊,青木信夫,徐苏斌.工业遗产价值评价方法研究[J].中国文化遗产,2017(1).

[12] 赵永琪.中国工业遗产的空间分布特征及影响因素[J].建筑与文化,2020(9).

存量时代国内热电厂工业遗产的类型学特征

徐 优 朱晓明

(同济大学建筑与城市规划学院)

摘 要：建筑在整体碳排放中占据一席之地,随着存量时代的到来,建筑遗产的活化成为学界热议的话题。热电厂一度是提供电力的主要来源,随着科学技术的发展,新能源的研发,热电厂已经开始走向衰落,废弃后的热电厂工业遗产呈现独特的类型学特征。本文基于文献梳理与实地考察,采用建筑类型学的方法归纳了热电厂工业遗产四个方面的典型特征：一是基本工艺流程；二是选址布局及城市关系演变规律；三是建筑结构与空间形式；四是纪念性废墟景观。研究认为,热电厂工业遗产的类型学特征与其改造之间具有必然联系,并以上海杨树浦发电厂公园案例分析进行论证。

关键词：热电厂；工业遗产；类型学；废墟美学；遗产改造

1. 引言

建筑是凝固的艺术,建筑遗产是社会发展历史的无字碑,工业遗产是近代建筑遗产中的重要组成部分。当前全球面临严峻的气候问题,全球政治活动中各国应对气候变化的推诿塞责令人心痛。在所有的技术活动中,建筑是一个不可忽视的产业。如何保护和改造现存近现代工业建筑遗产既是历史文化保护工作的重点之一,也是存量时代建筑领域实现"减碳"目标的契机。电厂在工业建筑分类中是提供能源与动力的动力用厂房,其生产过程自带一定的生态环境破坏作用,对此类工业遗产进行类型学研究,对其保护与改造工作可提供实践性参考。

1.1 电厂的类型及历史概述

1.1.1 电厂的类型
电厂本身属于工业生产中的能源供应设施,根据所用能源类型发电厂可分为核电厂、水利发电厂、燃煤发电厂、燃气发电厂、柴油发电厂、地热发电厂、太阳能发电厂、风力发电厂、潮汐发电厂等几种类型。本文关注的热电厂属于燃煤、燃气、柴油发电厂类使用化学燃料燃烧转化为电能的火力发电厂,由于此类电厂在发电的同时向城市供热,因此称为热电厂。

1.1.2 电厂的历史概述

发电的历史是漫长而复杂的,以数百名贡献者建立的无数技术里程碑、概念和技术为标志。1882年1月,托马斯·爱迪生在英国伦敦市中心的霍尔本高架桥57号建立了世界上第一个为公众发电的燃煤发电站。1882年5月,上海第一家发电厂——上海电气公司(即杨树浦发电厂的前身)在今天的南京东路江西中路口创办,这是中国第一家电厂,也是世界最早的发电厂之一,被称为"远东第一火电厂"。1913年4月12日,上海电气公司被工部局收购后建设的新厂江滨蒸汽电站——如今的杨树浦发电厂正式开始发电。

1.2 热电厂现状

到如今,火力发电厂的历史已走过140年,诚然,发电厂是书写工业革命人类发展伟大故事的里程碑。从世界能源数据网2022年发布的"世界电能生产年度变化情况"(图1)研究图表中可以看出,自2015年起,依靠燃煤的发电量已经逐步减少;根据世界煤炭协会的数据,目前燃煤电厂约占全球电力的37%,根据IEA数据,2040年煤炭将产生全球22%的电力。2015年巴黎协定会议召开之前,英国成为世界上第一个正式承诺逐步淘汰煤炭业务的国家,为了减少温室气体的排放,许多发达国家已经宣布逐步淘汰燃煤电厂的计划。火电厂陆续退出发电历史的舞台,作为火电厂的一个重要分支,特定历史时期内人工营造的重要遗存,热电厂开始由生产型工业建筑角色转换为纪念性工业建筑遗产角色。

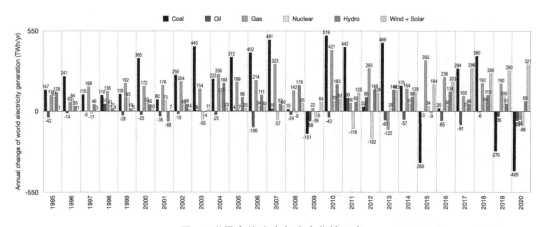

图1 世界电能生产年度变化情况表

(图片来源:https://www.worldenergydata.org/world-electricity-generation/)

1.3 热电厂工业遗产特征

热电厂作为一种特殊的建筑类型,其选址、布局、建筑形式等与工艺流程、设备空间需求等密切相关,具有独特的特征,例如热电厂中的冷却塔在城市中独具可识别性,成为城市中的标志物,其优雅的双曲面设计是有结构要求和意义的,最早由荷兰工程师 Frederik van Iterson 和 Gerard Kuypers 于 1918 年设计并获得专利①。热电厂的工艺流程对选址布局有决定性作用,其遗址的改造过程中对工艺流程、集体记忆的还原有纪念性意义;随着城市的发展扩张,热电厂对城市形态和空间结构产生必然影响,热电厂遗产在城市空间中的位置具有典型特征;跨度大、强度高的厂房、干煤棚、冷却塔等建筑物,具有独特的空间特征;停工后的设备、场地遗存,呈现独具一格的废墟美学与纪念性;热电厂遗产是工业时代不可或缺的一分子,是一个历史时期内城市"集体记忆"的象征。

2. 工业遗产类型学相关研究综述

20 世纪 50 年代后期,现代主义暴露的问题越来越突出,简单粗暴的功能主义城市建设,造成了城市历史传统的割裂,各国涌现出诸多对现代主义进行反思与批评的论著;20 世纪 60 年代以阿尔多·罗西为代表的意大利新理性主义(Neo-Rational)试图通过类型学的研究,寻找城市中失落的集体记忆,重新建立城市生活与历史空间的关联。19 世纪德·昆西在其著名的《建筑百科词典》中对于类型学的定义中提到:"类型所模拟的总是情感和精神所认可的事物。"②尽管建筑史上曾经历过一段反工业化的探索,工业遗产是人类历史文化遗产中重要的载体,承载着人类工业时代的历史、文化、记忆与情感。用类型学的方法将工业遗产纳入城市空间历史延续性的塑造中也是当代建筑学探索的方向,对一批由传统城市或乡村一跃成为工业城市的中国城市研究尤为重要。

2.1 建筑类型学

分类的方法,自古希腊哲学家亚里士多德的《诗学》和《修辞学》开始就已形成。在《诗学》和《修辞学》里,他用的都是很严谨的逻辑方法,把所研究的对象和其他相关对象区分出来,找出它们的异同,然后再对研究对象本身由类到种地逐步分类,找规律,下定义。自此之后类型学经过哲学家、语言学家、生物学家、考古学家等各领域学者的推动,经历漫长的演化过程,终于在 18 世纪法国启蒙时代,从劳吉埃的《论建筑》开始正式进入建筑学的领域,并由 18 世纪末的法国建筑师、理论家、新古典主义代表人物让·尼古拉斯·路易·迪朗正式创立建筑类型学。类型学分别经历了原型类型学、范型类型学和第三种类型学三个阶段。

---

① Typology: Power station — Architectural Review (architectural-review.com).
② 汪丽君. 建筑类型学[M]. 天津大学出版社, 2004.

天津大学汪丽君详细梳理了近代建筑类型学的研究和争论,对三种建筑类型学的发展进行简要介绍,根据选择"原型"的来源不同,将当代建筑类型学分为来源于历史的新理性主义和来源于地区的新地域主义,分别从各自的代表人物阐述了两种建筑类型学的特征,并通过对现代建筑类型学应用的解析与实操案例的分析进行研究与批评;意大利新理性主义代表人阿尔多·罗西在《城市建筑学》中将城市形态的研究与建筑类型学结合,强调已确定的建筑类型在发展过程中对城市形态的影响,当物体的形式不再包含其初始功能时,类型超越历史而获得记忆的特性,基于这个思想罗西提出类比设计的理念,罗西认为如果我们想阐明城市建筑体的结构和组成,就不能从功能的角度来解释城市建筑体;华南理工大学的田银生详细地介绍了英德两国的康泽恩城市形态学和意大利的建筑类型学的产生发展过程、核心理念和应用价值,提出城市的发展变化过程和结构组织逻辑是这两个学科共同关注的焦点,并通过一些中国城市的案例研究,展示这两门理论在城市历史保护与发展中的应用。

类型是对事物普遍形式的抽象化提取,经过对普遍形式的简化提炼,与相关的记忆和精神建立关联。类型学的研究还强调应置入新的功能以取代初始功能,从而建立历史与未来的关联。从广义的范围来讲,只要在设计中涉及"原型"概念或者说可以分析出其"原型"特征的,都应该属于建筑类型学研究的范畴。但我们还要明确"原型"与"类型"的区别,"原型"是被从普遍中抽象提取出的可复制形式,德·昆西在其对"类型"的定义中,否认了"类型"的可复制性,"类型"可以引发一种通往未来的新的创造形式。

2.2 热电厂、工业遗产的类型学研究

Tom Wilkinson 在《建筑评论》(*Architecture Review*)中从时间维度上探讨了从公元前 3 世纪中东最早的水利供能装置到热电厂、核电厂再到哥本哈根的"零碳"垃圾焚烧供热、太阳能电厂等一系列能源供应设施类型演变历程;俄勒冈大学的 Elisabeth Clemence Chan 探讨了当前公园景观中包含工业遗产时的一些设计问题及适当处理手法;1960 年长春电力设计院王家源从电力系统、燃料供应、技术供水等角度对发电厂的地理位置、具体位置选取进行详细的介绍,结合电厂生产流程提出合理的总平面布局方式,并总结出国内外大型发电厂的五种总平面布局类型;浙江大学罗尧治结合国内外典型干煤棚建设实践,系统地介绍了包括电力系统的干煤棚在内的大跨度储煤结构体系分类与结构形式、结构选型与计算原则;清华大学建筑设计研究院有限公司刘璐应用类型学的方法分别从整体构成、主要结构元素、主要装饰元素、材料、元素五大类分析长春历史建筑本身的类型构成,并提出更新改造展望;华中科技大学王欣怡、谭刚毅对蒲纺热电厂的选址、建筑布局、功能分区、建筑结构和生产流程等进行详尽的调研,并提出改造策略;同济大学章明基于上海杨浦滨江南段整体滨水空间复兴的项目实践,阐述在总体规划、工业遗产保护、生态系统修复等方面的理念,提出基于电厂工艺流程的遗址公园改造理念,阐述了电厂遗址的景观设计;哈尔滨工业大学徐苏宁探讨城市更新中,城市形态塑造过程中类型学的意义;

浙江工业大学吕图对杭州市区工业遗产保护规划进行研究和补充，以杭州热电厂为设计对象提出保护与更新建议；浙江工业大学陈思聪、王海波等以杭协联热电厂为设计对象，在对现状充分调研分析的基础上，对工业遗产的改造模式进行探索。

目前国内仅有少量关于工业遗产的类型学研究和少量热电厂工业遗址改造的相关研究，有关热电厂工业遗址的类型学研究则更是寥寥无几。本文基于相关文献和杨树浦发电厂遗址公园及湖北赤壁蒲纺热电厂的实地调研与文献资料，探讨热电厂工业遗址的类型学特征并分析在此类工业遗产改造中如何通过场地历史、现状、建筑形态等的类型学特征分析，形成场地的基本认知，在设计中基于类型学分析联系历史与城市生活，重构历史延续性。

3. 热电厂工业遗址的类型学特征

建筑类型学主要从整体性和文脉的角度分析城市景观，关注如何提炼现有的形态特征来创造新的形式。热电厂工业遗址是工业城市发展过程中重要的遗留元素，热电厂在城市的发展演化过程中，留下深刻的城市记忆，对曾经的城市生产生活和城市形态均产生不可小觑的影响。在当代城市中，研究热电厂工业遗址的类型学特征，跳出其初始功能，使在城市空间中具有纪念性意义的热电厂工业遗址，成为罗西所说的具有推进作用的经久元素，对其进一步的改造与再利用以及城市形态的发展具有重大意义。依据类型学理论中的原型理论，基于笔者进行过实地调研的杨树浦发电厂遗址和湖北赤壁蒲纺热电厂工业遗址，从以下四个维度进行类型学分析：基本工艺流程、选址布局及城市关系演变规律、建筑形式和空间结构、纪念性废墟景观。

3.1 热电厂工艺流程

选择大型区域发电厂的厂址是电力基本建设中的一个重要问题，其正确与否直接影响基建投资及运行成本。热电厂的选址布局与工艺流程密不可分，热电厂由三大主要设备锅炉、汽轮机、发电机及其辅助设施组成，工艺流程围绕着三大主要设备构成燃烧系统、汽水系统、电力系统。

在燃烧系统中，作为燃料的煤由铁路、公路或水运到达发电厂存放烟煤仓或煤堆场再转运到干煤棚，由传送带通过输煤栈桥运输到碎煤机磨成煤粉，煤粉与来自空气预热器的热风混合在锅炉炉膛中燃烧，产生的烟气进入除尘器过滤煤灰后排入大气，煤灰由灰渣泵排入储灰厂。在汽水系统中，水在锅炉中受热变成过热蒸气，在汽轮机内膨胀、流通推动汽轮机高速旋转带动发电机发电，过热蒸汽排入冷凝器或冷却塔中冷凝成水经升温升压、除氧后送回锅炉，完成水—蒸汽—水的循环，在此过程中水必然存在一些损失，必须不断向系统中补充经过化学处理的水；在电力系统中，由汽轮机带动旋转的发电机产生电能，通过输配电装置将电能送往用户（图2、图3）。

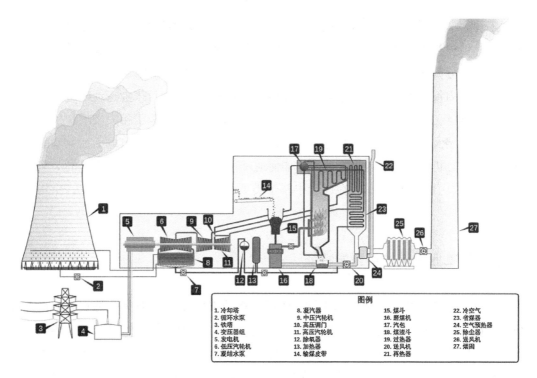

图 2　燃煤发电厂工艺流程示意图

(图片来源：BY—SA 3.0, https://commons.wikimedia.org/w/index.php?curid=99676999)

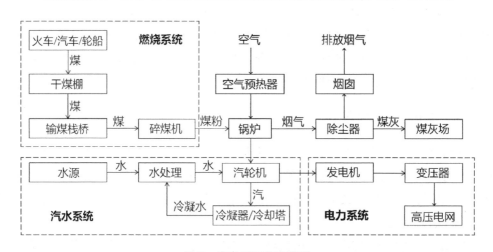

图 3　发电厂工艺流程图

(图片来源：笔者绘制)

3.2　选址布局及城市关系演变规律

3.2.1　热电厂建设选址与总平面布局

电厂选址需经过输煤供电比较的地理位置确定和建厂条件比较的具体电厂位置选择两个阶段。第一个阶段，根据燃料、负荷和水源的条件，分为两种情况：一种是负荷中心

（电能消费的集中地区）与煤源区域重叠，结合供水条件，厂址较易确定；另一种是负荷中心与煤源距离较远，则需要根据电力系统、燃料供应与技术供水进行进一步的分析研判；第二个阶段，不同发电量要求的电厂参照其各项用地指标要求来确定厂址大小，结合供水技术条件选址在水源附近，且选择厂址时，还需邀请城市规划部门协作，做出该区的规划草图，包括工业区、住宅区、交通运输等，使厂址能符合地区规划的要求；电厂的总平面布局根据当地的自然条件和经济技术条件，并结合电厂的生产流程来进行设计，一般分为：厂前区、输煤建筑物/构筑物区、主厂房区、屋外配电装置区、辅助生产建筑物区。

王家源总结国内外大型电厂总体布局的五种类型（图4）：一是主厂房横轴平行于水源，双向可扩张，主厂房邻近水源布置；二是主厂房横轴平行于水源，双向可扩张，与水源间由配电设施分隔；三是主厂房横轴平行于水源，双向可扩张，主厂房与水源间由储煤场及辅助生产设施间隔；四是主厂房横轴平行于水源，单向可扩张，主厂房邻近水源布置，煤源与水源来自同一方向；五是主厂房横轴垂直于水源，单向可扩张。本文对资料较为完整的上海杨树浦发电厂进行总体布局分析，与上述五种电厂总体布局类型进行对比验证。图5是杨树浦发电厂建厂初始平面图和33年后扩张的平面图，从图中可以看出，厂区布置受到水源的影响，最初的总体布局中，主厂房横轴平行于水源，局部直接连接水源的位置，局部与水源间隔辅助生产设施，属于图4中第③种总图布局形式。职工宿舍位于厂前区部分，与生产区分开。1946年扩建后的总体布局（图5右）可见，厂区密度增大，职工宿舍移出厂区，主厂房沿纵轴方向延长，演变成图4中第⑤种布局形式。

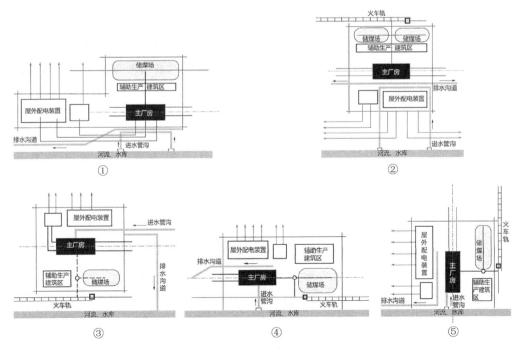

图4　厂区总平面布局的五种类型

（图片来源：笔者整理重绘）

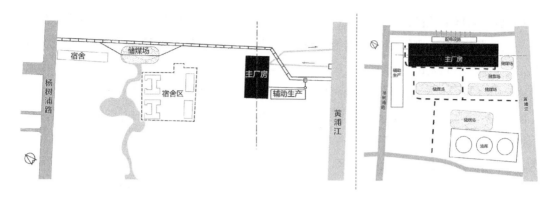

图 5　1913 年、1946 年江边电站平面图

（图片来源：笔者自绘）

3.2.2 热电厂建设初期与废弃后的城市关系对比

对杨树浦发电厂进行建设初期与现阶段的城市形态进行对比，并采用空间句法对其分别在两个阶段的城市活力进行分析。杨树浦发电厂始建于 1913 年，然而 1913 年商务印书馆出版的新测上海地图并没有将杨树浦路段纳入其中；直至 1917 年杨树浦电厂周边的地块大多尚未开发（图 6 左），路网尚且停留在规划路阶段，而在 1918 年的地图（图 6 右）中可以看出，电厂周边路网已经建成且与今天的路网结构（图 7）基本一致，周边地区几乎尚未开发。由于杨树浦路片区位于黄浦江北段，租金低廉，之后电厂附近陆续建设了多个厂房，杨树浦路以南滨江部分形成串联的工业带，随着工厂的增加和工厂容量的扩大，原厂内居住的职工外迁，杨树浦路以北供工人居住，形成了"南厂北住"的城市格局。分别对 1917 年、1918 年和 2022 年包含杨树浦发电厂在内的杨树浦路路段及周边路网进行空间句法建模分析，可以明显看出，杨树浦发电厂的建设对城市形态的正向影响，且经过多年的城市发展扩张，废弃后的热电厂工业遗址在城市中的可达性和整合度比建厂之初得到明显提升（图 8）。

图 6　1917 年、1918 年实测上海新地图杨树浦路段截选（金凤社）

一、工业遗产保护利用理论探讨与实践 | 255

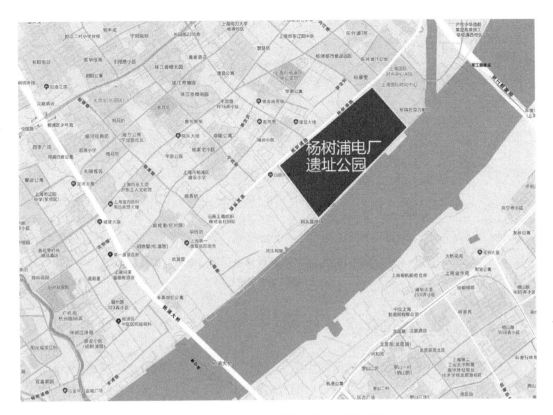

图 7　2022 年上海地图杨树浦电厂周边截选

（图片来源：高德地图）

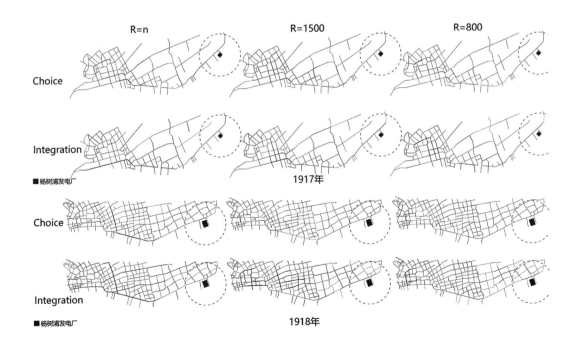

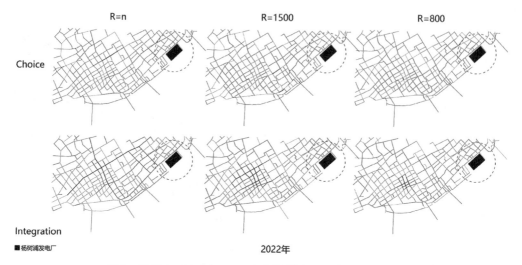

图8　1917年、1918年、2022年杨树浦电厂周边城市空间分析

（图片来源：笔者自绘）

3.3　建筑形式与空间结构

如上文所述，热电厂包含厂前区的生活用房和主厂区的生产用房及构筑物，其中生产使用的干煤棚、输煤建筑物/构筑物、主厂房、冷却塔等的建筑形式与空间结构均是电厂类工业遗产中独具特征的物质空间，具备归纳为类型提取原型，并在此基础上进行新功能置入，探讨延续集体记忆的价值。

3.3.1　干煤棚结构及建筑形式

干煤棚是电厂内用来储存燃煤的空间，一般来说其长度和跨度根据发电厂的装机容量来确定，高度由堆煤高度及斗轮机的作业要求决定，斗轮机是干煤棚中用于堆煤和挖煤的专业机械，有一定的臂长和仰角，运作时会形成一定的工艺界面（图9），干煤棚的结构

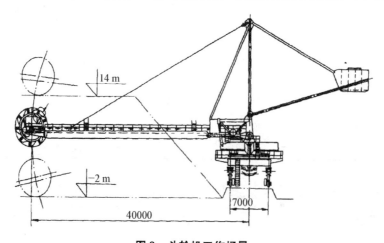

图9　斗轮机工作场景

（图片来源：火力发电厂设备手册第二册）

和空间形式应预留斗轮机的作业空间。罗尧治分别从受力形式、体型、封闭程度和材料四个角度对储煤结构进行了分类,由于本文关注干煤棚的结构和建筑形式,因此仅结合受力形式和体型两个角度对其进行分类总结。罗尧治提到按受力形式储煤结构可分为梁柱体系、平面桁架体系、平面铰拱体系、门式钢架体系和空间网架体系,其中空间网架体系又分为网架、网壳、管桁结构、预应力网架结构、网壳结构组合形式;按体型可分为平板形、折拱形、柱面形、锥形和罐状,选取常见几种形式将两者结合进行图示化分析(表1)。根据文献与现场调研所获信息,上海杨树浦发电厂干煤棚采用正放四角锥空间桁架梁结构,平板起坡形式,现场地内已不复存在;湖北省赤壁市蒲纺热电厂的干煤棚采用平面桁架梁结构和平板起坡形式。

表 1　干煤棚的几种结构形式类型表

	梁柱体系	平面桁架体系	门式钢架体系	空间结构体系
平板形	✓	✓	✓	✓
折拱形		✓	✓	✓
柱面形			✓	✓
球面形				✓

3.3.2　主厂房结构及建筑形式

根据工业建筑分类中按专业用途分类,热电厂主厂房应分属于特定行业生产所用厂房;按厂房用途分类,属于为工厂提供能源和动力的动力用厂房类型;按生产环境分类,属于在高温或融化状态下进行生产的热加工厂房类型。厂房的结构形式根据其设备需求不同而进行调整,我国大机组主厂房结构形式主要有三种,即钢筋混凝土结构、钢结构和钢混结构,布置的格局形成较为固定的框排架结构形式。湖北赤壁蒲纺热电厂中的主厂房由汽机房和锅炉房及中间部分的除氧间共同组成,汽轮机部分采用钢筋混凝土排架结构,锅炉房部分采用钢桁架结构,主体结构保存良好,厂房空间开敞,空间改造灵活度高(图10)。

图 10　湖北省赤壁市蒲纺发电厂遗址（左汽机车间、右锅炉车间）

（图片来源：笔者拍摄）

3.3.3　输煤栈道与冷却塔等其他辅助生产空间形式

热电厂中除去干煤棚和主厂房两类大尺度储存和生产空间，输煤设施和冷却塔也是热电厂中重要的、具有独特空间的构筑物，有区分于其他建筑物/构筑物的明显空间特征，是体现热电厂工艺流程的典型物质载体。

（1）输煤栈道。输煤栈道是发电厂中将煤从煤场运往锅炉房、送往碎煤机，粉碎为煤粉进行燃烧的重要设施。输煤栈道分为两边，一边是输煤用传送带，一边是供人工检查维修的台阶，起点位于干煤棚，经由转运塔进行衔接、转换方向，尽端位于锅炉房顶端碎煤机入口处。输煤栈道位于厂区空中，具有较好的视野（图11），废弃输煤栈道具备改造为景观廊道的价值。

（2）冷却塔。冷却塔是一种广泛应用的热力装置，通过质热交换将高温冷却水中的热量散入大气。在热电厂中冷却塔位于汽水系统的末端，用于将汽轮机排出经冷凝器凝结成水后，对携带余热的热水进行冷却，以实现冷却水的循环利用。冷却塔有"湿式""干

图 11 输煤栈桥内部空间与外部形象

（图片来源：笔者拍摄）

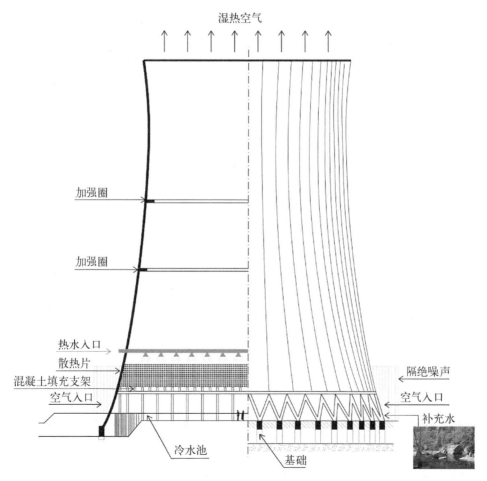

图 12 冷却塔结构及工作流程示意图

（图片来源：笔者绘制）

式"和"干湿混合式"三种形式,"湿式"是待冷却水通过直接与冷空气接触进行对流与蒸发两种传热方式散热,"干式"则是待冷却水在封闭管道中与冷空气进行间接接触冷却以对流传热方式散热,此种方式更环保,但热效率只有"湿式"冷却塔的30%。一般电厂用到的都是"湿式"冷却塔。技术冷却装置在19世纪末初次使用为冷却塔产生奠定了基础,我们所熟知的双曲结构冷却塔在1914年首次建造。这类冷却塔最典型的特征是其双曲薄壳结构,几十年来都是现有最大的外壳结构,采用双曲造型有利于自然通风,可加快空气的流动和冷却过程。底部的斜柱支撑起上部薄壳,同时作为冷空气的入口,外部或添加一层噪声保护装置用于隔绝水滴落过程产生的噪声,下部设置冷却水池收集冷却后和从水源补充的水用于再一次的水汽循环(图12)。内部空间无柱无梁筒体高耸,倾斜柱廊有很强韵律感,整个内部空间呈中心对称具有很强的纪念性。

3.4 纪念性废墟景观

热电厂原本是提供生产生活用电的市政设施,而当热电厂废弃后,热电厂工业遗产就具有了强烈的纪念意义。它曾经是一个片区乃至一个城市的能源之泵,对于这里的工人,电厂内曾经的先进设备是他们的骄傲;对于往来的居民,高耸的烟囱是记忆中不可或缺的城市印象;充满好奇心的小朋友会知道原来耸立着高高的烟囱、拥有巨大筒体的地方曾经是城市的心脏。热电厂工业遗产记载着当年的设备工艺、生产流程、建造技术、建筑材料等,承载着工业时代人们的集体记忆,无声地诉说工业城市的历史、人民的生活。李格尔认为,现代以来,人们看重和保护的主要是无意为之的纪念碑(unintentional monuments),即原本不是为了特定的纪念目的而建,后来才获得某种纪念意义的遗产对象。显然,热电厂工业遗产就是典型的无意为之的纪念碑(图13)。

图13 湖北省赤壁市蒲纺热电厂遗址(干煤棚、除尘塔、冷却塔、输煤栈桥)

(图片来源:笔者拍摄)

自古以来,中国传统文化中对物质遗存就抱有独特的情感,在面对历史遗迹时油然而生历史悲怆感,"国破山河在,城春草木深","故国神游,多情应笑我,早生华发","朱雀桥边野草花,乌衣巷口夕阳斜","昔人已乘黄鹤去,此地空余黄鹤楼","去年今日此门中,人面桃花相映红",睹物思人、触景生情的诗句不胜枚举,可见物质遗存总会因激起人的感怀记忆而独具意蕴。18世纪在以卢梭为代表的浪漫主义影响下,西方掀起对历史遗迹感伤凝视的热潮。意大利著名铜版画家乔瓦尼·巴蒂斯塔·皮拉内西对古罗马遗址进行虚构性创作，展现古罗马遗址的崇高与伟大，同时也体现了其爱国主义浪漫情怀；19世纪抒情诗人夏尔·皮埃尔·波德莱尔和犹太学者瓦尔特·本迪克斯·舍恩弗利斯·本雅明，都借助蒙太奇的艺术手法，不断地从城市废墟中寻找人类曾经的荣光，他们对于城市废墟的书写，奠定了西方废墟美学的基础。

著名景观建筑设计师彼得·拉茨提出重要的"信息层"概念，他认为地景的呈现是由丰富的信息所构成的。这些丰富的信息叠合形成蕴含场地历史的年轮。景观上每一个新加上去的功能，都会破坏现状环境，并且带来本身的特征结构，呈现出自己的系统信息层。概念上最重要的命题，就是要有意识地去处理那些现存或即将被创造的各种系统信息，这些信息决定性地影响着一个地点或场所被识别或被诠释的方式，甚至其使用性。

热电厂类工业遗产景观有如下三种类型：原厂景观塑造遗留、有待改造建筑/构筑物遗迹和有待生态修复的受污染场地。例如笔者实地调研的湖北赤壁蒲纺发电厂，20世纪70年代设计之初便有系统性的景观规划，随着80年代我国工厂园林化的号召，厂内景观进一步打造，工厂自带园林景观特征；工厂内许多建筑、构筑物废弃后没有得到及时的保护，由于人为因素或环境因素的影响，损毁严重甚至被拆除，仅存局部构件，虽无法再以建筑/构筑物形式进行再利用，但具备浪漫主义忧郁的废墟美学特征，这些使电厂遗址景观留下多个信息层级（图14）；上海杨树浦发电厂遗址公园改造中，总设计师章明就对几处

图14 湖北省赤壁市蒲纺发电厂遗址景观

（图片来源：笔者拍摄）

此类遗迹进行了景观化处理(图15);热电厂工业遗产中,有待生态修复的受污染场地,面临严峻的土壤环境问题,是国内外诸多生态修复和景观建筑专家进行研究探索的课题。

图 15　杨树浦发电厂遗址公园

(图片来源:笔者拍摄)

4. 上海杨树浦电厂遗址公园改造案例

上海杨树浦发电厂是远东第一发电厂,自 2010 年因生态环境保护问题停产后,经历 2015 年上海黄浦江公共空间工程,修复被破坏的生态环境,打造成为遗址公园公共活动空间"还江于民",以新的姿态融入城市律动之中。

总设计师章明介绍，整个电厂遗址公园的整饬是在深入了解原电厂工艺流程的基础上进行的。整个场地布局基于原厂工艺流程，保留已拆除的转运塔及办公楼的基础并裸露钢筋，挖掘基坑用作生态水池，保证场地格局的完整性；利用悬于半空中的输煤栈桥，改造成可眺望江景的生态景观栈桥；原工艺流程中的储水、净水装置也被改造为景观水池和咖啡厅；对蓄水深坑做艺术空间加攀岩墙的改造处理，添加旋转楼梯将其与遗址公园空间衔接，利用遗址空间特点，顺应城市生活潮流；对场地内三个醒目的干灰储灰罐进行外围护结构拆除、结构加固和内部空间改造，使其在新的城市生活中以公共美术馆的形象重新介入人们的生活。整个改造基于杨树浦发电厂在城市发展扩张的过程中，逐步成为城市中心区域，在空间句法概念上具有良好的可达性和选择度，具备改造为城市公共空间的可能性。充分利用电厂工业遗址与工艺流程相关的原始布局模式、利用特定建筑物/构筑物的典型空间特征，展现工业遗产废墟美学特征，保留了蕴含人们集体记忆的工业遗址的纪念性。在不同时期的人工痕迹上叠合新的痕迹，使空间的层次性尽情的释放，串联起城市生活与工业记忆。

5. 总结

热电厂是一切工业动力之源，是世界工业史上浓墨重彩的一笔，许多热电厂具有多重标志性的意义。保护并改造热电厂工业遗产一方面是对有效资源的充分再利用，是全球气候问题背景下，建筑领域节能减排的一项重要研究，另一方面热电厂工业遗产存留着整个工业时代发展中一代人的集体记忆，具有空间维度的秩序性和时间维度的延续性，是工业时代人类历史文脉在新时代的再生性延续。自阿尔多·罗西之后类型学成为研究城市形态与建筑形式关联、建立城市历史文脉与现代城市生活的重要工具，在后工业时代的工业遗址的改造与保护工作中具有重要的意义。因此，本文对热电厂工业遗址从四个方面的类型学特征进行系统性的分析，完整梳理了热电厂的工艺流程，以上海杨树浦发电厂为例研究了发电厂布局空间演变及城市形态演变历程，梳理归纳了发电厂内干煤棚、主厂房、输煤栈桥、冷却塔的建筑形式和空间结构类型；并提出热电厂工业遗产的纪念性和废墟景观特征。在热电厂类工业遗产的改造中，对其工艺流程与选址及城市形态演变进行类型学分析是对此类遗产的类型特征和城市关系形成初步认知的基础，而对建筑形式与空间结构、遗产的纪念性与废墟美学的类型学分析，则是对进一步提出改造方案、置入新的功能以适应当下及未来的城市生活、建立其与历史之间关联的重要途径。

国内现存热电厂不少于3 000座，世界范围内热电厂更是数不胜数，全球减碳的背景下世界各国正在逐步废弃热电厂，本文中的数据和资料不够全面，仅以少文献和调研资料为证不够充分。其实，热电厂是具备复杂工艺流程的工业建筑，每个特征都值得更深入的研究，本文尚不够充分，有待后续继续补充与更正。

参考文献：

［1］（意）阿尔多·罗西.城市建筑学[M].北京：中国建筑工业出版社，2006.
［2］程勇真.废墟美学研究[J].河南社会科学，2014(9).
［3］李华治.世界级滨水区工业遗产更新策划思考——以杨树浦电厂为例[J].城乡规划，2020(6).
［4］陆地，郭旃.建筑遗产保护、修复与康复性再生导论[M].武汉：武汉大学出版社，2019.
［5］罗尧治.大跨储煤结构[M].北京：中国电力出版社，2007.
［6］田银生，谷凯，陶伟.城市形态学、建筑类型学与转型中的城市[M].北京：科学出版社，2014.
［7］王家源.大型区域发电厂厂址选择及总布置设计[J].中国电力，1960(1).
［8］汪丽君.建筑类型学[M].天津：天津大学出版社，2005.
［9］（德）乌多·维拉赫.景观文法——彼得·拉兹事务所的景观建筑[M].北京：中国建筑工业出版社，2011.
［10］徐培征，周礼生，宋声蕃.上海杨树浦电厂干煤棚网架设计[C].第七届空间结构学术会议论文集.北京：中国土木工程学会，1994.
［11］章明，张姿，张洁等.涤岸之兴——上海杨浦滨江南段滨水公共空间的复兴[J].建筑学报，2019(8).
［12］朱光潜.朱光潜全集(第六卷)[M].安徽：安徽教育出版社，1990.
［13］W. F. Chen, E. M. Liu, Handbook of Structural Engineering[M]. Boca Raton：CRC Press LLC，1999.
［14］Faraz Afshari1, Heydar Dehghanpour. A Review Study on Cooling Towers：Types, Performance and Application[J]. ALKÜ Fen Bilimleri Dergisi 2019, Özel Say1 (NSP 2018)：1 - 10.

世界文化遗产地意大利克雷斯皮达达工人村的保护更新

钱海涛 陈 雳

（北京建筑大学）

摘 要：公司镇（company towns）的历史可以追溯到18世纪末，是工业化时期体现工厂主与工人群体之间社会关系以及工人生活方式的产物，具有十分重要的价值。本文通过对意大利克雷斯皮达达（Crespi d'Adda）工人村在工业化衰退后发展状况的介绍，重点阐述政府为保护工业遗产、振兴地方经济所实施的一系列干预和管理手段，对于中国同类工业住宅区的保护更新，具有十分重要的借鉴意义。

关键词：公司镇；克雷斯皮达达；政府干预

1. 引言

进入21世纪，我们的社会由传统的工业社会转变为后工业社会，传统的制造业、运输业和仓储业调整为以金融、贸易、科技、信息以及文化为主的新型产业。传统工业城市呈现不同程度的衰退，传统工业结构逐步瓦解，出现大量工业废弃地和旧工业建筑。工业时代遗留下来的工业建筑成为重要的记载历史的建筑遗产。

公司镇属于工业遗产的一部分，其历史可以追溯到18世纪末，在工业革命的浪潮中，建造公司镇的想法就诞生了。最初出现在英国的城市中，后来在法国和德国，之后才扩展到意大利。克雷斯皮达达（Crespi d'Adda）工人村是19世纪和20世纪初在欧洲和北美出现的"公司镇"现象中的一个突出例子，是意大利"工人村"类工业建筑遗产的典范，其内部建筑类型丰富，包含住宅、工业厂房、教堂、学校以及服务用房等多种功能用房，整体风貌保留良好，它表达了开明的工业家对员工的普遍哲学。现对村内建筑从整体布局、建筑统计、问题汇总等多角度进行调研分析，为"工人村"的活化利用提供依据。当地机构在对村庄进行综合评估后，制定了一系列的限制干预的管理规定，保证了整个片区改造后整体风貌的保留。

2. 公司镇概述

在19世纪90年代,在偏远地区,如铁路建筑工地、伐木场、松节油营或煤矿,工作往往远离已建立的城镇。作为一种务实的解决方案,雇主有时会开发一个公司城镇,其中公司拥有所有建筑物和企业。通常,公司城镇与邻里相隔,并以大型生产工厂为中心,例如木材厂或钢铁厂或汽车厂;镇上的居民要么在工厂工作,要么在一家较小的企业工作,要么是从事这项工作的人的家庭成员。

在某些情况下,公司城镇是由家长式模式发展而来的,旨在创建一个乌托邦式的工人村。教堂、学校、图书馆和其他便利设施的建造是为了发展健康的社区和鼓励生产性工人。

随着公司城镇的发展并逐渐吸引商业企业以及公共交通和服务基础设施,公司城镇通常会成为常规的公共城镇。然而,如果主要公司遇到困难或彻底倒闭,或者该行业的重要性减弱对公司城镇的经济影响可能是毁灭性的。就业来源的丧失,城镇人们外出务工,社区也就会失去了人口和财产价值。

3. 克雷斯皮达达

3.1 历史背景

克雷斯皮达达工人村是意大利北部、伦巴第大区贝加莫省(Capriate San Gervasio)的一个小村庄(frazione)。19世纪末受工业革命的影响,纺织业成为当地经济增长的驱动力,Cristoforo Benigno Crespi 在 Adda 和 Brembo 河中间的空地上建造了现代化的棉花厂(图1),为附近工人的家属建造三层楼的房子,并有几个公寓,把社区的需求放在生产

图1 棉纺厂

需求之前,其最终目的是使工人远离社会需求、阶级斗争和工会组织。

在1878年初的几个月里,按照当时欧洲的惯有模式进行了建设,因此,即使在空间组织上也保留了社会建筑的僵化系统:整个村庄有一个规则的几何形状,并被通往卡普里特的一段路分成两部分,即工人工作生产区域和他们生活休闲区域。

最终由Cristoforo的儿子Silvio Benigno Crespi在研究德国和英国棉纺厂的运作情况后开始开发,在1889年接手工厂管理时,他放弃了大型的、多人居住的建筑,而倾向于以英国平房的模式建造带花园的独立和半独立房屋。克雷斯皮的慈善远见引领着定居点的逐步发展:在其最大的扩张时期,曾为3 600人提供了工作,并为社区生活配备了所有必要的服务(图2)。除了学校和教堂外,村子里还有墓地、公共洗衣房、医疗诊所、餐馆和酒馆,一个水力发电站和一个火力发电站满足了该村的能源需求。

图2　镇上公司自建学校、教堂和工人公寓

1929年经济危机后,克雷斯皮不得不将财产转让给意大利商业银行(BCI),村庄被一家国有控股公司接管。然而,直到50年代,才开始了缓慢的去势过程,在经历了几次所有权的变化后,最终导致了纺织品生产的完全停止(2003年)。

在列入世界遗产名录时,该工业厂房仍在运营。到20世纪70年代中期,当时别墅所有者的公司倒闭后,整个物业被清算,住宅楼主要由居民购买。

3.2　城镇规划布局

城镇布局有一个有序的两部分结构:主要的道路轴线将注定使工人住宅的区域与大型工厂分割开来,工厂分几段建在阿达河岸边,具有中世纪风格的装饰,它分为几个部分:加捻、纺纱、织布、染厂、蒸汽机、锅炉、电站、仓库和办公室。村庄的建筑塑造了一个包罗万象的理想,将生活和工作结合起来。住宅区被组织在规则的地块中,采用混合、棋盘式和辐射式布局,遵循场地的地形。使用的建筑类型的层次包括多户住宅、工人住宅和办公人员的别墅。

克雷斯皮达达的不同类型的住房强调了严格的等级制度:各种类型的建筑反映了工厂内的角色和等级,有大约70间为普通工人及其家庭提供的独立式和半独立式房屋(图3、图4),为经理和办公室工作人员提供的资产阶级独立式房屋,为未婚者提供的简单住宿,为妇女和非技术工人以及神父、医生、教师和令人印象深刻的业主庄园的特殊住所。在墓地中可以观察到相同的等级制度,墓地以克雷斯皮家族的纪念性陵墓为主。

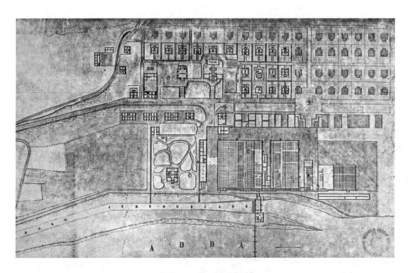

图3　总平面图

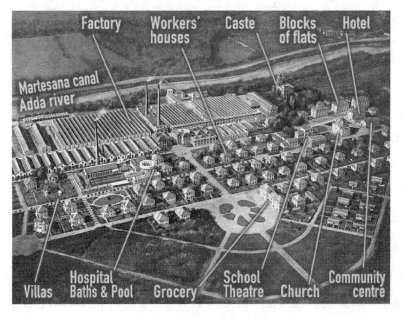

图4　村庄整体布局

3.3 问题分析

克雷斯皮达达的问题在被列入联合国教科文组织世界遗产名录前就展现得十分明显。当地工业产业的衰败导致就业机会的减少，就业问题日趋严重，工作年龄人口外迁，老龄化问题加重。虽然整体城市结构保持得相当完整，但在过去的几十年间，人口减少的过程导致了公共服务的关闭和建筑物的退化。1995年，克雷斯皮达达被列入世界遗产名录在进行管理计划时发现了一些不同的问题：一是现行保护制度包括一系列限制，要求对公共建筑（如以前的学校和教堂）和陵墓的外部特征进行任何干预措施都必须经过景观委员会的批准，而70年代末买下住宅楼的租户们进行的重建工作变成了不适当的干预措施，不仅破坏了的建筑群原本和谐的整体性，还侵占了房屋之间的外部空间。二是地方机构与当地居民之间的矛盾。负责该地区的地方机构们的政策之间缺乏有效的协调，负责机构的更替导致的缺乏政治意愿性和不稳定性，这种薄弱的政治领导使得该遗址一直受到影响；而其一直没有对村庄提出适当的发展战略和再利用的建议，导致了与居民之间严重的不信任和对联合国教科文组织认可的意义产生严重误解，他们忧心世界文化遗产的地位带来的限制，担心会被迫对自己房子进行昂贵的、不符合自身需求的施工，最终无法达到公众参与的目的。三是多年来村庄宣传策略只是传达了"理想村庄"的简单形象，而忽略了随着时间的推移发生的转变，村庄几乎没有考虑该遗产在时间维度下不断发展的整个区域系统一部分的价值。换句话说，克雷斯皮达达一直被视为独立于整体之外的个例，而不是整个系统的一部分。

3.4 保护与利用

建筑遗产相较于其他文化遗产有其特殊性，建筑具有功能性质，有活化再利用的可能，保护的目的就是为了利用，不存在不为了利用而进行的保护，而建筑遗产的活化利用也要具体问题具体分析。克雷斯皮达达是以工业生产为主要功能目的，同时融合了居住、休闲和服务的多功能的"工人村"，村内包含了城堡、教堂、工厂、住宅、学校和陵墓等多种不同类型的建、构筑物，功能复杂，因此在进行保护与再利用时，不同于一般性的、较为简单的单体建筑或工业遗址，保护和改造措施的采取也就更加复杂，对不同类型、保护等级的建筑要采用不同的活化利用措施。工业建筑在工业生产停产后闲置，原有的功能不再适用于不断变化的社会需求，在再利用时需要置入地区所需的新功能，而居民们正在使用的住宅区仍能满足它们的功能需求，这种情况下则要考虑它们在整个遗址中的统一。同时对建筑的改造与再利用的措施仅仅凭借政府力量是难以实现的，更多的是要以政府为主导，依靠社会力量，走市场化积极再利用道路。保护机构制定了一系列的管理计划，主要目的是确保列入世界遗产名录的遗产得到保护，提供一个一致的修复和维护工作计划，并提出适当的宣传策略。管理计划不仅局限于行政和组织方面，还要处理不同利益相关者（机构、遗产专业人员、建筑所有者）的观点和意愿。同时，支持在工厂和住宅系统之间建立新的联系,并与周边地区建立新的关系。

3.4.1 工厂

工厂在克雷斯皮达达被列入世界遗产名录时尚在使用,直到2003年才停产,遗存下来的建筑再利用是需要考虑的问题。工厂未来再利用的重建方案主要涉及三个主题:能源技术、纺织和时尚设计、文化和休闲。2013年10月,一家私人公司购买了该工厂,打算将其办公室搬到那里,同时也打造其他功能区。他们首先提出了一个总体规划,包括私人功能(办公室、会议室)、公共功能(博物馆、展览区)和混合功能(餐厅、招待所)(图5)。

图5　2021年11月工厂内部照片

3.4.2 建筑外墙和公共空间干预

涉及建筑外表面和公共区域(人行道、楼梯、车道)的铺设材料的干预。2007—2008年,在制定管理计划之前,实际上已经有了一个初步的版本。当时,通过图形和照片记录灰泥、油漆、窗框和铺装的类型、材料、颜色、纹理和保存状态对每栋住宅楼进行了分析。分析显示,在大多数情况下,过去的干预措施的负面结果是由于新材料,如水泥,与砖石砌体或石灰基灰泥之间的不相容。此外,由于使用了不合适的材料和颜色,一些新的油漆工程大大改变了村庄的整体印象。为了避免不适当的干预,指导方针提出了一个合适的材料清单,并根据材料和灰泥及绘画的保存状况进行技术指导。此外,还为每座建筑提供了颜色建议,尽管指南没有通过标准参数来定义颜色,而是将选择的责任留给了业主和设计师。根据规定,为了获得景观委员会的许可,项目设计师应该充分证明对颜色、材料和技术的选择,并通过诊断活动和充分的采样来支持它们,这种方法是为了克服以前的色彩计划在概念和操作上的一些限制(图6、图7)。

图 6 外部表面的干预

图 7 储藏室和车库的附属结构

3.4.3 住宅建筑内部改造

为规划房屋内部的适当改造提供了操作标准,同时确保对历史材料的保护。与前一个案例类似,在起草指南之前,进行了一项分析,目的是评估建筑的保护状况以及已经实施的改造的数量和强度。尽管这些都是适度的,但研究小组还是指出了促使干预措施的反复出现的需求。基于这些发现,为每一种类型的建筑提出了一套内部布局和渐进式改造率。此外,指导意见还包括改善建筑元素的结构和能源性能的技术建议,如木地板、屋顶、窗户和门。这些指示寻求与保护需求的最大兼容性,而不是严格遵守新建筑的标准性能要求。

3.5 小结

克雷斯皮达达因为工业城镇的各个方面都保存良好,包括工厂、住房和服务,具有良好的完整性。尽管采取了一定的改造手段,但在地方机构的干预控制下,各建筑未被拆除或大幅修改,保证了构成各要素之间的关系。同时该村保留了公司镇的所有原始元素,形式和设计的真实性在街道格局布局和建筑物的呈现中显而易见。克雷斯皮达达位于河谷与世隔绝的环境,因而在自然景观与历史街区整体风貌方面较其他意大利和欧洲公司镇更具优越条件。

克雷斯皮达达的改造不能只把目光注视在其自身上,而是把它放在整个领域这个大系统中,与阿达河沿岸工业遗产的其他重要的工业遗产(如 Trezzo sull'Adda 的"Taccani"水力发电厂或 Vaprio d'Adda 的"Velvis"纺织厂)加强联系,可以促进旅客客流量并吸引不同的引资机会。遗产身份不能孤立地定义,因为它是建立在不同文化和价值观的交叉融合之上的。根据这种方法,领土可以被视为多种有形和无形痕迹的承载者,这些痕迹仍然具有发展和创造新意义的潜力。然而,在被列入世界遗产名录 20 年后和停产 10 年后,克雷斯皮达达需要继续寻找新的身份。

4. 结语

意大利作为文化遗产大国,遗产保护起步较早,相关的法律制度发展至今,无论是工业遗产保护与再利用的模式选择,还是公众参与制度,都在付诸实践的过程中逐渐发展并日趋成熟。我国近现代与新中国成立后工业迅速发展,遗存下来的工业遗产数量众多,对工业遗产的保护在近一二十年才展开,同类住宅区占地面积较大、内部问题丛生,因此在城市更新过程中对应态度与举措呈现出两个极端,一方面是粗放的、大尺度的大拆大建,使得众多工业遗产湮灭,另一方面其保护与再利用方式保守,未能达到预期成果。意大利克雷斯皮达达工人村的保护更新方式给我们提供了一种较为合理的思路,地方政府与机构制定相应干预尺度,各方在这一尺度容许范围内采取相应的改造措施。我国的社会主义制度更能充分发挥以政府为主导、多方角色共同参与促进工业遗产的保护利用的作用。

参考文献:

[1] 杨丽,李丽红,李蕊. 空间生产视角下英国模范工人村空间形态演变[J]. 新建筑,2018(5).
[2] 刘宇. 后工业时代我国工业建筑遗产保护与再利用策略研究[D]. 天津大学,2015.
[3] Borgarino,M. P. ,et al. (2016). "Managing the evolution of a urban system. The UNESCO

site of Crespi d'Adda". TECHNE‑Journal of Technology for Architecture and Environment, (12), 52–56.

[4] Borgarino, Stefano, et al. "Crespi d'Adda, Italy: the management plan as an opportunity to deal with change." The Historic Environment Policy & Practice, 7:2–3, 151–163. April 2016.

[5] Gasparoli, Ronchi. "Crespi d'Adda Beyond the Management Plan: regulatory instruments for the management of built heritage transformations." Built Heritage2013 Monitoring Conservation Management Conference Proceedings. Milan, Politecnico di Milano, pp. 361–369. 30 April 2016.

[6] 陆地. 记忆、"遗产"、历史：遗产继承的兴起与"遗产继承研究"流派的学术成果[J]. 中国文化遗产, 2022(2).

文化性视角下的工业遗产保护与城市更新研究
——以杭州工业遗产保护再利用实践为例

魏 珊 郭大军

（杭州市规划设计研究院）

摘 要：百年工业化历程是杭州主城发展中的重要环节，也是社会发展不可或缺的物证。我国工业遗产保护研究于2006年拉开序幕，杭州紧跟国家、浙江省相关工业遗产保护利用方向与政策。在2010年由杭州市人民政府颁布的《杭州市工业遗产建筑规划管理规定》中，对工业遗产的保护与利用进行规范化的管控。本文以近年来杭州两处不同保护级别的工业遗产保护与再利用实践为案例，从提出多层级遗产保护利用控制要求促进可适性遗产建筑空间改造的融合方式、塑造工业遗产文化性景观新形象实现可持续的功能业态布局两个方面开展研究，最终推动"工业锈带"向"生活秀带"转变，"功能性城市"向"文化性城市"过渡，为国内工业遗产保护与再利用提供一定的借鉴和参考。

关键词：工业遗产；保护与再利用；生活秀带；文化性城市；城市更新

良渚文化时期，杭州出现了制作陶制品、丝制品等的手工业产品。随着经济中心南移，杭州传统手工业得到快速发展，至南宋时期，丝织业进入了鼎盛时期。1840年以后，杭州民族工业悄然升起，以丝织业等轻工业为主，出现了大批优秀的工业企业。民国初期，丝织业逐渐向重工业转变，并逐步形成几个工业区[①]。

杭州作为一座具有悠久工业发展历史的城市，一座饱含中国民族工商业发祥历史的城市，拥有着很多老厂房、老仓库等工业建筑遗产。进入20世纪90年代，随着经济发展和产业结构的调整、土地制度的改革、污染企业的关停搬迁以及企业自身发展对用地扩张的需求，不少老工业企业"关、停、并、转"。主城区内的工业企业提出了"退二进三"的功能置换，杭州城市工业地域结构也发生了较大的变化。在此背景下，主城区内遗留下大量的工业遗

---

① 高雅，王依凡，张天真，苏恒之. 杭州工业遗产的保护与利用[J]. 城市建筑，2020.

产,这些工业遗产是杭州工业文化的重要载体,其价值不可估量,如何对大量濒临破坏和消亡的工业遗产进行保护与再利用,不仅具有重要的历史文化意义,而且也对推进城市用地结构调整与优化、提升城市生活品质、构建和谐人居环境、促进城市再生具有重要意义。

1. 中国工业遗产保护与再利用整体情况

1.1 保护历程

我国工业遗产保护研究以2006年"中国工业遗产保护论坛"的召开及产生的《无锡建议》为开端[①]。2010年,中国城市规划学会颁布的《武汉建议》与工业建筑遗产学术委员会颁布的《北京倡议》将我国关于工业遗产的研究推向热潮。随着国家关于工业遗产保护的政策文件相继出台(表1[②]),我国工业遗产保护进入了高速发展阶段。2019年11月,习近平总书记对上海杨浦滨江工业遗产考察时,指出文化是城市的灵魂,要妥善处理好保护和发展的关系,注重延续城市历史文脉,像对待"老人"一样尊重和善待城市中的老建筑,并提出"城市是人民的城市,人民城市为人民"。无论是城市规划还是城市建设,无论是新城区建设还是老城区改造,都要坚持以人民为中心,聚焦人民群众的需求[③]。由此,工业遗产保护再利用与人民需求相结合成为工业遗产研究的新热点。

表1 中国工业遗产的政策文件一览表

时 间	颁 布 部 门	颁布文件/事件
2006	国家文物局	《无锡建议》
2006	国家文物局	《关于加强工业遗产保护的通知》
2010	中国城市规划学会	《武汉建议》
2010	工业建筑遗产学术委员会	《北京倡议》
2012	中国工业遗产保护研讨会	《杭州共识》
2013	中国人民政治协商会议全国委员会	《加强工业遗产保护与合理利用建议》
2013	中国历史文化名城委员会	《工业遗产保护与利用的杭州共识》
2014	国家文物局	《工业遗产保护和利用导则(征求意见版)》
2014	中国文物学会工业遗产委员会	《中国工业遗产价值评价导则(试行)》(联名发表)

---

① 阙维民.国际工业遗产的保护与管理[J].北京大学学报(自然科学版),2007(4).
② 韩孟缘,张景秋.中国工业遗产保护利用研究进展[C].2020年工业建筑学术交流会论文集(中册),2020.
③ 习近平在上海考察时强调 深入学习贯彻党的十九届四中全会精神 提高社会主义现代化国家大都市治理能力和水平.新华社,2019.

续 表

时　间	颁布部门	颁布文件/事件
2017	工业和信息化部	第一批国家工业遗产名单
2018	工业和信息化部	《国家工业遗产管理暂行办法》
2018	工业和信息化部	第二批国家工业遗产名单
2019	工业和信息化部	第三批国家工业遗产名单
2020	工业和信息化部	第四批国家工业遗产名单
2020	国家发展改革委、工业和信息化部、国务院国资委、国家文物局、国家开发银行	关于印发《推动老工业城市工业遗产保护利用实施方案》的通知
2021	工业和信息化部	第五批国家工业遗产名单

注：数据部分来源《中国工业遗产保护利用研究》以及作者收集补充。

1.2　国内城市更新中工业遗产保护再利用新模式

城市更新进程中，工业遗产失去了原有的生产和经济效益，但是它所承载的历史、记录的工业发展进程，见证了城市演进过程的转折点，是一个城市历史发展的重要脉络和历史遗留①。通过对国内工业遗产保护与利用实践研究分析以及国内外工业遗产保护与利用先进理念的梳理，可以发现未来的城市发展趋势是功能性城市向文化性城市过渡②。由于工业遗产具有文化价值、科技价值、经济价值的内涵，作为文化价值的载体和表征，传承和发展工业遗产中蕴含的文化价值，并将其与人民需求紧密结合起来成为国内城市更新中工业遗产保护再利用的新方向。

1.2.1　冬奥史上第一座诞生于工业遗产上的体育竞技场——首钢滑雪大跳台

2022年2月，谷爱凌在自由式滑雪女子大跳台决赛中一飞冲天创下世界纪录摘得金牌，更将大家的视线聚焦到这场比赛的场地——首钢滑雪大跳台（图1）。2017年首钢工业遗址公园入选中国第一批工业遗产保护名录。首钢滑雪大跳台作为首钢工业遗址公园的重要组成部分，依托现有工业遗存，以电厂冷却

图1　首钢滑雪大跳台
（来自网络）

---

①　张环宙，沈旭炜，吴茂英.滨水区工业遗产保护与城市记忆延续研究：以杭州运河拱宸桥西工业遗产为例[J].地理科学，2015(2).

②　单霁翔.关注新型文化遗产：工业遗产的保护[J].中国文化遗产，2006(4)：10-47,6

塔为背景，跳台造型设计被赋予敦煌壁画"飞天"形象，突出飘逸、灵动之感。首钢滑雪大跳台是单板大跳台运动在全球的第一座永久跳台，也是冬奥历史上第一座与工业遗产再利用直接结合的竞技场馆。2019年底大跳台已举行了滑雪比赛，并于2020年、2021年、2022年分别举行了世界杯、世锦赛、冬季奥运会。冬奥会结束后，它将继续作为全球最重要的专业体育比赛和训练的场所之一，也将对公众开放，成为大众体育休闲活动的场地，身临其境地感受工业遗产的文化震撼和奥林匹克运动激情。

1.2.2 工业文化与艺术交融实践场地——751D·PARK 北京时尚设计广场

751D·PARK 北京时尚设计广场是在原751厂房基础之上建成，致力于发展文化创业设计、演艺展示、产品交易、品牌发布等产业内容（图2）。园区内宽敞的厂房仓库、锈迹斑驳的铁塔以及冰冷的机器交相辉映，让身处其中的人们感到一种横跨时空的气息。它在园区改造过程中，只是做内部改造，外观保持原有风貌，完整地保留了老煤气厂的生产设备与生产厂房，保留了厂区原有的历史风貌，让人们在其中感受到历史的痕迹，工业文明进步的过程。

图 2　751D·PARK 北京时尚设计广场

（来自网络）

1.2.3 工业文化与社区功能交融实践场地——上海三邻桥体育文化公园

上海三邻桥体育公园前身为上海市日硝保温瓶厂，随着人民生活水平的提高和科技的发展，保温瓶逐渐被替代，保温瓶厂由此走向衰败倒闭。厂区周边高楼林立，高档住宅区集聚。在厂区保护再利用过程中，考虑将大量社区功能以及可变的城市空间注入场地中。合理利用老厂房，保留了工业遗产的记忆，还充分调动和串联了周边街区的活力。在厂区产业策划中，选择了体育产业，充分利用周边区域人口资源，借助厂区这个载体，营造一个促进居民互动的开放型社区。

2. 杭州市工业遗产保护历程

2006年6月，《京杭大运河（杭州段）沿岸产业建筑再利用规划设计研究》的编制，正式开启杭州工业遗产保护序幕。

2007年7月，开展《杭州市工业遗产普查》编制工作，初步制定杭州市工业遗产资源评估标准，通过普查初步掌握杭州市工业遗产的规模、数量、分布等情况，并整理出工业遗产保护名单。

2009年6月，开展《杭州市区工业（建筑）遗产保护规划》编制，根据工业遗产资源评估标准，以工业遗存普查为基础，专项规划提出工业遗产名单90余处，在对各处工业遗产价值评估基础上，划定了遗产保护的建设控制范围，并提出了具体的保护要求和措施。

2010年12月，杭州市人民政府颁布《杭州市工业遗产建筑规划管理规定》，该规定主要包括工业遗产建筑及其建设用地的规划编制管理(保护规划、城市设计等)、用地开发管理、建筑功能管理、建筑方案设计及竣工规划确认等内容。

2012年11月，由中国城市科学研究会历史文化名城委员会和杭州市人民政府共同主办的"中国工业遗产保护研讨会"在杭州举行，与会代表对杭州工业遗产保护工作给予高度认可，并达成共识，即工业遗产保护与利用杭州共识。"杭州共识"是继"无锡宣言"之后，又一个对工业遗产保护的国际性会议，对推动国内工业遗产的保护具有重大的意义。

2009—2020年，杭州相继开展了杭州重机有限公司、杭州大河造船厂、杭州制氧机集团有限公司、杭州锅炉集团有限公司、杭州热电厂、蓝孔雀、杭州创新创业新天地、浙江土畜产仓库等工业遗产保护与再利用城市设计国际方案征集工作。

杭州工业遗产保护十余年来，通过编制杭州市工业遗产普查与杭州市区工业(建筑)遗产保护规划，初步掌握了市区内工业遗产信息，并对其中有一定价值的工业遗产划定建设控制范围，提出相应保护控制要求；将工业遗产保护利用纳入城市设计；单独编制重要的工业遗产保护专项研究；在控制性详细规划中落实相关保护要求等技术手段支撑，初步形成杭州特有的、多层次工业遗产保护规划体系，整体上与国内工业遗产研究步调一致。杭州工业遗产保护总体上取得了一定成绩，但由于受制于各工业厂区零散的本地条件、相关工业用地转型缺少政策支撑、工业遗产保护认识相对匮乏以及保护资金来源短缺等问题的制约，在城市更新进程下的实际工作中仍存在不少问题，仍有很多工业遗产面临被拆除，抑或虽然保护下来，但忽视遗产本身的特色价值，保护与利用模式单一，整体缺乏吸引力。

3. 杭州市工业遗产保护再利用实践

3.1 案例一：浙江省农业生产资料公司萧山仓库建筑群(杭州市第八批历史建筑)

3.1.1 概况

浙江省农业生产资料公司萧山仓库建筑群(下文简称农资仓库建筑群)位于杭州市萧山区湘北规划管理单元东北部，毗邻大运河、东岳庙以及水陆铁交汇的萧山火车西站(图3)。

图3 历史建筑挂牌
(笔者拍摄)

基地由二十余幢一层红砖墙坡屋顶仓库建筑组成,建筑整体保存较好,目前作为东巢文艺术公园使用(图4)。

图4　浙江省农业生产资料公司萧山仓库建筑群
(笔者拍摄)

3.1.2　保护与利用的实践

(1) 保护利用要求。

保护级别：2020年,杭州市人民政府公布大运河杭州萧山火车西站段历史文化街区,农资仓库建筑群作为街区内规模最大、保存最完整的仓库建筑群,见证了萧山火车西站周边工业仓储文化的兴盛,是街区内重要的组成部分。2021年,农资仓库建筑群被杭州市人民政府公布为杭州市第八批历史建筑。

保护利用理念：一是坚持规划引领,规划技术指导。落实大运河杭州萧山火车西站段历史文化街区、杭州市第八批历史建筑保护图则的相关要求,积极推进农资仓库建筑群保护与再利用工作。就该历史建筑保护与再利用相关事宜与市、区相关部门以及建设主体对接10余次,时刻跟踪项目进程,多次现场踏勘进行实地规划技术指导。二是明确历史建筑保护要素,强化历史建筑风貌特色。从历史文化街区与历史建筑层面分别对农资仓库建筑群的保护与利用提出了相应的管控措施。在历史文化街区保护规划中,明确了街区内每幢建筑的分类保护模式及主要街道立面保护整治措施。在历史建筑保护图则中提出整体修缮该建筑群,拆除后期违章搭建部分,对部分历史风貌破损严重的建筑进行整治,并按原风格整体修缮该建筑;严控沿萧杭路、浙东运河侧以及厂区主要轴线两侧建筑立面,禁止在上述界面新设门窗。除上述重要立面外的建筑其他外立面改造区域面积不得超过该建筑外立面的5%～10%,且需要进行相关的保护评估、上报后方可施工建设;保留厂区内两处水塘、数棵杉树等历史环境要素;完善厂区基础配套设施,加强对该建筑群特色构件(避雷针、厂规标语墙、电线杆)的保护,强化街区风貌特色(图5)。在保护好的前提下,建议该历史建筑作为文化创意产业园区等功能使用,也可结合街区保护统一考虑使用功能。三是保护建筑主体框架,增设特色门头(花园),挖潜建筑内部空间,构筑"开盲盒"式体验。对历史建筑再利用改造过程中,遵照可逆性的原则,在不影响历史建筑保护的前提下,结合建筑内部业态布局,对建筑主立面门头(花园)进行营造,构筑园区独特场景(图6)。同时结合产业运营等因素,在保护好建筑内部梁柱的前提下,根据业态布局进行建筑内部空间改造(图7)。

目前该建筑群大空间厂房建筑内普遍采用的改造方式是建筑内部分层、部分屋顶透光、营造光影空间等。

图5　农资仓库建筑群再利用改造——特色构件保护

(笔者拍摄)

图6　农资仓库建筑群再利用改造——门头(花园)

(笔者拍摄)

图7　农资仓库建筑群再利用改造——内部建筑空间改造

(笔者拍摄)

(2) 改造利用的实践(网红文化＋工业文化碰撞,重塑城市文化性)。

改造利用模式:农资仓库建筑群产权属于浙江省供销社集团公司,目前通过租赁合约,将其运营权出让给浙农·东巢(杭州)文化创意有限公司。2021年11月,由农资仓库建筑群改造而成的浙农·东巢艺术公园正式开园。园区在整体修缮该建筑群、保护历史建筑原有风貌、改善基础设施的前提下,以老仓库建筑为载体,并对其内部空间进行可适性改造,复合叠加艺术、体育、社区服务等文化功能因子,使工业遗产所承载的时代印记融入现代文明生活空间。目前公园已签约入驻的主要项目有:融合艺术展览、品牌发布、时尚走秀、商务活动等多元化的时尚外滩艺术中心,致力于新型文化空间营造的新野渡书社,独具风味的咖啡音乐吧空盒里,以及设计工作室、运动中心和园区配套服务等[①]。

运营成效:通过将近半年的运营,已然成为杭州新晋网红艺术园区,吸引巨大流量,从而带动园区宣传,实现文化效益向经济效益转换的目标。整个园区改造运营过程中,东巢主要措施,一是始终坚持保护第一,有序传承城市文脉;二是合理利用区位优势,将园区功能与周边居民真正所需结合起来,植入体育健身、茶艺交流、陶艺休闲、艺术文化以及幼托陪护等为周边居民服务的社区功能(图8);三是引入号召力强的品牌,提升园区整体格调;四是强化工业视觉,定期更换场景,丰富网红拍照效果,留住流量;五是定期举办各类流行艺术活动宣传园区文化;六是园区增设多龄空间,业态辐射各年龄段客源。

图8 农资仓库建筑群再利用改造——功能业态种类

(笔者拍摄)

---

① 商碧芸.萧山首个开放式文创公园——浙农·东巢艺术公园开园.智慧萧山,2021.

3.2 案例二：浙江土畜产进出口公司仓库建筑群

3.2.1 概况

浙江土畜产进出口公司仓库建筑群（下文简称土畜产仓库建筑群），是杭州市区工业（建筑）遗产保护规划中推荐建筑，位于杭州市拱墅区大关规划管理单元西北部，毗邻大运河与绿地金融广场（图9）。

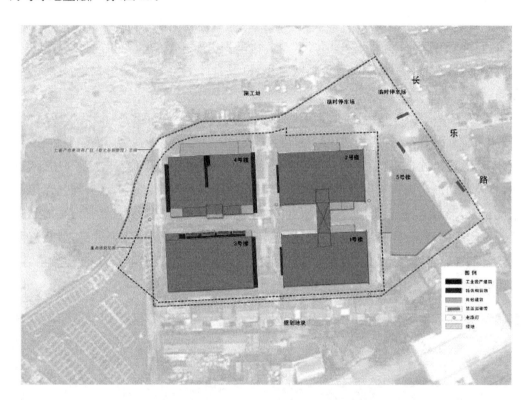

图9　浙江土畜产进出口公司仓库现存厂区范围内工业遗存示意图
（笔者绘制）

基地由四个建于20世纪七八十年代的大空间建筑构成，建筑整体保存较好，目前作为元谷文创产业园、运河文化发布中心功能使用（图10）。

3.2.2 保护与利用的实践

（1）保护利用要求。

土畜产仓库建筑群为《杭州市区工业（建筑）遗产保护规划（报批稿）》中提出的推荐建筑。根据该规划制定的保护图则相关要求，需加强对四个大空间建筑及内

图10　运河文化发布中心现状
（笔者拍摄）

部特色构筑物如货运运输带等的保护,建筑的立面和结构体系不得改变。2016年,为保障浙江土畜产进出口公司仓库建筑群改造再利用的可行性,编制了《浙江土畜产进出口公司仓库建筑群改造再利用可行性研究》,该研究细化上轮保护图则内容,明确土畜产仓库建筑群需重点保护4个工业遗产建筑、6处特色楼梯、2处货运运输带、3个老路灯。

(2)改造利用的实践(艺术文化＋工业文化碰撞,融入国家大运河文化带建设)。

改造利用模式:相较于历史建筑,该类拟推荐工业遗产建筑改造方式相对灵活,土畜产仓库建筑群实施方案做好元素保留、立面修复、功能更新、文化展示等工作,在四个大空间建筑立面与结构体系不改变及特色构件保护的基础上,赋予其新的使用功能,焕发其新的活力。通过对土畜产仓库建筑群15年的跟踪调研,发现土畜产仓库建筑群的保护与利用符合动态演进的过程,其保护与利用工作随着保护认知程度、城市发展诉求等因素呈曲线形变化,符合科学的发展观。土畜产仓库建筑群近十五年改造与利用情况分析详见表2。通过上述案例分析,不难发现面对工业遗产的保护与再利用,首先始终坚持保护第一,改造利用过程要在保护好主体框架结构、主要立面以及特色构件的前提下,加以合理的改造,并且预留后期复原的可能性。合理改造工业遗产使其适配新业态功能的植入,从而实现工业遗产的二次价值赋能,是工业遗产焕发新活力、实现历史保护与城市更新共生、共融、共兴的重要措施。

表2　土畜产仓库建筑群近十五年改造与利用情况对比表(自制)

序　号	2006年状况	2015年状况	2021年状况
1号楼			
	1. 保留传统楼梯构件 2. 保留建筑主体结构 3. 保留传统路灯构件 4. 部分路灯已改造	1. 侧立面墙体开窗 2. 雨棚形式改变 3. 窗体形式改变 4. 外立面改造	1. 侧立面墙体复原 2. 去除雨棚门廊 3. 增设连廊 4. 窗体形式复原
总体评价	相较于2006年建筑状况,2021年该建筑的主体结构没有改变,建筑立面改动由2015年的改动较多,恢复为基本保持原貌。建筑内部主要功能为文化创意产业办公功能。路灯等构件由于腐蚀严重,出于安全性考虑,不再作为中心内照明功能,拆除后作为工业小品放置于中心绿化或博物馆内		

续 表

序 号	2006 年状况	2015 年状况	2021 年状况
2 号楼			
	1. 保留传统楼梯构件 2. 保留建筑主体结构	1. 侧立面墙体开窗 2. 雨棚形式改变 3. 窗体形式改变 4. 外立面改造 5. 拆除临时搭建	1. 侧立面墙体复原 2. 去除雨棚门廊 3. 增设连廊 4. 窗体形式复原
总体评价	相较于 2006 年建筑状况，2021 年该建筑的主体结构没有改变，建筑立面改动由 2015 年的改动较多，恢复为基本保持原貌。建筑内部主要功能为文化创意产业办公以及创意商业街功能		
1 号楼与 2 号楼间连廊			
	保留连廊主体结构	1. 屋顶新建防护护栏 2. 外立面改造	1. 连廊上方加建 2. 外立面改造
总体评价	相较于 2006 年建筑状况，2015 年与 2021 年 1 号楼与 2 号楼建筑间连廊主体结构没有改变，连廊立面改动较大，连廊上方加建一层，建筑内部主要功能为连廊通道，顶端加建建筑作为运河文化发布中心使用		
3 号楼			
	1. 保留传统楼梯构件 2. 保留建筑主体结构	1. 侧立面墙体开窗 2. 外立面改造 3. 运输带已拆除改造	1. 侧立面墙体复原 2. 窗体形式复原 3. 恢复运输带
总体评价	相较于 2006 年建筑状况，2021 年该建筑的主体结构没有改变，建筑立面改动由 2015 年的改动较多，恢复为基本保持原貌，尤其值得关注的是东侧立面上的运输带复原		

续　表

序　号	2006年状况	2015年状况	2021年状况
4号楼			
	保留建筑主体结构	1. 窗体形式改变 2. 外立面改造	1. 窗体形式复原 2. 外立面局部复原 3. 拆除遮雨棚
总体评价	相较于2006年建筑现状，2021年该建筑的主体结构没有改变，建筑立面改动由2015年的改动较多，恢复为基本保持原貌，一层建筑作为工业遗产博物馆功能使用，内部传送带保留，但根据内部功能布局位置稍有变动		

运营成效：2019年底作为拱墅区大运河文化带建设"一址、两街、两园、三馆、两中心项目"之一，运河时尚发布中心正式完工。该中心以土畜产仓库四个老建筑为基础，在其建筑物顶端加建一层，设置造型时尚的发布大厅，成为国家大运河文化带内一处国内一流、专业度极高的文化推广、产品发布、会议演出的场馆。

4. 对工业遗产保护在城市更新中的策略建议

4.1　坚持保护第一，有序传承城市文脉

始终坚持尊重历史、尊重文化、尊重城市发展规律。通过加强保护修缮，原汁原味保留历史文化遗产，让人们记得住历史、记得住乡愁，从而进一步坚定文化大国自信，增强家国主义情怀。

4.2　创新保护方式，分级管控改造尺度

采用城市微更新与工业遗产修旧如旧相结合的方式，保留传承工业文明特色元素，创新保护方式，不同保护级别的工业遗产采用灵活的保护控制要求。除已列入各级文物保护单位、历史建筑保护名录的工业遗产外，对于一般级别的工业遗产，在保证遗产主体价值要素完整的前提下，允许后期局部改造，改造的原则是不破坏建筑主体框架结构以及主要立面，整体对工业遗产干预较小，并存在后期复原可能性。

4.3　直面人民需求，提升城市公共文化服务能力

突出工业遗产再利用方式的灵活性，让工业文化融入周边群众日常生活，拓展文化

生活新空间。依托工遗产建设一批城市文化艺术园区,形成拥有社区交互功能、融入现代设计观念、适应当代生活方式的城市人文景观和公共开放空间,协同助力人民美好生活。

4.4 产业赋能,文化与经济价值双赢

坚持"保存整体风貌、重塑业态功能"为主线,把工业遗产赋予新的业态功能,不断拓展文化与生活空间。主要的业态建议如下:一是"网红文化与工业文化"相碰撞,打造网红艺术园区。利用网红流量通过社交媒体制造声名,围绕热点形成文化产业链,实现文化效益向经济效益转换。二是"艺术文化与工业文化"相碰撞,赋能群众文艺体验地。支持工业遗产保护利用与文化节、艺术节、博览会、体育比赛等交流活动相结合[①]。三是"创新+"与"数智+"相碰撞,打造宜业宜创园区。坚持科技创新与城市更新相结合,为工业遗产叠加数智创新科技功能,通过虚实展现等手段展示工业遗产历史与"人民城市"理念的当代实践。同时通过工业遗产建筑大空间这一独特的建筑形态将其与电竞、科创、展演等新兴功能业态融合,构筑创新创业生态园区[②]。四是"社区文化与工业文化"相碰撞,打造宜居宜乐社区。结合工业遗产周边区域人口资源及其民生诉求,将部分社区功能注入工业遗产业态布局中,调动周边街区活力,共筑人民城市。

4.5 注重优化协同,完善体系,多方参与

加强顶层设计和分级分类管理,形成工业遗产保护体系:一是强化主体责任,二是突出专业指导,三是注重社会参与。

4.6 合法管控,出台工业用地转型政策

为促进城市工业企业转型升级,实现腾笼换鸟,保障其转型过程中的科学、规范与有序性,宜尽快出台市级盘活存量工业用地的实施办法等相关政策法规。

4.7 拓宽思路,保护工作是一个动态的过程

历史文化遗产是一个动态变化的过程,随着人们认知水平、建造工艺的提升,呈曲线状演进,不宜轻易用割裂式的时间点去判定保护工作的成功与否。在不改变主体框架结构以及主要立面的基础上,新旧对比的突出能体现事物发展真实的特质。在变化中寻求保护,在保护中体现变化的动态保护才是历史文化遗产保护的科学发展观。

[①] 国家发展改革委,工业和信息化部,国务院国资委,国家文物局,国家开发银行. 关于印发《推动老工业城市工业遗产保护利用实施方案》的通知,2020.

[②] 上海文物局,上海市杨浦区人民政府. 保护第一合理利用创新发展——上海杨浦生活秀带国家文物保护利用示范区创建工作进行时[N]. 中国文物报,2021-11-9(002).

5. 结语

随着城市更新速度的加快,越来越多工业建筑面临着拆留的选择。工业遗产作为工业建筑中建造技术较高、整体规模较大、社会影响力较强、具有一定代表性的建筑而保留下来,它是整个城市发展的重要历史文化财富。本文以杭州市历史建筑浙江省农业生产资料公司萧山仓库建筑群和杭州市区工业(建筑)遗产保护规划中推荐建筑浙江土畜产进出口公司仓库建筑群为例,坚持"保护第一,合理利用,创新发展,灵活管控"的方针,通过落实各级工业遗产保护利用要求,明确各级工业遗产改造利用尺度。在工业遗产运营中,对建筑内部空间进行可适性改造,将工业文化与网红、艺术、数智、创新以及社区文化等功能业态复合叠加,实现工业遗产二次价值重塑,相信在这片历史与现代、新生与传承交融共生的土地上,人民的城市必将处处充满印记、片片散发生机。

参考文献:

[1] 高雅,王依凡,张天真,苏恒之. 杭州工业遗产的保护与利用[J]. 城市建筑,2020.
[2] 阙维民. 国际工业遗产的保护与管理[J]. 北京大学学报(自然科学版),2007(4).
[3] 韩孟缘,张景秋. 中国工业遗产保护利用研究进展[C]. 2020年工业建筑学术交流会论文集(中册),2020.
[4] 习近平在上海考察时强调 深入学习贯彻党的十九届四中全会精神 提高社会主义现代化国家大都市治理能力和水平. 新华社,2019-11-3.
[5] 张环宙,沈旭炜,吴茂英. 滨水区工业遗产保护与城市记忆延续研究:以杭州运河拱宸桥西工业遗产为例[J]. 地理科学,2015(2).
[6] 单霁翔. 关注新型文化遗产:工业遗产的保护[J]. 中国文化遗产,2006(4).
[7] 北京2022首钢滑雪大跳台,北京,中国[J]. 世界建筑,2020(1).
[8] 商碧芸. 萧山首个开放式文创公园——浙农·东巢艺术公园开园[DB/OL]. 智慧萧山,2021.
[9] 国家发展改革委,工业和信息化部,国务院国资委,国家文物局,国家开发银行. 关于印发《推动老工业城市工业遗产保护利用实施方案》的通知,2020.
[10] 上海文物局,上海市杨浦区人民政府. 保护第一合理利用创新发展——上海杨浦生活秀带国家文物保护利用示范区创建工作进行时[N]. 中国文物报,2021-11-9(002).

成都市区工业遗产保护现状与城市更新策略研究

刘弘涛[1]　姚英骄[2]　张铭晏[3]

（1. 西南交通大学世界遗产国际研究中心　2. 澳门城市大学创新设计学院
3. 西南交通大学建筑学院）

摘　要：成都近现代的工业发展形成了以电子工业和轻工业为代表的现代工业体系。随着成都市产业结构调整和"东调"计划的推进，大量厂房实施进行了搬迁和改造，位于城区的老工业基地中一些具有历史遗产价值的工业遗产面临消失的风险。近年在城市更新的政策背景下，以"保留、利用"为主的城市更新策略给了我们新的视角去对待城市中的这些工业遗存。本文梳理了成都近现代工业的发展历程及市区工业遗产保护现状，并选取其中三处典型案例阐述其保护与利用对策。旨在通过对成都市工业遗产保护与利用对策的解析，为城市更新背景下以工业遗产的更新改造来带动城市区域活力提升和城市局部功能改善提供思路和方法上的借鉴。

关键词：成都市；工业遗产；保护发展；更新策略

1. 引言

我国城镇化起步较晚，但是发展较为迅猛，自1978年改革开放恢复城市更新与改造以来，地产占据城市开发主导地位，城镇化高速发展。据国家统计局显示，改革开放40多年来，我国城镇化率从17.90%增至59.58%，2020年达到63.89%。然而，中国城市发展在2008年应对国际金融危机时出现了转折，城市基建增量呈现下降趋势，大量"城市病"逐渐涌现。2021年3月发布的《中华人民共和国国民经济和社会发展第十四个五年规划和2035年远景目标纲要》中提及"加快转变城市发展方式，统筹城市规划建设管理，实施城市更新行动，推动城市空间结构优化和品质提升"；2021年8月，住房城乡建设部发出的《住房和城乡建设部关于在实施城市更新行动中防止大拆大建问题的通知》中"倡导利用存量资源，鼓励对既有建筑保留修缮加固，除增建必要的公共服务设施外，新增老城区建设规模"。因此,城市更新的政策背景下,以"保留、利用为主"成为城市更新的主要方式之一,而存在大量工业遗存的城市片区也成为更新的主要对象。

工业遗产是为工业活动而建造的建筑物、所运用的技术方法和工具,建筑物所处的城镇背景以及其他各种有形、无形的现象,都是工业遗产的组成部分。工业遗产可以反映时代变迁,它是中国由手工业社会进而追求近代化、现代化的探索体现,记载了普通大众的生产和生活,可以体现当时的技术发展最高水平,是科技史研究中不可缺少的素材。工业遗产保留了成都工业发展时期的原有印记①,不仅为城市发展、社会进程带来不可估量的物质财富,同时也留下了很多值得凝望的精神财富,具有不可忽视的社会影响。

2. 成都市工业发展历程

成都是我国第一个五年计划时期兴起、以电子产业为主的老工业基地。在 21 世纪初期开始实行老工业基地的功能转换,成都的工业遗产由此产生。成都的工业发展与国家历史进程息息相关,从时间脉络上历经"萌芽起步时期""国民经济恢复时期""'一五'计划至'二五'计划时期""三线建设时期""改革开放时期"五个阶段(图1)。

图 1　成都工业发展阶段

(图片来源:根据《成都市中心城区工业历史保护规划》改绘)

2.1　萌芽起步时期:1840—1949 年

1877 年,四川总督丁宝桢创建了"四川机器局",拉开了成都近代工业发展的序幕。成都的近代工业发展有两个渠道:一方面是仿效外国工厂新建现代化工厂,另一方面则是通过引入先进的机器生产方式,将传统手工业转型为新式机器工厂(图2)。到了20世纪初,时任川督的岑春煊和锡良重视军备,对四川机器局进行了彻底改革和创新,将老工厂改建成造币厂,并新建了成都兵工厂和火力发电厂。为缓解社会矛盾,岑春煊还成立了"劝工总局"。总的来说,在洋务派和维新派的推动下,成都的工业发展取得了一定的成就。然而,除了洋务派创办的四川机器局外,其他新式企业存在一些共同的问题,如规模

---

①　张宗兴,张雨晗. 成都市工业遗址的保护与再利用[C]. 中国城市规划学会,成都市人民政府. 面向高质量发展的空间治理——2021中国城市规划年会论文集(09 城市文化遗产保护). 中国建筑工业出版社,2021:6.

小、依靠手工操作为主、缺乏资金、产量不高等,因此在严格意义上,实际水平并未超过传统手工业工厂。

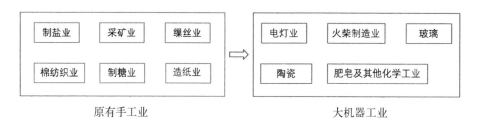

图2　早期成都工业转型图
（图片来源：作者自绘）

抗日战争胜利之后,由于行政中心及人口回迁、战争带来的通货膨胀、经济大萧条以及美国商品的大量倾销等因素共同的作用,成都的工业发展一落千丈,逼近崩溃边缘。造纸、化学、染织、机械等行业原有80余家工厂,1946年年底已有18家破产,其余有近1/3停产歇业[1]。连久负盛名的蜀锦,也在1949年有近90%的机房停产,残存的机器改为生产素色产品,昔日市场上精美的蜀锦已难觅踪迹。

2.2　国民经济恢复时期：1949—1952年

1949年12月27日,成都市实现和平解放。这一时期,成都的工业生产基本处于停滞状态,因此恢复和稳定经济成为城市建设的重中之重。在财政有限的情况下,政府未能启动大型新工业项目,而是通过没收官僚资本主义企业来支持旧有的私营企业,同时鼓励公私合营,加快工业生产的恢复。在三年国民经济恢复时期,成都工业通过民主改革、归并组织和整顿生产,逐渐步入正轨。到了1952年,全市工业总产值增长了67.82%,平均每年增长18.83%,为计划经济下的社会主义建设奠定了坚实的基础,也为未来成都工业的发展创造了良好的条件。

2.3　"一五"计划至"二五"计划时期：1953—1964年

1953年,第一个五年计划开始实施,其核心任务有两点：一是集中力量进行工业化建设,二是加快推进各经济领域的社会主义改造。成都市作为全国八个重点建设的中心城市之一,布局了156个苏联援建项目中的6个,并投入省重点项目71个,这标志着成都开始由消费型城市向生产型城市转变。1958年,第二个五年计划实施,苏联在"一五计划"的基础上继续援建工业项目132个。经过"一五""二五"时期的大规模建设,其间虽然经历了多次波折,成都还是建立了较为完备的工业体系,电子、机械、冶金、化工、纺织、轻工、建材、食品等产业初具规模,奠定了现代成都工业的基本格局。

---

[1]　李炎.成都市中心城区工业建筑遗产保护与再利用现状研究[D].西南交通大学,2019.

2.4 三线建设时期：1964—1978年

1964年6月，由于美国资本主义压制、中苏关系的持续恶化，中央根据当时国内外政治、经济形势，为改变受制于人的格局，作出了加强内地建设的决定，统称三线建设。成都作为大后方被列为三线重点建设地区，新建了一大批民用工厂和航天、航空、兵器、通讯、机械等国防生产、科研企事业单位，极大地增强了成都的工业实力。这一时期成都工业的特征是以国防工业和基础工业为主，布局分散、靠山隐蔽。

2.5 改革开放新时期：1978年至今

1978年12月，党的十一届三中全会作出了改革开放的重要决策，全国的工作重心开始向经济建设转移。改革开放给成都工业带来了天翻地覆的巨大改变。成都工业企业开始向城区外迁移，县域工业的比重大幅提高，工业园区成为企业承载主体。进入新世纪以来，由于成都市工业分布状况不适应现代工业经济发展和城市化的要求，以"东调"工程为标志，成都开始了工业布局及结构优化。成都市主城区的工业企业通过土地置换逐渐搬迁到县市区的工业集中发展区内[①]。2014—2020年，成都进行了新型工业化改革，成都工业迎来了新一轮转型升级，对工业遗产保护也提出了新的需求。

成都工业经过40年的改革开放，到2017年，第二产业已达5 998.2亿元，占国民生产总值43.2%，规模以上工业增加值增长9.0%，工业对全市经济增长的贡献率达38.1%。

3. 成都市区工业遗存现状

2016年2月，成都市规划设计研究院编制完成《成都市中心城区工业历史保护规划》，整理出中心城区工业遗存清单。2016年4月，《成都市中心城区工业历史保护规划》正式公布，其中规划推荐31处工业遗产保护点位。2021年，成都市规划和自然资源局发布《成都历史文化名城保护规划（2019—2035）公告》，其中指出"重点保护中心城区'三线建设'时期的28处工业遗产，工业遗产建筑的改造、维护、修复，尽可能运用原有材料对建筑原有结构进行加固，最大限度地保存其原有风貌，体现特色元素，保留时代记忆"（图3）。

28处工业遗产在地域特点上主要分布于成华区，共13处，占遗产总数的46%；武侯区6处，占总数的21%；锦江区和青羊区均有4处，各占总数的14%；金牛区1处，占总数的4%。在时间上多以20世纪五六十年代为主，呈断代分布。其中1949年以前有3处，占总数的10%；20世纪50年代共17处，占总数的61%；60年代共5处，占总数的18%；70年代有2处，各占总数的7%（表1）。

---

① 李炎. 成都市中心城区工业建筑遗产保护与再利用现状研究[D]. 西南交通大学，2019.

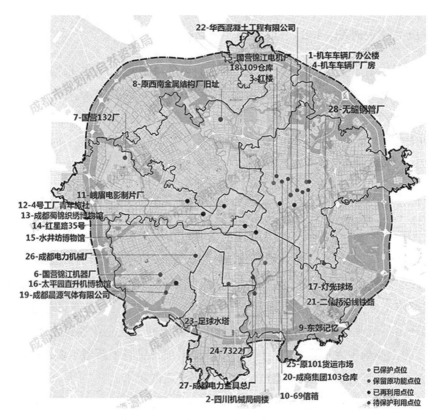

图 3　成都市中心城区工业遗产点位图

（图片来源：成都市规划和自然资源局）

表 1　成都市工业遗产名单(图片来源：笔者拍摄及网络)

名称	区域	保护现状	名称	区域	保护现状
机车车辆厂办公楼	成华区	已保护	机车车辆厂厂房	成华区	保留
红楼（成都刃具厂）	成华区	已保护	国营锦江电机厂	成华区	保留

续 表

名称	区域	保护现状	名称	区域	保护现状
69号信箱	成华区	再利用	原101货运市场	成华区	待保护
灯光球场	成华区	待保护	东郊记忆	成华区	再利用
109仓库	成华区	待保护	华西混凝土工程有限公司	成华区	待保护
成商集团103仓库	成华区	待保护	无缝钢管厂	成华区、龙泉驿区	再利用
二仙桥沿线铁路	成华区	待保护	峨眉电影制片厂	青羊区	再利用

续表

名称	区域	保护现状	名称	区域	保护现状
4号工厂青年旅社	青羊区	再利用	7234印刷厂厂房（红星路35号）	锦江区	再利用
成都蜀锦织绣博物馆	青羊区	再利用	空军制氧厂旧址	武侯区	待保护
国营132厂（国营峨眉机械厂）	青羊区	保留	足球水塔	武侯区	待保护
成都电力金具总厂	锦江区	待保护	7322厂（白药厂）	武侯区	待保护
水井坊博物馆	锦江区	再利用	太平寺直升机博物馆	武侯区	再利用

续 表

名称	区域	保护现状	名称	区域	保护现状
国营锦江机器厂	武侯区	保留	成都电力机械厂	武侯区	待保护
四川机器局碉楼	锦江区	已保护	原西南金属结构厂旧址	金牛区	保留

经调查分析可知：成都的国家级工业遗产年均增加4项，省级每均增加5～6项；成都工业遗产产业类型以制造业为主，占比61%；成都工业遗产活化利用现状以待保护为主，共11处（表2）。

表2 成都市区工业遗产保护现状

保护现状	项 目 名 称
保留（5处）	原西南金属结构厂旧址、国营132厂、国营锦江机器厂、机车车辆厂厂房、国营锦江电机厂
再利用（9处）	4号工厂青年旅社、峨眉电影制片厂、成都蜀锦织绣博物馆、太平园直升机博物馆、69信箱、东郊记忆、7234厂红星路35号、水井坊博物馆、无缝钢管厂
待保护（11处）	成都电力机械厂、足球水塔、成都晨源气体有限公司、109仓库、原101货运市场、成商集团103仓库、成都电力金具总厂、华西混凝土工程有限公司、灯光球场、二仙桥沿线铁路、7322厂
已保护（3处）	红楼、机车车辆厂办公楼、四川机械局碉楼

4. 案例介绍与分析

4.1 东郊记忆

东郊记忆位于成都市东二环路外侧，建筑面积约20万平方米（图4）。园区由2001年破产倒闭的国营红光电子管厂旧址改建而成,2009年成都传媒集团开始投入资金,将其改造为综合性文化创意园区。2011年,园区竣工开放,成为国内首家数字音乐产业聚集区和以音乐为主题的体验公园的混合型功能产业园,并于2018年被认定为国家工业遗产。

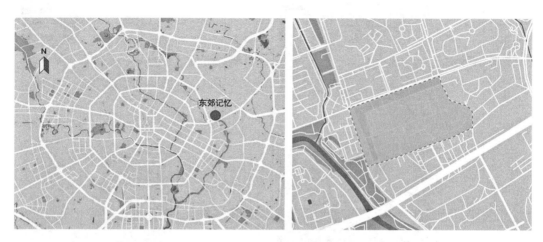

图4 东郊记忆区位与范围示意图

(图片来源:笔者绘制)

园区设计中将建筑分为三类:历史价值较高的A类、历史价值较低的B类以及新建的C类。根据建筑不同的分类及考虑到后续的功能定位,保留了历史价值与再利用价值较高(年代久远、空间高大、结构完好)的历史建筑,拆除项目中历史及再利用价值较低(建筑破败)的加建建筑和棚架,恢复最初的苏式功能主义特色的厂区肌理①(图5)。

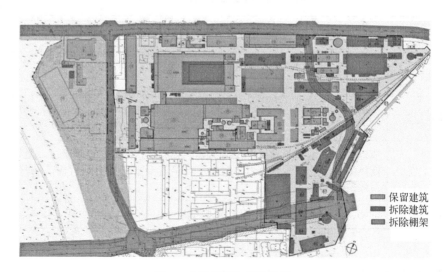

图5 建筑保留与拆除分类

(图片来源:家琨设计事务所)

---

① 李炎. 成都市中心城区工业建筑遗产保护与再利用现状研究[D]. 西南交通大学,2019.

园区最主要的景观要素是长度约 400 米的架空管廊(图 6),并根据新的功能需要利用管廊布置新的水电管道,同时在各个节点引入带有工业元素的抽象雕塑(图 7)。园区步行街铺地是利用拆除建筑的废弃红砖,既避免了资源浪费又保留了历史特色。南侧区域保留的烟囱和物料塔构筑物则成为整个区域最明显的工业景观标识。

图 6　架空管廊

(图片来源:笔者拍摄)

图 7　西大门景观

(图片来源:笔者拍摄)

目前东郊记忆主要分为影音娱乐、剧场演艺、创意办公、文创商业四大板块，此外园区还有餐饮、便利店、银行等生活服务配套（图8）。四大板块相互融合，避免功能主义规划造成的部分区域功能单一，影响游览体验。

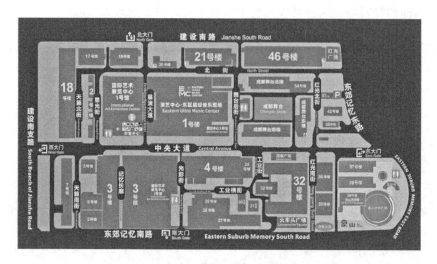

图8　东郊记忆平面图

（图片来源：东郊记忆管委会官网）

4.2　1906创意工厂

1906创意工厂又称"白药厂"，位于成都武侯区高攀路的中国人民解放军原第7322工厂内（图9）。1906创意工厂旧址为清末洋务运动建立的兵工厂"白药厂"所在地，新中国成立后用作中国人民解放军第7322厂厂房。2015年，厂房初步改造完成，一些创意产业开始在这一区域聚集。2017年，武侯区政府与第7322工厂正式将文创园区打造成为"1906创意工厂"，由火车南站街道办事处负责管理。

图9　1906创意工厂区位

（图片来源：笔者绘制）

一、工业遗产保护利用理论探讨与实践 | 299

　　1906创意工厂文创园区保留了以"清末新政""一五计划"和"改革开放"等不同时期为主题的工业建筑群。这些建筑由德国建筑师以西方古典主义风格设计，三段式立面比例协调、造型优美，具有很高的艺术价值。现代工厂建筑建于20世纪中后期，采用红砖外墙，立面简洁大方（图10）。园区建筑进行了再利用修缮和改造，入驻了餐饮、花艺、画廊、运动馆、设计事务所、陶艺等特色文创企业。园区有A、B、C三个大区域，总计有50余家文创企业，集聚创业人员500余人[①]（图11）。

图10　"白药厂"不同时期的建筑

（图片来源：笔者拍摄）

图11　园区功能分区示意图

（图片来源：1906招商接待中心）

---

　　① 陈玉婷.城市更新背景下工业遗产的保护、开发与利用评析——以成都1906军民融合创意工厂为例[J].住宅与房地产，2021(9).

建筑改造时尽量保留了原有的结构和材料,并对于地震造成的屋梁垮塌进行了加固和修缮,同时在区域一侧布置了木质茶座,为使用者提供了停留的空间。这一区域也成为两个办公区之间的自然衔接,建筑的最具特色的青砖外墙没有做任何装饰,保留了其原始风貌(图12)。新的修复技术和旧的建筑形式和谐共生于这个老建筑中,最大限度地体现了其本身蕴含的工业遗产特征(图13)。

图 12　中庭保留的木构架和外墙青砖

(图片来源:笔者拍摄)

图 13　建筑立面风貌

(图片来源:笔者拍摄)

4.3 梵木 flying 国际文创公园

梵木 flying 国际文创公园，位于成都市太平寺西路 3 号（图 14），其前身为始建于 1966 年的中国人民解放军第二滑翔机场，后改名为成都滑翔机制造厂，成为一片工业历史遗迹。在成都市大力提倡发展文创产业的契机下，华兴街道与社会企业单位达成合作，对原厂区进行整体改造升级，打造文化产业园区。该文创公园作为第二批国家级文化产业示范园区之一，已成为一个集工业遗存与现代文创的文化与产业融合发展示范点（图 15）。

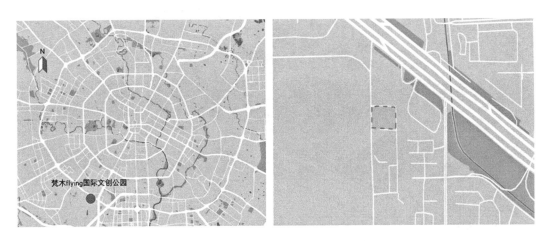

图 14　梵木 flying 国际文创公园区位

（图片来源：笔者绘制）

图 15　文创公园入口及内部

（图片来源：笔者绘制）

梵木 flying 国际文创公园依托成都滑翔机制造厂这一重要载体，充分发挥了文物建筑的历史文化优势。整个园区设计分为美学生活空间、企业办公空间、公共艺术空间、原创孵化空间四大综合性文创产业空间。文创园区利用"梵木创艺区"的资源优势,将资源全面整合,实现音乐产业、创意产业、影视动漫三大产业融合及生活场景、办公场景两大场景的呈现,促进了音乐、设计、艺术、影视、生态、旅游等多个要素有机整合与空间及功能集聚①(图16),通过业态调整为遗产所在区域注入了新的活力。

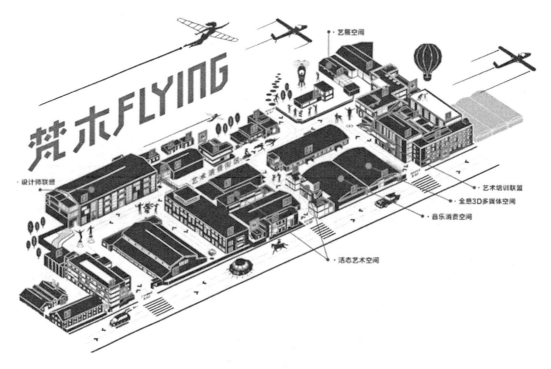

图 16　园区功能分布示意图
(图片来源:梵木文创公园官网)

园区内有许多原始钢架结构的空间,这些老旧厂房建筑室内空间较高,外立面简洁,改造中整体以精致而朴素的设计语言再现了工业建筑真实而原始的特质。在原总装车间4-1栋的活化过程中,遵循文物建筑修缮"最小干预"原则,对新植入的强弱电、给排水、暖通等设备的设计和布线了进行细致研究,保留了原有建筑的表面肌理与内部空间的历史痕迹,展现了在工业遗产建筑修缮技术上科学、严谨、务实的追求(图17)。

---

①　梵木获文化和旅游部命名"国家级文化产业示范园区"。https://mp.weixin.qq.com/s/PLFribdBx4dCWT2CxyB5TA。

图 17　原总装车间 4-1 栋外观及室内

(图片来源：凡德罗家具有限公司提供)

5. 总结

成都的近现代工业发展有波折也有辉煌，始终与国家的发展相向而行。从发展历程来说，成都的工业历经萌芽起步时期（1840—1949 年）、国民经济恢复时期（1949—1952 年）、"一五"计划至"二五"计划时期（1953—1964 年）、三线建设时期（1964—1978 年）、改革开放新时期（1978 年至今）五个阶段，在每个阶段都承担着重要的历史任务。成都中心城区的 28 处工业遗产在地域特点上主要分布于成华区，占遗产总数的 46%；在时间上以 20 世纪五六十年代为主，呈断代分布；从保护利用现状来说以待保护（11 处）和再利用（9 处）为主，发展潜力巨大。总体来说，成都工业遗产保护再利用工作起步较晚但发展迅速。东郊记忆和 1906 创意工厂作为成都市近现代重要史迹及代表性建筑被列为省级文保单位，梵木 flying 国际文创公园被列为区县级文保单位，从政策上意味着工业遗产的价值认同。

如今，成都作为国家建设新发展理念的公园城市示范区，肩负着绿色发展、生态发展的使命。随着产业结构调整，大量的工厂企业实施搬迁改造，工业遗存迭代更新是当代城市高质量发展的重要实践方向。工业遗产的改造对于城市更新的价值主要体现在自身价值和经济价值两个方面，它保留了成都工业发展时期的记忆，曾经为国家的现代化发展做出了大量贡献，同时也留下了属于一代人的共同记忆；随着对工业遗产功能的调整，曾经的工业区往往占据着城市中心寸土寸金的土地资源，通过改造与再利用措施可实现地块经济价值最大化，亦可激活周边区域的活力。

在新发展理念指导下，成都以建设公园城市示范区为发展契机，积极探索出科技引领、生态优先、绿色发展的新路径。推动工业遗产活化利用，营造工业文化展示场景，留下成都历史上的文化和记忆，让老工业区重获新生。同时也提升了城市生活品质，让城市风貌和谐统一，城市文化更具多样性。

参考文献:

[1] 陈玉婷. 城市更新背景下工业遗产的保护、开发与利用评析——以成都1906军民融合创意工厂为例[J]. 住宅与房地产, 2021(9).

[2] 李炎. 成都市中心城区工业建筑遗产保护与再利用现状研究[D]. 西南交通大学, 2019.

[3] 叶伦源. 遗产保护视角下旧工业建筑再利用研究——以1906军民融合创意工厂为例[J]. 城市与减灾, 2021(32).

[4] 张宗兴, 张雨晗. 成都市工业遗址的保护与再利用[C]//中国城市规划学会, 成都市人民政府. 面向高质量发展的空间治理——2021中国城市规划年会论文集(09城市文化遗产保护). 中国建筑工业出版社, 2021.

[5] 工业遗产的下塔吉尔宪章. 国际工业遗产保护委员会(TICCIH).

[6] 梵木获文化和旅游部命名"国家级文化产业示范园区". https://mp.weixin.qq.com/s/PLFribdBx4dCWT2CxyB5TA.

二、三线建设与红色文化

川北地区三线建设规划布局与空间形态研究

——以川北四市部分厂区为例

李婷婷[1]　向铭铭[2]　喻明红[1]

（1. 西南科技大学土木工程与建筑学院　2. 西南民族大学建筑学院）

摘　要：1964—1983年，三线建设作为一场以战备为目标的大规模国防、科技、工业和交通基础设施建设活动，其发展演化推动了四川地区现代工业的发展与崛起，并深刻影响着四川地区城市格局的形成演变与城镇化进程。在中央的统一部署下，四川地区三线建设大部分项目沿主要铁路干线及河流进行布点，并在川北地区逐渐形成一条以广元、江油、绵阳、德阳为主要节点的工业聚集带。本文通过梳理川北地区三线建设规划布局特征及遗存厂区的空间形态构成，进而探讨川北三线工业厂区布局的影响因素；此外，大量三线工业遗存空间利用低效甚至荒废，宝贵的三线工业遗存价值面临流失消逝的风险，如何更好地挖掘、保护与传承三线遗存价值是三线建设研究的重点关注。

关键词：三线建设；工业遗存；规划布局；空间形态；保护利用

1. 川北三线建设发展及遗存现状

1.1　川北三线建设的选址规划与建设

20世纪60年代中期，为了应对严峻险恶的国际国内动荡局势，中共中央迅速作出了三线建设的重大调整战略，将全国划分为三个战略圈层，将三线地区作为重要的战略大后方进行工业布局的调整。三线建设重大战略决策确定以后，根据1964年8月中央书记处会议的决定，国家计委组织工作组对西北、西南大三线建设进行了选址考察与初步规划，中共中央于同年批准下发由国家计委提出的《1965年计划纲要（草案）》，决定加紧推进三线地区工业、交通、国防基础设施建设。

经过反复踏勘研究，川、陕、黔三省因其独特的战略位置、自然资源状况和巨大的工业发展空间，成为三线建设的重点投资区域，而重要的战略地位使得四川成为三线建设投资最集中、规模最大、行业门类最齐全的省份。据资料,中共中央除1964年拨款7.44亿元之外,自1965年至1980年,共投入414.03亿元用于四川省三线建设投资,占同期三线建设总投资的20.17%,足见四川省在全国三线建设中的重要地位(表1)。

表1　全国三线建设中央投资一览表　　　　　　　　　(单位:亿元)

省区	1965年	"三五"时期(1966—1970年)	"四五"时期(1971—1975年)	"五五"时期(1976—1980年)	小计
四川	19.80	132.53	136.36	125.34	414.03
贵州	8.95	40.45	48.90	48.89	147.19
云南	8.03	41.25	46.36	55.31	150.95
陕西	5.39	40.27	86.62	76.10	208.38
甘肃	9.03	43.96	54.34	48.20	155.53
河南	6.65	38.88	75.03	96.22	216.78
湖北	5.62	54.45	103.77	153.29	317.13
湖南	5.77	35.55	65.92	67.64	174.88
山西	5.43	32.39	57.20	74.52	169.54
青海	1.98	12.16	12.29	32.95	59.38
宁夏	1.48	10.55	17.12	17.74	46.89
三线建设投资	78.13	482.44	703.91	788.20	2 052.68
全国总建设投资	179.61	976.03	1 763.95	2 342.17	5 261.76

1.1.1　川北三线建设规划选址

自三线建设重大战略决策颁布后,中央对三线建设的指导思想、建设目标以及规划布局作了一系列重要指示。在"三五"计划中,中央提出要立足于战争,积极备战,把国防建设放在首位,积极推进三线建设,逐步改变工业布局的指导思想,这也再一次印证了三线建设以备战为指导思想的性质。根据三线地区的地形地貌,毛泽东提出"大分散,小集中"和"依山傍水扎大营"的意见,1964年8月,国家建委召开一、二线搬迁会议,进一步提出"大分散、小集中",少数国防尖端项目"靠山、分散、隐蔽"(简称"山、散、洞")的建设方针。

(1) 战略位置绝佳。

新中国建立之初,国际国内局势纷乱复杂,波谲云诡。国际上,资本主义国家和社会主义国家两大阵营对抗冲突,以美国为首的帝国主义国家对新中国采取政治上孤立、经济上封锁、军事上威胁的外交手段,加之世界各地纷乱未完全平息,新中国仍旧面临巨大的威胁。国内,面对薄弱的基础和反动残余势力的负隅顽抗,中央始终保持政治、军事、经济领域的高度警觉。从 20 世纪 50 年代后期开始,中苏之间的分歧与矛盾日益凸显。

四川地区地处我国内陆腹地,山地地形覆盖较广,北部与甘肃、陕西两省交界,有秦岭、大巴山横亘千里,东西两侧距离国境边缘距离较远,南部有云贵高原,川北区域地形由山地向盆地过渡,伴有部分丘陵地带,较为封闭且易守难攻的地形条件是其成为三线建设重点发展区域的重要战略因素之一。

(2) 具备工业基础。

新中国成立以后,为应对我国现代工业基础十分薄弱、仅有工业布局极不合理、各地区经济发展极度不平衡的困境,国家于 1955 年颁布"一五"计划,依托苏联援助的 156 个建设项目和由 694 个大中型建设项目组成的工业建设,集中力量建立我国社会主义工业化基础。1955 年,国家将绵阳划定为电子工业区以开展无线电工业基地建设,并于 1957 年最终选定绵阳城北的平政桥一带作为建设选址;同年于绵阳下辖江油县选址建设川西水泥厂、江油炼钢厂及江油发电厂等重点项目;1958 年,邓小平同志视察德阳工业区,肯定了德阳工业发展在全国工业发展领域的重要地位,称其为全国机械制造的"母鸡工业",此后刘少奇于 1960 年 4 月视察德阳工业区建设情况,并对其布局与建设方向及城市格局作了具体指示。"一五""二五"时期的工业建设,从国防、机械、电子、化学及能源等行业引进较先进的技术填补工业空白,一定程度上加速了四川及整个中西部地区乃至全国的工业现代化进程。

自三线建设开始实施,1965 年中央确定原绵阳地区[①]为国家三线建设重点地区之一后,国家在原绵阳地区依托已有工业基础进行了大量的布点建设。广元、江油、绵阳及德阳四市所占川北乃至整个四川地区的数量、规模比例较大,因而也奠定了几座城市在四川三线建设过程中的重要地位。在原绵阳地区三线建设期间实际落地建设的 104 项国家重点项目中,经核对在川北地区有据可查的项目广元市 33 项、江油市 20 项、绵阳市 33 项、德阳市 13 项(表2)。

表 2　川北四市三线建设项目统计表

编号	地区	建　设　项　目
1	广元	五洲化工厂、川北电子工业公司、国营华昌机械厂、国营力源无线电器材厂、国营红轮机械厂、国营长胜机器厂、国营大明仪器厂、国营广平机械厂、国营天源机械厂、国营建平工具厂、广元无线电技工学校、四一〇医院、国营旭光电子管厂、国营永星无线电器材厂、国营江陵电缆厂、嘉陵江航道整治、河湾场气田集输工程、水电部广元火电厂、宝珠寺水电站、宝成铁路罗妙真至二郎庙段改线工程、宝成铁路电气化改造第二期工程、806 物资库、永昌化工厂、国营万众机器厂、国营新光电工厂、青川白水砂金矿、国营东河印制总公司、东河热电厂、东河印钞厂、东河造纸厂、东河贵金属冶炼厂、金库、国营风雷器材厂

---

① 新中国成立后设绵阳专区,1970 年改称绵阳地区,地跨广元、江油、绵阳、德阳、遂宁、重庆等部分地区共 19 县,辖 44 000 平方公里,人口 1 000 余万人,是当时全国最大的地级行政区域之一。

续 表

编号	地区	建 设 项 目
2	江油	长城钢厂总厂、长城钢厂一分厂、长城钢厂二分厂、长城钢厂三分厂、长城钢厂四分厂、西南金属制品厂、四川四三八处、江油发电厂、江油水泥厂、四川水泥研究所、西南水泥工业设计院、四川二五五处、西南气象学校、小溪坝仓库、建业电力机械修配厂、北京钢铁学院四川分院、宝成铁路罗妙真至二郎庙段改线工程、四川矿山机械厂、江油水泥工业技工学校、四川冶金地质勘探公司
3	绵阳	清华大学西南分校、国家测绘总局第三分局、中国民用航空总局后勤部器材总库、中国民用航空高级航空学校、国营涪江机器厂、国营长虹机器厂、国营华丰无线电器材厂、国营涪江有线电厂、四机部一〇七设计院、四〇四职工医院、西南自动化研究所、粮食部绵阳粮食储藏科学研究所、绵阳粮食机械厂、中国人民解放军铁道兵学校、绵阳农药储备库、国家地理测绘图库、西南计算中心、中国空气动力试验基地、东昇机械厂、四川建筑材料工业学院（清华大学西南分校）、绵阳建筑材料工业学校、四川缝衣针厂、西南应用磁学研究所、东方绝缘材料厂、国营朝阳机械厂、曙光机械公司（九院总部）、航空研究院空气动力研究所、西南硫黄研究所、低速空气动力研究所、设备设计及测试技术研究所、超高速空气动力研究所、航空研究院发动机研究所、四川材料与工艺研究所（1988年改为中国工程物理研究院907所）
4	德阳	第二重型机器厂、东方电机厂、东方电工机械厂、德阳重型机器制造学校、德阳耐火材料厂、德阳建筑职业学校、四川玻璃纤维厂、电气化工程德阳制品厂、四川衡器厂、四川省建筑工程机械厂、建筑机械修配厂、建筑机械配件厂、东方汽轮机厂

（3）交通基础稳固。

川北地区水陆交通条件较为优越。广元作为入川的重要关口，由北通过水陆两道经绵阳、德阳等地深入川中腹地，而江油、绵阳、德阳地区整体地势平坦，向北、东方向过渡自然，利于建设，加之周围有绵延山脉作为天然屏障，具有绝佳的自然建设条件。为了深入三线腹地，中央首先启动铁路、公路及航道等交通基础设施及整治项目，依托"一五""二五"时期原有的基础设施进行全面布点铺开建设，通过重要铁路、公路及河流干线通车通航串联各个建设基地与厂矿厂区。

川陕公路（现108国道）是由陕甘地区入川的重要通道，经陕西汉中南下经过广元、绵阳直至成都。该公路原于1937年2月实现全线通车，最初始于绵阳市梓潼县，在新中国成立后进行了部分道路改线及维护。宝成铁路全线贯穿陕西、甘肃及四川境内，北起陕西宝鸡，向南穿越秦岭，沿途经过广元、绵阳、德阳，最终到达四川成都，全长668.198千米。该铁路于1952年动工修建，1956年建成通车，1958年1月1日全线正式通车运营，同年6月对其进行了电气化改造，1975年完成全线电气化改造工程，是中国第一条电气化铁路。嘉陵江是长江上游的主要支流之一，东源起自陕西省凤县西北凉水泉沟，西源起自甘肃省天水平南川，自北向南纵贯四川盆地中部广元、阆中、南充、广安，于重庆市朝天门码头注入长江，全长1119公里。1966年嘉陵江航道启动整治工程，于1975年完成航道清淤维护工作。

1.1.2 川北三线建设历程

川北地区三线建设与整个原绵阳地区建设时间保持一致,1964 年开始建设,至 1983 年三线建设调整改造结束①共历时近 20 年之久,大致可分为四个阶段。第一阶段是 1964 年至 1969 年。1964 年 1 月 31 日绵阳专区支援三线建设办公室成立,这个时期的建设主要任务是快速建设战略后方大基地,尽可能地将较完整的建设体系建立起来。整体主要由中央部委直接领导建设,将国防、核工业、航空航天及军事电子等高精尖机密项目安全迅速地转移建设。第二阶段是 1969 年至 1973 年。面对日益紧张的国际局势,中央要求在主要集中力量加速农业机械化的同时,大力推进钢铁、交通、军工等行业的建设步伐,筑牢国防安全壁垒。这一时期随着社会局势的不稳定,一部分机密、重点项目紧急搬迁,如九院搬迁至绵阳梓潼,清华大学无线电、机械、冶金专业的学生及部分职工内迁至绵阳建设清华大学西南分校等,另有一部分单位权属变更,划拨给军队直接管辖。第三阶段是 1973 年至 1979 年。这一段时期的建设项目与之前抢生产、抓建设、保安全的建设氛围不同,开始注重企业本身的效益与发展前景,没有过多开发新项目而主要转向充实、加强原有项目建设。第四阶段是 1979 年至 1983 年。1979 年 4 月 5 日,中共决定实行"调整、改革、整顿、提高"的建设方针,开始对三线建设企业进行转型升级的准备。1983 年 12 月 3 日,中央在西南地区设立了国务院三线办公室领导三线建设调整改造工作,一些偏远山区中的企业逐步迁往广元、德阳、绵阳等城市区域,1984 年召开第一次调整改造会议,提出第一批次 121 个单位进行调整改造,其中 48 个单位进行搬迁合并、15 个单位进行军品转民品生产。在此之后,浩浩荡荡的三线建设逐步在川北地区、原绵阳地区乃至全国完成了转型改造,这一场以战备为指导思想的大型工业建设调整运动渐渐落下了帷幕。

1.2 川北三线遗存现状

1.2.1 川北四市三线遗存情况概述

根据笔者所在课题组研究资料统计,原绵阳地区三线建设遗存主要聚集于今绵阳、广元、遂宁等地。对广元、江油、绵阳、德阳四市进行现场走访后发现,除部分三线建设项目的厂区被尽可能完整保留利用或仍处于生产中之外,大部分遗存厂区均处于无特定利用保护状态,一部分厂区遭到严重损毁甚至已经拆除重新开发(图 1)。

除了已列为保护对象的厂区或片区及建筑单体,如绵阳跃进路片区、西南应用磁学研究所(开发为 126 文化创意产业园)、航空研究院发动机研究所(规划为文创园区)、东方汽轮机厂(建筑群已作为国家地震遗产公园、爱国主义教育基地进行保护)及永昌化工厂(拟规划打造三线特色文旅小镇)保存较为完整,在被拆除的厂区中,大多被重建开发为商住

---

① 因部分项目起始时间不同,与整体结束时间略有出入。关于三线建设起始时间,国内学术界一般认同为 1964 年开始,关于截止时间本文暂以 1983 年 12 月 3 日国务院成立三线建设调整改造规划办公室为准。

图 1　部分厂区现状照片
（来源：笔者拍摄）

楼或住宅区，如国营风雷器材厂（756 厂）、国营永星无线电器材厂（893 厂）、国营华昌机械厂（885 厂）与国营长虹机器厂（780 厂）生产区早已开发为居住区。此外，在建筑遗存尚有保留的厂区中也存在着建筑、构筑物损毁严重、荒废无主或租赁他人受到不同程度的改造，原有风貌受到不同程度的破坏，如川北电子工业公司（二机部 821 厂）、朝阳机械厂、九院五所十所、东方电工机械厂部分建筑损毁严重，东河造纸厂、东河热电厂、国营江陵电缆厂（608 厂）、德阳耐火材料厂部分建筑被租赁作他用，原有风貌未能得到良好的维护。

1.2.2　川北地区三线建设遗存分布

通过实地走访发现广元市实际遗存厂区共 20 处，另有 6 处已被完全拆除重建；江油市现有遗存 15 处，另有 1 处被完全拆除；绵阳有遗存厂区 30 处，另有 15 处处于已被拆除或涉密生产中；德阳市有 10 处实际遗存，其中有 4 处尚在生产状态。

在三线建设时期，项目选址普遍遵循"靠山、分散、隐蔽"的指导思想，形成了大范围内分散、小范围聚集，靠近中小城镇或沿交通干线、航道河流分布的模式。不难发现，现存三线建设遗址主要聚集在广元市利州区、江油市、绵阳市涪城区、德阳市旌阳区四个核心区域，周围厂区分散布局，各个组团汇集成片，至今仍能体现出三线建设时期的规划布局思路。

2. 川北三线建设的规划布局特征

2.1　宏观上"一带四核多组团"

在整个原绵阳地区的三线建设规划布局上，主要形成了以嘉陵江流域（由广元向南往南充、重庆方向）、涪江流域（由平武、江油向东南往遂宁、潼南方向）和宝成铁路沿线为主要发展方向的三条工业聚集分布带，其中川北地区三线建设重点项目布局主要以宝成铁路为轴线，在沿线城市的中心区域聚集分布并向郊区进行多点分散，总体上保持着"一带四核多组团"的总体格局（图 2）。

图 2　川北三线建设总体格局示意图
（资料来源：笔者绘制）

2.2　中观上核心聚集、多点分散

在三线建设时期，项目选址普遍遵循"靠山、分散、隐蔽"的指导思想，为了集约利用水土资源与原材料、便于统一管理与运输，在城镇一级的小范围内形成了聚拢组团的分布特点。这一特点在广元、绵阳体现得尤为明显。德阳、江油因其较为突出的资源储备，分别形成了以重型机械和水泥、冶金为主的两大工业组团。

广元市境内宝成铁路、嘉陵江穿城而过，水资源、矿产资源丰富。1978年，宝珠寺水电站选址建设于嘉陵江支流白龙江下游的三堆坝地区，1966年第一台机组发电并于1998年完全竣工，工程以发电为主，兼有防洪、灌溉效益，至今为境内其他水电站补偿调节，在嘉陵江、渠江地区提供丰富灌溉水源。广元市矿产资源主要为耐火黏土、煤、熔剂灰岩、砂金、玻璃石英砂、硅灰石、晶质石墨、页岩等，区域上分布于青川、旺苍、市中区、朝天、元坝五个区县，靠近丰富矿产资源也是厂区选址的重要考虑因素，如位于利州区三堆镇的五洲化工厂（二机部821厂）和位于清水公社的旭光电子管厂。

绵阳市境内大小河流水系均分别注入嘉陵江支流涪江、白龙江与西河，涪江是境内主要河流，其支流有梓潼江、安昌河、平通河等。境内矿种储量丰富，如平武的锰矿、江油的铸型用砂、水泥配料用页岩储量居全省第一,以区域来看,平武主要以金属矿产为主,江油多岩土矿产,而涪城区、游仙区则多页岩、砂石等。本地丰富的矿产、水资源以及人力资源的流入,使得绵阳获得了企业工厂建设的优厚条件,1957年江油水泥厂投入建设,1965年至1966年西南水泥工业设计院、四川水泥研究所相继投入使用,1968年东方绝缘材料厂建设于绵阳涪城区,1969年四川材料与工艺研究所(二机部903厂,即后来的中国工程物理研究院907所)选址于平武响岩公社建设(图3)。

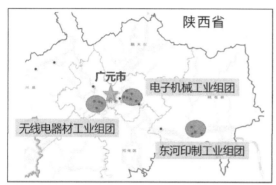 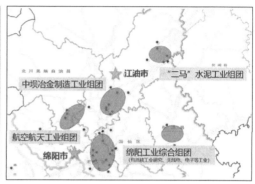

图3 广绵两地三线工业组团分布示意图

(来源:笔者绘制)

2.3 微观上顺应地形而变化

由于三线工业建设背景的特殊性,三线企业不同于其他时期的工厂建设,大部分厂区选址都位于并不那么适宜开发建设的山区、郊区并逐渐发展成一个较为完善的生产生活系统,这些选址基本上靠山进沟,远离了现有城市、少占耕地、尽量避开高产田,原则上不迁移居民,所以厂区建设与周边社会发展往往有一定的割裂。

通过对走访调研的厂区进行分析发现,川北三线厂区空间布局形态主要有以下特征(表2):一是厂区布局多以地形为依托,根据各地走势不同而布置。由于建设时间紧迫、条件有限,这一时期的厂区建设集中体现了人类工业文明与自然环境的融合发展,通过不断地适应地形地势条件,在各地形成了风格类似但格局各不相同的建成空间。总的来说,川北三线厂区空间布局分为串联式、并联式和组团式三种。二是厂区选址紧密贴合"山、散、洞"的指导方针,虽然与周边有一定隔绝,但在整体风貌上与周边保持一致,形态较为自由且建筑高度与周边房屋、地势协调,整体上能够满足隐蔽建设的需求。三是由于社会环境、经济条件、建造水平等因素的影响与限制,多数早期建设的厂区多以砖砌、砖木结构为主,建筑质量较差,中后期有所好转且建筑风格有所变化。

表 2　厂区形态布局与特征一览表（来源：笔者绘制）

布局形态	特　　征	图　　例	代表企业
串联式	串联式布局的厂区建筑主要顺势依附于地形而建，往往见于地势较陡、山丘较多的地区或台地，厂内功能区往往由公共服务区将生产区和居住区进行串联，但内部建筑相对聚集，利于沟通。整体格局与等高线平行或与地势走向一致		国营天源机械厂、国营长胜机械厂、九院第六研究所
并联式	并联式布局的厂区建筑主要考虑地形因素建于地形狭长地带，相对于串联式布局加剧了功能区之间的交通时长，造成这种布局的因素较多，如严格的光照要求或者缺少大片平整可利用的建设用地		华昌机械厂、广明无线电厂、东河印制公司总部、德阳耐火材料厂
组团式	组团式布局常见于丘陵谷地或者盆地地形中，由于建设用地范围相对小而集中，需要采取整体的聚型组团或者分离式组团的方式进行建设。这种组合方式往往将功能区进行糅合或者彻底分离，两种布局模式各有利弊，但总体来说能获得较为完整安全的厂区空间		川北电子工业公司、西南应用磁学研究所、德阳第二重型机械厂

2.4　对川北地区城市发展格局的影响

三线建设历时近 20 年之久，建设项目遍布全国，推动了中西部地区、尤其是四川地区工业基础的建立与壮大，推动了四川地区现代工业的发展与崛起，并深刻影响了四川地区城市格局的形成与演变。在中央的统一部署下，四川地区三线建设大部分项目沿主要铁路干线及河流进行布点，川北四市作为四川三线建设的重要投资地点，其城市布局与结构也深受三线建设规划布局思想的影响（表 3）。

表 3　川北四城市发展格局（来源：笔者绘制）

城　市	特　　征	城　市　格　局
广元	广元依托宝成铁路和嘉陵江为发展轴线，重点发展中部河谷城镇发展带作为全市产业、人口和城镇核心集聚的发展主轴，形成"一心两翼"的发展格局	

续 表

城 市	特 征	城 市 格 局
江油	江油依托宝成铁路和涪江形成"一带两片"的城市格局,城市空间依托涪江向南北拓展	
绵阳	宝成铁路、涪江穿城而过,将绵阳划分为三大区块,受西北高东南低、多丘的地形地势影响,形成"一心两轴多核"的城市发展格局	
德阳	德阳境内沱江、涪江穿流而过,龙泉山与龙门山簇拥,形成"一核两廊多组团"的城市格局	

　　三线建设时期,四川省的建设项目大多依托原有工业、城市发展基础进行集中布局,在长达近 20 年的大规模建设过程中,四川工业逐渐形成了四大工业片区格局,其中川北地区形成以航空、电子、机械、核工业等为主的工业基础,从而推动了该地区的经济快速发展和人口流动,为该地区的经济社会建设打下了坚实的现实基础。此外,由于三线建设重点建设国防军工、能源材料、电子机械等领域,从某种程度上也推动了川北乃至整个四川地区城市职能与支柱产业的形成与转变;同时,各市加大力度开展现代工业,有效推动了区域经济发展的平衡与城市建设规模的扩张,整体提升了地区综合实力。

3. 川北三线建设遗存价值与保护利用

3.1 厂区遗存状态

　　自 1983 年三线建设调整改造之后,四川省建设项目经过转型升级或搬迁,大多厂区被闲置遗留到了今天。由于城市快速转型,这些存在于乡野山间的厂区不再为城市发展提供生产、生活服务,除了少量生活空间延续使用之外,大量三线工业遗存空间利用低效甚至荒废,宝贵的三线工业遗存价值面临消逝的风险。由于企业搬迁、停产之后带来的一系列产业权属及发展模式不明的问题,大量的厂区建筑遗存一直无人问津,甚至规划建设方案石沉大海,导致三线项目建设遗存缺乏关注,其利用价值难以得到应有的保护和开发。此外,由于大量厂区位于城郊甚至乡村,这里普遍人居环境品质较低,交通条件落后,区域经济发展极不均衡,也导致了三线建设遗存的后续生存发展遭到极大的挑战。

3.2 保护利用

三线建设不仅为我国社会主义建设打下了一定的社会、物质、经济基础,同时也为我们留下了大量的实体遗产和宝贵的三线精神财富。工业遗存价值的认定与保护开发一直是学术界关注度较高的问题,工业遗存保护开发利用是一项长期而系统化的工程,我国的工业遗产保护利用尚处于开拓阶段,工业遗存的价值开发应当从物质价值与非物质价值两个层面去考虑,目前能够将遗存、遗产所包含的物质、非物质价值完整保护并加以运用开发的案例还较为缺乏,很多地方存在着重建筑遗留和企业产品,轻机器设备、生产流程及工艺等的倾向,或者只打造"精神"路线,任由建筑、设备等物质遗存消失殆尽。当前对于工业遗存价值保护利用已经有了一些较为成熟的开发模式,例如兴建工业博物馆、开发主题旅游小镇或文创园区、遗留建筑空间再利用和拍摄相关纪录片、影视作品等方式,这对工业遗存价值的保护起到了基础而又坚实的作用。

4. 结语

三线建设的开展不仅为我国国防建设和经济建设打下了坚实基础,加速推动了现代城市格局的形成,同时也为我们留下了一系列宝贵的精神财富。在社会经济快速发展、城市建设转型的当下,越来越多的学者、社会目光开始关注和重视三线建设,如何更全面地了解、研究与传播三线建设成果,更好地利用三线建设遗留下来的宝贵财富是研究三线建设必不可绕过的经典之题。

参考文献:

[1] 陈夕.中国共产党与三线建设[M].中共党史出版社,2014.
[2]《城乡建设志》编纂委员会.绵阳市城乡建设志[M].四川科学技术出版社,2001.
[3] 当代四川简史[M].当代中国出版社,1997.
[4] 国家统计局.新中国60年[M].中国统计出版社,2009.
[5] 剧锦文.国企简史之十:六七十年代的"三线"建设[N].企业观察报,2021-6-21.
[6] 蒋春玲.刘少奇一九六〇年到绵阳视察[J].四川党史,2001(2).
[7] 张勇.原四川省绵阳地区三线建设中央直属项目述论[J].西南科技大学学报(哲学社会科学版),2021(5).
[8] 张磐.触媒视角下原绵阳地区三线工业遗产保护与活化研究[D].西南科技大学,2022.
[9] 周明长.三线建设与中国内地城市发展(1964—1980年)[J].中国经济史研究,2014(1).

乡村振兴视域下三线工业遗产的保护及再利用研究

——以曙光工学院为例

陈彦伊[1] 杨雯心[2] 张 勇[3]

(1. 西南科技大学土木工程与建筑学院
2. 西南科技大学经济管理学院 3. 西南科技大学社科处)

摘 要：1978年，二机部召开部务会议，要求部属各大单位要办职工大学，"核武器研究院九所"（以下简称"九所"）于1979年2月创办了职工大学，原名"七二一职工大学"，后更名为"曙光机械公司工学院"（以下简称"曙光工学院"）。作为"三线核武器研制基地旧址"的重要组成部分，曙光工学院为三线建设后期九所各单位培养输送了大量人才。本文运用田野调查、城乡规划学等多学科方法对曙光工学院遗存建筑群展开研究，梳理其历史脉络，分析遗存建筑的价值，结合自然及人文要素，探索保护与再利用方式。在当前加快成渝地区双城经济圈建设及乡村振兴战略背景下，对于推动该地三线建设文化保护传承与利用具有重大意义。

关键词：三线建设；曙光工学院；工业遗产；乡村振兴；保护及再利用

2018年，"中国工程物理研究院院部机关旧址"被国家工信部确定为第二批国家工业遗产。2019年10月16日，国务院印发通知，发布第八批全国重点文物保护单位名单，"三线核武器研制基地旧址"入选，标志着旧址保护与利用进入新的历史阶段。曙光工学院作为"三线核武器研制基地旧址"的重要组成部分，是根据中央"靠山、分散、隐蔽"的选址方针进行规划布局，与周边环境相适应。在经历了20世纪80年代的调整改造阶段后，留下大量兼具历史文化、艺术审美、经济利用等价值的工业遗产。这些遗产构筑起独具历史风貌的文化景观和公共空间，在合理开发利用的基础上，对于开辟成渝地区双城经济圈发展新局面、推动该区域三线建设文化保护传承利用具有重大意义。

1. 三线工业遗产与乡村振兴

1.1 三线工业遗产的概念

三线工业遗产是指在三线建设时期及地区产生的工业遗存,包含工业建筑物、生产厂房、生活住房等物质类工业遗存以及工艺流程、企业精神、科学技术等非物质类工业遗存,具有工业遗产的普适价值。三线建设历经16年,横跨13个省份,超过400万人口迁移到内陆地区,近1 000万人口参与建设,总计投入2 052亿元,建成了2 000多个大中型项目,遗留下大量的工业遗产。

鉴于项目的保密性质,在20世纪80年代之前对三线建设具体情况所知甚少。近年来,随着国家档案资料的解密和工业遗产保护与再利用的加强,有关三线工业遗产的研究才逐渐进入学术研究和大众的视野。有不少学者针对三线工业遗产的概念、特点、价值、评估体系等基础理论展开论述,将其与工业遗产,尤其是获得公认的工业遗产形成比照。按照地理范围划分遗产类型,大致可以分为留存在城市中与乡村中的工业遗产,除了这两种情形以外,又有相当一部分厂区曾经在远郊,随着城市的扩张而逐渐成为城市的一部分。

因三线工程大多与备战、国防建设有关,项目高度保密,长期以来,人们对于三线遗产的价值内涵缺乏整体性的认知。且由于"靠山、隐蔽、分散"的建设方针决定三线建设工厂散落在起伏的山川间,不少三线工业遗产就此在群山中沉寂。乡村振兴战略背景的提出,可能为三线工业遗产带来新生。

1.2 乡村振兴背景下的三线工业遗产

改革开放以后,三线逐步调整、搬迁,其一部分国有资产留在当地,被改造、利用,为当地社会经济发展作出了一定贡献。进入21世纪,相当部分三线移交地方的国有资产(主要为不动产)随着时代变迁蜕变为乡村工业遗产,缺少保护和有效管理、利用,造成资源浪费。如何在新时代乡村振兴战略背景下,对三线工业遗产合理开发、挖掘历史文化价值、提升乡村发展优势,具有重要意义。学界近年来对三线建设研究热情高涨,对于三线建设发展史、三线工业遗产研究,乡村振兴战略背景下的乡村旅游业发展研究日渐关注。

从全国范围内考察,由于三线建设的"靠山、分散、隐蔽"的方针,三线工业遗产大部分不同程度存在着区位劣势,这对三线工业遗产的保护及开发利用加大了难度。对三线工业遗产加以开发、利用,一是可以变废为宝,实现经济价值,增加地方财政收入,帮助贫困乡村脱贫为实现共同富裕提供助力,同时,还可以盘活废弃的三线厂遗址建筑,带动乡村发展。二是三线工业遗产具有浓厚的历史文化价值和建筑审美价值,明显区别于其他乡村旅游资源,对其保护开发利用具有差异化优势。三是三线工业遗产所在乡村往往兼具自然资源和土地资源优势,合理利用乡村资源优势,打造聚合效应将推动乡村文化旅游业开发。

2. 曙光工学院旧址概况

2.1 曙光工学院历史沿革

曙光工学院遗存建筑群位于曹家沟片区,其作为"三线核武器研制基地"的重要组成部分,为基地培养输送了大量人才。曙光工学院旧址最早实际是核武器研究院九所的三线旧址。九所的历史可以追溯到北京核武器研究所,该所是中国最早建立的核武器研制机构,是核武器研究院的前身,具有重要的历史文化底蕴。

1969年战备大疏散时,北京九所紧急搬迁到这里,成为这个旧址的第一个主人。后来随着国际形势缓和及科研设备限制,九所最终搬迁回京,后期成为十二所的科研办公用房。1978年,二机部召开部务会议,要求部属各大单位要办职工大学,于是九院于1979年2月创办了职工大学,原名"七二一职工大学",利用原九院九所的空房子进行办学,设有机械工程、电子电器、应用物理、计算机四系以及微机和干部培训两个中心。学校的创办为九院提高职工文化技术素质,保障科学研究试验生产的质量,发挥了良好的作用。1992年底,随院部机关迁至科学城,1998年6月,曙光工学院旧址交给梓潼县,目前未做开发。故这个遗存建筑群既是曙光工学院及十二所旧址,也是九所旧址。

2.2 曙光工学院遗存建筑概况

曙光工学院院区内共有建、构筑物遗存约33处,皆处于荒废待整修阶段且无特殊保护(表1)。从遗存建筑群的功能及结构来看,分为两大部分:一部分位于院区内部,主要以科研、文教建筑为主;另外一部分位于院区外部,主要以居住建筑为主,辅以一些生活配套设施,如供销社、小餐馆等(图1)。

表1 曙光工学院遗产现状分析

区域	区域功能划分	建筑现状分析	现状图片
公共建筑	行政办公	三层坡屋顶形制,内部有部分失火烧损痕迹,开间进深较小	

续 表

区域	区域功能划分		建筑现状分析	现 状 图 片
公共建筑	文教	图书馆	两层坡屋顶形制，建筑开间较大，外部空间开阔	
		教学楼	三层坡屋顶形制，保留了部分文化印记（标语口号、黑板等）	
		会议室	两层平屋顶形制，双跑楼梯，灰砖立面，建筑开间较大	
	通信		主体结构稳定，门窗等有轻微损毁	
	文体娱乐		包括灯光篮球场、电影放映台等，具有特殊时代风貌	
居住建筑	宿舍		位于院区外部，整体布局与地形相结合，建筑为多层砖混结构	

续表

区域	区域功能划分	建筑现状分析	现状图片
居住建筑	幼儿园	有单独、地面未硬化的院坝,院坝外用石头砌有堡坎,空间相对独立	
	生活配套	包括食堂、澡堂等,建筑形制多样,部分损毁严重	

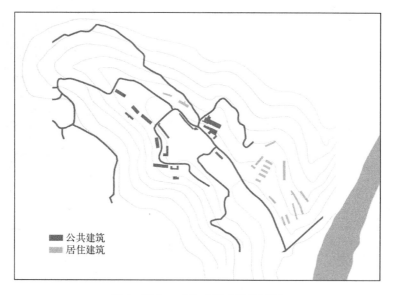

图1 曙光工学院建筑功能分析图

2.2.1 建筑结构

建筑结构一般是指其建筑的承重结构和围护结构两个部分。各种结构的房屋其耐久性、抗震性、安全性和空间使用性能是不同的,曙光工学院的建筑主要结构有砖木结构、砖混结构两种类型。

由于建筑技术和建筑材料的相对限制,砖木结构和砖混结构成为三线时期较为普遍采用的结构类型。如曙光工学院幼儿园（图2），由于其建筑体量较小，外部墙体主要由砖墩承重，砖墙填充，内部屋面结构以三角形木桁架承重，两面为砖墙。砖木结构墙体具有很好的历史风貌，若保存良好，其木结构可以通过钢结构加固而继续使用，砖木结构的木屋架也能体现时间风化的痕迹，使建筑内外部都体现历史文脉气息。

图2　曙光工学院幼儿园　　　　　　　图3　曙光工学院办公楼

砖混结构整体形象笨重，有较厚的墙体，呈现出稳重的建筑形态。砖混结构改造的空间灵活度较低，对于承载的墙体不能随意拆除。曙光工学院的遗存建筑中，砖混结构居多，主要运用在办公科研建筑和居住建筑中（图3）。砖混结构经济实用，隔音和保温性较好，能满足部分需保密的办公要求。

2.2.2　建筑风格

曙光工学院虽然是在中苏关系恶化的国际背景下建设的，但由于新中国成立初期苏联对我国的援助，在建筑建设过程中还是受到苏联的重要影响。建筑通常从实用主义出发，尽可能形成较大空间，在建筑风格上体现为采用极简的柱式，注重建筑的实用性。建筑外观为红色石砖实砌的清水石墙，红褐色瓦式铺着形成硬山屋面。门窗进行刷白处理，并有凹凸变化的进制，在红墙的衬托下显得格外突出。

2.2.3　建筑价值

（1）艺术审美价值。

艺术审美价值主要体现在建筑及构筑物的风格、类型、材料、特点等方面。此外还包括区域空间肌理、院落形态、绿地布局与生态环境之间的相互协调。

由于三线建设时代特殊性，要求建设经济且高效，曙光工学院旧址中的建筑形式大多简洁而统一，建筑材料也多取自当地的天然石材或红砖，形成了简洁、高效、清晰朴实、节点明确的独特建筑形态，以仿苏式、传统民居式建筑风格为主，体现出一种"工业机械美学"。除了差异化的工业建筑风格外，由于"靠山、隐蔽、分散"的建设方针，三线工业遗产大多有着广阔的土地资源和多样化的地形地貌，使得遗产的大尺度利用方式有着充足和丰富的空间环境条件。曙光工学院旧址所在区域结合台地地形，形成错落有致的建筑群体,风景优美的深山老林掩映简洁红砖、灰石的建筑群,加之一些标语、宣传画等空间场景,营造了具有鲜明时代特征的独特美感。

(2) 历史文化价值。

三线建设是在国家财政投资极为有限、物资贫乏的条件下展开的,为了"抢时间、争速度",三线建设者在荒无人烟的偏僻山区创业建厂,在极其艰苦的条件下克服重重困难,完成建设任务,甚至不惜牺牲宝贵的生命。他们以实际行动践行了社会主义核心价值观,在三线建设中孕育并形成的三线精神,是民族精神、奋斗精神的一部分,对于开展爱国主义教育、弘扬中华传统优秀文化、培育年轻一代树立社会主义核心价值观,都是鲜活的教材。

曙光工学院旧址的历史最早可以追溯到北京核武器研究所,该所是中国最早建立的核武器研制机构,是核武器研究院的前身,具有重要的历史文化底蕴。在基地的建设与使用中云集了大批先进的科学家,两弹元勋邓稼先、中国"氢弹之父"于敏等人都曾在这里工作过;王淦昌、刁筠寿等都曾在这里上过课。在曙光工学院建筑遗存墙体上还留有"尊师、爱生、勤奋、创新","善思、好学、求实、向上"等标语口号,这是老一辈建设者文化精神面貌的体现,更是留给我们的宝贵精神财富,这些历史内涵独立于物质载体存在,对国家、社会发展乃至个人的成长依然有重大的文化价值。

(3) 经济利用价值。

在当前倡导低碳、节能、循环经济的时代,对废弃的工业设施、厂房再利用并赋予其新的使用功能,能够产生不可低估的经济价值。当今旅游业蓬勃发展,出现了多种新型的旅游方式,三线工业遗产将带来巨大的经济价值。

曙光工学院旧址占地面积大,空间的可利用性强;外部交通较为便捷,院区内基础设施较为完善;同时多数遗存建筑除构件、墙体有部分脱落损坏外,主体结构稳定,坚固耐用,对这些建筑进行修缮可满足现代生活需求。此外,一些废弃的机械设备和景观经过简单的设计处理,也能成为景观小品。可利用其特殊的建设背景,结合红色文化与乡土文化,开展工业旅游、乡村旅游,为每栋建筑赋予新的功能价值,保留原有自然环境风貌,塑造高质量环境景观品质。同时在丰富旅游产品、提升旅游的文化和精神品位等方面,具有重要现实意义。

(4) 情感记忆价值。

曙光工学院旧址的建设与使用都是在国家先进科学技术人才、三线建设者积极响应时代号召、奔赴西南艰苦山区、献身科学事业的重要工作地与生活地,是集体记忆与三线精神的载体。在三线建设时期,大量城市的技术工人与知识分子来到西部边远地区,他们在当地工作和生活,融入当地并对当地的文化产生了潜移默化的影响,直接影响了当地人的生活。三线工业遗产是这些集体回忆与三线精神的载体,值得被传承与留存,对于推进三线遗产的保护与再利用,具有现实的价值和意义。

曙光工学院旧址也属于三线建设时期工厂的"厂""院"的典型结构,是我国早期集体主义视角下的社会群体工业的生活生产聚居模式,它反映当时社会的阶层结构,也是人们集体主义意识和集体记忆的物质载体。在封闭的工厂生活中,形成了一种独特的身份认同与归属,记录着当时的生活方式、风俗习惯和社会风气。它们构成了一种强大的社会认同和归属,成为近代工业和文化的象征,构成了都市文化和精神,具有重要的工业文化价值。

3. 曙光工学院周边资源分析

地形地貌、自然风光与物产以及当地历史渊源、人文资源等构成了旅游景观的基本要素。曙光工学院有着良好且利于整合发展的自然和人文景观资源,从区域旅游发展的整体需要出发,将三线工业遗产整合到各类旅游资源中,开发出新的综合旅游产品,可取得最大的经济效益和社会效益。

3.1 自然要素分析

三线建设工业遗产大多靠山、隐蔽,山、水自然资源丰富。要充分结合自然环境,整体构建工业遗产与自然美景交融的综合景观,扩大乡村旅游景观优势。表2为区域内自然要素分析,由地形地貌、气候条件、水文条件和植被状况组成。

表2 自然资源及特征分析

自然要素	特 征 解 析
地形地貌	属潼江西南丘陵区,境内坡缓谷宽,梯形台地地貌
气候条件	属中亚热带湿润季风气候区,冬暖春早,雨热同季,四季分明,适宜生物繁衍生息
水文条件	邻近涪江左岸支流潼江水系。涪江是嘉陵江右岸最大支流,它上与宝成铁路和川陕公路相接,下与长江和川黔铁路相通
植被状况	属亚热带常绿阔叶林,有乔木、灌木、草本植物分布其中,植物种类较丰富,生态环境良好

3.2 人文要素分析

人文要素主要由当地历史文化和旅游资源等构成(表3)。要充分挖掘当地历史文化资源,包括历史遗迹、风土民俗、生物与水域景观、红色历史资源等各类资源优势,打造聚合效应,拓展乡村文旅综合体的可游性。

梓潼县历史悠久,文化底蕴深厚。自公元前285年秦昭襄王置县至今,已有2 300多年历史,孕育了丰富多元的文昌文化、三国文化、红色文化等。北孔子,南文昌,七曲山大庙被誉为"文昌祖庭",是中华文昌文化的发祥地;千年来,五丁开山、石牛粪金、相如读书、三国争雄、幸蜀闻铃等历史在这里上演,见证着千年古县的历史轨迹(图4)。

表 3　旅游资源类型及特征分析

类　型	名　称	特　征　描　述
历史遗迹类	文昌洞经古乐	传统宗教音乐,民族性、宗教性特征明显
建筑与设施类	两弹城	在中国工程物理研究院旧址基础上打造的主题景区,属三线文化
	七曲山大庙	宫殿式建筑与园林式建筑依山而建,是世界规模最大的文昌祭祀建筑
生物景观类	七曲山古柏林	为世界最大纯古柏林群,堪称天然氧吧
水域景观类	九曲潼江	沿岸景色优美,农田肥沃,瓜果飘香。山绕水,水环山,形成"九曲潼江七曲水"的优美景观,具备极高的观赏、游憩价值

图 4　历史文化分析图

4. 曙光工学院工业遗产的保护与再利用举措

4.1　整合各类旅游资源

随着我国经济社会快速发展,人民群众旅游消费需求急剧增长,游客需求多样化、个性化趋势日益凸显。总体而言,梓潼县文化和旅游资源数量庞大、种类丰富,区域聚合、广泛分布,品质较高、潜力巨大,为梓潼县发展全域旅游奠定了坚实的基础。根据政府公布的近几年旅游相关数据,可以看出梓潼县旅游业趋势为稳步上升,且发展潜力巨大(图5)。

当前,梓潼县公路交通迎来大交通时代。依托目前和规划建设的 G5 京昆高速、G347 线、G108 线等高速公路,加强了相邻城市间的经济与生活联系,大大缩短相邻城市之间的时空距离。以汽车通行为主要方式来划定的 1 小时"交通圈"快速交通服务有效覆盖绵阳市、江油市等主要城市节点。3 小时"交通圈"快速交通服务有效覆盖成都市、绵阳市、德阳市、广元市、遂宁市、南充市等重要城市节点。这些周边城市是梓潼县文化旅游客源市场的主要来源地。并且梓潼县政府正规划落实 G347 绵广扩容高速两弹城互通连接线,这将促使曙光工学院旧址内联外通的大交通格局更加优化。

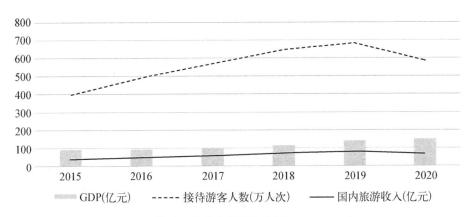

图 5　梓潼县旅游发展趋势分析(2015—2020)

三线工业遗产作为重要旅游景点纳入旅游产品结构中,将扩大旅游产品吸引力,有助于增加旅游目标物的客源。可设计成特色主题旅游线路,将位于不同空间的旅游资源整合成一条具有内在联系的主题旅游线路产品。

曙光工学院遗存建筑群依山傍水,植被茂盛,自然景观优美。将曙光工学院遗产群整合到当地自然与历史人文景观之中,规划游道线路,以三线工业遗产为核心,同时吸纳周边的卧龙山风景区、七曲山大庙、文昌艺术部落等自然与人文旅游景区。将绿色发展融入文旅开发建设,多方面体现可持续发展、生态优先理念,形成融文化创意、历史遗产、休闲娱乐、工业遗产旅游一体的全新"产业链",这是三线工业遗产保护利用可选的重要路径之一(图6、图7)。

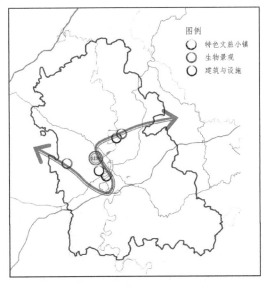

图 6　自然人文旅游资源分析图

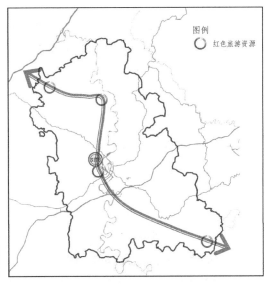

图 7　红色旅游资源分析图

4.1.1　"红+绿"的文旅融合线路

依托梓潼县优良的山水生态资源,通过梳理区域流线组织,依附开发成熟的绿色旅游景区,如卧龙山风景区、七曲山风景区,激发旅游新动力。且文昌镇七曲村刚荣获第五批中国传统村落,该村落历史悠久,既有山川名胜,又有历史遗迹,具有良好的文化底蕴。将该村融入整体文旅线路,在延续传统风貌的前提下作为景观资源加以充分挖掘和利用,融合农耕文化、村落民俗文化等,构建农旅休闲和红色旅游的多种创新业态组合,建立集特色民宿、田园风光、农产品采摘于一体的综合性园区,带动当地产业升级发展和村民致富。

4.1.2 "红+红"的文旅融合线路

梓潼县红色文旅资源丰富,有着数量多、分布广、类型丰富的特点。不仅包括以两弹城为重点的三线文化,也包括许州镇红军桥、马迎红军碑、凤凰山红军战斗遗址等在内的长征文化。想要充分发挥红色文旅资源的历史、社会、经济等价值,可借鉴地理信息技术等相关知识,搭建梓潼县红色资源大数据平台。在规划文旅线路时,应以有效保护红色资源为前提和基础,注重红色资源整合,在丰富旅游产品、提升旅游的文化和精神品位等方面,具有重要现实意义。

4.2 打造特色文创园区

文化创意园区作为工业文化遗产的创造再利用,是对工业遗产保护落实到了具体的操作层面,让工业遗产"活"起来。基于当前体验式旅游的高速发展现状,对工业遗产进行创新设计,开展相应的酒店民宿、特色餐饮、文化体验等活动。由于两弹城景区现定位为国防教育基地,后期规划拟打造绵阳三线建设博物馆,均以科普研学、干部培训为主。为避免三线旅游的同质化与竞争化,故曙光工学院可打造为三线特色文创园区。

目前,全国各地对于三线工业遗产的保护和研究意识较弱,既缺少对旧址原貌进行维护,更无法挖掘其中蕴含的非物质文化价值。曙光工学院由于长期荒废,年久失修,再加上曾经作为养鸡场导致遗存建构筑物、景观小品有不同程度的损毁,有部分建筑因结构不稳,需用钢管进行支撑加固。所以我们要在保证原有空间肌理及建筑风貌的基础上,对曙光工学院遗存建筑进行更新。

从院区总体布局来看,曙光工学院布局遵循规划实施建设,整体注重因地制宜,绿化景观良好,建筑布局较为分散,有较大的开敞空间,留存建筑功能和形式丰富多样,可考虑保留这些特征并加以再利用,在不破坏院区原有特征的情况下对其进行功能流线的设计。

从建筑本体来看,曙光工学院遗存建筑主体结构稳定,除个别损毁严重的建筑外,只需进行建筑外立面墙体、门窗等构件的修缮,遵循"修旧如旧"的原则。对保存良好的建筑物和构筑物更新利用,将办公休闲、旅游文化等内容置入。一些生活配套设施,如原理发室、小卖部等,多为低层建筑,开间和进深较小,可打造为餐厅、咖啡馆、纪念品店等极富有艺术气息的创意小店。公共建筑如原行政楼、办公楼等,可根据原貌打造为创意办公场地,吸引企业投资。对布局于周边村落之中的生活区域改造,配合村落乡土建筑文化等景观资源,营造民宿、居住类功能空间。此外,对于原图书馆等开间较大的建筑,可打造为展览类功能空间,梳理出曙光工学院的整个历史发展脉络,发生的重大事件,引入多媒体、

3D、VR等展览模式,增强参观者与展览互动体验;开展实物征集工作,并辅以原生产场景、技术工艺、文本资料展示(图8)。

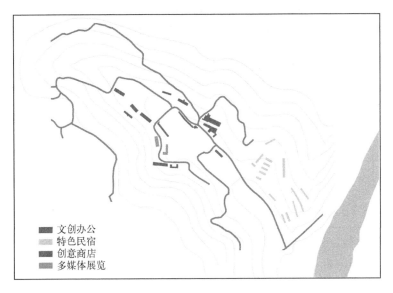

图8　规划建筑功能分析图

5. 结语

因三线建设项目大多与备战、国防建设有关,项目高度保密。且由于20世纪六七十年代"靠山、隐蔽、分散"的规划布局原则,三线工业遗产大部分位于靠山、交通不畅的乡村,并未加以保护利用,不少三线工业遗产就此在群山中沉寂或被村民作为养殖地使用。乡村振兴战略背景的提出,可以丰富旅游形式,打造可持续发展的乡村文旅综合体,综合工业遗产及其周边自然与人文要素来营造具有地域性的旅游线路,带动全域资源要素的整体改善,是针对三线工业遗产保护再利用一种创新性的思路。加强三线工业遗产的保护与再利用既延续了历史文脉、发挥了建筑价值,又可以改善当地的乡村环境、加强基础设施建设,成为乡村振兴新兴动能。

参考文献:
［1］付玉冰. 四川地区三线工业遗产价值评估体系研究［D］. 西南科技大学,2019
［2］吕建昌. 机遇与挑战:中国三线建设工业遗产保护与利用现状与思考［M］//当代工业遗产保护与利用研究:聚焦三线建设工业遗产. 复旦大学出版社,2020:133～147.
［3］吕建昌. 中西部地区工业遗产旅游开发的思考——以三线工业遗产为例［J］. 贵州社会科学,2021(4).
［4］倪同正. 三线风云——中国三线建设文选［M］. 四川人民出版社,2013.
［5］任泳东. 基于共生理论的贵州省绥阳县三线工业遗产保护与再利用研究［D］. 华南理工大学,2013.

[6] 阮益权.结构表现视角下的旧工业建筑改造研究[D].华南理工大学,2020.
[7] 谭刚毅,高亦卓,徐利权.基于工业考古学的三线建设遗产研究[J].时代建筑,2019(6).
[8] 田兆运.俞大光传[M].人民出版社,2015.
[9] 王嫦鸿."一五"时期四川地区工业遗产历史研究与价值分析[D].西南科技大学.
[10] 王欣怡,谭刚毅.蒲纺三线建设工业遗产现状解析与再利用探究——以蒲纺热电厂为例[J].华中建筑,2022(2).
[11] 许东风.重庆工业遗产保护利用与城市振兴[D].重庆大学,2012.
[12] 徐有威,张胜.小三线工业遗产开发与乡村文化旅游产业融合发展——以安徽霍山为例[J].江西社会科学,2020(11).

三线建设工业遗产研究的回顾与展望*

张　胜　吕建昌

（东华大学马克思主义学院　上海大学文化遗产与信息管理学院）

摘　要：三线建设工业遗产是三线建设历史文化的载体，是当代中国工业遗产的一部分。随着三线建设历史在当代国史研究领域的走红，三线建设工业遗产研究也逐渐引起学者的兴趣。十多年来，三线建设工业遗产研究已取得不俗的成果。对既往研究加以总结，并进一步探索构建系统而全面的三线工业遗产研究理论框架，指导相关研究继续推进，显得尤为重要。本文在已有研究基础上，拟在研究时段、研究内容、文献类型等方面深化三线工业遗产研究的总结并对可拓展的方向加以展望。

关键词：三线建设；三线工业遗产；述评；展望

三线建设发展史不仅是中国共产党领导社会主义革命和建设史的重要组成部分，亦是改革开放和社会主义现代化建设史中浓墨重彩的一笔。进入21世纪，学界对承载三线建设历史文化的三线建设工业遗产（以下简称"三线工业遗产"）进行了多学科、多角度的研究。2018年9月，上海大学中国三线建设研究中心与英国伯明翰大学铁桥峡国际文化遗产研究院在上海联合举办了"当代工业遗产保护与利用"国际工作坊，会议的重要成果由吕建昌教授主编《当代工业遗产保护与利用研究：聚焦三线建设工业遗产》一书于2020年4月正式出版，这是近年来三线工业遗产研究领域最具代表性的成果汇编[1]。2021年10月在安徽亳州召开的首届国家工业遗产峰会学术研讨会上，徐有威教授和他的学生张程程提交了他们撰写的论文《近十年来三线建设工业遗产研究述评》[2]，对三线工业遗产研究成果展开了意义显著的梳理与总结。

在新的时代背景下，如何从总结既往成果和基于多学科融合发展的视角，探索构建系

---

* 基金项目：国家社科基金重大项目"三线建设工业遗产保护与创新利用的路径研究"（17ZDA207）；2022年度上海市哲学社会科学规划青年课题"上海小三线企业军转民研究（1979—1988）"（项目编号：2022ELS006）；本文受中央高校基本科研业务费专项资金资助。

[1]　吕建昌.当代工业遗产保护与利用研究：聚焦三线建设工业遗产[M].复旦大学出版社，2020.

[2]　徐有威，张程程.近十年来三线建设工业遗产研究述评[C].首届国家工业遗产峰会学术研讨会论文集（内部印刷），2021：397～405.

统而全面的三线工业遗产研究理论框架,指导相关研究继续推进,显得尤为重要。本文拟聚焦2006年以来三线工业遗产的研究焦点、主要内容、研究缺憾展开论析,并对未来推进相关领域研究加以展望。

1. 三线工业遗产的形成及概念研究

20世纪60年代中期,面对严峻的国际形势,以毛泽东为核心的第一代党中央领导集体出于国防备战和平衡东西部工业布局的考虑,决定开展三线建设(包括大三线和小三线两个部分)。大三线建设以国防工业和基础工业为主体内容,是国家战略后方基地,1964年至1980年间累计投资2052亿元,建设了1100多个大中型工矿企业、科研单位和大专院校,建设地涉及川、黔、云、陕、甘、宁、青、晋、豫、湘、鄂、粤、桂等13个省区。小三线是各省(自治区、直辖市)建设的以生产常规武器为主的地方综合性工业基地,1965年至1979年末,共建设小三线企(事)业单位268个①。改革开放后,党和国家的工作重心转移到经济建设上,1983年起三线建设进入调整时期,涉及调整的单位主要以解决历史遗留问题、转变产品结构、实施技术改造、布局调整为重点,至2006年初,全国范围内的三线调整改造完成,许多从深山沟里搬迁到城市(或城市近郊)的三线企业,在原厂地遗留下了大量的工业遗存,成为中国当代工业遗产的一部分。

三线工业遗产保护的呼声与政府介入中国工业遗产保护运动几乎同步。2006年4月,国家文物局与中国古迹遗址保护协会在江苏无锡举办了"中国工业遗产保护论坛",会上通过《关于工业遗产保护的无锡建议》,同年5月,国家文物局发布《关于加强工业遗产保护的通知》,标志政府主导的开展工业遗产保护运动拉开了序幕。为配合政府的工业遗产保护宣传,同年6月,《中国国家地理》杂志社特别策划了一期以"工业遗产"为主题的专刊,其中刊登了中国社会科学院当代史研究所陈东林研究员撰写的《三线建设:离我们最近的工业遗产》文章,可见陈先生是最早发声保护三线工业遗产的。他敏锐地发现中国三线建设史的特殊价值,在文中明确提出,在三线建设已成为历史、工业化奠基时代已经渐远的背景下,三线遗存已成为距今最近的工业遗产②。

2008年,饶小军等学者从工业建筑遗产角度呼吁,保护和抢救三线建设的工业遗存极为重要。他们聚焦三线工业建筑,认为重新赋予三线建筑在国民经济发展中的重要地位,是不可疏漏的重要课题,也是国家文化遗产保护的急迫任务和使命③。与此同时,长期在文物保护领域工作的四川广安文保所王成平和唐云梅也在《中国文物报》上发表文

---

① 参见三线建设编写组.三线建设(内部资料),1991:1;《当代中国的兵器工业》编委会.地方军事工业(内部资料),1992:26.
② 陈东林.三线建设:离我们最近的工业遗产[J].中国国家地理,2006(6).
③ 饶小军,陈华伟,李鞠,周慧琳.追溯消逝的工业遗构 探寻三线的工业建筑[J].世界建筑导报,2008(5).

章,在对广安地区三线工业遗产调查研究的基础上,提出应注重保护旧址的原貌特征,并提出应广泛征集代表性实物①。他们从保护可移动文物和不可移动文物角度,提出要保护三线工业遗产遗址和征集(收集)工业设备和产品。我们看到国内最早涉足三线建设工业遗产保护的是历史学、建筑学和文物保护领域的学者,形成了三线建设工业遗产保护研究的基本队伍,现在依然是这三个领域唱主角。

与国内外工业遗产保护发展过程相似,工业遗产保护的实践走在理论研究之前,到了一定的时候,理论研究才跟上来。在三线建设工业遗产研究领域中,随着三线工业遗产保护实践的展开,一个基本的理论问题,即"什么是三线建设工业遗产"也不可避免地被提出来。一些学者从自己的专业领域出发,提出涉及关于三线工业遗产概念的观点,如蒲培勇在《三线建设工业遗产研究刍议》一文中指出,三线建设工业遗产见证了中国当代工业化的进程,使其已演进为三线建设文化遗产的概念②。梁爽等学者对川北地区的三线工业遗产展开系统的调查,分析并梳理了区域三线工业遗产的空间特征、历史特征、行业分布特征和人文特征③。华中科技大学的谭刚毅教授等在分析三线建设的遗产类型中,认为三线建设工业遗存应被视为现代遗产的重要组成部分④。以上学者在讨论三线建设工业遗产时,从不同角度和层面,涉足了三线建设工业遗产的概念,丰富了三线建设工业遗产概念的研究视角。

在工业遗产界,国际工业遗产委员会发布的《关于工业遗产的下塔吉尔宪章》(2003年)、国际古迹遗址理事会和国际工业遗产委员会联合发布的《都柏林原则》(2011年)中对"工业遗产"作出的定义具有强大的权威性,国内学者一般都自然认同权威遗产话语下的工业遗产定义,有的甚至直接把文字套用在三线建设工业遗产概念上⑤。作为国际性文件,其视野开阔,放眼全球,无可挑剔,但是以西方历史文化为出发点,以保护管理欧洲"工业革命"以来的工业遗产为重点,忽视了包括中国在内的广大发展中国家工业发展及遗产的特点,为其不足。作为中国当代工业遗产的三线建设工业遗产并不能完美地嵌入以西方文化观、价值观为中心的"工业遗产"定义。为了构建中国当代工业遗产话语,2020年4月吕建昌等发表《三线工业遗产概念初探》一文,在借鉴国际文件定义的基础上,结合中国特色社会主义建设道路的实践探索,以大三线建设为中心,对三线建设工业遗产的概念和价值内涵进行初步的探索。研究认为,三线工业遗产具有历史、科学技术、建筑和社会等多重价值。时间上包含从三线建设开始到结束所留下的工业文化遗存;地域范围主

---

① 王成平,唐云梅.三线遗产 风中之烛[N].中国文物报,2008-6-27;王成平.20世纪工业遗产保护刍议——以广安"三线"工业遗产为例[J].四川文物,2009(1).
② 蒲培勇.三线建设工业遗产研究刍议[J].吉林建筑大学学报,2017(4).
③ 梁爽,王国乾,韩懿玢,朱海娇,丁利兰.川北三线建设工业遗产的构成及特征[J].工业建筑,2017(3).
④ 谭刚毅,高亦卓.三线建设的遗产类型与价值研究[C].吕建昌主编.当代工业遗产保护与利用研究.复旦大学出版社,2020:284~295.
⑤ 徐有威,张胜.小三线工业遗产开发与乡村文化旅游产业融合发展——以安徽霍山为例[J].江西社会科学,2020(4).

要分布在我国西部地区；行业类型包括了军工企业和与之配套的能源、电力、原材料及交通运输业等；形态上包括物质与非物质两个类型①。两年之后，吕建昌又对三线建设工业遗产的物质形态与非物质形态作了进一步阐述，指出三线建设工业遗产与老工业城市工业遗产的差异不仅在于物质形态(如三线工业建筑遗产分布于深山沟、非生产性建筑占比较高等，老工业城市工业遗产主要分布在平原、非生产性建筑占比很低)，而且非物质形态也有特异性，"集中力量打歼灭战""厂社结合""三线精神"是三线建设非物质工业遗产的突出代表，是老工业城市非物质工业遗产所没有的②。以上研究对于认识三线工业遗产概念具有重要价值。

2. 三线工业遗产研究的焦点问题

2.1 三线工业遗产的价值研究

三线工业遗产的价值分析是对其保护、改造与利用的基础，这是遗产研究中无法回避的话题。无论是国内还是国外，在遗产保护领域对遗产价值高低的评估是采取不同保护管理措施的依据。诸多学者聚焦三线工业遗产历史文化价值和精神价值，并进行学理性阐释。亦有学者从不同层面分类考察三线工业遗产的价值类型，尝试逐步建设三线工业遗产的价值评定体系。

2.1.1 聚焦三线工业遗产历史文化价值的发掘

王欣怡、谭刚毅聚焦湖北蒲圻纺织总厂工业遗产，认为它是历史文化的载体，并阐释了其历史文化价值③。梁珂首先强调了三线工业遗产是我国特色的工业遗产类型，具有重要的历史价值。他以昌化镇 8300 厂遗产为案例，基于其历史价值与特征的思考，从产业发展、建筑更新、景观改造及投资运营等方面，提出了因地制宜的改造更新策略④。徐利权、何盛强指出，三线建设工业遗址不仅承载着深厚历史文化价值，同时也蕴藏着赋能城镇社区、振兴城乡经济的潜力⑤。吕雨潇等学者以贵阳市三线工业遗产为中心，从人文情怀、历史价值与经济发展这三个角度分析，提出了三线建设文化塑造与传播的策略建议⑥。如前述，三线建设史是新中国工业建设乃至经济社会建设的组成部分，其历史文化价值的发掘对于遗产本身的价值重构与改造利用均有重要意义。

---

① 吕建昌，杨润萌，李舒桐.三线工业遗产概念初探[J].宁夏社会科学，2020(4).
② 吕建昌.三线建设工业遗产的两个维度[J].中国文化遗产，2022(3).
③ 王欣怡，谭刚毅.蒲纺三线建设工业遗产现状解析与再利用探究——以蒲纺热电厂为例[J].华中建筑，2022(2).
④ 梁珂.三线工业遗产的更新与改造策略探索——以昌化镇 8300 厂改造为例[J].智能建筑与智慧城市，2022(3).
⑤ 徐利权，何盛强.文化价值导向下三线建设工业遗址保护与规划[C].面向高质量发展的空间治理——2020 中国城市规划年会论文集. 2021：1505～1515.
⑥ 吕雨潇.贵阳"三线建设"的文化塑造研究[J].科技资讯，2022(8).

2.1.2 注重三线工业遗产蕴含的精神价值

张晓飞等学者从阐释三线建设时期的爱国主义、艰苦奋斗、爱岗敬业的工匠精神角度出发,分析了工匠精神的价值与作用,并从推进遗产保护与开发的体系、认识、人才队伍等方面探讨传承与发扬工匠精神的途径①。李杰提出,三线精神是民族精神、奋斗精神的重要组成部分,其蕴含的"艰苦创业、无私奉献、团结协作、勇于创新"的具体内涵与红色研学和劳动教育,在诸多维度存在统一性和契合性②。罗晶认为,对三线建设工业遗产保护与改造设计,可推进研究三线建设及其蕴含的精神价值,进而可以深耕三线文化传承和党政教育培训③。何林君等学者则强调三线工业遗产不仅是特殊时期的历史产物,还承载着几代三线建设者特有的情怀,是集体记忆与三线精神的载体④。三线精神是伟大建党精神在社会主义建设时期的传承,推动其融入社会教育、思政教学均有巨大价值。

2.1.3 对三线工业遗产多重价值的分类研究

国务院参事室原参事徐嵩龄认为,三线工业遗产为国际遗产界、工业史界和政治经济学界提供了一个可资比较和评论的重要研究对象,具有特殊的政治经济学制度价值⑤。吕建昌从历史价值、科学技术价值、社会价值、建筑美学价值等四个层面对三线工业遗产价值进行了阐释⑥。刘伯英详细解释并指出三线建设等历史阶段遗留下的工业遗产记录了不平凡的历史,凝聚了祖辈和父辈辛勤的汗水,承载了一代又一代人富国图强的梦想,具有重要价值⑦。徐利权等学者以鄂西北三线建设为案例,从物质和非物质两方面遗存价值角度重新审视了三线建设的当代价值⑧。梅杰认为三线工业遗产具有历史、科技、美学等多重价值⑨。吕浩铭等学者从历史、精神、景观、经济等视角分析了华蓥山"三线建设"工业遗产的价值内涵⑩。毫无疑问,三线工业遗产具有历史、精神、科技、社会、经济、美学等多重价值,学界对遗产价值进行分类深入的梳理,推进了三线工业遗产的研究基础进程。

2.1.4 探索构建三线工业遗产的价值评定体系

艾代雯等通过对绵阳市三线工业遗产进行案例分析,分别建立了"历史赋予工业遗产

---

① 张晓飞,杨爱杰. 三线建设工业遗产中工匠精神的时代价值与传承[J]. 理论观察,2019(12).
② 李杰. 红色研学与劳动教育视域下三线建设遗产的文商旅教融合发展研究[J]. 中国旅游评论,2021(2).
③ 罗晶. 三线建设工业遗存保护与改造设计路径[J]. 工业建筑,2021(10).
④ 艾代雯,喻明红,朱婷婷,陈昱蓉,何林君. 三线工业遗产记忆要素更新策略研究——以绵阳朝阳厂为例[J]. 住宅与房地产,2019(25).
⑤ 徐嵩龄. 三线建设工业遗产的意义:基于政治经济学意义上的制度价值认知[J]. 东南文化,2020(1).
⑥ 吕建昌. 三线工业遗产的特点、价值及保护利用[J]. 城乡规划,2020(6).
⑦ 刘伯英. 探索中国工业遗产的核心价值[J]. 世界遗产,2015(7).
⑧ 徐利权,谭刚毅,万涛. 鄂西北三线建设规划布局及其遗存价值研究[J]. 西部人居环境学刊,2020(5).
⑨ 梅杰. 三线工业遗产开发激发乡村振兴新动能[N]. 中国社会科学报,2022-4-15(7).
⑩ 吕浩铭,文卫,谭燕. 价值视域下华蓥山"三线建设"工业遗产研究[J]. 营销界,2019(25).

的价值评估"和"现状保护和再利用的价值评估"两大评估体系,前者着力对三线工业遗产进行分级,后者聚焦为遗产动态更新保护和利用提供依据①。刘凤凌、褚冬竹基于国内外的相关理论,对重庆三线工业遗产加以研究,探索建立遗产的价值评估体系,进而回到案例本身,对遗产进行分级评估,并初步拟定了相关工业遗产的名录②。这些研究为不同地区的同类项目提供一定的借鉴和参考。

2.2 三线工业遗产的保护与利用研究

分布于祖国内地各处的三线工业遗产对于推动地方经济社会建设具有重要价值,但这些遗产保存现状参差不齐,有些地区遗产破坏严重。遗产的保护和利用,与当地经济融合发展,已成为学界的共同关切。

2.2.1 遗产利用与城市发展研究

周坚、郑力鹏在分析贵州省盘州市火铺片区三线工业遗产构成和价值的基础上,从小城市规划与三线工业遗产保护的关联性入手,着力从结合城市文脉发展、促进第三产业发展、促进宜人住区等方面构建小城市三线工业遗产的保护利用框架建构③。西南科技大学向铭铭等聚焦三线建设的重点城市绵阳,基于对近年来遗产与城市发展所产生的矛盾,提出相应的保护和利用策略④。桂平飞、黄华对河南省济源市三线工业建筑遗产开展了田野调查,基于对遗产现状的分析,并结合当地改造实践,对遗产保护与再利用模式进行了探研⑤。葛天臣以社会学中互利共生关系、竞争共生态、偏利共生态的不同共生模式,代入规划设计中的矛盾焦点,从规划中的功能定位、空间格局、自然人文三个方面对位于重庆旧城的三线工业遗产保护利用策略进行了探索⑥。顾蓓蓓、李巍翰认为,成昆铁路使西南三线工业形成"两基一线"工业布局,铁路沿线丰富的工业遗产资源为建立遗产廊道创造了条件⑦。王佳翠、谯丽娟针对遵义三线工业遗产提出,发掘提炼相关历史智慧与精神价值,可以为区域发展提供精神动力和文化条件,并为建构遵义文化高地建设提供宝贵源泉⑧。冯明就宜昌三线工业遗产提出,可以从开展系统普查、加强学术研究、发展文化

---

① 艾代雯,喻明红,朱婷婷,陈昱蓉,何林君.绵阳市三线工业遗产再利用价值评估探究[J].住宅与房地产,2020(6).
② 刘凤凌,褚冬竹.三线建设时期重庆工业遗产价值评估体系与方法初探[J].工业建筑,2011(11).
③ 周坚,郑力鹏.基于"三线"工业遗产保护视角的小城市规划策略研究——以贵州省盘州市火铺片区为例[J].小城镇建设,2020(4).
④ 向铭铭,李果,喻明红.绵阳三线建设工业遗产资源状况及保护模式[J].山东工业技术,2015(12).
⑤ 桂平飞,黄华.河南济源三线工业遗产保护与再利用探研——以"531"兵工厂为例[J].中外建筑,2020(9).
⑥ 葛天臣.旧城共生下重庆三线工业遗产保护及利用策略——以重庆江津际华三五三九厂传统风貌区保护为例[C].面向高质量发展的空间治理——2021中国城市规划年会论文集.2021:1008~1018.
⑦ 顾蓓蓓,李巍翰.西南三线工业遗产廊道的构建研究[J].四川建筑科学研究,2014(3).
⑧ 王佳翠,谯丽娟.遵义三线工业遗产旅游开发策略[J].遵义师范学院学报,2019(4).

产业和推动申报世界文化遗产等方面着手对遗产加强保护和利用①。李肖楠基于工业文化语境,针对长钢一分厂的三线工业遗址的保护性更新进行研究,进而探索遗产在包括江油在内的全国很多工业城市提出"工业强市、产业兴市"的战略背景下所具有的重要意义②。总之,研究者们主要以区域案例入手,对三线工业遗产与城市发展展开研究,基于对遗产现状与价值的分析,探索其保护与利用的策略。

2.2.2 侧重遗产保护与改造利用融合发展研究

周坚、刘伯英聚焦贵州三线工业,通过梳理遗产资源,分析遗产在小城镇建设中的命运,探讨三线工业遗产保护与小城镇发展融合的模式,并提出了多层次复合化的保护利用策略③。陈东林建议将三线遗址使用权下放到乡镇,可以与民营企业采取股份合作制联营途径,以此为基础将三线遗产开发为旅游、休闲、文化园区并建立博物馆等④。黄琳、黄紫怡阐述了三线工业遗产保护与再利用的价值,并以都匀东方机床厂为例,提出在传承历史文脉、区域协调发展、走可持续发展道路三方面策略下,对工业遗产空间结构、人文环境、自然环境等方面进行改造⑤。左琰在剖析三线工业遗产的价值特征后,进一步探讨保护性再利用遗产与城镇化建设相结合的可行性⑥。阙怡、裘鸿菲分析了三线军工厂的环境及利用现状,提出了针对性的保护与更新的设计思路,并就景观更新设计手法进行探讨⑦。魏宏扬、刘洋认为,探讨我国三线建设中的军事工业建筑合理再利用,应当在了解建筑遗留的概况和当今工业遗产保护现状的基础上,将当下国内外工业建筑的再利用策略与三线建设地区的具体情况结合起来制定相应的策略⑧。徐国红呼吁,在城市化的进程中,一些有价值的三线建设遗址正在离我们而去,亟待加快保护和开发利用的步伐⑨。周坚基于对贵州三线工业建筑遗址现状的分析和价值评价、保护的困境进行了深入思考,并提出了保护和再利用方法⑩。王成平指出,应准确把握遗产的时空范围、注重保护旧址的原貌特征、广泛征集代表性实物、因地制宜强化利用⑪。詹苗、刘明辉以湖北十堰三线

---

① 冯明.宜昌市三线建设工业遗产现状述略[J].三峡论坛(三峡文学·理论版),2018(1).
② 李肖楠.工业文化语境下江油三线工业遗产保护性更新研究[D].西南交通大学,2020.
③ 周坚,刘伯英.三线工业遗产保护与小城镇发展融合研究——以贵州省为例[J].改革与战略,2016(3).
④ 陈东林.抓住供给侧改革和军民融合机遇,推动三线遗产保护利用[J].贵州社会科学,2016(10).
⑤ 黄琳,黄紫怡.三线工业遗产的保护与再利用——以都匀东方机床厂为例[J].工业设计,2020(5).
⑥ 左琰.西部"三线"工业遗产的再生契机与模式探索——以青海大通为例[J].城市建筑,2017(22).
⑦ 阙怡,裘鸿菲.涅槃重生——三线地区军工业废弃地景观保护与更新探析[J].华中建筑,2010(12).
⑧ 魏宏扬,刘洋.三线建设遗存工业建筑再利用策略初探[J].西部人居环境学刊,2014(2).
⑨ 徐国红.关于加快遵义三线建设遗址保护利用的思考[J].遵义师范学院学报,2020(5).
⑩ 周坚.贵州"三线"工业建筑遗产保护和再利用研究[J].工业建筑,2015(4).
⑪ 王成平.20世纪工业遗产保护刍议——以广安"三线"工业遗产为例[J].四川文物,2009(1).

工业遗产为案例,从文化遗产普查、组建文化遗产研究机构、加大宣传力度、加快推进三线建设文化产业园建设等方面进行保护利用的策略探索①。金卓、石泽以洛阳市三线工业遗产为例,对已有遗产资源开发现状进行 SWOT 分析,尝试以文旅融合的发展理念与三线工业遗产的保护和开发相结合②。这些研究不仅关注到了三线工业遗产的改造利用问题,更强调对遗产的保护意义。

2.2.3 小三线工业遗产的区域保护利用研究

张广平、孔令圆对吉林省小三线工业遗产的形成背景、历史沿革、现状、建设特点、多元价值等问题进行了分析总结,并探索其保护与"活力再生"的路径③。王伟良、王润生以山东小三线新华翻砂厂为案例,指出该处是山东现存较完整且具有代表性的一个军工遗产,同时总结了该遗存的特征和价值,提出了遗产保护利用的建议④。张亮、张可凡认为,皖南小三线工业遗产数量多、类型全、分布集中,具有重要的文化遗产价值和时代特征,进而探讨了目前保护方面存在的问题,对遗产保护利用中应当坚持的原则和模式进行探索,并提出优化建议⑤。刘晖对粤北小三线工业遗产开展了调研,分析了相关单位选址与地形结合的关系及遗产分布特点、价值,总结了遗产利用现状,提出了遗产保护的若干意见⑥。此外,徐有威、张胜还就安徽皖西小三线工业遗产进行了富有成效的探析。总之,小三线工业遗产普遍位于乡村地域,具有规模小、建设集中、分布广泛的特征,展开小三线专门研究对于新时代乡村振兴战略具有重要意义。

2.2.4 三线工业遗产多层面的研究方法框架建构

遗产的保护利用研究是一项综合工程,需要多学科的协同合作,打破文理分隔的壁垒,实行跨学科交叉研究。吕建昌提出,三线建设工业遗产是中国现代工业遗产的重要组成部分,应当建立多学科交叉的研究框架和整体性的研究思路,从基础理论、主要问题、创新利用、资源整合等方面开展探讨。遗产的保护与开发利用需以经济学和管理学理论为基础,厘清产权与使用权,调整与创新现行政策,探索资金筹集的可行性途径⑦。蒲培勇针对目前三线城市老工业区实施搬迁改造战略,再塑三线建设城市工业遗产的文化概念、价值取向、价值构成进行了框架探讨⑧。李勤等以陕西西安凤雷钟表厂为例,从融入城市生态单元入手,探究了选择并整合生态点位、修复并塑造生态点位、引导并管控生态单元

---

① 詹苗,刘明辉.十堰市三线建设文化遗产及其保护与开发[J].湖北工业职业技术学院学报,2017(1).
② 金卓,石泽.文旅融合视域下三线工业遗产开发模式探析[J].文化软实力研究,2021(5).
③ 张广平,孔令圆.吉林省"小三线"工业遗存保护利用探析[J].建筑与文化,2022(7).
④ 王伟良,王润生.山东小三线工业遗产保护更新策略浅议——以新华翻砂厂为例[J].建筑与文化.2021(11).
⑤ 张亮,张可凡.皖南小三线遗产的保护与利用研究[J].安徽建筑大学学报,2019(5).
⑥ 刘晖.广东省连阳地区的"小三线"工业遗产初探[J].工业建筑,2018(8).
⑦ 吕建昌.多学科视域下三线建设工业遗产保护与利用路径研究框架[J].东南文化,2022(2).
⑧ 蒲培勇.三线建设工业遗产研究刍议[J].吉林建筑大学学报,2017(4).

的遗产保护利用运作框架机制①。杨学红、梁佩通过对六盘水三线工业遗产建筑的详细调研分析,提出深植三线文化、坚持可持续、探索"以人为本"、构建"六盘水模式"等提升策略,以期形成有针对性的遗产建筑再设计模式②。遗产研究相关的方法、模式框架构建对于三线工业遗产的总体研究具有系统指导意义。

2.3 研究视角的拓展

如前所述,三线工业遗产的研究涉及多学科和诸多具体内容,这使得遗产研究的角度趋向多元化并仍在继续拓展。

2.3.1 不同学科与理论的多维探讨

周坚、郑力鹏从工业考古学的视角,对贵州三线工业建设历程、遗产现状、档案收集、实物勘查状况等进行调研,针对遗产特点选择相应的价值评价指标,从而提出建立保护资料动态数据库、为后续研究提供详尽资料等保护利用策略③。蒲培勇基于文化人类学视角,认为三线工业遗产区具有地方性知识、族群记忆、文化认同、科学技术等方面的价值取向,并结合攀枝花席草坪工业遗址的改造,探索提升三线建设城市老工业区的遗产价值和城市文化形象的遗产保护与利用方案④。陈海霞、彭涛在人类学视野下,探研了挖掘遗产资源、加强遗产保护的路径⑤。张磐将城市设计、旧城改造中较为成熟的"触媒理论"引入原绵阳地区三线工业遗产的保护活化研究中,寻求构建三线工业遗产触媒活化保护策略⑥。何欢基于公共治理的研究视角,对安徽省霍山县D乡工业遗产加以研究,并根据公共治理理论提出遗产的利用策略⑦。余爱迪从历史美学的视角,对四川三线建筑工程机械厂的现状开展实地调研,进而梳理了遗产价值特征,分析遗产的价值亮点、保护与利用定位⑧。基于不同学科与理论的研究将丰富并拓展三线工业遗产的价值评价和保护利用策略提升。

2.3.2 基于遗产多元内容与特征的视角拓展探索

谭刚毅等提倡以"先生产、后生活"的动态实践产物视角,分析三线工业遗产的特征,并提出应深入了解三线建设者的生活实践,从而更加全面地把握场所的文化意义⑨。谢

---

① 李勤,崔凯,周帆,鄂天畅.融入城市生态单元的三线工业遗产转型再利用路径探索[C].2021年工业建筑学术交流会论文集(上册).2021:54~58.
② 杨学红,梁佩.六盘水三线工业遗产建筑再设计初探[J].山西建筑,2021(14).
③ 周坚,郑力鹏.工业考古学视野下的贵州"三线"工业遗产研究[J].工业建筑,2019(5).
④ 蒲培勇.三线建设城市老工业区改造中的遗产价值再塑——以攀枝花席草坪工业遗址片区改造为例[J].现代城市研究,2017(2).
⑤ 陈海霞,彭涛.人类学视野下的三线工业文化遗产保护研究[J].四川职业技术学院学报,2017(5).
⑥ 张磐.触媒视角下原绵阳地区三线工业遗产保护与活化研究[D].西南科技大学,2022.
⑦ 何欢.公共治理视域下安徽省霍山县D乡工业遗产保护与利用研究[D].华中师范大学,2021.
⑧ 余爱迪.历史美学视域下三线工业遗产的保护与利用[D].西南科技大学,2022.
⑨ 谭刚毅,曹筱袤,耿旭初.基于"先生产,后生活"视角的三线工业遗产的整体性及其研究[J].中外建筑,2022(6).

正发、郑志宏从特色小镇建设的视角,结合重庆816三线军工小镇建设案例,提出了制定发展规划、搭建合作平台、突出企业主体地位、推动开发利用与成立专门研究机构和智库等方面的遗产利用提升策略①。刘蕾等结合聚焦绵阳三线工业遗址区现状特征,结合工业遗址保护与再利用的理论和实践案例,提出了推广文化创意产业发展的策略思考②。韩晓璇对记忆场所视角下的工业遗产保护与活化研究进行了思考探索③。魏翠翠基于旅游体验视角,对三线建设遗产旅游的开发模式进行了研究④。三线工业遗产内容丰富、特征多样,在新时期诸多国家发展政策影响下,多元化视角的遗产研究及应用策略探索将推进三线工业遗产走向深化。

2.3.3 侧重三线工业遗产档案与资料的收集研究

冯明、周长柏聚焦焦柳铁路沿线三线建设工业遗产档案,提出可以从开展档案资料系统调查、加强学术研究和助推焦柳铁路沿线三线建设工业遗产的活化与利用等方面对相关资料加以整理与研究⑤。杨凤武、夏保国从资源数据收集与整理研究的角度,提出e-考据和田野调查是目前工业遗产调查的两条重要路径,进而认为,破解文献遗产和文献资料收集的困境和做好高效的田野调查是三线建设工业遗产保护开发的重要前提⑥。黄晓荷、周卫从单位选址和空间分布、建筑遗产的功能结构特点和工艺特色两个方面,对宜昌三线工业遗产现状展开梳理和分类⑦。显然,对三线工业遗产资料的收集与整理是相关研究开展的基础,这一工作仍会是将来一个时期内学界开展研究的重要基础任务。

3. 三线工业遗产研究的展望

3.1 研究的趋势与存在的缺憾

学界对于三线工业遗产研究已经形成了视角多元化、区域不断丰富、深度持续推进的总体趋势,并取得了巨大的成效,但仍有一些问题值得关注。

3.1.1 三线工业遗产的概念有待学界进一步共识

目前学界在宏观层面已经达成一定共识,部分学者还基于不同维度对三线工业遗产概念要素进行了深入阐释。然而,在微观层面的进一步分类化聚焦梳理仍有待深化,对于

---

① 谢正发,郑志宏.重庆816三线军工特色小镇建设研究[J].长江师范学院学报,2018(1).
② 刘蕾,向铭铭,沈烨东.文化创意产业视角下三线建设保护与利用研究[J].山西建筑,2018(32).
③ 韩晓璇.记忆场所视角下绵阳市三线建设工业遗产生活区保护与活化研究[D].西南科技大学,2020.
④ 魏翠翠.基于旅游体验视角下的三线建设社会遗产旅游开发模式研究[D].重庆师范大学,2010.
⑤ 冯明,周长柏.焦柳铁路(宜都段)沿线三线建设工业遗产档案整理与研究[J].档案记忆,2019(3).
⑥ 杨凤武,夏保国.三线建设工业遗产调查的e-考据与田野路径[J].六盘水师范学院学报,2020(1).
⑦ 黄晓荷,周卫.宜昌"三线建设"时期国防工业遗产现状研究和再利用探索[J].工业建筑,2018(10).

包括大三线与小三线在内的宏观三线工业遗产概念明晰界定尚需阐释。

3.1.2 跨学科的融合研究仍可深化

学界基于建筑学、设计学、历史学、文化遗产学、人类学、经济学、土木工程、诸多等学科视角，涉及人文社科与自然科学，对三线工业遗产开展了深入的考察研究，且成果斐然。然而，综合利用多学科的理论和研究方法，以多维视角和跨学科的研究路径对三线工业遗产开展综合探析、融合研究仍有进一步提升的空间。

3.1.3 价值阐释与遗产改造利用研究的同质化现象

对于三线工业遗产的价值阐释与分析是对其改造与利用的前提。学界对三线工业遗产的历史文化价值、经济价值、艺术价值、科技价值乃至精神价值均有阐释，部分学者对于三线工业遗产的价值评价体系已有一定建构。尽管不同地区三线工业遗产价值需结合当地特色资源优势以及具体遗产状况加以分析，但总体框架与遗产所具有的多元价值在学界已有共识。因此，如何推进遗产价值评价的衡量标准研究颇为紧迫。虽然针对不同地区三线工业遗产研究的保护与利用研究已有较多成果，研究者们普遍认为三线工业遗产亟待保护，其开发利用在保护遗产原貌、结合区域资源优势、加大资金投入等方面应得到重视，但在研究实践中既需要注意结合不同地区开展针对性的分析，又应当探索具有创新意义的策略建议。

3.2 对三线工业遗产研究的展望

在新的历史时期，加强全国三线工业研究学者乃至世界学者的合作，统筹梳理更为全面的资料数据，建立更为系统的评价体系方法、更为合理的研究方法框架颇为重要。

3.2.1 三线工业遗产数据库建设研究

目前来看，全国三线工业遗产的区域研究不断推进，丰富了遗产研究的诸多内容与不同面相。在宏观层面对包括大三线与小三线在内的共同遗产数据库建设尚有推进空间且意义重大。基于不同省份、遗产数量、现状规模、历史溯源、分类分级等方面为数据梳理整合框架，并充分利用现代科技手段，打造数字化的三线工业遗产数据库，同时推进数据库建设的理论研究，将为全国范围内的三线工业遗产保护、利用乃至国家层面的遗产研究工作和相关政策制定提供数据基础支持。

3.2.2 三线工业遗产价值评定体系的标准化建设

学界自下而上地对不同地区工业遗产价值评定进行了探讨，并初步构建了遗产价值评价体系。下一步，依托既有成果，建设多种类、不同层级、具体化的三线工业遗产价值评定标准系统，将更好地为遗产在实践应用层面提供评估依据。

3.2.3 推进三线非物质工业遗产研究

吕建昌已从三线建设的宏观战略决策思想、企业的技术工艺知识和企业的生产组织智慧与精神等层面阐释了非物质遗产的主要内容。在实践中，聚焦非物质遗产的理论溯源、内涵解释、价值意义将是推进相关研究的主要方向。此外，如何推进非物质工业遗产的传承与利用亦是学界的重大挑战。

3.2.4　拓展三线工业遗产利用融入高校思政教育的理论与路径研究

实际上,已有较多学者基于区域三线遗产资源优势,提出其融入"四史"教育或思政课教学体系的方法探索。在新时代党史学习教育不断推进的背景下,相关研究有必要继续深入,聚焦三线工业遗产融入思政课教学的实践路径、相关研究的理论框架仍待可深入探析。

3.2.5　加强与国际学者的交流合作

三线工业遗产无疑是世界工业遗产的重要组成部分,并具有其独特的历史文化价值。早在2018年,上海大学召开的"中英当代工业遗产:价值及保护与利用"国际工作坊,不仅向国外学界推介了中国三线工业遗产,同时加强了国际学界对中国工业遗产的合作探讨。然而,国外学者与国内学者就三线工业遗产开展的具体研究合作,目前仍为数较少。我们相信中外双方在交流过程中不仅可以相互学习借鉴,亦将进一步推动三线工业遗产乃至世界范围内的当代工业遗产研究走向深化。

从中国式现代化视角看三线建设工业遗产价值

李舒桐　吕建昌

（上海大学文化遗产与信息管理学院）

摘　要：中国近代的现代化是被动地楔入社会变迁中的。中国的工业化、现代化探索经历了学习西方模式、借鉴苏联模式的历史阶段。而三线建设是我国第一次独立自主的社会主义现代化实践，它有着独特的发展轨迹和历史根基，其遗产是中国式现代化历程的一个剪影，为丰富中国式现代化的理论与实践提供宝贵的素材与案例。三线建设工业遗产的价值在于它反映了中国式现代化独立自主、和平发展、人与自然和谐共处的基本特征，凝结着中国人的文化基因与精神追求，凸显着中国探索中国式现代化道路的决心与信心，为世界提供新的现代化思路。

关键词：中国式现代化；三线建设工业遗产；遗产价值

三线建设指的是 20 世纪 60 年代中期在我国中西部地区开展的一场以备战为中心，以国防科技、工业和交通设施为基础的大型经济建设活动。80 年代后，三线企业进入"军转民"的"调整改造"阶段，计划经济体制向社会主义市场体制的过渡迫使原先出于备战需要而不得不在深山中建厂的三线企业迁到城市或大城市近郊，开始了"第二次创业"。搬迁后留在原址的大量厂房、生产车间与仓库、设施与设备、办公楼以及生活服务类建筑和职工住宅等，除了少数为地方政府或国有企业等利用外，大多数长期被闲置或荒废。这些承载着成千上万三线人的青春与记忆，也展现着我国在面临内忧外患时的韧性与抗争的三线建设工业遗产是"离我们最近的工业遗产"，是三线建设最直接的历史见证。目前有关三线建设工业遗产价值的讨论主要从其历史价值、科技价值、社会价值、建筑美学价值等几个方面出发，其中，三线人的情感归属以及三线精神是其价值阐释中尤为重要的一部分。然而，三线建设工业遗产的价值与内涵并不止于此。三线建设作为我国历史上第一次系统性、制度性创新的社会主义工业建设实践，其遗产对于厘清国家崛起、民族复兴的

---

* 基金项目：本文系国家社科基金重大项目阶段性成果（项目编号：17ZDA207）

发展历程具有里程碑式的意义。

1. 新中国现代化探索的曲折历程

现代化是以某种现代性为目标指向的历史展开的实践活动。长久以来，现代化被视为一种农业社会向工业社会的变革过程，它囊括了生产技术、生产部门结构、产业发展环境、管理制度与思想等诸多方面的现代化。文艺复兴以来，启蒙运动、工业革命等社会变革带来的思想启蒙和技术创新为西方的现代化之路提供了重要推动力，这一肇始于西方社会的现代化进程以其强大的影响力"规训"着整个世界历史和人类社会秩序。资产阶级在开拓世界市场的过程中使一切国家的生产和消费在物质层面和精神层面都成为世界性的，并将一切民族卷入它们所推行的"文明"之中，迫使一切民族采用它们的生产方式、从属于它们的文明。现代化——尤其是西方模式的现代化——伴随着资本全球化成为各国、各民族从传统农业社会向现代工业社会转型必须经历的发展环节。

鸦片战争后，中国被迫卷入西方殖民主义下的现代化浪潮中。自从1840年鸦片战争失败那时起，先进的中国人，经过千辛万苦，向西方国家寻找真理。可以说，近代的中国人在很长一段时间内一直以追赶者、学习者的姿态行进在现代化的道路上。以李鸿章、张之洞为代表的洋务派以"自强""求富"为口号，兴建了一批带有封建因素的资本主义性质的企业；康有为、梁启超等维新派通过光绪推行戊戌变法，在政府机构、学堂教育、报刊媒体、军事等领域开展改革，提倡学习西方、传播新思想；清政府内部的保守派则开展了清末新政，编练新军、倡导商业、改革教育和官制等。这些尝试一定程度上为启动中国早期现代化提供了"资源积累和主客观意识"，但其根本目的在于维护封建统治，这一初衷本质上是"反现代性的"。之后，辛亥革命爆发，以孙中山为首的民族资产阶级以暴力革命推翻了封建专制，极大地促进了中华民族的思想解放，为构建现代国家提供了一定的思想基础。但民族资产阶级并未像西方资产阶级那样在中国构建起新的社会结构，也因此无力维护革命得来的胜利果实、整合社会力量推动现代化的发展。从科学技术到政治制度再到教育理念，从创办工厂到兴建新式学堂，从社会改良到社会革命，无数次效仿西方，无数次以失败告终。无论是在科学技术、政治制度、思想文化方面效法西方，还是引进各种主义和思潮，"以器卫道的现代化之路"、"制度牵引的现代化之路"以及"文化改造的现代性之路"并不能引领中国摆脱当时的历史困局。中国近代的现代化以殖民主义的形式被强行楔入中国社会的历史进程中，这种西方模式的现代化短期内在中国完成了嫁接和植入，但实质上并未能触及西方现代化的本质，树立起新的政治权威，构建起新的社会结构，更无法从根本上动摇旧中国的社会性质、改变中国人民被压迫剥削的苦难命运。实践证明，西方模式的现代化并不适合中国，西方的现代化理论也并不足以阐明近代中国社会发展走向的核心问题。

中国现代化探索的第一个重要里程碑是中国共产党登上了历史舞台，它改变了中国现代化的历史进程和前进方向,也影响着西方所定义的现代性话语。抗日战争时期,中国共产党将马克思主义与中国实践相结合,着手有关建设社会主义现代化的构想。1949年中华人民共和国的成立为中国实现自主的而非被动的现代化提供了先决条件,中国式现代化也因为马克思主义与中国实际的结合以及多年的经验总结有了更为丰富的理论和实践支撑。"三大改造"的完成实际上促成了社会主义与现代化在中国的"联姻","四个现代化"战略的提出则为我国探索中国式现代化道路指明了方向。除此之外,在《论十大关系》中,毛泽东同志还系统论述了重工业和轻工业、农业的关系,沿海工业与内地工业的关系以及经济建设与国防建设的关系,指出中国工业分布的严重不平衡有其历史原因,提出要"好好利用和发展沿海工业老底子"、"更有力量发展和支持内地",为中国式现代化的起步提供了更为具体的实践路径。坚定的道路选择使探索中国式现代化有了合适的生存土壤,一系列理论的指导、历史经验的警示以及当时工业严重落后、区域发展极度不平衡的历史现状使发展工业成为新中国迈向现代化之路的重要环节。

20世纪50年代,在苏联的援助下,中国开始了以重工业为基础的苏联工业化模式的探索,即苏联援建"156项目"。考虑到当时的国防需求以及沿海与内陆极度不均衡的工业布局,同时出于邻近原料产地和消费产地以及便于交通运输的考量,"156项目"主要集中在中西部以及东北的铁路沿线城市。此次苏联对我国的技术转让的规模之大、之全面在现代历史上前所未见,几乎涵盖了所有工业门类,为中国搭建起以重工业优先发展为导向的现代工业框架,也为中国社会主义现代化探索注入了一定的"苏式基因"。然而,50年代末随着中苏关系的破裂,苏联方面的各种支援相继撤离,以美国为首的资本主义同盟也加紧了对我们的封锁,面对愈发严峻的国内与国际形势,中国不得不开始了新的"长征",三线建设由此拉开序幕,中国人自此走上了独立自主的社会主义现代化探索之路。

三线建设的目标是"备战"以及平衡沿海与内陆不合理的工业布局,在我国西部地区构筑起稳固的战略后方基地。建设重点在大西南、大西北,建厂分布依照"大分散、小集中原则",以"靠山、分散、隐蔽"为选址方针,因而工厂大多坐落于交通不便、环境闭塞、经济贫困、文化教育水平落后的偏僻山区。俗话说,"兵马未到,粮草先行"。在三线建设中,国家把交通通信设施建设放在先行地位。交通和通信是区域发展的动脉与神经,它承担着运输原材料和产品、沟通上下游产业、促进人口流动、区域交流等重要使命。从1965年到1980年,国家在该方面累计投资达296.08亿元,新建铁路干线和直线8 046公里,新建公路22.78万公里,新增内河港口吞吐能力3 042万吨,新开邮路153.64万公里、长途电话电路4221路、电报电路803路。仅铁路建设这一项,国家就投资高达209亿元,川黔、贵昆、成昆、湘黔、焦枝等铁路都是在此期间建成的;与此同时还增建了京广、陇海等干道,新建、扩建昆明、怀化、郑州、成都等15个枢纽站场,并改进了通信、信号设备,主要干线铁路的旅客列车牵引动力也实现了电气化、内燃化;为了适应铁路运输发展的需要还建设了一批铁路机车、车辆和专用器材厂。

交通通信的发展使曾经闭塞的山区焕发出新的活力,催生出一批新的城市,攀枝花、六盘水、十堰、金昌的建立和城镇化发展都与三线建设有着密不可分的联系。仅以六盘水为例,三线建设之前的六盘水有63%的乡不通公路,没有一个现代化企业,仅有的几个小型粮油加工厂和小煤矿也只够本地需求,工业产值仅1 128万元,粮食产量4.7亿斤。三线建设决策实施后,六盘水矿区被列为重点项目,逐步形成了一个以煤炭工业为基础,兼有冶金、电力、建材、机械等配套发展的新兴工业城市。到了1985年,贵昆铁路已横贯其间,城乡交通网络也初具规模,每年生产的焦煤、原煤不仅能满足当地生产生活需求,还可供外调。当地的水城钢铁公司也逐渐发展成为一个拥有年产矿石50万吨、机制焦42万吨、生铁92.5万吨、炼钢25万吨、轧材15万吨综合生产能力的大型钢铁联合企业。当地的农业产值也比1964年增长了3.2倍,除此之外,商业服务、教育、科研、文化、卫生及城镇基础设施建设都有了迅速发展。交通通信的发展、矿产资源的充分开发、现代工业企业的建立除了促成上述区域形成城镇,也为一些"老、少、边、穷"地区带去了新生的机遇,而成都、重庆、贵阳等一些有一定基础的老工业城市作为开展三线建设重点项目的中心城市更得到了跨越式的发展。银川的特种橡胶研制机构、四川制药厂、抗生素研究所、航空六一一所、西南铝加工厂等关键项目都是在这期间抢建起来的。

作为三线建设的重点,包括核工业、航空航天、兵器工业、电子工业、船舶工业在内的一系列国防科技工业在三线建设时期迅速成长起来。从1964年到1980年,国家累计投入逾193亿元人民币用于三线地区的国防科技工业体系建设,使我国得以形成核工业、航天、航空、船舶、电子为主体的、门类齐全的且较为完备的国防科技工业体系。毛泽东曾在1957年10月会见外宾时指出,新中国还未实现工业化,在帝国主义面前是弱国,为了保障我国的国防安全、遏制帝国主义国家的核冒险就必须发展核工业、研制原子弹。因此,发展核工业是国防科技工业建设的重中之重。三线建设期间,我国前后安排了45项核工业项目,投资逾54.3亿元,在逐步合理化我国核工业布局的同时也形成了从铀矿开采、水冶、萃取、元件制造到核动力、核武器研制及原子能和平利用等较为完整的核工业科研生产系统,曾为我国第一代核潜艇提供反应堆、后来又参加了秦山核电站总体设计以及在60万千瓦核岛设计招标中中标的第一研究设计院正是在三线时期成长起来的。三线建设中的核工业不仅为保障我国国防安全立下了汗马功劳,更在之后的企业转型中贯彻军民结合的方针,将核工业的轰爆技术、低温超导技术、氟化工技术等广泛用于民用工业、建立民品生产线,一些科研院所、工厂企业还同英、美、德、意、法等国建立起技术合作关系。航空方面,我们所熟知的歼-7战斗机、运-8运输机的生产基地贵州歼击机生产基地〇一一基地、陕西汉中〇一二基地也都是在三线建设时期成长起来的,这些航空工业基地在后续的改革中也都利用自身的技术和设备优势在民用方面继续发光发热,例如〇一一基地后来与上海大众汽车建立起合作关系,承接了桑塔纳轿车32个零部件的配套生产任务,〇一二基地也研发了微型汽车、大型复印机、水下切粒机等,其中大型工程复印机的研发填补了国内空白。除此之外,航天方面,贵州、四川、陕西、鄂西共建成了96个项目,形成了较为完整的战术导弹和中、远程运载工具的研制基地;兵器工业方面,重庆、豫西、鄂西、晋南等地区纷纷建成兵器工业基地,其投产使我国逐渐有了量产轻、重武器的能力,配合核工业构成了"核常并举"的武器装备体系。"两弹一星"的成功研制更带动了一批高精尖武器相继出世,使军队现代化、国防现代化建设进入到一个新的发展阶段,也使得军队在抵御敌人入侵时更有底气。珍宝岛自卫反击战、西沙群岛自卫反击战、对越自卫反击战等,都离不开三线建设常规武器的支持。电子工业方面,三线建设时期,我国电子工业初步形成了生产门类齐全、元器件与整机配套、军民品兼容、生产科研结合的体系,从军用(包括雷达、指挥仪、导弹地面设备、无线电通信设备、侦察干扰设备、电子对抗设备、敌我识别设备、军用计算机以及军用装备上所配套的电子设备等)到民用(包括扬声器、电视机、卫星通信设备等)一应俱全。中国空气动力研究与发展中心、西昌卫星发射中心也是在这一时期建设起来的。这些军工企业不仅为我国提高国防做出了巨大贡献,也在民用领域持续发力,应民之所需,解民之所急,并在改善人民生活的同时积极为国家创汇。

三线建设的推进也辐射到了科研、教育、文化等领域。在三线建设期间,一线地区的高校陆续开始向二、三线地区迁建,唐山铁道学院、大连医学院、北京石油学院等高校陆续整体搬迁,清华大学、北京大学、南京大学、南开大学等高校也陆续在三线地区建立起分校。这些高校师生一边自力更生建设基础生活设施、教学科研设施,一边开展教学活动和学术研究,在为三线建设培养出一批批科研、技术人才的同时,也将工业文明和城市文明传播到了山区农村,一定程度上为日后现代化建设中"人的现代化"埋下了思想的火种。

可以说,三线建设不仅推动了我国的工业现代化、国防现代化建设,更将现代化的种子播撒到了曾经的"穷乡僻壤",在增强了当地经济实力的同时也聚集和培养了大批科技、科研人才,并使当地形成了具有一定规模的工业片区,以其自身的影响辐射周围、带动周边区域的发展。三线建设在我国国家发展和民族复兴历程中具有里程碑的意义。

2. 三线建设的发展历程与特点

三线建设的决策与推进是中国式现代化发展历程的一个历史片段,其本质反映着中国发展中"独立自主、和平发展"的基本逻辑。西方资产阶级诚然在一定时期内对整个世界有着非常革命性的影响,也在一定程度上促进了非西方社会的现代化,但并不能因此就将"现代化"等同于"西方化"。现代化作为一种革命进程,涉及大工业、生产力、生产关系、上层建筑领域以及生活方式与思维方式等多方位的变革,不同的民族因素、地理环境、基本国情、历史文化传统和现实情况以及各种在现代化进程中层出不穷的不确定因素,都会使各国走上不同的现代化道路,因而理论上并不存在一个放诸四海而皆准的现代化通用模板,全面西化带来的未必是全球现代化的高度发展,反而可能是世界文明图景单一化、均质化的灾难。一般来说,社会大体是沿着从农业文明到工业文明、后工业文明的历史性递进式轨迹发展的,西方发达国家的现代化也基本遵循工业化、城镇化、农业现代化、信息化的"串联式"发展路径,长久以来中国一直在追赶着西方发达国家的脚步,为了尽快找回

"失去的二百年",中国现代化开辟出了一条共时共存的发展道路,这一特点直观反映了中国现代化既不会是西方模式的复刻,也不会是苏联模式的重演。

在特殊历史背景下开展的三线建设,在制度、科技、教育、文化等领域的变革、创新与发展都是在总结先前理论与实践经验的基础上、结合本国具体国情独自摸索而来的,其工业化、城镇化、市场化、现代化是相互依存、统筹联动的,它在微观层面反映着中国式现代化的特点,对其遗产的价值阐释能够更具象地体现中国何以发展的基本逻辑,更有助于理清中华民族的复兴之路,揭示中国式现代化与西方模式的不同。

2.1 三线建设的发展历程

2.1.1 三线建设的决策背景

三线建设主要是为了防备外敌入侵和改善我国生产力不合理布局。1963年开始拟定的第三个五年计划原本的发展重点在于解决人民"吃穿用"的问题。当时的中国已逐渐走出"三年困难时期"留下的阴霾,国民经济得到了有效调整,农业与工业生产得到了一定程度的恢复与发展,财政收不抵支的状况已被逐步扭转,国民经济将步入一个新阶段。然而当时的世界正处在美国、苏联两个超级大国的冷战铁幕下,随着其争霸形势的日益严峻,国际局势变得愈发波谲云诡,世界也仿佛正被推向世界大战的边缘。

彼时,在中国南面,战火已燃及我国边境;西南面的中印边境上,印度多次挑起边境冲突;在北部,苏联自1960年开始便单方面冻结了中苏友好同盟互助条约、撕毁了数百个经济技术合作协议,而后又策动新疆伊犁、塔城地区煽动中国居民外逃,甚至派兵进驻蒙古,并在边境上集结了百万重兵,将苏联三分之一的战略导弹直指北京,而由于50年代时苏联曾帮助我国在东北、华北、西北地区参与建设过重要工业、国防设施,对我国"家底"较为了解,其危害不可估量;大洋彼岸,美国在经历了朝鲜战争的失败后,加紧了对中国的军事包围、经济封锁、政治孤立,先后在日本、南韩、菲律宾、越南、泰国和中国台湾建立起数十个军事基地,逐步与它的"自由同盟"构筑起第一岛链防御体系,甚至计划了对中国、苏联等社会主义阵营的核打击;而盘踞于东南部一隅的台湾岛上的蒋介石政权则无时无刻不想着反攻大陆,飞机、军舰、武装特务时常侵扰大陆。

1963年9月,毛泽东在审阅《关于工业发展问题(初稿)》时不无忧心道:"如果不在今后几十年内争取彻底改变我国经济和技术远远落后于帝国主义国家的状态,挨打是不可避免的……我们应当以有可能挨打为出发点来部署我们的工作,力求在一个不太长久的时间内改变我国社会经济、技术方面的落后状态。"1964年10月,国务院下达1965年国民经济计划,指出计划的指导思想是"争取时间,大力建设战略后方基地,防备外敌发动侵略战争","三五"计划草案也提出加快三线建设、特别是国防工业建设是"三五"计划的核心,要全面考虑"备战、备荒、为人民"。1965年5月的某次高级干部会议上,刘少奇指出:"敌人方面有很多弱点,他们的困难不比我们少,而我们的准备快一点、好一点,战争就可能推迟、就不容易来。如果我们准备得很好,甚至它就不敢来。我们要准备它来,争取它不来。"当时的中央领导们普遍认同要做两手准备——打与不打,要放在打上准备;美国与苏联勾结与否,要放在苏联参战上准备;打不打原子弹,要放在打原子弹上准备;早打还是迟打,要放在早打上准备。可以说,当时的中国领导人已做好了打硬仗的心理准备。

然而,且不论 20 世纪 50 年代在苏联帮助下于东北、华北、西北地区建成的工业企业和国防设施的信息已基本暴露给了苏联,单是工业分布问题就成为备战的一大隐患。当时的中国工业大多集中于沿海,沿海各省市的工业产值占全国工业总产值的 70%,内陆只占 30%。不仅是内陆与沿海工业分布极为不均,产业布局也极不合理。以钢铁工业和纺织业为例,中国当时的钢铁工业有 80% 分布在沿海,主要集中在辽宁鞍山,而铁矿资源丰富的内蒙古和西南、西北、华中却并没得到充分的开发利用;中国纺织业 80% 的纱锭和 90% 的布机主要集中在上海、天津、青岛等少数工业城市,但主要产棉区却鲜少有纺织工业发展起来,"这种现象是旧中国半殖民地半封建性质的反映"。1956 年毛泽东在《论十大关系》中认为,新的侵华战争和世界大战不会在短时间内来临,中国如果有十年甚至更长的和平发展期,当然就不能不充分利用起沿海工业基地的设备能力和技术力量来支持内地工业的发展。因而可以说,在甘肃省乌鞘岭以东、山西省雁门关以南、京广铁路以西、广东省韶关以北的大部分地区发展工业,既承担了短期内备战的需要,也有发展工业、推进工业化和现代化的长远战略考量。

2.1.2 三线建设的推进过程

在国家计委、经委、建委的规划安排下,一线地区的工业、高校等开始陆续向三线地区搬迁,铁路建设也在深山老林中如火如荼地开展,全国各地的有志青年在"好人好马上三线"的号召下收拾行囊、奔赴三线,三线建设的大幕由此拉开,并迎来了第一个建设高潮。正是在这一时期,国家启动了攀枝花钢铁基地、六盘水煤炭基地和航空基地、重庆至万县长江沿岸的造船工业基地、甘肃酒泉导弹基地以及成昆铁路的建造,西南、西北三线地区新建、扩建、续建的钢铁工业、有色金属工业、石油化工、化肥工业、纺织业、铁道工程、民航工程、水利工程等大中型项目总计超过 300 项。

1969 年 3 月珍宝岛事件爆发后,国际形势愈发紧张,除了有以美国为首的资本主义阵营对中国的围追堵截,苏联也开始计划对中国正在建设的核设施实施"外科手术式"核打击。三线建设由此进入第二次建设高潮。这一时期的三线建设强调"军工第一、三线第一、配套第一、质量第一",军工成为三线建设的重中之重。面临美苏两面的威胁,三线建设的布局有了新的调整,将邻近苏联的三北地区(东北、华北、西北)新增为一线,原本华北、西北部分地区的建设项目向更内陆转移。在国际与国内背景的推动下,成昆、湘黔、襄渝、阳安、青藏西宁至格尔木段、焦枝、太焦、枝柳等铁路逐渐形成了沟通起全国各地的交通运输网,葛洲坝水利枢纽工程、秦岭火力发电厂、乌江渡水电厂、渭北煤炭基地、江汉油田等能源工程相继建成,为工业发展提供较为充足的能源支持,湖北十堰第二汽车厂、四川西川航天发射基地、江西直升机基地等也相继落成并投入生产。

1973 年后,改善民生、"解决人民群众等吃饭穿衣问题"日益凸显,国家计委因此计划从美、法、德、意、日、荷、瑞士等国引进"技术先进、价格合理、适合中国国情"的成套技术设备，并利用引进的大型石油化纤设备、氮肥设备投资建设一批石油化工、化纤、化肥企业，四川化工厂、泸州天然气化工厂、赤水天然气化肥厂、湖北省化肥厂都是在这一时期建成的。进口西方的先进设备，并非是西方对中国的又一次技术转移，而是强调学习与独创相结合、当前与长远皆兼顾，对于切实关系到国民经济命脉的关键点要力图学习、学会，不能永远依靠进口，独立自主、自力更生仍是最根本的要求与坚持。

1978年，十一届三中全会将全党的工作重心转移到社会主义现代化建设上来，加上紧张的国际形势已趋于缓和，三线建设企业也进入了调整改造期，贯彻国务院"军民结合、平战结合、军品优先、以民养军"的方针，转向军民融合之路。曾经轰轰烈烈的三线建设虽在历史的大潮中渐渐落下帷幕，却有不少三线企业继续在国家建设中发光发热、续写辉煌。

纵观其发展历程可以得出，三线建设的使命是随着实际情况不断调整的，其遗产一方面体现着我国工业化发展的艰难历程、社会结构的转型、经济体制的变革，另一方面也隐喻着国际政治对发展中国家的深刻影响。

2.2 三线建设的特点

从三线建设的发展历程来看，其特点也决定了三线建设工业遗产有着独特的形成逻辑和历史根基。

首先，三线建设最为显著的特征之一在于它是新中国成立以来第一次独立自主的工业化探索，尽管这种"独立"某种程度上有迫于当时形势的因素。事实上，坚持独立自主是中国现代化发展始终坚持的原则之一，它关系到发展权是否掌握在我们自己手中，外交孤立、经济封锁等因素不过是加速了中国摆脱依赖、争取技术独立的步伐而已。但无论如何，这一时期的技术研发、决策制定、政治经济等方面的制度创新与改革都是基于中国当时的社会现实与实践展开的独立路径探索，这种独立恰恰成就了不同于以往西方模式的"中国道路"。

其次，三线建设的发展历程反映了和平贯穿于中国发展始终。三线建设诞生于新中国内忧外患的严峻形势之下，观其从前期重点发展重工业和军用工业到后来随着国际形势的逐渐缓和和战争阴霾的逐渐散去转而关注轻工业发展并作出调整和转型的整个发展轨迹，"备战、备荒"的短期目标以及为中国工业化、现代化积累资本的长远规划是显而易见的。尽管它在推进过程中存在投资积累率高、投资效益低、见效慢等诸多问题，但在工业基础极为薄弱、生产力极为落后的现实下和绝不依靠殖民掠夺积累原始资本的前提下，这些都是在为日后发展预付的代价，其本质上体现了中国"和平发展"的时代主题。

此外，三线建设还展现了中国式集体主义与个体追求理想的良性互动。改善一个国家的生产力布局不可能一蹴而就，社会主义建设更是一项艰巨的长期任务，它既需要全局力量的推动，又需要集体中的每个人充分发挥主观能动性、投身到建设当中。三线建设期间,国家累计投入了 2 052 亿元,三线地区的职工人数从 325.65 万人增长到 1 129.5 万人,交通通信、机械电子工业等均有较大程度的发展,这些成就都离不开举国上下的支援。三线建设之所以能动员全国,一方面是因为我国的社会主义制度能统一集中调配国家有限的资源,全国"一盘棋";另一方面则是因为当时的人们对国家建设怀有无限热忱,他们愿意舍小家为大家,在恶劣的自然环境中依旧不畏困难、勇于探索和突破。三线建设和以往中国历史上的每一次进步本质上是相同的——它们无不是以人为核心,依靠人民的力量。一面是中华民族的集体主义,一面是个体在不断的探索与奋进中实现人生价值的理想主义,两者相辅相成、互为成就,正是构成中国叙事的底层逻辑。

3. 从现代化角度看三线建设工业遗产价值

三线建设工业遗产的特点既包含一般文化遗产价值阐释的共性,也具有其自身的特性。从历史价值、文化价值、社会价值、科学技术价值、美学价值等方面来看,三线建设工业遗产的共性是:作为三线建设的见证,三线建设因其反映着中国现代工业文明的进程而具有历史价值;因其体现着当时的生产力水平、工程建设规划、工艺流程等而具有科技价值;因其承载着三线精神以及表征着三线人的精神家园而具有文化和社会价值;其建筑结构和设计也展现着特殊的美学价值;考虑到其特殊的布局与周遭环境,三线建设工业遗产还具有凸显当时时代特色的审美价值,以及可供开发为旅游资源或改造再利用的产业价值和经济价值。

三线建设工业遗产的价值阐释也有其特殊性——它反映着中国式现代化独立自主的根本要求,展示着中国始终坚持和平发展的基本遵循,揭示了中国式现代化推进的根本动力,驳斥了现代化就是西化这一观点。国际上第一部具有共识性意义的工业遗产保护文件《关于工业遗产的下塔吉尔宪章》中明确将"是否与工业革命有关"划定为衡量工业遗产价值的重要标准,《世界遗产名录》也遵照这一标准——在入选的 75 个工业遗产中,发达国家的工业遗产多与工业革命相关联,发展中国家的则以工业革命以前反映本国工业活动或工艺特色为主;日本明治工业革命遗产的申遗成功则再次印证了当前的世界遗产价值评判标准对亚洲工业化、现代化中的西方要素的强调与推崇。这种共识性标准的背后实际上隐喻着一种对西方模式现代化的推崇,也强化着西方模式现代化的唯一性、正统性。然而,西方模式的现代化并不具备唯一性,中国在总结了理论与实践之后已然走出了一条符合本国国情的"中国道路",一条始终坚持党的领导、突破了对西方现代化唯一性和苏联模式藩篱、始终坚持独立自主、和平发展、以人的全面发展为核心的现代化之路,而三线建设工业遗产便是力证,当我们从中国式现代化的视角来阐释三线建设工业遗产的价值时,我们会发现,"独立自主""和平发展""以人为核心"贯穿于三线建设工业遗产的价值阐释始终。

3.1 三线建设工业遗产彰显着中国式现代化中独立自主的根本要求

作为那段历史的载体,三线建设工业遗产浓缩着当时中国在被孤立、封锁环境中的艰难探索历程和在政治、经济、科技、教育等领域的突破、变革与创新。这种在被孤立情况下的突破与发展,正说明了中国式现代化是一种既不同于西方模式也不同于苏联模式的现代化,它既没有像西方模式那样以资本为中心、依靠资本扩张和殖民掠夺来实现现代性,也不像苏联模式那样僵化闭塞、缺乏活力,从这一层面来说,三线建设工业遗产是揭示中国崛起与发展、厘清中国式现代化的绝佳分析案例。

3.2 三线建设工业遗产隐喻着中国式现代化"和平发展"的主旨

近代史上,西方资本主义通过殖民扩张掠夺资源来满足本国的建设需求,其现代化是建立在被殖民地区人民的血与泪之上的。而中国式现代化则走的是一条与西方资本主义现代化截然不同的道路。举全国之力建设中西部欠发达地区,排除万难开山建厂、造桥修路、发展工业,三线建设虽然曾一度被人批评为是"在错误的时间、错误的地点进行的一场错误的建设",其遗产也曾一度被忽视、废弃,但当我们以辩证唯物主义和历史唯物主义的观点结合当时的历史现实看待时我们就会明白,三线时期的高昂投入实则是为后续发展所预付的代价。其遗产在展现当时三线人所面临的诸多困难的同时,也是在暗示不依靠掠夺的现代化之路是何其艰难,这也从侧面力证了中国式的现代化是没有侵略、坚持和平发展的现代化,是依靠人民、为了人民、发展成果由人民共享的现代化。

3.3 三线建设工业遗产是集体主义宏大叙事与微观个体的有机结合

三线精神则是三线建设工业遗产的灵魂,它彰显着中国式现代化进程中人的核心地位,也是增强人民精神力量、促进人的全面发展的重要养料。通过三线建设工业遗产,我们了解到中国当时落后的工业技术水平、工人艰苦的生产生活环境、严峻的国内外形势以及社会发展所面临种种困难,以此可窥见当时三线人创业的艰辛以及乐观顽强的革命斗争精神;我们认识到事物的发展不会一帆风顺,其间总会遭遇这样或那样的波折,后人方知新中国"第一次具有系统性和全面性的中国创新的社会主义工业建设"、"自鸦片战争后至那一时代我国工业建设的最高成就"是多么来之不易。在攀西大裂谷建设成昆铁路,在仅7户人家、方圆2.5平方公里的荒山台地上(弄弄坪)建设"微型钢城"攀枝花钢铁基地,在荒芜凋敝的六盘水建设"江南煤都",在荒无人烟的戈壁滩上建设核工业基地,在峡深流急的波涛中建设水电站……一代人有一代人的长征,"抗争"与"自强"始终是中华民族的时代主题。从抗日战争、解放战争、社会主义改造、三线建设,直至今日,中国人的奋斗目标一直在变,但独立自主谋发展、实现中华民族伟大复兴的决心却从未改变。这种以爱国主义、共产主义信仰为基础的三线精神是三线建设工业遗产的精华,它反映着中华民族的精神追求,体现着人民群众的智慧与力量,更展示着一个国家、一个民族的价值取向、道德规范、思想风貌及行为特征,是树立文化自信、培育民族认同的重要养分。而在这种宏大叙事的背后,是一个个具体的人的奋斗:成昆铁路的通车离不开顾秀、陈远谋、陈延清这些不怕吃苦、不惧死亡的铁道兵指战员;攀钢是依靠聂仲清、周传典这些精益求精的科技人员在反复进行铁矿石烧结实验和还原性能试验的基础上建成的;在061基地第一代防空武器成功研制并投产的背后是无数个求实创新、追求卓越的航天人……三线建设工业遗产直观地体现了工人阶级和知识分子的智慧、信仰与品格,也证明了集体主义的宏大叙事与个人发展是相互成就的——宏大叙事的达成需要无数个体的付出,而个体也在奋斗的过程中得以实现自己的人生价值。当个人理想濒临崩塌时,当功利主义、享乐主义、利己主义冲击着我们的价值观时,三线建设工业遗产的存在能时刻给人以启示与鼓舞,在弘扬革命斗争精神的同时丰富人民的精神世界。

4. 结语

马克思认为,工业较发达国家向工业较不发达国家所展示的只是后者未来的图景,中国用几代人的不懈努力证明了这份图景并不是沙漠中的海市蜃楼,只要找对路线、艰苦奋斗,我们也能绘制出不一样的未来。三线建设作为我国历史上第一次系统性、制度性创新的社会主义工业建设实践,其遗产对于厘清国家崛起、民族复兴的发展历程具有里程碑式的意义。现代化有没有定式?现代化是否仅有西方模式这一种标准?三线建设工业遗产的存在恰恰回答了这些问题,它凝结了中国人最深层次的文化基因和精神追求,凸显着中国探索现代化道路的决心与信心,启发着我们如何根据实际去建设未来,更呈现给世界一份不同于西方的解题思路。

参考文献:
[1] 宋吉玲. 中国式现代化道路形成发展的辩证逻辑[J]. 中国矿业大学学报(社会科学版),2022(4).
[2] 马克思恩格斯. 共产党宣言[DB/OL]. https://news.12371.cn/2018/04/24/ARTI1524553638408468.shtml. 2022-09-22.
[3] 毛泽东. 论人民民主专政[M]. 人民出版社,1960.
[4] 虞和平. 中国现代化历程(第1卷)[M]. 江苏人民出版社,2007.
[5] 陈曙光. 现代性建构的中国道路与中国话语[J]. 哲学研究,2019(11).
[6] 张明. 改革开放与中国话语的创新[J]. 武汉大学学报(哲学社会科学版),2019(2).
[7] 韦拉,刘伯英. 从"一汽""一拖"看从美国向苏联再向中国的工业技术转移[J]. 工业建筑,2018(8).
[8] 李天健. 历史冲击下的工业集聚:来自156项工程的经验证据[J]. 中国经济史研究,2022(1).
[9] 王奇. "156项工程"与20世纪50年代中苏关系评析[J]. 当代中国史研究,2003(2).
[10] 何郝炬,向嘉贵. 三线建设与西部大开发[M]. 当代中国出版社,2003.
[11] 赵丛浩. "先写正楷,后写草书"——毛泽东关于我国核技术研发指示蕴含的工作方法[J]. 党的文献,2022(5).
[12] 赤桦. 三线建设与中国国防现代化[J]. 国防科技工业,2014(5).
[13] 崔一楠,徐黎. 三线建设时期高校迁建述论[J]. 宁夏社会科学,2020(4).

[14] 徐嵩龄. 三线建设工业遗产的意义：基于政治经济学意义上的制度价值认知[J]. 东南文化, 2020(1).
[15] 高晓林, 周克浩. 中国式现代化新道路的建构及其世界意义[J]. 厦门大学学报(哲学社会科学版), 2022(2).
[16] 唐爱军. 中国式现代化的"并联式"逻辑[N]. 中国社会科学报, 2022-04-26(001).
[17] 邹广文. 中国式现代化道路的文化解析[J]. 求索, 2022(1).
[18] 杜华君, 张继焦. 换一个角度看三线建设工业遗产的后工业化转型——结构遗产再生产[J]. 宁夏社会科学, 2022(5).
[19] 《三线建设》编写组. 三线建设[M](内部资料).
[20] 陈夕. 中国共产党与三线建设[M]. 中共党史出版社, 2014.
[21] 薄一波:《论十大关系》形成前后的调查和探索[J]. 求是, 1999(12).
[22] 陈东林. 开放的前奏:"四三方案"及其对改革开放的影响[J]. 中国国家博物馆馆刊, 2019(1).
[23] 段娟. 近20年来三线建设及其相关问题研究述评[J]. 当代中国史研究, 2012(6).
[24] 李彩华, 姜大云. 我国大三线建设的历史经验和教训[J]. 东北师大学报, 2005(4).
[25] 蒲培勇, 唐柱. 西南三线工业建筑遗产价值的保护与再利用研究[J]. 工业建筑, 2012(6).
[26] 吕建昌. 中西部地区工业遗产旅游开发的思考——以三线工业遗产为例[J]. 贵州社会科学, 2021(4).
[27] 俞婷. 把握中国式现代化新道路之"新"的逻辑意蕴[J/OL]. 南京邮电大学学报(社会科学版), 2022(5).
[28] 国际工业遗产保护联合会. 关于工业遗产的下塔吉尔宪章[C]. 国际文化遗产保护文件选编. 文物出版社, 2007.
[29] 杜垒垒, 段勇. 近现代工业遗产的认知与保护之路——兼论我国近现代工业遗产"申遗"的机遇与挑战[J]. 中国博物馆, 2019(2).
[30] 赵潜, 刘力波. 中国式现代化道路的研究现状与深化拓展[J]. 西安财经大学学报, 2022(6).
[31] 崔桂田. 中国式现代化展现人类文明新形态[N]. 中国社会科学报, 2022-09-06(001).
[32] 庞立生. 中国式现代化重构和创新了现代化的发展逻辑[R]. https://mp.weixin.qq.com/s/VHpVlFsNx5Ms60ovo4N2Og, 2022-07-25/2022-10-18.
[33] 陈东林. 三线精神的形成、特点和现实意义, 第三届全国三线精神学术研讨会论文集[C]. 内部资料.
[34] 李锐. 为什么要弘扬中华优秀传统文化——学习习近平总书记关于弘扬中华优秀传统文化重要论述[N], 光明日报, 2019-03-28.
[35] 吕建昌, 莫兴伟. 激情岁月的记忆——聚焦三线建设亲历者[M]. 上海大学出版社, 2021.

三线建设与湖北城市发展战略的调整*

刘金林[1] 杨璐[1] 顾云杰[2] 尹路[2]

（1. 湖北师范大学　2. 上海根盛展览集团有限公司）

摘　要：三线建设改变了湖北工业布局，加速了全省工业化与城市化进程，促进湖北城市发展战略由武黄重工业中心战略逐步向"四区一中心"战略、"金三角"战略、"一特五大"战略、"一主两副"战略以及"一主引领、两翼驱动、全域协同"的全域中心城市群战略转变。湖北三线建设遗留了大量的三线工业遗产。

关键词：湖北三线建设；城市化进程；城市发展战略；调整；工业遗产

1. 湖北三线建设

1.1　三线建设

1964 年 5 月，毛泽东在中央工作会议上提出把全国分为一、二、三线，加强三线作为战略基地。1964 年到 1980 年，我国在内地的十多个省、自治区开展了一场以战备为中心、以工业交通和国防科技为基础的大规模基本建设，称为三线建设。

"一线"指地处战略前沿地区。"三线"地区为全国战略大后方，指长城以南、广东韶关以北、京广铁路以西、甘肃乌鞘岭以东的广大地区，主要包括四川（含重庆）、贵州、云南、陕西、甘肃、宁夏、青海等省区以及山西、河北、河南、湖北、湖南、广西、广东等省区的部分地区，这些地区习惯上称为"大三线"。"二线"是处于"一线"和"三线"地区之间的地区。在一、二线的省区，又划出若干地区为本省区内的"三线"地区，习惯上称为"小三线"。

根据党中央和毛泽东关于加快三线后方建设的战略决策，从 1965 年起拉开大会战的序幕。三线建设的决策和实施，大体分为两个时期：前五年即"三五"计划时期，主要是以西南为重点开展三线建设；后五年即"四五"计划时期，三线建设的重点转向"三西"（豫西、

---

* 基金项目：2022 年度湖北省高校人文社科重点研究基地——资源枯竭城市转型与发展研究中心开放基金资助项目"资源型城市红色工业遗产研究"成果；2021 年度湖北省高等学校哲学社会科学研究重大项目"湖北'三线'工业遗产保护与再生设计策略研究"和"城市意象理念下'三线'工业遗产与乡村旅游结合的发展模式研究"成果。

鄂西、湘西)地区,同时继续进行西南、西北的建设。

湖北省一开始就被列为三线建设的重点省份之一,无论是"三五"时期,还是"四五"时期,国家对湖北的投资是巨大的,加上地方工业配套,"三五"和"四五"时期,湖北投资规模名列全国第二位和第三位。三线建设改变了湖北工业布局,通过这一时期的投资建设,湖北初步建立了国民经济的主要优势产业,形成以钢铁、汽车、电力、化工等为主体的现代工业基地。

1.2 鄂西电力、汽车、石油化工、农用化工基地建设

湖北省把三线建设作为湖北"三五"和"四五"期间基本建设的重点。在建设布局上,围绕三线战略后方的建设,将新建项目安排和分布于郧阳(今十堰市)、襄阳、宜昌、荆州四个地区,贯彻"靠山、分散、隐蔽"的方针。

湖北的三线建设在"三五"计划末期开始大规模地进行,全省建设重点由以武汉、黄石地区为中心逐步向鄂西、鄂西北地区转移。在鄂西、鄂西北地区,国家重点安排了电力、铁路、汽车制造、石油化工等工业部门建设。电力方面,葛洲坝水利枢纽工程开工建设,丹江口水利枢纽工程及黄龙滩水电站,沙市、松木坪中型热电厂,丹汉四回220千伏输变电线路建成投产。铁路方面,焦枝铁路建成运营。机械工业方面,在鄂西北的十堰,第二汽车制造厂开工建设,与之配套的项目,如襄阳轴承厂、东风轮胎厂等十几个机械、化工厂也相继开工建设;石油化工和建材工业方面,江汉油田、荆门热电厂、荆门水泥厂、光化水泥厂相继投产。

1.3 武汉、黄石重工业中心地位进一步加强

在三线建设过程中,虽然国家和湖北省将重点移向西部地区,在武汉、黄石地区投资项目不多,但投资额度很大,国家建设项目仍以重工业为主,武汉钢铁公司开始按照钢、铁各400万吨规模进行扩建和配套,建成武钢"一米七"轧钢工程,改扩建大冶钢厂、黄石电厂,续建大冶有色金属公司及青山热电厂先后开始第三至第五期扩建工程,新建武汉石油化工总厂等。

1.4 "五大会战"促进湖北产业基地的形成

湖北三线建设时期,湖北省以"五大会战"为依托,掀起了现代工业建设的新高潮。这五大会战是:钢铁会战、汽车会战、石油会战、电力会战、化肥会战。通过这"五大会战",湖北省的五大现代工业产业得到长足的发展,形成了五个产业基地。

钢铁会战与湖北冶金工业的发展。其中有国家投资的武钢扩建工程、大冶钢厂改造工程、大冶有色金属公司建设工程,还有一大批中小冶金企业的兴建。鄂东地区武汉至黄石一带形成"鄂东冶金走廊"。

汽车会战与湖北汽车工业基地建设。1967年,第二汽车制造厂动工兴建,以二汽建设为龙头,一大批配套企业陆续建设,汽车工业成为湖北省的支柱产业之一,以十堰市为中心的汽车工业基地形成。

石油会战与湖北石化工业发展。国务院批准在江汉地区开展石油会战,初步形成了

由地质勘探、油田开发、石油炼制、石油机械制造和科学研究等单位组成的综合石油基地。成立了江汉石油管理局,兴建荆门炼油厂、武汉钢铁公司炼油厂、武汉石油化工厂。

电力会战与湖北省统一电网建设。扩建和新建青山热电厂、沙市热电厂、松木坪电厂。丹江口水力发电厂、葛洲坝水力发电厂等大型水电厂,白莲河、富水、陆水等中型水电厂陆续开工和建成。建成丹江四回220千伏输变电线路。一个以高参数火电厂、大容量水电厂和220千伏系统为主,以丹江输变电线路为骨架的湖北统一电网基本建成。

化肥会战与湖北农用化工工业的发展。化学肥料、化学农药、农用薄膜生产等支农产业得到长足的发展。湖北化肥厂、鄂西北工厂、湖北省化工厂等化肥大中型化肥企业相继建成投产。新建和扩建沙市农药厂、武汉市农药厂、沔阳县农药厂等20多个农药厂。

布局在武汉的"一米七"轧机、布局在十堰的"二汽"、布局在宜昌的"葛洲坝"("三三〇"),即湖北"一、二、三"工程,成为湖北工业化成就的主要标志。

1.5 三线建设促进湖北军事工业的发展

湖北省军事工业在三线建设的推动下发展很快。截至1975年,三线建设共兴建、迁建34个部属("大三线")军工单位,其中二机部4个,三机部7个,四机部3个,五机部8个,六机部10个,七机部2个;省属("小三线")军工单位11个。同时,武汉、宜昌、鄂南等地区的军事工业也有了相应的发展。

湖北兵器工业方面,兴建了国营5133、5107、525、295、238、288、5108、809厂和435库等9个;军用舰船工业在宜昌地区兴建了国营403、404、483、388、612厂,迁建了第七研究院第706、710、717研究所,组建了第七研究院鄂西办事处;航空工业方面,有510厂、181厂、520厂、3015厂、610所、605所、322厂、364医院、61仓库、824厂、42所、066基地;军事电子工业有803库、711厂、4404、4504、875厂等。

1.6 "五大铁路干线"推进湖北工业化进程

为服务三线重点工程建设,"三五""四五"计划的10年间,湖北全省相继完成襄(樊)渝(重庆)、焦(作)枝(城)、枝(城)柳(州)、(北)京广(州)复线、武(昌)大(冶)复线等五大铁路干线湖北段工程,以及部分配套支线铁路的建设任务。

铁路干线建设极大地改善了湖北交通基础设施状况,推进湖北工业化进程,带动和支撑湖北工业布局的展开及新兴产业的发展。襄渝、焦枝铁路建成通车,为湖北省工业的西移提供了有利条件。

2. 湖北城市发展进程

2.1 湖北城市发展阶段

湖北是我国历史上最早出现城市的地区之一。民国时期,湖北设立过汉口、武昌即武汉市,长江沿岸的宜昌、沙市、黄石城市化进程进一步加快。1949年新中国成立后,湖北城市发展经历了四个阶段。

2.1.1 初步发展阶段(1949—1957年)

由民国时期1个武汉市,发展为武汉、黄石、沙市、宜昌、襄樊5个,其中省辖市2个、县级市3个。1954年,武汉市由中央直辖市改为省辖市、宜昌市降格为县级市。1955年,沙市市降格为县级市。1957年底,湖北有省辖市武汉、黄石2个。县级市沙市、宜昌、襄樊3个。

2.1.2 曲折发展阶段(1958—1978年)

20年时间仅增加了1个城市,城市发展缓慢,60年代后期国家三线建设新增十堰市,到1978年全省建制的城市仅有6个,其中省辖市3个、县级市3个。1960年,设立县级市鄂城市、沙洋市,1961年,撤销鄂城市、沙洋市。1967年,设立十堰办事处,1969年,撤销十堰办事处,设立十堰市(县级)。1973年,将郧阳地区的十堰市改为省辖市。1978年底,湖北有省辖市武汉、黄石、十堰3个。县级市沙市、宜昌、襄樊3个。

2.1.3 快速发展阶段(1979—2000年)

2000年末,省辖地级市由前期的3个增加到12个、县级市由前期的3个增加到24个,城市数量达到36个。这一阶段城市发展快、变化大,出现快速增长趋势。省辖地级市的增加主要是撤销地区设市或者地市合并的结果,县级市的增加主要是撤县设市的结果。2000年末,省辖地级市有武汉、黄石、十堰、宜昌、襄阳、荆州、孝感、黄冈、咸宁、荆门、鄂州、随州12个,省直管县级市有仙桃、潜江、天门3个,市州管县级市有大冶、丹江口、洪湖、石首、松滋、宜都、当阳、枝江、老河口、枣阳、宜城、钟祥、应城、安陆、汉川、武穴、麻城、赤壁、广水、恩施、利川21个。

2.1.4 稳步发展阶段(2001—2021年)

2020年末,省辖地级市12个、县级市26个,城市数量达到38个。这一阶段城市平稳发展,只增加了2个县级市,即监利、京山。

2.2 湖北城市发展的基本特点

2.2.1 城市发展格局合理

全省城市发展基本上形成与主要交通干线相统一的格局。城市发展基本是沿长江、汉江、汉渝、京广、京九、焦枝铁路为轴线展开,由东南向西北推进。

2.2.2 形成四大城市群

城市空间布局合理,以武汉为中心,形成四大城市群。鄂东形成以武汉、黄石为中心的鄂东城市群,鄂中南形成以荆州为中心的江汉平原城市群,鄂西北形成以襄阳、十堰为中心的汉江城市群,鄂西南形成以宜昌为中心的三峡城市群。

2.2.3 小城市发展迅速

到2020年底,小城市发展到20多个,成为全省经济发展新的增长点,特别是整县撤县建市的方式,便于利用空间,长期发展,尤其是为区域城市化奠定了基础。

2.2.4 实行地市合一、市带县的管理体制

特别是襄阳、宜昌等原有工业基础比较薄弱的老城市,通过三线建设,工业实力逐步增强,实行市带县的管理体制,有力地促进了区域经济的繁荣与发展。

3. 湖北城市发展战略的调整

3.1 武黄重工业中心发展战略

从1949年新中国成立一直到20世纪70年代,湖北城市发展战略的核心是武汉、黄石重工业中心的创建以及鄂东武汉黄石重工业基地的形成。

1952年,中央确定建设大冶钢铁厂为我国第二钢铁工业中心,黄石被确定为全国八大重工业中心城市之一。1953年苏联专家编制的《黄石市区总体规划》,规划市区总面积400平方公里,人口80万人。随着1954年大冶钢铁厂迁址武汉青山,武汉取代黄石成为全国八大重工业中心城市。从20世纪50年代一直到70年代,武汉、黄石成为国家以及湖北省建设的重工业基地。

由于有156项工程前期建设的大冶钢铁厂等前期建设成果、后期武汉钢铁公司的重要组成部分大冶铁矿和武大铁路等建设,以及大冶钢厂、大冶有色金属公司、华新水泥厂、大冶电厂等国家大型重点项目的建设,第一个五年计划完成的1957年,黄石工业总产值超过包头、大同、兰州、洛阳等重点建设城市,增长速度与八大重点建设城市相比排在第三位。当时在武汉兴建了武汉钢铁公司、青山热电厂、武汉重型机床厂、武汉锅炉厂、武汉肉类联合加工厂等重点企业,1957年武汉工业总产值居八大重点建设城市首位。实际上,武黄重工业中心发展战略已经确立。

表1 黄石和1954年确定的武汉等八大重点建设城市工业总产值简表 （单位：万元）

年份	黄石	武汉	大同	兰州	西安	成都	包头	太原	洛阳
1949年	692	25 269	413	359	11 200	10 139	1 031	4 249	1 227
1957年	20 713	145 782	16 845	13 545	71 500	48 418	16 021	54 231	10 148
增长率	2 893%	477%	3 979%	3 673%	538%	378%	1 454%	1 176%	727%

资料来源：黄石数据来自《黄石市志（上册）》(中华书局2001年版,第307页)；包头、大同、成都、武汉、太原数据来自国家统计局城市经济社会调查总队编《新中国城市五十年》(新华出版社1999年版,第153~155页)；兰州数据来自曹洪涛、储传亨主编《当代中国的城市建设》(中国社会科学出版社1990年版,第485页)；1957年兰州工业生产总产值为1956年数据,来自《人民日报》1957年9月24日第5版《兰州工业总产值"1956年较1949年增加了36.72倍"》；西安数据来自《现代中国经济大事典》(中国财政经济出版社1993年版,第2668页)；洛阳数据来自赵建洛主编《洛阳五十年》(洛阳市统计局1999年版,第160页)。

3.2 "城市先导"和"四区一中心"战略

"城市先导"是指中小城市发展战略。1978年以前,湖北只有6个城市,城市布局也

不合理,多数城市集中在长江沿线,而广大的鄂西南、鄂西北、鄂东北、鄂东南地区城市很少,1979年以后,湖北省注意到了城市建设的布局和发展。1979年,将沙市、襄樊、宜昌3个县级市升格为省辖市;1983年,又将荆门、鄂州(鄂城)升格为省辖市。到1988年,全省除特大城市武汉外,已有7个省辖中等城市、21个县级小城市。

"四区一中心"战略是指1983年以后,湖北省积极探索建立以大中城市为中心的经济区,确立全省建立鄂东、鄂中南、鄂西北和鄂西南4个基本经济区,并确立武汉为全省的经济中心。其中,鄂东基本经济区包括武汉、黄石、鄂州3市和黄冈、咸宁、孝感3个地区;鄂中南基本经济区包括沙市、荆门2市和荆州地区;鄂西北基本经济区包括襄樊、十堰2市和郧阳地区、神农架林区;鄂西南基本经济区包括宜昌市、宜昌地区和鄂西自治州。武汉市虽然划在鄂东基本经济区里边,但它是全省的经济中心。

3.3 "金三角"战略

"金三角"是指以武汉特大城市为中心,以沿江大中城市黄石、宜昌、襄樊为顶点,以江汉平原为中部腹地的区域。"金三角"地区资源、经济、技术条件优越,是湖北省经济建设的"黄金地带"。《湖北省国民经济和社会发展"九五"计划及2010年远景目标纲要》指出:以"金三角"地区为重点,完善生产力空间布局。要根据"金三角"地区资源和经济、技术条件的状况,按照地区倾斜和产业倾斜相结合、地区生产专门化与综合发展相结合的原则,选定区域优势产业突破发展,形成合理的地域分工,拓展和完善"金三角"的开发建设布局,加强其对周边地区的辐射功能,带动全省经济的发展。

在1988—2001年间,湖北长江经济带开放开发战略的重点是建设"金三角"地区,"金三角"战略也可以认为是长江经济带开放开发战略的深化和细化,但"金三角"在各种文件或文献中的表述不统一。有时是指武汉—宜昌—襄樊"金三角",有时是指以武汉为中心的黄石—宜昌—襄樊"金三角",有时是指武汉黄石—宜昌荆州—襄樊十堰的双核"金三角"。

3.4 "一特五大"战略

从20世纪90年代初到21世纪初,湖北省一直在实施"一特五大"战略。1993年湖北省第六次党代会明确要求全省建设好一个特大城市武汉,同时努力建成五个大城市:荆州、黄石、襄樊、宜昌、十堰,被概括为"一特五大"战略。1996年《湖北省国民经济和社会发展"九五"计划及2010年远景目标纲要》指出:"在控制特大城市武汉市的发展规模、完善其中心城市功能的同时,重点发展现有中等城市,尽快将黄石、荆沙、襄樊、宜昌、十堰发展为大城市;完善小城市,将中部地区的一部分小城市发展为中等城市。抓好20个县(市)的综合改革试点,把这20个县(市)优先建设为中小城市。"2000年湖北省委《关于制定全省国民经济和社会发展第十个五年计划的建议》中再次指出:"加快形成和完善以武汉为中心,以襄樊、黄石、宜昌、荆州、十堰等五个区域性中心城市为骨干,一批中等城市为依托,一大批县级市和星罗棋布的小城镇为纽带,辐射和带动全省经济社会发展的'金字塔型'城镇体系,加速推进城镇化,提高城市化水平。""一特五大"战略在这一阶段发挥了重要作用,到90年代中后期,荆州、襄樊、黄石、宜昌4个中等城市相继迈进了大城市门槛,填补了湖北省大城市的空档,对城镇体系有所完善。

3.5 "一主两副"战略

"一主两副"战略实施的基础是三线建设促进了襄阳、宜昌经济实力的进一步强大,加上两市实行市带县的管理体制,拥有广大的城市空间与人口优势,这是工业基础条件优越的黄石等城市所不能比的。"一主两副"战略的实施奠定了新世纪湖北振兴的基础。这一战略吸取了"四区一中心"战略、"金三角"战略、"一特五大"战略等各主要城市全面发展的不足,突出武汉城市圈战略中武汉中心城市的主体优势,重点发展襄阳、宜昌,取得了比较好的成效。

2003年9月,湖北省政府《关于加强城镇建设工作的决定》要求"加快省域副中心城市襄樊和宜昌的发展"。2011年6月,湖北省委发出17、19和20号文件,分别下发了加快武汉市、襄阳市、宜昌市跨越式发展的决定,对实施"一主两副"重大战略决策进行了全面部署。总体来看,十年来"一主两副"战略步步深入,推进形势较好。

在湖北省委、省政府的坚强领导和省直各部门的大力支持下,"一主两副"三个中心城市真抓实干,经济发展和社会进步明显。"一主两副"发展带动全省跨越发展的作用十分明显。2012年上半年,武汉市GDP在全国15个副省级城市中跃居第4位,比前些年的第10位前进了6位;襄阳、宜昌实现的GDP已超过中部地区有些省会城市。

3.6 "一主引领、两翼驱动、全域协同"的区域发展战略

随着"一主两副"三个中心城市的经济发展,特别是以前与襄阳、宜昌相当的黄石、荆州、十堰等城市,与两个省域副中心城市的经济差距越来越大,"一主引领、两翼驱动、全域协同"应运而生。

2020年12月,中共湖北省委十一届八次全会提出构建"一主引领、两翼驱动、全域协同"的区域发展布局。"一主引领",就是充分发挥武汉作为国家中心城市、长江经济带核心城市的龙头引领和辐射带动作用,充分发挥武汉城市圈同城化发展及对湖北全域的辐射带动作用。

从"一主两副"到"一主两翼","两副"是点,"两翼"是扇面;"两副"着眼稳定性,"两翼"着眼协调性。从以城市点轴式发展模式优化提升为城市群块状组团、辐射带动的模式,以襄阳、宜昌两个省域副中心为"两翼"的重要引擎,形成雁阵效应。"宜荆荆恩"城市群与"襄十随神"城市群,一南一北,构成支撑全省高质量发展的南北列阵,形成"由点及面、连线成片、两翼齐飞"的格局。该战略最终促进武汉城市圈城市群、"襄十随神"和"宜荆荆恩"城市群的全面发展。

3.7 三线建设促进湖北全域中心城市群战略发展

3.7.1 三线建设改变了湖北工业及城市布局

三线建设改变了湖北工业布局：一是使湖北工业在地区布局上开始由鄂东向鄂西发展。湖北是我国近代工业开发较早的地区之一，新中国成立以前，工业布局主要集中在鄂东南，而广大的鄂西北地区几乎没有什么工业。三线建设的重点项目，落点鄂西北，这就有利于改变湖北工业地区结构畸形、分布不合理、发展不平衡的状况。二是使湖北工业布局越来越接近资源产地。新中国成立初期，湖北的工业主要分布在鄂东南，而矿产、森林、水力、土特产等资源主要分布在鄂西，工业背离资源的现象十分严重。三线建设开始，随着工业布局的西移，就使工业的布局和资源的利用渐趋一致。三是工业布局以几个城市为基点，以交通动脉线为连接，促进了工业各具特色的城市群兴起。如鄂东南武汉、黄石、鄂城以武大线（武昌—黄石）为连接，形成以冶金、建材等行业为主的工业城市群。鄂西北襄樊、十堰以汉丹线（汉口—丹江口）为连接，形成以汽车、电子、轻纺行业为主的工业城市群。鄂西以宜昌等城市为基点，以长江及焦枝线（焦作—枝城）为连接，形成以电力、化工等行业为主的工业城市群。鄂中南以荆州、荆门等城市为基点，以长江为连接，形成以石化、轻纺等行业为主的工业城市群。

经过两个五年计划，一方面，以武汉、黄石为中心的鄂东地区经济实力得到了增强，以重工业为主，特别是以冶金工业为特色的现代工业基地已经初步形成。另一方面，鄂西（北）地区建设速度明显加快，逐渐形成了各具特色的现代工业基地。这些工业基地主要包括，以十堰、襄樊为中心的汽车工业基地，以宜昌为中心的电力工业基地，以荆门为中心的石化工业基地，以枝江、沙市为主体的农用化工基地。鄂西（北）地区工业建设和生产的迅猛发展，较快地提升了西部地区在全省经济发展中的地位。

3.7.2 三线建设促进湖北由武黄战略逐步向全域中心城市群战略发展

三线建设促进湖北武黄重工业中心城市发展战略逐步向"四区一中心"战略、"金三角"战略、"一特五大"战略、"一主两副"战略以及"一主引领、两翼驱动、全域协同"的区域发展战略转变。特别是实施"一主两副"战略以后，武汉中心城市地位进一步提高，并加快建设国家中心城市的步伐。由三线建设发展壮大的襄阳、宜昌成为省域副中心城市以及两翼驱动的中心城市，城市地位得到空前的提高，成为湖北发展最快的两个省辖市。现阶段，支持襄阳加快建设省域副中心城市、汉江流域中心城市；支持宜昌加快建设省域副中心城市、长江中上游区域性中心城市。由三线建设诞生的十堰市成为两翼驱动"襄十随神"城市群的核心城市，支持十堰建设鄂豫陕渝毗邻地区中心城市。由三线建设壮大的荆州、荆门市成为两翼驱动"宜荆荆恩"城市群的核心城市，支持荆州建设长江中游两湖平原中心城市。由三线建设诞生、发展、壮大的十堰、宜昌、襄阳、荆州、荆门、随州等省辖地级市、仙桃、潜江、天门等省直管县级市、丹江口、宜都、当阳、枝江、老河口、枣阳、宜城、钟祥、恩施、利川等县级市促进了湖北城市发展战略的调整，成为湖北现代"一主引领、两翼驱动、全域协同"的区域发展战略布局的主导力量。同时结合国家长江经济带发展战略,推进全域协同发展,支持黄石建设长江中游城市群区域中心城市,促进湖北经济的全面振兴。

4. 湖北三线建设工业遗产的分布

湖北三线建设促进了西部城市的发展,遗留下大量的三线工业遗产,这些工业遗产主要分布在湖北全域中心城市群西部的核心城市襄阳市、宜昌市和十堰市。

4.1 襄阳市三线建设工业遗产及有关企业分布

襄阳市区主要分布有宏伟机械厂(520厂)、卫东机械厂(846厂)、青山机械厂(3015厂)、汉丹机械厂(9604厂)、609研究所、610研究所、文字六〇三厂、襄阳轴承厂、湖北汽车灯具厂、汉江机械厂等。

老河口市主要分布有江山机械厂、光化水泥厂、湖北汽车工具厂、湖北第二汽车电器厂等。

谷城县主要分布有红山化工厂、谷城桥梁厂、红星化工厂、石井机器厂等。

宜城市主要分布有鄂西化工厂、东方化工厂、华光器材厂等。

南漳县主要分布有长坪工具厂(9616厂)、红旗机制厂(9611厂)、漳河机械厂(9626厂)、建昌机器厂(4504厂)、汉光电工厂(4404厂)等。

4.2 宜昌市三线建设工业遗产及有关企业分布

宜昌市区主要分布有葛洲坝水利枢纽工程、宜昌船舶柴油机厂(403厂)、海军第七研究院(715所)、海军第七研究院(710所)、国营江新机械厂(612厂)、湖北华强机械厂(809厂)、827厂等。

枝江市主要分布有国营江峡船舶柴油机厂(404厂)、中南光学仪器厂(388厂)、长江光学仪器厂(288厂)、向阳光学仪器厂(238厂)、712所、717所等。

宜都市主要分布有中南光学仪器厂(388厂)、长江光学仪器厂(288厂)、向阳光学仪器厂(238厂)、工业部第七研究院(712所,代号7013)、工业部第七研究院(717所,代号7018)等。

当阳市主要分布有5710厂。远安县主要分布有066基地等。

4.3 十堰市三线建设工业遗产及有关企业分布

十堰市区主要分布有第二汽车制造厂的各专业厂,包括通用铸锻厂(20厂)、设备修造厂(21厂)、设备制造厂(22厂)、刃量具厂(23厂)、动力厂(24厂)、冲压模具厂(25厂)、水厂(26厂)、热电厂(27厂)、煤气厂(28厂)、车身厂(40厂)、车架厂(41厂)、车轮厂(42

厂)、总装配厂(43厂)、车箱厂(44厂)、底盘零件厂(45厂)、钢板弹簧厂(46厂)、木材加工厂(47厂)、铸造一厂(48厂)、发动机厂(49厂)、铸造二厂(50厂)、车桥厂(51厂)、锻造厂(52厂)、传动轴厂(54厂)、变速箱厂(59厂)、水箱厂(60厂)、标准件厂(61厂)、化油器厂(62厂)、轴瓦厂(64厂)以及东风轮胎厂、黄龙滩水电站等。

丹江口市主要分布有精密铸造厂(55厂)、粉末冶金厂(56厂)、3541厂、3545厂、3602厂、3607厂、3611厂、2397医院、丹江口水利枢纽等。

此外,荆门市的荆门炼油厂、荆门热电厂、荆门水泥厂,潜江市的江汉油田,荆州市的沙市日化、沙隆达,咸宁市的蒲纺等也是重要的三线建设工业遗产企业,还有跨地区的襄渝线、焦枝线、枝柳线、汉丹线等铁路工业遗产。

参考文献:

[1] 徐鹏航主编.湖北工业史[M].武汉:湖北人民出版社,2007.
[2] 陈夕总主编.中国共产党与三线建设[M].北京:中共党史出版社,2014.
[3] 廖长林、秦尊文.湖北区域经济发展战略的历史考察[J].湖北社会科学,2008(1).
[4] 夏振坤、秦尊文.湖北"一主两副"战略与武汉中心城市建设[J].学习与实践,2012(9).
[5] 湖北日报评论员.一主引领 两翼驱动 全域协同——论科学优化区域发展布局[N].湖北日报,2020-12-03.

山地工业遗产景观设计策略研究
——以重庆双溪机械厂为例*

王晓晓[1] 阙 怡[1] 张志伟[2] 杨丹宸[1]

（[1]重庆城市科技学院建筑与土木工程学院 [2]重庆人文科技学院）

摘 要：随着乡村振兴战略的不断深化，山地工业遗产的保护和再利用逐渐得到重视。而山地工业遗产由于选址偏远、缺乏交通基础及废弃工业建筑存量大、时间久等因素，往往难以有效开发利用，造成资源浪费、遗产衰败和转型困难等诸多问题。本文梳理了乡村工业遗产的由来；分析了山地工业遗产的现状及机遇，得出乡村山地工业遗产保护意识薄弱、乡村山地工业遗产利用难度大、利用率低的结论；以重庆市綦江区双溪机械厂工业遗产景观设计为例，从"生态激活""空间优化""文化传承"三个方面入手，探寻了乡村山地工业遗产景观设计的思路。

关键词：山地人居；乡村振兴；工业遗产；景观

工业遗产是我国特殊的文化遗产，蕴含了珍贵的物质文化资源与非物质文化遗产。国内对山地工业遗产关注不够，相关文献仅从分析保护现状、建议等出发展开研究，如赵万民等分析了重庆山地工业遗产的构成和特征①；周亮亮、陆韵羽梳理了西南山地工业遗产的概况②；齐秦玉等借助"城市双修"理念论述了山地工业遗产展开生态修复、城市修补的更新策略③。总之，现有研究虽然关注到山地工业遗产的重要性及特征，但对具体的开发策略研究较少，特别是关于景观设计的研究极少，因此，这成为本文将要探讨的重点。

重庆是国内少有的保存开埠时期、抗战时期、新中国建立后"一五""二五"时期及三线建设时期工业遗产的城市，拥有悠久的工业历史，在国内工业遗产中具有特殊性。重庆在保护和利用工业遗产方面高度重视，2017年至2022年，重庆编制形成《重庆市工业遗产保护与利用规划》《重庆市关于在城乡规划建设中加强历史文化保护传承的实施意见》，对

---

* 基金项目：重庆城市科技学院2021年校级科研项目。
① 赵万民,李和平,张毅.重庆市工业遗产的构成与特征[J].建筑学报,2010(12).
② 周高亮,陆韵羽.西南山地历史文化遗产保护与利用初论[J].四川文物,2017(3).
③ 齐秦玉,阎波."城市双修"理念下的山地滨水工业遗产保护及再利用初探——以重庆市1862洋炮局片区规划为例[J].建筑与文化,2021(3).

重庆主城及郊区的所有工业遗产（含仓储）进行摸底、认定和开发，建立了重庆市工业遗产价值评价体系，逐一分析、评定各工业遗产的历史价值、科技价值、社会价值、艺术价值、稀缺性价值。

重庆的基本市情为"大山区"，其原因为重庆山地面积共 6.2 万平方千米，占市域面积比重约为 75%，比全国的平均比重高出 30 个百分点以上。在彭水等区县，山地面积占比甚至达到 99% 以上。山地工业遗产正是独特的地貌及时代环境下的产物。因此，选取重庆的山地工业遗产进行研究具有地区和历史的特殊性。

1. 山地工业遗产的现状及机遇

1.1 山地工业遗产的现状

1.1.1 乡村山地工业遗产的由来

在 20 世纪 60 年代中后期，三线建设的开展成为加强战备、逐步改变我国生产力布局的一次由东向西转移的战略大调整。建设重点在西南、西北地区，共计有 1 100 多个"数字"企业，在我国西南、西北地区刮起了基本工业生产建设的旋风。为了应对不断变化的形势，全国各地山村的隐蔽地点开始建立军事工厂，以备不时之需。如 816 工程（重庆涪陵）、风华机器厂（贵州遵义）、庆光电工厂（四川眉山）、晋林机械厂（重庆万盛）等军事工厂均选址山地而建。90 年代后期，城市中的大量传统老工业企业被改制搬迁到偏远的乡村，同三线建设中的乡村工业形成集群式工业社区。但随着城乡结构的变化，产量任务的减少，企业体制的僵化、厂区位置的偏远等问题日趋凸显。为适应新形势，国家提出"关、停、并、转"的方针推动乡村工业调整。随着时间的推移，遗留下来的工业建筑和设备便成为难以处理的乡村山地工业遗产。

1.1.2 乡村山地工业遗产保护意识薄弱

与已有的城市工业遗产保护与再利用的成功案例相比，乡村地区对山地工业遗产采取的保护措施屈指可数。一是因为位置偏远地区的经济效益少，管理方对其不够重视；二是因为涉及的保护建筑面积较大、设施设备类型较多，专业管理人员缺乏，管理难度较大；三是因为尚未形成有效的乡村山地工业遗产保护与再利用措施，此类成功案例较少，无参考借鉴依据。仅阎波在 2014 年发表的《山地工业遗产更新策略初探——以绵阳市朝阳厂工业遗产保护规划为例》《"共生"理论在山地工业遗产保护中的应用》，高明于 2018 年发表的《山地工业遗产改造更新文化创意产业园策略探析——以绵阳市 126 文化创意园保护规划为例》为川渝三线乡村山地工业遗产提供理论补充和实践参考。

1.1.3 乡村山地工业遗产利用难度大，利用率低

由于三线建设时期选择的厂址进山太远、进洞太深，布局过于分散，普遍存在频发严重的滑坡、泥石流、山洪等自然灾害的问题。加之交通运输不便、生产协调配套困难、生产成本高、产品市场竞争乏力、信息不灵、投资环境差、职工队伍不稳定、人才流失严重等问

题的凸显,已经不能满足新兴企业的经济发展,也难以获取新的开发方的青睐,以至于此类厂房遭到闲置,土地空间和周边环境资源遭到浪费。同时,乡村基础建设落后,如道路路面因年久失修而坑洼不平造成交通不便、建筑残缺老破存在较大安全隐患、缺少较为舒适的公共集会场所等。而城市的快速发展吸引了大量的青壮年前往务工定居,剩下大批老年人和儿童留守乡下,使曾经热闹融洽的乡村日益萧条冷清。乡村地区的工厂搬迁和停业也使得乡村山地工业区的整体活力下降。因此,相对于城市,乡村山地工业遗产利用难度大,利用率也极低,山地工业遗产文化也难以保留。

1.2 乡村山地工业遗产的机遇

2005年,习近平总书记首次提出"金山银山不如绿水青山"的重要论述,提出了发展经济和保护生态之间的辩证关系。党的十八大以来,习近平总书记多次强调"绿水青山就是金山银山","两山理论"已成为引领我国走向绿色发展之路的基本国策。2018年制定的《乡村振兴战略规划(2018—2022)》,要求"贯彻新的发展理念",将乡村资源要素盘活,释放发展活力,创新乡村产业类型,提升乡村文化影响,从根本上解决乡村发展问题。2019年2月中央一号文件《中共中央国务院关于坚持农业农村 优先发展做好"三农"工作的若干意见》首次提到"允许在县域内开展全域乡村闲置厂房、废弃地等整治,盘活建设用地重点用于支持乡村新产业新业态和返乡下乡创业"和"强化乡村规划引领,编制多规合一的实用性村庄规划"。基于这一发展背景,"新农村""美丽乡村""乡村旅游"等多种形式的乡村建设逐渐开展,乡村的基础设施和环境条件的改善也直接影响着乡村工业遗产的保护与再利用。国家宏观政策对乡村资源和乡村工业遗产的重视,为乡村山地工业遗存的发展和研究提供了空前的机遇。如今的乡村正处于快速发展和产业结构转型期,对乡村山地工业遗产如何进行有针对性的规划和引导,使之有效地服务于乡村经济社会的发展进步;如何保护、开发和利用乡村山地工业遗产都是值得我们探讨的课题。而面对大量的乡村山地工业遗产,更加迫切地需要发展思路的探寻。

2. 綦江双溪机械厂工业遗产背景及现状

重庆是我国重要的工业城市,国家重要的现代制造业基地,也是三线建设的重要地区,拥有悠久的工业历史。2017年12月,《重庆市工业遗产保护与利用规划》确定的96处工业遗产名录中就包含綦江双溪机械厂。

2.1 项目背景

綦江双溪机械厂,代号147工厂,位于重庆市綦江区打通镇双坝村,属于小鱼沱与打通煤矿之间的张家坝山区,距离重庆市区173公里。因厂区位于洋渡河和石龙河两条小溪交汇的山谷中,因此命名"双溪"。

双溪机械厂属机器制造与兵器制造门类，1965年6月开工兴建，1966年7月基本建成，在23年的时间里面，共计组装出了超过5000门大炮，为国家国防事业作出了重要贡献，有力支持了对越南的自卫反击战。80年代中期，双溪机械厂等诸多三线厂纳入调整计划。1988年，双溪机械厂整体搬迁到巴南区鱼洞，进入边基建、边搬迁、边生产的艰苦时期。1998年，双溪机械厂搬迁完毕。2003年合并入新设立的重庆大江工业集团，原厂址就变成了遗址。双溪机械厂作为三线建设中的重点项目，是我国三线工业以及兵器工业发展的重要历史见证，有较高的历史文化价值和科学价值。

2.2 项目现状

三线建设选址的原则是"近水、靠山、分散、隐蔽"。工厂利用河流自然冲积的山谷谷地建设厂房，并利用西南地区的喀斯特地形，因地制宜地在一些巨大的山体溶洞中建设秘密厂房从事军工生产。工厂建设有厂区、两个家属区（一区、二区）和自来水厂，配套有幼儿园、子弟小学、子弟中学、技工学校、附属医院、大集体、电影院等。高峰时期工厂的正式职工逾3000人。目前双溪机械厂厂区人去房空，景象萧条，但厂房的材质、基本骨架和其所围合的空间依然存在（图1）。当年的家属区住宅楼房、学校、技校、车间等保存较好，厂区里当年写的标语、表扬栏还依稀可见（图2），表达出那个时代语言的特色以及工业建筑独特的姿态。

图1　双溪机械厂厂区入口　　　　　　图2　双溪机械厂临山家属区

双溪机械厂内部的建筑以20世纪60—80年代为主，主要为大跨度的厂房车间、5~7层的家属区住宅、2~5层的学校以及生活服务附属类建筑（如电影院、澡堂、室内活动中心等）。建筑布局依地势而定，在群山之间形成狭长的带状。建筑肌理较为凌乱，且密度较高，反映出早期建设缺乏统一规划，仅根据生产需求及职工数量的增加而不断加建。建筑质量上，车间厂房整体保存较为完好，部分已租赁为仓库堆放货物；住宅、学校等建筑常年空置，大部分门窗损坏严重（图3、图4）。总的来说，双溪机械厂内的建筑类型丰富、数量较多、大部分保存较好，能与周边山地地形有效契合。

厂区生态环境优美，地貌复杂，高差较大，属于典型的喀斯特地貌。场地呈狭长带状，东西走向，南北两面山势陡峭。地势整体东高西低，场地内部及周边均有河流经过。厂区

图3 双溪机械厂大跨度生产车间　　图4 双溪机械厂办公大楼

绿化多为周边自然山体绿化覆盖，植被茂盛，物种多样，形成良好的自然风光带，很好地将场地掩映。厂区内部人为参与改造的绿化较少，且呈分散式布局。主要出现在厂区大门入口两侧、入口广场中心，主要建筑景观节点处，彼此之间缺乏有效的联系。由于缺乏有机组织、疏于管理，使其秩序感较差、成景性较低（图5、图6）。此外，建筑与绿化之间的协调性较差，缺乏有效呼应。

图5 双溪机械厂资源环境现状　　图6 双溪机械厂建筑环境现状

双溪机械厂对外交通联系相对较弱，现从外界进入基地的主要入口位于东侧赶梨路，与省道S104相连，由于山地地形的原因，道路呈自由状布局。西侧无车行道往外通行，不与乡道相接。厂区内道路沿等高线自由布置，能形成环通式道路布局，但缺乏系统规划。道路质量保存较好，但道路宽度不统一，无路肩、无专项道路排水设计，人及运输车辆混行，存在一定交通安全隐患（图7）。因此，在设计中需要对道路进行重新梳理及规划，满足其通达性的同时也要考虑实现场地内各功能的联系。

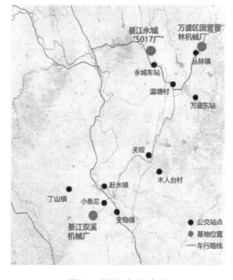

图7 周边交通分析

2.3 周边资源梳理

双溪机械厂周边自然资源丰富,植被多样化,盛产红梅、五倍子以及柳杉,生物种类繁多,有诸如赤眼蜂、白鹤、啄木鸟等。风景旅游资源有古剑山风景区、翠屏山景区、青山湖尚古村落、黑山谷风景区、奥陶纪主题公园等。且享有深厚的历史文化资源,如农民版画、永城吹打、横山昆词和石壕杨戏。

綦江双溪、永城以及万盛的丛林镇这三个地点工业历史悠久,工业遗产丰富,且相隔距离不远,通达效果良好,周边旅游资源丰富,对后期银色旅游规划路线的建立有着良好的基础。(图8、图9)

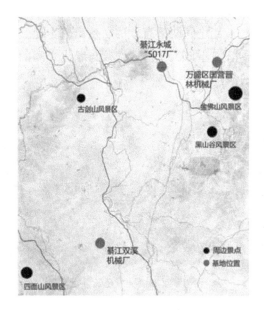

图 8　周边工业遗产布局

图 9　周边旅游资源布局

3. 双溪机械厂的改造策略

乡村山地工业遗产旅游主要以厂区的现状、工艺生产过程、工人生活旧址、企业文化、工业场所等有关要素进行旅游资源的理解和拓展来吸引游客的一种新兴旅游形式。工业旅游开发模式既能满足场地的经济价值,通过展示乡村山地工业遗产的历史资源为游客塑造不同于自然景观的旅游地,在完成乡村山地工业遗产保护的同时,又增强了民众对乡村山地工业遗产保护的意识。

双溪机械厂的改造设计通过结合场地本身的工业遗产资源和自然资源,以"重塑工业记忆""延续山城记忆""打造生活记忆"为主题,注重乡村山地工业遗产的历史脉络、产区特色和环境特点,综合考虑周边居民及游人的活动行为空间需求。改造设计旨在将过去因工业排放被破坏的生态环境进行修复与激活;保留厂区建筑物与构筑物,并对其进行修缮及改造,赋予建筑承载乡村山地工业遗产文化的深度体验空间,使场地功能层面实现从"单一"到"多元"的服务转变。结合以上设计定位及原有的生态环境,将策略展开为三大板块,满足全年龄段不同人群的需求。

3.1 生态激活

3.1.1 湿地修复

场地周边的湿地呈带状且多分散式布局,湿地间没有连续性,难以形成较好的景观,也难以发挥湿地生态作用。通过挖填方计算,将大小湿地联系在一起形成较为完整的湿地水系景观,保证湿地生态的有效运行(图10);搭建由重力层、结构层、基质层和植被层为主的综合性生态浮岛,构建具有丰富生态效益的湿地景观(图11)。通过设置生态廊桥,打造可观、可游、可参与的湿地景观,提升场地的游玩性及亲水性,形成一个水清树绿、物种丰富、多维游憩体验的空间场所。

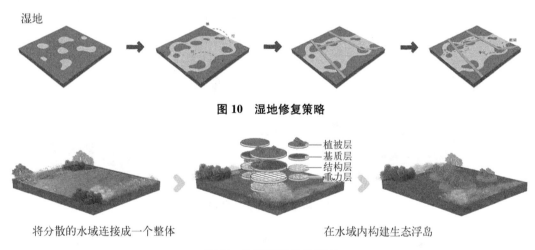

图 10　湿地修复策略

图 11　生态浮岛构建策略

3.1.2 驳岸重构

场地中的驳岸多为斜坡式自然驳岸,景观层次感较差,边界感较弱,且不能达到汛期防洪目的。通过水域淹没分析、自然消落带分析、现有植被及土壤特点分析等,将不同位置的驳岸进行划分,采用功能对接方式分段分批设计强针对性驳岸形式。例如,在河水较为湍急处设置垂直式驳岸,架设安全围护设施,保证游人安全;在较为平缓的河道,设施阶梯式驳岸,在给予游人充分的亲水空间的同时也考虑到不同水位下的驳岸景观处理;在场地原有植被、土壤及微生物条件都较好的河道,采用弹性生态驳岸,保护原有良好生态的有序发展(图12)。在较为开阔的河道将驳岸与悬挑的栈桥结合,进一步提升与大自然的亲近感。与驳岸形成一定高差的栈桥,使游人获得不同的观景视线,丰富观景体验(图13、图14)。

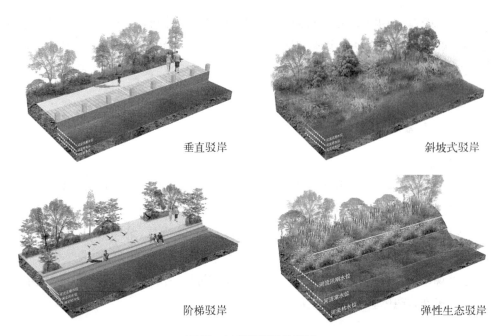

图 12　三类驳岸重构策略

图 13　构建生态廊道及台地景观

图 14　生态廊道效果图

3.2 空间优化

双溪机械厂的空间优化主要基于山地特色及工业特色展开,通过对总体布局、功能定位,实现整体规划空间的延续性与结构的完整性;通过对建筑单体的修复与改造,保证建筑与山势的有机结合。

3.2.1 整体规划

将空间结构融入整体规划。在双溪机械厂整体规划中提出"一心、三线、五块"的空间结构。"一心"为双溪机械厂工业遗产保护核心,通过对场地中轴带上工业建筑物及构筑物的保护性设计,体现该项目设计的本底,即"以保护性设计优先的工业遗产景观设计",中轴带即为在东西方向上规划的主轴线,从东部入口进入广场贯穿整个厂区,以西部2号洞口为场地设计制高点,实现空间的延续。"三线"结合了游览的时间序列和空间序列,为三类人群提供的场地游览方式,分别是为青少年提供的研学路线、为青中年提供的休闲路线、为老年人提供的回忆路线。通过空间路线延伸让不同年龄阶段人群更好地体会改造后的乡村山地工业遗产。"五块"为结合区域状况,融入五大功能板块。该项目景观改造设计后的功能定位是以旅游、居住、科普、生态及遗产保护为主。即依托双溪机械厂工业遗产的改造设计,契合该地区休闲旅游、科普教育的功能定位,形成"生态块""文创块""科普块""休闲块""旅居块"五大板块,把整个厂区作为綦江区及周边的一个重要旅游节点(图15)。

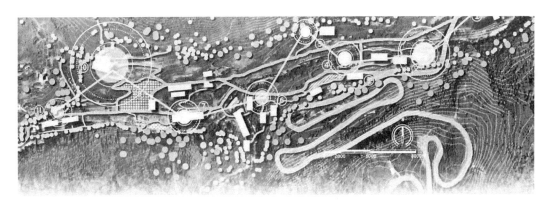

图 15　双溪机械厂总平面图

3.2.2 建筑修复

原厂房车间结构完整,但外墙及部分门窗有所损坏,使整体建筑形象老旧破败。建筑修复部分,将拆除周边危险的建筑和围墙,保留旧建筑,以继承与拓展原有的建筑元素为设计本底,既维持建筑原有的风貌,又符合时代发展与需求。对于需要修复的建筑单体,在保持原有的青砖、黑瓦屋顶等工业建筑独有的建筑风貌的基础上,加入新的结构或材质,实现建筑功能的多元化。如改变办公大楼外立面结构,使墙面外阔且形成平台,有通透的过渡空间;对损坏建筑的屋顶用钢化玻璃进行修补,增加光照面积和光源来向,可用作阳光展厅等多功能室内空间(图16)。

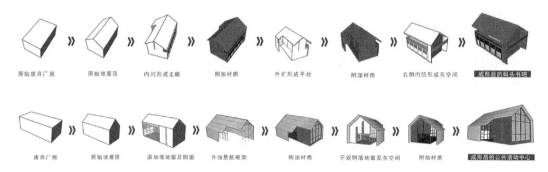

图 16　建筑修复策略

3.2.3　建筑连廊

由于山地条件的影响，场地内建筑布局散乱，无秩序感。对部分厂房和车间的改造，留出钢架结构，保留工业特色；对分散的厂房，加设高度不同的廊道作为连接建筑群的纽带，打破厂房建筑之间的封闭状态，增强建筑空间的连通性；对地形坡度过大、不宜加设廊道的地段，采取各种方法尽可能保护其自然地形地貌，减少土石方量，由此来形成丰富的空间层次和建筑群体效果，体现出鲜明的山地特色。建筑景墙的设计，可以使室外活动空间更加多元化。同时在建筑周边增加绿地与设施形成新的场所，打造特色历史博览区，设置展览馆、博物馆、演艺厅，激发场地活力，唤醒人们对乡村山地工业遗产的保护意识（图 17）。

图 17　建筑连廊设计

3.2.4　系统绿带

环山的自然环境给场地本身提供了较好的植物资源，在保留的原有山体绿化带基础上，绿化景观的设计需强调场地与周边的呼应及其绿化景观的完整性。设计通过主轴线的中心绿带贯穿与点状绿化环绕，将双溪机械厂遗址融于自然空间结构之中，实现整体与部分的共生。各厂房车间之间、各院落周边，利用原有植被，形成大小不一、层次丰富的组团绿化。同时丰富立面景观，在建筑连廊或阳台处形成绿化景观节点，从而弱化建筑形态，呼应山地地形，形成"一轴多点"的辐射状立体绿化景观。

3.3　文化传承

乡村山地工业遗产景观设计并非单纯的空间改造和功能置换，因其所处的地理环境、历史人文与自然环境的特殊，其山地历史文化价值、山地景观价值以及山地生态环境价值也较为独特。乡村山地工业遗产保护更新利用，应如何尊重原有的格局、结构和特色，保护传承工业文化,如何将其转化为传承工业文化并实现可持续发展的"文化产品",是设计的重点和难点。优秀的工业文化传承能够延续社会记忆,增强遗产地居民的身份认同感,促进乡村投入工业遗产的保护与更新。工业文化不仅包括与工业发展直接相关的文化,如工业史、工艺和技术流程等,还包括工业化进程塑造出来的某种社会文化和价值观。因此,在文化传承方面,结合游览的时间序列和空间序列,为青少年人群设计研学路线、为中年人设计休闲路线和为老年人设计回忆路线,有利于获得各年龄阶段人群的共识。

其中对废弃的工业建筑加以改造而修建的以三线建设为主题的博物馆和展览馆,为工业文化的传承提供必要的空间载体,起到科普教育作用。博物馆和展览馆提供一定空间,陈列能够体现工业文化的图片和实物资料,或是展示工艺流程或技术,能让人感受到浓厚的工业的氛围。而工业建筑本身也具有鲜明的时代特征和美学特征,比任何文字或图片资料都更能让人们感受到工业文化的存在。在工业遗产的更新过程中,将有价值的要素保留下来,让人们更加深刻地理解一个地区工业文化形成的原因和过程,从而对工业文化的传承起到促进作用。对双溪机械厂遗留的工业构筑物——试炮场中的挡墙,改造形成文化景观,增强沉浸式的文化体验。对部分附属功能性建筑,修复后打造 SOHO 创意产业园,为文创产业的孕育及周边艺术活动的开展提供相对经济的工作场地,从而吸引相关文化活动在此地的开展,以巩固和丰富场地的文化属性(图18)。

图18　以"三线建设"为主题的展览馆设计

4. 结语

双溪机械厂工业遗产景观的设计,不仅是在乡村振兴战略下改变了乡村山地中的工业遗产,也不仅是为人们提供更多维度的旅游方式。其景观设计应使得乡村中环境恶劣、衰落的地区得到修复和再利用，并注重对山地工业遗产的保护、工业文脉风貌的延续，让设计后的工业遗产真正融入并实现其价值。双溪机械厂工业遗产景观设计将作为先行示范点，再在其周边选取多个乡村山地工业遗产点进行联合设计，实现多点连线带动全面发展，形成银色旅游线路中的重要一环，同时拉动乡村振兴建设。

在"乡村振兴"战略背景下，乡村山地工业遗产的社会价值、经济价值和人文价值应得到重新挖掘和认可。选取一批具有代表性、时代特色鲜明的乡村工业遗产，紧密结合各种形式的景观建设，打造乡村建设文化空间样本，进行保护性开发，服务于国家"乡村振兴"战略，是当前乡村工业遗产进行更新改造的首要任务。而随着乡村振兴战略的不断深化，乡村产业结构的转型，面临着乡村环境保护和乡村文化复兴的重要使命。乡村山地工业遗产的规划保护中，应该根据不同地区、不同文化特点来探索适宜的方式，了解当地的发展情况以及工业建筑与周边环境的关系，尽可能地保护原有地区的环境，用恰当的方法和策略去解决乡村振兴战略背景下的乡村山地工业遗产转型之路，为乡村山地工业遗产的保护与再利用提供方法与路径。

参考文献：

[1] 关于调整各省、市、自治区小三线军工厂的报告[Z].上海市档案馆馆藏,档号：B1-8-178-26,1981-6-4.
[2] 阎波.山地工业遗产更新策略初探——以绵阳市朝阳厂工业遗产保护规划为例[J].西部人居环境学刊,2014(1).
[3] 阎波."共生"理论在山地工业遗产保护中的应用[J].建筑与文化,2014(7).
[4] 张宇明."共生思想"下川渝地区三线工业遗产更新策略研究[D].重庆大学,2015.
[5] 新华社.中共中央国务院关于坚持农业农村优先发展做好"三农"工作的若干意见[EB/OL].http://www.gov.cn/zhengce/2019-02/19/content_5366917.html
[6] 新华社.中共中央国务院印发《乡村振兴战略规划（2018—2022）》[EB/OL].http://www.gov.cn/xinwen/2018-09/26/content_5325534.html.
[7] 张学成.双溪机械厂,深山里的大炮总装厂[N].重庆日报,2017-12-3(3).

基于国土空间规划"一张图"的三线建设工业遗产空间数据库建构研究

——以绵阳两弹城为例

黄莞迪[1] 向铭铭[2] 喻明红[3]

（1. 四川省国土空间规划研究院
2. 西南民族大学建筑学院，通讯作者
3. 西南科技大学土木工程与建筑学院）

摘　要：在全国各省市县全面推进国土空间规划体系的过程中，"一张图"的地理空间数据库实现了多部门信息共享及协同工作。基于此，本文拟为工业遗产入库提供一套标准化制图模式的参考，并通过数据库的建立对工业遗产现状进行保护及再利用研究。本文以绵阳"两弹城"三线建设工业遗产为研究对象，制定三线工业遗产数据库相关制图标准，研究数据库构建流程。利用GIS技术建立与"一张图"系统协同的三线建设工业遗产地理空间数据库，以期为各地三线工业遗产入库提供参考，能从要素空间化、规划协同化及评估动态化的角度对三线工业遗产进行保护和再利用。

关键词：三线建设；工业遗产；GIS；地理空间；数据库

1. 引言

2018年国务院机构改革方案提出，不再保留国土资源部，组建自然资源部。新组建的自然资源部整合了原国土资源部、国家海洋局、国家测绘地理信息局、国家发展与改革委员会、住房城乡建设部、水利部、农业部和国家林业局的相关职责。2019年，第十三届全国人大常委会第十二次会议审议通过《中华人民共和国土地管理法》修正案，增加第十八条：国家建立国土空间规划体系。经依法批准的国土空间规划是各类开发、保护和建设活动的基本依据。为掌握区域内的资源状态，将资源数据进行科学高效的信息化监管，国土部提出了国土"一张图"的基础定义，即将遥感信息、土地利用状态、基本农田数据、矿产数据、变化信息和基础地理数据等多方面进行整合。由此，按照统一建库标准和逻辑集中原则将不同类别和专业的多源异构数据进行整理组合，形成国土"一张图"的核心数据库,是实现国土资源全覆盖监督与管理的关键步骤。

2021年,自然资源部、国家文物局为深入贯彻落实党中央、国务院关于加强历史文化遗产保护工作,把文物保护管理纳入国土空间规划编制和实施的指示要求,联合印发《关于在国土空间规划编制和实施中加强历史文化遗产保护管理的指导意见》(以下简称《意见》)。《意见》指出,未来的历史文化遗产空间信息将纳入国土空间基础信息平台。各地文物主管部门要会同自然资源主管部门,在第三次全国国土调查和第三次全国文物普查的基础上,进一步做好文物资源专题调查和专项调查,按照国土空间基础信息平台数据标准,结合建立历史文化遗产资源数据库,及时将文物资源的空间信息纳入同级平台,建立数据共享与动态维护机制。《意见》还指出,在市、县、乡镇国土空间总体规划中统筹划定历史文化保护线,并纳入国土空间规划"一张图"。

三线建设工业遗产作为历史文化遗产的重要组成部分,是一处亟待挖掘的"文化宝藏"。作为中华人民共和国成立以来社会史和工业史和的一部分,其重要的历史价值显而易见。作为城市文化和城市精神的象征,"三线人"的情感归属,其重要的社会价值十分突出。以"816洞体工程"为代表的三线建筑,其宏伟、特别的建筑美学价值,见证了三线建设者征服大自然的人类智慧。因此,建立三线建设工业遗产数据库,对其进行全方位、动态化的管理和保护研究是全国各历史文化遗产保护单位亟待进行的工作。

2. 两弹城三线工业遗产概况

2.1 两弹城基本介绍

中国两弹城建设于20世纪60年代,原为九院(中国工程物理研究院)院部旧址,是我国的第二个核武器研制的总部。院部机关从1969年搬迁至此,在此常驻了23年,完成的核试验多达29次。在两弹城诞生了于敏、王淦昌、邓稼先、朱光亚、陈能宽、周光召、程开甲等杰出"两弹一星"功勋奖章获得者,张爱萍、李觉等将军都在此留下了足迹。至今,仍完整保存着档案馆、大礼堂、办公楼、模型厅、邓稼先旧居、情报中心、将军楼等60年代建筑物及国魂碑林、防空洞等众多纪念实物,在第三次全国文物普查中,被列入全国100大文物新发现之列。

2.2 两弹城区位状况

两弹城坐落于四川省绵阳市梓潼县城西郊长卿山脚下(图1),与梓潼县城隔江相望;距离梓潼县城约3公里,距绵阳市约45公里。其东起潼江、西至何家湾、南临长卿山、北倚西记沟。长卿山为场地制高点,由多级平台逐级降缓。

2.3 两弹城三线工业遗产情况

2.3.1 三线工业遗产构成
三线工业遗产可分为物质遗产与非物质遗产。物质形式的三线工业遗产主要由单体

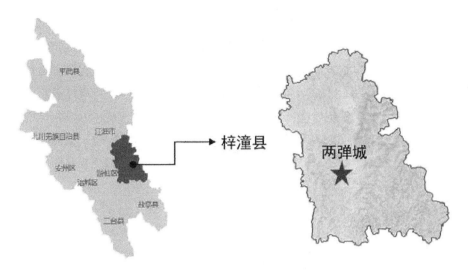

图 1　两弹城区位示意图
（来源：作者自绘）

设施、环境要素等构成，单体设施分为建筑、构筑物、装备设备等，即各类工业厂房建筑、工业专用辅助建筑以及工业专业服务建筑，工业生产设备、工业储存设备、交通运输设备，生产构筑物、辅助或相关构筑物；环境主要由自然环境和人工环境构成，即湖、河流等自然环境和生产作业场所、交通运输通道等人工环境。非物质层面有三线工业生产的技艺以及相关的名人文化、精神等（图2）。

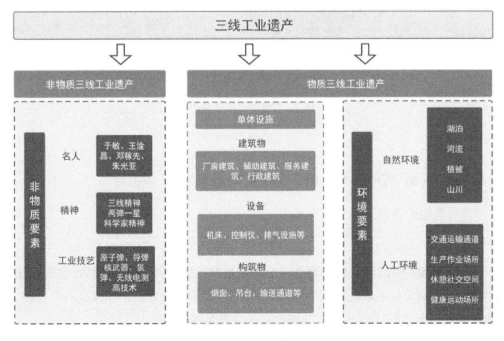

图 2　两弹城三线工业遗产构成要素
（来源：作者自绘）

2.3.2 三线工业遗存建筑情况

经实地勘察,将两弹城整个区域划分为"生产区、生活区、行政办公区、特殊区"四个板块。其遗存建筑规模庞大,共计 81 处,建筑面积约 5.19 万平方米。包括生活区共 41 栋建筑,建筑面积约 2.81 万平方米,主要建筑包括迎宾楼、聚变厅等;行政办公区共 23 栋建筑,建筑面积约 1.86 万平方米,主要建筑包括大礼堂、图书馆、王淦昌故居、陈能宽故居、邓稼先、李英杰故居、将军楼、两弹历程馆等;生产区共 17 栋建筑,建筑面积约 0.52 万平方米,主要建筑有印刷厂、小车班等。特殊区为一条长近 1 公里的防空洞(图 3)。

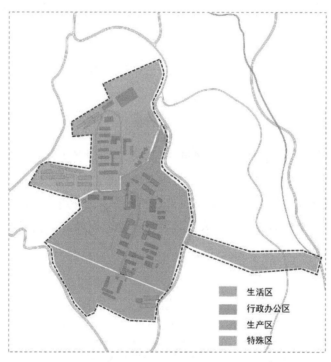

图 3 两弹城分区示意图

(来源:作者自绘)

3. 基于"一张图"的两弹城三线工业遗产数据库构建

3.1 数据库建设原则

3.1.1 规范化原则

对纸质档案、网络信息、现场调研情况等信息进行梳理、补充和完善,形成包括图形、属性等内容的规范化整理成果。参考《市级国土空间总体规划数据库规范》,结合绵阳市当地的实际情况,对三线工业遗产数据库进行整理和扩展。

3.1.2 完整性原则

成果数据库要求具有总结性和概括性,在数据库建设过程中,要按照相关规范构建,包含满足数据库标准的全部信息，不缺不漏。

3.1.3 一致性原则

数据信息必须与数据库建设前保持一致，经核实属于原始数据错误的，不能修改数据，应当通过建立标识的方式进行记录标记，确保数据的一致性，待后续业务的过程中对数据进行修正更新。

3.1.4 图属一体化原则

建成的数据库各类空间数据格式、数据坐标系统等要一致，图形数据与属性数据的描述要对应，保证数据的图、属正确关联，实现一体化管理和"以图管地、以图搜地"的目标。

3.2 数据信息收集

通过文献阅读法、现场调研法、问卷调查法和互联网信息收集法等方式，制定了调研计划，实施调研与信息采集。其中，采集的信息内容包括三线工业遗存原名称、更新利用后名称、地理位置（经纬度），三线工业遗存建筑尺寸、结构、层数、质量、更新利用模式、功能、保护级别等（表1）。

表1 两弹城三线工业遗产调研信息表

三线建设工业遗产（遗存）原名称		
三线建设工业遗产（遗存）更新利用后名称		
地理位置	区位位置	
	核心定位坐标	经度
		纬度
遗存建筑	尺寸	
	结构	
	层数	
	质量	
	保护等级	
	功能	
基地环境	自然环境	河流、山地、绿地等
	人工环境	道路、广场、休憩场所、运动场所等
更新利用模式与方法		
文物保护单位级别		

续　表

非物质文化遗产	名人
	精神
	工业技艺

依据两弹城内多方调研结果，对收集的信息数据进行筛选，确定研究样本 48 项。对数据进行分类整理，根据内容将其分为图形信息、属性信息以及超链接附属信息三部分，汇总形成两弹城三线工业遗产综合信息集。

3.3　制定数据库建设标准

根据《市级国土空间总体规划数据库规范（试行）》确立三线工业遗产数据库的入库标准、图层架构和上图内容，以期细化国土空间总体规划数据库要素，提高数据库的针对性和可操作性，为全国各地三线建设工业遗产入库提供一定的借鉴意义。

3.3.1　数学基础

本数据库采用"高斯-克吕格"投影，采用国家标准分带，采用"2000 国家大地坐标系"，采用"1985 国家高程基准"。

3.3.2　数据库结构定义

数据库结构定义应符合以下基本规则：

（1）图层名称采用中文命名，一般采用全称，名称较长时可采用关键字名称。

（2）属性表名采用字母命名，一般采用名称汉语拼音首字母命名，名称较长时采用关键字的汉语拼音首字母命名。如出现属性表名重复，调整其中的一个。

（3）属性数据结构字段类型描述中，Char 表示字符型，Float 表示双精度浮点型，Int 表示长整型。

3.3.3　三线建设工业遗产"一张图"图层内容

三线建设工业遗产"一张图"包含三级图层，与 gis 平台地图上的矢量图形呈一一对应关系。其内容主要参考《市级国土空间总体规划数据库规范（试行）》和相关历史文化遗产保护规划内容进行制定，为三线数据库提供参考和指导（表 2）。

表 2　两弹城三线工业遗产"一张图"图组内容

一级图层目录	二级图层目录	三级图层目录
两弹城三线工业遗产保护区（范围线＋卫星底图）	历史风貌区	河流
		绿地
		道路
		广场

续 表

一级图层目录	二级图层目录	三级图层目录
两弹城三线工业遗产保护区（范围线＋卫星底图）	文物保护单位	文保建筑本体
		文保保护范围
		文保建设控制地带
	历史建筑	历史建筑保护对象本体
		历史建筑核心保护范围
		历史建筑建设控制地带

3.3.4 三线工业遗产空间要素属性数据规范

三线工业遗产要素的属性是通过属性表的形式呈现每项三线工业遗产的具体内容，属性表的制定主要以《市级国土空间总体规划数据库规范（试行）》为标准。属性表的类型可分为基础信息属性表、文物保护单位属性表和历史建筑属性表。

基础信息属性表包括三线工业遗产保护区要素代码、行政区代码、行政区名称、名称、所在行政区、类别、范围以及河流、道路等环境基础性信息。

文物保护单位和历史建筑属性表包括名称、位置、尺寸、结构、层数、面积、质量、级别、利用情况等信息。其相关空间要素属性数据规范见表3。

表3 两弹城三线工业遗产空间要素属性数据规范

属性表名称	字段名称	字段代码	字段类型	字段长度	小数位数	值　域
基础信息属性表	要素代码	YSDM	Char	10	/	/
	行政区代码	XZQDM	Char	12	/	/
	行政区名称	XZQMC	Char	100	/	/
	名称	MC	Char	100	/	/
	所在行政区	SZXZQ	Char	2	/	/
	类别	LB	Char	2	/	95①
	范围	FW	Float	2	/	/
	河流	HL	Float	15	2	＞0（单位：米）
	道路	DL	Float	15	2	＞0（单位：米）

---

① 在《市级国土空间总体规划数据库规范（试行）》的代码表29中规定，95为工业遗产代码。

续 表

属性表名称	字段名称	字段代码	字段类型	字段长度	小数位数	值域
文物保护单位/历史建筑属性表	名称	MC	Char	100	/	/
	位置	WZ	Float	15	/	/
	尺寸	CC	Float	15	2	>0(单位：米)
	结构	JG	Char	12	/	/
	层数	CS	Float	15	2	>0(单位：层)
	面积	MJ	Float	15	2	>0(单位：平方米)
	质量	ZL	Char	12	/	/
	级别	JB	Char	100	/	10/20/30/40①
	利用情况	LYQK	Char	100	/	/

3.4 两弹城三线建设工业遗产数据库的建立

3.4.1 矢量数据入库

通过GIS导入两弹城三线建设工业遗产属性信息（两弹城三线建设工业遗产属性信息Excel表格），根据其中各遗存点的经纬度坐标，加载各遗存点点位，加载各遗存点点位时选择北京五四坐标系。

3.4.2 影像数据入库

选用地图下载器下载绵阳市梓潼县两弹城的地图，下载器可自动生成所下载地图4个顶点的经纬度，当地图导入GIS文件时，会自动生成4个角点的笛卡尔坐标系坐标。笛卡尔坐标系为平面坐标系，而北京五四坐标系为椭球面坐标系，因而需要将地图从平面坐标系向椭球面坐标系进行投影转换。利用GIS的投影转换工具（Georeferencing工具—view link table-load）加载需要匹配的4个点的平面坐标和相对应原图片4个角的经纬度进行匹配。

3.4.3 超链接数据入库

超链接数据即通过调研形成的点位属性信息表列出的项目以外的发展演化历程、现状照片等内容。其制作步骤是，将每个点位信息作为一个网页文件存储，其属性信息统计表的某个字段为文件的存储路径。表格导入GIS后，可通过选择识别"文字图片"列作为参考项，使网页文件可以超链接的形式加载入GIS。

以上步骤完成，建立起两弹城三线建设工业遗产数据库，具体成果见图4、图5。

---

① 代码10代表全国重点文物保护单位，代码20代表省级文物保护单位，代码30代表市（县）级文物保护单位，代码40代表一般不可移动文物点。

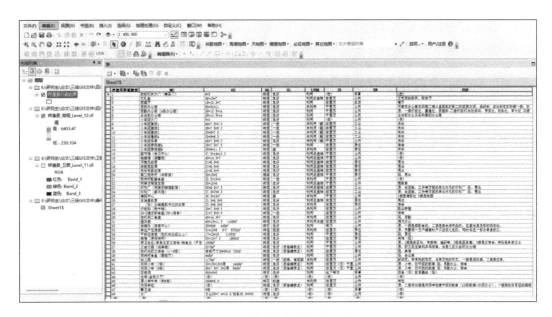

图 4 两弹城三线建设工业遗产 gis 数据库

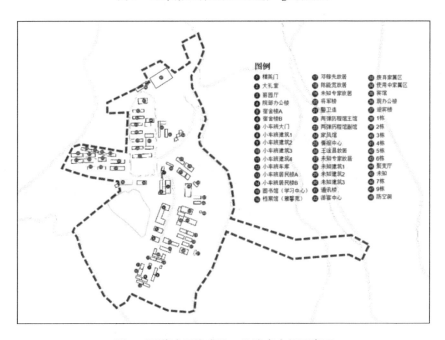

图 5 两弹城三线建设工业遗产空间要素图

4. 两弹城三线工业遗产数据库运用

4.1 实现三线工业遗存建筑的分级分类保护

根据 GIS 数据库的空间分析功能,可得出不同属性建筑的空间分布状态,此功能可实现三线工业遗产建筑的分级分类保护。对美学价值高、承载有历史事件、建筑外观特色突出且保存完好的遗存建筑实行重点保护，对具有一定历史意义、艺术价值、外观保存基本完好的遗存建筑实行一般保护。

4.2 面向"多规合一"的决策支撑技术

"多规合一"是国土空间规划的基本定位，"一张图"的概念不仅仅是建设多种数据的数据库集合，而是信息化的综合平台和智慧化的管理系统的建设，是数据的整合和传递的承载物，是规划数据维护管理、规划成果合并与展示的平台。依托现有GIS数据库，可建立三线建设工业遗产资源信息化管理平台，平台可与其他相关规划的信息联动，对相关空间要素进行"落地"管理和用途管制，加强对三线工业遗产资源及周边环境的整体保护。

4.3 促进公众参与的保护模式

建立三线工业遗产在线数据库，能使政府、专家和公众更多地了解掌握三线工业遗产的情况，这将大大提高三线建设工业遗产保护的公众参与度。未来，还可打造我国三线工业遗产信息共享服务平台，其信息搜索的公开化、透明化和信息上传的及时性、全民性，使每个人都能参与到三线工业遗产的保护中来。

5. 结论

本文中论述的历史文化"一张图"只是构建了保底线的基本框架和配套工作规范。随着对城市开发管理的精细化，数据库内容也将更为细致和多元，包括细化到对于建筑形体、建筑色彩、内部空间改造等规定；从建筑的建成到拆除全生命周期的数据记录；国土空间规划和"多规合一"背景下融合对接其他规划的技术与行政机制等，都对三线建设工业遗产"一张图"带来了新的要求和挑战，未来还需要根据新形势、新问题不断完善与提升，更好、更高效地辅助三线工业遗产的保护和规划的管理审批工作。

参考文献：
［1］段正励,刘抚英.杭州市工业遗产综合信息数据库构建研究[J].建筑学报,2013(S2).
［2］吕建昌.三线工业遗产的特点、价值及保护利用[J].城乡规划,2020(6).
［3］青木信夫,张家浩,徐苏斌.中国已知工业遗产数据库的建设与应用研究[J].建筑师,2018(4).
［4］魏佳楠,吴勇,林华剑,龚祎垄,宋昀,傅俊豪.基于WebGIS的自然资源"一张图"管理信息系统设计与实现[J].计算机应用与软件,2020(9).
［5］张家浩,徐苏斌,青木信夫.我国工业遗产信息采集与管理体系建构总述[J].城市建筑,2019,(19).
［6］张家浩,徐苏斌,青木信夫.基于GIS的北洋水师大沽船坞保护规划前期中的应用[J].遗产与保护研究,2018(3).

三线工业遗址的旅游开发如何深入人心？
——基于多重视觉机制下景观生产的思考

王　灿

（武汉轻工大学）

摘　要：本文以湖北宜都几处亟待开发的三线工业遗址为个案透视景观生产机制。研究发现，三线工业遗址的景观生产同时受到"驻足凝视""闲逛扫视"两种具身视觉机制的作用，每种机制产生身体与眼睛间独特的配合方式，生产出不同的可见性和不可见性，为不同身份的观者创造出到达、渡过、悬置的差异化空间体验，以此实现三线工业遗址作为怀旧性仪式空间的功能。虽然两种机制都是从观者的需求出发对三线工业遗址的他者化再现和怀旧性表达，但它们对"他者"和"过去"的呈现并非确定和统一，而是展现出不同的面孔和意义，由此决定了观者与工业遗址之间流动的空间关系以及一种暧昧的记忆，这也揭示出景观生产实践中更为动态和复杂的视觉与空间政治。

关键词：记忆；三线工业遗址；视觉文化；视觉机制；景观生产

近些年来，随着国际社会对于工业遗址保护的越来越重视，在联合国世界遗产委员会的推动下，通过了用于保护工业遗产的国际准则《关于工业遗产的下塔吉尔宪章》《都柏林原则》以及《亚洲工业遗产台北宣言》。这三份会议宣言的发布，也标志着人类进入工业文明之后的工业遗址保护列入了文化保存的史册。尽管在各种文化背景下工业遗址通常都是怀旧的场所，但是当怀旧（nostalgia）表述为中文的"怀念"时，两者之间的联系变得更加直接。中文的"念"可作"念想"和"纪念"两重解读，正是这种一语双关，让"怀念过去"成为新一轮"工业遗址改造"的话语资源，而改造的重点就是大规模发展旅游。短短几年内，一批原本鲜为人知的工业遗址被打造成"新型景区"的代言者，吸引大批的游客前来观光度假。在这一新的发展模式下，工业遗址原来的日常生活空间被彻底转变为可被售卖的景观。面对这一文化现象，我们不禁要问：工业遗址何以成为景观？成为怎样的景观？这种景观又在产生怎样的记忆？

要回答以上的问题，我们首先要将作为文化心理和个人体验的"怀旧"与作为旅游产业符号资源和产品的"怀旧"区别开来。作为一种现代症候的怀旧已经超越了人类自然普适的情感,成为帮助人们转移现代性所带来的情绪危机的工具。怀旧与现代性看似矛盾,实则在许多方面迎合着现代性的内在逻辑。"怀旧"的本义是一种因思念而生的愁绪。现代怀旧的产生从某种程度上是从"心"到"眼"、将看不见的情绪变成看得见的风景的文化改造过程。而眼睛在"感知分配的政治"中成为王者[1],或者说"眼睛的暴政"[2],这正是现代性深藏的特质。正是这种发生在身体和感官层面的现代化转型使得"怀旧"成为现代工业遗产利用与改造的一个重要门类。

本文的实证材料主要来自笔者在湖北省宜昌市宜都县所属的几个三线工业遗址所做的田野调查。像全国绝大多数三线建设一样,笔者所调研的宜都几个三线工业遗址也是自厂址废弃后,长期与世隔绝,无人问津。当地相关部门也一直致力于重新规划开发相应的工业遗址,但由于各方面原因,一直未能拿出较好的方案。而笔者对此也有自己的思考,如果"成为可见"(becoming visible)是现代怀旧的重要特征,那么挖掘其"可视性"(visibility)的生产机制便成为认识当下怀旧旅游或相关研究现象的一大关键。基于这一分析,本研究选择从视觉文化研究的角度切入这一复杂的现象。其重点不在于发现"怀旧"的实质究竟是什么,而在于剖析当下三线工业遗址在未来规划和亟待建设中,如何利用好"怀念",进而让人看见。

1. 旅游开发中两种具身视觉机制下的景观生产

身体的卷入不可避免地要求我们将旅游地从二维的画面还原到立体的空间,身体与空间的关系成为视觉分析的出发点。美国著名旅游理论学者马康纳(MacCannell)[3]用仪式的观点将旅游定义为一种世俗朝圣,将旅游地看作类似寺庙、圣坛的仪式空间。其不仅强调了身体运动在旅游中的核心地位,也暗示出旅游目的地所具有的多重空间性。人类学家特纳亦告诉我们,仪式并不是一个静态的文本,其神圣力量来自身体经过抽离、渡过和回归三个不同阶段的运动过程后所产生的净化感、释放感和归属感。在这一过程中,身体与仪式空间并不是简单的到达和相遇,而是在运动的过程中相互生成和转化。仪式的阶段性过程是以身体的空间变化为条件的,仪式的三个步骤意味着身体对同一仪式空间存在着三种不同的空间感知:一是"到达的空间",身体通过确认到达此空间来实现从原有空间的抽离;二是"渡过的空间",仪式地点并非长期栖居地,身体在这里不为永久的停留,而是通过,并且是按照仪式过程所提供的脚本通过这一空间;三是"悬置的空间",这是

---

[1] Rancière J. The politics of aesthetics: The distribution of the sensible[M]. London and New York: Continuum, 2006: 14.
[2] 马尔科姆·安德鲁斯. 张箭飞、韦照周译. 寻找如画美: 英国的风景美学与旅游,1760—1800[M]. 译林出版社,2014: 74.
[3] MacCannell D. The tourist: A new theory of the leisure class[M]. New York: University of California Press, 1976: 13.

仪式空间阈限性（liminality）的集中体现。在这一层面上，仪式空间将常规的社会规范和秩序悬置，甚至颠倒，允许身体进入虚拟的脱序状态，让人们暂时"换一种活法"。

旅游目的地的仪式功能也必须通过这三重空间性得以实现，这就决定了游客的身体须以不同的方式介入同一个旅游目的地。首先，身体的"到达"将游客的运动方式呈现为跨越两地的"旅行"（trip）。这一过程有着明确的出发地和目的地，也有着清晰的去程和回程，"行"是手段，"停"是目的，旅游地是身体的停顿处和行程的终点。其次，作为一种"渡过的空间"，游客在旅游地之内移动的方式不再是从起点到终点的"旅行"，而是由多点串联而成的"游历"（tour）。在"游"的状态下，"行"与"停"相互交织、互为手段和目的。旅游地不再整体地被压缩成线路的终点，而是展开为由多个站点所组成的线路，它一次次将停顿的身体唤醒，让它始终保持流动。最后，当旅游地作为一种"悬置的空间"时，它则邀请游客进入"游戏"（play）的状态，享受阈限性带给他们的另一种可能性，日常生活中的习俗与规则在这里被暂时抛在一边，以一种回归山野的无拘无束让人达到类似节日庆典时的纵情狂欢。

正像仪式过程是由抽离、渡过和回归三个阶段共同完成，旅游地的仪式功能也必须通过"旅行""游历"这种运动方式才能得以展演，由此带给游客"到达""渡过"和"悬置"等不同的具身性空间体验。这样的空间体验并不是工业遗址空间所固有的，也与当地人的日常生活状态大相径庭。那么究竟是哪些文化技术创造出了这些不同的空间性？身体运动和视觉分别在其中扮演着什么样的角色？它们又是如何被组合在一起的呢？

2. 驻足凝视：三线工业遗址景观生产的内核

如前所述，当旅游地被视作"旅行"的终点时，身体进入一段旅行后的停顿状态，而身体的驻足自然带来视点的相对固定。同时，作为"到达者"的游客倾向从"家"与旅游地的二元对立关系中来解读旅游地的意义。他们一方面会积极寻找旅游地与自己日常生活空间的差异性和距离感，另一方面会强调旅游地本身的整体性和一致性，而忽略其内在的异质性，以便作出总体和明确的判断，获得确定无疑的心理认知。这便意味着景观生产需要创造出游客与地方的距离感，并形成看者与被看者之间的单向和控制的关系，使游客可以根据自己的心理预期对眼前的景物作诠释。在这种空间关系下，便产生了"驻足凝视"的具身视觉机制。

在宜都几个三线建设遗址中，身体的到达感首先是通过在工厂门口的厂门来实现的。尽管这些多年未打理的厂门已经斑驳不堪，但是依然能从其现有的格局和规模看出当年的风貌，如238厂的厂门，像笔者这样的调研者或探访者经过这里时一般都会下车稍作停留，摄影留念，表明自己终于到达目的地。强烈的视觉冲击有效地将厂门内外塑造成两个截然不同的世界，为眼睛提供了一个取景框，规定着视线的中心和边界。这不仅是空间的边界，也是时间的边界：从到达之时起，游客的眼睛开始用一种不同于日常生活的框架来解读眼前看到的一切,这也指明了如何在一开始去设计新旧格局中怀旧纪念之场的进入之门。

三线工业遗址能够让人产生"驻足凝视"欲望之所在就是其多为背靠大山,有"登高望远"之便。如笔者所去 612 厂就可依山而上,上至山顶处,沿溪流蜿蜒分布的厂址就尽收眼底。这样的优势就在于可同时利用地形条件在人与景之间拉开足够的距离,置观者于景观之外,达到居高临下、一览无余的凝视效果。一般而言,如有类似这种独一无二的观景视角之处,也几乎所有旅客的必到之所,而且他们往往在这里停留的时间最长。

为了满足游客从整体上认知乡村的心理需求,同时也为了着意突出过往工业与现代城市空间的差异,景观开发的另一项重要内容是对工业遗址景物的可读化和主题化改造,即从工业遗址原本复杂多样的景观中提炼出某种特点并加以突出和放大,让原本模糊的空间变得清晰可辨,生产一个"会说话的环境"(talking environment)[1]。如宜都 238 旧址中井然有序的生活区、工作区、休闲区,依山而建的房屋都具有相对统一的风格,这样在后期改造中也相对简化了部分程序。

凝视的对象不仅是物,也包括人。一个活的"原生态"是必须靠当地人(或者是老职工)演出来的,于是当地人的生产和生活必须根据游客的眼睛来重新安排。为了迎合外来游客的眼睛,厂区的意义从原有职工的生活来源变成游客消费的工业风光,色彩和图案代替品种和产量成为判断工业生产价值的标准。但由于目前宜都地区这些三线工业遗址尚未有现成的开发实例,所以目前宜都地区三线工业遗址中利用较好的也只是对一些离城区尚近、房屋保存较好的厂区进行房地产租赁改造,更多的是针对原来的老职工或者有养老需求的用户而言,如 403 厂。如有旅游开发的需求,则需进一步在这一方面下功夫。

3. 闲逛扫视:三线工业遗址景观生产的外延

当旅游地被生产成"通过"的空间时,它唤起的不再是身体的停顿和视点的单一固定,而是身体的游走以及眼睛对过程、细节和变化的跟踪式关注,由此产生了"闲逛扫视"的具身视觉机制。

闲逛是一种独特的行走方式,它的目的不在于跨越距离,也不必有明确的目标,更不追求速度,其最大的乐趣是行走过程中对周围的人与事保持一种若即若离的兴趣。波德莱尔和本雅明笔下 19 世纪巴黎拱廊的闲逛者就是这种行走方式的典型代表[2]。在他们看来,这种行走方式正是现代人格的完美写照,是人们面对既丰富又陌生、既充满各种可能又危机四伏的都市环境时所产生的心理特征和行为方式。实际上,美国学者约翰·厄

---

[1] Dicks B. Culture on display: The production of contemporary visitability[M]. London: Open University Press. 2004: 22.

[2] Benjamin W. Charles Baudelaire: A lyric in the era of high capitalism[M]. London: NLB. 1973: 1.

里本人也意识到"19世纪的城市闲逛者是20世纪旅游者的先驱"[①],他借用美国学者苏珊·桑塔格关于闲逛与摄影关系的论述,说明闲逛不仅是一种身体的运动,也生产着一种视觉方式。但是他并没有分析这种视觉方式的特殊性,而是将之笼统地归到了"游客凝视"之中。其实闲逛者的视觉方式与凝视存在着本质差别。当波德莱尔评论闲逛者的艺术时,特意将这种流动的视觉方式与照相机所代表的固定影像进行对比,指出两者代表着完全不同的视觉文化[②]。因此用凝视来描述闲逛者的视觉方式不免有些南辕北辙。准确地说,它应该是一种扫视。这种扫视仅仅是视线的移动,而闲逛者视线的移动是由身体的移动所带动的。这种行走中的扫视与现代交通工具所带来的"旅行扫视"(travel glance)也不尽相同。人在乘坐火车和汽车时虽然位置在移动,但真正移动的是交通工具,人的身体恰恰是停顿的。眼前的风景虽然是活动的,但那是经过车窗剪裁后的风景,盯着车窗的视线其实是被动和固定的。相比之下,行走的身体为眼睛提供了更加多样灵活的视角,速度的放慢也为大脑留下更多的欣赏和思考空间。

正如19世纪巴黎的闲逛者是特定的城市街道空间的产物,闲逛在21世纪的中国也绝非是自然现象,而是对空间进行微妙的组织化和商业化的结果,在未经旅游干预的田间、湖边、海滩或荒原,人们是不可能享受这种行走方式的,游客之所以可以在一些已经改造过的工业园区享受到类似在城市街道和商店里的闲逛,正是因为存在着游步道这一具身性文化技术。

类似238厂、403厂等三线工业遗址实际上也有其沿溪而成的游步道,从下坝通向县级公路的入口一直延伸到上坝,串联着厂区住房。严格地说,它是一种具身视觉设施,可以一边方便行人的脚步、一边服务观光者的眼睛,并将两者有机地结合在一起。游步道在原有的基础上向厂区深处延伸并将整个厂区联成一体,现如今加宽的水泥路面让各种车辆可以长驱直入,将这些遗址改造成一个不再内外有别的开放空间,甚至将许多属原有居民后台生活的空间也搬到了前台,许多居住区的前后庭院也成为游步道的必经之处。此外,三线建设原有路面的平整和坡度的平缓也让步行变得平滑和畅通,可以设想未来如果开发得当,那些游客走在上面也无须像走在土路或山路上那样留意路面的坑坑洼洼和高低起伏,这样让人可以腾出眼睛左顾右盼,使"边走边看"成为可能,让初来乍到的游客在陌生的厂区环境中也能闲庭信步。

这样的"边走边看"形成了独特的视觉体验。如果"驻足凝视"强调的是对当下和眼前事物的控制和把握,"闲逛扫视"则总是要"超越当下的可见而去预见未来"[③]。它不仅将

---

① Urry J. The tourist gaze: Leisure and travel in contemporary societies[M]. London and Newbury Park: Sage Publications. 1992, p. 162.
② Friedberg A. Window shopping: Cinema and the postmodern[M]. Oxford: University of California Press. 1993, p. 60.
③ Shields R. Visualicity: On urban visibility and invisibility[J]. Visual Culture in Britain, 2004, 15(1): 26.

自己的欲望投射到眼前的景物中,更要不断地想象和追求新的视觉刺激,对未见事物的期待和对眼前事物的欣赏并行不悖。当然,行走中的游客会时不时地在自己感兴趣的地方停留,但是不会在任何一个景点待太长的时间,因为总有下一个景点在等着他们。为了满足这一需求,必须采取另一种景观建设的策略。如果说"凝视"的原则是整合——将原本异质的空间生产成一个统一的整体,"扫视"则强调打散——通过多个景点的安排和布局,突出景区内部的多样性。

这种多元化的处理在很大程度上打破了凝视机制对工业遗址整齐统一的景观呈现,身体的移动和视点变化也让固定僵化的三线建设印象变得流动起来。但多中心不等于无中心,看似多样的选择其实是精心筛选的结果,看似轻松自由的闲逛同样包含着对身体的规训。人们在景区的行走路径是经过游步道严格规划的,在各个景点的所见所闻也是商业打造的结果。虽然闲逛的确让视角和视点更加多元,也让观者在物理上更加接近观察对象,呈现更多细节和过程,不像驻足凝视那样的居高临下和冷漠旁观,但是这种接近是有限度的。由于总是受到"下一个景点"的诱惑,游客并没有太多耐心和兴趣对某个对象深入观察和了解,而是反复地游离在"介入"和"抽离"之间。距离仍然存在,只不过变得更加微妙和动态。

4. 三线工业遗址的多重面向

所有怀旧式表达都是某种形式的"做旧",在当下生产出一个令人怀念的过去。三线工业遗址旅游的独特之处在于将时间的感知空间化,让游客通过身处乡间回到时间上的"过去"。在这里,过去不再是幻想,而成为身临其境的"现实"。作为"三线旅游"目的地的原三线遗址不仅代表着"家"以外的"别处",也代表着"现在"之前的"过去"。本文所着重探讨的两重具身视觉体制在创造游客与"别处"的多重空间关系时,也表达出对"过去"不同的想象。

在驻足凝视机制下,三线工业遗址空间被压缩成一段行程之后的终点和目的地,在景观上强调清晰确定和完整统一,这种身体状态和视觉方式也生产出时间上的定着和停滞,过去由此被想象成一个遥远而固定的标本。整齐划一的厂房、住宅所代表的"旧"并不指向任何一个具体的历史阶段,更像是从《山楂树之恋》中走出来的热火朝天的奋斗之所,永远充满着昂扬斗志。

在闲逛扫视机制下,三线工业遗址空间被展开成一条多点连成的线,身体和视觉的流动在打破有关三线工业的固定影像的同时也让"过去"变得不那么唯一和永恒。在宜都现存的三线工业遗址上,我们可以清楚地观察到至少三个不同版本的"过去":保存完好的厂房和宿舍所代表的"工业过去"、基于宜都地区的"三线建设"历史的"红色过去"以及寄托着大批知识青年的青春回忆的"他乡过去"。就目前国内旅游市场来看,红色旅游主要依靠单位组织,而以个体和家庭为单位的游客才是现在旅游市场的主体。因此,"红"+

"工业"+"记忆(怀旧)"如何并存、如何打造,实则也是未来三线工业遗址利用与开发的关键所在。利用好多个"旧",它们的并存不仅可以吸引不同年龄和文化背景的游客,也让怀旧的"看点"从一到多,从点到线。

如此多元的面孔让人不由联想到美国学者斯维特兰娜·博伊姆对怀旧的剖析①。她从怀旧(nostalgia)一词的语义组成——"家"与"渴望"(home+longing)——中推演出两种类型的怀旧:恢复性怀旧(restorative nostalgia)与反思性怀旧(reflective nostalgia)。前者强调"家"(home),即"家""过去""传统"的真实存在和价值,竭力保护、找回和复兴,并因无法真正找回而感到忧伤;后者则强调"渴望"(longing),即对已经失去的、无法得到的事物的"渴望"。正因为人的渴望恰恰会因得到渴望之物而消失,所以为了保持渴望的热度,这种"怀旧"并不急于真的要回到过去,也未必因为回不去而忧伤。它始终与过去保持着模糊的、将信将疑的、若即若离的态度,甚至享受着这种态度。博伊姆同时指出,恢复性怀旧极力保护一个绝对的传统,鼓吹民族和宗教复兴,而反思性怀旧则指向多个地方和时间,对主流的记忆叙事表示质疑,为被压抑的集体与个体记忆留下空间②。从以上的分析中我们不难看出,如果只看到驻足凝视机制所生产出的那种永恒和统一的过往,当前的三线工业遗址旅游开发似乎在表达一种恢复性怀旧,但是如果注意到另外两种具身视觉机制的影响,反思性怀旧的因素就会浮出水面。正如博伊姆指出的,这种怀旧的目的不是真的要回到某个确定的共同过去,而是通过回望不同的过去反思过去究竟是什么,并生产一种对过去的持续渴望。从这个意义上或许我们可以认为,尽管当下很多地区的三线旅游完全是由官方主导的自上而下的文化工程,但当它与现实发生碰撞时,实际生产出的"怀念"并不像人们想象的那样统一和僵化,其内部依然充满着多元性和张力。

5. 结语

综上所述,三线工业遗址旅游开发若能对原有空间的视觉化改造,其改造的过程不仅仅是对视觉文本的生产,更是对具身的视觉方式的生产。在这一过程中,三线遗址对游客的可见性并不是沿着"游客凝视"的单一线条展开的,而是同时受到"驻足凝视""闲逛扫视"等机制的共同作用。每一种机制下身体与眼睛以独特的方式相互配合,生产出独特的可见性和不可见性,为游客创造出到达、渡过、悬置的差异化空间体验,以此实现三线工业遗址作为怀旧性仪式空间的功能。这种由身体与视觉相互配合而成的具身视觉机制不仅形成旅游景观生产的多重维度,也带来了对"怀念"的多重解读。虽然该机制都是从旅客的需求出发对乡村的他者化再现和怀旧性表达,但它们对"他者"和"过去"的呈现并非确定和统一的,而是展现出不同的面孔和意义,由此决定了游客与三线工业遗址空间之间多样和流动的关系。

---

① 斯维特兰娜·博伊姆. 杨德友译. 怀旧的未来[M]. 译林出版社,2010:49.
② 斯维特兰娜·博伊姆. 杨德友译. 怀旧的未来[M]. 译林出版社,2010:50.

虽然本文更多的只是一种设想与初步思索,但在现实中,视觉文化机制的运作是无处不在的,也是融为一体的。比如在现实旅游中,每一处"驻足凝视"的观景台并不孤立地存在,它们同时也是"闲逛扫视"线上的一个点。游客被引导着不断地在机制之间自由转换和移动,他们的身体时而停顿、时而行进,视线时而近看、时而远观,思想时而沉思、时而放空。这种并存和交织或许能为三线工业遗产旅游开发出更为深刻的本质:在"守住传统"和"保护遗产"的外表下,三线旅游的重点并非是要重建和保留某种确知的"三线"和"过去",而是让人对"三线"和"过去"产生持续的想象和渴望。在多重并置的身体与视觉体验中,由一种机制所建构的现实随即会被另一种机制所打破和重建。正是在这种状态下,关于"三线"和"过去"的想象和欲望才能持续被激活。同时,景观改造的目的不完全是要突出三线工业遗址与城市的差异性和距离感,如何在三线工业遗址中创造出游客所熟悉的城市消费环境也同等重要。虽然游客在三线工业遗址看到的景物不同于城市,但他们的身体状态和视觉方式其实与人们在城市购物中心、游乐场、博物馆和剧场的体验并无本质差异,甚至与电视、电影所创造的视觉体验也存在着各种关联。这种既熟悉又陌生、既接近又间离的模糊状态正是现代消费空间核心价值的体现,其目的在于为消费者提供"将陌生的事物熟悉化,将熟悉的事物陌生化"的浪漫化想象空间①。出于同样的原因,三线工业遗址旅游景观所生产的"怀念"也注定是一种暧昧的"怀念",一种与过去若即若离、对现代生活既不满又依恋的态度。这种由某种不可实现的渴望所产生的"念",正是后现代社会众多符号和空间经济的原动力。

参考文献:

[1] Bartoletti R. Memory tourism and commodification of nostalgia. In Peter M. 2010.
[2] Burns Cathy Palmer and Jo-Anne Lester (Eds.), Tourism and visual culture: Theories and concepts Cambridge, MA.: CABI.
[3] Benjamin W. Charles Baudelaire: A lyric in the era of high capitalism. London: NLB. 1973.
[4] Berger J. Ways of seeing. London: BBC. 1973.
[5] Berkeley G. An essay towards a new theory of vision. D. R. Wilkins (Ed.). 2022.
[6] Retrieved November 20, 2018, from https://www.maths.tcd.ie/~dwilkins/Berkeley/Vision/1709A/Vision.pdf. (Original work published 1709)
[7] Bryman A. Disney and his worlds[M]. London and New York: Routledge. 1995.
[8] Bryson N. Word and image: French painting of the ancient regime[M]. Cambridge: Cambridge Press. 1981.
[9] Chan S. Imagining and consuming cultures: Nostalgia and domestic tourism development in Taiwan[J]. Canadian Journal of Development Studies, 2010, 31(3).
[10] Chio J. A landscape of travel: The work of tourism in rural ethnic China[M]. Seattle & London: University of Washington Press. 2014.
[11] Cosgrove D. Prospect, perspective and the evolution of the landscape idea. Transactions of the Institute of British Geographers, 1985, 10(1).

---

① Featherstone, M. *Consumer culture and postmodernism.* London: Sage. 1991. p.14.

[12] Feifer M. Going places: The ways of the tourist from imperial Rome to the present day[M]. London: Macmillan, 1985.
[13] Featherstone M. Consumer culture and postmodernism[M]. London: Sage, 1991.
[14] Friedberg A. Window shopping: Cinema and the postmodern[M]. Oxford: University of California Press, 1993.
[15] 马尔科姆·安德鲁斯. 张箭飞,韦照周译. 寻找如画美:英国的风景美学与旅游,1760—1800[M]. 译林出版社,2014.
[16] W J T. 米切尔. 杨丽、万信琼译. 风景与权力[M]. 译林出版社,2014.
[17] 莫里斯·梅洛庞蒂. 罗国祥译. 可见的与不可见的[M]. 商务印书馆,2008.
[18] 贝拉·迪克斯. 冯悦译. 被展示的文化:当代"可参观性"的生产[M]. 北京大学出版社,2012.
[19] 居伊·德波. 王昭风译. 景观社会[M]. 南京大学出版社,2007.
[20] 斯维特兰娜·博伊姆. 杨德友译. 怀旧的未来[M]. 译林出版社,2010.

四川小三线工业遗产现状与保护利用研究[*]
——以国营长城机械制造厂与国营燎原机械制造厂为例

曹 芯

(四川卫生康复职业学院)

摘 要：自20世纪60年代中期起，根据中共中央和毛泽东指示，四川省建起了国营长城机械制造厂和国营燎原机械制造厂两家小三线企业。为梳理两厂从建厂、投产到变革与搬迁的整个历程，结合了两厂厂志及相关资料与史实而展开。详细介绍现今四川小三线工业遗产的现状，阐述其历史、社会、科学及精神价值。在此基础上，提出自上而下与自下而上的两种相结合的保护利用模式。

关键词：四川小三线；工业遗产；保护与利用

工业遗产是世界文化遗产的重要组成部分，2003年7月国际工业遗产保护联合会通过《关于工业遗产的下塔吉尔宪章》，将工业遗产定义为："工业遗产包括具有历史、技术、社会、建筑或科学价值的工业文化遗迹，包括建筑和机械，厂房，生产作坊和工厂矿场以及加工提炼遗址，仓库货栈，生产、转换和使用的场所，交通运输及其基础设施以及用于住所、宗教崇拜或教育等和工业相关的社会活动场所。"我国对工业遗产的保护起步较晚，于2006年通过的《无锡建议》在一定程度上标志着我国工业遗产保护工作进入新的篇章。三线工业是距今最近的工业遗产，其在历史、社会、科学等方面具有重要的保护与利用价值。

至1985年底，全国共有229家小三线企事业单位，为国家留下众多小三线工业遗产。与大三线工业遗址相比，小三线工业遗址具有占地面积小、遗址相对较少且研究保护率低的特点，但其同样记录了新中国工业建设的历史，是城市文化遗产不可或缺的重要组成部分，其承载着几代小三线人特有的人文情怀，是他们的集体记忆与三线精神的载体。小三线工业遗产蕴藏着丰富的历史、社会等价值，但由于长期处于被忽视或保护力度不够的缘

---

[*] 基金项目：国企改革背景下四川三线企业改制研究——以自贡地区为例（课题编号：2023RKX01-08、CWKY-2022Z-06）阶段性成果；新时代弘扬三线精神助推老工业城市转型升级路径研究——以四川省自贡市为例（课题编号：自社联[2023]12号-23）阶段性成果；本文系2022年度上海市哲学社会科学规划青年课题"上海小三线企业军转民研究（1979—1988）"（项目编号：2022ELS006）阶段性成果。

故,而面临被闲置或拆毁的境地。在此背景下,下文将以四川小三线工业遗产为例,探讨其建设历程、遗址现状与价值以及如何保护利用三个方面的内容。

1. 四川小三线建设历程

四川小三线建设是在 20 世纪 60、70 年代紧张的国际形势下,根据中共中央、中央军委、国务院和毛泽东关于加强备战、巩固国防的战略部署,集全川之力建设的两所全民所有制军工单位。其位于四川省华蓥市溪口镇,地处东经 106°40′、北纬 30°11′(图 1),背靠海拔 1 590 米的华蓥宝鼎山。四川小三线企业由国营长城机械制造厂(简称长城厂)和国营燎原机械制造厂(简称燎原厂)组成,军工代号分别为 9846 和 9821,前者造枪,后者造弹,为枪弹配套厂。两厂从 1965 年选址建设,几经波折,至 1995 年搬迁南充,历时 30 年左右。梳理两厂历史,主要可分为四个时段:建厂时期(1965 年至 1972 年)、军工建设时期(1972 年至 20 世纪 70 年代末 80 年代初)、军转民时期(20 世纪 70 年代末 80 年代初至 20 世纪 80 年代中期)、民用国营企业与调整搬迁时期(20 世纪 80 年代中期至 1995 年)。下面分别略述各个时期的历史。

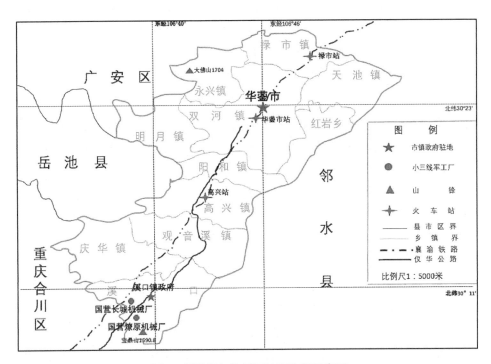

图 1　长城厂与燎原厂地理位置示意图

1.1　建厂时期(1965 年至 1972 年)

四川小三线建厂历经多次波折,经过两次下马才最终建成。四川小三线的筹建孕育于20世纪60年代,当时正临严峻的国际社会形势,一方面,国民党叫嚣反攻大陆,美国加紧对中国进行军事威胁;另一方面,由于中苏两党两国关系全面恶化,中苏边境军事斗争形势日趋严峻①。国内"左"倾思想加剧,以"共产风""浮夸风"为标志的"大跃进"给国民经济造成严重破坏,加之1959—1961年的"三年自然灾害"使得国内经济雪上加霜。在这样的社会背景下,1964年,中共中央在北京召开会议,决定了三线建设的战略部署和方针原则。毛泽东同志多次强调"一旦发生战争,地方能够独立自主作战和维持稳定","每个省都要建兵工厂,一旦发生战争不能依靠中央军委,各省自己管自己,到时中央管不了"②。根据毛主席指示及中央精神,1964年7月,四川省委地方军工领导小组根据"靠山、分散、隐蔽"等原则决定于宜宾南溪县城北建设两厂。为了保证两厂职工的专业性与机密性,特地从1965年3月退伍士兵中挑选符合条件的转业军人,并将他们分别送往重庆长安厂(456)和重庆长江厂(791)进行培训③。1965年4月,邓小平、彭真等同志对四川省地方军工建设做出建议及中央对全国军工建设的部署安排④,以李井泉为代表的地方领导同志听从中央意见砍掉四川小三线。由此四川小三线南溪建厂下马(第一次下马)。

1966年12月底,原本在重庆长安厂(456)和重庆长江厂(791)参与过培训的大部分转业军人要求恢复四川小三线,得到省机械厅的支持,以张欣、刘正元等为代表的转业军人前往北京请愿⑤。1967年7月底,经国务院国家计委批准,四川小三线筹建工作再次上马⑥。经过多方勘探、反复研究后,1968年2月四川省革委会筹备组决定于内江市红旗公社修建两厂。然而5月初,前往北京开全国小三线会议的周振华同志来电,说明周总理的指示:"内江是交通枢纽,最好不要摆,南充不是很好吗。"⑦因此,内江建厂再次流产(第二次下马)。

最终,根据"靠山、近水、扎大营""避战、避荒、为人民"的原则,两厂选址于四川华蓥市溪口镇。1968年两厂正式对外命名为"四川国营长城机械制造厂"和"四川国营燎原机械制造厂",军工内部代号为"9846"和"9821"。1968年在重庆成立"成都军区革委011工程指挥部"⑧,由成都军区后勤部主任周振华任总指挥,于3月在溪口镇觉庵村玛琉岩破土动工,并先后正式投产。

---

① 中国人民解放军军史编写组编.中国人民解放军军史(第5卷)[M].军事科学出版社,2011:392~393.
② 国营燎原机械厂办公室编.国营燎原机械厂厂史(1964—1985)(未刊打印稿):17.
③ 关于抽调退伍士兵和技术工人支援地方军工厂的通知(1968年),川革生字第296号.
④ 国营长城机械厂办公室编.国营长城机械厂简史(未刊打印稿),1991:5;关于抽调退伍士兵到九八四六厂和九八二一厂工作的通知(1969年).四川省革委军工组地方军工组(四川南充市档案馆藏).
⑤ 采访刘正元(长城厂车队队长),采访地点:长城小区会议室,采访时间:2017年12月29日、2018年1月5日,采访人:曹芯.
⑥ 国营长城机械厂办公室编.国营长城机械厂简史(未刊打印稿),1991:6.
⑦ 国营燎原机械厂办公室编.国营燎原机械厂厂史(1964—1985)(未刊打印稿):49.
⑧ 关于在重庆成立011工程指挥组的有关问题(1968年),川革生字第429号(四川南充市档案馆藏).

1.2 军工时期(1972年至20世纪70年代末80年代初)

两厂为枪弹配套厂,主要生产常规陆军用枪弹。1972年至20世纪70年代末到80年代初,中国处于社会主义计划经济时期,两厂主要按国家计划指标生产军品,然后交由驻扎于厂内的军代表,由他们验收合格后带回部队[①]。长城厂试制成功后,生产有63式自动步枪、56式冲锋枪等。燎原厂试制成功后,生产有56式7.62 mm枪弹、自动步枪弹(5.8 mm)等。由于这一时期是依据国家指标进行生产的,厂里生产较为稳定,能做到自给自足。

1.3 "军转民"时期(20世纪70年代末80年代初至20世纪80年代中期)

时至20世纪70年代末,国内外形势发生变化,定位于备战的四川小三线也渐渐无法跟上时代的步伐。1978年党的十一届三中全会召开后,中国迈入一个新时代,国内的工作重心由以阶级斗争为纲转到以经济建设为中心上。特别是随着改革开放的深入,城乡经济体制的改革和中央政府扩大了企业生产经营的自主性,改变了国有企业的集资管理模式,鼓励企业发展商品经济,追逐经济效益的最大化成为各行业的基本目的。这些变化与长期封闭于市场之外、依赖于国家计划统制、强调高积累、忽视商品关系的小三线企业的习惯思维是相悖的[②]。20世纪70年代末召开的全国计划会议上,五机部要求军工厂"军转民",这一要求给予四川小三线企业巨大压力,当然,同时也是一个重要契机。

自20世纪70年代末80年代初起,两厂军品逐年减少,并且为减轻国家负担扭转企业亏损的状态,工厂遵循"军民结合""以民养军"的方针,处于一边生产军品、一边研制民品的状态。在这一时期,燎原厂军品生产任务大幅度削减。在此情况下,为实现全厂的彻底转民,制定了《国营九八二一厂转民方案》[③],工厂千方百计找米下锅,大搞民品生产,经过两年多的努力,被动局面开始扭转[④]。燎原厂曾研制过环球牌气枪弹、山峰牌气枪弹等,其中浙江省射击队采用燎原厂生产的环球牌气枪弹于1980年1月参加亚洲女子射击锦标赛,以385环的成绩破亚洲纪录,获个人冠军,为国争光[⑤]。长城厂曾研制过轻纺配件、汽车刹车轴等,其产品一度求过于供。但由于工厂处于深山,面临距离市场远、信息不通畅、交通不便、运输费用高等弊端,迫使工厂搬迁日益被提上日程。

1.4 民用国营企业与调整搬迁时期(20世纪80年代中期至1995年)

随着改革开放的逐渐深入,1985年后,长城厂无军品任务,彻底转民品生产[⑥];1986

[①] 采访周安盛(成都军区军代表),采访地点:长城小区物业办公室,采访时间:2017年12月10日,采访人:曹芯。
[②] 吴静.危机与应对:上海小三线青工的婚姻生活:以八五钢厂为中心的考察[D].上海大学,2012.
[③] 国营九八二一厂转民方案(1987年),燎原厂办发字第91号(四川南充市档案馆藏).
[④] 关于申请扩大企业自主权的报告(1981年),燎原厂生发字第28号(四川南充市档案馆藏).
[⑤] 浙江省射击队女子步枪队来贺信(1981年5月2日),浙江队:张厚基(四川南充市档案馆藏).
[⑥] 关于我厂列为四川省三线调整搬迁企业的报告(1989年),长厂子弟2号(四川南充市档案馆藏).

年后,燎原厂无军品任务[①],两厂全面进入民品生产。转型后,两厂曾有过发展相对较好的时期,长城厂生产的农用汽车于 80 年代后期畅销一时,经常出现供不应求的情况[②];1989 年后,燎原厂生产的 9 mm×19 mm 手枪弹销路也良好。然而,随着经济的不断发展,地处深山的工厂愈来愈难以满足市场的需求。"工厂地处山沟,信息不灵,交通不便,产品配套半径远。对发展商品经济十分不利;加之军转民后,生产线未有资金进行技术改造,竞争力不强,效益差,企业面临军转民艰苦创业之中。"[③]1989 年 7 月,溪口镇发生特大泥石流,死亡人数众多,两厂以"脱险搬迁"为由[④],申请搬迁到城市。经四川省人民政府批准,最终确定两厂整体正式搬迁至南充[⑤],并于 20 世纪 90 年代中期(1995 年),全部搬迁完毕。随着成功搬迁至南充并完成溪口的交接工作,也意味着真正属于四川小三线的时代最终退出了历史舞台。

纵观两厂历史,可看出当时四川小三线人建厂的不易与生产生活的艰苦,"好人好马好刀枪,去了深山搞建设",他们是"献了青春献子孙",这样"不怕苦、不怕累"的三线精神是一笔宝贵的财富。四川小三线历史以及四川小三线人的生活方式、风俗习惯与社会风尚在其工业遗产上具有一定程度上的反映,因此为了更好地传承这段历史与三线精神,应当对四川小三线遗产进行恰当的保护与利用。

2. 四川小三线遗产的现状及其价值

2.1 长城厂与燎原厂现状

两厂自 1995 年搬迁南充后,厂房便由华蓥市政府接管。至 1995 年,长城厂占地面积达 157 125 平方米,建筑面积 98 941 平方米,其中生活、卫生、教育、文化娱乐建筑面积占建筑面积的 51%[⑥]。至 1995 年,燎原厂全厂占地面积达 12 436 平方米,建筑面积 12 316 平方米[⑦]。

长城厂厂房位于玛硫崖峡谷,距离溪口镇仅 1 公里左右,厂区临河,包含有车间、职工食堂、职工宿舍、办公楼、学校、医院、商店、影剧院等生活和辅助设施。由于建厂初期采取

---

① 国营九八二一厂转民方案(1987 年),厂办发字第 91 号(四川南充市档案馆藏).
② 关于申请联合生产"北泉"牌汽车的报告(1992 年),长厂字第 137 号(四川南充市档案馆藏).
③ 关于我厂列为四川省三线调整搬迁企业的报告(1989 年),长厂子第 2 号(四川南充市档案馆藏).
④ 关于九二一厂地理情况的报告(1987 年),燎原厂办发字第 10 号(四川南充市档案馆藏);四川计经委关于四川农用运输车集团公司长城、燎原两厂脱险搬迁建设方案的批复(1991 年),川计经机 1120 号(四川南充档案馆存);四川燎原机械厂关于脱险搬迁后困难情况的报告(1996 年),燎迁计发第 148 号(四川南充市档案馆藏);关于做好脱险搬迁工作有关问题的通知(1994 年),长厂字第 66 号(四川南充市档案馆藏).
⑤ 关于长城、燎原机械厂搬迁等问题的会议纪要(1994 年),南府议 23 号(四川南充市档案馆藏).
⑥ 国营长城机械厂办公室编.国营长城机械厂简史(未刊打印稿),1991:7.
⑦ 四川省华蓥市志总编室.溪口镇志,四川省华蓥市人民政府地方志办公室印刷,1992:90.

"先生产、后生活、先修车间厂房、后建生活及辅助用房"的建厂原则,时间短、任务急,所以一些厂房采用"干打垒"的建筑手法,这部分厂房较为简陋,是用泥土石块修砌,用竹篾、油毛毡和茅草盖顶的简陋住房。后期扩建的厂房具有浓厚的"包豪斯"建筑风格,有着浓烈的革命气息和时代特征。整个厂房的规划乱中有序,遵循"进山、进洞、分散"的原则,长城厂的生产区与生活区分隔两地,生产车间近山临河,生活区近镇。20世纪80年代后期扩建的家属区,建在溪口镇觉庵村政府街的对面,这与当时厂里职工人口增加,住房紧缩,可用地面积少有关。

长城厂厂房现今除原子弟校的校舍被再利用为溪口小学外,其余厂房皆被闲置。起初,华蓥市当局刚接管长城厂厂房时,将溪口镇觉庵村政府街对面的宿舍用作华蓥煤矿厂和华蓥水泥厂的家属宿舍①,但随着华蓥煤矿厂与水泥厂的搬迁,厂房也随之闲置。华蓥市属四川盆地中亚热带湿润性季风气候区,雨量充足,日照不充足,建筑在自然条件下不易保存,且长城厂的厂房与家属楼常年闲置,无人看管修缮,其建筑老化严重,厂区内杂草丛生,部分厂房已倒塌损毁。但由于地处偏远山区,总体而言保存较为完好(图2、图3)。

图 2　长城厂全景

图 3　长城厂大礼堂

相较于临镇的长城厂而言,燎原厂更深处大山之中。燎原厂位于溪口镇唐家河与填地两条小溪河沟汇集处,背靠华蓥市主峰宝鼎,海拔 350～450 米②,四周群山环抱,形似马蹄。厂址中心距离溪口镇 3.5 公里左右。建厂时根据国防工业布局"大分散、小集中""靠山、分散、隐蔽"的原则,厂区规划分为生产区和生活区两大部分。生产区分为主厂区和辅助厂区,生活区分为山上(反修村)和山下(红旗村)两个区域。主厂区位于两条小溪河沟汇集处,呈"品"字形分布。由于小溪中段被两侧山峦相挟,故形成天然隐蔽生产区。生活区随地形呈现人字形分布,生产区与生活区均有公路相连,又由于两条小溪河流从厂中心穿过,所以修有桥相连接,通过公路与桥将全厂有机地联结起来,为工厂生产、职工生

---

① 采访李朝强(长城厂工人),采访地点:溪口镇觉庵村办公室,采访时间:2017 年 11 月 7 日,采访人:曹芯。
② 国营燎原机械厂办公室编.国营燎原机械厂厂史(1964—1985)(未刊打印稿):3.

活带来方便。由于都是由四川省国防工办"011"工程组承包修建,所以两厂建筑风格相似,都具有浓厚的革命时代特征。

燎原厂比长城厂更近山,与镇上来往不如长城厂方便,所以自1995年燎原厂搬迁南充后,其厂房几乎没有再被利用,处于闲置状态。厂区位于两河交汇处,山里雨水充足,地理位置缘故而时常发生水涝。燎原厂人搬迁后,无人对河坝进行修缮,因此位于交汇处的厂房因水患而部分受损较严重,但总体而言保存较为完整(图4、图5)。

图4　燎原厂全景　　　　　　　　　图5　燎原厂大礼堂

2.2　长城厂与燎原厂的价值意义

第一,从历史价值上看:四川小三线工业遗产是我国三线工业发展的重要历史见证,是在四川众多大三线工业企业中唯二的小三线企业,为研究处于大三线地区的小三线工业提供范本。其工业生产方式连同物质载体影响着四川小三线几代人以及当地居民的生活,形成了独具特色的集体历史记忆。研究和保护四川小三线建设时期的工业建筑遗产,对认识全国工业建筑历史发展过程具有重要的历史价值。

第二,从社会价值上看:两厂历经新中国成立以来几个最为重要的历史时段,不管是计划经济时期还是改革开放后的市场经济时期,两厂都是重要参与者。自20世纪70年代两厂来到贫穷落后的溪口镇,带动了当地经济发展,改善当地公共设施,提高了当地人民的生活水平。使原来只有草房的溪口镇,变成了公路整齐、楼房林立的工业小镇。不管是两厂职工还是当地居民对两厂的认同感与归属感都非常高,保护好两厂遗址,可以为旅游开发做准备。

第三,从科学价值上看:工业建筑往往是先进生产力水平的体现,大型机械、流水线操作或庞大的工业规模等因素,工业建筑在构造和技术方面往往采用当时较为先进的建造工艺①。长城厂与燎原厂在建厂时,就地取材,采用当地的石头、木头、竹子等材料建造

---

① 蒲培勇,唐柱.西南三线工业建筑遗产价值的保护与再利用研究[J].工业建筑,2012(6).

厂房,最具当时特色的建筑手法"干打垒"在两厂的建筑中体现得淋漓尽致,这为后人研究提供宝贵的范本。

第四,从精神价值上看:原任中央军委副主席的刘华清上将在谈到三线建设时曾说:"在当时困难的政治、经济、自然条件下,广大干部、工人、知识分子、解放军官兵所表现出的艰苦奋斗精神,也是永远值得发扬的宝贵精神财富。"四川小三线人发挥不怕苦、不怕累的精神,在深山中将两厂从无到有地建设出来,面临"无电、无路、无材料"等困难处境,没有条件也要创造条件地干,始终坚持自力更生、艰苦奋斗。这一精神不仅激励了四川小三线几代人不断拼搏,同时也激励了一代又一代华蓥人积极投身于改革和建设事业,推动着华蓥市经济和社会持续快速发展。

总之,不管从历史价值、社会价值、科学价值还是精神价值上看,四川小三线工业遗产都值得我们对其进行保护与利用。

3. 四川小三线工业遗产的保护与利用

面对如今被闲置而日益受损的四川小三线工业遗产,该如何进行保护和利用?

3.1 自上而下的保护利用模式

自上而下的保护利用模式是指由政府主导部署规划决策,与开发商或其他开发业主出资以联合或转让等方式与地方民众共同合作对工业遗产进行改造再利用,涉及的工业地段往往范围巨大,需要产业结构调整和功能重组。自上而下模式在一定程度上有助于减少外部性,使个体之间的合作更容易,同时也提升了市场运作的效率,加快保护的步伐[①]。

第一,完善相关法律法规制度,做到有法可依的保护。目前,四川省工业遗产并没有纳入文物保护单位,工业遗产保护也没有专门的法律规范。但华蓥市政府可出台相关保护文件、地方性法规对其进行保护。且华蓥市本就是因三线建设而形成的城市,境内除小三线外,还有六个大三线企业[②],因此非常有必要制定相关的法律法规对其作出保护。

第二,依托国家现有政策文件支持,加快对华蓥山整体改造,从大处着手,做旅游开发与利用。根据国务院办公厅《关于促进开发区改革和创新发展的若干意见》(国办发〔2017〕7号)精神,按照省级开发区设立有关程序,"四川华蓥山经济开发区"即将成立。目前,华蓥市政府已作出大体规划,将华蓥山划为三大区域,分别为一大区:北部生态休闲旅游憩区;二大区:中总核心观光度假区;三大区:南部宗教文化体验区(图6)。但在做具体规划时,并没有将四川小三线工业遗产归纳进去,三线工业遗产旅游仅选取了位于中部的部分大三线工业遗产,对于南部的小三线工业遗产并没有过多规划(图7)。

---

① 李慧红. 自上而下与自下而上[J]. 长春理工大学学报,2013(4).
② 六个大三线企业分别是国营红光、金光、兴光、华光、明光仪器厂以及国营江华机器厂。

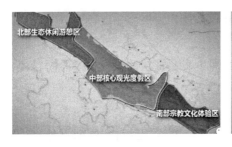

图6 华蓥山经济开发总体规划
（规划图来自华蓥市官方公众号）

图7 华蓥山中部及南部具体开发

作为一个因三线建设而兴起的工业城市——华蓥，突显三线文化更能体现城市特色，也更具旅游吸引力，同时也能避免旅游城市的同质化，更具竞争力。所以，笔者认为可在原有的规划区上，加入一条"追寻革命年代，探访红色记忆"的三线工业遗产旅游专线。从图8可看出，华蓥市境内的三线军工企业几乎是沿着襄渝铁路修建，襄渝铁路本是为服务三线工业而建，所以除国营华光仪器厂与国营江华机器厂较远外，其余三线工业都在襄渝铁路干线周边，并且华蓥市境内的三线工业遗产大多保存较好，可在此基础上发展三线工业遗产线路旅游。旅客从华蓥北部禄市镇登上火车一直到华蓥南部溪口镇下车，沿着襄渝铁路干线可以观赏到大三线工业遗产与小三线工业遗产的风光，并且溪口的宝鼎山还是著名的佛山，旅客参观完小三线工业遗产后，可选择继续登山或是在溪口镇休憩。

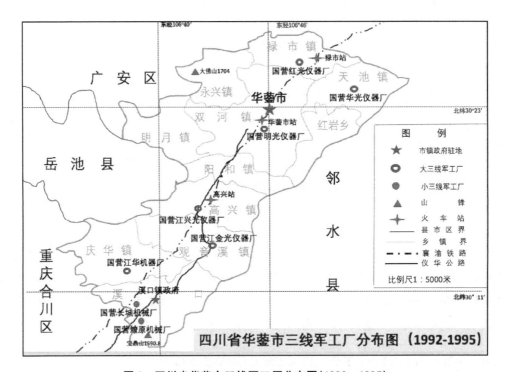

图8 四川省华蓥市三线军工厂分布图(1992—1995)

除此之外,四川小三线所在的溪口村,也可利用国家乡村振兴政策来进行开发保护利用。对于拥有三线工业遗产的乡村而言,保护与利用好这笔宝贵财富将会极大地促进乡村振兴目标的实现①。可依托"四川华蓥山经济开发区"的成立,丰富华蓥市旅游资源,开拓四川小三线旅游景点,改善溪口村风貌,建设宜居乡村,全面推进乡村振兴,带动当地居民旅游致富。

第三,当地政府积极招商引资,用旅游盘活小三线工业遗产。一是可依托全国八大佛教圣地之一的宝鼎山人气,将两厂部分厂房改造为"小三线工业遗产"主题酒店,仿效重庆天兴仪表厂利用距离金佛山风景区近的地理优势,从而充分做到保护利用。二是溪口镇山清水秀,景色极好,又位于宝鼎山旁,可在整修 G244 及 S203 公路沿线老式房屋、提高整体形象、塑造新农村风貌的基础上,将两厂厂房打造成充满自然情趣的疗养院或者度假胜地。三是在前两者完成的基础上,可再择选一栋厂房作为小三线工业遗产博物馆或将其改造为艺术工作室。四是因有着较为完整的小三线工业遗产,也可将其作为特定的电影电视剧拍摄基地。

3.2 自下而上的保护利用模式

自下而上的保护利用模式是指以分散的民间个体为主,采用持续而零碎的开发模式。从非正式的、自发的保护行动,逐渐形成较为完善的社会乃至国家层面的保护体系。民间自发式的改造保护模式既有灵活性,又有随意性,需要政府完善的政策和法规的指引②。

因两厂曾带动溪口镇的发展,昔日的辉煌还清晰地印刻在溪口镇人民的记忆中。如当地溪口镇觉庵村村支部书记李朝强曾是一名长城厂工人③,对长城厂的感情非常深刻,他致力于恢复溪口镇昔日的人气和带动镇上的发展,为了达到这一目的,他做出了许多努力。他联系了广安市文物部门和相关专家学者对两厂的历史与厂房作出评估,并且联合当地居民向华蓥市政府以及旅游规划局提出意见,曾作为溪口镇的人大代表向华蓥市政府提出对两厂的旅游开发意见。当然,仅靠他一人的努力是不够的。应不仅做好与上级政府部门的沟通工作,还要积极扩大两厂的社会影响力,比如拍摄电视剧或者开办学术会议等,从而达到保护利用的目的。

总之,将自上而下与自下而上的保护利用模式结合起来,将政府与人民群众的期望相契合,带动当地人们的发展热情,定能够将两厂的工业遗产做到恰当的开发利用与保护。

---

① 梅杰.三线工业遗产开发激发乡村振兴新动能[N].中国社会科学报,2022-4-15.
② 向铭铭,李果,喻明红.绵阳三线建设工业遗产资源状况及保护模式[J].山东工业技术,2015(7).
③ 采访李朝强(长城厂工人),采访地点:溪口镇觉庵村办公室,采访时间:2017 年 11 月 7 日,采访人:曹芯.

4. 结语

　　四川小三线工业遗产是中国距今最近的城市工业遗产之一，其蕴藏的丰富的历史、社会、科学及精神价值是一笔宝贵的财富，对其进行恰当的保护与开发利用是必要的。本文结合口述史资料与档案材料对四川小三线进行探索，梳理四川小三线演变历程，详细介绍长城厂与燎原厂的现状，阐明其价值。在此基础上，结合四川小三线工业遗产所属地政府的有关政策与文件提出具体的保护利用开发意见。

　　综上所述，小三线工业遗产特有的文化价值及环境特色还未被充分认识并挖掘，还应该继续探索更适合三线厂建筑遗产价值、区位特征、环境特色的更新模式，拓展和更新对特有工业遗产保护的更新思路。在乡村振兴的国家战略下，创建三线工业生态博物馆也是值得探索的议题，新博物馆学理念中的社区遗产保护与环境保护是乡村社区三线工业生态博物馆可持续发展的潜力所在①。如今，对四川小三线遗产的保护才刚刚起步，未来还有更多的问题亟待解决，还需发挥三线精神，继续努力前进。

参考文献：

［1］吕建昌.多学科视域下三线建设工业遗产保护与利用路径研究框架［J］.东南文化，2022(2).
［2］梅杰.三线工业遗产开发激发乡村振兴新动能［N］.中国社会科学报，2022-4-15.
［3］徐有威，杨帅.为了祖国的青山绿水：20世纪70—80年代小三线企业的环境危机与应对［J］.贵州社会科学，2016(10).
［4］李慧红.自上而下与自下而上［J］.长春理工大学学报，2013(4).
［5］蒲培勇，唐柱.西南三线工业建筑遗产价值的保护与再利用研究［J］.工业建筑，2012(6).
［6］吴静.危机与应对：上海小三线青工的婚姻生活：以八五钢厂为中心的考察［D］.上海大学，2012.
［7］国营燎原机械办公室.国营燎原机械厂厂史(1964—1985).未刊打印稿.
［8］国营长城机械厂办公室.国营长城机械厂简史(未刊打印稿)，1991.

---

① 吕建昌.多学科视域下三线建设工业遗产保护与利用路径研究框架［J］.东南文化，2022(2).

乡村振兴视角下三线工业遗产的价值评估研究

——以陕西省凤县红光沟航天六院旧址为例

曹曦子

（西安交通大学经济与金融学院）

摘　要：三线工业遗产是距离当今社会发展最近的工业遗产，是三线建设历史的真实见证。乡村振兴背景下，乡村在地化要素资源产业化是乡村产业发展的重要途径，散落在乡间的三线工业遗产成为乡村重要的经济发展要素。对三线工业遗产进行产业化价值评估，对于明确三线工业遗产的权属划分、有效保护和利用三线工业遗产、促进乡村高质量发展具有重要意义。本文以陕西省凤县红光沟航天精神文化区为例，利用模糊评价法构建了红光沟航天六院三线工业遗产隶属度矩阵并确定其价值等级，为乡村振兴背景下三线工业遗产的价值评估进行了有益探索。

关键词：乡村振兴；三线工业遗产；价值评估

1. 引言

党的十九大提出乡村振兴战略，乡村振兴战略以农业农村现代化、乡村治理体系和治理能力现代化为基本目标，以健全城乡融合发展体制机制和政策体系为基本方略，以推进农村经济建设、政治建设、文化建设、社会建设、生态文明建设、党的建设为途径，以产业兴旺、生态宜居、乡风文明、治理有效、生活富裕为基本遵循，乡村振兴战略是新时期解决三农问题的核心方略。随着乡村振兴战略的提出，散布在乡村的三线工业遗产成为乡村产业发展不可多得的工业遗产资源，是乡村在地化要素资源开发利用的重要对象。有效地保护和开发三线工业遗产对于铭刻三线建设历史、传承工业发展文脉、赓续三线建设精神、创新乡村产业发展模式、拓宽乡村发展格局具有重要的意义。对三线工业遗产进行合理的价值评估，是科学开发利用三线工业遗产、实现三线工业遗产产业化和工业遗产要素资源市场化的必要途径，也是对乡村在地化要素资源开发进行机制建构的必要探索。

关于工业遗产保护和利用的国际性文件主要有《下吉尔塔宪章》和《都柏林原则》。《下吉尔塔宪章》对工业遗产的价值作出了界定,认为工业遗产是工业活动的鉴证,具有社会、历史、科技、美学价值;工业遗产在开发和利用中应同地方经济发展政策和国土规划相结合,在政府支持和社区多方参与下保护和利用工业遗产。同时认为,工业遗产的保护和利用可以避免资源浪费并助力经济可持续发展。《都柏林原则》论述了工业遗产保护的意义和措施:通过对工业遗产构筑物的保护,有助于国际、国家、区域层面实现可持续发展目标,促进经济、社会的发展;通过对体量和功能完整的工业遗产进行保护,铭刻并贮存工业遗产构筑物、厂址、区域、景观的价值,维持工业遗产蕴含的国家工业史、社会经济史与社会发展的联系。《国家工业遗产管理办法》界定了工业遗产的认定程序,建立了《国家工业遗产评价指标》,将"三线建设重大项目"纳入工业遗产价值评估体系。2021 年,中共中央办公厅、国务院办公厅颁布了《关于在城乡建设中加强历史文化保护传承的若干意见》(下文称《意见》),《意见》指出加强制度顶层设计,统筹保护、利用、传承好历史文化遗产;保护好历史地段、自然景观、人文环境;强化各级党委和政府在城乡历史文化保护传承中的主体责任,统筹规划、建设、管理,加强监督检查和问责问效。2014 年,中国文物学会工业遗产委员会发布了《中国工业遗产价值评估导则》(下文称《导则》),建立了中国工业遗产价值评估标准体系并确定了不同价值工业遗产的保护政策,《导则》中规定了对有重要价值的工业建筑遗产不能破坏其整体格局、结构、样式和历史风貌特征;对于一般价值的工业遗产,在改造利用中可以适当改变其内部结构而保留建筑物的历史外貌。

学者关于工业遗产的价值评估作了诸多研究,吕建昌(2022)认为三线工业遗产不同于老工业基地工业遗产,其价值评估应根据其军工遗产的特征及西部山区的地理条件,制定专门的三线工业遗产价值评估体系;尹应凯(2020)认为应根据三线工业遗产的固有价值和开发价值结合中国工业遗产保护现状,构建固有保护与创新利用、政府资本与社会资本、文化效应与经济效益的平衡路径机制;佟玉权(2010)通过建立由 4 个大类指标和 16 个类型指标构成的工业遗产旅游价值评估指标体系,构建我国工业遗产旅游开发的价值基础;刘炜(2018)利用系统协同理论,从科学价值、保护价值、经济价值、功能价值、旅游价值对古南襄隘道遗产进行协同价值度量,构建文化线路定量价值评估模型。

农村作为空间要素资源的复合体,是农业、工业、生态、民俗等各要素的集合。以往的乡村资源要素研究往往聚焦于对农业要素的考量,往往忽略工业要素对乡村发展的影响。三线建设作为特殊的工业布局调整历史,其对于乡村的影响是潜移默化而持久的,涵盖了地区产业发展历程、乡村空间布局变革、乡村社会文化跃迁和农工关系变革等诸多方面。新发展阶段,随着工业遗产旅游的风行和三线工业遗产保护工作的开展,三线工业遗产必将成为乡村振兴中不可忽略的经济要素资源,具备旅游、教育、休闲、康养等多重经济价值。对三线工业遗产进行经济价值评估,不仅可以满足三线工业遗产产业化发展的需求,更是挖掘乡村产业发展新动能、促进乡村高质量发展的必要路径。

2. 乡村振兴背景下三线工业遗产价值评估的经济意义

2.1 理论意义

国内外学者关于三线工业遗产的价值研究做了大量的工作，主要聚焦于历史学和建筑学领域，从经济学视角探讨三线工业遗产价值的研究较少涉及。乡村振兴背景下三线工业遗产的产业化发展涉及公共物品、委托代理等多个经济学问题。萨缪尔森在《公共支出纯理论》中指出，公共物品就是在使用和消费上不具有排他性的物品。在乡村振兴背景下，三线工业遗产的保护与乡村振兴存在着时空意义的多重耦合，但要想成为助力乡村振兴发展的资源要素，就必须具备面向市场进行利益驱动的产业价值，才能获得从投融资运营到消费环节等社会各界的广泛参与。于是，对三线工业遗产进行价值评估研究，就成为对三线工业遗产进行市场价值标定，开展市场化经营管理的必要工作。从委托代理理论看，乡村振兴背景下三线工业遗产的保护与开发必然通过多重委托代理形式实现。主要表现为：一些地区三线工业遗产归属于原三线建设工业归口部门和所属企业集团，一些地区的三线工业遗产已被开发，产权归属于地方政府。三线企业主要目标是更好地塑造企业和行业形象，以三线工业遗产开发为契机带动企业高质量多元化和市场化发展；地方政府则期望通过三线工业遗产开发利用有效助力乡村振兴、带动地方就业，而民众则关注获得更好的旅游体验和更多的商业机遇。在三线工业遗产的产业化进程中，利益相关方的利益不一致会导致委托代理冲突。因此，构建三线工业遗产的产业化价值评估体系，确定委托代理各方的权力和责任，是构建协调各方利益、设计产业化实现机制亟须解决的问题。所以，从经济学视角研究三线工业遗产产业化的价值评估问题，对于明确三线工业遗产产业化发展策略具有重要意义。

2.2 现实意义

2.2.1 为三线工业遗产的产业化提供量化价值依据，提高经营管理水平

三线工业遗产的产业化价值评估是提升三线工业遗产经营管理水平的必然要求。通过对三线工业遗产的价值进行量化，以市场化对价显化三线工业遗产的资产价格；通过标的三线工业遗产资产参股加入县域经济平台，实现三线工业遗产投融资、经营管理、收益共享的多方参与，提高三线工业遗产产业化发展的经营管理效率，促进乡村高质量发展。

三线工业遗产的产业化价值评估是三线工业遗产参与市场竞争的必要途径。由于三线建设历史的特殊性，有相当部分的三线工业遗产散落在乡间，成为乡村振兴中未被挖掘的重要经济要素资源。通过发掘散落在乡村的三线工业遗产经济要素资源并进行适应其产业化发展的量化评估，明确三线工业遗产的权属划分，最终实现三线工业遗产的产业化增值，实现三线工业遗产资源变资产，奠定乡村振兴中工业遗产经济要素资源产业化发展的重要财产基础。

2.2.2 助力乡村振兴背景下三线工业遗产的保护与利用

构建三线工业遗产产业化价值评估体系是三线工业遗产保护与利用的必然选择。通过构建三线工业遗产的价值评估体系,将三线工业遗产经济要素资源融入乡村振兴产业化发展平台,让散落在乡村中的三线工业遗产实现价值的重生,通过工业元素与乡村元素的交融、碰撞,实现乡村振兴与三线工业遗产的今夕关照和审美互通互联;在乡村振兴背景下实现工业遗产要素资源的市场化,实现三线工业遗产元素在新时代乡村振兴中的铺陈叙事,为激活乡村振兴产业发展新业态、丰富乡村振兴内涵、拓宽乡村振兴发展格局作出有益探索。

3. 三线工业遗产价值评估体系的构建

习近平总书记指出:"要积极推进文物保护利用和文化遗产保护传承,挖掘文物和文化遗产的多重价值,传播更多承载中华文化、中国精神的价值符号和文化产品。"本文通过构建三线工业遗产价值评估体系,全面考量三线工业遗产的保护和运营状况,对于引导决策者优化治理和管理水平,提高使用者对三线工业遗产价值的认识度,提升三线工业遗产产业化的整体水平,提高产业竞争力有着重要的意义。本文依据三线工业遗产价值评估体系构建的目的与作用,结合三线工业遗产保护管理与利用的实际情况,从情感维度、社会文化维度和经济维度三方面进行指标构建。

3.1 情感维度指标

三线工业遗产立足于三线企业,根植于三线文化,是三线人的情感寄托和日常生活的产物,与三线建设者和相关者有着天然的历史文化和情感联系。乡村振兴背景下,三线工业遗产更担负着弘扬三线文化、发展乡村产业的重任,扩大三线文化的传承范围,增强三线精神的文化引领力和人民群众对三线精神的文化认同感,对于增进国民的家国情怀、壮大乡村旅游业、保护工业遗产等具有深远的意义。本文从三线建设精神价值、认知度、惊奇价值、传承度,构建情感维度指标价值体系。

3.2 社会文化维度指标

社会文化价值是三线工业遗产的主要价值,是三线工业遗产得以延续并发扬光大的基础。乡村振兴背景下,三线工业遗产的再利用应充分考虑乡村国土空间布局优化设计,关注三线工业遗产在建筑美学和生态美学上与乡村建设规划的协调统一性;注重挖掘三线工业遗产对培养人民群众创新精神,提升人民群众科学文化水平方面的价值;汲取三线建设的治理智慧和管理经验,助力乡村治理效能的提升和乡风文明建设。三线工业遗产的社会文化价值主要包括建筑美学价值、艺术价值、景观价值、生态价值、教育价值、治理价值、科学价值、历史价值。要充分挖掘三线工业遗产的社会文化价值,创造和谐、共享的高质量工业遗产保护与开发利用的范例。

3.3 经济维度指标

三线工业遗产的社会文化价值主要包括经济贡献度和再利用成本两方面。随着数字经济的蓬勃发展和对县域经济特色的大力宣传，工业遗产作为一种吸引大量消费者的文化资源在经济学上的价值日益凸显。乡村振兴背景下，散布在乡村中的三线工业遗产向乡村提供各种文化消费服务，已成为带动乡村就业、提高乡村经济发展水平和提升农民生活品质的重要途径。本文从经济贡献度和再利用成本两个指标构建三线工业遗产经济指标。

4. 三线工业遗产价值评估方法

三线工业遗产价值评估是一项涉及历史学、社会学、经济学、管理学的系统科学，既需要对工业遗产价值进行客观的量化，又需要来自专家的主观评价。本文采用层次分析法和模糊综合评价法评估三线工业遗产价值，通过层次分析法确定各指标权重，通过模糊综合分析法对总体样本进行综合评价。本研究邀请三线工业遗产相关专家填写调查问卷的方式搜集历史记忆并通过构建模糊评价矩阵将主观评价进行量化。

4.1 层次分析法

层次分析法（analytic hierarchy process）是美国运筹学家 Saaty T. L. 在 20 世纪 70 年代初提出的多目标层次权重决策方法。层次分析法将复杂的多任务、网络化的元素系统划分为目标层、准则层、自准则层、方案层等多个层次，多个上级因素与下级因素层层递进，形成上下因素层垂直分布、同级因素层交叉分布的层次结构模型。基于层次结构模型，采用定性或者定量的方法对同组因素进行重要性比较，从而获得指标体系的权重分布。

判断矩阵的确定是层次分析法的关键问题，需要根据既有课题的研究结果来确定判断矩阵的各项数据。在进行指标重要性比较时，主要以 1~9 标度法进行量化标度，其表示重要程度大小并作为统一的格式填入对应矩阵。如"1"表示两因素同样重要，"3"表示前者的重要因素略大于后者，数字越大，前者的重要程度就越大；各数的倒数则表示重要性相反，如"1/3"表示后者的重要因素略大于前者，1~9 标度法的比较标准和具体含义可见表 1。

表 1 标度法比较标准

标度数值	含义
1	表明两个因素的重要程度一样
3	表明前者的重要因素略大于后者

续 表

标 度 数 值	含 义
5	前者影响因素比后者大
7	前者影响因素明显比后者大
9	前者影响因素明显比后者大很多
2、4、6、8	两者的重要因素在前述的重要性之间
1/2、1/3、1/4、1/5、1/7、1/9	两者的重要程度因素正好相反

层次分析法的计算权重的方法有很多种,如几何平均法(也叫作方根法)、特征向量法、和积法(也叫作求和法)等。而传统的几何平均法存在一个专家打分主观性过强、说服性不足的问题,本文用的是和积法,计算步骤如下:

(1) 把每个专家的判断矩阵的各值归一化:

$$\bar{b}_{ij} = \frac{b_{ji}}{\sum_{k=1}^{n} b_{kj}} (i,j=1,2,3,\cdots,n)$$

(2) 把判断矩阵归一化后按行相加:

$$\bar{w}_i = \sum_{j=1}^{n} \bar{b}_{ij} (i=1,2,3,\cdots,n)$$

(3) 归一化处理向量 $\bar{w}_i = (\bar{w}_1, \bar{w}_2, \cdots, \bar{w}_n)^T$ 后,得出:

$$w_i = \frac{\bar{w}_i}{\sum_{j=1}^{n} \bar{w}_j} (1,2,3,\cdots,n)$$

由于决策者认知的不同,可能会出现成对比较矩阵的不完全一致情况,所以需要对所构造的判断矩阵进行一致性检验,以确保成对矩阵的一致性及科学有效性。两两成对比较矩阵一致性检验计算步骤如下:

第一步计算出判断矩阵的最大特征根,计算公式如下,其中 $AW = R_A \cdot w_i$,R_A 表示目标层的判断矩阵;w_i 表示判断矩阵中各因素的权重值。

$$\lambda_{\max} = \frac{1}{n} \sum \frac{AW_i}{w_i}$$

第二步根据平均随机一致性指标 RI 值计算一致性指标 CI 值和检验系数 CR 值。

$$CI = \frac{\lambda_{\max} - n}{n-1}$$

$$CR = \frac{CI}{RI}$$

根据表 2 所示的平均随机一致性指标 RI 值可得 CR 的值,若 $CR<0.1$,则说明目标层判断矩阵符合一致性检验要求。

表 2　平均随机一致性指标 RI 值

n	1	2	3	4	5	6	7	8	9
RI	0	0	0.52	0.89	1.12	1.24	1.32	1.42	1.46

4.2　模糊综合评价法

模糊综合评价法是在多因素评价方法基础上,结合了模糊数学中的模糊隶属度概念和理论,将主观定性评价方式转换为定量参数的语义量化评价方法。运用模糊数学可对复杂的、不确定的、难以量化的问题进行结构性和科学性的整体评价。

首先建立评价指标的评语集 v:

$$v = (v_1, v_2, \cdots, v_m)$$

之后根据文献或专家商定等方法对各等级的评语进行赋值得到 V:

$$V = (V_1, V_2, \cdots, V_m)$$

运用权重计算方法可得到评价因子权重 W:

$$W = (w_1, w_2, \cdots, w_n)$$

通过定性或者定量的方法可确定各层级评价因子的单因子隶属度,建立单因子评价矩阵 R:

$$R = (R_1, R_2, \cdots, R_m) = \begin{pmatrix} r_{11}, r_{12}, \cdots, r_{1m} \\ r_{21}, r_{22}, \cdots, r_{2m} \\ \cdots\cdots\cdots\cdots \\ r_{n1}, r_{n2}, \cdots, r_{nm} \end{pmatrix}$$

式中,r_{nm} 表示第 n 个对象的第 m 个等级的模糊隶属度,以此来计算单因子模糊评判集合 U:

$$U = W \cdot R = (u_1, u_2, \cdots, u_m)$$

评价因子的最终得分 S:

$$S = U \cdot V = (u_1, u_2, \cdots, u_m) \cdot \begin{bmatrix} V_1 \\ V_2 \\ \vdots \\ V_m \end{bmatrix}$$

5. 陕西省凤县红光沟航天六院旧址价值评估

5.1 历史介绍

坐落于陕西省宝鸡市凤县的"红光沟航天六院旧址"前身为航天067基地。1965年,根据中央关于加强战备、加强三线建设、建立巩固的战略大后方的指示,七机部确定了"型号为纲,地区配套"的建设原则,决定在"三线"地区新建研究、设计、生产基地,067基地也就在这样的情形下诞生。红光沟航天旧址是三线建设时期航天工业在陕西布局的突出代表,秉持"靠山、分散、进洞"选址原则,基地选址于秦岭山中的红光公社。红光沟诞生了我国第一台远程火箭发动机、第一台姿态控制发动机,实现了无数技术突破与创新,对我国航天事业的发展作出了不可磨灭的贡献。

红光沟航天基地的发展经历了"诞生、建设、发展、转型"的四个阶段,在红光沟建设初期,航天建设者克服恶劣的工作生活环境,创造出一个又一个奇迹,"厕所实验室"就是典型案例;为了克服工作环境狭小带来的不便,红光沟科研工作者将厂区内的公共厕所改造成实验室,厕所实验室被使用了数十年的时间,实验室中的研究成果大力推动了我国火箭发动机的研制进程,我国第一枚远程运载火箭的成功发射,很大程度上归功于科研人员在"厕所实验室"的论证和试验。从20世纪60年代到90年代,红光沟基地一直在我国航天火箭动力研发领域中担任着重要角色,历经20多年的建设,红光沟成为集科研、生产、管理、试验、服务功能配套齐全的综合性液体火箭发动机研制基地,红光沟航天基地的产品广泛应用于航天器装配制造的各个领域,创造了中国航天史上一个又一个奇迹。由于企业发展的需要,航天基地于20世纪90年代分批搬出秦岭大山,基地大部分厂房及家属楼人去楼空,除了小部分厂房被当地村民用作农业养殖,建筑大面积闲置,成为亟须重点保护的三线工业遗产。

红光沟是"自利更胜、艰苦奋斗、大力协同、无私奉献、研究务实、勇于攀登"的航天传统精神的重要发源地。2019年,红光沟航天旧址被认定为第三批国家工业遗产,荣获"央企百家爱国主义教育基地""陕西省爱国主义教育基地"等诸多荣誉。2021年7月,中共凤县县委、县政府联合中国航天推进技术研究院在红光沟旧址上建立了"航天精神文化区"。文化区分为"三线创业""志在青山""攻坚克难""科学管理""辉煌业绩""抗洪壮歌""筑梦远行""精神高地",对红光沟时代的精神财富,文化成果,发展经验,经营案例等进行全面系统的总结。景区运营至今有效带动了凤县旅游业发展,成为凤县旅游业的一张亮丽名片。

5.2 价值评估

依据三线工业遗产价值评估体系的情感、社会文化、经济三个维度,构建红光沟航天六院旧址价值评价指标体系,如表3所示:

表3　红光沟航天六院旧址价值评价指标体系

目 标 层	准 则 层	指 标 层
红光沟航天六院旧址价值评估 Z	情感维度 A1	精神价值 B1
		认知度 B2
		惊奇价值 B3
		传承度 B4
	社会文化维度 A2	建筑美学价值 B5
		艺术价值 B6
		景观价值 B7
		生态价值 B8
		教育价值 B9
		治理价值 B10
		科学价值 B11
		历史价值 B12
	经济维度 A3	经济贡献度 B1
		在利用成本 B1

5.2.1 计算一级指标权重

本文采用专家咨询问卷的方法,邀请了中国航天推进技术研究院的三线建设亲历者包括:企业领导、工程师、工人、家属和航天建筑设计研究院的相关人员、宝鸡凤县文物管理部门人员填写调研问卷,对红光沟航天六院旧址价值评价指标的同组指标进行一致性的相对重要性打分,构造出目标层判断矩阵。运用求和法来计算判断矩阵中因素的权重并进行一致性检验,结果 $CR=0.0176<0.1$,说明该判断矩阵通过一致性检验,指标因素的权重系数计算结果较为合理。情感维度、社会文化维度、经济维度的权重分别为 0.137 3、0.239 5、0.623 2,如表4所示。

表4　目标层判断矩阵权重和一致性检验结果

Z	A1	A2	A3	Wi
A1	1	1/2	1/4	0.137 3
A2	2	1	1/3	0.239 5

续 表

Z	A1	A2	A3	Wi
A3	4	3	1	0.623 2

$\lambda_{max} = 3.018\,3, CI = 0.009\,2, CR = 0.017\,6$

同理构造指标层"情感维度"判断矩阵,计算指标各因素的权重系数并进行一致性检验,结果 $CR = 0.011\,6 < 0.1$,说明该判断矩阵通过一致性检验,指标因素的权重系数计算结果较为合理。精神价值、认知度、惊奇价值、传承度的权重分别为 0.465 8、0.096 0、0.161 1、0.277 1,如表 5 所示。

表 5 "情感维度"判断矩阵权重和一致性检验结果

A1	B1	B2	B3	B4	Wi
B1	1	4	3	2	0.465 8
B2	1/4	1	1/2	1/3	0.096 0
B3	1/3	2	1	1/2	0.161 1
B4	1/2	3	2	1	0.277 1

$\lambda_{max} = 4.031\,0, CI = 0.010\,3, CR = 0.011\,6$

构造指标层"社会文化维度"判断矩阵,计算指标各因素的权重系数并进行一致性检验,结果 $CR = 0.030\,8 < 0.1$,说明该判断矩阵通过一致性检验,指标因素的权重系数计算结果较为合理。建筑美学价值、艺术价值、景观价值、生态价值、治理价值、科学价值、历史价值的权重分别为 0.073 6、0.051 5、0.034 0、0.024 1、0.325 3、0.099 3、0.156 1、0.236 1,如表 6 所示。

表 6 "社会文化维度"判断矩阵权重和一致性检验结果

A2	B5	B6	B7	B8	B9	B10	B11	B12	Wi
B5	1	2	3	4	1/5	1/2	1/3	1/4	0.073 6
B6	1/2	1	2	3	1/6	1/2	1/4	1/5	0.051 5
B7	1/3	1/2	1	2	1/7	1/4	1/5	1/6	0.034 0
B8	1/4	1/3	1/2	1	1/8	1/5	1/6	1/7	0.024 1
B9	5	6	7	8	1	4	3	2	0.325 3

续 表

A2	B5	B6	B7	B8	B9	B10	B11	B12	Wi
B10	2	2	4	5	1/4	1	1/2	1/4	0.099 3
B11	3	4	5	6	1/3	2	1	1/2	0.156 1
B12	4	5	6	7	1/2	4	2	1	0.236 1

$\lambda_{max} = 8.304\ 4, CI = 0.043\ 5, CR = 0.030\ 8$

构造指标层"经济维度"判断矩阵,计算指标各因素的权重系数并进行一致性检验,结果 $CR = 0.000\ 0 < 0.1$,说明该判断矩阵通过一致性检验,指标因素的权重系数计算结果较为合理。经济贡献度、再利用成本的权重分别为 0.750 0、0.250 0,如表 7 所示。

表 7 "经济维度"判断矩阵权重和一致性检验结果

A3	B13	B14	Wi
B13	1	3	0.750 0
B14	1/3	1	0.250 0

$\lambda_{max} = 2.000\ 0, CI = 0.000\ 0, CR = 0.000\ 0$

根据指标层相对上层指标的权重,可获得指标层相对于目标层的综合性权重,因此汇总以上判断矩阵权重计算结果后可汇总红光沟航天六院旧址价值评价指标相对权重汇总,如表 8 所示。

表 8 红光沟航天六院旧址价值评价指标体系相对权重

目标层	准则层	相对权重	指标层	相对权重
红光沟航天六院旧址价值评估 Z	情感维度 A1	0.137 3	精神价值 B1	0.465 8
			认知度 B2	0.096 0
			惊奇价值 B3	0.161 1
			传承度 B4	0.277 1
	社会文化维度 A2	0.239 5	建筑美学价值 B5	0.073 6
			艺术价值 B6	0.051 5
			景观价值 B7	0.034 0
			生态价值 B8	0.024 1

续　表

目标层	准则层	相对权重	指标层	相对权重
红光沟航天六院旧址价值评估 Z	社会文化维度 A2	0.239 5	教育价值 B9	0.325 3
			治理价值 B10	0.099 3
			科学价值 B11	0.156 1
			历史价值 B12	0.236 1
	经济维度 A3	0.623 2	经济贡献度 B13	0.750 0
			再利用成本 B14	0.250 0

5.2.2　基于模糊综合评价

为了进一步评价红光沟航天六院旧址价值,根据工业遗产价值评估的国际惯例,本文采用9级评价法将评价结果进行等级划分,确定评价集合 $V=\{AAA、AA、A、BBB、BB、B、CCC、CC、C\}$,AAA 表示价值极高;AA 表示价值很高;A 表示价值较高;BBB 表示价值一般;BB 表示价值欠佳;B 表示价值较低;CCC 表示价值非常低;CC 表示极低;C 表示没有价值。为其赋值为 $V=\{95,85,75,65,55,45,35,25,15\}$,从而能够直观地通过得分区间来判断整体评估状况,具体的评价标准如表9所示。

表9　等级评语表

等级评语	AAA	AA	A	BBB	BB	B	CCC	CC	C
综合评价	(90,100)	(80,90)	(70,80)	(60,70)	(50,60)	(40,50)	(30,40)	(20,30)	(10,20)

根据以上对红光沟航天六院旧址价值现状进行的市场调查,课题组通过问卷的方式向红光沟航天六院旧址管理机构工作人员发放问卷,对红光沟航天六院旧址价值的影响因素进行匿名打分,对问卷数据进行收集与处理后得到各评价指标的评分情况,对其指标进行等级判定,从而确定指标隶属度,得到单因素评价矩阵。共发放问卷28份,剔除无效问卷3份,共回收有效问卷25份。表10为红光沟航天六院旧址价值评价隶属度结果。

表10　红光沟航天六院旧址价值评价隶属度

指标层	AAA	AA	A	BBB	BB	B	CCC	CC	C
精神价值	0.36	0.32	0.20	0.12	0.00	0.00	0.00	0.00	0.00
认知度	0.32	0.24	0.24	0.20	0.00	0.00	0.00	0.00	0.00
惊奇价值	0.44	0.36	0.20	0.00	0.00	0.00	0.00	0.00	0.00

续 表

指标层	AAA	AA	A	BBB	BB	B	CCC	CC	C
传承度	0.40	0.32	0.24	0.00	0.04	0.00	0.00	0.00	0.00
建筑美学价值	0.28	0.36	0.36	0.00	0.00	0.00	0.00	0.00	0.00
艺术价值	0.36	0.24	0.28	0.12	0.00	0.00	0.00	0.00	0.00
景观价值	0.24	0.24	0.28	0.16	0.08	0.00	0.00	0.00	0.00
生态价值	0.28	0.24	0.28	0.20	0.00	0.00	0.00	0.00	0.00
教育价值	0.60	0.28	0.12	0.00	0.00	0.00	0.00	0.00	0.00
治理价值	0.36	0.24	0.24	0.16	0.00	0.00	0.00	0.00	0.00
科学价值	0.80	0.20	0.00	0.00	0.00	0.00	0.00	0.00	0.00
历史价值	0.92	0.08	0.00	0.00	0.00	0.00	0.00	0.00	0.00
经济贡献度	0.48	0.32	0.20	0.00	0.00	0.00	0.00	0.00	0.00
再利用成本	0.40	0.32	0.28	0.00	0.00	0.00	0.00	0.00	0.00

结合本文公式计算准则层评价向量,具体计算过程如下:

$$W_{A1} = (0.4658 \quad 0.0960 \quad 0.1611 \quad 0.2771)$$

$$R_{A1} = \begin{bmatrix} 0.36 & 0.32 & 0.20 & 0.12 & 0.00 & 0.00 & 0.00 & 0.00 & 0.00 \\ 0.32 & 0.24 & 0.24 & 0.20 & 0.00 & 0.00 & 0.00 & 0.00 & 0.00 \\ 0.44 & 0.36 & 0.20 & 0.00 & 0.00 & 0.00 & 0.00 & 0.00 & 0.00 \\ 0.40 & 0.32 & 0.24 & 0.00 & 0.04 & 0.00 & 0.00 & 0.00 & 0.00 \end{bmatrix}$$

$$U_{A1} = W_{A1} \cdot R_{A1}$$
$$= (0.3801 \quad 0.3188 \quad 0.2149 \quad 0.0751 \quad 0.0111 \quad 0.0000 \quad 0.0000 \quad 0.0000 \quad 0.0000)$$

$$S_{A1} = U_{A1} \cdot V = 84.82$$

说明红光沟航天六院旧址价值的目标层指标得分 87.51 分,评价等级为 AAA 级;准则层指标"情感维度"评价得分为 84.82 分,评价等级为"AA"级;同理可得"社会文化维度"、"经济维度"的评价得分,汇总数据如表 11 所示。

表 11 红光沟航天六院旧址价值评价得分结果

评价指标	评价得分	评价等级
红光沟航天六院旧址价值整体评价	87.51	AA
情感维度	84.82	AA

续 表

评价指标	评价得分	评价等级
社会文化维度	89.34	AA
经济维度	87.40	AA

6. 结论

本文在前人研究的基础上,选择情感维度、社会文化维度、经济维度作为三线工业遗产价值评定指标,采用 AHP 层次分析法确定指标权重,既充分考虑了权重评判的主观结果,又系统地赋予各层级的指标权重值,较为客观地反映了三线工业遗产价值,采用模糊层次分析法验证了三线工业遗产价值评估指标的可行性,最后以红光沟航天六院为例验证了构建指标体系的合理性与有效性,为乡村振兴背景下三线工业遗产的价值评估提供了借鉴。三线建设工业遗产的保护与利用与乡村建设有着多重意义的价值耦合,构建乡村振兴背景下三线工业遗产价值评估体系,不仅为三线工业遗产的高质量保护和价值开发进行了方法上的探索,也为增强城乡文明互鉴、加强乡村发展的内生动力、优化乡村国土空间发展格局、建设和美乡村提供了一定的参考。

参考文献:

［1］段勇,吕建昌.使命 合作 担当 首届国家工业遗产峰会学术研讨论文集[M].天津人民出版社,2022.
［2］吕建昌.当代工业遗产保护与利用研究：聚焦三线建设工业遗产[M].复旦大学出版社,2020.
［3］吕建昌.多学科视域下三线建设工业遗产保护与利用路径研究框架[J].东南文化,2022(2).
［4］刘炜,曹婷.基于系统协同的文化线路价值品股模型(CREM)研究——以古南襄隧道遗产保护为例[J].现代城市研究,2018(1).
［5］佟玉权,韩福文.工业遗产的旅游价值评估[J].商业研究,2010(1).
［6］温铁军,逯浩.国土空间治理创新与空间生态资源深度价值化[J].西安财经大学学报,2021(2).
［7］温铁军.共同富裕的在地化经济基础与微观发展主体[J].乡村振兴,2021(9).
［8］习近平.高举中国特色社会主义伟大旗帜 为全面建设社会主义现代化国家而团结奋斗[M].人民出版社,2022.
［9］徐有威,张程程.2021年三线建设研究评述[J].三线大学学报(人文社会科学版),2022(5).
［10］尹应凯,杨博宇,彭兴越.工业遗产保护的"三个平衡"路径研究——基于价值评估框架[J].江西社会科学,2020(11).
［11］郑淑敏.基于多层次模糊综合评价的邯郸钢铁工业建筑遗产价值评价研究[D].河北工程大学,2019.

三、工业文旅与档案、博物馆

存续下工业遗产保护与旅游发展协同路径研究
——以德州苏禄城旧厂区更新为例*

张 杰 贺承林

（华东理工大学艺术设计与传媒学院）

摘 要：随着工业遗产地的有效改造，工业遗产旅游成为一种时尚，成为许多城市旅游发展的方式之一。本文基于德州苏禄城旧厂区更新案例的实验，通过工业遗产与旅游的概念分析，及对旧厂区内在文化的解读，对旅游发展策略、原则及其方法的探索，揭示了在工业遗产旅游发展中，保护好遗产是现实旅游发展的前提，为此，应首先尊重遗产的内在文化研究、工业建筑本身的结构体系、工业建筑应有的工业文化元素及其空间肌理，重视新旧元素协调处置、新功能的植入与培植等原则，其中的核心在于最大限度地挖掘工业建筑内在的文化价值，它是遗产旅游的关键，是实现空间形态的转换与内涵转型的核心要素，而遗产旅游的发展模式是整个旧厂区在涅槃中重生的有效方式。

关键词：工业遗产；旅游；保护；更新

Abstract: With the effective transformation of industrial heritage sites, industrial heritage tourism has become a fashion and one of the ways for many urban tourism development. Based on the experiment of the renovation of the old factory area in Sulu City Scenic Area, Dezhou, this paper reveals the development of industrial heritage tourism through the conceptual analysis of industrial heritage and tourism, the interpretation of the culture in the old factory area, and the exploration of tourism development strategies, principles and methods. Protecting heritage is the premise of realistic tourism development. For this reason, we should first pay attention to the

---

* 基金项目：国家社科重大基金项目"涉台传统村落资源整理与保护利用研究"（21&ZD215），国家社科艺术基金项目"移民文化下闽台古村落空间形态特征与营造技艺研究"（20BH154），上海社科专项基金项目"明清海防卫所时空演变与保护研究"（2019ZJX002）资助。

research on the inherent culture of heritage, respect the structural system of industrial buildings, respect the industrial cultural elements and spatial texture that industrial buildings should have, and pay attention to the coordinated disposal of new and old elements, attach importance to the implantation and cultivation of new functions, among which the core is to maximize the cultural value inherent in industrial buildings, which is the key to heritage tourism, and the core element to realize the transformation of spatial form and connotation, while heritage tourism The development model of the company is an effective way for the entire old factory area to be reborn in Nirvana.

Keywords: industrial heritage; tourism; conservation; renewal

1. 引论

随着城市化进程的迅速推进、城市产业结构的转变,城市空间与社会产生了巨大的变异,一大批曾经作为城市发展代表的工业建筑群被逐步更新,其功能也逐步由城市中心区域向外围转移,在这场城市功能的大变迁中,部分旧厂区经由更新改造而获得了重生,如上海 M50、北京 798、南京晨光 1865 创意产业园等;另一部分却成为影响乃至干扰城市建设的障碍,如山东德州农机厂、玻璃厂及其运河仓库等,南京高淳老街粮库建筑群,江苏宜兴陶瓷堆场等(图1),对此,地方政府身陷于尴尬的境地,即一方面城市发展急需用地,这些被时代淘汰的厂区为城市更新提供了发展空间;另一方面又因拆迁成本大及其污染物处理技术难度大等等原因而难以拆除,难以实现土地的"退二进三"①②。

图 1 德州现已废弃的工业遗产

面对这一现实状况,如何认识这些历史遗存,是不是这些遗存只有被拆除这样一条道路?有没有科学合理的更新方法使之重生,实现工业遗产被有效保护与科学发展的"双赢"之道?工业遗产由"涅槃"走向"重生"之道在哪里?这些问题值得研究探索。据此,本

---

① 刘会远,李蕾蕾.德国工业旅游与工业遗产保护[M].商务出版社,2007:30～31.
② J.戴伦.程尽能译.遗产旅游[M].旅游教育出版社,2007:20～24.

文将通过山东德州苏禄城①旧厂区更新的实验试图对旧工业厂房及设施保护与再利用进行方法与理论上的探索②③。

2. 项目概况

苏禄城旧厂区位于山东德州市区西北部、苏禄城的西部,总用地 16.72 公顷,整个厂区自 20 世纪 50 年起逐步建设成为依托陵园的厂区,厂区东与苏禄王陵园紧邻,西为原苏禄城护城河,厂区内主要道路系统为原守陵村的村道,与苏禄王陵园、守陵村有着密切的联系,是苏禄城的有机组成部分(图 2)。其中苏禄王陵园为国家级文物保护单位,北营村为苏禄王后裔守陵村。

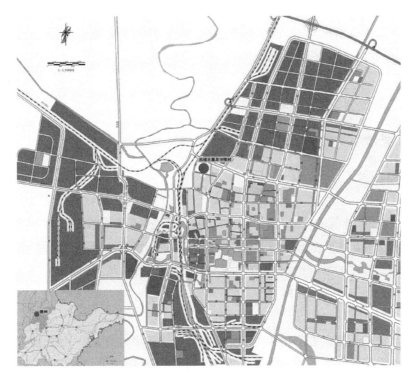

图 2　区位图

旧厂区内主要厂房为玻璃厂、化工机械厂、机床厂等厂房类建筑,多建于 20 世纪

---

① 苏禄城是苏禄国国王的陵墓。据史料记载,明永乐十五年(1417)8 月,苏禄国(现菲律宾苏禄群岛)国王苏禄王率领 340 余人来访,经大运河北上至北京,后又经大运河南下,途径德州时因天气原因生病而客死德州,埋葬于德州北部。永乐皇帝命其长子回国即位,命其二子、三子及其王妃在德州守陵,经过近 600 多年的发展,围绕陵园逐步形成守陵村,四周有河道围合。2008 年,地方政府将该村命名为苏禄城。
② 张杰. 从悖论走向创新[M]. 中国建筑工业出版社,2010:10~12.
③ 张杰、庞骏. 旧城遗产保护"生"与"死"的规划设计反思[J]. 建筑学报,2008(12).

50—70年代,建筑质量相对较好,其中德州化工机械厂建造于20世纪50年代,曾经是德州地区较为典型的工业企业,建筑造型为现代主义风格,是在西方现代建筑思潮影响下,摆脱传统建筑形式以适应工业化社会发展建筑造型的代表。造型较为新颖而又简洁明快,平屋顶或大的、坡度较小的两坡顶,大面积横向开窗,红砖清水外墙(图3)。

图3 苏禄城旧厂区现状

整个厂区总建筑面积为42 550.59平方米,绝大多数工业建筑多具有一定的历史价值,并且整体保存较为完整,空间肌理清晰,见证了德州工业化进程。

3. 由涅槃走向重生之道的探索

3.1 由概念激发的联想

3.1.1 工业遗产

工业遗产是由工业生产和工业文化遗留下来的产物构成的,这些遗留产物拥有历史的、技术的、社会的、建筑的或者是科学上的价值。这些遗留产物由建筑物和机器设备、车间、制造厂和工厂、矿山和处理精炼遗址、仓库和储藏室,能源生产、传送、使用和运输以及所有的地下构造所在的场所组成,与工业相联系的社会活动场所,如住宅、宗教地或者是教育机构都包含在工业遗产范畴之内①②。

3.1.2 工业遗产旅游

工业遗产旅游是指在工业化向逆工业化的转型进程中,出现的一种从工业考古、工业遗产的保护而发展起来的新的旅游形式,即在废弃的工业旧址上,通过保护和再利用原有的工业机器、生产设备、厂房建筑等,改造成为一种能够吸引现代人们了解工业文化和文明,同时具有独特的观光、休闲和旅游功能的旅游新形式③。

3.1.3 概念的联想

保护是工业遗产得以重生的基础,也是工业遗产作为旅游资源进行开发利用的前提。第一,保护工业遗产不仅要保护工业建筑和旧址,还要保护原来用于工业生产的机械设备

---

① 张松.城市文化遗产保护国际宪章与国内法规选编[M].同济大学出版社,2007:45~46.
② 刘伯英,李匡.工业遗产的构成与价值评价方法[J].建筑创作,2006(9).
③ 李蕾蕾.逆工业化与工业遗产旅游开发:德国鲁尔区的实践过程与开发模式[J].世界地理研究,2002(3).

以及生产工业产品的工业技能等。第二,在保护的同时应加强对工业遗存的再次利用研究。工业遗产应通过一系列的科学合理的方法,使得其成为能吸引游客的载体,让游客感受到工业发展的巨大变化,体会工业历史和文化底蕴。第三,工业遗产内在文化研究在保护与合理利用中起着基础性的支持作用,是揭示遗产内在价值的必有途径,也是确定合理更新方式、开展建筑细部更新设计的依据之一。

3.2 文化的解读

与旧厂区有着密切联系的遗存包括苏禄王陵园、苏禄王守陵村、大运河。其中厂区东侧的苏禄王陵园是整个地块的灵魂与依托,也是整个景区的核心。苏禄王陵园是菲律宾文化在德州的物质留存,苏禄王及其后人是伊斯兰教的信徒,守陵村是异邦文化与德州地域文化交织下,地方文化与外来文化交融的产物,在物质空间上体现为传统的合院与具有伊斯兰教特色的室内装饰。运河是实现上述特殊文化及其产物的纽带,运河曾是德州发展的命脉,在某种意义上说,运河催生了德州。据此,苏禄王墓及守陵村是德州文化的重要组成部分,是大运河遗产的重要节点,其遗产具有唯一性、特殊性、包容性、交融性与文化多样性,是中国运河文化线路中文化多样性的重要例证和特殊的文化现象(图4)。在这一交织、交融文化的孕育下,旧厂区的价值一方面体现出应有的工业文明,另一方面又具备了有别于其他工业遗产的异邦文化特色。由此,其物质空间应呈现出一种文化上的交织与交融——现代工业文明与古代文明的交融,存在一种时间与空间上的碰撞。

图4 苏禄王陵及其守陵村

3.3 规划原则、总体策略与发展目标

3.3.1 规划原则

(1)保护优先,以保护遗产促进发展。苏禄王墓是德州唯一的一处国家级文物保护单位,并且苏禄王墓及其周边的北营守陵村是大运河遗产的重要组成节点,而旧厂区依托苏禄王陵及其守陵村,见证了整个德州工业文明的发展历程及陵园和村落的变迁,其内在价值较高,因此,首先必须保护好这些文化遗产,保护好旧厂区建筑群、空间肌理与相关工业遗存;其次,在保护的基础上科学合理地利用这些遗存,利用这些遗存的历史文化、物质空间等,为整个景区的旅游发展作出贡献。

(2)加速推进功能转换,融入文化创意要素。目前整个旧厂区已废弃,厂区内杂草丛生,因此,应加快功能的转换,融入创意文化,培育旅游产业要素,形成完善的要素产业体系,推动异邦文化、工业文明与地域文化的展览、培训、民间创意、民间演艺以及戏剧演出等文化产业的发育,形成旅游文化产业链条,以此拉动德州城市游憩和文化旅游业发展。

（3）整体统筹,旅游效益与社区利益共同发展。整个旧厂区的发展必须纳入整个苏禄城景区之中,纳入德州整个地域范围内,实现景区、城市、区域的协调发展。景区旅游业的发展将促进旧厂区的发展,同时旧厂区文化创意产业的集聚以及产业链的形成,又将推动景区的旅游发展,因此两者之间应加以统筹兼顾、协调合作。另外,在发展中还必须考虑景区内原住民的民生问题,应大力改善居民的生活环境,提高生活质量,造福于一方。避免因景区旅游业的发展而抛弃原住民,使得异邦文明缺乏原住民的支撑,因此,在发展文化创意产业及其旅游业中,必须强调旅游效益与社区利益共同发展。

3.3.2 总体策略

充分利用现有厂房空间,挖掘地域文化,通过营造主题博物馆、公共休憩场所、创意产业工作坊及其工业博览与商务旅游开发等模式,现实整个厂区的涅槃重生。

3.3.3 发展目标

依托德州大德文化与景区苏禄异邦文明,将传统文化、工业文明、异邦文化融入厂区之内,进行大整合、大融入、大嬗变,最终实现旧厂区与整个景区的双赢,营造出山东地区文化创意的示范园区。

3.3.4 功能布局

结合现状地形及其厂区状况,以创意路为发展带形成东西两大组团的创意文化示范区,具体包括：工业文明博物馆、中菲文化国际交流与会展中心、地方文化创意工作室、文化创意培训中心、特色餐饮、创意书店、异邦花市及综合服务等八大部分(图5、图6)。

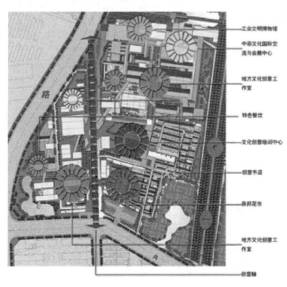

图5 功能布局示意图

图6 规划总平面图

(1) 工业文明博物馆。工业文明博物馆位于厂区的北部,原为厂区入口处的办公楼。原建筑质量较好,造型为现代式样,层数为四层,规划改造为博物馆,以展示新中国成立以来德州的工业发展为主,兼顾展示山东当代工业文明。对于该建筑的改造,在尊重原办公楼的房间分割方式上,作适当调整,将原本一个个各自独立的办公室串联为一个整体,以供展示。四层改造为博物馆办公与资料室,并作为多媒体展示室。屋顶改造为屋顶花园,同时增设茶座、咖啡吧等。在立面上,对原窗户进行改造,增设百叶,并在色彩上处理为不同的颜色(图7)。

原办公楼

改造后屋顶花园

改造细部

图 7 博物馆效果图

(2) 中菲文化国际交流与会展中心。中菲文化国际交流与会展中心位于厂区北部、工业文明博物馆东。整个中心由文化交流中心、中菲文化展示馆等建筑群组成,文化交流中心兼作国际会议与商务中心,为一新建建筑,建筑造型新颖、时尚,体现了不同文化之间的交流、碰撞、交融与共赢。中菲文化展示馆位于厂区的东北角,是由原有厂房改造而成的。内部以展示内容分为五大系列:一是苏禄王为代表的中菲友好政治交往史,二是中菲经济文化交流历史,三是中菲建交史,四是中国和东盟交往的成就展示,五是东南亚文化与民俗展示。

(3) 地方文化创意工作室。整个创意工作室均为原老厂房改造而成,在立面上,对原厂房的门窗进行改造,增设反映地域文化特色的门套、伊斯兰文化特色的拱门等,各建筑之间用玻璃廊桥加以沟通串联为一个整体。创意工作室主要包括地方传统文化的研究室、书画研究室、雕塑研究室、泥塑研究室、陶瓷研究室等(图8)。研究室人员主要包括地方文化工作者、名人、书法家、画家、雕刻艺术家、大学研究所的学者教授以及民间创作人员等。

图8 创意工作室

(4) 文化创意培训中心。文化创意培训中心是由老厂房改造而成的,培训内容包括旅游领域的知识培训、创意产业经营管理人才高级研修培训、国际动漫(影视)产业技术培训、影视广告创意及设计培训等等。培养对象主要包括文化创意产业领域内的经理人、经纪人以及中高层管理人员,各级政府文化管理处主要岗位负责人,有志于从事文化创意产业的专业人士。

(5) 特色餐饮。特色餐饮的布置采用了分散分布的方式,即结合创意工作室、培训中心、博物馆等建筑群布置。特色餐饮主要包括:菲律宾餐饮、地域传统餐饮、特色酒吧、咖啡屋、茶吧等。其中菲律宾餐饮包括勒琼(Lechon)①、阿多波(Adobo)②,派克苏皮纳加特、克尼拉尔等(图9)。

图9 特色餐饮

---

① 勒琼(Lechon)是菲律宾典型的年节佳肴,以猪肉为主原料烧烤而成。
② 阿多波(Adobo)是一道以鸡肉、猪肉腌渍熟煮的菲律宾家常菜,由于腌渍的主要调味料是醋,所以不易腐坏,且非常入味。也有一些阿多波是以墨鱼和牡蛎烹调而成的。

（6）创意书店。创意书店的布置采用了分散的分布方式，类似于特色餐饮，即结合创意工作室、培训中心、博物馆等建筑群布置。创意书店主要经营范围包括影视、文学、历史、商务、艺术、绘画等（图10）。

图10　创意书店意向图

（7）异邦花市。异邦花市位于东区的南段，利用原仓库建筑群，其建筑外墙及其整体体量保持不变，对门窗进行改造，增设反映地域文化及其伊斯兰文化特色的建筑符号。异邦花市主要经营菲律宾及其南亚植物，辅以地域植被。如麻风树、蝴蝶兰、纳拉树、菲律宾铁树、富贵椰子、茉莉花、芒果树、番木瓜树、榴莲树、香蕉树等。

3.3.5　景观规划设计

整个创园区用水渠、廊桥将各组分散的功能性建筑群整合为一个整体，因此，水渠、廊桥是整个区域景观的重要要素。整个园区结合功能，在景观设计上划分为一带、一湖、二池、三点、多面的形态（图11、图12）。

桥影流声池　　　　　　　　　　漫步如镜池

图11　二池效果图

一带：创意路步行栈道，整体道路两侧为水渠，路面铺设木板，形成水中漂浮的栈道。

一湖：迎宾路与青年路交叉处东北角，开挖水面，形成创意湖，内置雕塑、喷泉，种植荷花、芦苇等水生植物，形成整个创园园区的一个对外景观窗口。

二池：桥影流声池位于东西两组团交叉的瀑布处，以瀑布为池的核心，形成动静态水景的交融。漫步如镜池位于工业文明博物馆前，为一长方形水池，水池上设计通行博物馆

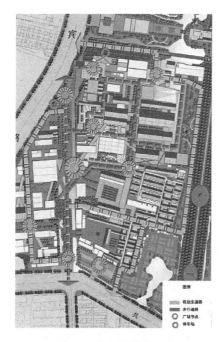

图 12　道路景观分析图

与廊桥的步道，营造出漫步宁静如镜的水面之上的景观特色。

三点：大德创意点位于创意路的北端，设计为半圆形水池，内置印章，上刻"大德创意"，周边立雕刻柱。苏禄东亭位于东组团文化培训中心北侧，为一方形玻璃体，内开始伊斯兰券门，喷泉，配置音乐，营造小国和宁之意蕴。创意广场位于主入口西侧，广场铺设采用青砖，广场中央设置雕塑，围绕雕塑铺设伊斯兰图案纹样的地砖。

多面：与神道临街的空地种植高大的乔木，一方面遮挡建筑群对神道的影响，另一方面为神道兆域营造气氛，同时也为整个创意园区塑造绿色的背景。其中在园区的边缘空地等营造良好的景观小空间，使得整个园区沉浸在绿色之中（图13、图14）。

图 13　厂区鸟瞰

对天畅饮

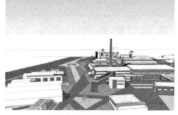
创意路步行栈道

苏禄东亭

图 14　厂区景观点

3.3.6 主要旅游活动策划

旧厂区的旅游活动应纳入整个苏禄城风景区，成为整个景区的一部分。对于整个景区而言，根据地域文化及其苏禄国异邦文化中的相关内容制定旅游活动日程表，使得整个地块在一年四季中都有一定的活动，都可以具备具有浓郁地域文化与异邦文化特色的活动，通过一系列的旅游活动如节庆等来推动整个规划地块旅游业的发展，促进地域文化、经济与社会的发展。主要节庆如春节、元宵节、填仓日等。

整个旅游活动策划的总的原则：以喜庆、欢乐、祥和为基调，以崇尚大德文化、忠孝文化、运河文化、民俗文化等为主，采用人们喜闻乐见的传统风格、时尚风格、卡通风格等多种灯组形式，表现"大德异邦"的独特风采。

游线组织方面，则根据整个风景区各功能区块的情况，将旧厂区的旅游路线深入整个景区，开设1号旅游线路：神道—苏禄王墓园—王子王妃墓—守陵村—风情街—大学路—长子思孝寨—创意园区；2号旅游线路：风情街—守陵村—苏禄王墓园—清真寺—创意园区；3号旅游线路：创意园区—清真寺—苏禄王墓区—王子王妃墓—守陵村—风情街。

4. 结语

通过对德州苏禄城旧厂区更新项目的实验探索，可以发现，在工业遗产旅游发展中，保护好遗产是现实旅游发展的前提，而更新改造是发展的途径，在更新改造中，第一，要重视遗产的内在文化研究。文化内涵的挖掘有利于更新改造方法的确定，有利于为建筑细部处理提供良好的素材，同时工业遗产旅游的推进离不开文化的支持，对文化内涵的研究与挖掘可以加强旅游的知识性与趣味性，增强怀旧的氛围，让游客感受到空间的文化底蕴与工业化初期的辉煌和成就。第二，要尊重工业建筑本身的结构体系。尊重建筑的主体结构，不对旧建筑进行随意或过分的拆改和装饰，而是审慎地做些必要的、最小限度的改动。第三，要尊重工业建筑应有的工业文化元素及其空间肌理。更新改造中一方面要延续工业建筑文化元素，保留工业建筑应有的建筑符号；另一方面，在植入新功能的基础上，最大程度的维系厂区原有的空间肌理，留住旧工业的记忆。第四，要重视新旧元素协调处置。对于新植入元素应强调其文化性，及其与新功能的关联性，并协调好与旧元素的关系。第五，要加强新植入功能的研究。工业遗产的产生其根源在于功能上滞后于整个城市的发展，因此，这就要求新植入的功能要具有一定的前瞻性与可行性，以避免新功能在短期内的再次死亡。综上，存续视野下的工业遗产更新改造的核心在于最大限度地挖掘工业建筑内在的文化价值，通过文化在物质空间层面的转译，来实现时空的碰撞与交融，实现空间形态的转换与内涵的转型，最终使得旧厂区在涅槃中重生。

文旅融合视域下西安工业遗产旅游开发研究*

路中康

(西北大学历史学院)

摘　要：工业遗产旅游是以工业遗址为对象的一种新兴的旅游模式，其关注度近年来不断攀升。西安拥有丰富的工业遗产资源，从"文旅融合"的角度进行保护和开发，必将对西安工业遗产旅游的健康发展有所裨益。本文从西安市工业遗产的资源状况的调查入手，通过分析其目前的保护和发展现状，探讨开发中的问题与不足，分析问题产生的原因，按照工业遗产的不同类别提出对应的开发建议，以期促进西安市文化旅游产业的创新发展。

关键词：文旅融合；工业遗产；旅游开发

Abstract: As a new tourism product, industrial heritage tourism is to develop tourism with abandoned industrial sites. Xi'an has abundant industrial heritage resources. If it can be protected and developed from the perspective of cultural and tourism integration, it will benefit the healthy development of Xi'an industrial heritage tourism. Based on the situation of resources and development degree of Xi'an's industrial heritage, this paper analyzes the deficiency in its current development, obtains the corresponding reasons, and puts forward corresponding development suggestions according to the categories in order to promote the high quality development of Xi'an's cultural tourism industry. At the same time show Xi'an unusual industrial development Process.

Key words: Cultural Tourism Integration; Industrial Heritage; Tourism Xi'an

---

* 基金项目：国家社科基金重大项目"中国近代科学社团资料的整理、研究及数据库建设"(19ZDA214)资助，教育部人文社会科学研究一般项目："建筑师与中国建筑现代转型"(20YJA770008)资助，西北大学2020年度"国家社科基金孵化计划"项目"建筑师与中国建筑现代化"(20XNFH003)资助。

工业遗产是中国近代工业产生以来具有历史、科技、艺术、社会价值的近现代工业文化遗存[①]，承载了我国工业发展史上各时期的历史记忆。"文旅融合"是将文化与旅游产业相融合[②]，以了解工业发展历史、体会工业精神为游览意旨与导向，以具体工业遗产为考察项目的旅游发展新模式。工业遗产旅游不仅能够丰富旅游的内容与类型，减少工业资源的浪费，促进工业遗产资源的保护与再生，更能够促进城市发展中产业结构的调整、更新与优化，为经济发展提供新的增长点，有利于城市的高质量、多元化发展。

近年来，国内的工业遗产旅游研究区域多集中在东北老工业区和东南沿海一带，很多研究将国外成熟的理论和模式等吸收借鉴到国内工业遗产旅游的发展上，以满足现实发展的需要。研究视角多为区域主体群落的产业保护更新、客体的游客感知体验等[③]。西安是老工业城市、三线建设的西北重镇，工业门类齐全，发展过程中留下了丰富的工业遗产资源。学界以往对西安工业遗产的相关研究主要集中在工业遗产的个案研究，以王西京、陈洋、王铁铭等学者为例，他们从建筑学、城市规划和遗产体验的视角，对大华纱厂、老钢厂和半坡国际艺术区等工业遗产进行探讨，运用调研数据、实测图纸和建筑程式进行量化分析，以提出开发意见和建议。目前从"文旅融合"视域下对西安工业遗产旅游开发的相关研究比较缺乏，与西安工业遗产旅游发展现实要求不符。本文通过调研梳理西安工业遗产的现存资源和开发状况，指出发展中存在的问题及其原因，提出具有西安特色的工业遗产旅游发展的策略，以期对西安工业遗产旅游发展有所裨益。

1. 西安市工业遗产资源保护与利用状况

西安工业发展始于清末，以西安机器局为代表，因社会动荡、交通闭塞而发展缓慢。随着陇海铁路通车，极大地改善了西安的交通情况，加之抗日战争时期大量沿海企业内迁，扩充了西安工业的数量与类型，推动了西安工业的发展。新中国成立后，西安工业再度得到大力建设和快速发展。随着三线建设的开展，西安增扩建了一批国防工业和民生企业。改革开放以后，西安工业发展进入了新的发展阶段，一些工厂因为无法满足现实需要而被逐渐停产、闲置，后来成为工业遗产被加以保护和利用。目前西安现存的可供开发的工业遗产主要分为以下几类（表1）。

---

① 国家文物局. 文物保护利用规范——工业遗产[EB/OL]. http://www.ncha.gov.cn/art/2020/11/6/art_242. 2020-11-06.
② 隋明志,王慧. 文旅深度融合下传统村落旅游脱贫思考[J]. 合作经济与科技,2021(6).
③ 赵东平. 国内工业遗产旅游研究综述[J]. 经济研究导刊,2018(6).

表1　西安工业遗产分类表

类型	名称
纺织类	大华纱厂　半坡国际艺术区　三五一一厂　唐华四棉
化材类	西安西北光电仪器厂　西安化工厂　惠安化工厂　西安日用化学工业公司　西安第一水厂　西安绝缘材料厂　西安第一印刷厂　灞桥热电厂　西安市第三发电厂
机械类	昆仑机械厂　东方机械厂　秦川机械厂　黄河机械厂　红旗手表厂　西安冶金机械厂　西安矿山机械厂　西安电梯厂　西安电力机械厂　庆安公司　华山机械厂　西安仪表厂　陕西重型机械厂　骊山汽车制造厂　西安高压开关厂　西安高压电磁厂
钢铁类	陕西钢厂　西安钢厂
其他	马腾空粮食储备库　西安铁路信号有限责任公司

西安工业遗产种类丰富，尤以纺织类和机械类工业遗产居多，且这两类工业遗产的保存状况良好，因而这两类工业遗产最为外界所熟知，也较早启动了相关工业遗产的保护与开发。西安的纺织类工业主要集中在西安市东郊，即现在的纺织城区域。区域内各厂位于城市外围，且厂区之间距离较近，遗产集聚效应较强，整体工业氛围感较强，原厂区受到的破坏较少，基本维持原貌，遗产资源易于开发和改造，利用价值较高。

西安的机械类工业遗产数量众多，大多为新中国成立初期"156项工程"的产物。目前大多还在进行工业生产，但规模大不如前，许多厂区内部分区域已处于闲置状态，近年来逐渐成为受保护的工业遗产。其资源类型较纺织类更为丰富，每个厂区也根据其定位都有自己的个性特色，资源更易于保存，可塑性较强，便于进行厂区主题化的开发与设计，能够形成"一厂一型"的旅游特点。

西安化学建材类工业遗产因其前身所属的工业种类不同，使得规模大小不一，工业遗存情况各不相同。其中部分工厂具有鲜明地"工厂办社会"的特点，同时因为一些工厂尚未退出生产领域，仍在进行运转，所以现存遗产资源的完整度较高，保护状况比较好，利于对其进行整体化的保护性开发。西安钢铁类工业遗产的数量相比于其他资源型城市较少，以老钢厂为例，大部分厂区的内部遗存较少，多为框架型建筑和工业零件，可以重新设计利用的空间较大，具有良好的开发潜力。其他类型的工业遗产各有特色，可以选其典型代表进行开发和改造。

目前，西安部分工业遗产的损坏、乱拆乱建情况较为严重，保护情况不容乐观，需要各级政府相关部门对此加以重视，对现存工业遗产的现状和价值进行认真调查、仔细评估，设计制定合理有效的保护与开发方案。西安工业遗产分布于市内各区域，情况千差万别，需要因地制宜，选择资源保存良好、游览价值较高的厂区进行工业遗产改造，以促进西安工业遗产旅游的蓬勃发展。

2. 西安市工业遗产旅游的发展现状

在目前已经开发的工业遗产资源中,纺织类的轻工业遗产由于资源相对易于改造使用,因而旅游开发时间相对较早,再生利用的规模较大,运营模式相对成熟,成为目前西安市工业遗产旅游的代表。钢铁、机械等重工业则因为仍在从事生产活动或废弃后所属关系不清、改造空间不足等而开发利用不多。因此,西安市目前工业遗产虽兼有轻工业和重工业,但轻工业遗产占据其中的主体地位,且旅游业态发展更成熟、知名度更高、吸引力更强。

下面对西安工业遗产旅游中已经开发和具有良好开发潜力的项目进行分析,探讨当前西安工业遗产旅游发展的现状。

2.1 已开发的工业遗产旅游项目

2.1.1 大华 1935

大华纱厂始建于 1935 年,是为抵制日本帝国主义的经济侵略而成立的民族工业,1954 年之后,转为国有,在 20 世纪 80 年代后开始衰落,并最终在 2008 年破产,大华纱厂自此成为一段历史[1]。在成为工业遗产之后,由于其特殊的地理位置和丰富的历史文化,进行景观改造和发展旅游也逐步提上日程。为提高纱厂园区的可持续性发展,大华纱厂采取多业态共存的发展模式。其运用现代设计手法、"线"的表现形式对厂区原有景观和框架进行有选择的保留和改建,打破时空局限,展现历史文化[2];运用旧式材料修旧如旧,以此营造厚重的工业氛围、体现凝重的工业感与历史感[3]。

在参观项目方面,纱厂主要设置了雕塑和博物馆两项内容,其雕塑主要以各种工业废弃物为原料,以纺织工业机械为主题,制作出各种各样的工业雕塑,以展示钢铁的艺术之美[4]。工业废弃物其分布较为分散,散落在园区的各个角落,以供游人拍照留念,并起到装饰园区,丰富园区景象的作用。而博物馆中则以史料、文字、实物、图片、模型、多媒体等多种形式对纱厂的历史文化进行展示[5],增进游客对纱厂历史沿革的了解,从而能够对现存的遗迹遗物产生更深刻的体会。

在环境规划方面,大华纱厂的绿植种类比较多样,既有法桐、刺槐等高大乔木,也有较为低矮的灌木,两者高低相互配合,在增加园区绿化、增加园区景观的同时也强化了园区

---

[1] 高子果. 大华纱厂:近代民族工业的历史见证[J]. 党史文汇,2018(10).
[2] 刘玲玲,蒋伟荣,魏士宝. 工业遗产保护视野下的旧工业区景观改造——以西安大华纱厂为例[J]. 建筑与文化,2014(11).
[3] 贾新新,蔺宝钢,杨洪波. 西安大华纱厂旧工业区景观改造规划[J]. 工业建筑,2014(2).
[4] 张嘉丽. 基于场所记忆的旧工业区外环境改造设计与研究[D]. 西安建筑科技大学,2017.
[5] 何烨. 基于空间句法的西安大华 1935 空间布局研究[D]. 西安建筑科技大学,2015.

的工业感①,这有利于提升游客游览时的舒适感。园区有墙壁装饰画,以展示老厂区的社会生活,如小卖部、食堂、宿舍等,颇具时代特色、年代印记,往往能勾起游客对昔日集体生活的珍贵记忆,同时也是游人了解工厂旧日景象的一个艺术化的窗口。为提升园区的经济效益,厂区引进了商超、餐饮、电子等多种产业类型,以此完善园区的服务项目,满足游人多样化的消费需求,从而使其成为集多产业为一体的综合性园区。

大华1935项目发展中存在一些不足,如园区为尽快实现建筑的经济价值和文化价值,将其改造成剧院、图书馆等公共场所向公众开放,但这种"竭泽而渔"的形式同时也对建筑本体造成了不可逆性的损害,提高了其维护成本,无益于建筑本体的保护②。且在游览项目方面几乎全是单一的参观,没有与纺织相关的沉浸式体验项目,无法突出其工业主题与旅游特色③。同时,工业园区整体开发均过于商业化,工业氛围较弱,缺乏一些"活的工业遗产"。园区内也没有设计面向游客的文创产品,缺乏对品牌形象进行充分挖掘与利用,减少了园区的收入来源,不利于提升经济效益。园区虽然与大明宫隔街对望,却因主管部门不同而没有进行旅游联合开发与协同宣传,造成两者各自为政的开发现状。

2.1.2 老钢厂设计创意产业园

老钢厂设计创意产业园原为1958年建成的陕西钢厂,是苏联援建的"156项目"之一,曾是我国十大特钢企业之一,为西安市的经济发展作出过重大贡献。后因无法适应时代的更新与发展,于2001年破产倒闭。随后将其中一部分改为一个以高校为依托、有良好的发展前景的工业遗产创意产业园④。

在景观展现方面,为保持老钢厂建筑文化的原真性,厂区的布局仍基本保持原样,而将景观设计的重点放在建筑的外立面和内部的空间划分上。通过色彩、结构、材料等方式来更新建筑的外立面⑤,使其保留工业沧桑感的同时与现代化园区相融合,以此满足游客多样化的游览需求。在配套设施方面,园区与西安建筑科技大学华清学院相邻,因而其受众对象以周边居民和高校学生为主,内部设施也主要是满足这些人的需求为主,针对性较强,比较有自己的园区特色。是西安市工业遗产园区中比较有个性,与周边环境氛围融合的较好的案例。

为了减少改建成本、缩小改建规模,老钢厂设计创意产业园区一些商户的电线、管道外露,悬在空中或依附在工业建筑外墙壁上,这样不仅影响园区整体的景观效果,而且造

---

① 贾新新,蔺宝钢,杨洪波.西安大华纱厂旧工业区景观改造规划[J].工业建筑,2014(2).
② 张犁.工业建筑遗产保护与文化再生研究[D].西安美术学院,2017.
③ 王玉玺.旅游体验视角下的工业遗产旅游开发初探——以西安"大华1935"为例[J].城市建筑,2020(31).
④ 杨玥.西安老钢厂创意产业园内旧工业建筑空间再利用现状分析与研究[J].建筑与文化,2017(9).
⑤ 杨琬莹,蔺宝钢,文超.基于产业业态视角下的工业遗产再造研究——以西安老钢厂设计创意产业园为例[J].艺术与设计(理论),2018(5).

成了严重的安全隐患,亟待整改和解决。同时这些挂在墙壁上的设施也会破坏原有的工业建筑、消耗宝贵的遗产资源。园区内的一些商户的从业人员对园区工业遗产的属性不是很了解,只是将其定位成文化街区、产业园等,忽视了其根本的工业属性,缺乏相关工业文化背景的培训,这不利于园区工业遗产旅游的进一步宣传,也无益于园区工业遗产的文化氛围的营造,并最终影响园区工业遗产旅游业的影响力和可持续发展。而在园区实际的运营过程中,整个园区目前运营的特点是"东南重,西北轻"。即园区的东南部的商户多、人流量大、发展程度较高,而西北部的商户少、人流量小、发展程度较低。园区各部分的发展水平不够协调,不利于西北部的工业建筑的保护与再开发,同时这种失衡的情况也影响整个园区的均衡开发与发展。

2.2 具备良好开发潜力的工业遗产项目

2.2.1 西安印刷厂

由于市场对印刷品的长期需求,该厂区目前仍在进行少量的工业生产,但大部分厂区已经处于闲置状态,可以通过相关资源的挖掘、开发,建筑的改建,进行旅游开发。且其办公楼现已对外出租,入驻了少量商户,大部分仍处于闲置状态,可以向小微企业出租,在保留其办公性质的同时增加厂区收入。其厂房内有印刷机器,可以向游客展现印刷书籍的过程,增加对印刷业的了解。而且其区位条件良好,兼有公交和地铁,交通通达度高。厂区内绿化较多,游览的舒适度较高,易于吸引游客前来游玩。

2.2.2 国营114厂(现庆安集团有限公司)

经过市场化改革和企业内部调整,该厂区仍在运转但规模大不如前,厂内许多设施已闲置,可以通过旅游开发的方式实现资源活化与再生。其厂内设施类型丰富,有车间、靶场、锅炉房、生产设备等,也有档案等文献资料,可开发的旅游项目类型较多,有利于增加游览的趣味性,可吸引不同年龄段的游客。且位于城市外围,环境质量较好,空气质量较高,可有效提升游览的舒适度,具有开发成工业遗产旅游景点的潜力。

园区内部均有立牌或展馆对园区的历史进行介绍,有利于游客更加细致地了解、认识工业遗产。为增加园区的游览舒适度、景观层次性和工业氛围感,园区在绿化方面颇为注重,引进大量不同种类的植物,并设计成各种工业品的样子,与建筑实物相呼应,强化园区的工业主题,增强游客的体验感。为减少资源浪费,园区把遗留下来的工业废料做成各种雕塑和工业品,放置在园内以供观赏,增加了园区景观的多样性。为满足游客的多样化需求,园区还建设了餐饮、购物、住宿等配套设施,以延长游客在此地的游览时长,提高游客对园区旅游的认可度,形成良好的口碑,增强游客到此游览的黏性。众多人性化的设计,丰富了工业遗产开发与建设的内容,有利于其工业遗产旅游的可持续性发展。

这两个工业遗产存在的最大不足就是大部分厂区目前仍处于闲置荒废、无人问津的状态,由于仍在运作、所属部门权限错位等现实问题,至今未能得到有效的规划开发,一定程度上造成了资源浪费。两个已开发的工业遗产园区依托其丰富的工业资源，进行现代化的旅游改造，将工业文明的厚重沧桑与现代产业的朝气活力融为一体，让游客深切地体会到工业遗产的历史地位与当代价值。这种巧妙的结合形成了大跨度的错位时空感，吸引了对此感兴趣的游客前来参观。

此外，此地工业遗产园区入住商户的自我认知、服务水平、服务能力与成都相比有待提高，服务态度有待进一步改善。这需要从游客游玩需求的角度出发，对其服务内容进行有效地改进和提高，增加实践性与体验感。西安工业遗产园区的商户没有利用各种周边资源有效地宣传自己，不利于服务满意度的提升、良好口碑的形成和人流量的增加。

3. 西安工业遗产旅游开发中存在的问题及其原因

西安市目前已开发的工业遗产旅游项目虽各具特色、各有优势，但在"文旅融合"开发方面仍存在一些问题和不足，亟须进行调整和改进。

3.1 改造急于求成，注重短期利益

西安各工业遗产园区在改造开发之时，部分开发者没有合理的长期规划，为减少改造成本、尽快产生经济效益而对其进行过度的商业化开发，导致许多工业遗产保护项目高度雷同，内容设施千篇一律，没有很好地结合本地特色。大规模的改建和增建对遗存本体造成了不可逆性的消耗，同时也对其园区的工业氛围造成了破坏。

3.2 重视程度不够，缺乏深入挖掘

西安现存的工业遗产类型齐全、数量众多在发展过程中孕育了具有西安特色的工业文化、工业精神，对促进西安工业发展发挥了重要作用。西安作为十三朝古都，历史文化资源丰富，古代文化遗产保护都忙不过来，对近代工业遗产的重视程度不足，设计者和建设企业在大部分园区的设计建造过程中，没有对其旅游主题和深度体验项目进行深入的挖掘和有效展示，缺少游客所喜欢和乐于参与的工业遗产体验类项目和"研学"类旅游项目。

3.3 权责划分不清，整体协调欠缺

西安各工业遗产项目的直接管理者多为企业而非政府，且企业与政府之间权责不清，分工不明确，这就导致在改建开发过程中产生诸多问题，有些问题导致项目进程严重停滞甚至放弃，不利于项目有效、合理地开发。由于企业是以盈利为目标的市场经济主体，开发自由度和独立性相对较高，规划往往会忽视区域保护和利用的整体性要求，很容易与周边环境相割裂，进而影响区域整体协同发展。

3.4 宣传力度不足,准入门槛较低

西安作为著名的旅游网红城市,与大唐不夜城、陕西历史博物馆等热门旅游景点相比,工业遗产景点知名度不高,宣传工作力度不足,宣传途径单一,自媒体宣传缺乏,没有形成各具特色的旅游主题,缺乏有效的形象建设。同时,现有工业遗产园区工作人员的准入水平较低,员工数量有限,相关背景知识所知不多,定位不够准确,造成服务水平较低,难以促使他们形成工作热情和积极性,不利于工业遗产项目的知名度和美誉度的形成与发展。

4. 文旅融合视域下西安工业遗产旅游开发的建议与对策

"文旅融合"作为朝阳模式,必能在西安工业遗产旅游发展中大放异彩。做好"文旅融合"视域下的西安工业遗产旅游开发,要着力于以下几个方面:

4.1 明确主体责任,提升整体素质

明确政府、企业、开发商等各方主体的权限与责任,使各方高效协作,对工业遗产开发进行合理规划,以此加快各工业遗产景区的建设进度。提升景区工作人员的准入门槛,加强员工入职的前期培训,使其队伍整体具有良好的专业水平和职业素质,利于工业遗产项目形成良好的旅游体验和品牌效应。

4.2 深入挖掘遗产特色,找准项目开发目标

依据各个工业遗产的发展历程深入挖掘文化特色,结合历史进程、遗产特点等要素,准确定位工业遗产项目开发特色,找到工业遗产旅游开发的方向。如借鉴成都以"熊猫"和"慢生活"作为其工业遗产旅游景区的特色,西安可以将汉唐文化和航空航天特色融入项目开发之中。

4.3 探索合理开发模式、融入区域整体规划

依据工业遗产资源保护现状和周边整体发展规划确定旅游开发模式,以融入区域发展大环境,促进周边配套产业的协同发展,发挥协同联动效应可以学习成都成华区的联合开发,打造集工业遗产、博物馆、动物园、熊猫基地等为一体的全域旅游,制作相关的包含景点、交通等内容的旅游线路地图,以供游客选择参考。纺织城区域的工业遗产旅游的开发模式也可以向成都学习借鉴。

4.4 拓宽宣传渠道,打造旅游品牌

依据西安工业遗产旅游项目的不同特色,打造独特的旅游项目,建设统一规范的旅游

品牌。通过自媒体、等多种渠道对外进行宣传,以扩大其知名度、吸引更多的客流量,增加其经济效益。如成都利用交通隧道墙壁,布置有关工业遗产的标志,以此扩大民众对这一新兴事物的了解,为景区吸引更多的人流,促进其蓬勃发展。

4.5 创新产品内容,增强游客黏性

根据工业遗产的不同发展定位、资源现状和区域环境,开发多层次、多主题、个性化的旅游项目和产品。工业遗产保护景区引进相应主题的商户入驻,提供完善周到的优质服务。灞桥区以纺织企业铁路线为轴心,建设以铁路文化为主题的城市工业遗迹公园,通过融合城市娱乐体验、休闲餐饮街区、文化创意空间、儿童主题游乐等业态,提升其旅游舒适度,形成良好口碑,增强游客的游览意愿,打造西安文化创意产业新高地。

针对西安现有工业遗产的不同类别,根据其自身资源禀赋的不同,具体开发建议如下:

第一,纺织类工业遗产应着力于纺织体验类项目开发。随着时代的发展,现代旅游越来越强调参与和体验[①]。体验类项目不仅能够增加景区收入来源、解决就业问题,也能让游客在亲自动手操作、体验纺纱织布,收获纺织品的过程中感受纺织工业本身的奇妙与伟大,了解西安不同时期纺织工业的发展状况,体会纺织工人手艺的高超与劳作的辛勤,在增加游览实践性、趣味性的同时,对纺织工业有一个更为深入、真实、全面的了解。以大华1935为例,可以向上海第八棉纺织厂保护项目[②]学习,建议增设纺纱、工厂民宿等体验类项目,以此丰富景区旅游项目深度,增加其体验感和趣味性,彰显纺织类工业遗产特点。注意规范厂房利用,加强对入驻商户的监管,定期对景区房屋进行保护性修缮,在控制景区商业开发规模的同时,有计划地扩大展示工业遗产展示和体验面积,有利于游客从多角度了解和认识工业遗产的历史文化和当代价值。加强与大明宫合作,形成区域旅游特色,在景区入口等地利用工业遗物设置认知标识,以此为特色吸引更多的人来此参观游玩。加强内部员工的培训,增强其对景区工业遗产历史的认识,通过向游客讲解工业遗产相关知识,营造工业遗产开发景区的文化体验氛围,更利于游客认识工业遗产的价值和意义。

第二,钢铁类与机械类工业遗产应以开发遗产景观休闲公园为主,充分利用其内部保留下来的锅楼房、打铁车间、锻造车间等大型建筑和已经废弃的生产设备。可借鉴德国北杜伊斯堡钢铁厂景观公园的成功经验,将其整体改造成景观休闲公园,适当拆除部分结构,依托原有钢架建设高低不一的工业走廊,让游客漫步其间,近距离地触摸建筑,从高处欣赏工业建筑之美[③]。将废弃的生产设备放置在公园里面的不同位置,使其与整体环境相融合,以增强公园的工业氛围与历史气息,也为游客拍照打卡留念提供更多不同角度的素材。

---

① 张洁. 工业旅游及其开发研究[D]. 西北大学,2007.
② 上海市文物管理委员会. 上海工业遗产新探[M]. 上海交通大学出版社,2009:24.
③ 刘会远,李蕾蕾. 德国工业旅游与工业遗产保护[M]. 商务印书馆 2007:81~83.

以老钢厂设计创意产业园为例,一是应整改景区环境,合理解决线路外露的问题,同时解决油烟随意排放的问题,以减少餐饮业、商业对工业遗产建筑的破坏,有利于其长期的保存,也有利于更多旅游项目的进一步开发与发展。二是要加强景区西北部的开发与利用,在西北部引入更多的商户,增设导引标识,将游客导向景区西北部,增加这一区域的人流量、提升这一区域的经济效益,促使整个景区的均衡发展①。三是对其内部工作人员加强培训,使其对景区工业遗产知识有比较深入的了解和认知,向游客提供专业讲解和服务,扩大向外宣传,提升其知名度,吸引更多的游客。

国营114厂(现庆安集团有限公司)工业遗产项目可以开发成综合型的产业园区,以丰富的旅游项目吸引游客前来参观游玩。园区应利用原有靶场开发射击体验项目,利用公司发展积累的丰富档案资料和先前的生产设备建设遗产博物馆,将锅炉房改造成观景台或灯塔,以增加景观的多样性和层次性。通过各种新媒体渠道进行相应的宣传和展示,以吸引更多的游客,形成项目的品牌特色,促进园区整体的发展和提升。

第三,化学材料类工业遗产建议开发成以"研学"旅游为主的社会实践教育基地。在很多化学材料类工业遗产中,部分厂区由于现实需要仍处于生产状态,但生产规模已大幅缩小,部分建筑属于工业遗产保护范围,目前处于闲置状态。厂内有大批在职员工的,可以将部分员工培训成工业遗产志愿讲解员,与周边学校合作开展研学教育活动,设计适合中小学生参加的"研学"旅游和PBL研究项目,让中小学生了解西安工业发展历史和工业文化,扩大游客群体数量、提升景区的知名度,促进厂区的多元化发展。

以西安印刷厂为例,可以开发成以"书"为主题的产业园区,与印刷厂的特点相吻合,同时形成自己的园区特色。园区可以引进出版社、书咖、小型图书馆等,在产业集聚的情况下,形成一定的产业链,促进园区各项目的协同发展。同时,其周边有一些中小学,可以与学校进行合作,开展与印刷业相关的研学实践活动,利用原有印刷机器展现印刷的工序与流程、体现印刷文化,同时以此方式增加其人流量,宣传园区文化,以此扩大园区的知名度。

西安拥有丰富而宝贵的工业遗产资源,只要进行全面保护、科学利用、合理开发,就能把工业遗产这份独特的旅游资源与西安特有的历史文化紧密结合起来,使两者能够协调互补、融合发展,建构以遗产旅游为核心的多元化旅游产品体系,为西安建设"古代文明与现代文明交相辉映"的国际旅游城市贡献力量②。

参考文献:
[1] 国家文物局. 文物保护利用规范——工业遗产[EB/OL]. http://www.ncha.gov.cn/art/2020/11/6/art_242.2020-11-06.

---

① 屈明涛. 台北与西安工业遗产再利用对比研究[D]. 西安建筑科技大学,2019:162~163.
② 西安市人民政府. 西安市人民政府关于印发《西安市旅游发展总体规划(修编)》(2013—2020)的通知[EB/OL]. http://www.xa.gov.cn/gk/zcfg/szf/5d4927c165cbd87465aadf6b.html.

[2] 高子果.大华纱厂：近代民族工业的历史见证[J].党史文汇,2018(10).
[3] 何烨.基于空间句法的西安大华1935空间布局研究[D].西安建筑科技大学,2015.
[4] 贾新新,蔺宝钢,杨洪波.西安大华纱厂旧工业区景观改造规划[J].工业建筑,2014(2).
[5] 刘会远,李蕾蕾.德国工业旅游与工业遗产保护[M].商务印书馆,2007.
[6] 刘玲玲,蒋伟荣,魏士宝.工业遗产保护视野下的旧工业区景观改造——以西安大华纱厂为例[J].建筑与文化,2014(11).
[7] 屈明涛.台北与西安工业遗产再利用对比研究[D].西安建筑科技大学,2019.
[8] 隋明志,王慧.文旅深度融合下传统村落旅游脱贫思考[J].合作经济与科技,2021(6).
[9] 上海市文物管理委员会.上海工业遗产新探[M].上海交通大学出版社,2009.
[10] 王玉玺.旅游体验视角下的工业遗产旅游开发初探——以西安"大华1935"为例[J].城市建筑,2020(31).
[11] 王西京,陈洋,金鑫.西安工业遗产建筑保护与再利用研究[M].建筑工业出版社,2011.
[12] 杨玥.西安老钢厂创意产业园内旧工业建筑空间再利用现状分析与研究[J].建筑与文化,2017(9).
[13] 杨琬莹,蔺宝钢,文超.基于产业业态视角下的工业遗产再造研究——以西安老钢厂设计创意产业园为例[J].艺术与设计(理论),2018(5).
[14] 张洁.工业旅游及其开发研究[D].西北大学,2007.
[15] 张嘉丽.基于场所记忆的旧工业区外环境改造设计与研究[D].西安建筑科技大学,2017.
[16] 张犁.工业建筑遗产保护与文化再生研究[D].西安美术学院,2017.
[17] 赵东平.国内工业遗产旅游研究综述[J].经济研究导刊,2018(16).

云南工业遗产旅游与实践教育研究

刘晨宇

(云南农业大学)

摘 要:云南地处祖国西南边陲,近代以来,因为其特殊的地理位置与资源条件,形成了众多文化内涵独特的工业遗产。自2017年国家工业和信息化部发布第一批《中国工业遗产保护名录》以来,云南前后有6项工业遗产被列入已公布的五批保护名录。云南这些工业遗产类型丰富,有着独特的人文内涵和价值,发展云南工业遗产旅游也因此有着极为有利的社会与文化条件。至今,云南工业遗产旅游形成了工业博物馆展览、工业园区观光地、组合开发等三种旅游模式。这些模式的建立与推广,对于社会实践教育有着非常积极的意义。本文在分析云南工业旅游遗产的内涵、价值、类型、特征和模式等基础上,提出了以工业遗产旅游为依托,发展实践教育的对策。

关键词:云南工业遗产;旅游;实践教育

Abstract: Yunnan is located at the southwestern border of the motherland, and in recent times, because of its special geographical location and resource conditions, numerous industrial heritages with unique cultural connotations have been formed. Since 2017, when the State Ministry of Industry and Information Technology released the first batch of China's Industrial Heritage Protection List, six industrial heritages in Yunnan have been included in the five batches of protection lists that have been announced before and after. These industrial heritage types in Yunnan are rich in their own unique human connotations and values, and the development of industrial heritage tourism in Yunnan therefore has extremely favorable social and cultural conditions. To date, Yunnan industrial heritage tourism has developed three tourism models, including industrial museum exhibitions, industrial park sightseeing sites, and portfolio development. The establishment and promotion of these models has a very positive significance for social practice education. Based on the analysis of the connotation, value, types, characteristics and models of industrial tourism heritage in

Yunnan, this paper proposes countermeasures to develop practical education based on industrial heritage tourism.

Key words: industrial heritage, humanistic connotation, tourism, practical education.

云南地处我国的西边疆,与缅甸、老挝、越南等国接壤,是中国面向东南亚的重要省份。云南的资源条件得天独厚,水能和煤炭资源储量丰富,且有利于开发太阳能、地热能和风能,另外凭借拥有全国最多的动植物种类而被冠誉"动物王国"和"植物王国"。

1. 云南工业遗产简况

为贯彻党的十九大关于加强文化遗产保护传承的决策部署,推动工业遗产的保护和利用,根据《关于推进工业文化发展的指导意见》(工信部联产业〔2016〕446 号)和《关于开展国家工业遗产认定试点申报工作的通知》(工信厅产业函〔2017〕455 号)工业和信息化部公布第一批国家工业遗产名单,至今已评选出五批"国家工业遗产名单",云南有以下遗产入选:

1.1 石龙坝水电站

石龙坝水电站位于昆明市滇池出口螳螂川上游,因电站站址建于石龙坝而得名(当时名水力发电厂)。1910 年兴建,1912 年建成,是中国人自己投建的第一座水力发电站,又是采用提水蓄能的第一座水电站。1912 年后至 1943 年进行了四次扩建。中华人民共和国成立后又经多次改建与扩建[①]。

1840 年鸦片战争爆发,侵略的魔爪伸向中国,它们在中华大地上烧杀抢夺,置中华民族和中华人民于水深火热之中,石龙坝水电站是在这样的背景下建成的。旧时的中国,还没有水电站,火力发电厂只是一些沿海发达城市才拥有,难以想象位于西南边陲的云南省,每到夜晚时,只有一盏盏煤油灯为云南人民照亮黑暗。

到了 1908 年,法国侵略者妄图再占我云南水力资源,向羸弱的清政府提出在螳螂川建设的要求。此时,爱国志士纷纷抗议,为国之实业而出资献力,一封告示贴于昆明街头,两年后云南第一个民族资本企业——商办云南耀龙电灯公司成立,并在之后从德商开办的礼和洋行,以数万两银元的价格购进一套西门子·舒克公司制造的 240 千瓦水轮发电机(至今仍在运转)以及德国海登海姆的伏依特公司生产的水轮机并从滇越铁路运至昆明。"随着滇池上游各河道逐步建起了一批水库,工农业用水量与日俱增,滇池水位逐年下降。60 年代后,海口出流不再以石龙坝电厂的需要而定,海口闸交由市滇池出流小组管理,石龙坝水电站又恢复了最初的靠滇池径流发电,水量不足时电站就少发电或不发电。

---

① 云南省地方志编纂委员会总编. 云南省志·卷三十八·水利志[M]. 云南人民出版社,1998:523.

1971年较高发电量为3 980万千瓦时,利用小时为6 634小时。自省内大电发展后,这座水电站主要担负昆明电网调峰、调相任务,1983年发电最高负荷曾达到6 500千瓦"①。

石龙坝水电站于2018年被收录于工业和信息化部公布的第一批《中国工业遗产保护名录》工业遗产,于同年11月入选由工业和信息化部公布的第二批国家遗产名单。主要遗存有德国西门子公司制造的发电机,福伊特公司生产的水轮机和第一车间、办公楼、第二车间、第三车间、第四车间,德国西门子公司制造的高压开关,1910年德国工程师使用的保险柜,耀龙公司股票及股票存根、部分技术图纸。

1.2 昆明钢铁厂

1939年,在抗日战争的烽火中,一群志在"实业救国"的有识之士,在中国的西南边陲开辟了发展冶金工业的事业。在云南昆明安宁境内的桥头村和郎家庄先后建起了两个小小的钢铁厂,昆钢从此诞生②。云南出现的第一座近代化炼铁高炉,是1943年5月24日投产的云南钢铁厂(昆钢前身)50吨高炉。1937年7月7日抗日战争全面爆发,沿海地区的部分工业装备、技术人员和资金大量内迁,西南地区成为军需和民用工业的重要供应地。1939年中华民国政府经济部资源委员会(以下简称资委会),以"密谕秘字第404号公函"致云南省政府,提议利用云南的煤铁资源,由资委会、军政部兵工署(以下简称兵工署)和云南省政府共同出资建设日产生铁100~150吨的云南钢铁厂,云南钢铁厂厂址开始选在安宁县雁塔村和温泉地带,均被否定,最后确定在安宁县城南的郎家庄(即今昆钢总厂所在地)③。昆钢作为目前云南省最大的钢铁联合生产基地,在全国也属于特大型工业企业。

2018年,昆明钢铁厂被收录于第二批《中国工业遗产保护名录》,主要遗存有桥钢厂轧钢车间和办公楼,本部一、二、六号高炉及设施,本部三、四、五号高炉,本部第二炼钢厂厂房及设施。

1.3 凤庆茶厂老厂区

凤庆,是滇红茶的诞生地。冯绍裘是滇红茶的创始人。1938年,东南各省茶区,接近战区,产制不易,为取道滇缅开辟欧美新市场,以维持华茶在国际上已有市场。9月,冯氏接吴觉农先生电邀,奉中国茶叶总公司之委,赴滇考察。11月,冯氏在西凤山茶园试制成工夫红茶,寄样香港,堪称华茶之上品,于1939年3月建立顺宁实验茶厂,开始批量生产。当年生产工夫红茶17.4吨远销伦敦,国际茶界誉为具有祁门红茶之香气,印、斯

---

① 云南省地方志编纂委员会总编.云南省志·卷三十八·水利志[M].云南人民出版社,1998:524.
② 昆钢志编纂委员会.昆钢志[M].云南人民出版社,2009:1.
③ 云南省地方志编纂委员会.云南省志·卷二十六·冶金工业志[M].云南人民出版社,1995:349.

红茶之色泽①。滇红茶诞生地云南凤庆茶厂老厂区(原顺宁实验茶厂,现云南滇红集团股份有限公司)地址临沧市凤庆县。制作滇红茶的过程首次采用机器制造,并不断对外推广红茶各项工艺技术,为近代中国工业发展贡献了宝贵的财富。凤庆的祖国名茶"滇红"发展成为面对全世界,销量极大的红茶产品,其质量声誉蜚声中外,数量供不应求,国内茶界和外贸,视滇红茶为茶之"味精",赞滇红茶为无名英雄。

作为收录于第三批《中国工业遗产保护名录》的云南省唯一一家工业遗产,主要遗存物有苏式建筑办公楼,冯绍裘铜像,烘干、筛分、成品、制箱、包装车间,仓库 3 栋,铁轨 3 段,1975 年德国进口 500HW 低速柴油发电机,1975 年购置的解放牌消防车,精制茶生产线,木制匀堆机 2 套,风选机,冯式"三桶式手揉机""脚踏与动力两用之揉茶机""脚踏与动力两用之烘茶机"黑白照片。

1.4 国营第二九八厂旧址

国营第二九八厂旧址位于昆明市西山区,是中国第一个光学仪器厂,也是中国光学工业的摇篮和故乡,创造了中国光学史上多个从无到有的历史②。1936 年,国民政府军政部兵工署开始筹建军用光学器材厂。1939 年 1 月,在昆明柳坝成立光学器材厂,命名为兵工署第二十二兵工厂。同年 10 月,国产第一架 6×30 望远镜研制成功,瞄准镜、分测镜等产品相继问世,开创了中国军工光学新纪元。1940 年,为避免日机轰炸搬迁海口中滩,1949—1959 年十年间,总计生产双筒望远镜 23 057 架③。

国营第二九八厂旧址收录第四批《中国工业遗产保护名录》,主要遗存有 3 号、4 号等山洞 13 个,德国产螺纹车床,德国产金属切割机,玻璃圆刻度机,六轴抛光机,工厂自制设备起重机,万能工具显微镜,阿基米德螺旋刻线机,瑞士产真空镀膜机,玻璃压型机等。

1.5 易门铜矿

1952 年 11 月 6 日,国家重工业部决定成立易门铜矿。1953 年 1 月,陈桐源、张绍霖到易门开展筹建易门铜矿工作,2 月 15 日,成立易门铜矿,隶属重工业部有色金属管理局西南分局,矿机关设在县内中屯村禹王庙,4 月 8 日,成立中共易门铜矿委员会,直属中共云南省委领导。1954 年 11 月,易门铜矿与重工业部地质局昆明地质勘探公司易门 303 队合并,1956 年 6 月与 303 队分开,恢复易门铜矿建制,由西南有色局领导。1958 年 10 月 15 日,易门铜矿更名为易门矿务局,10 月 30 日,与易门县合并成立中共易门矿区委员会、易门矿区人民委员会。1959 年 10 月,矿、县分设,成立中共易门矿务局委员会,行政复称易门矿务局。至 1960 年 5 月 1 日,易门矿务局经历了组建、进行资源普查和勘探、初

---

① 凤庆县茶叶志编纂委员会.凤庆县茶叶志[M].云南人民出版社,1995:6.
② 公孙纪东.二九八厂:中国光学工业的摇篮和故乡[J].现代国企研究,2020(7).
③ 西山区地方志编纂委员会.西山区志[M].中华书局,2000:244.

步建成投产的过程①。

作为收录于第四批《中国工业遗产保护名录》的工业遗产,主要遗存的核心物件有木奔选厂,易门矿务局机修厂,木奔变电站,矿务局客车库,木奔大桥,吊桥2座,苏联专家楼3栋,绿汁电影院,重型铁板给矿机、旋回破碎机等设备19件套,铸件木模一批。

1.6　昆明电波观测站110雷达

110雷达旧址在曲靖市沾益区,从1959年开始到1977年走过18年时间,从研制到正式部署展现出我国科技自立自强的精神力量,是我国军工科技发展的集中体现。

2021年11月被工业和信息化部收录于第五批《中国工业遗产保护名录》,主要遗存有玻璃钢天线罩、天线主体、320计算机、指挥调度台、雷达主控台、雷达接收机、雷达发射系统(含发射控制台、前级激励管、后级放大器、末级速调管、脉冲变压器)、离心通风机、雷达检修维护用仪器仪表和640工程材料、工程专家技术笔记等档案资料。

2　云南工业遗产的人文内涵与价值

2.1　云南工业遗产的人文内涵

工业遗产是人类文明进程中遗留下来的重要物质文化遗产和精神财富,具有极高的研究价值和艺术鉴赏性,是城市文化建设和可持续发展不可或缺的组成部分。在我国各地都有大量的工业遗址遗存,云南省的工业遗产以石龙坝水电站、昆明钢铁厂、国营第二九八厂等为代表,这些地处西南的遗产痕迹得以留存,为我国历史上不可磨灭的屈辱片段和寻求"实业救国"的决心留下的见证。云南工业遗迹不仅是工业活动的产物充满了技术之美,更是边疆少数民族与边疆人民救亡图存的真实写照,其中充斥的丰富的人文精神内涵值得后人深思,云南工业遗产的人文精神内涵主要体现在三个层面:

2.1.1　敢为人先、艰苦创业精神

石龙坝水电站最早建立的第一车间拱门上的石刻对联"机本天然生动力,器凭水以见精奇"是对承载着云南历史和沧桑的石龙坝水电站最好的诠释,在帝国主义侵略者的压迫下,云南劳动人民用血肉之躯为国贡献,只求日后能依靠汗水铸造的成果站立起来。不屈于帝国主义侵略的魔爪之下,只求为国之实业而出资献力,让中国第一座水电站成功在云南拔地而起。石龙坝水电站的创建,体现了云南人民在受帝国主义国家压迫的艰苦岁月中敢为人先、艰苦创业的精神。石龙坝水电站作为中国人民自己创建的第一座水电站,至今仍在使用,创造了百年奇迹。

2.1.2　探索创新、科学实证精神

昆明钢铁厂在发展的各个阶段推进技术进步和创新,1981—2006年间,研发出

---

① 易门县地方志编纂委员会.易门县志[M].中华书局 2006:322.

HRB400 热轧带肋钢筋等新产品，有 708 项科技成果获奖，展示出其对学科学、用科学的热情。凤庆茶厂在滇红名茶的创制发展过程中，培养了一大批技术专家人才，制定滇红茶初制、精制工艺规程，推广红茶工艺技术，研究制造滇红茶机具设备和红碎茶揉切机等。云南工业遗产中刻画着对理性的渴望和对真理的追求，蕴含了探索精神、创新精神等科学实证精神。

2.1.3 爱国爱家、实干担当精神

"随遇而安，孤高清白，默默然与世无争"是品茶的内涵所在，凤庆茶厂用滇红茶开创了云南茶叶的新纪元，作为为云南经济发展的一个支柱产业，不仅为当地经济发展、社会进步、人民生活水平的提高作出了重大贡献，更是从中展现出云南人民热爱生活的精神内核，通过文化与物来陶冶情操的精神追求。

昆明钢铁厂、易门铜矿等彰显了实业报国、实干担当精神。《昆钢志》记载："在 1941～1949 年的 9 年时间里，中国电力制钢厂共生产钢 3 526 吨、钢材 2 685 吨、铸钢件 195 吨。中国电力制钢厂生产的产品除销售本省外，还销往四川及西北各省。当时社会实业界人士认为，中国电力制钢厂的最大贡献在于研制和生产了社会急需的短缺钢种，为云南经济发展和支援抗日战争做出了贡献。"①"明万历年间（1573～1619），各地铜矿厂就地筑炉，使用柴炭炼铜。"②"1960 年后……易门铜业有限公司……2000 年 14 163.762 吨。"③

2.2 云南工业遗产的价值

云南因其独特的地理位置与资源条件，工业发展形式多样化，从而让云南工业遗产价值也呈现出多样性特征：

2.2.1 历史与文化价值

石龙坝水电站作为中国最早修建而成的第一座水电站，经历了 100 多年的岁月，石龙坝水电站的遗存，见证了中国水力发电的成长历程。虽然过去的发电设备与现在相比相差甚远，但当时作为"水电鼻祖"的石龙坝水电站，成功为中国开创和引领了一个新的水力发电时代，具有不可磨灭的历史价值。

凤庆茶厂的建立与滇红茶的问世，代表云南茶叶发展到达了新纪元，凭借优良的茶叶品种和加工工艺，云南的茶文化得以走出国门、走向世界，风情茶厂老厂区遗址见证了云南茶叶种植与加工、茶叶贸易和茶文化传播的悠久历史与文化价值。

纵使工业遗产相较于历史悠久的文物来说还显"年轻"，但其对于文化的传承和历史的演变提供了非常关键的客观实物和见证载体。20 世纪初期至中期的近代工业具有开创性，云南的工业遗产是展现从无到有伟大成就的有力印记，更是近代中国受西方列强压迫的真实铁证，中华儿女的艰苦奋斗依靠工业遗产的成功留存和保护记下浓墨重彩的一

---

① 昆钢志编纂委员会. 昆钢志[M]. 云南人民出版社，2009：70～71.
② 易门县地方志编纂委员会. 易门县志[M]. 中华书局，2006：320.
③ 易门县地方志编纂委员会. 易门县志[M]. 中华书局，2006：321.

笔;云南工业遗产将企业自强、创新的精神和发展、共存的文化理念保存下来,回味其中的丰富内涵、铭记其中的屈辱历史是教育后人的关键所在。

2.2.2 经济与社会价值

创建石龙坝水电站的初衷是抵抗帝国主义强行掠取云南省的财力和资源,但是在另一方面也为云南日后的工业发展提供了基础,煤矿、锡业、运输等工业企业被带动发展,提高了生产力,经济与社会发展成效显著。另外,为筹办石龙坝水电站而进行的一系列社会运动,也为近代云南社会变革起到重要的作用,充分体现中华人民的爱国主义精神和艰苦奋斗精神。

《凤庆县茶叶志》对凤庆茶厂1951~1990年经济效益进行了统计,其中1952年工业总值49.39万元,全员621人,全员劳动生产率0.08,实现利润0.67万元;1990年工业总值1 002.35万元,全员1 049人,全员劳动生产率0.96,实现利润214.70万元[①]。可见企业发展解决了社会就业问题,人民群众劳有所得,人性化的管理制度促进了人际沟通,社会发展得以更加协调。

2.2.3 科技与艺术价值

昆明钢铁厂、国营第二九八厂、昆明电波观测站110雷达作为云南省最老一批科技工业化生产线,标记的是一段历史、一段军工记忆,这些工业代表了当时云南最高科学技术水平,体现了科技自立自强的精神力量,具有十分重大的现实意义。在云南工业遗产的建筑中,充分展示了近代中国对艺术的深层次造诣,那些经历了时间的磨砺依然矗立的旧厂房,能重新燃起人们对过往的回忆与对未来的憧憬,通过和精细的建筑空间交流,似乎又能回到激情似火的工业时代。

工业建筑与其中的设备和设施展现出了丰富的艺术元素,如凤庆茶厂至今保留的苏式建筑办公楼、砖木结构、二层楼,其特点是将人文艺术融入进房屋建筑中,体现出清、淡、雅、素的艺术特色。"1956年,又增添滚筒圆筛机、圆片切茶机、三轮风力选别机各1台,平面圆筛机3台。自制仿新化式三轮风力选别机。变鼓风式为螺旋式;参照湖南平江茶厂匀堆装箱机原理,改匀堆平面装置为立体装置。同年,杨仕宏提出先匀堆、后补火的建议被采纳,改革了300多年来祖国红茶精制工业史上的分号补火后匀堆装箱的工艺规程,为后来的匀堆、补火、装箱联合机的组合打下了基础"[②]。

3 云南工业遗产旅游模式分析

3.1 云南发展工业遗产旅游的有利条件和重要意义

云南省拥有亚热带季风、热带季风两种气候类型,四季温度舒适,地势西北高东南低,海拔变化大,拥有丰富的动植物资源、矿产资源。云南城市生活节奏缓慢,民风淳朴,在此

---

① 凤庆县茶叶志编纂委员会.凤庆县茶叶志[M].云南人民出版社出版,1995,212~213.
② 凤庆县茶叶志编纂委员会.凤庆县茶叶志[M].云南人民出版社出版,1995:227~228.

旅游上一段时间能远离现代化的嘈杂,回归自然,体会红土高原带来的悠哉与安逸。云南省旅游业作为该省份的支柱产业,发展时间长,现阶段需要通过梳理近代云南工业建筑发展脉络,挖掘其历史内涵,对工业遗产再利用,提升工业遗产文化对社会成员价值观的影响,为云南旅游业提供更多样的发展道路。

云南省工业遗产是国家工业化过程最具代表性的遗留见证,其中像中国第一座水电站——石龙坝水电站、中国第一个光学仪器厂——国营第二八九厂更是充满跨时代的意义。特色的民族文化与工业文化的碰撞,突破时间的界限带人们体会真实的民族历史,以及外国文化对云南生产和生活方式产生的影响,都为云南工业遗产旅游创造出更多的亮点。

消费者在旅游中体验到物的享受、空间的享受,而在工业遗产地中的休闲娱乐不仅刺激感官,也能在潜移默化中对人们精神世界进行陶冶。工业遗产保留了完整的历史背景,通过旅游充分认识近代云南工业发展历程,在工业遗留物中体会云南工业发展的艰辛,是工业遗产旅游的最终目的,因此,云南工业遗产旅游具有非凡的教育意义。

与非工业旅游项目共同开发是对云南工业遗产有效且合理的再利用方式,工业文化与现代文化的碰撞能使其焕发新的魅力,云南工业遗产周围带动了各种具有云南地区特色的产业,如农家乐、水果采摘、游乐园等。云南工业遗产的旅游开发对于普通大众是一种科学技术的普及,对人民群众培养一种理性思维方式和崇尚科学的观念具有重要意义,另外通过工业遗产带来的工业美感受时代的烙印和云南独有的文化,是一种艺术的体验亦是情感的丰富过程。

3.2 云南工业遗产旅游的现有模式

3.2.1 工业博物馆展览模式

在工业遗产所在地建设工业博物馆,举办工业主题展览会,与其他商务活动共同交流,与企业签署长期协议是开发工业遗产旅游的重要模式。云南现已建成一些工业博物馆,如以滇越铁路为宣传教育项目的云南铁路博物馆以及基于云纺工业园区发展历程记载建成的云纺博物馆,这些依托建设工业博物馆的旅游开发模式为现阶段其他工业遗产开发提供了借鉴。

3.2.2 工业园区观光模式

云南的工业园区观光模式自改革开放以来,逐渐成为一种普遍采用的工业发展模式。这些园区主要借鉴了英国的剑桥科技园、美国的硅谷等国外工业园区,以及现阶段我国北京、天津、深圳等地的科技园。"2019年6月,易门工业园区被省工信厅认定为云南省第一批'新型工业化产业示范基地'"[①]。此外,凤庆茶厂在40年的发展中取得了显著成就,从原本的茶叶实验站演变成滇红集团,集团中包含了一个集科研、生产和研学为一体的茶

---

① 曲靖市人民政府地方志办公室.曲靖年鉴2019(第29卷)[M].云南人民出版社,2019:223.

叶科学研究院。

3.2.3 遗产旅游组合开发模式

云南工业旅游项目与其他旅游项目相结合,已推出多种独特的旅游战略,如温泉洗浴与工业遗产结合、自然景观与工业遗产结合、农业产业与工业遗产结合。位于海口镇螳螂川上游的石龙坝水电站就成为一条独特的旅游选择,石龙坝附近建有的大型水上娱乐项目乐园青鱼湾,吸引了许多年轻游客,螳螂川丰富的自然景观也吸引不少中老年游客。碧色寨作为滇越铁路的火车站,至今仍在运营,小山村不仅是旅游者们的好去处,还成为电影拍摄地,为滇越铁路的宣传以及中国铁路发展史的研究都贡献重要价值。

4 云南工业遗产旅游与实践教育

4.1 云南工业遗产旅游与实践教育的关系

实践教育是践行马克思主义教育观点的关键,新时代的实践教育发展要顺应社会发展的趋势,要将国家近代发展的历史背景、发展情况作为重要的实践教育项目。云南工业遗产作为近代中国工业发展的有力见证,结合云南特有的旅游产业模式,能在书本之外为学生、企业工作者、党员干部等开拓思想认识,增强理性思维能力和对科技知识的渴求,丰富感官上的艺术体验,工业遗产旅游是进行实践教育的有效形式之一。

云南工业遗产旅游是了解国家产业发展概况和历史背景的有效途径。在实现工业遗产利益最大化的同时,延续工业遗产的人文精神内涵,为社会经济可持续发展建立起沟通桥梁。云南工业遗产旅游还是对学生、企业工作者、党员干部进行思想政治教育的一种有效方式,将云南工业遗产旅游作为培养社会主义建设者和接班人的重要途径,让云南工业遗产的人文精神内涵和价值传播出去,有利于青少年树立起科学的世界观、人生观和价值观。云南工业遗产主要包括物质资源和非物质资源,其中能源设施遗产石龙坝水电站、采矿设施遗产易门铜矿、现代工业110雷达等是最具有代表性的云南工业遗产,对这些工业遗产的了解可以为当代青少年迈出学校、为学以致用和提升思想政治教育提供必须培养的基本理论知识和信念。

青少年是课外实践教育的主要对象,工人的工作是光荣和神圣的,在社会分工日益精细化的今天,传递这种可靠的价值观给青少年必然是一门必修课。从《技术工人短缺影响因素的实证研究——以山东省调查数据为样本》来看,目前青年不愿上技校、中专,更不愿意当学徒工,高等学校学生毕业后不愿进入技术操作岗位,鄙视体力劳动,特别是存在一些轻视在艰苦条件下的体力劳动这种狭隘和错误的观念,导致工矿企业技术工人严重短缺,而这种情况又与家庭中父母过分传输"蓝领社会地位低"有关[①]。

工厂企业劳动者同样需要实践教育,不论是技术性操作工人还是创新性设计工人,要

---

① 赵铮,蒋选,姜雪.技术工人短缺影响因素的实证研究——以山东省调查数据为样本[J].中央财经大学学报,2013(6).

从工业遗产中回味技术理论并感受技术的累积：我们是如何自行设计冯式"三筒式手揉机""脚踏与动力两用之揉茶机""脚踏与动力两用之烘茶机"，开创了我国机制红茶之先河；我们是如何用铁的信念、钢的意志建造起钢城焕发出勃勃生机；我们是如何让巨大的110雷达矗立于高高的劲松山之巅、茫茫丛林之中……

户外研究学习是最好的教育形式之一，拓宽青少年视野的现实困难是，学校以及教育机构很难保证学生在参观大型器械的工厂时不出现安全问题，忌惮责任风险成为这一实践教育的阻碍。而通过工业遗产设立实践教育基地的方式将大大降低风险，在此基础上，保留了原有工业、工厂的设施和氛围，也在潜移默化中达到了实践教育的目的。

4.2 云南工业遗产旅游与实践教育对策

一个民族、一个地区文化个性的核心内容和文明程度离不开精神文明的支撑，人文内涵的丰富程度又决定了其精神文明的兴衰，因此，人文实践教育成为促进边疆人文修养水准提升的重要环节，是走向共同富裕的文化教育基础。云南工业遗产资源丰富，发展工业遗产旅游为支撑的实践教育，有着极为有利的社会历史文化条件。鉴于目前以云南工业遗产旅游为基础的实践教育现状及存在的问题，主要可以从以下几个方面着手提高社会实践教育的实效性与针对性。

4.2.1 开发工业遗产旅游与实践教育相结合的新模式

现有基础上，云南工业遗产旅游与发展实践教育需要开发新的融合模式。在国家对工业遗产保护的不断推进下，工业遗产旅游与实践教育要避免两张皮的浅层次互联，建立起完善的工业遗产旅游与实践教育体系是关键。云南省工业遗产作为西南地区近现代工业发展的标志性遗留，是替我们给后代讲故事的重要途径。

游学基地是开展工业遗产旅游与实践教育的重要场所。利用云南现有的工业遗产资源条件，建设起一批工业遗产游学实践基地，培养出一批具有工业遗产游学教育能力的师资队伍，以完善的综合教育以及跨学科能力为主要培养目的，并打造教育与教学支持体系、完善游学教师的认证制度、构建全方位的培训体系以不断丰富游学教师实践教育的能力。

在劳动教育的引领下，在职业技术学院等开展新的课程以赋予工业遗产旅游与实践教育新的结合点。为改善职业技术学生对工业劳动的认知以及培养良好的劳动素质，新课程的改革值得探索，劳动教育不仅是对国家工业发展的良性支撑，也是提升青年德、志、体、美、劳全面发展的重要一环。

4.2.2 明确实践教育主体责任

（1）学校和企业是主导。学校和企业作为工业遗产旅游实践教育的决策者和主导者，可积极引导开展工业遗产旅游实践教育，为实践教育制定出协调的教育方案，同时注重教育目的、教育过程、教育结果。教育工作者要身先士卒学习工业知识，对进行旅游实践教育的工业遗产背景进行深入研究，不能停留在本职工作，不在实践教育开展时做旁观者。要采用体验、探究、互动相结合的方式进行学习,以教育实践的对象为中心,充分让教育实践对象体会工业遗产的内涵和价值。要特别注重安全问题,安排相应的人员在实践过程中提供指导和保护,尽管工业遗产危险性远小于正在运转的工程项目,但避免出现安全事件仍是旅游实践教育的关键。

(2) 社会教育机构是辅助。少年宫、博物馆、图书馆等社会教育机构要对工业遗产旅游实践教育活动提供辅助教育,设置多样化的工业知识教育方式,如开设工业基础知识讲座、工业发展历史课程等。要让旅游实践教育更加有吸引力和感染力,加强与学校和企业的有效沟通和协作,接收旅游实践者的评价并对实践过程进行记录和分析。

(3) 第三方机构提供服务。旅行社等作为第三方机构要为旅行提供全面的服务,制定详尽的计划以及菜单,保证实施与计划的一致性,严格以工业遗产实践教育为目标,达到盈利目的与实践教育目的双效性。

(4) 政府部门进行监督。教育、旅游管理等政府部门要对旅游实践教育作整体监督和指导,要出台严格的实践教育规范,完善对旅游业的监管体系,明确各项监管标准。要把工业遗产实践教育作为必修课程和主要教育活动,弘扬核心价值观,引导学校和企业开发工业文化相关课题,要考核各环节内容的实施,对考核结果进行分析和公布,并设奖惩措施。

5. 结语

云南近现代以来的工业遗产资源丰富,前后有 6 项工业遗产被列入已公布的五批保护名录。云南这些工业遗产类型多样,有着自身独特的人文内涵和价值,发展工业遗产旅游也因此有着极为有利的社会与文化条件。至今,云南工业遗产旅游形成了工业博物馆展览、工业园区观光地、组合开发等三种旅游模式。这些模式的建立与推广,对于社会实践教育有着非常积极的意义。当下,以云南工业遗产旅游为依托,开发实践教育的新模式是有效提升实践教育实效性与针对性的重要手段。

参考文献:

[1] 云南省地方志编纂委员会总编. 云南省志·卷三十八·水利志[M]. 云南人民出版社,1998.
[2] 国家工业遗产名单(第二批)[EB/OL]. [2018 - 11 - 21]. https://www. miit. gov. cn/cms_files/filemanager/oldfile/miit/n1146285/n1146352/n3054355/n3057254/n7600085/c7782850/part/7782861.pdf.
[3] 昆钢志编纂委员会. 昆钢志:1939—2007[M]. 云南人民出版社,2009.
[4] 云南省地方志编纂委员会总纂. 云南省志. 卷二十六,冶金工业志[M]. 云南人民出版社,1995.
[5] 凤庆县茶叶志编纂委员会. 凤庆县茶叶志[M]. 云南人民出版社,1995.
[6] 国家工业遗产名单(第三批)[EB/OL]. [2019 - 11 - 18]. https://www. miit. gov. cn/jgsj/zfs/gzdt/art/2020/art_f219995197024fb6a4452ad8fa48d1b2. html.
[7] 公孙纪东. 二九八厂:中国光学工业的摇篮和故乡[J]. 军工文化,2020(6).
[8] 徐振明. 西山区志[M]. 中华书局,2000.

[9] 国家工业遗产名单(第四批)[EB/OL].[2020-11-19]. https://www.miit.gov.cn/jgsj/zfs/gywh/art/2020/art_c013ca9d91e64b45b8fb1fa4b0d201ad.html.

[10] 沐德智.易门县志[M].中华书局,2006.

[11] 国家工业遗产名单(第五批)[EB/OL].[2021-11-16]. https://www.miit.gov.cn/cms_files/filemanager/1226211233/attach/202111/a72b8597922d45048817a05c27ccfc65.pdf.

[12] 曲靖市人民政府地方志办公室.曲靖年鉴2019(第29卷)[M].云南出版社出版,2019.

[13] 赵铮,蒋选,姜雪.技术工人短缺影响因素的实证研究——以山东省调查数据为样本[J].中央财经大学学报,2013(6).

德国工业旅游与工业文化普及教育：理论与实践*

黄 扬

（浙江科技学院中德学院）

摘 要：德国工业旅游的教育意义是普及工业文化。工业旅游和工业文化普及教育的结合体现了教育目标分类理论、场景理论、价值观—信念—规范理论等。德国通过工业旅游实践，使民众在情感态度方面亲近工业文化，在行为技能方面了解工业文化，直接促进了工业技术文化在德国的认可和接受，间接促进了德国技能型社会的建立和巩固，由此为德国工业与技术的持续性发展塑造了良好的文化氛围，奠定了坚实的社会基础，其理论与实践值得我们学习和借鉴。

关键词：德国；工业旅游；工业教育

Abstract: The educational significance of industrial tourism in Germany is the popularisation of industrial culture. The combination of industrial tourism and education for the popularisation of industrial culture reflects classification theory of educational objectives, scenario theory and values-beliefs-norms theory, etc. Through the practice of industrial tourism, Germany has made the public closer to industrial culture in terms of emotional attitudes and understanding of industrial culture in terms of behavioural skills, which directly promotes the recognition and acceptance of industrial and technological culture in Germany and indirectly promotes the establishment and consolidation of a skill-based society in Germany. So a good cultural atmosphere has been shaped and a solid social foundation for the sustainable development of German industry and technology has been laid. Its theory and practice are worthy of our study and reference.

---

* 基金项目：浙江科技学院德语国家国别与区域研究课题"德国工业文化普及：溯源、路径与启示"（2021DEGB012）和浙江省妇联、浙江省妇女研究会课题"儿童友好城市创建德国经验研究及其启示"（202232）的中期成果之一。

Keywords: Germany; industrial tourism; industrial education

1. 工业旅游

工业旅游是现代社会产生的一个综合产品,要了解其全貌,有必要从多个维度对其进行阐释。工业旅游关注保护和开发工业遗产,展示现代化工业的生产和作业景观,是能为游客创造生产体验的旅游产品,也是能对游客进行工业文化教育的文化产品。人类社会要寻求正确发展,就必须回望历史,并从中获得正确前进的启示和指引。作为工业旅游之一的工业遗产旅游就是能为游客带来历史回忆和现实思考的创新产品——工业遗产能启发游客思考:这里曾经为社会创造了怎样的财富,这里如何推动了社会的进步,这里又为何被时代所淘汰。此外,对于仍存在的企业,其主导的工业旅游能衍生品牌传播效益,能发展游客成为购买品牌的顾客。因此,工业旅游还具有宣传品牌和开发客户的重要功能。

英国是最早工业化的国家,也是最先遭遇资源枯竭问题的工业国家。二战中,英国众多兴盛一时的工业设施在炮火中被严重破坏。为了应对受破坏的工业城市和工业设施所带来的整理和重建、重用问题,英国政府特设城乡规划部。19世纪末,在英国产生了工业考古学。工业考古学强调对250年以来的产生于工业大发展时期物质性的工业遗迹和遗物的传承和保护。工业考古学的发展引发了工业遗产意识,促进了工业遗产旅游。英国、美国、德国、日本等世界主要工业国家都开始开辟工业遗产和工业旅游领域。

2. 德国工业旅游

德国具有思辨传统,哲学根基雄厚,养成德国人对事物进行批判思维的习惯。德国对于工业旅游的态度也是如此,从怀疑到认识、再到接受与利用,其间磕磕绊绊,历经多年,如今德国已建成世界闻名的工业旅游路线和工业旅游点。

1980年早期是否定排斥的阶段。德国人宁愿铲除工业遗址,在土地上引入和发展新的业态模式。随后德国因铲除和新建的费用问题、环境破坏等问题进入迷茫阶段。此时目睹英国工业遗产旅游的兴起和产生的经济价值,德国进入谨慎尝试阶段,开始零星地开发工业遗产。随着从中获益,德国工业遗产旅游开发进入蓬勃发展阶段,其标志是"工业文化之路"的策划与实施。这条区域性、一体化的专题旅游线路对德国的工业旅游产生了巨大而深远的影响。

"工业文化之路"位于德国鲁尔地区,总长400余公里,拥有200家博物馆、100个文化中心、100座音乐厅、100座剧院、6个交响乐团与5个芭蕾舞团、250个节庆日与庆典日。尤其需要指出的是,"工业文化之路"特别重视工业与生态和谐共生。鲁尔地区遵循"工业遗产与生态绿地交织"的理念,实施了涵盖污染治理、生态恢复与重建、景观优化及绿色廊道建设等生态环境重建工程。

鲁尔地区工业性保护遗产（址）多达 3 200 处。其中，埃森关税同盟煤矿被列入联合国教科文组织的世界遗产地名录，成为德国乃至全世界最具知名度的工业文化遗迹之一。由于鲁尔地区拥有深厚的历史文化底蕴，并且工业遗产资源得到很好的保护和再利用，2006 年 9 月，欧盟委员会宣布以埃森市为代表的鲁尔地区 53 城市（镇）共同当选为 2010 年"欧洲文化首都"。

3. 工业文化普及教育视角下的德国工业旅游

工业文化的概念具有多义性，可从广义和狭义两个层次来理解和区分。广义的工业文化具有典型的工业时代特征，伴随人类社会文化的发展而形成。狭义的工业文化与工业活动紧密联系，指工业与文化相融合而产生的文化。概括地说，工业文化是伴随人类工业活动而形成的，包含工业发展中的物质文化、制度文化和精神文化的总和①。

3.1 理论维度

与学校集中管理和授课不同，德国通过工业旅游进行隐性的工业文化普及教育。这种普及教育面向的对象更多，开展的空间更广，实施的路径更丰富。但细细探究，德国工业旅游中的工业文化普及教育仍然具有严密的教育逻辑，体现科学的教育理念，并不是表面的、单一的旅游与休闲。

3.1.1 教育目标分类理论

20 世纪 50 年代，美国当代著名的心理学家、教育家布鲁姆（Bloom）提出教育目标分类的系统学说，提出认知领域的教学目标，分为六个层次。之后有学者对此进行了完善和补充。1964 年，以克拉斯沃尔（Krathwohl）为首提出情感领域的教学目标，分为五个层次②；1972 年，辛普森（Simpson）提出动作技能领域的教学目标，分为七个层次③。

认知领域的教学目标分为：(1) 知道：指认识。(2) 领会：指对事物初步的、肤浅的领会。(3) 应用：指对所学习的概念、法则、原理的初步运用。(4) 分析：指分解材料成的组成要素。(5) 综合：指全面加工已分解的各要素，以便综合地、创造性地解决问题。(6) 评价：指理性、深刻地对事物本质的价值作出有说服力的判断。

情感领域的教学目标分为：(1) 接受：指愿意注意现象或刺激。(2) 反应：指主动参与学习活动并从中得到满足。(3) 评价：指将对象、现象或行为与一定的价值标准相联系并予以判断。(4) 组织：指建立内在一致的价值体系。(5) 个性化：所学得的知识与观念成为学习者的价值观。

---

① 王新哲，孙星，罗民. 工业文化[M]. 电子工业出版社，2018：27～28.
② 刘要悟. 教学目标的意义、分类和陈述[J]. 西北师大学报（社会科学版），1993(2).
③ 张浩，吴秀娟，王静. 深度学习的目标与评价体系构建[J]. 中国电化教育，2014(7).

动作技能领域的教学目标分为：(1) 知觉：指通过感官进行调节的能力。(2) 模仿：指按提示要求做出动作或再现示范动作的能力。(3) 操作：指按提示要求做出动作的能力。(4) 准确：指全面完成复杂作业的能力。(5) 连贯：指按规定和要求调整行为、动作等的能力。(6) 习惯化：指自动或自觉地做出动作的能力。

3.1.2 场景理论

场景理论中的"场景"一词来源于英文 scenes。原指拍摄电影时的布局，包括对白、场地、道具、音乐、服装等，通过场景布置体现影片想对观众表达和传递的信息和感受。通过对"场景"的分解发现，该概念所指丰富，能够与众多研究领域结合（图1）。特里·克拉克（Terry Clarke）将该概念引入到城市社会的研究领域，进而形成了"场景理论"。城市的场景是"生活娱乐设施"的组合。这些组合不仅蕴含了某种功能，也传递着某些文化和价值观。也就是说，文化、价值观蕴含在城市生活娱乐设施的构成和分布中，它们通过抽象的符号将信息和感受传递给人群。特别需要指出的是，在城市社会学中，"场景"概念已经"符号化"，超越了生活娱乐设施集合的"物化"概念，文化与价值观的外化符号，能够潜移默化地影响个体行为[①]。

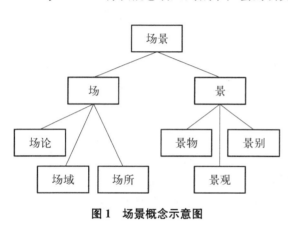

图1 场景概念示意图

3.1.3 场所依赖理论

1963年，弗雷德（Fried）最早提及人地关系。后来出现了"恋地情结"、"场所感知"和"场所依赖"三个概念。"恋地情结"是人与地方之间形成的感情联系；"场所感知"是人与自然以某种美妙的体验为中心的结合，这种体验集中于某些特别的设施；"场所依赖"是指个人在经历一个场所后，因这个场所能满足自己的需求而对其产生依赖感、认同感、归属感与其它情感。因此，场所依赖是人与场所之间基于感情（情绪、感觉）、认知（思想、知识、信仰）和实践（行动、行为）的一种联系[②]。

3.1.4 价值观—信念—规范理论

施太伦（Stern）在生态价值观基础上提出了价值观—信念—规范理论（图2）。该理论认为价值观、信念和规范共同作用于可持续行为的形成。利己价值观、利他价值观和生态价值观是价值观的三种类型，具有利己价值观的人基于个体自身利益关注环境；具有利他价值观的人则基于人类整体利益角度关注和保护环境；具有生态价值观的人关注整个自然环境的内在价值，强调人类是自然的有机组成部分。价值观对人的行为起到决定作

---

① 郜书锴. 场景理论的内容框架与困境对策[J]. 当代传播, 2015(4).
② 孔旭红. 场所依赖理论在博物馆旅游解说系统中的应用[J]. 软科学, 2008(3).

用①,个人具有什么样的价值观,直接影响个人的信念,最终决定个人的行为。

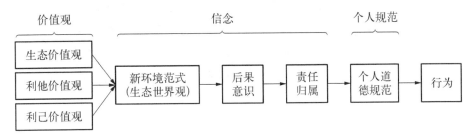

图 2　价值观—信念—规范理论

3.2　实践维度

3.2.1　德国工业旅游模式

德国工业旅游有五种常见模式:博物馆群落模式、文化中心模式、景观公园模式、商业综合体模式和企业观光模式。

博物馆群落模式体现科普教育+场景体验,形成科普教育体验群落,核心在于展示与提供工业文化体验。与众不同的是,德国的博物馆群落模式以建筑"群落"的形式展开,并明确参观对象主要以儿童的家庭和青少年为主,这会提高儿童和青少年的重游率,使他们产生重复消费。这还会使博物馆借助不同的资源禀赋而各具特色,比如鲁尔区借助其工业文化历史资源建成社会与文化史博物馆。

文化中心模式体现文化活动+文化产业。比如鲁尔区的关税同盟煤矿工业区曾是世界上规模最大、最现代化的煤炭运输系统,如今这里成为现代工业建筑的标签区,是整个鲁尔区的文化艺术中心。除了常规的旅游、博物馆等标配外,关税同盟煤矿工业区更强调旧空间与新功能的组合效应所产生的吸引力。如旧厂房改造的餐厅,冷却池改造的游泳池、滑冰场等。

景观公园模式体现工业生态+都市休闲,紧邻大城市是运用该模式的前提。比较有代表性的是北杜伊斯堡景观公园。公园是由1985年关闭的蒂森钢铁厂改建而成的,同样对旧空间作了创意改造。如煤气储罐改造成的欧洲最大的人工潜水中心,储料库遗存的墙壁、石柱改造为攀岩、极限运动场所;工业遗址中的净化水渠、净水池、冷却池等原有排污系统,被改造为绿色水植的"自然水系"。

商业综合体模式体现区位优势+大笔建设与投入。比如奥伯豪森的森特罗购物中心,通过将矿区改造为大型购物中心,周边开发娱乐设施、公园等休闲配套项目。这形成了全新的区域消费度假中心。

企业观光模式体现企业生产展示+企业文化展示,旅游内容主要以工业生产过程体

---

①　刘英.可持续消费行为研究的新视角:基于行为阶段变化理论[J].消费经济,2016(3).

验、文化体验为主。如正在运行的RWE露天褐煤矿区,通过在三个矿厂周围建造八个观景平台,设置矿业技术展览中心等方式,让游客了解现代矿业的发展。

值得注意的是,德国工业旅游往往呈现以上模式叠加的综合型模式。最典型的案例是鲁尔区"工业文化之路"和沃尔夫斯堡的大众汽车城。前者集博物馆群落模式、文化中心模式与景观公园等模式为一体,后者集博物馆群落模式、商业综合体模式和企业观光等模式为一体。

3.2.2 德国工业旅游与工业教育实践

(1) 情感维系。工业旅游特别适合亲子游,在孩子的成长过程中,会多次重游,这一过程将建立孩子对工业场所的依赖。对于成人,工业旅游的休闲娱乐和观光购物性也能够让他们重复游览,建立对场所的依赖。对工业场所的集体依赖会产生集体情感,即对工业文化和技术的亲近感和认同感。对场所的情感认同代表着对场所价值观的认同,社会集体认同感能够为工业文化技术的推广减少人为障碍与阻力,创建良好的社会文化环境。工业旅游无疑是面向最广大民众的、成功的工业文化普及教育。

(2) 场景展览。工业旅游通过场景展览使游客能够对矿业文化产生兴趣,能够初步了解工业生产。如将矿工的工作场景、生活场景分门别类设置专题展览,向游客展示汽车制造等工业场景。又如梅森瓷器工厂是欧洲第一家制作陶瓷的企业,位于德国,虽然人口约3万人,但参观梅森瓷器工厂的游客每年约40万～50万人。游客可以通过瓷器博物馆和艺术家工作室观摩各类展品和生产流程。

(3) 科普讲解。工业旅游中有不少科普讲解环节,使游客领会工业生产和技术操作细节,从而对其产生分析和评价。比如由矿业背景的人员或曾经的矿业从业者担任讲解员,这种情境下的科普学习才会生动、有趣。学习内容除了矿业知识,还包括采矿事故的应急处理、矿工健康等操作层面的知识。

(4) 专题培训。专题培训是较高层次的工业文化普及教育。如大众汽车城是所在联邦州——下萨克森州文化部授权的课外学习基地。自2003年起,从学前到中学,大众汽车城均能提供相关的科学、技术、文化等专题培训学习,还有面向儿童的道路安全专题培训。此外,提供面向成人的摄影与拍摄、汽车设计与结构等培训。专题培训是认知领域、情感领域和动作技能较高层次的教育。

(5) 职业体验。通过职业体验,让游客感受从事工业技术领域工作的乐趣和成就感。如博物馆针对4～16岁不同年龄段的学生,定制出若干课程,时长在0.5～4小时。授课过程以角色扮演的形式进行,比如让孩子们当一次小矿工,实地体验矿工生活。

(6) 技术操作。在工业旅游过程中,游客有机会进行实际的技术操作。如在大众汽车城,幼儿可以捏橡皮汽车,稍大的儿童可以玩模型过山车,青少年而可以做有关汽车的科学实验,了解技术的奥秘。

总的来说,如图3所示,德国工业旅游通过体验工业生产过程和企业文化品牌,建立场所依赖,一定程度上实现工业教育目标,尤其是帮助民众从小树立正确的工业技术价值观,认同和接受对工业技术文化,从而指导自己的工业技术行为,比如能够尊重工业技术行业和从业人员、支持工业技术活动、支持工业技术人才培养、自身乐意从事工业技术活动等。

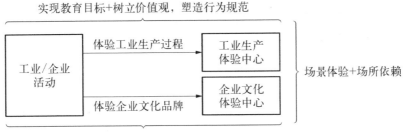

图 3　德国工业旅游与工业文化普及教育

4. 工业旅游中工业文化普及教育的价值与意义

4.1 传承技能型社会

德国等发达国家已将许多劳动密集型产业转移到第三世界新兴国家,但劳动神圣的传统依然得到很好的维护。这一传统是相当长一段时间内逐渐形成的。德国社会学家马克思·韦伯(Max Weber)认为这有助于专业精神和职业精神的培养。除此以外,各种劳动保障制度和福利制度不可或缺。

科学哲学家约瑟夫·阿伽西(Joseph Agassi),指出,技术不具备科学用以保持其鲜活历史记忆的工具,技术会被遗忘。保护工业遗产就是为了避免这种遗忘技术的遗憾。工业旅游将工业展示给大家看,这是一种工业自信和工业传承的姿态和态度。德国努力保护工业遗产,保留他们的工艺圈,其实是在某种程度上保留高新技术产业赖以发展的部分根基。因为通过技术产品的历史,无论该技术产品简单抑或复杂,都可以分析当时的技术状况。正如阿巴黎国立工艺博物馆国家技术博物馆副馆长布律诺亚科莱所说:"……我对物品的历史很感兴趣,因为通过物(无论是简单的,比如铆钉,还是复杂的,比如自行车或圆珠笔),人们几乎可以了解文明的发展史。"哲学家吉尔贝特·西蒙登(Gilbert Simondon)也说,仔细研究英国 18 世纪生产的一根缝衣针,就可以通过它的形状、材料和它展示的技能了解到这一时期英国的技术状况[①]。

只有人们清楚技术世界从哪里来,才能更好地知道技术世界往哪里去,同时更好地与技术世界相处,面对瞬息万变的技术世界能够泰然处之,实现和谐共处。

4.2 推动工业可持续性发展

德国发展工业旅游的初衷是为了盘活资源枯竭型城市,创造新的经济价值。随着时

---

① 刘会远,李蕾蕾.德国工业旅游与工业遗产保护[M].商务印书馆,2007:150.

代发展,工业旅游与工业文化普及教育紧密联系起来。工业旅游中的工业文化普及教育具有多重复合意义。一是宣传企业品牌和企业文化,促使企业探索第二曲线,推动本企业可持续发展。第二曲线由英国管理思想大师查尔斯·汉迪(Charles Handy)提出,核心思想是世界上任何事物的产生与发展,都有一个生命周期,并形成一条曲线。在这条曲线上,有起始期、成长期、成就期、高成就期、下滑期、衰败期,整个过程犹如登山活动。为了保持成就期的生命力,就要在高成就期到来或消失之前,开始另外一条新的曲线,即第二曲线[①]。正因如此,慕尼黑经济研究所旅游经济专家维登贝格(Wittenberg)说,在德国大中型企业都设有工业旅游部门,将工业旅游作为企业的第二产业[②]。二是借此进行工业文化普及教育,从而塑造良好的推崇工业技术的社会文化氛围,使年轻人乐意进入工业技术领域,使企业乐意与各类学校进行产教融合,源源不断地培养工业技术人才,最终推动德国工业的可持续发展。后者从国家层面出发,提前布局,更具有战略性眼光和长期性规划。

4.3 建设现代型城市

城市是人类工作和生活的地方,人类的文明史就是一部城市发展变迁的历史。可以说,城市是承载人类社会发展水平的全景图。工业旅游与工业文化普及教育尤其对于绿色城市和儿童友好城市建设具有重要的推动作用。工业旅游,特别是工业遗址旅游最大限度地保留了原生态环境,主要是对遗址进行创造性改造和利用,保留和创新了绿色的生态环境,这本身就是保护生态环境的举措。此外,工业旅游对于儿童具有极大的新引力,满足了儿童好奇、探索、室外游玩的天性,注重对儿童的工业文化启蒙和教育,很好地体现了儿童友好元素。鲁尔地区的埃森和科隆、大众汽车城所在地沃尔夫斯堡都是世界有名的儿童友好城市。可见,这些地区的工业旅游和工业文化普及教育对建设现代型城市起到了重要的推动作用,助力了城市发展的特色化和文明化。

5. 结语

当前我国正处于产业转型升级的关键时期,积极推进工业遗产保护和工业旅游,对于众多资源型城市和老工业区的转型发展、工业结构的调整升级、传统"老字号"品牌价值的拓展提升等等,都具有重大现实意义。2022年4月,工业和信息化部、国家发展和改革委员会、教育部等部门联合印发《推进工业文化发展实施方案(2021—2025年)》,主要目的是更好发挥工业文化在推进制造强国中的支撑作用。由此可见,工业旅游和工业文化普及教育已经提上国家规划与发展的日程,十分有必要学习和借鉴德国有益经验,因地制宜

---

① 金麒,孙继伟. 论第二曲线与企业持续发展战略[J]. 上海经济研究,1999(7).
② Lee Y. Erbe der Montanindustrie: Industriekultur im Ruhrgebiet [J]. Route der Industriekultur, 2019(3).

地发展我国的工业旅游和工业文化普及教育。

参考文献：

[1] 郜书锴. 场景理论的内容框架与困境对策[J]. 当代传播，2015(4).

[2] 金麒，孙继伟. 论第二曲线与企业持续发展战略[J]. 上海经济研究，1999(7).

[3] 孔旭红. 场所依赖理论在博物馆旅游解说系统中的应用[J]. 软科学，2008(3).

[4] 刘会远，李蕾蕾. 德国工业旅游与工业遗产保护[M]. 商务印书馆，2007.

[5] 刘英. 可持续消费行为研究的新视角：基于行为阶段变化理论[J]. 消费经济，2016(3).

[6] 王新哲，孙星，罗民. 工业文化[M]. 电子工业出版社 2018.

[7] 王延玲，吕宪军. 论教学目标设计理论与实践的应用研究[J]. 东北师大学报，2004(1).

[8] Lee Y. Erbe der Montanindustrie：Industriekultur im Ruhrgebiet[J]. Route der Industriekultur，2019(3).

[9] 刘要悟. 教学目标的意义、分类和陈述[J]. 西北师大学报(社会科学版)，1993(2).

文化数字化视角下"互联网＋工业遗产"的价值实现逻辑

杜 翼

（重庆师范大学新闻与传媒学院）

摘　要：在文化数字化战略的驱动下，中国积极推进工业文化遗产数字化保护、利用和传播，工业遗产数字化正在向高质量、高效率、高智能化方向发展。利用互联网＋技术与模式对工业遗产资源进行产业化开发，发展城市IP经济，激活工业文化，成为工业遗产开发一个新的方向，也是一个新的趋势。但当前，在推动工业遗产数字化发展进程中，还面临着工业遗产文化资源价值认定、数字化技术利用不清、转型路径不明等问题。因此，需要着力推进"工业遗产＋互联网"的研究，探析其"文化资本"发展的理论逻辑、互联网技术的善用、工业文化遗产资源的价值实现路径，以此推动文化数字化战略下工业遗产数字化的高质量发展。

关键词：工业遗产；文化数字化；IP；价值实现；跨界融合

Abstract：Driven by the cultural digitization strategy, China actively promotes the digital protection, utilization, and dissemination of industrial cultural heritage. The digitization of industrial heritage is developing towards high quality, efficiency, and intelligence. Using Internet plus technology and mode to industrialize industrial heritage resources, develop urban IP economy and activate industrial culture has become a new direction and a new trend of industrial heritage development. However, at present, in the process of promoting the digital development of industrial heritage, there are still problems such as the recognition of the value of industrial heritage Cultural resource management, unclear use of digital technology, and unclear transformation path. Therefore, we need to focus on promoting the research of "industrial heritage＋Internet", explore the theoretical logic of its "Cultural capital" development, the good use of Internet technology, and the value

---

* 本文系四川省攀枝花市社会科学2022年度规划项目"新时代三线工业遗产的媒介形象研究"（项目编号：攀社立［2022］99号）的阶段性成果。

realization path of industrial cultural heritage resources, so as to promote the high-quality development of industrial heritage digitalization under the cultural digitalization strategy.

Key words: Industrial Heritage; Cultural digitization; IP; Value Achieving; Cross-Border Integration

引言

习近平总书记在党的二十大报告中指出,实施国家文化数字化战略,健全现代公共文化服务体系,创新实施文化惠民工程[1]。2022年5月22日,中共中央办公厅、国务院办公厅印发了《关于推进实施国家文化数字化战略的意见》指出:推进中华文化数据库建设,发展数字化文化消费新场景,大力发展线上线下一体化、在线在场相结合的数字化文化新体验[2]。工业遗产数字化隶属其中。利用互联网技术对工业遗产进行数字化采集、修复、保护与开发,在近年来已屡屡得到国家及地方政策的支持。2022年6月29日,国家工信部公示了《国家工业遗产管理办法》,提出:"加强对国家工业遗产的宣传报道和传播推广,综合利用互联网、大数据、云计算等新一代信息技术,开展工业文艺作品创作、展览、科普和爱国主义教育等活动,弘扬工匠精神、劳模精神和企业家精神,促进工业文化繁荣发展[3]。自2018年国家工信部颁布《国家工业遗产暂行办法》以来,我国已陆续开展了多批"国家工业遗产"的认定工作,全社会对工业遗产的保护与开发的热情日益高涨。

然而,与工业遗产的保护与开发实践成果相比,国内学界对该领域的关注点更多呈现出以下三种路径:一是遗产调查研究,二是遗产价值研究,三是遗产保护[4],而对"互联网+工业遗产"的相关探讨较少。如吕建昌、李舒桐认为,当今世界遗产研究与实践,西方价值观的权威遗产话语掌握着工业遗产的价值与意义阐释权,应加快中国工业遗产话语建构的进程[5];林秀琴论及工业遗产开发需融合互联网科技的思维创新[6];王国华提出用"互联网+"理念推进工业旅游的跨界融合[7];王赛兰从需求、效应、资源整合与共享等方面论述了数字工业遗产博物馆的优势与发展方向[8];朱宁等提出基于数字技术的工业遗产保护与开发策略,提议从保护、展示等层面对工业遗产进行数字化构建[9];王艳婷、王楚崴论述了全媒体视觉传播下的唐山工业遗产旅游推广理念,提出传承城市工业文化、丰富工业遗产传播形式等有效策略[10]。以上成果都关注到了互联网赋能工业遗产的优势,但并未从全局出发探究如何利用互联网的技术优势及创新思维助力工业遗产的保护与开发。

国外学者关于工业遗产与互联网的研究的专著不多,且多集中在旅游经济方向。他们的论文主要关注互联网对工业遗产的传播,如何带动工业旅游、地方经济和文化的意义。如Xie认为新媒体为工业遗产塑造了新的文化形象,创造了新的认同[11];Telfer认为旧的工业成为怀旧情绪的释放空间,经由互联网宣传,成为吸引人的景点[12];Schofield认为通过新媒体构建的工业遗产,有助于形成感性空间,塑造地方形象[13]。不可否认,这些文献对于深入剖析工业遗产的互联网研究不无裨益,但仅从单向度的新媒体展开分析,并没有深入阐释工业遗产＋互联网的研究。本文旨在从理论、技术、开发三个维度解析"互联网＋"语境下工业遗产的价值实现逻辑。

1. 理论逻辑：多维价值共生的文化资源

对于工业遗产价值的研究是工业遗产综合研究的核心问题。在宏观层面上,工业遗产项目的价值可分为两类：遗产的固有价值和转型再利用后的创意价值。根据《保护世界文化和自然遗产公约》对文化遗产价值的描述,工业遗产的固有价值包括历史和文化价值、艺术审美价值、科学技术价值。关于工业遗产的价值实现研究与实践,笔者认为工业遗产的经济价值是毋庸置疑的。

天津大学建筑学院徐苏斌教授认为的传统经济学中的物质资本、自然资本、人力资本[14]、法国文化社会学家布迪厄(Pierre Bourdieu)和澳大利亚文化经济学家戴维·思罗斯比(David Throsby)提出的文化资本概念,组成了工业遗产的固有价值(图1)。

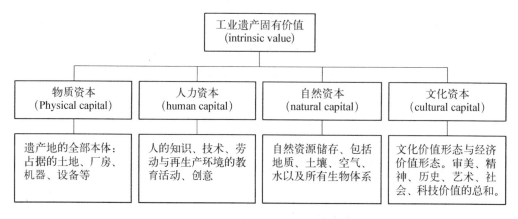

图1　工业遗产固有价值分类要项

从工业遗产的保护与开发现状来看,一些成功的项目往往首先确定保护对象,然后进行价值分析,根据工业遗产的不同价值进行不同方式的保护与开发。从物质资本角度评估历史久远的工业遗产厂房、生产设备等,其经济价值几乎为零,也正因为这个原因,大量历史久远的厂房被拆除。但从文化资本的角度看,厂房的历史越久远,作为文化资本的价值可能就越高。戴维·思罗斯比在《经济学与文化》中举例说明金字塔有使用价值,比如吸引众多的旅游者,通过旅游收入可以考察经济价值[15]。经过重新定位的工业遗产,也可以将其固有价值转化为改造后的创意价值,激活工业遗产活力,重获新生。如四川成都的"东郊记忆园区"由原国营红光电子管厂旧址改建而来,是以音乐为核心的数字娱乐创意产业园,也是国家4A级景区,2011年9月对外开放以来,已累计接待中外游客超过3 000万人次[16]。

2. 技术逻辑：新媒体技术与交互式体验

在新一轮技术浪潮中，随着物联网、人工智能、云计算、虚拟现实、增强现实、混合现实等为代表的新媒体技术的发展，大规模进行工业遗产数字化展示，交互性传播的技术条件已逐渐具备，其重要作用主要体现在四个方面：

2.1 数字采集与数字处理

工业遗产资源的数字采集包括数字拍摄、数字遥感、数字勘测、全息摄影、图文扫描等。数字处理是指将数字记录信息进行数字编录、格式转换、编码压缩、数字建模、图像处理、特征提取等，从而使得工业遗产信息完整有序，并能够方便快捷地通过网络提供全方位的内容管理与服务[17]。

2.2 数字化修复

利用计算机图形学、虚拟现实等技术与设备对文化遗存进行保护与修复，有利于修补或弥合时间、自然灾害、突发事故等对其的残食。如利用虚拟现实技术所具有的沉浸性、交互性对震后建筑进行数字化修复，然后通过视、听、触觉以及图表、动画等形式，可以将"真实再现"的文化遗迹呈现在观看者面前。

2.3 数字化展示

目前，常见的展示形式是由 Html5、小程序、App（手机应用）为主导的虚拟博物馆。观看者可以在虚拟展厅中对现实中无法重现、不能触及的文物和遗迹进行视觉化重现，来弥补现实参观无法带来真实的场景感的缺憾。

2.4 传播的交互性不断丰富与逼真

美国学者凯文·凯利（Kevin Kelly）认为"人工智能等新媒体技术能够将惰性物体激活，并且让其具备认知化"[18]。

近年来，智能展板、问答机器人、下棋机器人等新媒体运用到会展、博物馆游览中，吸引了大量参与者，焕发了文化、科技旅游的生机，同时有助于文化遗产的保护与传承。

尼葛洛庞帝在《数字化生存》中解释了数字化的特征：跨越时空性，虚拟现实性，低成本复制性[19]。互联网的交互性体验是以用户为中心，着重强化体验者的主体性和参与性。从另一个角度看，新媒体的交互传播重在使用和控制两个部分，使用户产生身临其境的逼真感受，从而达到视、听、触觉等其他感官的沉浸，并且使他们感知和操纵虚拟情境中的各种对象，主动参与到工业遗产传播的交互性叙事中来，来满足用户在欣赏工业遗存中所需的社交、娱乐、科教等需求。如故宫博物院开发的"数字故宫"利用 AI、VR 技术，可以让游客体验穿宫廷服饰、体验御膳制作。而工业遗产的新媒体交互性叙事中,可以借鉴诸多文化遗产新媒体开发中的交互项目,如在虚拟情境中体验个性化机械加工,火箭发射、导弹升空控制等现实中无法触及和了解的项目。

3. 开发逻辑:IP 衍生与价值实现

3.1 工业遗产 IP 的多维衍生

IP(Intellectual Property) 译为知识产权,特指人类在社会实践中创造的智力劳动成果的专有权利,具有广泛的受众群体,是一种无形资产。从商业开发的角度讲,IP 的内涵可以无限外延,可从消费者的角度讲,IP 代表某一类标签、符号、文化现象,可以引发兴趣,追捧意愿,可能转化为消费行为。

由于工业遗产的固有价值中含有非物质文化遗产,天然地具有 IP 价值属性,可以通过先进的数字化技术和鲜明的定位,提炼出能引发社会共鸣的文化元素,融入现代设计的审美趣味,通过新媒体平台矩阵下的社会化传播,整合营销手段和资源,将工业遗产 IP 转化为满足当下用户个性化需求的文化产业。因此,如何评价一个工业遗产 IP 是否能成为"超级 IP",即具有强内容体和强自流量体的互通融合产生的超级商业符号成为一个亟待解决的问题。可通过以下工业遗产 IP 维度模型(图 2)来甄别判断。从图 2 可看出,维度与价值大小与开发难易度正相关。

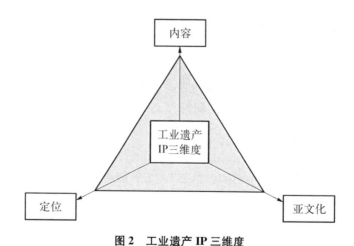

图 2　工业遗产 IP 三维度

3.1.1　内容

工业遗产的内容不仅指建筑、厂房、设备为主的物质遗产,还包括非物质工业遗产部分,如工业档案、工业流程、工业工艺、工业文学和表述、工业表演艺术、工业节日等以及改造后的内容。在内容为王的背景下,优质的工业遗产内容应具备衍生性、传播力、影响力三大特性。我国的工业遗产大多发端在近代,离现实时空较近,且相关的研究文献、深度文章众多,甚至还有大量亲历者在世,使得工业遗产 IP 内容多元,且具有深厚的群众基础和文化根基,容易形成人们的认同感和归属感。作为国内知名品牌的青岛啤酒,用其百年前的老厂房、老设备建成了国内唯一的啤酒博物馆,并以青岛啤酒的百年历程及工艺流程为主线,将博物馆逐渐发展为集文化历史、旅游、啤酒娱乐为一体的"国民啤酒 IP"。由此,可引入"超级 IP"的打造法则,发掘工业遗产内容的多元化 IP 衍生可能性,如开发工业文学、工业音乐、相关影视剧、美食菜谱等优质内容的生成,引发传播流量的爆发。

3.1.2 定位

除了丰富的 IP 衍生内容,鲜明的定位也是工业遗产 IP 能够形成超级 IP 流量的关键。目前,国内外不少的旅游胜地、文创场所、博览场馆等,打破"古板正统"的印象,将目光指向年轻受众,或跨界合作,或以独特主题为载体,以独特的方式打造时尚圣地,引发流量和追捧。如有以内容制胜的克罗地亚萨格勒布的失恋博物馆,分享酸涩的爱情故事和展出失恋者的物品;以有趣物件立足的巴黎 Scribe 香水博物馆,将 3000 年的香水历史浓缩其中;还有一些在经典形象、混搭风格等定位上做文章。北京"798 厂"以简单明快的包豪斯建筑风格,吸引了大量艺术家和设计师的入驻,成为知名的文创产业园,国内的许多工业遗产改造也以"798"作为模板开发文创产业。但是国内工业遗产开发的定位上,也显现出定位雷同、功能性重复、缺乏独特性等问题。优质的工业遗产 IP 开发,在定位上应具有独创性风格、有话题度、有传播载体等几大因素。

3.1.3 亚文化

亚文化是一种观念和生活方式,主要指对以 90 后、00 后为代表的新一代年轻人来说是独一无二的。"易观国际"对 90 后、00 后为主的小众群体市场进行调研的数据显示:中国市场的亚文化正在被主流文化所吸收,再加上消费能力和新生代发声需求日趋旺盛,以二次元、电竞、军迷为代表的小众群体市场背后的商业机会将持续爆发[20]。另一方面,工业遗产 IP 看似与亚文化关联性较弱,但其开发创新后的 IP,可以利用新媒体技术和平台的传播,因其价值中存在具有时代所缺失的精神、艺术、文化、社会等价值,通过合适的载体,能将工业遗产 IP 从亚文化到主流文化进行引爆。如在二次元集散地 B 站走红的小众纪录片《我在故宫修文物》,吸引了投资方的注意,最终成为院线电影;抖音短视频上发起的"奋斗吧,我的青春""介绍一下,这是我的家乡"等正能量挑战话题,引发了百万人参与和点赞,这说明工业遗产中存在的能引发时代共鸣的怀旧情结、工匠精神、传统美德,也能通过新媒体的传播与开发达到流量的引爆。

3.2 工业遗产的价值实现路径

工业遗产的价值实现,就是要将其 IP 内容向商业价值、社会价值转化。近年来,消费升级势态下催生的 IP 经济,一本小说、一首歌曲、一部影视剧,甚至游戏、综艺节目,只要曾经受到市场青睐的内容,都能催生 IP 开发模式,通过新媒体重新聚合粉丝流量来完成价值实现。基于文创 IP 的价值实现路径,笔者对工业遗产 IP 的价值实现路径进行层次化梳理和解构。

第一步，提炼工业遗产景观符号。具有典型工业文化符号的景观，能营造浓厚的时代气氛，帮助游客构建虚拟文化世界。围绕工业遗产 IP 挖掘多元化、多层次的内容，是其价值实现的基础。工业遗产的景观符号包括具有时代烙印的建筑，印刻时代语录的文化墙，用钢筋零件制作的文化标语，展出的老物件等[21]。除此之外，工业遗产中的功能性场所，如餐馆、商店、娱乐休闲设施等，甚至包括工作人员的服饰、妆容、语言，都应与工业遗产的符号内涵相一致。另外，可以挖掘工业遗产符号与当代流行文化的连接点以及跨界融合的可能性。如山东建筑大学将退役的蒸汽机车头改建成"火车餐厅"，永久停留在校园，使之成为"网红食堂"。也可以结合时下流行的二次元文化，在一些废弃的老厂房、墙上进行涂鸦、漫画创作，或是用钢筋、零件设计风靡的卡通、影视剧角色形象，来吸引年轻一代了解工业遗产文化。

第二步，创造粉丝连接，发展粉丝经济。如果要实现工业遗产价值，还必须激活与粉丝之间的连接，积累量级粉丝流量，增强粉丝黏性。创造粉丝连接需要注意以下几个关键点：其一，用内容与粉丝建立连接。工业遗产的 IP 内容主要以旅游为核心，通过让游客在游览体验中增加共鸣感和认同感，同时经过口碑效应，达到提高工业遗产美誉度的效果。其二，与合适的机构建立连接。工业遗产能够吸引所有年龄段的目标群体来体验，其中老人和学生是最主要的目标消费者。工业遗产可以和学校建立产学研实践基地，让学生来参观、实习，举办大型学科竞赛等形式，与学校开展多维度的合作；也可以和社区、敬老院等机构，开展公益、文艺演出等形式的交流；和一些商业机构，如影视公司、互联网平台、游戏公司、快速消费品等文娱单位，共同开发工业遗产 IP 周边衍生品知识付费产品、纪录片、综艺节目、影视剧、游戏等，来增强社会知名度和粉丝黏性。其三，构建粉丝社群。围绕工业遗产 IP 内容，可以打造贯穿线上线下的集教育培训、达人交流、消费合作、科学研究为一体的粉丝社群网络，进而让工业遗产 IP 内容达到最大化的渗透传播，与粉丝进行深度连接，实现价值变现。

第三步，搭建新媒体矩阵，让工业遗产形成裂变式的品牌传播效应[22]。依靠新媒体互动性强，覆盖范围广，实时传播等特点，工业遗产可以有效实现裂变式传播。新媒体矩阵（图 3）分别以短视频平台、直播平台、"两微一端"等多个新媒体平台形成分布式矩阵形体。

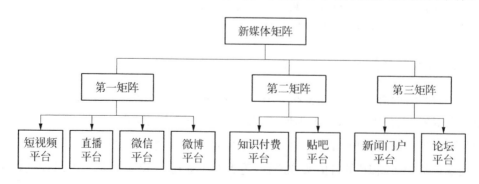

图 3　工业遗产新媒体矩阵

工业遗产 IP 借助新媒体的整合营销传播,促使 IP 内容在粉丝群体中形成有效的裂变传播与价值分享,为工业遗产的价值实现路径提供源源不断的传播势能与曝光条件。

4. 结语

在国家文化数字化战略下,我们需要建构多样化的工业遗产传播形态,实现工业遗产保护与开发的多重价值实现。借助互联网＋技术、平台,保存、再现、创新文化遗产,已成为一种趋势。而工业遗产作为城市中的新型文化遗产,具有丰富的文化精神价值和内容衍生的商业价值,是我国城市特色文化发展中独一无二的文化名片。工业遗产的价值实现过程中,借助互联网技术和平台对其 IP 内容进行开发和创新,不仅能释放巨大的经济价值,回应公众需求,应对新业态下工业遗产传播模式的挑战,而且能推动工业遗产文创产业链向多元化、专业化的新业态发展。

参考文献：

［1］习近平. 高举中国特色社会主义伟大旗帜 为全面建设社会主义现代化国家而团结奋斗［EB/OL］. http://www.gov.cn/xinwen/2022－10/25/content_5721685.htm,2022－10－25/2023－04－25.
［2］中共中央办公厅 国务院办公厅印发《关于推进实施国家文化数字化战略的意见》［EB/OL］. https://www.gov.cn/xinwen/2022－05/22/content_5691759.htm,2022－5－22/2023－04－2.
［3］关于《国家工业遗产管理办法》的公示［EB/OL］. https://wap.miit.gov.cn/jgsj/zfs/gywh/art/2022/art_f563b110ffad4cc9862e414bee448f84.html,2022－6－29/2023－04－25.
［4］徐有威,周升起. 近五年来三线建设研究述评［J］. 开放时代,2018(2).
［5］吕建昌,李舒桐. 权威遗产话语下中国当代工业遗产话语建构的思考——以三线建设工业遗产为例［J］. 东南文化,2023(2).
［6］林秀琴. 产业融合与空间融合：文化产业融合发展的思维创新［J］. 福建论坛(人文社会科学版),2016(6).
［7］王国华. 工业旅游如何重塑区域人文地貌——以湖北省黄石市为例［J］. 北京联合大学学报(人文社会科学版),2018(1).
［8］王赛兰. 刍议数字化工业遗产博物馆［J］. 旅游学刊,2013(5).
［9］朱宁,高琦,郭亚成. 基于数字技术的工业遗产保护和再利用策略研究［J］. 工业建筑,(2).
［10］王艳婷,王楚崴. 全媒体视觉传播下的唐山工业遗产旅游推广策略研究［J］. 包装工程,2019(22).
［11］Philip Feifan Xie. A life cycle model of industrial heritage development［J］. Annals of Tourism Research,2015.
［12］Atsuko Hashimoto & David J. Telfer. Transformation of Gunkanjima (Battleship Island)：from a coalmine island to a modern industrial heritage tourism site in Japan［J］. Journal of Heritage Tourism,2016.
［13］Peter Schofield. Cinematographic images of a city Alternative heritage tourism in Manchester［J］. tourism Managemen,1996.
［14］徐苏斌. 工业遗产的价值及其保护［J］. 新建筑. 2016(3).
［15］徐苏斌,青木信夫. 中国工业遗产的价值框架思考［A］. 武力. 产业与科技史研究(第三辑). 科学出版社,2018：106～124.
［16］刘彬,陈忠暖. 城市怀旧空间的文化建构与空间体验——以成都东郊记忆为例［J］. 城市问题,2016

(9).
[17] 姜申,鲁晓波.展示传播在文化遗产数字化中的交互性及其应用——以敦煌文化的当代传播为例[J].现代传播,2013(8).
[18] 彭兰.万物皆媒——新一轮技术驱动的泛媒化趋势[J].编辑之友,2016(3).
[19] 尼葛洛庞帝.数字化生存[M].胡泳,范海燕译.海南出版社,1999.
[20] 易观国际.小众群体市场的美丽和哀愁[EB/OL].易观研究报告,http://www.199it.com/archives/528252.html,2016-10-20/2023-07-20.
[21] 曾锐,于立,李早,等.国外工业遗产保护再利用的现状和启示[J].工业建筑,2016(2).
[22] 秦阳,秋叶.如何打造超级IP[M].机械工业出版社,2016:156.

工业遗产档案的发展历程及保护方向*

张晨文

（中国人民大学信息资源管理学院）

摘　要：工业遗产档案作为工业遗产中不可或缺的文化符号和社会记忆，成为档案学与工业遗产领域的交叉概念。本研究从理论和实践出发，明确工业遗产档案的范围，并在此基础上，梳理国内外工业遗产档案保护发展历程，包括：特定保管结构的出现、相关研究群体的关注、专门保护组织的形成、国际保护政策的引导及保护利用形式的出现，以此从保护主体、保护内容及保护方式等方面归纳工业遗产档案保护方向，为后续工业遗产档案保护提供参考。

关键词：工业遗产档案；工业遗产；档案价值

Abstract: As an indispensable cultural symbol and social memory in industrial heritage, industrial heritage archives have become a cross-cutting concept in the field of archival science and industrial heritage. This study clarifies the scope of industrial heritage archives from theory and practice, and on this basis, compares the development history of industrial heritage archives conservation at home and abroad, including: the emergence of specific custodial structures, the concern of relevant research groups, the formation of specialized conservation organizations, the guidance of international conservation policies and the emergence of forms of conservation and utilization, so as to summarize the direction of industrial heritage archives conservation from the aspects of conservation subjects, conservation contents and conservation methods, and provide reference for subsequent industrial heritage archives conservation.

Keywords: industrial heritage archives; industrial heritage; archival value

---

* 基金项目：中国人民大学科学研究基金（中央高校基本科研业务费专项资金资助）项目成果"工业文化背景下工业遗产档案管理体制研究"（22XNH194）。

近日，工业和信息化部组织修订 2018 年《国家工业遗产管理暂行办法》，形成《国家工业遗产管理办法》[①]。新规的发布，体现了国家对工业遗产管理、弘扬工业精神、发展工业文化的重要关切。新规在强调"建立和完善国家工业遗产档案数据库"的基础上更突出了"加强数字化管理"的指导思想，也进一步引发了档案学术界及实践部门对工业遗产档案的关注与思考。2021 年，"工业遗产保护专题档案开发"作为国家重点档案与保护开发工程被写入《"十四五"全国档案事业发展规划》[②]，这一举措标志着工业遗产档案正式成为全国档案部门的当前及未来工作重点，引导全国各地档案部门展开相关实践探索。而随着"工业遗产档案"这一表述在政策文本和学术研究中的使用，工业遗产档案作为新生概念，其定义、范围亟待梳理与明确。基于现有研究的不足，本文拟从工业遗产的理论划分与实践范围角度明确工业遗产档案的概念与边界，在此基础上，梳理工业遗产档案的发展历程，并从保护主体、内容和方式层面提出工业遗产档案发展方向，为后续实践提供参考。

1. 工业遗产档案范围的确定

尽管当前关于工业遗产档案的概念与范围尚未明确，但其作为新生概念在工业遗产和档案领域的理论和实践探索由来已久。为赋予工业遗产档案更为科学和合理的定义，本研究尝试从理论和实践角度梳理并整合工业遗产档案的理论与实践边界，以此明确工业遗产档案的概念与范围。

1.1 工业遗产档案的理论划分

1.1.1 工业遗产中的工业遗产档案

工业遗产档案萌芽于工业遗产保护，但目前在工业遗产领域的理论研究中尚未被重视，主要体现在工业遗产的相关政策文本之中。因此，本研究在对"工业遗产"形成较为清晰认知的基础之上探究工业遗产档案的内涵。

从现有的政策文本和相关研究来看，工业遗产涉及的领域十分广泛，且随着认识的深入而愈发全面，在时间、范围和内容上都具有丰富的内涵和外延，如表 1 所示。

[①] 中华人民共和国工业和信息化部. 关于《国家工业遗产管理办法》的公示[EB/OL]. [2022-07-13]. https://www.miit.gov.cn/cms_files/filemanager/1226211233/attach/20226/f481570f726b4ff5b31b8c8a5de84ccb.pdf.

[②] 中华人民共和国国家档案局. 中办国办印发《"十四五"全国档案事业发展规划》[EB/OL]. [2022-06-13]. https://www.saac.gov.cn/daj/yaow/202106/899650c1b1ec4c0e9ad3c2ca7310eca4.shtml.

表1 工业遗产概念中的工业遗产档案

范围	概念内容	时间	来源
国际层面	具有历史、技术、社会、建筑或科学价值的工业文化遗迹,包括建筑和机械、厂房、生产作坊和工厂、矿场以及加工提炼遗址、仓库货栈、生产转换和使用的场所、交通运输及其基础设施以及用于住所、宗教崇拜或教育等和工业相关的社会活动场所	2003年	《下塔吉尔宪章》
	工业遗产包括遗址、构筑物、复合体、区域和景观以及相关的机械、物件或档案,作为过去曾经有过或现在正在进行的工业生产、原材料提取、商品化以及相关的能源和运输的基础设施建设过程的证据	2013年	《都柏林准则》
国内层面	具有历史学、社会学、建筑学和科技、审美价值的工业文化遗存,包括工厂车间、磨坊、仓库、店铺等工业建筑物、矿山、相关加工冶炼场地、能源生产和传输及使用场所、交通设施、工业生产相关的社会活动场所、相关工业设备以及工艺流程、数据记录、企业档案等物质和非物质遗产	2006年	《无锡建议——注重经济高速发展时期的工业遗产保护》
	工业化的发展过程中留存的物质文化遗产和非物质文化遗产的总和	2006年	《关注新型文化遗产——工业遗产的保护》
	在中国工业长期发展进程中形成的,具有较高的历史价值、科技价值、社会价值和艺术价值,经工业和信息化部认定的工业遗存。国家工业遗产核心物项是指代表国家工业遗产主要特征的物质遗存和非物质遗存。物质遗存包括作坊、车间、厂房、管理和科研场所、矿区等生产储运设施以及与之相关的生活设施和生产工具、机器设备、产品、档案等;非物质遗存包括生产工艺知识、管理制度、企业文化等	2018年	《国家工业遗产管理暂行办法》
	在中国工业长期发展进程中形成的,具有较高的历史价值、科技价值、社会价值和艺术价值,经工业和信息化部认定的工业遗存。国家工业遗产核心物项是指代表国家工业遗产主要特征的物质遗存和非物质遗存。物质遗存包括厂房、车间、作坊、矿区等生产储运设施,与工业相关的管理和科研场所、其他生活服务设施及构筑物和机器设备、生产工具、办公用品、产品、档案等;非物质遗存包括生产工艺、规章制度、企业文化、工业精神等	2022年	《国家工业遗产管理办法》

在时间方面,尽管在国际层面没有对工业遗产的时间作出限定,但在我国文本政策的界定中从"工业化的发展过程中""在中国工业长期发展进程中"明确了工业遗产形成于整个"工业发展过程",而在《国家工业遗产管理办法》(含《暂行办法》),工业遗产需要"经工业和信息化部认定",在《工业遗产认定申报工作的通知》中国家工业遗产申报范围主要包括"1980年前建成的厂房、车间、矿区等生产和储运设施和重要设备、工具、产品等,以及

其他与工业相关的社会活动场所"①。由此可知,我国对工业遗产的认定在时间上更倾向于1980年前;在范围方面,既包含"加工冶炼、生产、传输、管理、科研"等直接生产活动,也包含与生产相关的"宗教崇拜、教育"等社会活动;在内容方面,既包含"厂房、车间、作坊、矿区等生产储运设施,与工业相关的管理和科研场所,其他生活服务设施及构筑物和机器设备、生产工具、办公用品、产品、档案"等物质遗产,也包含"生产工艺、规章制度、企业文化、工业精神"等非物质遗产;在价值层面,强调工业遗产应具有历史、技术、社会、建筑、科学、艺术等价值;在属性方面,强调工业遗产的文化和证据属性。

基于此,工业遗产档案作为工业遗产的重要组成,在时间方面,应为形成于"工业发展过程"中;在范围方面,应包含直接生活活动以及与生产相关的社会活动过程中形成的档案;在价值方面,应具有历史、技术、社会、建筑、科学、艺术等价值;在属性方面,也应具有较为突出的文化和证据属性。

1.1.2 工业遗产档案的概念

对工业遗产档案概念的论述主要以国内学者的相关研究为主。尚海永基于文献资料,通过对工业遗产、工业遗产档案从广义、狭义角度的逻辑论证,认为广义工业遗产档案是在工业企业生产过程中形成的"材料、实物和无形资产及重新记录下的文件资料",狭义工业遗产档案则是"由文字、图表、声像形式保存下来的有价值的现代工业文件资料"②。武志辉从工业遗产的角度认为"工业遗产档案既包括工厂停产前产生和保管的文书、科技、音像、实物等档案,又包括在工业遗产调查、保护、开发利用中产生的各种文件"③。郑天皓在此基础上侧重强调工业遗产档案的价值,认为其是"具有一定代表性与历史性的工业企业在生产生活中形成的具有一定现实价值的多载体多形式资料"④。谭玉兰从档案定义出发,认为"工业遗产档案即为一切在有关工业遗产活动中直接形成的各种形式的原始记录,其中包括工业活动停止前留存的相关记录,也包括后期对工业遗产开展调查、保护或开发利用中产生的记录"⑤。邓连从社会价值角度强调"工业遗产档案应为能够综合、典型地反映近现代工业化进程的对城市和社会有保存价值的各种文字、图表、声像、实物等不同的历史记录"⑥。高俊认为"工业遗产档案有工业的遗产档案和工业遗产档案之分",并就此将其引申为"静态、动态工业遗产档案,即历史档案与后管理档

---

① 中华人民共和国中央人民政府.工业和信息化部办公厅关于开展第五批国家工业遗产认定申报工作的通知[EB/OL].[2022-07-27].http://www.gov.cn/xinwen/2021-04/14/content_5599500.htm.
② 尚海永.工业遗产与工业遗产档案概念辨析及关系梳理[J].遗产与保护研究,2018(10).
③ 武志辉.试论工业遗产档案的建立与整理[J].北京档案,2012(4).
④ 郑天皓.山东省工业遗产档案开发利用研究[D].山东大学,2020.
⑤ 谭玉兰.工业遗产档案助力城市转型策略研究——以东北地区工业档案为例[J].文化产业,2021(5).
⑥ 邓连.城市工业文明的记忆与传承——以大连市工业遗产档案工作为例[C].中国档案学会、中国文献影像技术协会.2019年海峡两岸档案暨缩微学术交流会论文集.中国档案学会、中国文献影像技术协会:中国档案学会,2019:10~17.

案"①。除此之外,还有部分学者将"工业遗产档案"定义为"为每件工业遗产建立的档案"②、"工业遗产视野下的工业档案"③、"工业遗产的内容发展"④等。

由此可知,目前研究中的工业遗产档案概念涉及主体层面的"工业企业",产生阶段包括"前工业、原始工业、手工业、机器大工业和现代工业时期"或"停产前""历史性"的工业时期和"工业遗产开展调查、整理、保护或开发利用时期"的保护时期,形成过程包括"工业生产实践过程中"直接形成的和"对工业遗产开展调查、整理、保护或开发利用中产生的、重新记录下"后期形成的档案,价值方面包括"社会价值、历史价值""代表性""典型性",以及属概念层面的"档案""历史记录""文件资料"等要素。

1.2 工业遗产档案的实践范围

工业遗产档案实践是其理论形成的基础,在工业遗产档案的实践中了解其边界对明确其在理论层面的概念和范围同样重要。

2006年"首届中国工业遗产保护论坛"通过《无锡建议》,明确了企业档案是工业遗产的重要组成⑤,由此可以明确工业企业档案是工业遗产的重要内容。在《无锡建议》的影响下,同年,沈阳市文化局率先计划报请市政府在全市范围内开展工业遗产普查,通过摸清全市工业遗产情况,对全市工业遗产进行登记、建档,逐步为每一件工业遗产建立科学完整的档案⑥。由此可知,工业遗产档案在实践中最初被认为是"工业遗产"的档案,涉及对工业遗产建档工作。2007年初,大连市档案馆针对工业遗产档案的征集,在全市20余家相关单位展开调研,摸清了大连市工业遗产档案基本情况⑦,自此工业遗产档案开始作为工业遗产的组成部分被档案部门重视起来。自2007年起,苏州市工商档案管理中心、常州市工商档案博览中心相继成立,负责统一管理当地改制工商企业档案,并在调查摸底的基础上,有计划、有重点地接收有影响力的百年老厂、知名品牌、大型企业、传统特色工业企业档案资源。2017年,洛阳市图书馆与洛阳理工学院在认真调研的基础上,联合申报地方数字图书馆推广工程地方特色文化专题资源项目,以1985年前为基本时限,建立洛阳工业遗产档案数据库⑧。2018年,由国家档案局、工业和信息化部举办的"不忘初心 奋发图强——新中国工业档案文献展"全国巡展,九大篇章、十个地区、1300多件反映新中国工业发展的珍贵图片、历史档案和重要文献及73件工业产品实物和模型,直观展示

---

① 高俊. 工业遗产档案开发利用研究[D]. 江苏:南京大学,2014.
② 杨杰. 数据挖掘技术在工业遗产档案资源整合中的应用[J]. 文化学刊,2016(10).
③ 丁新军. 工业遗产视野下的国外工业档案保护进展及其启示[J]. 北京档案,2014(3).
④ 蓝杰. 工业遗产档案保护与利用研究——以杭州市大城北炼油厂为例[J]. 浙江档案,2020(5).
⑤ 无锡建议-注重经济高速发展时期的工业遗产保护[OL]. [2022-03-23]. https://wenku.baidu.com/view/eaf9c4cfcc175527072208d5.html.
⑥ 孙全. 沈阳筹建工业遗产档案[N]. 沈阳日报,2006-12-10(1).
⑦ 都业龙. 大连市开展工业遗产档案征集工作[J]. 兰台世界,2010(11).
⑧ 洛阳市图书馆. 洛阳工业遗产档案数据库[EB/OL]. [2022-03-23]. http://www.lyslib.cn/detail/1012.

了我国工业发展成果①。由此可知,在工业遗产档案的接收、管理和利用过程中,工业遗产档案包含能反映新中国工业发展的、具有影响力的百年老厂、知名品牌、大型企业、传统特色的地方工业企业的珍贵图片、历史档案和重要文献等档案资源。

结合上述讨论,工业遗产档案可被认为是指工业时期工业生产实践或相关活动中形成的,能综合、典型地反映近现代工业化进程的对城市和社会有保存价值,包含文字记录、地图和其他制图材料、照片、电影、录音等原始记录,以及在工业遗产保护过程中形成的档案记录。需要说明的是,尽管工业遗产档案在时间上并没有严格且明确的范围,但因其本身所具有的"历史性",应与正在形成和刚刚形成的工业档案有一定的区分。

2. 工业遗产档案保护发展历程

在明确工业遗产档案范围的基础上,本研究以历时性分析为基础,基于国内外工业遗产及档案领域发展过程中的突破性实践及代表性事件,探究工业遗产档案保护的发展历程。需要说明的是,文化遗产领域的保护范围较为广泛,因此工业遗产档案保护指的是广义层面的保护,即为保存档案实体及内容信息而采取的各种行为。

2.1 特定保管机构的出现

国外涉及工业遗产档案的保护最早可追溯到 18 世纪末。1794 年,在"致力于保护文物"②的格莱戈瓦神父(Henri Grégoire, 即 Abbe Grégoire, 1750 - 1831)的提议下,巴黎建立了世界上第一座展示工艺技术的博物馆③,作为"涵盖各行各业的器械、模型、工具、绘图、说明以及著作的存放之处"④。1902 年,大量有关罗斯柴尔德家族历史档案(ancient records)被销毁的报道⑤促使人们开始关注工商档案的保存状况⑥。关注历史遗存的工商业、历史学家及历史档案的企业决策者开始有意识地通过广泛收集、整理文件、手稿等档案材料,同时建立特定保管机构以保存工业遗产档案。

在国家层面,20 世纪初,德国档案工作者和学者注意到,工业化阶段的第一批公司保

---

① 新中国工业档案文献展. [EB/OL]. [2022 - 05 - 08]. http://tv.cctv.com/special/xzggydawxz/xzggydawxz/index.shtml.
② SAX Joseph L. Heritage Preservation as a Public Duty: The Abbé Grégoire and the Origins of an Idea[J]. Michigan Law Review, 1990, 88: 1142 - 1169.
③ 法国工艺技术博物馆(Musée des Arts et Métiers)与国立巴黎工艺技术高等学院(Conservatoire National des Arts et Métiers, CNAM)的前身。
④ 董一平,侯斌超. 从技术奇观到工业遗产——略论博物馆对机械时代认知观念转变的意义[J]. 建筑遗产,2017(1).
⑤ The Rothschild Archive. Rothschild estate records[EB/OL]. [2022 - 04 - 27]. https://www.rothschildarchive.org/collections/rothschild_estates/.
⑥ Icko Iben. Commercial and industrial archives in Demark[J]. The American Archivist. 1966: 75 - 81.

留了有趣的历史资料①,并于1906年由汉德尔斯坎默（Handelskammer）发起,在科隆（Koln）建立Rheinisch-Westfälisches Wirtschaftsarchiv研究所（RWWA）对这些资料进行集中保管。1910年,随着收集到的经济史资料不断丰富,瑞士国家档案馆将其纳入更精简的封闭式经济档案馆,并根据其特点及实际和科学工作的特殊需要组织成共识②。在此基础上,瑞士经济与经济史档案馆（Archiv für Schweizerische Wirtschaftskunde und Wirtschaftsgeschichte, SWA）在巴塞尔市成立③。作为商业、科学（wetenschap）和档案界人士联合倡议的成功结果,荷兰经济历史档案馆（Nederlandsch Economisch-Historisch Archief, NEHA）于1914年成立④,并在海牙一栋三层建筑中存放档案。1933年,美国国家公园管理局推出遗产文件计划（Heritage Documentation Programs, HDP）,以多种格式调查记录美国历史工程记录,将大幅面黑白照片、测量图和书面历史报告等保存在美国国会图书馆的特殊收藏中,并以拷贝和图书馆网站的形式免费提供给公共版权⑤。1942年,丹麦在奥胡斯成立工商档案馆（Commercial and Industrial Archives）,收集并保管了代表许多不同的商业和工业企业自1670年以来的活动记录,也被认为是第一次世界大战之前国家层面探讨商业和工业档案存放问题的"最理想的方案"⑥。

另一方面,历史悠久的工业企业以周年庆为契机,筹建企业档案馆,收集并集中保管自成立以来与公司历史相关的文件、照片、电影、广告、出版物等丰富多彩的历史信息⑦。如为庆祝公司成立100周年,克虏伯公司（Krupp company）于1905年建立德国现代最古老的工业档案馆（works archive）,以保存其工业历史⑧。西门子⑨、福特⑩等公司相继建立企业档案馆,以梳理和传播公司宝贵书面文件、照片、电影和产品及与社会生活相关的工作记录。1906年,皮埃尔·S. 杜邦（Pierre S. DuPont）在其购买的朗伍德花园

---

① Rheinisch-Westfälisches Wirtschaftsarchiv [EB/OL]. [2022-04-27]. https://www.rwwa.de/.
② Das Schweizerische Wirtschafts-Archiv in Basel [EB/OL]. [2022-04-27]. https://ub.unibas.ch/digi/a125/sachdok/swa/BAU_1_007125789_1910.pdf.
③ Schweizerisches Wirtschaftsarchiv SWA [EB/OL]. [2022-04-27]. https://wirtschaftsarchiv.ub.unibas.ch/de/ueber-uns/.
④ Nederlandsch Economisch-Historisch Archief. Geschiedenis [EB/OL]. [2022-04-27]. https://www.neha.nl/geschiedenis.
⑤ National Park Service. Heritage Documentation Programs [EB/OL]. [2022-03-16]. https://www.nps.gov/hdp/.
⑥ Icko Iben. Commercial and industrial archives in Demark [J]. The American Archivist. 1966: 75-81.
⑦ The Bayer Corporate Archives. Bayer – a Fascinating Story [EB/OL]. [2022-03-13]. https://www.bayer.com/en/history/the-company-archive.
⑧ Thyssenkrupp. Alfried Krupp von Bohlen und Halbach Foundation – Krupp Historical Archive [EB/OL]. [2022-03-13]. https://www.thyssenkrupp.com/en/company/history/archives.
⑨ Siemens. Archives [EB/OL]. [2022-03-13]. https://new.siemens.com/global/en/company/about/history/siemens-historical-institute/archives.html.
⑩ Henry E. Edmunds. The Ford Motor Company Archives [J]. The American Archivist. 1951: 99-104.

(Longwood Gardens)中建立私人图书馆(Longwood Library),专门收集有关杜邦家族和公司的历史及有关炸药和化学工业的书籍和手稿①。在我国,开滦煤矿档案馆于1927年成立,作为专门保管档案的机构保存了自1877年创建起所形成的档案记录。这些"开滦历史老档案"被公认为全国企业界最悠久、最丰富的工业历史档案②。

2.2 相关研究群体的关注

随着相关保护实践的开展,对工业遗产档案的关注和保护开始由个体自发行为逐渐发展为集体意识。具体表现为:以英美国家为首,相继建立一大批技术、经济、政治、历史等相关领域学术研究协会,并着手组织调查、收集工作,明确指定或建立保管工业遗产档案的专门机构,此外还包括对其开展研究及多种方式的发布和传播。如:致力于工程技术史研究的英国纽可门学会(Newcomen Society)③;致力于保存具有历史意义的工商档案的英国商业档案协会(Business Archives Council)④;详细调查英国曾经存于所有工会、公司、雇主协会和联合组织的历史记录并发布有关内容和位置的指南的英国社会科学研究委员会(Social Science Research Council)⑤;以收集和保存现代英国社会、政治和经济史的主要资料,特别关注劳资关系、产业政治和劳工史的国家历史为主要目标的英国现代记录中心(The Modern Records Centre at Warwick University)⑥;成立后收集了一大批中国企业史、行业史资料、经济史调查资料、企业业务活动的原始档案资料,以及宝贵的书信函件⑦,以此为基础,向社会奉献了一大批工业研究专著⑧的中国科学院上海经济研究所等。

2.3 专门保护组织的形成

随着工业考古学的兴起,专门针对近代工业历史遗存的国家与地区级工业考古学会等社会组织相继成立,汇集工业遗产保护专家、学者,创办专刊,开展学术研究,使工业遗产档案伴随着工业遗产保护走向专业化、科学化。如伦敦工业考古学会(The Great London Industrial Archology Society, GLIAS)记录了伦敦工业历史遗存,将这些记录存

---

① 皮埃尔·S·杜邦1954年4月5日在威尔明顿去世。包括其个人手稿收藏在内的所有馆藏,成为朗伍德图书馆藏书的核心。同年成立了独立的研究图书馆。1961年,朗伍德图书馆与哈格利博物馆合并,该部分馆藏被称为朗伍德手稿。
② 郏宝山.百年开滦的档案传奇[J].中国档案,2011(02):81~83.
③ Newcomen. About[EB/OL]. [2022-03-16]. https://www.newcomen.com/about/.
④ Business Archives Council. About[EB/OL]. [2022-03-16]. https://businessarchivescouncil.org.uk/about/aboutintro/.
⑤ Ronald L. Filippelli. Collecting the Records of Industrial Society in Great Britain-Progress and Promise[J]. The American Archivist, 1977: 403-411.
⑥ The Modern Records Centre. Main archive collections[EB/OL]. [2022-03-16]. https://warwick.ac.uk/services/library/mrc/about/main_archives.
⑦ 上海社会科学院经济研究所.中国企业史资料研究中心[EB/OL]. [2022-03-23]. https://ie.sass.org.cn/2198/list.htm
⑧ 上海科学研究院经济研究所.所史[EB/OL]. [2022-04-11]. https://ie.sass.org.cn/3828/list.htm.

放在国家和地方博物馆、档案馆等处①。美国工业考古学会（Society for Industrial Archeology，SIA），促进对工业和技术历史遗留物的研究、欣赏和保护②的基础上，创办《工业考古学会杂志》(*The Journal of the Society for Industrial Archeology*)，出版工业考古学领域的学术研究、论文和书籍评论③。

2.4 国际保护政策的引导

随着一些国家相关保护组织的建立，国际层面的保护工作也逐步开展起来，这标志着工业遗产档案保护开始在世界范围内受到重视，并成为世界文化遗产中不可忽视的组成部分④。1978 年，国际工业遗产保护委员会（The International Committee for the Conservation of the Industrial Heritage，TICCIH）成立，致力于工业及工业厂址、建构筑物、设施设备的保护，包括房屋、工人居住地、工业景观、工业产品和生产过程、工业社会的文件等，促进其保护、保存、调查、记录、研究、解释，同时推进工业遗产教育方面的国际合作⑤。1989 年，将工业建筑作为现代建筑重要组成部分的联合国教科文组织成立现代运动中建筑、遗址和街区文献记录和保护国际工作组（International working party for documentation and conservation of buildings, sites and neighborhoods of the modern movement），同样强调对其文献的保护是工作组关注的重点⑥。2003 年，由国际工业遗产保护委员会发起、联合国教科文组织批准的《下塔吉尔宪章》明确强调了工业遗产的证据价值、提供重要认同感的社会价值，并指出这些价值体现在场地本身，其结构、组件、机械和环境、工业景观、书面文件以及人类记忆和习俗中包含的无形工业记录之中。将档案作为工业遗产研究的基本组成部分，任何不可避免的变化、被删除的重要元素、涉及技能的工业流程等均应记录并安全存储于公共档案中，作为辅助文件的参考传递给下一代。具体包括对移动物体的描述、图纸、照片、视频影片、独特的社会记忆等。此外，鼓励保存文件记录、公司档案、建筑计划以及工业产品样本⑦。同年，联合国教科文组织在《近代遗产研究与文献编制计划（2003）》(*Identification and Documentation of Modern Heritage*)

---

① Greater London Industrial Archaeology Society[EB/OL]. [2022-03-18]. http://www.glias.org.uk/.
② Society for Industrial Archeology. Mission[EB/OL]. [2022-03-18]. https://www.sia-web.org/about/mission/
③ Society for Industrial Archeology. IA JOURNAL[EB/OL]. [2022-03-18]. https://www.sia-web.org/publications/ia-journal/.
④ UNESCO-WHC. Appendix B: Research and documentation programme [J/OL]. World Heritage Paper: Identification and Documentation of Modern, 2003, 5: 142-144. http://unesco.org/documents/publi_wh_papers_05_en.pdf.
⑤ The International Committee for the Conservation of the Industrial Heritage. About [EB/OL]. [2022-03-18]. https://ticcih.org/about/.
⑥ DOCOMOMO[EB/OL]. [2022-03-18]. http://whc.unesco.org/archive/websites/valencius/conference/institutions/pgs.instit/docomomo.htm.
⑦ https://www.icomos.org/18thapril/2006/nizhny-tagil-charter-e.pdf.

中明确将工业遗产作为19世纪与20世纪近代文化遗产的十大类型之一,并提出要建立专门的数据库①。在中国,为积极响应联合国教科文组织"世界记忆项目"(Memory of the World Programme)②号召,由国家档案局负责牵头的中国档案文献遗产工程组织于2000年正式启动,并建立了《中国档案文献遗产名录》③,使得诸多见证着我国工业发展进程的工业遗产档案开始受到学界和社会关注。

2.5 保护利用形式的转变

互联网的蓬勃发展,为工业遗产档案保护性利用提供了新形式。1982年,英国"工业考古记录"自愿者组织在原有基础上,建立了全球第一家"工业考古记录"网站以向公众展示其记录的所有视频档案材料④。2006年,苏格兰运输和工业收藏和知识网络建成,旨在促进对工业藏品的保护利用,为推进苏格兰运输和工业收藏的获取、维护、开发、研究和展示创造机会⑤。2014年,约克郡考古学会工业历史科发起了约克郡工业遗产在线(YIHO)计划⑥,旨在记录约克郡丰富的工业遗产,并将其提供给研究人员⑦。在我国,2020年洛阳市图书馆上线洛阳工业遗产档案数据库⑧,为洛阳地区乃至全国保留下"一五"计划期间国家工业遗产的珍贵资料,也为广大研究者提供了丰富的研究材料。

3. 工业遗产档案保护方向

通过梳理国内外工业遗产档案保护发展历程,不难发现,工业本身范围大、覆盖广的特点决定了工业遗产档案保护主体的多元性,也导致了保护内容的复杂性和保护方式的多样性。本研究基于国内外工业遗产档案保护发展历程,分别从保护主体、内容和方式层面提出工业遗产档案保护方向。

---

① UNESCO World Heritage Convention. Identification and Documentation of Modern Heritage [EB/OL]. [2022-03-25]. https://whc.unesco.org/en/documents/12.

② 联合国教科文组织. 世界记忆项目[EB/OL]. [2022-03-26]. https://en.unesco.org/programme/mow.

③ 中华人民共和国国家档案局. 世界记忆工程[EB/OL]. [2022-03-23]. https://www.saac.gov.cn/daj/lhgjk/202111/44ec51486e68457095411fd26d07656f.shtml.

④ I. A. Recordings. About Us[EB/OL]. [2022-03-18]. https://www.iarecordings.org/about_us.html.

⑤ Scottish Transport & Industry Collections and Knowledge network. About[EB/OL]. [2022-03-25]. https://stickssn.org/about/.

⑥ Scottish Transport & Industry Collections and Knowledge network. About[EB/OL]. [2022-03-25]. https://stickssn.org/about/.

⑦ John Suter, Robert Vickers. Recording and Communicating Yorkshire's Industrial Heritage[J]. Yorkshire Archaeological Journal, 2015: 198-199.

⑧ 洛阳市图书馆. 洛阳工业遗产档案数据库[EB/OL]. [2022-03-23]. http://www.lyslib.cn/detail/1012.

3.1 强化档案部门主体力量

从国内外工业遗产档案保护发展历程可以看出,无论是国外工业遗产保护萌芽时期档案部门担当的重要角色,还是国内工业遗产保护重大变化时期档案部门所作的各项努力,都体现出档案部门在工业遗产档案保护之初所发挥的基础性和关键性作用。但随着工业相关研究机构的建立,开始对工业遗产档案进行收集和保管,加之工业考古对工业遗产的日益重视,档案部门却从未真正参与其中。而由于文化遗产原本从文物发展而来,在传统意识中对文化遗产的理解更偏重实物而非档案、古籍等文本内容,因此在现实情况下,工业遗产保护部门更多的是对工业建筑、器械的保护,对工业遗产档案的忽视直接导致这部分宝贵资源的遗落和丢失,也使得工业遗产仅保留了外在的同一性"躯壳"而缺少了内在的独特性"精神"。另一方面,过去档案部门所保管的工业遗产档案因缺少工业建筑、器械遗存"眼见为实"的具象感,沦为单薄的文字呈现,也削弱了对其本身价值的认识。要强化档案部门的力量,就要求档案部门,既要主动参与到工业遗产保护之中,在与工业遗产保护单位的通力合作中逐步加强对工业遗产档案的重要性认识,也要重视本身所保管的工业遗产档案,加强对工业遗产档案整理与保护情况的公开。

3.2 明确保护目标与范围

尽管保护内容是工业遗产档案保护的核心,不同主体对其内容的保护也由来已久,但由于其从性质上分属于经济史档案、工商历史档案、工业历史档案、破产改制档案、工业遗产等多个领域,在保护过程中也多以某一领域档案的重要组成部分与其他内容进行融合,一直并未完全成为独立的保护对象,也造成了出于不同保护需求下工业遗产档案被分散保管的局面,如按地区、按工业企业、按工业类型、按历史阶段等被分散保管于各个文化保管机构。随着工业考古学背景下工业遗产保护的兴起,工业遗产档案开始真正作为独立保护对象开展研究与实践,但无论是在理论层面还是实践层面,对于工业遗产档案保护目标与保护范围都尚存在较大的模糊性。在保护目标层面,工业遗产领域对工业遗产档案保护尚未引起重视,既有的研究、政策文本与实践多聚焦于建筑、纪念碑、器械、厂房等物质遗产保护目标的实现,对工业遗产档案则表现为选择性忽略;在保护范围方面,工业遗产档案常常与资料汇编、厂志、出版物等文献资料相互交织,加之工业遗产保护过程中对工业遗产建档和口述档案的形成,使得工业遗产档案保护范围边界模糊。要明确保护的目标,除了要重视工业遗产档案的本身所包含的历史、凭证价值外,还需要不同主体从不同视角基于档案内容积极探索和挖掘工业遗产档案多元价值。如现阶段档案部门从工业历史记录、企业破产档案、改制企业档案等角度开展"抢救式保护",对其遗产价值缺乏关注,也导致在保护中更注重其行政、凭证价值,并未关注到工业遗产档案特殊性和对社会的重要性,无法满足想要利用工业遗产档案中民生类档案的用户需求。而要明确保护范围,一方面需要与既有工业遗产保护需求相结合,另一方面也要从既有工业遗产档案本身的内容中摸索。

3.3 协同探索长效保护方式

通过梳理,目前国内外工业遗产档案保护的具体方式主要包括:建立专门的档案馆、图书馆、博物馆等文化保管机构;建立相关的专题数据库,为历史研究和专门技术研究提供原始信息;举办工业遗产档案专题展,扩大工业遗产档案社会影响力,引发全社会的关注与重视。随着这些方式由点及面的展开,也出现了"分散保护"下的成果同质化问题。如在工业遗产档案不完整的情况下,同一地区的不同部门都采用口述等形式进行补充,形成口述档案并提供利用,这在一定程度上造成了人力、物力、财力资源的浪费,同时影响了该地区工业遗产档案资源规模化建设和社会影响力。而以"项目式"驱动,通过申报国家或地方项目课题,以此开展研究或实践探索的方式,也使工业遗产档案保护呈现出"基础性""阶段性"特征。项目的周期性决定着工业遗产档案保护的有限性,即倘若项目结题,后续的保护工作就会因资金或人力等各方面的原因而中断,长此以往,前期有限的保护成果会随着时间的推移而付诸东流,因此,探索工业遗产保护多样化途径和长效保护方式势在必行。

参考文献:

[1] 董一平,侯斌超. 从技术奇观到工业遗产——略论博物馆对机械时代认知观念转变的意义[J]. 建筑遗产,2017(1).
[2] 邓连. 城市工业文明的记忆与传承——以大连市工业遗产档案工作为例[C]. 中国档案学会,中国文献影像技术协会. 2019年海峡两岸档案暨缩微学术交流会论文集. 中国档案学会、中国文献影像技术协会: 中国档案学会,2019.
[3] 丁新军. 工业遗产视野下的国外工业档案保护进展及其启示[J]. 北京档案,2014(3).
[4] 都业龙. 大连市开展工业遗产档案征集工作[J]. 兰台世界,2010(11).
[5] 蓝杰. 工业遗产档案保护与利用研究——以杭州市大城北炼油厂为例[J]. 浙江档案,2020(5).
[6] 高俊. 工业遗产档案开发利用研究[D]. 南京大学,2014.
[7] 尚海永. 工业遗产与工业遗产档案概念辨析及关系梳理[J]. 遗产与保护研究,2018(10).
[8] 孙全. 沈阳筹建工业遗产档案[N]. 沈阳日报,2006-12-10(1).
[9] 谭玉兰. 工业遗产档案助力城市转型策略研究——以东北地区工业档案为例[J]. 文化产业,2021(5).
[10] 武志辉. 试论工业遗产档案的建立与整理[J]. 北京档案,2012(4).
[11] 杨杰. 数据挖掘技术在工业遗产档案资源整合中的应用[J]. 文化学刊,2016(10).
[12] 郑天皓. 山东省工业遗产档案开发利用研究[D]. 山东大学,2020.
[13] Henry E. Edmunds. The Ford Motor Company Archives[J]. The American Archivist. 1951: 99-104.
[14] Icko Iben. Commercial and industrial archives in Demark[J]. The American Archivist. 1966: 75-81.
[15] John Suter, Robert Vickers. Recording and Communicating Yorkshire's Industrial Heritage[J]. Yorkshire Archaeological Journal, 2015: 198-199.
[16] Ronald L. Filippelli. Collecting the Records of Industrial Society in Great Britain-Progress and Promise[J] The American Archivist, 1977: 403-411.

Interpretations of Globalisation during Late Qing Dynasty in Industrial Museums of China

Juan Manuel CANO SANCHIZ[1] Ruijie ZHANG[2] Lang LON[2]

(1. Institute for Cultural Heritage and History of Science & Technology, University of Science and Technology Beijing.

2. School of Foreign Studies, University of Science and Technology Beijing)

Abstract: This paper discusses how the industrial museums of China represent the international interferences and influences that characterised the first stages of the country's industrialisation. In terms of methodology, this is a cross-disciplinary exercise that combines museum studies, industrial heritage studies and discourse analysis to examine an ensemble of industrial museums in different sectors and provinces. The investigation is developed on two levels: on one hand, the production and delivery of narratives about foreign elements in Chinese industrialisation during the Late Qing Dynasty; on the other hand, the reception of such narratives by national and international audiences. The study concludes that the museums' narratives of early industrial internationalisation in China are heterogeneous and, in spite of some difficulties to reach the public, play a role in defining and building China as a modern nation.

Keywords: colonisation; westernisation; industrial museums; globalisation

Preliminary note

The results presented in this paper belong to the project "National Identity in Chinese Industrial Museums in the Context of Globalisation" (FRF - IDRY - 19 - 014), which was developed at the University of Science and Technology Beijing (USTB) between January 2020 and December 2022.

This paper offers an extended abstract of an article published in the issue x of the journal *Tempo*. For the full data, discussion and results, please do check the original publication: Full reference and permanent link to be provided (the article is still under review).

1. Introduction

China is a pertinent case to reflect on how industrial museums represent and engage with globalisation because its industrial past relates in diverse ways to foreign countries and influences, which generates different experiences of internationalisation, and because China plays in the present a prominent role in the globalised world, which is very much due to its recent industrial, economic and technological development. In this research, internationalisation is approached from the perspective of technology transfer among different countries and the global circulation of ideas, techniques, objects and people in the framework of industry.

Museums have grown exponentially in China during the last four decades — about 5,000 at present (Global Times 2018; Sophia and Bueno 2018, 41). Besides, they are included in the national plans for social change and development (Su 2008) and play a relevant role in nation-building (Bollo and Zhang 2017) — all of which evidences the significance this kind of institution has achieved in the 21st century in China.

In 2018, there were at least 488 museums related to industry, if we apply a flexible understanding of the term (Ma 2020, 11). Many of them are company museums and are not formally registered, as informed by X. Sun and Y. Ma (personal communication, August 2018) of the Industrial Culture Development Centre (ICDC), Ministry of Industry and Information Technology (MIIT). However, there is also a significant number of large-scale, high-budget museums featuring industry under public management. In order to unite strategies, the Industrial Heritage Committee of the China Cultural Relics Academy created in 2015 a National Industrial Museum Alliance, which was initially supported by 20 institutions (Liu 2018, 34). Three years later (December 2018), the ICDC established the Alliance of Industrial Museums of China, which in the year of its creation gathered 114 members representing different levels (national, provincial, local), themes (energy, mining, manufacturing, food processing, etc.), and chronological scopes (personal communication with X. Sun and Y. Ma, August 2018). Besides, the founding of new industrial museums as a way to protect industrial heritage is encouraged in the *Guiding Opinions on Promoting the*

Development of Industrial Culture (a document jointly produced by the MIIT and the Ministry of Finance in 2016) and in the *Interim Measures for the Administration of National Industrial Heritage* (issued by the MIIT in 2018) (Ma 2020, 11). Finally, in an operation managed by the ICDC, the China Construction Bank agreed in May 2020 to provide a credit line of 200 billion RMB for three years to promote industrial culture. Museums are explicitly included in the programme, as well as in the *Implementation Programme for Promoting Industrial Culture and Development* (2021 – 2025) issued by the MIIT (Joint Political Law [2021] No. 54).

All in all, industrial museology is enjoying momentum and the field has recently gained prominence in the cultural, social and economic policies of China. In such a framework, this paper aims to explain how the museums and their national and international visitors perceive and represent globalisation in early industrial China, when most industrial enterprises in the country were influenced directly or indirectly by international *actants* (people, machines, ideas, etc.)

2. Materials and methods

This research works with a number of industrial museums located in China. The chosen samples represent the diversity of the sector in terms of management, industries covered, locations, and so on. Intensive-detailed research was developed using seven case studies (China Industrial Museum in Shenyang, Liaoning; China Railway Museum, and Beijing Auto Museum in Beijing; Yunnan Railway Museum in Kunming; China Railway Origin Museum, Kailuan Museum, and Tangshan China Cement Industry Museum in Tangshan, Hebei), while extensive-general research was carried out in a more unstructured way on many others (Nantong Textile Museum, Jiangsu; Shanghai Railway Museum; China Aviation Museum in Beijing; Wenzhou Alum Mine Museum in Fanshan, Zhejiang; Ansteel Group Museum in Anshan, Liaoning; etc.).

The materials from the museums this research works with can be divided into two groups. On one hand, the museums themselves (offline evidence), whose collections, discourses and exhibition designs were recorded (photography, video and textual and audio notes) in a series of study visits. On the other hand, the virtual presence of the museums on the Internet (online evidence), comprising the image generated by the museums (official websites and social media), and by their visitors on national (Mafengwo) and international (TripAdvisor) travel platforms.

These materials were processed through comparative and quantitative analyses using code, spreadsheets, statistics, and weighted lists; and through qualitative analyses based on the photovoice method, structured brainstorming, and discourse analysis (Figures 1, 2 and 3).

Figure 1　Participatory action research in the Beijing Auto Museum with USTB students: guided tour (left) and structured brainstorming (right).

Source: authors.

Figure 2　Photovoice: students' photographs of given concepts.

Source: authors, with photographs provided by USTB students.

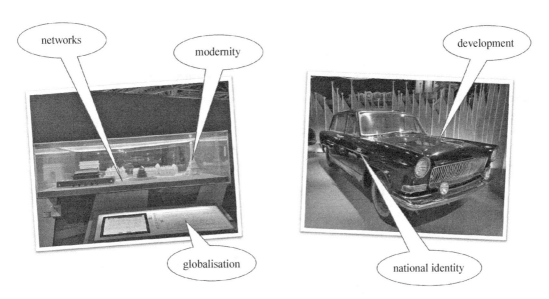

Figure 3　Photovoice: students' interpretations of given photographs.
Source: authors.

3. Results and discussion

3.1　Museums' narratives

The museums' discourses about the role played by foreign actors in the early stages of Chinese industrialisation during the Late Qing Dynasty can be divided into two general groups: colonisation and westernisation.

As it could only be, the industrial museums of China deliver a general negative account of the industrial enterprises that followed colonial models of exploitation. Colonisation is explained as a consequence of the relative underdevelopment of China in the second half of the 19th century, when the country was still dependent on an agricultural economy and ruled by a feudal or semi-feudal political system. These reasons, together with a widespread lack of interest in promoting modern industrialisation among Qing administrators, made China fall behind the colonial powers in technological, economic and military terms, a situation some foreign countries took advantage of. The railway sector illustrates well these narratives in the museums, with examples of betrayal (British Woosung Road in Shanghai) and suffering (French Yunnan-Vietnam railway). Thus, industrial colonialism is generally represented in the museums in terms of humiliation, and blamed as one of the problems burdening the development of the country. However, this negative appraisal can coexist with a more positive reading of the impacts of the arrival of foreign technologies in the country, depending on the case and museum.

On the other hand, the narratives about westernisation are frequently more constructive, although there is not a homogeneous discourse on the subject. For example, the China Industry Museum in Shenyang endorses the general opinion of Chinese historians and represents the Westernisation Movement as an unsuccessful attempt to industrialise the country and strengthen it against foreign aggression. On the contrary, other museums describes westernisation as the beginning of the modernisation of China, and as the starting point of the country's transition from a pre-modern agricultural and feudal society to a modern and industrial one. This narrative is especially evident in the museums of Tangshan, which is explained by the capital role played by such city in this historical process. All in all, the discourses on internationalisation framed in the context of westernisation show a more positive image of the interactions with foreign actors, which (in spite of several exceptions) contributed to the development and modernisation of the country following the win-win formula that characterises China's current diplomacy. Mining (e.g. Kailuan Museum) and textile (Nantong Textile Museum) museums often reproduce this discourse.

3.2 Visitors' perceptions

The materials posted by Chinese and international visitors on social media reveal that none of them reacts in a significant way to the internationalisation discourses of the museums, which is mainly due to the fact that such discourses account for a little part of their narratives and themes (Figure 4).

Chinese visitors are more attracted by the narratives of progress and development, which are prominent in most museums. As a consequence, their reactions on the Internet demonstrate celebration and pride for the country's industrial, technological and economic achievements, rather than sorrow for the suffering produced by industrial colonialism.

On the other hand, foreign visitors are slightly more interested in narratives of internationalisation, but they normally react to them from an uncritical position that gives more weight to technology transfer than to the social and political consequences of imperialism.

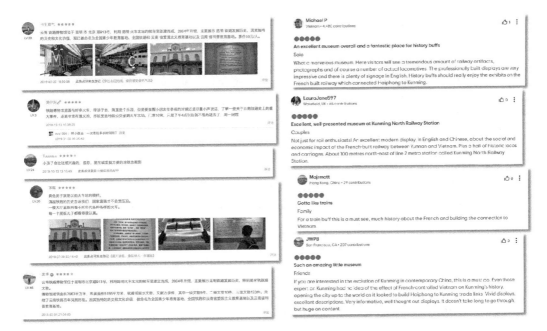

Figure 4　National (left, Mafengwo) and international (right, TripAdvisor) visitors' impressions of Yunnan Railway Museum. The Chinese mostly address this museum as a place of national pride and fun for children (not as a memorial of suffering or humiliation), while uncritical mentions of the actions developed by the French in Southern China are common among the foreigners.

Source: authors, with materials from Mafengwo (https://www.mafengwo.cn/poi/5429762.html [Accessed 25 July 2022]) and TripAdvisor (https://www.tripadvisor.com/Attraction_Review-g298558-d4186769-Reviews-Yunnan_Railway_Museum-Kunming_Yunnan.html [Accessed 25 July 2022]).

4. Conclusions

This research concludes that the representation of international interferences in the early stages of Chinese industrialisation is heterogeneous and depends to a great extent on each case and context. Naturally, the contributions of international *actants* are acknowledged when they were aligned with the country's own development, but condemned when they were at the service of foreign interests only. This division, though, is not crystal clear in the museum's discourses, and can actually coexist in some cases — for example, the Yunnan Railway Museum denounces the suffering caused by the French with the construction of the Yunnan-Vietnam railway, but at the same time recognises that such enterprise opened the door to the modernisation and development of the province. Nevertheless, little of these discourses reaches the audiences, who are normally more attracted by the prominent grand discourses of social, economic and technological development characteristics of the museums.

Bibliography(of the original article)

［1］BOLLO, Sophia; ZHANG, Yu. Policy and impact of public museums in China: exploring new trends and challenges. Museum International, 2017(3-4).

［2］CASANELLES, Eusebi; DOUET, James. Conserving industrial artefacts. In: DOUET, James. (Ed.). Industrial heritage re-tooled. Lancaster: Routledge, 2012.

［3］CORDEIRO, José Manuel Lopes. A propósito de coleções industriais. Boletim trimestral da Rede Portuguesa de Museus, March, 2002.

［4］CRUSH, Peter. Woosung Road. The story of China's first railway. Hong Kong: Railway Tavern, 1999.

［5］DAVIES, Kath. Cleaning up the coal-face and doing out the kitchen: the interpretation of work and workers in Wales. In: KAVANAGH, Gaynor (Ed.). Making histories in museums. Leicester: Leicester University Press, 1996.

［6］EVANS, Harriet; ROWLANDS, Michael. Reconceptualizing heritage in China. Museums, development and the shifting dynamics of power. In: BASU, Paul; MODEST, Wayne (Eds.). Museums, heritage and international development. Abingdon: Routledge, 2014.

［7］FITZGERALD, Lawrence. Hard men, hard facts and heavy metal: making histories of technology. In: KAVANAGH, Gaynor (Ed.). Making histories in museums. Leicester: Leicester University Press, 1996.

［8］GLOBAL TIMES. Number of museums in China increases 14-fold over 40 years. 26 Nov 2018. Available at: < http://www.ecns.cn/news/2018-11-26/detail-ifzaaiuy4919430.shtml >. Accessed: 15 Feb 2022.

［9］郝帅,程楠,孙星. 新型工业博物馆初探[J]. 文物春秋,2019(2).

［10］HARTLEY, Leslie Poles. The go-between. New York: Alfred A. Knopf, 1954.

［11］HOPKIN, Dieter. The internationality of railways in the museums of today and tomorrow. The national interest: blinkered or balanced approaches in the world's railway museums. In: BURRI, Monika; ELSASSER, Kilian; GUGERLI, David (Eds.). Die Internationalität der Eisenbahn 1850-1970. Zurich: Chronos, 2003.

［12］HSU, Cheng-Kuang. Foreign interests, state and gentry-merchant class: railway development in early modern China, 1895-1911. Dissertation (PhD in Sociology), Brown University. Providence, 1984.

［13］IFVERSEN, Jan; POZZI, Laura. European colonial heritage in Shanghai: conflicting practices. Heritage & Society, v. 13, n. 1-2, pp. 143-163, 2021.

［14］姜平. 中国近代民族工业的珍贵历史遗存：大生纺织机器[J]. 中国纺织,2002(12).

［15］亢宽盈. 工业遗产的科技教育功能的实现途径之研究[C]. 中国科普研究所. 第二十四届全国科普理论研讨会 暨第九届馆校结合科学教育论坛论文集. 2017.

［16］LI, Leilei; SOYEZ, Dietrich. Transnationalizing industrial heritage valorisations in Germany and China - and addressing inherent dark sides. Journal of Heritage Tourism, 2017.

［17］李瑶. 工业遗产博物馆中的"旧工业元素"再利用研究[D]. 北京建筑大学,2013.

［18］栗永芹,骆高远. 大生纱厂的文化旅游价值及开发[J]. 科教导刊(上旬刊),2011(1).

［19］LING, Yang. China Railway Museum overview. Japan Railway & Transport Review. 2011.

［20］LOWENTHAL, David. The past is a foreign country. New York: Cambridge University Pres, 1985.

［21］吕建昌. 近现代工业遗产博物馆研究[M]. 北京：学习出版社,2016.

［22］吕建昌,李舒桐. 工业文物阐释与工业文化传播的思考——以工业博物馆为视角[J]. 东南文化,2021(1).

[23] LU, Ning；LIU, Min；WANG, Rensheng. Reproducing the discourse on industrial heritage in China：reflections on the evolution of values, policies and practices. International Journal of Heritage Studies, 2020.

[24] LUDWING, Carol；WALTON, Linda；WANG, Yi-Wen（Eds.）. The heritage turn in China. The reinvention, dissemination and consumption of heritage. Amsterdam：Amsterdam University Press, 2020.

[25] 马秋云. 基于旧工业建筑改造的工业主题博物馆设计研究[D]. 内蒙古工业大学, 2015.

[26] 马雨墨. 我国工业博物馆现状与发展方向[J]. 人民日报（海外版）, 2020-07-15.

[27] MÉNDEZ-ANDRÉS, Ramón；CUÉLLAR-VILLAR, Domingo. Los museos ferroviarios y su naturaleza：apuntes a partir del caso español. Arqueologia Industrial, 2017.

[28] POMERANZ, Kenneth. The great divergence：China, Europe and the making of the modern world economy. New Jersey：Princeton University Press, 2000.

[29] SANG, Ku；LIN, Guiye. A system for measuring the satisfaction of railway heritage tourism：the case of Yunnan-Vietnam railway. Environmental Research：Infrastructure and Sustainability, 2021.

[30] SOPHIA, Daniela Carvalho；BUENO, André. Leituras possíveis sobre a China no panorama museológico brasileiro：desafios à produção do conhecimento. Memória e Informação, 2018.

[31] SU, Donghai. Chinese museums' tradition and changes. Museologia e Patrimônio, 2008.

[32] WANG, Hsien-Chun. discovering steam power in China, 1840s–1860s. Technology and Culture, 2010.

[33] WANG, Hsien-Chun. Revisiting the Niuzhuang oil mill（1868–1870）：transferring western technology into China. Enterprise and Society, 2013.

[34] XUE, Xiangdong, SCHMID, Felix；SMITH, Rod. An introduction to China's rail transport. part 1：history, present and future of China's railways. Proceedings of the Institution of Mechanical Engineers, 2002.

[35] 杨玲. 工业遗产类博物馆社会教育现状与功能提升研究, 学术论坛[C]. 全球科学教育改革背景下的馆校结合——第七届馆校结合科学教育研讨会论文集. 2015.

亨利·柯尔的博物馆思想与实践研究
——兼谈1851年万国博览会与南肯辛顿博物馆的创办

丁晗雪[1]　孟翔罴[2]

（1. 上海大学　2. 中国地质博物馆社教部）

摘　要：亨利·柯尔被誉为英国近代设计教育的拓荒者，也是世界博物馆领域的第一位现代思想家。1851年伦敦博览会的举办和南肯辛顿博物馆的创办，离不开他的构想与组织。作为南肯辛顿博物馆的第一任馆长，他认为博物馆不应只收藏稀世珍宝，仅供富人、学者参观研究，而是应在促进艺术、科学与工业结合上发挥实际的效用，博物馆要向全体社会公众开放，尤其要服务工人阶级。

关键词：亨利·柯尔；南肯辛顿博物馆；工业博物馆；博览会

Abstract: Henry Cole is regarded as the pioneer of modern British education od design art, and the first modern ideologist in the field of museums in the world. The Great Exhibition in 1851 held successfully with his ideas and effort, as well as the foundation of the South Kensington Museum. As the first director of the South Kensington Museum, he believed that museums should not only collect rare treasures for the rich and scholars to visit and study, but should play a practical role in promoting the integration of art, science and industry. He held the view that museums should be open to the whole public, especially to the working class.

Keywords: Henry Cole, South Kensington Museum, Industrial Museum, the Great Exhibition

1. 引言

世界博览会最早诞生于英国，是工业革命的产物，并与博物馆互动发展。南肯辛顿博物馆、维多利亚和阿尔伯特博物馆（V&A）、伦敦科学博物馆的创办都与1851年伦敦博览会息息相关。托尼·本尼特（Tony Bennet）提出了"展览性复合体"（Exhibitionary

Complex)用来描述自 1851 年伦敦博览会以来的现代展示运动,他认为博物馆是政府综合体的一部分,作为公民运动的工具,致力于将工人阶级转变为可以信任的公民,并为他们投票;博物馆通过鼓励一种自我规训的方式来规范公民,从而使其与现代自由主义国家相关联的现代性观念相结合,与学校、监狱等一起成为规训复合体的一部分①。安德里亚·维特科姆(Andrea Witcomb)对其观点进行了反思和批判:"这些批判将关注点聚焦在作为机构的博物馆的社会功能,而非理解博物馆自身的复杂性,将博物馆甚至遗产与现代性联系起来并将遗产阐释为一种纯粹的剥削性体验(exclusively exploitative experience),忽视了博物馆的其他社会功能,比如休闲和娱乐。"②诞生在 19 世纪工业革命与世界博览会背景下的博物馆究竟是休闲娱乐的场所还是治理教化的工具?是否还扮演着其他的角色?想要回答这些问题,或许可以追溯到博览会与现代博物馆展示的开端——1851 年伦敦博览会的举办和南肯辛顿博物馆的创办。

2. 柯尔与 1851 年伦敦博览会的筹办

亨利·柯尔(1808—1882)少年时期对美术和设计感兴趣,学习了水彩、透视法和铜板雕刻。1846 年,加入工艺协会(the Society of Arts),1850 年被选为协会主席。在职期间,组织举办了 1847 年的英国制品展、1849 年工业产品展、1850 年远古时代和中古时期装饰艺术等全国性的小型展览,创办了《设计与制造》(*Journal of Design and Manufactures*)月刊,除了为博览会做宣传,还探讨工艺品的美学规范、支持著作权和专利权法的改革等问题。

18 世纪 60 年代,工业革命在欧洲如火如荼地展开,带来了工业技术和产品的革新,并极大地改变了人们的生活方式。英国作为工业革命的先驱国家,在 19 世纪中叶已成为世界第一大国,主导着世界大部分地区的经济命脉。受到了法国多次成功举办全国性的工业产品博览会的激励,英国国家政府意识到展示工业成果对于促进经济发展和振兴国民经济的重要性,世界博览会的概念应运而生。

世界博览会一直与博物馆互为补充、互动发展:一是世界博览会促进博物馆的建设、博物馆的数量和种类增加,二是世界博览会的展示理念与技术被移植到博物馆中,博物馆的陈列展示技术不断得到提高;另一方面,博物馆补充和丰富了世博会的内容,博物馆专

---

① 展示性复合体的形成在道德和文化上约束工薪阶层提供了一个新的工具,博物馆和博览会,通过展示技术和修辞以及在 19 世纪早期的展览形式中所形成的教育性的关系,将工薪阶层和中产阶层融入了同一个语境中,而前者则被一套适合的、应景的行为形式所约束,从而凸显后者的影响力。转引自 Tony Bennett, The Birth of the Museum: History, Theory, Politics(London: Routledge, 1995).

② Andrea Witcomb,"Thinking about others through museums and heritage," in E. Waterton and S. Watson (eds.), The Palgrave Handbook of Contemporary Heritage Research (Palgrave Macmillan), Basingstoke, 2015: 130~142.

家参与世界博览会的筹建,博物馆收藏世界博览会展品①。1974年,格里高利(Henri Baptiste Grégoire)提出发展法国工业,推动创办法国国立工艺与科技博物馆,由圣马丁修道院改建而成。他在向国民议会提交的《关于建立国立工艺博物馆的报告》中阐明了破坏文物的行为是对遗产的巨大灾难,这些古迹是法兰西民族身份最重要的符号,艺术品本身具有独立的价值,不应因为其赞助人的道德堕落而被毁,而应当成为民族文化的遗产。在这份报告中,他还表明了发展法国工业的雄心,指出如何将博物馆藏品成为国家经济发展的驱动力,"博物馆的创办是为了保存汇聚在所有的工具和机器中技艺,所有的新发明都会被展示,就像卢浮宫内的绘画和雕塑那样。通过创建一个涵盖各行各业的器械、模型、工具、绘图、说明以及著作的存放之处,来改进每一项工业发明,如丝绸、煤矿、钢铁的设备等。完善工业生产,从而更好地出口,有效地发展国家经济"②。

1798年,第一届法国工业产品博览会在巴黎战神广场举办,专门建造了"工业殿堂"(Temple of Industry),共有110位发明家与工厂主参加展出。法国以国家之名举办的工业博览会,通过工业技术的展示,成功塑造了其作为工业强国的形象。在之后的50年中,又陆续举办了11届国际工业博览会。法国工业产品博览会的成功举办,作为第一次工业革命先驱国家的英国,逐步感受到来自欧洲其他国家工业技术迅猛发展所带来的压力,意识到有必要举办一次盛大的国际博览会,以显示英国工业革命的成果以及国家实力的强盛。

1848年,柯尔将一份举办全国性工业展览的计划书提交给阿尔伯特亲王,却没有得到政府的支持,但柯尔并没有因此放弃展览计划,1849年的工业产品展取得了前所未有的成功,柯尔得到了议会和政府对其每五年举行一次的工业展览提议的名义支持,阿尔伯特亲王邀请他担任展览的策划者和组织者并宣布下一次的大规模工业产品展将在1851年举行。1849年,柯尔前往观摩法国第十一届博览会。在巴黎期间,他发现博览会中没有国外展商。事实上,法国农业和商业大臣曾建议举办国际性博览会,但是由于工业保护主义派的反对,法国商会没有采取此建议,这极大地激发了柯尔的想象力。回国后,阿尔伯特亲王召见柯尔,讨论博览会的地点,柯尔借机请示,博览会是全国性的还是国际性的,亲王考虑了一下然后宣布"博览会必须包含国外产品……当然是国际性的"③。

在筹备展览工作的专案小组中,柯尔担任了重要职位。当时的英国正处于手工业时代向工业时代过渡的转型期,传统的观念与新潮的思想交锋碰撞。这一点尤其表现在展览建筑风格的选择上。当时的绝大部分博物馆建筑仍然以庄重肃穆的雅典卫城风格为主,帕克斯顿设计的"水晶宫(the Crystal Palace)"在当时独树一帜。这种钢铁与玻璃相

---

① 吕建昌. 世界博览会与博物馆发展的内在关系[J]. 上海大学学报(社会科学版),2010(3).

② Henri Baptiste Grégoire. Rapport sur l'établissement d'un Conservatoire des Arts et Métiers [M]. Paris: Imprimerie Nationale, 1794: 1-20.

③ Henry Cole. *Fifty years of public work of sir Henry Cole accounted for in His Deeds, Speeches and Writings*[M]. London: Bell and Sons, 1884: 123-125.

结合的新颖建筑风格,展现出崭新时代的革新与创意。1851年伦敦博览会共分为六大部分,包括原材料、机器、纺织品、金属玻璃陶瓷制品、美术作品①,展出内容多为当时新奇的生产样品,如机械场(Machine Court)、火车头、海军舰炮、收割机等机械或工业成果。这些来自世界各地的展品为到访的各国工匠和设计师提供了生产和设计的灵感。博览会作为这一阶段的典型性展览,体现出当前的社会生产是以新型文化消费方式为导向,在彰显国家生产力和创造力的同时,将国家实力具象化并提高国家的工业商品出口率。1851年的伦敦博览会,超越了法国工业博览会的理念,将其办成展示英国当时强盛综合国力的一次盛会。人们普遍认为,此次博览会是英国构建完整工业系统的一部分,其展览方式彰显出协调世界各国的工业生产,从而揭示了劳动的国际分工②。

3. 博览会的文化遗产:柯尔与南肯辛顿博物馆的创办

作为"展示英国工业革命胜利成果的大会",博览会取得了非凡的成功。博览会介绍了世界各国(主要是欧洲国家)在工业发展上的成就,在传播工业技术知识的同时,也展出了各国的文化、科学、艺术的辉煌。但博览会也显露出英国商品在美学上的问题:这些产品虽然具有批量生产且价格低廉等特性,但其设计水平明显落后于以法国为代表的国际水准,尤其是家具、餐具等制造业产品艺术品质大大降低。英国插画家、设计师和社会主义者瓦尔特·克莱恩(Walter Crane)如此评价博览会上的陈列品:"1851年伦敦博览会展陈物本应有相当之艺术价值,然而正如展会图册所呈现的,博览会上展出的家具和装饰物皆怪诞而丑陋。艺术已到达最后的腐朽阶段,人类史无前例地进入了一个充斥着丑陋家具、服饰和装饰品的可怕时代。"

社会舆论一致要求国家革新对民众的科学艺术教育,同年,柯尔向皇家展览委员会提议改善英国科学与艺术设计教育。博览会结束后,英国政府颁布法令,指出英国的科学教育需要改进,并成立了科学与艺术部,由科尔和苏格兰科学家莱昂·普莱费尔(Lyon Playfair)共同负责。1852年,皇家都柏林协会、皇家矿业学校和杰米恩街博物馆、爱尔兰和苏格兰工业博物馆以及实用艺术系联合组成了科学和艺术部。1853年,科学与艺术部作为贸易委员会的一个分支成立,扩大了实用艺术系,柯尔担任第一任部长,1957年归属于教育委员会,以改善和发展中等教育和成人教育。德国建筑师、艺术史学特福里德·森帕(Gottfried Semper)在1851年发表的关于水晶宫博览会的评论文章《科学、工业和艺术》中写道:"教学改进不可能解决世界博览会在美学上的失败所揭露的问题,而真正必须改进的是公众的艺术趣味,然后才可能谈从艺术家教育方法改革中受益。"想要提升英国制造业的产品质量和设计,就需要提高社会公众的艺术趣味,并向普通公众传递科技信息和知识,这恰恰是博物馆可以达成的。博览会这样短期的世界性大集会,借助了博物馆的

---

① 邢鹏飞. 浅论V&A博物馆与水晶宫博览会的渊源问题[J]. 创意与设计,2010(4).
② Paul Young. *Globalization and the Great Exhibition*[M]. Palgrave MacMillan, 2009.

模式演化为长期的社会教育事业,得以长久保存。

在博览会筹备期间,阿尔伯特亲王就计划收购位于会场南方的空地,建立一所集教育机构、博物馆和学术会议厅为一体的工业大学。博览会的皇家委员会与政府在1850年联合买下南肯辛顿(South Kensington)。19世纪50年代开始,柯尔一直在欧洲旅行,其间撰写了详细的旅行日志。他在旅行日志中写道:"此次的旅行主要为南肯辛顿博物馆的使命、收藏和建设寻找灵感。"[1]他遍访欧洲各国的典型建筑,为博物馆的建筑外观和内部装潢提供素材,他还在旅行的过程中不断收集他认为可以入藏的展品。

1852年,柯尔在阿尔伯特亲王的协助下,调借了中央艺术学院的部分装饰艺术品,同时财政部购买了博览会中的各国展品,以这些藏品为主,柯尔组建成立了工艺品博物馆(Museum of Manufactures)。之后博物馆的藏品日益丰富,更名为"装饰艺术博物馆"(Museum of Ornamental Art)。作为筹备小组的重要成员和阿尔伯特亲王志同道合的好友,柯尔在1854年设计出符合阿尔伯特亲王设想的建筑。建于1856年的布朗普顿锅炉,在1851年伦敦博览会之前,没有人能想象到它能用作博物馆的展览空间[2]。

1857年,工业制品博物馆迁至南肯辛顿,更名为南肯辛顿博物馆(South Kensington Museum)并向公众开放。当时的南肯辛顿博物馆是一个"大杂烩博物馆",展品以工业和装饰艺术品为主,但也包括动物制品、食品、教学仪器、建筑材料等。此外,博物馆内部还有一个专利局独立办的机械展馆。柯尔曾思考如何最好地将历史影响适应当代设计。1859年,他委托摄影师拍摄了一系列罗马建筑的照片。这些照片被送往南肯辛顿,供博物馆的建筑和设计人员参考。南肯辛顿博物馆的建筑结合了钢铁玻璃结合的火车棚和文艺复兴风格的装饰方案。意大利风格的建筑形式和细节体现了文艺复兴时期意大利在艺术史上的重要性,内部装潢则使用现代材料,如熟铁制成的新型陶瓷和立柱代表的对历史的创新性追索。南区(South Court)中央的孔索尔亲王画廊,是纪念阿尔伯特亲王对这座博物馆的卓越贡献。在馆内露台上方的巨大的扇形墙壁上,是英国19世纪唯美主义画派最著名的画家弗雷德里克·莱顿(Frederic Leighton)的两幅壁画——《工业艺术在战争中的应用》(The Arts of Industry as Applied to War,1880)和《为和平而作的工业艺术》(The Arts of Industry as Applied to Peace,1886),它们阐述了工业艺术在国家不同状态中的应用情况。南肯辛顿博物馆南区的装潢风格表现出博物馆在建立初期的宗旨——对工业艺术的重视。这种钢铁架构的建筑形式正是工业时代最确切的表现,也与水晶宫一起成为工业时代的典型代表。柯尔创建的装饰艺术博物馆的藏品也一并搬迁到南肯辛顿博物馆。

---

[1] Christopher Whitehead. Aesthetic Otherness, Authenticity and the Roads to Museological Appropriation: Henry Cole's Travel Writing and the Making of the Victoria and Albert Museum[J]. Studies in Travel Writing, 2006(1).

[2] Janet Marstine. New Museum Theory and Practice: an Introduction[M]. Blackwell Publishing, 2006: 49.

柯尔认为，与同时期欧洲其他国家相比，即使英国的工业技术处于领先地位，但是在技术教育和普及方面仍有缺失。他大力发展专利权博物馆，希望将其建成一流的科学博物馆，这座博物馆于1883年被并入南肯辛顿博物馆。1899年，合并后的南肯辛顿博物馆在维多利亚女皇为增建的纪念碑的剪彩仪式上正式更名为维多利亚和阿尔伯特博物馆，其中的科技类藏品成立为独立的科学博物馆（Museum of Science），现在维多利亚与阿尔伯特博物馆拥有世界上最大的装饰艺术设计的收藏。虽然现在的维多利亚与阿尔伯特博物馆与工业的联系正逐渐消失，但是这座世界上最大的装饰艺术和设计博物馆被建造和发展的真正原因正是博物馆与工业之间的紧密联系。

4. 柯尔博物馆经营与社会教育理念

作为南肯辛顿博物馆的第一任馆长，柯尔对博物馆的思考体现在博物馆不应只收藏稀世珍宝，仅供富人、学者参观研究，而是应在促进艺术、科学与工业结合上发挥实际的效用，而且博物馆要向全体社会公众开放，尤其是要服务工人阶级。工人阶级在英国工业革命之后的不断壮大，在1851年伦敦博览会中即有所体现，受到当时的社会变革风气的影响，即使工人的社会地位不高，在政治上仍然没有投票权，但是更多的精英阶级提出要让工人获得受教育的权利。博览会提供了更多样化的娱乐技术，以吸引中产阶级和工人阶级。在这一公共教育空间中，"所有阶层都可以融合"。所有人——包括妇女和工人，都可以学习并从中获益。即使现实情况中并没有出现大量的工人阶级和预期中的外国工匠，但是这一初衷和设想仍然为当时的社会改革和文化现代化发挥了重要作用①。

19世纪时期的欧美城市极速发展，大量工人阶级涌入城市。博物馆和美术馆可以成为取代其他一些低俗的消遣方式（如去酒吧喝酒），成为工人阶级休闲生活的新选择。为方便工人们下班后前来参观，南肯辛顿博物馆每周3天开放至晚上10点，它也是世界上第一家为夜间开放而提供煤气照明的博物馆。柯尔在谈及博物馆夜间开放时曾提出这样的愿景："工人阶级离开灯光昏暗、沉闷无趣的住宅，虽然穿着粗布衬衣，但衣领修饰得整整齐齐，连同也是刻意经过一番打扮的太太一起来到博物馆。当他们第一次看到博物馆明亮灿烂的灯光时，惊讶和喜悦的表情表明，今晚的娱乐活动给他们所有人带来了一种新的、可以接受的、有益健康的兴奋。也许博物馆的夜间开放可以取代其他一些如酒吧低俗的消遣方式。"②时至今日，南肯辛顿街区的博物馆还延续了这一传统，各自发展出更具特色的夜间活动。

此外，柯尔还提倡让博物馆的藏品流动起来，在英国各地和艺术学校中组织巡回展示。他实行展品外借，博物馆的展品可以循环流动展览。1852年，人们第一次有权从马

---

① J. A. Auerbach. *Britain, the Empire, and the World at the Great Exhibition of 1851*[M]. Ashgate Publishing, 2008: 27-40.

② Henry Cole. The Functions of the Science and Art Department[M]. Chapman and Hall, 1857.

尔伯勒大楼的产品博物馆借出展品。当地的美术学校不仅可以从博物馆中借展品，而且还可以半价购买科学艺术部的一些复制或是剩余展品。柯尔在南肯辛顿博物馆成立了摄影工作室，除了为博物馆收藏做记录外，还将照片送给其他机构利用。1854年，他还建立了流动博物馆，使用客货两用车，载着博物馆的工作人员和展品前往各地举办巡回展览。根据柯尔的个人统计，在20年内，博物馆送出了超过5万件艺术品和照片，供各艺术学校展示和教学使用，参观过的民众多达500万人①。

柯尔创立的南肯辛顿博物馆和他的博物馆经营理念一直有着巨大的影响力，一是不少地区在巡展和流动的博物馆的激励下创办和成立了新的装饰艺术博物馆；二是他的艺术教育理念在博物馆领域内的创新实践也带动了其他博物馆的效仿和借鉴。柯尔坚信博物馆应具有民主化的社会价值，其教育的受众需要具有广泛性和大众化的特点，这一理念深刻影响了美国大都会博物馆和波士顿美术馆。美国大都会博物馆缘起于美国人对建立一个国家艺术机构和画廊的迫切需求，建立之初的博物馆就秉持着"在纽约市建立运营一个艺术博物馆和图书馆，鼓励和发展美术研究，将艺术应用于制造和实际生活，促进同类学科的一般知识，并为此目的，提供大众教育"的宗旨②，这一宗旨持续140余年仍指引着这座公众教育和艺术收藏先驱者的建设和管理。成立于1870年的波士顿美术馆在创建之初的使命为："人非圣贤，多少都有改善空间，美术馆正是人们追求自我改善的重要媒介。透过欣赏博物馆的艺术杰作，希望人们至少能够从中获得一些愉悦，最终希望人们的品位和道德都能因此而提升。"③还强调该机构要不断探索和重视新的、被忽视的艺术领域，与柯尔在当时开创性地举办装饰艺术展览殊途同归，其教育定位是"为游客创造教育机会，并容纳广泛的经验和学习风格"，并以"鼓励探索，提高公众对视觉艺术的理解和欣赏"④为最终愿景，成为柯尔"博物馆教育大众化"理念在美国的后继者。

与治理和教化不同的是，教育与服务也贯穿在19世纪博物馆的历史发展之中，并与世界博览会这一全球性盛会和权力运作的场域密切相关。虽然今天的维多利亚和阿尔伯特博物馆与工业的联系正逐渐消失，但是这座世界上最大的装饰艺术和设计博物馆被建造和发展的真正原因正是博物馆与工业之间的紧密联系。

参考文献：

［1］董一平，侯斌超.从技术奇观到工业遗产——略论博物馆对机械时代认知观念转变的意义［J］.建筑遗产，2017(1).
［2］Edward Porter Alexander 著，李惠文译.亨利·寇尔与南肯辛顿(维多利亚与亚伯特)博物馆——装

---

① Edward Porter Alexander 著，李惠文译.亨利·寇尔与南肯辛顿(维多利亚与亚伯特)博物馆——装饰艺术博物馆［J］.博物馆学季刊，1995(9).
② Charter of The Metropolitan Museum of Art, State of New York, Laws of 1870, Chapter 197, passed April 13, 1870, and amended L. 1898, ch. 34；L. 1908, ch. 21 passed April.
③ 博物馆重要的事 p31
④ Museum of Fine Arts Boston：https://www.mfa.org/about/mission-statement, last access：July 29，2022.

饰艺术博物馆[J]. 博物馆学季刊,1995(3).
[3] 纪如彬. 西方博物馆艺术设计教育的先河——亨利·柯尔与英国南肯辛顿博物馆[J]. 艺术与设计(理论),2012(8).
[4] 吕建昌. 缘分:世博会展馆、展品与博物馆[J]. 上海文博论丛,2008(1).
[5] 吕建昌. 世博会展示理念与技术对博物馆的影响[J]. 中国博物馆,2008(4).
[6] 吕建昌,邱捷. 上海世博会与工业遗产博物馆[J]. 东南文化,2010(1).
[7] 吕建昌. 近现代工业遗产保护模式初探[J]. 东南文化,2011(4).
[8] 吕建昌. 近现代工业遗产博物馆的特点与内涵[J]. 东南文化,2012(1).
[9] 吕建昌. 世界博览会与博物馆发展的内在关系[J]. 上海大学学报(社会科学版),2010(3).
[10] 邢鹏飞. 浅论V&A博物馆与水晶宫博览会的渊源问题[J]. 创意与设计,2010(4).
[11] Tony Bennett著,薛军伟译. 作为展示体系的博物馆[J]. 马克思主义美学研究,2012(1).
[12] 于文杰. 伦敦万国博览会及其文化遗产[J]. 英国研究,2019(1).
[13] Henry Cole. The Functions of the Science and Art Department[M]. Chapman and Hall, 1857.
[14] Henry Cole. Fifty years of public work of sir Henry Cole accounted for in His Deeds, Speeches and Writings[M]. London: Bell and Sons, 1884.
[15] Jeffrey A. Auerbach, Britain, the Empire, and the World at the Great Exhibition of 1851[J]. Ashgate Publishing, 2008.
[16] Janet Marstine, New Museum Theory and Practice: an Introduction[M]. Blackwell Publishing, 2006.
[17] Paul Young. Globalization and the Great Exhibition[M]. Palgrave MacMillan, 2009.
[18] Peter Vergo. The New Museology[M]. Reaktion Books, 1989.
[19] Stephen E. Weil. The Museum and the Public[J]. Museum Management and Curatorship, 1997(3).
[20] Tony Bennett. The Birth of the Museum: History, Theory, Politics[M]. London: Routledge, 1995.